건축시공학

대한건축학회 부산·울산·경남지회 편

기문당

머리말

국내 생활수준의 향상과 산업의 급속한 발전으로 인하여 건축물이 대형화, 고층화, 다양화되어 가고 있는 추세에 있다. 건설산업은 지금까지 우리나라의 경제성장을 주도한 핵심사업 중 하나이며, 국내 총생산에서 15% 정도를 차지하여 비중이 높다고 할 수 있다. 이에 따라 시공기술이 중요시 되고 있으며, 고도의 기술을 확보하여 국제 경쟁력을 갖추어야 할 필요성이 있다.

건축공사에서 시공이란 설계자가 작성한 설계도면과 시방서, 내역서 등의 설계서를 바탕으로 각종 건설재료 및 부품, 장비, 노무인력 및 사업관리기법 등을 사용하여 건축시설물을 구현하는 건축기술 행위이다. 또한 이를 연구하는 학문을 건축시공학이라 하며, 건축공학에 있어 건축계획, 설계, 구조와 더불어 아주 중요한 분야에 포함된다. 특히 건축생산 시스템은 복잡하고, 여러 가지 기술 및 산업분야에 연관되어 있는 특수성 때문에 일반 제조업과는 다른 성장배경과 특성을 가지고 있다. 건축시공학은 이러한 건축의 변혁에 대하여 유연한 대응력을 가지고 항상 변화된 기술을 습득할 수 있는 공학 분야로서의 역할을 하고 있다.

최근 건축기술이 첨단화, 다양화되어 가는 경향이 있기 때문에 건축물 생산과정에 있어서도 이러한 특징을 고려한 설계 및 시공기술이 요구된다. 아쉽게도 시공관련 서적만을 통해서는 실제 건축물의 시공에 필요한 지식이나 기술을 습득하는 것에 한계가 있을 수 있다. 이러한 실정을 고려하여 본서에서는 풍부한 지식과 실무경험을 보유한 집필진들이 도표 및 그림, 사진, 상세한 설명 등을 통하여 내용을 좀 더 체계적으로 기술하도록 노력하였다.

본서에서는 총론, 건축시공기술 각론, 건축생산관리기술로 구분하여 총 29개의 장으로 구성하였다. 총론에서는 건축시공학의 정의, 건축생산조직, 건축공사계약 및 법규 등에 대한 기본적인 개념을 설명하였다. 또한 공법의 종류에 따라 사진과 도표 등을 이용하여 상세하게 설명함으로써 이해도를 높이고자 하였고, 공정관리, 원가관리, 품질관리, 안전관리 등을 통해 건축생산관리에 도움을 주고자 노력하였다.

끝으로 이 책을 집필함에 있어 도표 및 그림, 사진작업에 함께 해준 대학원생들을 비롯하여 출판을 위해 성원과 지원을 아끼지 않으신 기문당 강해작 사장님께 감사하는 바이다.

2010년 6월 저자

차 례

part 1 총론

part 2 건축시공기술 각론

part 3 건축생산관리기술

01 공정관리

02 원가관리

03 품질관리

04 안전관리

1

종 론

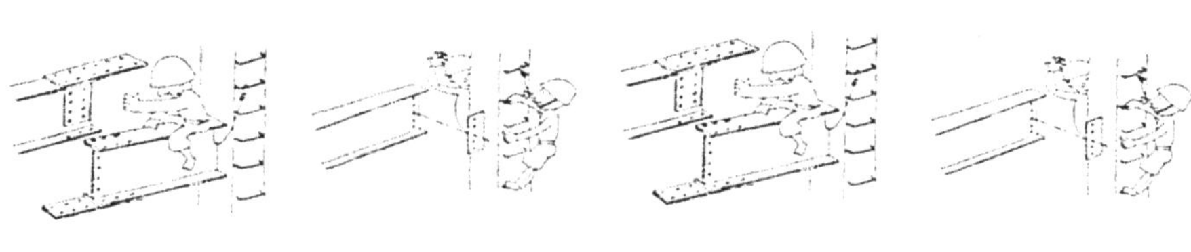

Chapter 01 | 건축시공학 개설

1.1 건축시공의 정의 및 목적

건축시공이라 함은 자원(자재, 노무, 장비)을 사용하여 설계도서에 따라 건축물을 축조하는 것이다. 건축물을 축조하기 위해서는 토공사, 철근콘크리트공사 등 각 공종의 시공기술이 필요하며, 경제적이고 우수한 품질의 건축물을 위해 원가관리, 공정관리, 품질관리 등의 생산관리기술이 필요한데, 이러한 기술을 활용하여 건축주의 요구에 적합한 건축물을 생산하는 것이 건축시공의 목적이다.

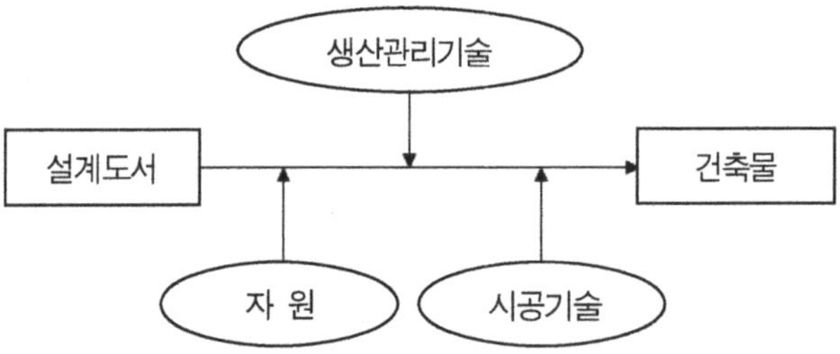

그림 1-1 건축시공 개념도

오늘날의 건축물은 대형화, 복합화됨으로 인해 건축시공이란 단순히 건축적인 문제 이외에도 사회적, 경제적, 환경적 부분과 연관성이 증대됨에 따라 이들을 종합적으로 고려하여 건축시공을 해야 한다. 즉, 현대의 건축시공은 건축분야뿐만 아니라 사회학, 경영학, 환경공학 이외에도 여러 분야와 밀접한 관련을 가지고 있으므로 건축시공은 체계적이고 과학적으로 관리되어야 하며, 따라서 건축시공은 여러 분야와 연관성 있는 과학기술의 학문으로 정의될 수 있다.

1.2 건축시공의 특성

건축시공은 건축물을 생산하는 행위이므로 제조업의 생산과정과 비교하면 건축시공의 특성을 파악할 수 있으며, 이러한 특성은 건축물의 생산이 제조업에 비해서 어렵고 생산관리기술의 접목이 어려움을 나타내고 있다. 또한 소비를 예측하여 건축물을 생산하는 것이 아니고 주로 도급계약에 의해 생산을 하기 때문에 기업의 경영에 변동성이 큰 것도 특성 중 하나이다. 다음은 일반 제조업과 비교하여 건축시공의 특성을 나타낸 것이다.

① 일품수주생산이다. 즉, 하나의 건축물에 대해 도급계약을 하고 건축물을 완공하면 생산활동이 종료된다. 제조업의 대량생산과 비교되는 점이다.

② 실외 작업이다. 실외에서 작업을 하기 때문에 기후 및 주변환경의 영향을 많이 받아 건축물의 공정과 품질관리에 어려움이 많다. 제조업은 실내에서 작업을 하기 때문에 공정과 품질관리가 비교적 쉽다.

③ 일반적으로 동일 형태의 건축물이 없고 동일 형태의 건축물이라 하더라도 대지 주변 상황에 따라 시공기술이 변형되어 적용되므로 일관된 생산활동을 하기 어렵다.

1.3 건축시공의 근대화

최근의 건축물은 대형화 고층화되어 가고 있으며, 건축시공기술도 날로 발전하고 있다. 이러한 상황에서 건축시공에 있어 경쟁력을 확보하기 위해서는 생산성을 향상시키는 것이 중요하다. 건축시공에서 생산성 향상이란 좁은 의미에서 공기단축과 비용절감을 의미하며, 이러한 목적을 달성하기 위해서는 건축시공기술의 지속적인 발전이 있어야 한다.

1) 시공의 기계화

건축시공은 많은 인력을 필요로 하는 생산방식인데, 이러한 생산방식에 기계를 활용하면 인건비가 절감되고, 공사기간의 단축이 가능하며, 시공품질도 향상시킬 수 있어 생산성을 향상시킬 수 있다.

건축물은 중력과 대응하면서 완성되는데, 중량물을 중력방향과 반대로 이동하기 위해서는 양중장비의 활용이 필수적이다. 커튼월, 프리패브화에 따른 PC(Precast Concrete)의 중량화, 시스템 거푸집에 따른 거푸집의 중량화 등 건축자재의 중량화로 인하여 크레인의 중요성은 더욱 커지고 있으므로 양중능력이 크고 효율이 좋은 크레인이 개발되어야 한다.

초고층 건축에 있어서는 인력의 수송도 중요한 문제이다. 최근 중동에 건설되고 있는

800m 이상 규모의 건축물 시공에 있어서 원활한 인력수송을 위해서는 일반 리프트보다는 훨씬 빠르고 효율적인 리프트를 활용해야 한다.

고강도콘크리트의 개발에 따라 초고층 건축물에 콘크리트의 활용이 증대되고 있는데, 초고층에서는 콘크리트 타설이 중요한 문제이다. 짧은 시간에 콘크리트를 높이 수송하기 위해서는 고성능 펌프가 필수적이다. 국내의 건설업체가 최근에 중동에서 570m까지 콘크리트를 압송하여 기록을 경신하였다는 소식은 국내 건설업체의 시공능력을 보여주는 좋은 예라고 하겠다.

또한 초고층 건축에 있어서 수직도를 오차범위 내에서 시공하기 위하여 GPS(Global Positioning System)를 활용하고, 건축공사에서 로봇을 활용하는 등 건축시공에 있어서 기술의 발전에 따른 다양한 기계가 활용되고 있으며, 앞으로도 건축물의 생산성 향상과 품질 향상을 위하여 건축시공에 있어서 여러 기술을 활용한 기계의 사용이 요구된다.

2) 프리패브화

프리패브(prefab)는 건축시공에 있어서 현장생산부분을 줄여 인력절감을 하고, 동시에 공사기간을 단축할 목적으로 공장에서 부재를 생산하여 현장에서 조립하는 개념이다.

철골조가 프리패브의 일종인데 철골을 사용함으로써 철근콘크리트공사에 비해 공사기간이 많이 단축된다. PC는 공장에서 콘크리트 부재(기둥, 보, 슬래브 등)를 제작하여 현장에서 조립하는 방식이다. 철근콘크리트공사의 단점 중 하나가 콘크리트 타설을 위하여 형틀(거푸집)을 만들어야 하고, 타설 후 양생에 많은 시간이 소요되는 것이다. 그러나 PC를 활용함으로써 거푸집의 사용이 줄어 가설재의 양이 줄어들고 양생기간이 필요 없어 이러한 문제점을 해결할 수 있다.

슬래브 철근과 바닥 거푸집을 결합하여 생산한 선조립 철근 데크 슬래브도 프리패브의 일종이다. 이런 데크 슬래브를 사용하면 바닥 거푸집이 필요가 없고 현장에서의 철근배근도 생략되어 시공품질이 좋아지고 공기도 단축된다.

이외에도 각 부위의 철근을 공장에서 선조립하여 설치하는 것도 프리패브로 볼 수 있는 등 현장작업을 줄여 생산성을 향상시킬 수 있는 프리패브 방식은 앞으로 많이 개발되어야 할 분야이다.

3) 시스템화

건축시공의 시스템화란 작업을 효율적으로 수행하기 위한 것이다. 초고층 건축공사에서 특히 시스템화가 요구되는데, 100층의 공사에서 층당 공사기간(층당 사이클)을 1일 단축한다면 100일의 공사기간이 단축되는 효과가 있다. 건축시공의 시스템화를 위해서는 거푸집의 대형화 혹은 시스템화(거푸집을 해체하지 않고 양중하여 연속적으로 활용), PC의 활용과 같은 시공기술과 공정관리, 공구분할, 작업조 편성 등과 같은 생산기술이 접목되어야 한다.

1.4 건축시공의 발전방향

건축시공은 일반적으로 하드기술과 소프트기술로 구분한다. 하드기술은 건축시공기술 분야로서 향후 앞에서 언급한 기계화, 프리패브화, 시스템화 등을 더욱 발전시켜야 할 것이다. 또한 앞으로 건축분야에서 인력의 부족이 심각해질 것이라 예상되는데, 이들 인력을 대체하고 생산성을 향상시킬 수 있는 하드기술이 요구된다.

건축시공의 생산성은 시공기술 이외에 소프트기술에도 좌우된다. 소프트기술에는 시스템공학(system engineering), OR(Operation Research), IE(Industrial Engineering) 등이 있으며, 하드기술과 같이 이들을 건축시공에 활용하여 건축시공의 생산성 향상을 이루어야 할 것이다.

Chapter 02 | 건축생산조직

2.1 건설사업조직

조직이란 특정한 목적을 달성하기 위하여 여러 개체나 요소를 모아서 체계 있는 집단을 이룬 것을 말하며, 일반적으로 여러 사람으로 구성된 모든 회사 또는 프로젝트를 수행하기 위해 모인 집단이 모두 조직(組織)에 해당된다.

특히, 프로젝트 조직이란 특정한 사업목표를 달성하기 위해 임시적으로 조직 내의 인적 · 물적 자원을 결합하는 조직형태를 말한다. 프로젝트 자체가 시간적 유한성을 지니므로 프로젝트 조직도 임시적 · 잠정적이다. 즉, 프로젝트 조직은 해산을 전제로 하여 임시로 편성된 일시적인 조직이며, 혁신적 · 비일상적인 과제의 해결을 위해 형성되는 동태적 조직이다.

건설프로젝트에서는 매우 많은 회사들에 속한 사람들이 모여서 하나의 프로젝트 목표를 완성하기 위해 공동으로 작업하게 되므로 조직의 구성과 효율성, 단결성 등이 매우 중요한 요소가 되며, 프로젝트 관리의 성패는 프로젝트조직 관리의 성패와 밀접한 관련이 있다.

1) 조직의 수명과 조직 모델링 개발의 필요성

조직시스템은 시간의 경과에 따른 발전과정을 통하여 일정한 방향으로 진행하게 된다. 일반적으로 조직은 자연적인 질서를 많이 뒤따르는 모습을 보이게 되는데, 이는 물리학에서 등장하는 엔트로피의 법칙과 무척 유사하다. 물리학상에서 엔트로피의 법칙이란 자연적인 상태에서 시간의 경과에 따라 무질서도가 증가함을 말한다. 즉, 방 한구석에서 뿜어 올린 담배연기가 조금 뒤에 방 전체에 퍼지는 것처럼, 어떤 인위적인 질서가 자연적인 힘에 의해 무질서한 상태로 변하는 것을 말한다.

조직도 마찬가지로 새로 태어난 조직은 어떤 인위적인 계획과 구축을 통하여 질서 정연한 틀을 갖고 출발하게 되어 발전해 나간다. 이렇게 발전을 거듭한 조직은 조직의 거대화와 차츰 혼란이 가중되며 최초의 질서상태를 잃어가게 되어 쇠퇴하는 상태로 접어들게 된다. 그러므로 기업의 조직은 이러한 쇠퇴기에 접어들어 다시 질서를 갖추고 소생하기 위한 단계를 필요로 하게 된다. 즉, 일반적인 조직은 출생, 성장, 성숙, 쇠퇴, 소생 또는 소멸의 단계를 거치며 거듭 반복되는 생애주기(life cycle)를 갖고 있다. 또한, 조직은 자연적인 진행 말고도 외부환경의 변화로 인한 혼돈(chaos)상태로 인해 소생을 위한 단계를 쇠퇴기 또는 성숙기 이전에 진행해야만 하는 경우도 있다. 그림 2-1은 조직의 수명주기를 묘사한 것이다. 이러한 조직의 생애주기를 조직의 비용과 생산 측면에서 바라보면 출생 초기의 조직은 비용의 과소이용 상황에서 생애 진행에 따라 생산에 비해 과다이용의 상황으로 접어들게 된다. 그림 2-1은 이러한 조직의 비용과 생산 측면에서 생애주기를 바라본 그림이다. 그러므로 기업의 끊임없는 발전을 위해서는 생체세포처럼 살아 움직이며 지속적인 소생과정을 거쳐 나가야만 한다.

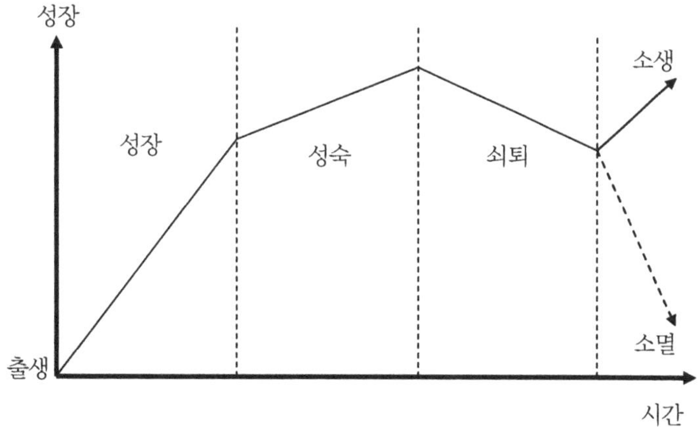

그림 2-1 조직의 수명주기

2.2 구성방식에 따른 건설사업조직

일반적으로 조직에 대한 이론은 경영학상의 조직이론에 바탕을 두고 산업별로 발전하게 되었다. 이러한 조직은 두 가지로 크게 분류될 수 있는데, 그 첫 번째는 기업 전체를 운영하는 목적상에서 만들어진 본사조직(in-house organization)과 프로젝트를 진행하기 위한 프로젝트 조직(project organization)으로 나뉠 수 있다. 조직도상의 형태는 본사 조직과 프로젝트 조직 간에 차이를 보이게 되지만, 양측의 조직구성에 대한 개념은 동일한 조직이론에서 출발하게 된다.

1) 직능별 조직(functional organization)[1)]

직능별 조직은 가장 관료적인 조직형태로서 건설산업에서 주로 사용되어 오던 방식이다. 이 방식의 가장 큰 장점은 높은 전문적 기술력, 각종 기능별 최신 기술력의 도입, 인력의 뛰어난 소속감 등을 들 수 있다. 직능별 조직 내부의 모든 사람들은 조직 내의 타인에 비해 자신의 위치를 쉽게 파악할 수 있으며, 해당 업무를 정확하게 이해할 수 있고, 기업 내에서 안정적인 기반을 구축하기 쉽다.

직능별 조직의 단점은 낮은 적응성, 타 조직에 비해 프로젝트 목표에 대한 최저의 인식도, 전반적인 운영규정의 융통성 부족, 시대적 변화에 대한 대처능력 부족, 건설프로젝트 관리자 육성의 어려움 등을 포함하고 있다. 또한, 경영이론에서 대두된 리엔지니어링의 관점에서 볼 때, 과도한 업무 프로세스의 중복이 발생하게 된다.

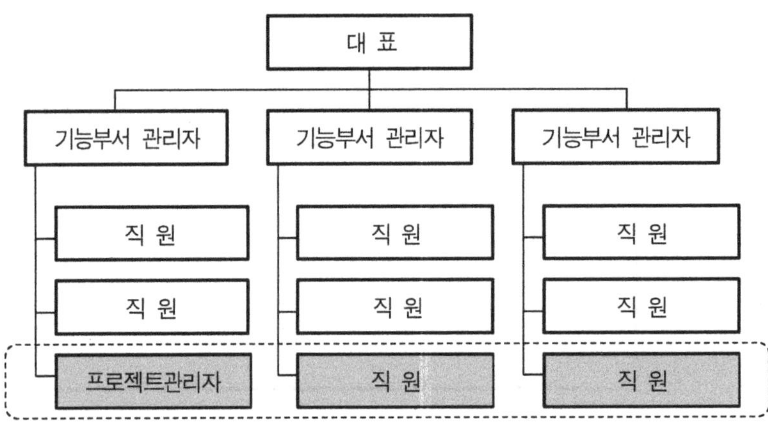

그림 2-2 기능별 조직

직능별 조직이 눈에 띌만한 성과를 거두는 경우는 설계와 시공이 철저하게 분리된 경우, 즉 프로젝트 프로세스 간의 상호작용이 거의 없는 경우이다. 과거 건설산업의 경우, 대부분의 프로젝트가 이러한 설계-시공 분리상태로 진행된 데 반하여 최근의 건설프로젝트는 설계-시공 동시 진행인 패스트 트랙(fast-track), 초대규모 건설프로젝트 등의 설계와 시공간에 상호작용이 막대한 건설사업이 진행되고 있는 현실이다. 일반적으로 직능별

1) Professional Construction Management p.21, Donald S. Barrie

조직은 건설업체에 있어서는 사장 또는 직속이 건설시공 관리자로서, 프로젝트에 있어서는 발주자가 프로젝트 관리자로서 최소한의 스탭과 전문적 의견만을 타인에게 의존한 채로 프로젝트를 진행하게 된다. 우리 건설기업과 공공 발주기관의 경우 과거 대부분이 이런 조직형태를 지닌 채 발전해 왔으나, 최근 CM의 도입과 기술력의 발전, 건설프로젝트의 다양화로 인하여 빛을 잃은 것이 사실이다. 그림 2-3은 이러한 직능별 조직의 대표적인 형태를 나타낸 것이다.

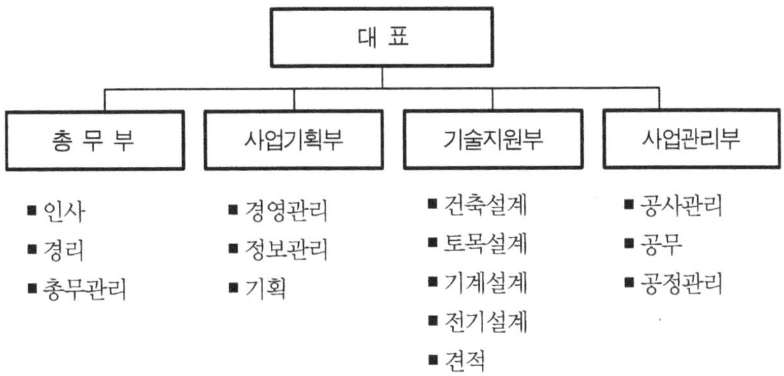

그림 2-3 직능별 조직구성 사례

2) 프로젝트 전담조직(project task force organization)[2]

태스크포스 조직은 프로젝트를 위한 전담조직의 형태로서 자가충원식 조직이 요구되는 경우 효과적으로 사용할 수 있다. 태스크포스의 장점은 높은 프로젝트 적용력, 전체 업무에 대한 높은 수준의 이해도, 좋은 리더십하에 움직일 때, 높은 팀 정신을 배양할 수 있다는 점을 지니고 있다. 태스크 포스는 밀접한 인간관계를 만들 수 있다는 특징을 지니고 있으며, 새로운 아이디어나 공법, 관리기법 등에 쉽게 대응할 수 있다는 점을 갖고 있다. 자율적인 프로젝트 태스크 포스 조직은 발주자와 건설기업 모두에서 사용빈도가 늘어나고 있으며, 어떤 건설기업의 경우 독립된 프로젝트에 회사의 자원을 일거에 투여하여 프로젝트를 진행하도록 하는 태스크 포스 기반으로 조직을 구성하고 있다. 특히, 성공적으로 진행되는 몇몇 유사 프로젝트로 파생될 경우 높은 이윤폭과 상당한 업무 프로세스의 절감효과를 낳을 수 있다.

이러한 태스크 포스 조직은 그림 2-4와 같은 프로젝트 중심조직으로서 전적으로 프로젝트에 투입되고 프로젝트에 대한 모든 책임과 권한을 갖게 되어 신속하고 효율적인 프로젝트의 추진이 가능하다.

2) Professional Construction Management p.22, Donald S. Barrie

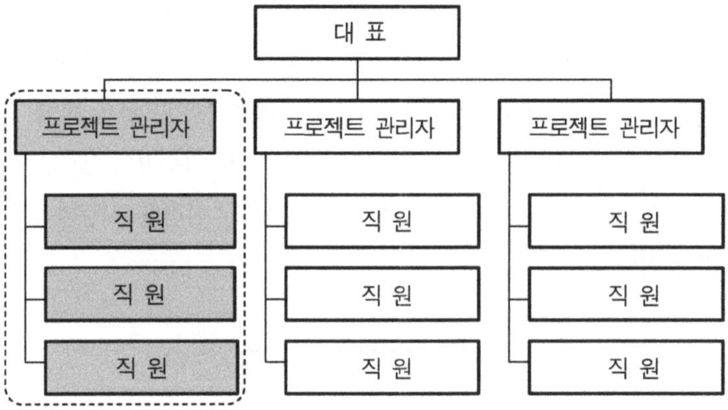

그림 2-4 프로젝트 중심 조직

태스크 포스의 약점은 안정성이 부족하다는 것이다. 조직내의 인원은 장기적인 능력개발과 고용안정성을 위한 사내에서의 안정적인 위치를 확보할 수 없다. 자신의 업무를 정확히 이해하지 못하는 경우도 있으며 작업자나 관리자의 수준을 평가할만한 직능 검사나 균형조정을 진행할 수 없다. 태스크 포스는 관리자의 자격에 대한 모호성으로 인해 직급 질서가 파괴되는 양상도 보일 경우가 있다. 태스크 포스는 적합한 기준이 없는 새로운 시도를 해야 하거나 팀이 매우 밀접하고 숙련된 기술을 갖고 있는 경우 최상의 결과를 기대할 수 있으며, 미국과 캐나다의 수많은 대형 프로젝트와 같이 건설프로젝트를 원거리에서 진행해야 하는 경우 매우 효과적인 프로젝트 조직이라 할 수 있다. 그림 2.5는 이런 프로젝트 태스크 포스 위주로 구성된 조직에 대한 개념적인 도식이다.

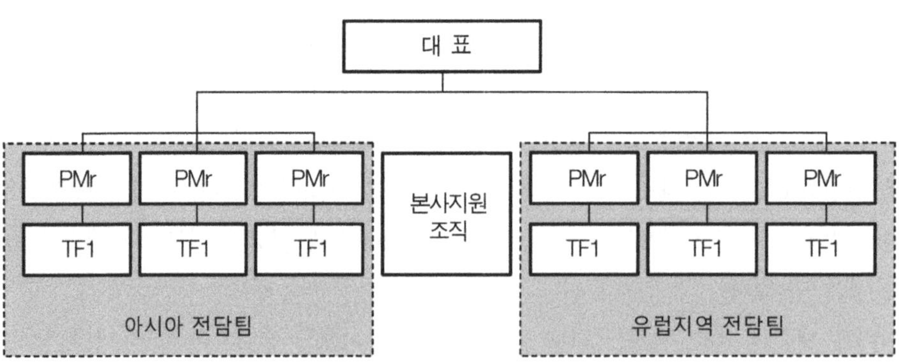

그림 2-5 TF조직의 대표적인 조직 예

3) 라인 & 스태프 조직(line & staff organization)[3]

군대식 라인 조직과 일반 스태프의 구성을 갖는 라인 & 스태프 조직의 대표적인 모델은 Alfred P. Sloan에 의해 개발된 제너럴 모터스의 조직이다. 라인 & 스태프 조직은 제조업분야에서 특히 부각되는 방식이다. 많은 건설회사들에서 부가적인 관리능력의 필요성에 의해 직능별 조직에서 라인 & 스태프 조직으로 발전되어 왔다. 조직도상에서는 스태프 책임관계가 점선으로 표시되고 라인 책임관계가 실선으로 표시되는 유형을 보인다. 라인 & 스태프 조직의 통제력은 직능조직의 기술력과 프로젝트 태스크 포스의 전문적 의견을 조화롭게 받아들일 수 있다는 장점을 지니고 있어서 직능별 조직의 차세대로 제시된 조직이다. 그러나 이러한 형태의 조직은 숙련기술자 의식과 프로젝트 목표에 대한 전반적인 관리상의 균형을 깨뜨릴 수도 있다. 직능별 조직이 높은 수준의 인력개발 환경을 제공한 것인 한편, 다양한 관리자의 배치를 통하여 프로젝트 관리자를 육성하기 위한 뛰어난 환경을 만들 수 있다. 단점으로는 때때로 운영조직과 스태프 간의 불화를 일으키기 쉽다는 것이며, 조직구조가 전반적으로 상부 계층을 비대하게 만드는 경향이 있고, 운영에 있어 비용이 많이 드는 저효율을 낳기 쉽다.

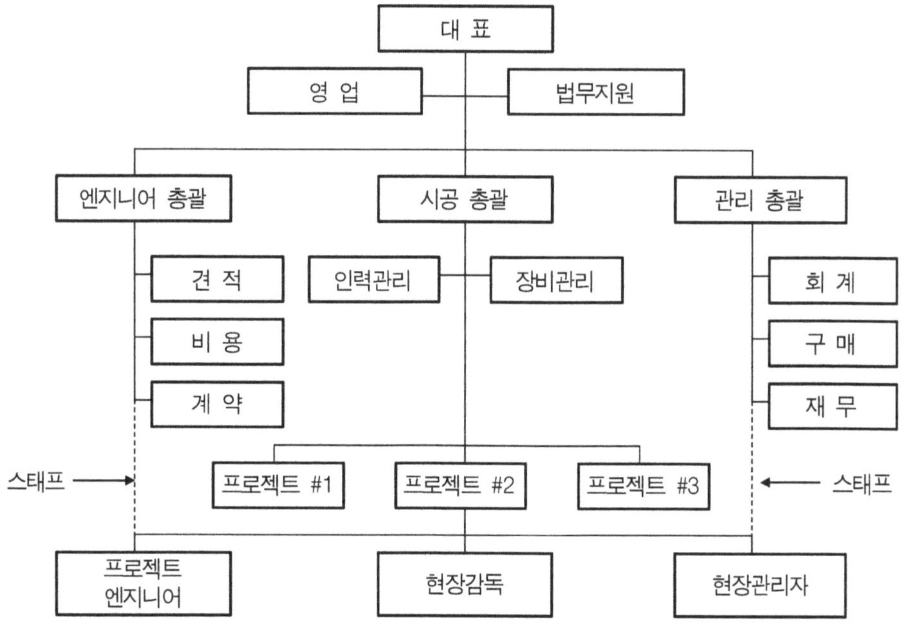

그림 2-6 라인-스태프 조직

4) 사업부 조직

사업부 조직 역시 직능별 조직의 결점인 기업의 업적책임의 불명확성을 제거하기 위하

3) Professional Construction Management p.23, Donald S. Barrie

여 시행된 분권관리의 형태이다.[4] 라인 & 스태프 조직의 또 다른 변형인 사업부 조직은 기업 조직구조상 최고경영자 조직과 스태프 조직, 사업부 조직의 구성을 갖는다. 각 사업부 조직은 라인 조직의 형태를 갖고 있으며, 건설프로젝트에 대한 업적책임을 지는 단위이다. 스태프 조직은 조언과 서비스를 제공하는 직능을 담당한다. 현재 일부 대형 건설업체가 채택하고 있는 사업부 조직은 라인 & 스태프 조직의 실체를 감추는 경향이 많으며 라인책임을 강화한 형태로 이루어지고 있다. 사업부는 단순 계산상의 독립채산 단위가 아니며 프로젝트에 대한 전적인 책임을 지는 통합적 경영단위가 된다. 강력한 라인기능과 독립되고 통합적인 관리로 인하여 프로젝트에 있어서 높은 성과를 얻을 수 있는 반면, 사업부 간의 부조화, 프로젝트 진행 시 업무 프로세스의 과다 중복, 스태프 조직과의 프로젝트 조직과 관계의 모호성 등의 고비용 요소가 존재하기 쉽다. 사업부 간의 격차가 조직균형을 흐트러트리기 쉬우며 직능업무에 필요한 인력을 각 사업부별로 조달해야 하는 만큼 조직을 비대하게 만드는 경향이 있다. 그림 2-7은 이런 사업부 조직의 대표적인 예를 도식적으로 나타낸 것이다.

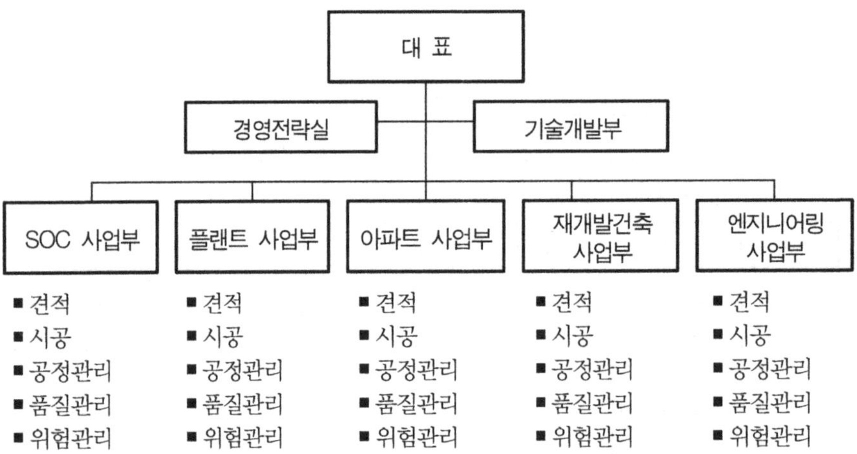

그림 2-7 사업부 조직 사례

5) 매트릭스 조직(matrix organization)[5]

프로젝트 중심의 프로젝트 전담 조직과 직능별 조직은 각각의 장단점이 있는데, 이들의 장점들을 살릴 수 있도록 두 가지 형태의 조직구성을 서로 조합해 놓은 것이 매트릭스 조직이다. 매트릭스 조직은 프로젝트 중심의 조직형태에 가까울수록 강한 매트릭스라고 부르고, 직능별 조직형태에 가까울수록 약한 매트릭스라고 부른다.

---

4) 경영조직론 p.144, 이수도·정기억, 문영사

5) Professional Construction Management p.23, Donald S. Barrie

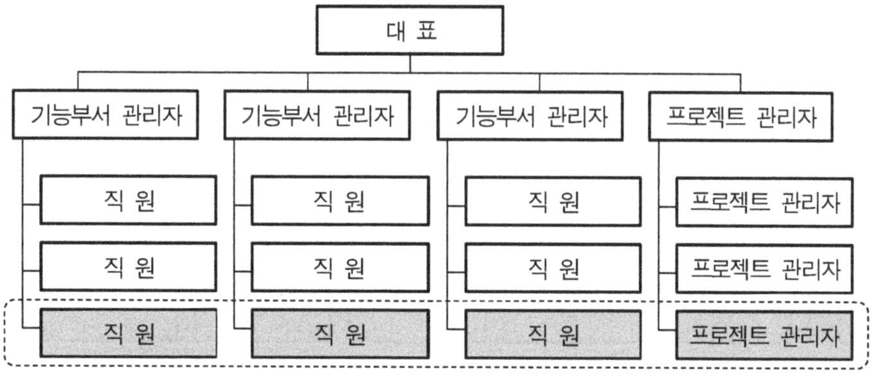

그림 2-8 매트릭스 조직

매트릭스 조직은 직능성의 강약에 따라 약한, 균형 잡힌, 강한 매트릭스 조직으로 나뉘게 된다. 강한 매트릭스 조직은 프로젝트 중심으로 조직을 운영하는 것으로 프로젝트 관리자에게 강력한 권한을 부여하며, 약한 매트릭스 조직은 직능 관리자에게 강력한 권한을 부여한다. 균형 잡힌 매트릭스 조직은 양측 모두에게 균등한 권한을 부여한다. 매트릭스 조직은 프로젝트 관리자에 의해 대표되는 운영라인 조직과 모든 계층 간과 하위 관리자의 중복보고 등을 재할당하는 것과 같은 의사소통 라인을 개방하는 직능 관리자간의 불화를 해소하는데 경주할 수 있다. 스코프, 비용, 그리고 공기와 같은 프로젝트 책임사항들은 프로젝트 관리자의 책임사항이다. 품질, 보증, 설계표준, 회사내부정책과 같은 직능적 목적은 직능관리자의 책임이다. 분쟁은 보통 프로젝트 관리자와 직능 스태프 관리자 사이에서 해결되거나 실행단계에서 매듭지어진다.

매트릭스 조직은 직능적인 강점과 프로젝트 팀 운영의 장점을 결합한 것이다. 이것은 프로젝트 관리자를 육성해내기 위한 뛰어난 환경을 제공하며 높은 수준의 인력을 유지할 수 있게 해주고, 숙련기술자 의식과 프로젝트 목표 간의 조정을 가능하게 해준다. 단점은 프로젝트 관리자와 직능 관리자 간의 책임 유무를 정교하게 판단하기 어렵다는 것이다. 관찰자료에 의하면 많은 조직에서 강력한 관리자가 지배력을 발휘하고 있었으며, 각 팀의 구성원들은 자신들의 계급지위를 확신하지 못하고 있음을 보여주었다. 이 조직형태는 일반적으로 높은 전체 조직관리 및 운영비용을 필요로 한다. 매트릭스 조직은 프로젝트 책임한계와 직능별 조언이 갖추어져야만 적합하게 사용될 수 있다. 숙련된 인력중심의 관리자가 포함되고 직능 및 프로젝트 권한이 명확하게 정의되고 분할될 때 매트릭스 조직은 최고의 성능을 발휘한다. 매트릭스 조직의 뛰어난 프로젝트 적응성으로 인해 이 조직은 건설사업관리를 위한 조직형태로서 많이 언급되고 있다.

설계-시공(design-build) 일괄수행을 진행하는 건설기업과 공공기관은 매트릭스 조직의 한 형태를 개발하여 사용하고 있다. 이 조직형태는 태스크 포스와 직능조직 간의 교차적인 성격을 지니고 있으며 각각의 장점을 보존하려는 시도를 취하고 있다.

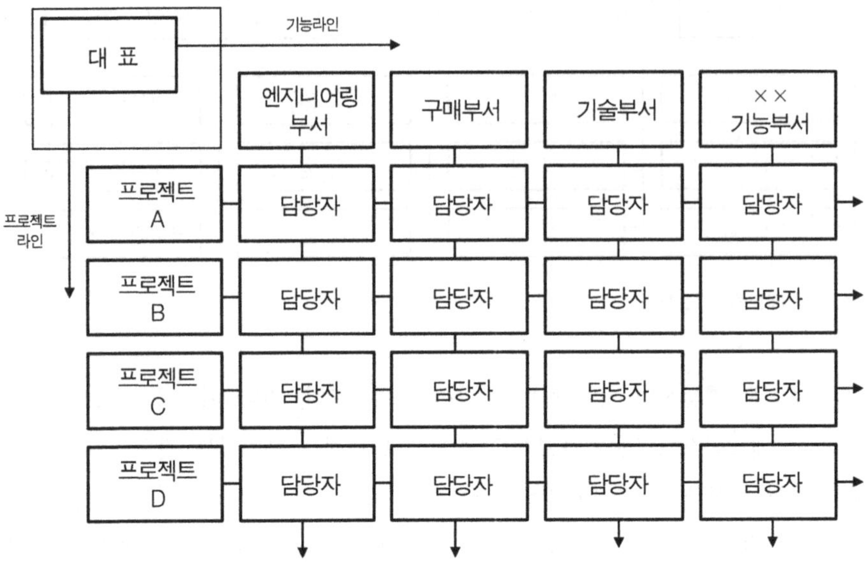

그림 2-9 매트릭스 구조

2.3 계약형식에 따른 건설사업조직

건설사업은 발주되는 방식 또는 계약되는 방식에 따라 사업에 투입되는 조직의 구성이 달라지게 된다. 일반적인 건설사업의 계약방식은 전통적인 설계·시공 분리발주 방식과 턴키 또는 design/build, 그리고 CM사업 등으로 구분할 수 있다. 여기서는 이처럼 건설사업 참여자들의 계약형식에 따른 건설사업의 조직구성을 살펴본다.

1) 전통적 건설사업조직

전통적인 건설사업에서는 발주자가 설계자를 고용하여 설계도면과 시방서를 준비한 후,

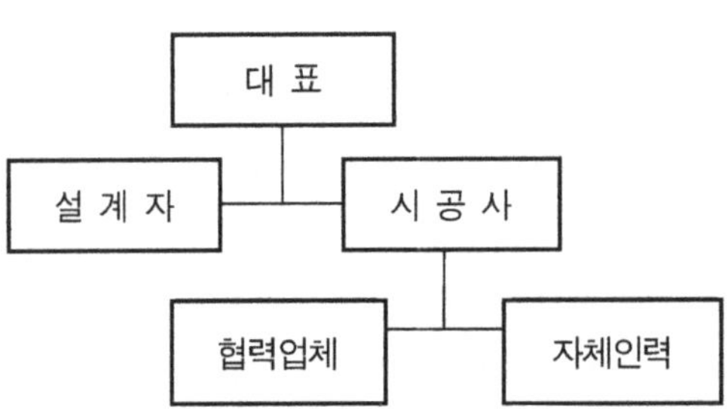

그림 2-10 일반적인 건설사업조직

별도의 시공사를 선정하여 시공하게 된다. 이때 대부분의 공사는 하도급계약에 의한 협력업체들에 의해 진행된다.

2) 턴키사업에서의 건설사업조직

턴키는 설계와 시공을 하나의 사업자가 동시에 수행하는 방식으로 단일조직에 의해 설계와 시공이 일괄적으로 수행된다는 특징을 갖는다. 이러한 턴키사업에서의 건설사업조직은 크게 설계–시공형태와 설계–관리형태로 구분되며, 이러한 조직구성의 예는 다음 그림과 같다.

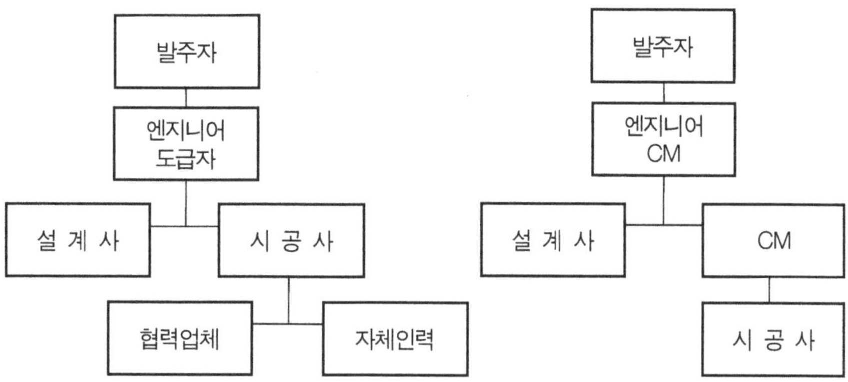

그림 2-11 턴키사업에서의 조직

그림에서 왼쪽의 조직구성이 설계–시공(desing–build) 턴키이며, 오른쪽은 설계–관리(design–manage) 턴키이다. 설계–시공 턴키의 경우 엔지니어링 전문도급자가 전체 사업을 일괄적으로 책임지고, 그 밑에 설계사와 시공사가 사업을 추진하게 된다.

반면에 설계–관리 턴키의 경우는 엔지니어링 기능의 CM과 그 밑에 설계사, 그리고 시공 전담의 CM이 시공사와 함께 사업을 추진하게 된다.

3) CM사업에서의 건설사업조직

최근 CM을 활용한 건설사업이 꾸준히 발주되고 있다. CM은 발주자의 기술적 자문을 주로 담당하는 "CM for Fee" 형태와 시공의 책임과 권한을 모두 갖는 "CM at Risk" 형태로 구분된다.

그림 2–12는 CM을 활용한 건설사업조직의 사례이다. 왼쪽은 시공에 대한 전체 관리와 책임을 지게 되는 책임 시공형 CM으로 일반도급자(general contractor)가 CM의 역할을 병행하게 되는 경우이다. 반면에, 오른쪽은 발주자의 기술적 자문을 전담하게 되는 "agent"형 CM이다.

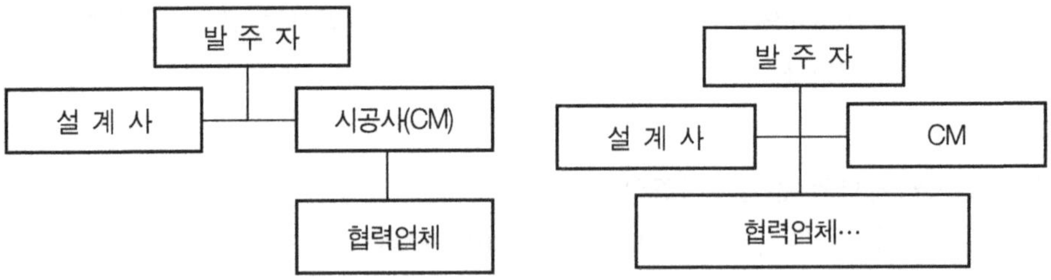

그림 2-12 전문사업관리자 조직

2.4 책임할당 매트릭스(RAM[6])

프로젝트에 참여하는 참여자들은 고유의 역할과 책임을 할당받게 된다. 프로젝트의 수행에서 참여자들의 역할은 프로젝트의 성패에 많은 영향을 미치므로, 각 참여자들의 역할과 책임을 체계적으로 관리할 필요가 있다.

프로젝트의 역할(누가 무엇을 하는가)과 책임(누가 무엇을 결정하는가)은 그 업무에 적절한 참여자에게 지정되어야 한다. 대부분의 역할과 책임은 프로젝트관리자와 같이 해당 작업에 적극적으로 참여하는 사람에게 부여하게 된다.

프로젝트관리자의 책임과 역할은 프로젝트의 과업범위와 매우 밀접한 관련이 있으며, 이러한 목적을 위하여 종종 책임할당 매트릭스(RAM)를 사용한다. 대규모 프로젝트에서는 이러한 매트릭스가 다양한 레벨에 대하여 작성될 수 있다. 예를 들어, 상위 레벨의 매트릭스에서는 작업분류체계의 요소를 부서단위로 지정하게 되며, 하위 레벨의 매트릭스에서는 특정 개인에게 특정 작업을 지정할 수 있다.

	A	B	C	D	E	F	…
기획	S	R	A	P	P		
기능분석	S		A	P		P	
설계	S		R	A	I		P
시공		R	S	A		P	P
테스트			S	P	I	A	P

(P : 참여, a : 책임, R : 검토, I : 입력, S : 최종승인)

그림 2-13 책임할당 매트릭스

6) Responsibility Assignment Matrix

2.5 국내 건설조직 현황과 개선방향

국내 대형 건설업체를 비롯하여 건설업체 및 건설관련 공공기관의 조직구성을 일반적으로 직능별 조직구성 원칙을 따르고 있다. 직능별 조직구성은 앞에서도 언급한 바와 마찬가지로 건설업계에서 상당히 오랜 역사를 갖고 있는 조직구성방식이다. 이 조직구성은 특히 시공 중심의 건설업에 있어서는 다양한 시공기술력을 받아들이는 데 일조를 해왔으며, 관료 조직구성과 일치하는 라인기능의 강화로 인하여 조직운영이나 사업수행에 있어 강력한 통제력을 발휘할 수 있었다. 그러나 이러한 직능별 조직은 융통성이 무척 적고 관리기술력의 제고 및 프로젝트 관리자 육성에 미흡한 면으로 인하여 최근 그 문제점이 많이 대두되고 있는 형편이다. 이로 인하여, 대형 건설업체를 중심으로 분권화를 위한 사업부제를 도입하여 기업 프로젝트의 업적 책임제를 적용하고 있는 실정이나, 근본적으로 직능화에 대한 뿌리 깊은 관료적 형태를 크게 벗어나기는 어려운 실정이다.

건설업이 고부가가치 산업으로 자리잡기 위해서는 단순시공 같은 유형의 산물보다는 개발 및 관리 등과 같은 무형의 산물을 통한 부가가치를 획득할 수 있어야만 한다. 그러므로 현 건설업의 단순시공 중심의 조직형태인 직능화가 강화된 조직은 관리기술력을 강화하고 창조적으로 사업을 개발할 수 있는 유연한(flexible) 조직으로 변화해야 할 필요가 있다. 그러나 단순히 이런 요구를 무작정 받아들이는 것은 조직상의 계급질서의 혼란, 책임기능의 약화 등 많은 문제점을 일으킬 수 있으며 건설업의 중심이라고 할 수 있는 기술력을 받아들이고 강화하는데 약해질 우려가 있다. 게다가, 국내의 건설시공기술력은 과거 수많은 건설시공 경험을 중심으로 비약적인 발전을 거듭한 지금, 이러한 직능화된 조직구성을 함부로 뒤바꿀 수는 없는 현실이다.

국내 건설기업의 경우 현재 시공 중심에서 관리 및 기술 중심으로 변화해 나가고 있는 시점이므로 아직까지는 조직면에서 직능화가 강한 편이다. 그러한 조직을 갑자기 프로젝트 중심으로 전환하는 것은 오히려 조직의 혼란과 큰 비용요소를 불러일으키는 결과가 되기 쉬우므로, 약한 매트릭스 개념을 통해 직능별 권한체계를 보존하면서 프로젝트를 위한 팀을 구성해야 한다. 그리고 점차적으로 밸런스 매트릭스에서 사업의 성격에 따라 강한 매트릭스 형태로 발전되어갈 수 있다.

직능적 성격이 강한 약한 매트릭스 조직에서 프로젝트 중심의 관리기능을 도입하기 위해서는 프로젝트 전담반(task force) 개념을 부분적으로 도입할 수 있다. 이미 설명한 바와 같이 프로젝트 태스크 포스는 절대적으로 프로젝트 중심의 조직운영 개념이다. 먼저, 이를 위해서 프로젝트별 태스크 포스를 만들기 위한 원천에 대한 정의를 내려야 한다. 기본적으로 태스크 포스의 인원은 직능별 인원을 중심으로 선발되어 이루어지고 프로젝트를 위한 제한적 직능에 대해서는 아웃소싱(outsourcing)을 하도록 할 수 있다. 물론, 이렇게 만들어진 태스크 포스의 책임자는 프로젝트관리자(project manager) 또는 건설사업관리자(construction manager)가 선정되어야 할 것이다. 이 관리자의 권한을 위하여 프로젝트관리자 인력으로 구성된 직능부서와 의견통합을 진행시킬 프로젝트 전담부서가 필요하다. 실질적인 업무체계는 프로젝트에 관하여 프로젝트관리자의 입안은 전담부서를 통하여 부서장급의 결정을 통해 인력이 선발되어 프로젝트에 참여하는 방식을 취하게 될 것이다. 또한, 태스크 포스의 인력은 프로젝트 참여중인 프로젝트관리자의 통제에 의해 움직여 줄 수 있어야만 한다. 대신 조직의 직능성 유지를 위하여 프로젝트관리자의 직접적인 전체 조직 통제기능은 약화시키고 전담부서를 통한 의사결정체계를 유지하는 것이 바람직하다.

Chapter 03 | 건축공사계약

3.1 개 요

건설사업에서 계약관리는 계약당사자들이 계약서상에 언급된 조항들을 투명하게 지켜 나가도록 하는 행위를 의미한다. 즉, 발주자는 정확히 계약목적물을 완성하게 하고, 계약 상대자는 발주자의 계약이행에 따른 정당한 대가를 지불하도록 하는 것이 계약관리의 목적이다.

최근 건설시장 개방과 함께 계약관리의 중요성은 점차 증가하고 있다. 하지만, 국제적 기준에 부합하지 않는 계약 및 조달규정, 발주자 위주의 계약관행, 계약관리의 전문성 부족 등으로 국내 건설산업의 계약관리는 가장 취약한 분야로 판단된다. 건설계약에 있어 모든 계약당사자들의 철저하고 시기적절한 문서화 작업은 필수적이다. 이러한 문서화 작업은 계약을 이행하는 과정에서 서로 간의 이견을 신속하고 공정하게 해결함은 물론 클레임 발생 가능성을 줄여줄 수 있다.

일반적으로는 계약관리와 관련된 업무를 계약 이후인 공사의 수행단계로 한정하기 쉽다. 그러나 실제 계약관리업무는 조달계획의 수립, 입찰서류의 준비, 입찰 및 낙찰, 계약 체결, 설계변경, 계약의 해석, 하자보수단계에 이르기까지 프로젝트 전 과정에서 발생한다.

계약관리는 프로젝트의 성패를 좌우하는 중요한 업무이다. 그러나 대부분의 발주자들이 계약관련 조직이나 전문가를 별도로 두지 않고 있어 계약에 대한 자문이나 도움을 받기가 어렵다. 또한 계약조건에 기술되는 건설계약 용어들이 난해하고 건설산업이 주문생산방식을 취하고 있어, 목적물을 정의하고 있는 설계도면, 시방서 등에 대한 충분한 이해와 법적 지식이 미흡한 상태에서 계약이 이루어지고 있기 때문에 항상 문제발생의 가능성을 내포하고 있다. 더욱이 건설 클레임의 대부분을 차지하고 있는 설계변경, 공기연장 등은 실제 클레임이 발생하고 난 뒤에야 그 중요성을 인식하는 경우가 많아 사전관리에 어려움이 있다.

3.2 계약의 개념 및 정의

3.2.1 계약의 정의

계약의 사전적 의미는 "㉠ 약정, 약속, ㉡ 사법상의 일정한 법률적 효과의 발생을 목적으로 하는, 두 사람 이상의 의사의 합의에 따라 성립하는 법률 행위"를 말하며, 광의의 계약은 단독행위 및 합동행위와 대립되는 개념으로서 법률효과가 대립적·교환적으로 나타난다. 계약은 내용에 따라 물권계약·채권계약·신분계약 등으로 구분되며, 그 중에서 채권계약을 협의의 계약이라고 한다.

계약은 다양한 기준에 따라 전형계약·비전형계약, 쌍무계약·편무계약, 유상계약·무상계약, 낙성계약·요물계약, 요식계약·불요식계약, 계속적계약·일시적계약, 본계약·예약 등으로 나눌 수 있다. 누구든지 자유롭게 계약을 형성할 수 있는 계약 자유의 원칙은 계약 체결의 자유, 상대편 선택의 자유, 내용결정의 자유, 방식의 자유 등을 그 내용으로 한다. 그러나 오늘날 계약 자유의 원칙은 공공복리의 개념으로 많은 제한을 받고 있다.

계약의 성립과정에서는 계약체결상의 과실책임(민법 제535조)이 문제되고, 계약의 효력으로서는 동시이행의 항변권(민법 제636조)과 위험부담(민법 제537조, 538조)이 문제된다. 계약은 채무불이행을 원인으로 하는 해제 또는 해지에 의하여 소멸한다.

3.2.2 건설계약

건설계약은 도급계약에 해당하며, 민법 제664조에 의하면 "도급은 당사자의 수급인이 어떤 일을 완성할 것을 약정하고, 도급인이 그 일의 결과에 대하여 보수를 지급할 것을 약정함으로써 성립하는 계약"이라고 규정하고 있다.

계약의 영문표기에는 agreement와 contract가 있는데 전자는 광의의 계약, 후자, 즉 contract는 협의의 계약이라고도 한다. PMBOK 3RD Edirion(PMI, 2004)에서는 계약을 다음과 같이 정의하고 있다

"A Contract is a mutually binding agreement that obligates the seller to provide the specified product and obligates the buyer to pay for it."

즉, 계약이란 특정한 제품을 제공한 판매자에게 구매자가 그 대가를 지불할 것을 구속하는 쌍방의 합의라는 것이다

우리나라는 WTO의 가입으로 인한 정부조달시장의 개방에 대비하여 계약 법령체계를 1996년 12월 3일 개정하였으며, 개정된 법령체계는 다음과 같다.

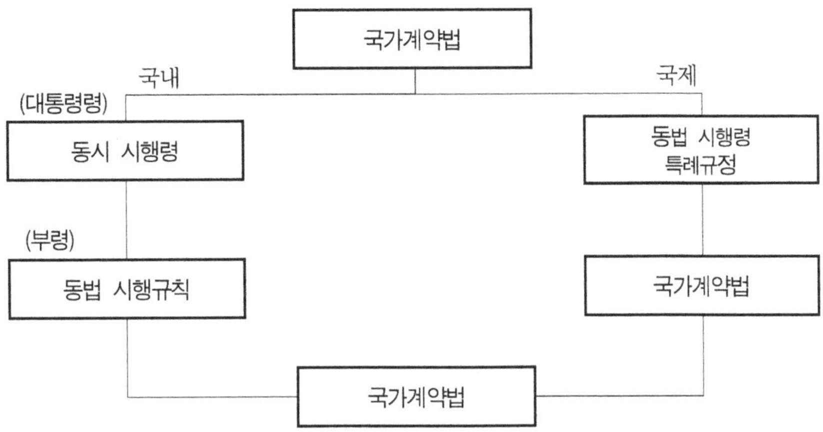

· 국가계약법 : 국가를 상대자로 하는 계약에 관한 법률
· 특례규정 : 특정 조달을 위한 국가를 상대자로 하는 계약에 관한 법률 시행령 특례규정
· 특례규칙 : 특정 조달을 위한 국가를 상대자로 하는 계약에 관한 법률 시행령 특례규칙

그림 3-1 국가계약법령 체계

3.2.3 계약의 성립

계약이 성립하기 위해서는 청약(offer)과 승낙(acceptance) 및 약인(consideration)의 3가지 요소가 갖추어져야 한다. 계약의 성립은 계약당사자 사이에 청약(offer)과 승낙(acceptance)으로 이루어지나 그 계약에는 계약당사자간의 상호교환, 즉 약인(consideration)이 존재해야 하며, 국제계약에 있어서도 원칙적으로 같은 원리가 적용된다.

청약은 발주자의 승낙 시 계약을 체결하겠다는 의도를 나타내는 약속 또는 문서로 발주자에게는 승낙할 수 있는 명확한 권한이 부여된다. 따라서 청약은

① 입찰자의 계약의도를 확실히 나타내야 하며,

② 청약은 명확하고 확실해야 하며,

③ 발주자에게 청약을 승낙할 수 있는 권한을 반드시 주어야 한다.

승낙은 입찰서를 접수한 발주자가 입찰자가 제출한 입찰서의 조건과 내용에 동의한다는

자발적인 행위로서 다음의 조건이 전제되어야 한다.

① 승낙이 유효하기 위해서는 입찰자(offerer)의 유효한 청약이 있어야 하며,

② 청약은 발주자(offeree)에 의해서만 승낙되어져야 하고,

③ 발주자는 반드시 입찰자에게 승낙을 통보해야 하며,

④ 입찰자의 청약에 다른 조건을 추가해서는 안 된다.

약인(consideration)은 전통적인 영·미계약법 이론의 기본개념으로 대가의 상호교환(bargained-for exchange)이라 할 수 있다. 즉, 계약의 강제집행이 가능하기 위해서는 계약내용상

① 무엇인가의 상호간 거래되어야 하고(거래적 요소),

② 그 무엇이 충분히 법적 가치가 있어야 한다(가치적 요소).

즉, 계약이 효력을 갖기 위해서는 충분히 법적 가치가 있는 무엇인가의 상호간 거래가 전제되어야 한다는 것으로, 이것을 약인이라 한다.

이상에서 살펴본 바와 같이 계약에는 반드시 청약과 승낙 및 약인이 존재해야 유효하며 또한 법적 구속력을 갖게 된다.

3.2.4 계약관리의 프로세스

계약관리는 조달계획의 수립, 입찰서류의 준비, 입찰 및 낙찰, 계약체결, 설계변경, 계약의 해석 등의 업무로 프로젝트 전 과정에서 발생한다. 즉, 외부로부터 필요한 자재, 제품, 서비스 등을 구매하기 위한 각종 계약행위와 이를 관리하는데 필요한 관리업무 및 변경을 통제하기 위한 제반절차가 포함된다.

1) 계약계획의 수립

조달품목, 수량, 시기와 방법을 결정하는 단계로 시장조건, 제약 및 요구사항 등에 대한 면밀한 검토와 함께 계약을 통해 리스크를 완화하거나 계약 상대자에게 리스크를 전가하기 위하여 계약유형 및 조건을 검토한다.

2) 입찰준비

조달계획단계에서 수립된 계약방법, 시기, 금액 등을 기준으로 세부적인 설계도서, 시방서와 함께 제공될 입찰유의서, 계약일반조건, 계약특수조건 등 입찰관련 서류를 작성한다. 이러한 문서들은 입찰자로부터 입찰서, 견적서 또는 제안서를 받기 위해서 제공되는데 정

부계약의 경우 문서의 내용 및 그 구조가 규정되어 있다. 대표적인 문서로는 입찰조정서(invitation for bid), 제안요청서(request for proposal), 견적요청서(request for quotation), 입찰고지서(tender notice) 등이 있다.

3) 입찰 및 계약

설계와 시공을 분리하여 발주하는 일반적인 공공공사의 입찰 및 계약과정은 '입찰방법의 결정 → 입찰공고 → 입찰참가자격 사전심사(PQ) → 예정가격의 작성 → 입찰 → 낙찰자 결정 → 계약체결 → 계약이행 → 이행완료 및 대가지급'과 같은 절차를 거친다.

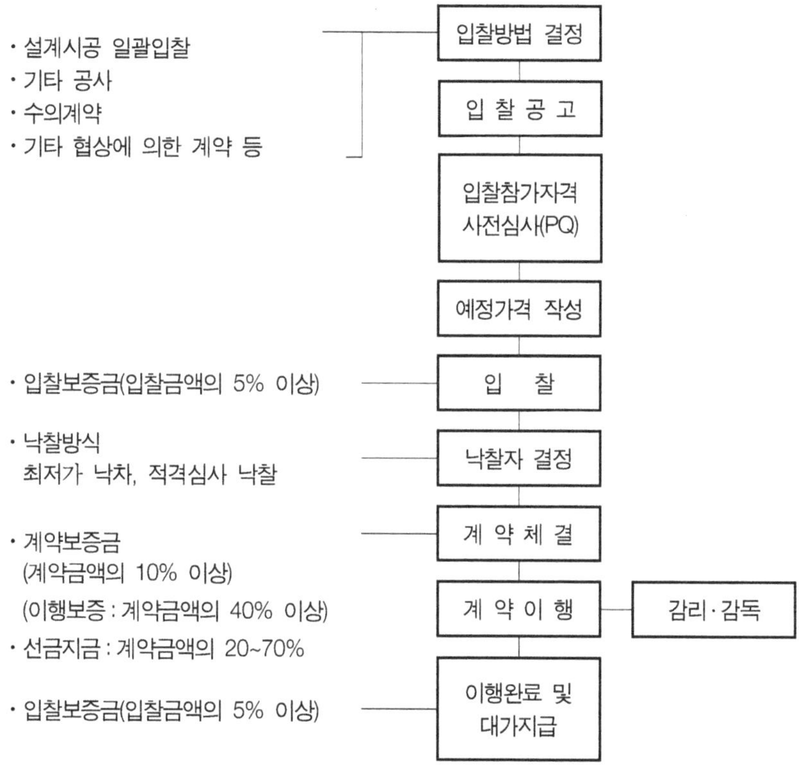

4) 계약행정

계약체결 후 해당 계약을 유효하게 유지하기 위해서 계약당사자들은 상호간에 계약상의 의무를 준수해야 한다. 계약행정에 있어 수급자는 적절한 시기에 행하는 작업지시, 계약조건에 따른 일정, 작업량 및 기술적 성과를 감시하는 성과보고, 품질관리 및 통제, 계약변경관리 등의 사항을 주기적으로 검사하여 도급자의 계약이행을 감시한다. 그리고 계약이행이 확인되면 계약조건에 따른 대가를 지불하게 된다.

이러한 일련의 계약행정은 계약의 전 기간에 걸쳐서 체계적인 문서관리 시스템에 의해 관리되어야 한다.

3.3 계약문서

3.3.1 계약문서의 중요성

건설공사계약은 입·낙찰 등을 거쳐 발주자와 낙찰자간에 체결되며, 그 법적 성격은 도급계약에 속한다. 도급계약은 일정한 일의 완성에 대하여 보수를 지급할 것을 합의함으로써 성립하는 계약이다.

이러한 도급계약의 성립과 관련하여 각종 정형적 계약의 근거법이라고 할 수 있는 현행 민법은 채권 편에서 도급계약을 불요식계약으로 규정하고 있다. 따라서 계약을 체결할 때 서면의 작성과 같은 특별한 방식을 반드시 필요로 하는 것은 아니다. 그러나 민간공사에서 체결되는 도급계약은 당사자의 의사에 따라 요식계약이나 불요식계약 어느 방식으로도 기능하겠지만, 공공공사의 계약은 요식계약으로 보아야 할 것이다. 이러한 요식성을 요구하는 이유는 건설공사계약의 특수성에서 비롯되는 것으로 보인다. 공사계약의 불분명한 내용으로 인해 분쟁이 발생할 수 있는 여지를 최소화하고, 계약성립에 있어 당사자의 의사를 보다 명확히 하고자 하는 입법취지가 반영되어 있는 것이다.

따라서 계약당사자에게는 공사계약 일반조건이나 특수조건, 설계서, 입찰유의서 등의 작성과 보관이 요구된다. 단순한 계약문서의 작성과 보관 외에 계약당사자간 별도의 합의사항에 대해서도 반드시 문서화시켜 일정한 기간이 경과한 후 상호 입장 차이나 상반된 주장이 제기될 때 사실 여부를 확인할 수 있는 근거를 확보해야 한다.

3.3.2 계약문서의 종류

국내 공공공사의 「국가계약법」 제11조 계약서의 작성 및 계약의 성립, 「건설산업기본법」 제22조 건설공사에 관한 도급계약의 원칙 등에서 계약당사자로 하여금 계약금액, 이행기간, 기타 필요한 사항을 사전에 명백히 기재한 계약서를 작성하여 서명, 날인하도록 규정하고 있다.

계약문서는 계약형태, 관습, 발주자에 따라 종류가 매우 다양하게 존재할 수 있다. 이렇게 다양한 계약문서들은 상호보완적으로 해석되어야 한다. 실례로 특정 내용을 지나치게 확대한다거나 특정 부분만을 인용하여 그 해석에 오류가 발생하는 사례가 많기 때문에, 계약문서로서 효력을 가지기 위해서는 해당 문서가 법률적 효력이 발생하는 계약문서에 포함되는지 여부에 대한 명확한 규정이 필요하다.

「국가계약법시행령」 제48조의 규정에 따라 기획재정부 회계예규 '공사계약일반조건' 제3조에 규정되어 있는 계약문서와 외국의 계약문서의 종류는 아래와 같다.

표 3-1 각 국가별 계약문서의 종류

한 국	영 국	미국 AIA	FIDIC
1) 계약서	1) Tender	1) Agreement	1) General Condition
2) 설계서(설계도면, 공사시방서, 현장설명서, 공사내역서)	2) Acceptance of Tender	2) Condition of Contract	2) Letter of Acceptance
3) 공사입찰유의서	3) General Condition	3) Drawings	3) Tender
4) 공사계약일반조건	4) Specification	4) Specification	4) Condition of Contract
5) 공사계약특수조건	5) Bill of Quantities	5) Addenda	5) Specification
6) 산출내역서	6) Drawings	6) Accept of Alternates	6) Drawings
7) 계약당사자 간에 행한 통지		7) Modifications	7) Bill of Quantities

3.3.3 계약문서의 우선순위

계약문서의 우선순위를 정하는 것은 계약문서 간의 모순이나 불일치가 발생하거나 그 의미가 모호한 경우에 대비하기 위한 것이다. 만약 계약문서 간 우선순위에 대한 규정이 없는 경우라면, 통상적으로 특수조건이 일반조건보다 우선하고 시간적으로 나중에 작성된 것이 이전에 작성된 것보다 우선해서 적용된다.

국내 공공공사의 경우 도면과 시방서 또는 일반조건과 특수조건 등은 작성자가 다르므로 계약문서 간에 내용이 상치되는 경우가 비일비재하다. 국내의 경우에도 일반조건은 기획재정부[7]가 특수조건Ⅰ은 조달청, 특수조건Ⅱ는 개별 발주기관에서 작성하고 있다.

기획재정부 회계 '공사계약 일반조건'에 의하면 일반조건과 특수조건 사이에 우선순위를 두지 않고 있으며, 두 조건을 상호 독립적, 보완적 관계에 있다고 보고 있다. 즉, '상호보완설'에 가까운 입장을 취하고 있다. 그러나 이 견해는 일반조건과 특수조건이 서로 상충할 때, 즉 상호보완으로 문제점이 해결되지 아니할 때에는 어느 내용을 따라야 하는지에 대한 정확한 판단을 내리지 않고 있다.

반면, FIDIC '공사계약 일반조건' 제5조에 의하면 계약문서는 상호보완적 효력을 가지나 서로 상이할 경우에는 다음의 우선순위를 따르도록 하고 있다.

---

7) 지방자치단체를 당사자로 하는 일반조건은 행정자치부에서 담당하고 있다.

① contract agreement (계약서)

② letter of acceptance (낙찰통지서)

③ tender (입찰서)

④ condition of contract part ii (특수조건)

⑤ condition of contract part i (일반조건)

⑥ specifications (시방서)

⑦ drawings (도면)

⑧ bill of quantities (산출내역서)

3.4 계약당사자, 감독관 및 감리자의 지위

계약당사자는 영문으로 parties to the contract라고 하기도 하며, 법적인 용어로는 privy라고 하고, 계약관계는 contractual relation-ship 또는 privity라고 한다.

공사계약 일반조건 제2조에 계약담당공무원, 계약상대자 및 공사감독관에 대해 정의하고 있다.

1) 계약담당 공무원

계약담당 공무원이란 국가계약법 시행규칙 제12조의 규정에 의한 공무원을 말한다.

그리고 공사계약 특수조건(조달청계약 12711-2238, 2000.5.25) 제2조 제2항에 의하면, "공사의 착공, 감독, 하도급관리, 대가의 지급, 검사, 재해방지조치, 인수, 하자관리 등 공사현장에서 계약이행과 관련된 사항에 대해서는 달리 규정한 경우를 제외하고는 수요기관의 장(그 위임을 받은 공무원을 포함한다. 이하 같다)을 계약담당 공무원으로 본다.

발주자 측에서는 계약담당 공무원이 계약관리의 주무업무를 담당하게 된다. 그러나 발주자가 건설사업관리업무를 위탁·시행하는 경우 건설사업관리자는 시공단계의 클레임 분석을 위해 계약관리업무를 수행해야 하고, 발주자는 건설사업관리자가 건설사업관리업무를 성실히 수행하고 있는지에 대해서도 지도·감독해야 한다.

2) 계약상대자

계약상대자는 정부와 공사계약을 체결한 자연인 또는 법인을 말한다. 통상적으로 시공자는 본사와 현장으로 구분하여 살펴볼 수 있으며, 본사는 계약체결의 당사자로서 역할을 수행하고, 현장업무를 지원하는 역할을 수행하게 된다. 본사에는 보통 계약팀이 구성되어 있고 법률전문가의 도움을 받아 현장의 계약관리를 지원하고 있으나, 현장에서 발생하는 건설계약에 실질적인 도움을 주지 못하는 경우가 많다. 다행히 계약팀에 건설공사를 다년간 경험하면서 계약문제를 집중적으로 처리한 건설계약 전문가가 고용방식 또는 아웃소싱 방식을 통해 직·간접적으로 참여하고 있다면 계약관리 지원업무는 달라질 수 있을 것이다.

3) 공사감독관 및 감리원

공사감독관은 제16조에 규정된 임무를 수행하기 위해 정부가 임명한 기술직원 또는 그의 대리인을 말한다. 그러나 건설기술관리법 제27조의 규정에 의하여 책임감리를 하는 공사에 있어서는 당해 공사의 감리를 수행하는 감리원을 말한다.

건설기술관리법 제35조(건설공사 감독자의 감독의무) 규정에 의하여 국토해양부와 그 산하기관이 발주하는 건설공사에서 공사감독관은 국토해양부의 건설공사감독자 업무지침에 따라 감독업무를 수행해야 한다.

공사감독관의 주요업무는 다음과 같다.

① 발주자의 서류 작성·비치

② 시공자가 비치하는 서류의 확인

③ 착수단계 시 감독관의 선임 후 일정기간 내에 설계도서의 구조적 안전성·시공성 등에 대한 적정 여부의 검토

④ 설계도서 숙지 및 착공과 동시에 시공사로 하여금 설계도서와 실제 현장의 이상 유무를 확인한 후, 시공자의 확인 측량 결과 설계도서와 상이한 부분에 대해서는 실시설계 용역업자와 합동으로 확인

⑤ 착공 즉시 토취장·사토장 및 골재원 등을 확인하고, 적정 여부를 소속기관의 장에게 보고

⑥ 공사시방서·설계도서·계약서·예정공정표·품질보증계획 또는 품질시험계획·도급내역서 등에 의하여 자재 등의 품질 및 시공 확인 및 부적절한 부분에 대한 재시공 등을 지시하고, 시공자가 이에 따르지 않거나 중대한 결함이 발생할 우려가 있을 때 공사중단

⑦ 공정계획에 따라 공사를 추진하도록 감독, 예정공정과 실시공정을 비교하여 부진한 경우 시공자로 하여금 부진사유, 만회공정이 포함된 만회대책을 수립토록 지시

⑧ 시공자로 하여금 공사시행 전에 공사시방서에 명기된 시공상세도를 작성·제출하도록 하고 제출된 시공 상세도면의 검토·확인

⑨ 자재관리

⑩ 안전관리 및 환경관리

표 3-2 건설기술관리법에 규정된 감리업무 비교

책임감리업무	시공감리업무	검측감리업무
1. 시공계획의 검토 2. 공정표의 검토 3. 건설업자 또는 주택건설등록업자가 작성한 시공 상세도면의 검토·확인 4. 시공이 설계도면 및 시방서의 내용에 적합하게 행해지고 있는지에 대한 확인 5. 구조물 규격에 관한 검토·확인 6. 사용자재의 적합성 검토·확인 7. 건설업자 또는 주택건설등록업자가 수립한 품질보증계획에 대한 확인, 품질보증계획의 지도, 품질시험 및 검사성과에 관한 검토 확인 8. 재해예방대책·안전관리 및 환경관리의 확인 9. 설계변경에 관한 사항의 검토·확인 10. 공사 진척부분에 대한 조사 및 검사 11. 완공도면의 검토 및 준공검사 12. 하도급에 대한 타당성 검토 13. 설계내용의 현장조건 부합 및 실제 시공 가능 여부 등의 사전검토 14. 상주감리원이 수행하지 못한 현장조사 분석 또는 주요구조물의 기술적 검토 15. 기성 및 준공검사 16. 행정지원업무 17. 설계도서의 검토 18. 중요한 설계변경에 대한 기술검토 19. 현장 시공상태의 평가 및 기술지도	1. 시공계획의 검토 2. 공정표의 검토 3. 건설업자 또는 주택건설등록업자가 작성한 시공 상세도면의 검토 4. 시공내용이 설계도면 및 공사시방서의 내용에 적합하게 행해지고 있는지에 대한 확인 5. 구조물 규격의 적합성 검토 6. 사용자재의 적합성의 검토 7. 건설업자 또는 주택건설등록업자가 수립한 품질보증계획 또는 품질시험계획에 대한 확인·지도 8. 건설업자 또는 주택건설등록업자가 실시한 품질시험 또는 검사에 대한 검토·확인 9. 재해예방대책·안전관리 및 환경관리의 지도 10. 설계변경에 관한 사항의 검토 11. 공사 진척부분에 대한 조사 및 검사 12. 완공도면의 검토 및 완공사실의 확인 13. 하도급에 대한 타당성 검토 14. 설계내용의 현장조건 적합성 및 시공 기능성 등의 사전검토 15. 그밖에 건설공사의 질적 향상을 위하여 필요한 사항	1. 시공내용이 설계도면 및 공사시방서의 내용에 적합하게 행해지고 있는지에 대한 확인 2. 구조물 규격의 적합성의 검토 3. 사용자재의 적합성 검토 4. 품질시험 및 성과에 관한 검토·확인 5. 공사 진척부분에 대한 조사 및 검사 6. 완공도면의 검토 및 완공사실의 확인 7. 그밖에 건설공사의 질적 향상을 위해 필요한 사항

⑪ 단순설계변경은 선조치 후 사후보고

⑫ 시공자로부터 설계변경에 필요한 설계도면·수량산출서 등 관계자료를 제출받아 설계변경 도서를 작성

⑬ 상부의 명령 및 지시사항 처리

⑭ 공사현장관리
⑮ 시공자의 시공계획서(세부공정계획, 현장기술자 확보사항, 기타 공사계획에 관한 사항 등을 포함)의 검토·확인
⑯ 품질관리 지도·감독
⑰ 천재·지변 또는 기타의 사유로 공사현장에 피해가 발생했거나 이로 인하여 장기간 시공이 불가능한 때, 건설기술자가 계속하여 현장에 주재하지 아니한 때, 시공자가 정당한 사유 없이 공사를 중단한 때, 시공자가 불성실하게 공사를 시행하거나 정당한 지시에 응하지 아니한 때는 필요한 응급조치 후 경위보고

공공건설사업에 투입된 책임감리원은 건설기술관리법령에 규정된 감리업무 및 감리업무 수행지침서에 규정된 바에 따라 감리업무를 수행해야 한다.

3.5 현장여건의 상이

우리나라 공사계약 일반조건 제19조(설계변경 등)에는 지질, 용수 등 공사현장의 상태가 설계서와 다를 때 지체 없이 공사감독관을 경유하여 계약담당 공무원에게 서면으로 통지하도록 하고 있으며, 계약담당 공무원은 즉시 그 사실을 조사·확인하고 공사가 적절히 이행될 수 있도록 설계변경 또는 기타 필요한 조치를 취하도록 하고 있다.

그리고 제19조의3(현장상태와 설계서의 상이로 인한 설계변경)에 따라 시공자인 계약상대자는 공사의 이행 중 지질, 용수, 지하매설물 등 공사현장의 상태가 설계서와 다른 사실을 발견했을 때에는, 지체 없이 설계서에 명시된 현장상태와 상이하게 나타난 현장상태를 기재한 서류를 작성하여 공사감독관을 경유하여 계약담당 공무원에게 이를 통지해야 하고, 계약담당 공무원은 시공자의 통지를 받은 즉시 현장을 확인하고 현장상태에 따라 설계서를 변경해야 한다.

3.6 불가항력

국내 · 외에서 발생하고 있는 주요 클레임이나 판례 등을 살펴보면 천재, 지변 등 불가항력에 기인하는 사항이 나타나고 있으며, 어느 정도까지 불가항력으로 인정해야 할 것인지에 대해 다양한 견해가 있다.

불가항력의 해석으로 인한 사항은 계약당사자의 추가공사비와 추가공기 인정 여부와 관

련하여 중요한 사항이 되며, 특히 시공자 측 입장에서 보면 수익과도 밀접한 연관성을 지니게 되므로 매우 중요한 사항 중의 하나이지만 불가항력 조항을 처리하고 인정하고 있는 국내의 관련 판례 및 기타 관련 자료가 부족하다.

3.6.1 건설사업에 있어서의 불가항력

1) 불가항력의 개념

일반적으로 사전적인 의미의 불가항력이란 인간의 힘으로는 어쩔 수 없는 일로 정의되고 있으며, 법적인 의미로는 외부에서 생긴 사고에서 사회통념상 주의나 예방방법으로는 방지할 수 없는 일로 정의하고 있다. 사전적 의미의 불가항력만으로 건설공사에서 발생하는 다양한 위험을 규명하는 것은 쉽지 않기 때문에 각국의 건설공사계약 일반조건에서는 별도로 불가항력 조항을 두고 있다.

2) 계약조건별 불가항력 위험판단기준

현재 주로 활용되고 있는 실정계약조건에서 불가항력적인 위험으로 판단하는 기준과 최근 판례의 추세를 살펴보면 다음과 같다.

- 우리나라 공사계약 일반조건
  - 계약상대자의 통제범위를 초월하는 사태의 발생
  - 누구의 책임에도 속하지 아니하는 경우
  - 대한민국 국내에서 발생하여 공사이행에 직접적인 영향을 미칠 것
- FIDIC(1999년) 건설공사계약 일반조건
  - 당사자의 통제범위를 초과할 것
  - 당사자 누구도 계약체결 전에 합리적으로 알 수 없을 것
  - 당사자가 합리적으로 회피하거나 극복할 수 없을 것
  - 누구의 책임에도 속하지 아니할 것

3) 불가항력 위험 분석

실정계약조건을 통해 조사한 각 위험을 불가항력으로 인정할 수 있는지를 살펴보면 자연적 사상의 경우, 대부분이 불가항력으로 인정될 수 있으며 홍수, 악천후, 폭풍, 해일 등과 같은 특수한 사항들은 계약당사자가 선량한 관리자의 주의의무를 충실히 수행했는지 여부에 따라 불가항력으로 인정될 수 있고 그렇지 못할 수도 있다.

그리고 산사태와 낙반의 경우 계약당사자가 터널공사나 발파공사의 당사자인 경우 상호

책임 여부를 판단하여 불가항력으로 인정할 수 있다.

인위적 사상의 경우, 공공부문에 영향을 미쳐 실질적으로 공사가 수행될 수 없을 정도로 되었을 경우에는 대부분 불가항력으로 인정하는 것이 바람직할 것으로 판단되지만 타 계약자의 행위나 설계누락사항 등은 복잡하지만 책임 여부를 가리는 것이 가능하기 때문에 불가항력으로 인정하기보다는 보험 등을 통하여 문제를 해결해야 할 것이다.

기타 사상의 경우, 당해 현장이 소속된 지역 내에 전염병 발생으로 인해 격리지역 선포가 되었을 경우, 당해 현장에서 실질적인 작업을 불가능하게 하기 때문에 불가항력으로 인정하는 것이 가능하지만 방사선 오염이나 비행체의 추락 등은 경우에 따라 불가항력으로 인정될 수 있을 것으로 판단된다.

3.6.2 불가항력 판단기준의 설정

하나의 위험은 위험요인의 특성과 결과에 따라 다양하게 해석될 수 있으며, 이를 단순화시켜 파악하는 것은 계약당사자 쌍방에 대해 실익이 반감될 것으로 판단된다.

각종 실정계약조건 및 각종 판례 등을 참고할 때 불가항력의 판단기준으로는 회피 가능 여부, 예측 가능 여부, 상호무책임 여부, 수행 가능 여부 등의 사항으로 요약된다.

3.6.3 불가항력 판단기준의 해석

1) 회피 가능 여부

불가항력이란 것을 판별하기 위해서는 그 사항이 회피 가능한 사항인지 아닌지가 우선 검토되어야 한다. 어떠한 방법으로도 피할 수 없는 위험(unavoidable)이라면 불가항력의 범위에 포함시키는 것이 바람직하다.

계약에서 회피 가능성이란 정상적인 계약관계를 이루고, 계약을 진행하고 있는 당사자가 동원할 수 있는 수단의 범위를 초과하는 것을 지칭하는 것으로 볼 수 있고, 극단적으로 피할 수 없는 것이 사실일 경우 불가항력으로 인정되어야 할 것이다. 당사자가 동원할 수 있는 수단의 범위를 초과하는 것이란 물리적, 경제적, 사회적으로 동원할 수 있는 것으로도 볼 수 있다. 물리적인 사항은 자연적인 사상과 인위적인 사상으로 구분할 수 있고, 자연적인 사상은 주로 천재, 지변으로 나타나며 인위적인 사상은 비행체의 화재, 추락, 폭발물, 방사능에 의한 오염 등이 해당된다고 할 수 있다.

경제적인 사항은 수행 가능성 부분의 경제적 사항과 밀접한 관련이 있으며, 주로 회사의 부도나 파산을 유발시킬 수 있을 정도의 재정적 위험이 이에 해당된다. 사회적인 사항은 물리적 사항과 연관 지을 수도 있고, 한편으로는 경제적인 사항으로 발전하게 되는 경우도 있지만 그러한 사항은 논외로 하고 주로 계약당사자의 사유에 의하지 아니하는 사유로 인해 발생되는 사항인 민원, 소요, 전쟁, 폭동 등에 의한 사항이 이에 해당된다.

이러한 물리적, 경제적, 사회적인 사항에 대해 당사자가 대항하여 피할 수 없을 정도의 것을 불가항력으로 인정할 수 있다.

2) 예측 가능 여부

예측 가능 여부란 구체적으로 사업의 계획에서부터 설계 및 시공을 거쳐 하자보증기간까지 계약관계자가 참여할 경우, 그로 인하여 발생할 수 있는 어떠한 문제를 예측할 수 없어야 한다는 것이다. 발생의 가능성을 예측하기 위해 발주자, 설계자, 시공자는 사업의 단계별로 각자가 참여하는 부분에 있어서 충분한 주의의무를 다해야 한다. 어느 정도까지가 충분한 주의의무인지에 대해서는 보다 구체적인 법률적 해석이 필요하게 된다.

사회통념상 일반적으로 계약당사자가 충분한 주의의무를 다해야 한다는 것은 계약당사자가 아닌 일반인이 예측할 수 없는 특수한 사정까지 예측하라는 것은 아니다. 단, 일반인은 사업의 진행으로 인해 발생될 수 있는 사항까지는 충분히 예측하기 곤란하므로 이에 대한 책임은 계약당사자에게 있는 것으로 볼 수 있다.

3) 상호무책임 여부

우리나라 계약조건상에서 나타나는 "~계약당사자 누구의 책임에도 속하지 아니하는~" 것에 대한 것을 구체화한 것이다.

영문으로는 "disclaimer" 조항에 해당하는 것으로 불가항력으로 인정되어 발생된 인명 및 재산상의 피해에 대해서는 누구에게도 책임이 없다는 원칙이다. 이 원칙의 의미는 불가항력으로 인한 피해는 계약당사자가 스스로 해결해야 하며, 불가항력이 발생하기 이전의 상태에서 계약은 다시 이행된다는 것을 의미한다.

문제가 되는 사항은 상호무책임한 사항인지 아닌지에 대한 것이고, 이러한 사항은 특별히 계약조건에서 각각 명시하지 않고 있기 때문에 불가항력적인 사건의 발생과 계약당사자 간의 책임문제 공방은 바로 건설클레임과 직결된다. 일반적으로 무책임하다는 말은 계약당사자 누구도 책임을 지지 않아도 된다는 사실을 의미하지만 실제적으로는 일의 완성을 위하여 누군가가 책임을 져야 한다. 다시 말하면, 불가항력이 발생하기 이전의 상태에서 계약을 다시 이행해야 하는 책임이 그것이다. 일반적인 경우 발주자는 계약을 다시 수행하는 데 소요되는 비용을 부담할 책임이 있고, 계약상대방은 계약을 수행하기 위한 용역제공의 책임이 있다.

4) 수행 가능 여부

수행 가능 여부에 대한 사항은 현재까지도 논란이 많은 사항으로 주관적 수행 불가능,

객관적 수행 불가능으로 크게 구분하고 있다(Cushman and Butler 1994, p.135). 우선 계약당사자가 수행하는 데 방해받았거나, 심하게 불공평하게 대우를 받았거나, 단순히 어렵게 된 사항인지, 계약당사자의 과실에 기인하지 않는 사항인지, 수행 불가능한 특별한 위험에 대해 구제를 요청하는 당사자가 예상하지 않았는지가 판단하는 기준으로 활용될 수 있다.

예를 들어, 발주자는 지하매설물의 조사를 전적으로 시공자 책임으로 한다거나 공사도중 발생할 수 있는 제반 민원사항을 시공자 책임으로 계약조건에 명시할 수 있다. 시공자의 입장에서 보면 수행이 가능한 사항도 있지만 발주자도 예측할 수밖에 없는 사항이라든가 발주자의 책임에 의해 발생되는 민원사항이 있을 수 있는데, 이러한 사항을 시공자가 전적으로 수행 가능한 사항으로 보기에는 곤란하다.

수행 가능 여부란 객관적으로 수행이 가능하지 않은 사항이 있고, 한편으로는 주관적으로 수행이 가능하지 않은 사항이 있다. 전자의 경우 불가항력적인 사항으로 인정할 수 있지만 후자의 경우 판단 여하에 따라서 불가항력이 될 수도 있고 그렇지 않을 경우도 있다. 주관적으로 수행하는 것이 곤란하다는 것은 계약당사자 일방의 문제로 돌릴 수 있으며, 이는 시공자의 경제적, 물리적, 능력 등을 초과하는 것으로 판단할 수 있을 것이다.

계약당사자의 경제적 능력이라 함은 앞에서 말한 회사의 재정적인 상태를 최악의 경우(부도, 파산 등)까지 이르게 할 수 있는 사항이 될 수 있고, 당해 계약금액의 한도를 초과하는 금액이 될 수도 있다. 경제적 능력을 구체적으로 파악하기 위해 일정기간 동안 자금의 사용이 유예된 경우와 수시로 활용할 수 있는 경우를 상정할 수 있다. 이와 함께 현금화가 가능한 경우와 현금화에 상당한 기간이 소요되는 경우도 또한 고려될 수 있다. 경제적 능력의 한계에 이르렀다는 것은 절대적으로 자금이 부족한 경우와 상대적으로 자금의 여유가 없게 되는 경우를 동시에 고려할 수 있는 바, 이 중에서 어느 것이 진정한 계약당사자의 능력인지는 그 당시의 상황에 따라 가변적일 수 있다.

계약당사자의 물리적 능력이라 함은 각종 시설, 장비와 인력을 투입해도 해결하는 것이 곤란한 사항이 될 수 있다. 여기서 판단기준은 각종 시설, 장비, 인력 등이 당해 회사에서 보유하고 있는 사항인지 아니면 일반적인 노력을 통하여 보유할 수 있는 사항인지가 검토되어야 한다. 그리고 그러한 시설, 장비, 인력 등이 불가항력적인 사항이 발생한 현장에서 가용한지 아닌지가 함께 검토되어야 할 것이다.

3.6.4 불가항력의 효과

1) 우리나라

우리나라 공사계약 일반조건 제32조에는 불가항력 조항을 명시하고 있으며, 불가항력의 사유로 인하여 다음의 손해는 발주자가 부담하도록 규정하고 있다.

① 제27조의 규정에 의하여 검사를 필한 기성부분

② 검사를 필하지 아니한 부분 중 객관적인 자료(감독일지, 사진 또는 비디오테이프 등)에 의하여 이미 시공되었음이 판명된 부분

③ 제31조 제1항 단서 및 동조 제3항의 규정에 의한 손해

그리고 계약당사자는 위의 손해가 발생했을 때에는 지체 없이 그 사실을 계약담당 공무원에게 통지해야 하고, 계약담당 공무원은 통지를 받았을 때에는 즉시 그 사실을 조사하고, 그 손해의 상황을 확인한 후 그 결과를 계약상대자에게 통지해야 한다. 이 경우 공사감독관의 의견을 참작할 수 있다.

또한 계약담당 공무원은 손해의 상황을 확인했을 때에는 별도의 약정이 없는 한 공사금액의 변경 또는 손해액의 부담 등 필요한 조치를 계약상대자와 협의하여 이를 결정해야 하지만, 협의가 성립되지 않을 때에는 제151조의 규정에 의한 분쟁의 처리방법에 따라 처리한다.

2) FIDIC(1999년)

불가항력으로 계약을 해지할 경우 손실을 보상하는 범위는 다음과 같다.

① 계약단가를 기준으로 산출한 수행된 작업에 대한 금액

② 공사를 위해 시공자에 의해 발주되거나 시공자에게 발주책임이 있는 플랜트와 자재 비용

③ 공사를 완성하기 위해 시공자에 의해 합리적으로 발생된 상황으로 인한 비용이나 책임

④ 가설공사 및 시공자 장비의 철수비용(현장철거비용 및 본국송환비용). 단, 본국 송환비용은 장비비보다 적어야 함.

⑤ 계약 해제일까지 전적으로 공사에 투입된 근로자와 직원의 본국 철수비용

3.7 하자책임

건설사업은 계약유형으로 볼 때 도급, 위임, 고용 등 복합적인 계약 성질을 띠는 경우가 많으며, 그 중에서도 도급계약이 주된 계약의 내용을 구성하게 된다. 도급계약을 체결하게 되면 수급인은 일을 완성해야 하고 발주자인 도급인은 일의 완성에 따라 대가를 지급해야 하는 것으로 민법에서 규정하고 있다.

그러나 민법이나 국가계약법 건설산업기본법 등 건설공사의 계약과 관련된 법령에서는

계약당사자의 불완전이행이나 하자와 관련된 책임에 대한 사항이 추상적으로 규정되어 있다.

지금까지는 건설사업에서 수급인의 하자담보책임과 관련된 연구는 법학자들이 민법학 측면에서 법리적인 해석 위주로 수행해왔으나, 최근에는 건설계약 및 건설법령과 접목시켜 수급인의 하자담보책임 혹은 하자보수책임에 대해 논의하고자 하는 움직임이 있다. 그럼에도 불구하고 우리나라에서는 아직까지 건설사업의 불완전이행이나 하자에 대한 연구가 미진한 상태이다.

1) 하자보수의 보증

우리나라의 국가계약법에는 도급인은 도급계약에 있어서 수급인으로 하여금 그 공사의 하자보수를 보증하기 위해 하자보수보증금을 납부하게 하고 있다(국가계약법 제19조 제1항).

2) 하자보수보증금액

하자보수보증금은 기획재정부령이 정하는 바에 의하여 계약금액의 100분의 2 이상 100분의 10 이하로 해야 하며, 공사의 성질상 하자보수가 필요하지 아니한 경우로서 기획재정부령이 정하는 경우에는 하자보수보증금을 납부하지 않게 할 수 있다(국가계약법시행령 제62조 제11항).

도급인(각 중앙관서의 장 또는 계약담당 공무원)은 하자보수보증금을 당해 공사의 준공검사 후 그 공사의 대가를 지급하기 전까지 납부하게 하고 하자담보책임기간 동안 보관해야 한다(국가계약법시행령 제62조 제2항).

장기 계속공사에 있어서는 연차계약별로 하자보수보증금을 납부하게 해야 하며, 연차계약별로 하자담보책임을 구분할 수 없는 공사인 경우에는 총공사의 준공검사 후 하자보수보증금을 납부하게 해야 한다(국가 계약법시행령 제62조 제1항).

3) 하자보수보증금의 납부

국가계약법시행규칙에 따라 도급인(각 중앙관서의 장 또는 계약담당 공무원)은 수급인이 지급보증서 보증보험증권 또는 보증서(이하 "보증 보험증권 등"이라 한다)로 납부하고자 할 때에는 다음 각 호의 요건이 충족된 것으로 유가증권취급 공무원에게 제출하게 해야 한다.

4) 하자담보책임기간 및 하자보수보증률의 설정

도급인(각 중앙관서의 장 또는 계약담당 공무원)은 국가계약법 시행규칙 제170조의 규정에 의하여 공사계약을 체결할 때에 공사의 공종별 하자담보책임기간의 공종구분에 따라 하자담보책임기간을 정해야 한다. 다만, 각 공종간의 하자책임을 구분할 수 없는 복합공사인 경우에는 주된 공종을 기준으로 하자담보책임기간을 정해야 한다.

또한 국가계약법 시행규칙 제72조에 따라 도급인은 공사계약을 체결할 때에 다음 각 호의 공종(각 공종간의 하자책임을 구분할 수 없는 복합공사인 경우에는 주된 공종을 말한다) 구분에 의하여 계약금액에 대한 하자보수보증금률을 정해야 한다.

Chapter 04 | 건축공사관련 법규

4.1 건축공사관련 법규

기원전 18세기에 메소포타미아의 바빌론은 함무라비 법전에서 건축업자가 부실시공으로 거주자가 사망했을 경우, 그 건축업자는 사형을 하도록 하는 등 건축과 관련된 업무가 얼마나 중요한지 알 수 있다. 이후 건축과 관련된 각종 법들은 강제성 있는 사회규범으로써 제정되어 적용되고 있다.

4.1절에서는 건축생산과 관련된 건축관련 법규와 환경에 대한 요구수준이 높아짐에 따라 중요성이 부각되고 있는 환경관련 법규에 대하여 살펴본다. 특히, 환경과 관련한 환경정책기본법에 대하여 살펴본다. 4.2절부터는 건설환경의 세부관리 항목으로 건설공사의 소음 및 진동관리, 건설공사의 대기환경관리, 건설폐기물관리와 재활용, 환경분쟁관리와 관련된 주요 법적 내용을 살펴본다.

4.1.1 건축 관계법의 종류

국토에 건축과 건축물 사용을 위하여 토지구역, 건축물의 종류, 규모, 지역 등에 따라 다양한 법적 규정이 적용되는데 주요 건축관계법의 종류는 그림 4-1과 같다.

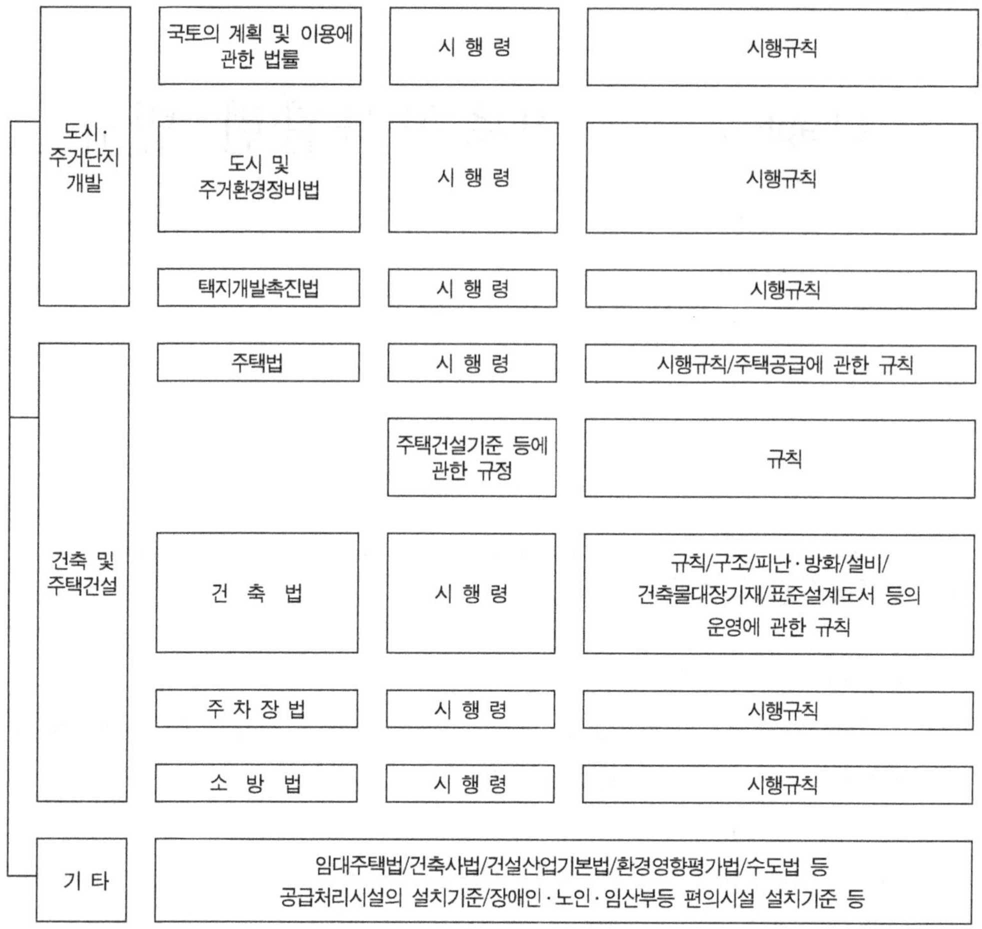

그림 4-1 건축관계법의 종류

1) 도시 및 건축의 계획·설계단계의 관련 건축법규

도시계획과 관련된 건축법규로서 국토의 계획 및 이용에 관한 법률, 도시 및 주거환경정비법, 자연공원법, 도시공원법, 주차장법, 산업배치 및 공장설립에 관한 법률, 수도권정비계획법, 문화재보호법, 자연환경보전법, 도시교통정비촉진법 등이 있다. 특히, 국토의 계획 및 이용에 관한 법률은 특별시·광역시·시 또는 군의 관할구역에서 수립되는 다른 법률에 따른 토지의 이용·개발 및 보전에 관한 계획의 기본이 되는 법률로서 도시계획[8](도시기본계획[9], 도시관리계획[10]), 용도지역[11]·용도지구·용도구역 지정, 도시계획시설,

8) 특별시·광역시·시 또는 군(광역시의 관할 구역에 있는 군은 제외한다)의 관할 구역에 대하여 수립하는 공간구조와 발전방향에 대한 계획으로서 도시기본계획과 도시관리계획으로 구분.
9) 특별시·광역시·시 또는 군의 관할구역에 대하여 기본적인 공간구조와 장기 발전방향을 제시하는 종합계획으로서 도시관리계획 수립의 지침이 되는 계획
10) 특별시·광역시·시 또는 군의 개발·정비 및 보전을 위하여 수립하는 토지이용, 교통, 환경, 경관, 안전, 산업, 정보통신, 보건, 후생, 안보, 문화 등에 관한 다음 각 목의 계획
가. 용도지역·용도지구의 지정 또는 변경에 관한 계획
나. 개발제한구역, 도시자연공원구역, 시가화조정구역(시가화조정구역), 수산자원보호구역의 지정 또는 변경에 관한 계

지구단위계획[12], 기반시설[13], 개발행위의 허가 등에 대하여 도시계획의 지침이 된다.

도시 및 주거환경정비법은 1970년대 이후 산업화 및 도시화 과정에서 대량 공급된 주택들이 노후화됨에 따라 이들을 체계적이고 효율적으로 정비할 필요성이 커지고 있으나, 재개발사업, 재건축사업 및 주거환경개선사업이 각각 개별법으로 규정되어 이에 관한 제도적 뒷받침이 미흡하였다. 이에 일관성 있고 체계적인 단일·통합법으로 2003년도에 제정되어 도시기능의 회복이 필요하거나 주거환경이 불량한 지역을 계획적으로 정비하고 노후·불량건축물을 효율적으로 개량하기 위하여 필요한 사항을 규정함으로써 도시환경을 개선하고 주거생활의 질을 높이도록 하였다. 정비사업으로는 주거환경개선사업, 주택재개발사업, 주택재건축사업, 도시환경정비사업을 통합되어 관리되고 있다.

국토의 안전과 위생상의 건축법규로서 택지개발촉진법, 산림법, 농지법, 사도법, 도로법, 하천법, 학교보건법, 환경정책기본법 등이 있다. 택지개발촉진법은 1980년도에 도시지역의 주택난 해소, 저소득국민의 주거생활 안정, 주택건설에 필요한 택지 가능지의 대량취득, 저가의 택지 개발 및 공급을 하여 정부가 시행하는 주택건설을 성공적으로 수행할 수 있도록 하기 위하여 제정되었다.

2) 건축 시공단계의 관련 건축법규

건축물의 안전·위생과 관련된 건축법규로는 건축법, 소방법, 의료법, 교육관련법, 공중위생법, 승강기관리 및 제조에 관한 법률, 장애인·노인·임산부 등의 편의증진보장에 관한 법률 등이 있고 건설공사의 참여주체들의 자격사항과 관련하여 건축사법, 건설산업기본법, 건설기술관리법 등이 있다.

건축법은 1962년에 제정되어 도시계획구역 내의 건축물, 도시계획구역 외에 있어서의 일정한 규모 이상의 건축물 및 학교, 병원 등 특수용도에 공하는 건축물에 관하여 그 대지, 구조, 설비의 기준과 용도, 건축, 대수선 및 주요변경에 관한 사항을 규정하였다. 건설산업기본법은 1952년에 제정된 건설업법을 모태로 하여 1996년에 건설시장의 개방 등

획

다. 기반시설의 설치 · 정비 또는 개량에 관한 계획

라. 도시개발사업이나 정비사업에 관한 계획

마. 지구단위계획구역의 지정 또는 변경에 관한 계획과 지구단위계획

11) 토지의 이용 및 건축물의 용도, 건폐율, 용적률, 높이 등을 제한함으로써 토지를 경제적 · 효율적으로 이용하고 공공복리의 증진을 도모하기 위하여 서로 중복되지 아니하게 도시관리계획으로 결정하는 지역

12) 도시계획 수립대상 지역의 일부에 대하여 토지 이용을 합리화하고 그 기능을 증진시키며 미관을 개선하고 양호한 환경을 확보하며, 그 지역을 체계적 · 계획적으로 관리하기 위하여 수립하는 도시관리계획

13) 가. 도로 · 철도 · 항만 · 공항 · 주차장 등 교통시설

나. 광장 · 공원 · 녹지 등 공간시설

다. 유통업무설비, 수도 · 전기 · 가스공급설비, 방송 · 통신시설, 공동구 등 유통 · 공급시설

라. 학교 · 운동장 · 공공청사 · 문화시설 · 체육시설 등 공공 · 문화체육시설

마. 하천 · 유수지(유수지) · 방화설비 등 방재시설

바. 화장시설 · 공동묘지 · 봉안시설 등 보건위생시설

사. 하수도 · 폐기물처리시설 등 환경기초시설

건설환경의 변화에 부응하여 건설업체의 경쟁력을 강화하고 부실공사를 근원적으로 방지할 수 있도록 건설산업관련 제도를 전반적으로 재정비하였다. 주요내용으로는 건설업의 등록 및 말소, 도급 및 하도급계약, 시공 및 기술관리, 중소건설업자 지원, 건설업자의 단체, 건설관련 공제조합, 건설분쟁조정위원회 등이 있다.

건설기술관리법은 건설기술의 연구 · 개발 촉진, 기술향상, 국제경쟁력 강화, 적정한 시공, 품질향상, 연구 · 개발기반과 관리체제를 확립하기 위하여 1987년에 제정되었다. 주요내용으로는 건설기술진흥기본계획, 건설기술심의위원회, 설계자문위원회, 건설기술인력의 관리, 건설기술의 정보화 및 연구 · 개발의 지원, 건설기술용역 및 건설공사의 관리, 건설사업관리, 건설공사 품질관리, 안전관리, 설계 및 책임감리, 감리전문회사, 건설감리협회 건설기술인협회 등이 있다.

현장의 환경, 안전 및 위험방지에 대한 건축법규로는 민법, 근로기준법, 산업안전보건법, 소음진동규제법 등이 있고 공급처리시설에 대하여 가스사업법, 수도법, 하수도법, 오수·분뇨 및 축산폐수의 처리에 관한 법률 등이 있으며, 건설공사의 적정 시공을 위한 건축법규로는 건설산업기본법, 건설기술관리법 등이 있고 건축재료의 품질과 성능 확보를 위하여 KS기준, 주택법, 건설기술관리법 등이 있다.

3) 건축 완공단계의 관련 건축법규

건축물의 사용승인과 관련하여 소방법, 전기통신공사업법, 지적법, 오수·분뇨 및 축산폐수의 처리에 관한 법률 등이 있다.

4) 건축 유지·관리단계의 관련 건축법규

하자 보수와 관련하여 민법, 건설산업기본법, 공동주택관리령 등이 있으며, 점검관리와 관련하여 시설물의 안전관리에 관한 특별법, 재난관리법 등이 있다.

4.1.2 환경관련 법규

인간은 생활환경을 개선하고 쾌적한 삶을 영위하기 위하여 건축물을 개·보수하거나 신축하고 있다. 그러나 최근에는 환경문제에 대한 관심이 증대됨에 따라 건설공사 중의 환경문제와 건설공사 후의 환경문제(일조권, 조망권 등)로 정신적 피해를 호소하고 법적인 보상을 요구하는 민원사례가 많아지고 있다. 부적절한 건설환경관리는 자연환경을 파괴하고 인간생활에 악영향을 미치는 경제적 손실뿐 아니라 윤리도덕적인 사회문제로 확대되기도 한다. 따라서 지금까지 중시하였던 공사비 절감, 공사기간 단축 등 이윤 추구를 위한 공사관리뿐만 아니라 건설환경관리에 대한 대책을 마련하고 적극적으로 해결해 나가야 한다. 즉, 각종 건설환경 문제로 인한 피해를 방지하고, 관련법규 및 규정을 준수하여 환경영향을 최소화하도록 해야 한다. 건축환경과 관련된 법규로는 그림 4-2와 같다.

환경정책기본법	시 행 령	시행규칙
소음진동규제법	시 행 령	시행규칙
대기환경보전법	시 행 령	시행규칙
수질환경보전법	시 행 령	시행규칙
폐기물관리법	시 행 령	시행규칙
건 축 법	시 행 령	규칙/구조/피난·방화/설비
환경영향평가법	시 행 령	시행규칙
민사소송법		
환경분쟁조정법	시 행 령	시행규칙

그림 4-2 건설환경 관계법의 종류

환경정책기본법[14]은 환경보전에 관한 국민의 권리·의무와 국가의 책무를 명확히 하고 환경정책의 기본이 되는 사항을 정하여, 환경오염과 환경훼손을 예방하고 환경을 적정하고 지속 가능하게 관리·보전함으로써 모든 국민이 건강하고 쾌적한 삶을 누릴 수 있도록 함을 목적으로 한다.

1) 환경정책기본법의 총칙

① 국가 및 지방자치단체의 책무(제4조)

- 환경보전계획을 수립 및 시행

② 사업자의 책무(제5조)

- 환경오염 및 환경훼손에 대한 조치
- 국가 또는 지방자치단체의 환경보전시책에 참여 및 협력

③ 국민의 권리와 의무(제6조)

- 건강하고 쾌적한 환경에서 생활할 권리
- 국가 및 지방자치단체의 환경보전시책에 협력
- 일상생활에 따르는 환경오염과 환경훼손 방지

14) 일부개정 2007.5.17 법률 제8471호

④ 오염원인자 책임원칙(제7조)

– 오염 · 훼손된 환경을 회복 · 복원

– 피해의 구제에 소요되는 비용을 부담

2) 환경보전 계획 수립 및 규제

① 환경기준의 설정(제10조)

– 정부는 국민의 건강을 보호하고 쾌적한 환경을 조성하기 위하여 환경기준을 설정

– 특별시 · 광역시 · 도(이하 "시 · 도"라 한다)는 지역환경의 특수성을 고려하여 확대 · 강화된 별도의 환경기준(이하 "지역환경기준"이라 한다) 설정 가능

– 시 · 도지사는 환경부장관의 승인을 얻어 지방자치단체의 조례로 별도의 비용부담

② 환경보전을 위한 규제(제20조)

– 정부는 환경보전을 위하여 대기오염 · 수질오염 · 토양오염 또는 해양오염의 원인이 되는 물질의 배출, 소음, 진동, 악취의 발생, 폐기물의 처리, 일조의 침해 및 자연환경의 훼손에 대하여 규제

– 정부는 자원의 효율적인 이용을 도모하고 환경오염의 원인을 야기한 자 스스로 오염물질의 배출을 줄이도록 유도하기 위하여 필요한 경제적 유인수단을 강구

3) 환경분쟁 조정 및 배상

① 분쟁조정(제29조)

– 국가 및 지방자치단체는 환경오염 또는 환경훼손으로 인한 분쟁 기타 환경관련 분쟁이 발생한 경우에, 그 분쟁이 신속하고 공정하게 해결되도록 하기 위하여 필요한 시책을 강구

② 피해구제(제30조)

– 국가 및 지방자치단체는 환경오염 또는 환경훼손으로 인한 피해를 원활히 구제하기 위하여 필요한 시책을 강구

③ 환경오염의 피해에 대한 무과실책임(제31조)

– 사업장 등에서 발생되는 환경오염 또는 환경훼손으로 인하여 피해가 발생한 때에는 당해 사업자는 그 피해를 배상

– 사업장 등이 2개 이상 있는 경우에 어느 사업장 등에 의하여 피해가 발생한 것인지를 알 수 없을 때에는 각 사업자는 연대하여 배상

4.2 안전 · 보건 · 환경관련법규

4.2.1 건설공사의 소음 및 진동관리

인간은 주위환경과 개인의 상태에 따라서 어떠한 소리든 소음으로 받아들일 수 있다. 이는 주관적인 감각에 의한 것으로서 좋은 소리 또는 소음으로 들릴 수 있다. 일반적으로 소음을 높은 주파수, 큰 소리, 불협음 등으로 정의할 수 있겠지만 개인의 심리상태에 따라 소음 정도는 다르다. 소음은 정서적 불쾌감 유발, 수면방해, 회화방해, 작업방해, 청력장해 및 손실을 피해를 일으킬 수 있다.

건설현장의 소음원인은 현장 차량소음, 장비 운행 및 작업소음, 작업 기계소음 등이 있다. 소음 발생원의 종류가 다양하여 문제해결의 접근방법상 어려운 점이 있으나, 법적, 기술적, 관리적 방법으로 대책을 꾸준히 적용한다면 공해로서의 소음을 최대한 제어할 수 있다.

소음 · 진동규제법은 공장, 건설공사장, 도로, 철도 등으로부터 발생하는 소음 · 진동으로 인한 피해를 방지하고 소음 · 진동을 적정하게 관리 · 규제하여 모든 국민이 조용하고 평온한 환경에서 생활할 수 있게 함을 목적으로 한다.

1) 기본 용어[15)]

① 소음

기계 · 기구 · 시설, 그 밖의 물체의 사용으로 인하여 발생하는 강한 소리

② 진동

기계 · 기구 · 시설, 그 밖의 물체의 사용으로 인하여 발생하는 강한 흔들림

③ 소음 · 진동배출시설

소음 · 진동을 발생하는 공장의 기계 · 기구 · 시설, 그 밖의 물체

④ 소음 · 진동방지시설

소음 · 진동배출시설로부터 배출되는 소음 · 진동을 없애거나 줄이는 시설

⑤ 방음시설

소음 · 진동배출시설이 아닌 물체로부터 발생하는 소음을 없애거나 줄이는 시설

⑥ 방진시설

소음 · 진동배출시설이 아닌 물체로부터 발생하는 진동을 없애거나 줄이는 시설

⑦ 소음발생 건설기계

건설공사에 사용하는 기계 중 소음이 발생하는 기계

15) 소음 · 진동규제법 제2조

2) 소음의 의미와 소음공해의 특징

일반적으로 소음은 생리적 장해를 일으키는 음, 대체로 큰 음, 음색이 불쾌한 음, 회화 등을 방해하는 음, 능률을 저하시키는 음, 휴양 또는 안면 등을 방해하는 음, 기계 음 등이 있다. 소음은 심리적, 생리적 요인에 의해 좌우되는 감각공해로 대기오염, 수질오염 등과 같은 물질공해와는 근본적으로 다른 대응이 요구되며, 대책을 강구하기가 어렵다. 특히 발생 측과 피해 측이 분명한 경우가 많고 감정적인 문제로 비화되기 쉽다.

부적합한 작업환경에 의한 작업자의 피해가 통계적으로 점차 증가추세에 있다. 작업환경의 소음관리는 일차적인 소음저감뿐만 아니라 작업자에 대한 질적 관리에 관심을 두어 관리해야 한다. 건설현장의 소음에 영향을 미치는 요인은 표 4-1과 같다.[16]

표 4-1 건설현장의 소음에 영향을 미치는 요인

구 분	영향요인	비 고
발생원	1. 장비용량 2. 배기방식(소음기의 유무) 3. 타이어의 종류 4. 기계계통(방진, 차음설계의 유무)	연식, 윤활, 주유 등 관리상태
전달경로	1. 지형지물 2. 발생원으로부터 이격거리 3. 방음벽의 유무 4. 방음벽의 투과손실 5. 지표면 상태 6. 온도, 습도, 풍향, 풍속	감쇠, 반사, 투과, 회절에 대한 고려 필요
수음 측	1. 건물의 외벽구조 2. 건물의 배치 3. 건물의 높이 4. 피해자의 심리 5. 피해시간대	인접건물의 용도 등에 대한 고려 필요

3) 생활소음 · 진동 규제

① 시장 · 군수 · 구청장은 주민의 정온한 생활환경을 유지하기 위하여 사업장 및 공사장 등에서 발생하는 소음 · 진동(산업단지나 그 밖에 환경부령으로 정하는 지역에서 발생하는 소음과 진동은 제외하며, 이하 "생활소음 · 진동"이라 한다)을 규제해야 한다.

② 제1항에 따른 생활소음 · 진동의 규제대상 및 규제기준은 환경부령으로 정한다. 생활소음규제기준[17]과 생활진동규제기준은 표 4-2와 표 4-3과 같다.

16) 대한주택공사 주택연구소(1998), 건설공사장 소음도 평가 및 예측기법 개발연구, p.11
17) 소음진동규제법 제21조, 규칙 제20조 별표8

표 4-2 생활소음 규제기준 단위 : dB(A)

대상지역	소음원 \ 시간별		조석 (05~07시, 18~22시)	주간 (07~18시)	심야 (22~05시)
주거지역, 녹지지역, 준도시지역 중 취락지구 및 운동휴양지구, 자연환경보전지역, 기타 지역 안에 소재한 학교, 병원, 공공도서관	확성기	옥외 설치	70 이하	80 이하	60 이하
		옥내에서 옥외로 소음이 나오는 경우	50 이하	55 이하	45 이하
	공장·사업장		50 이하	55 이하	45 이하
	공사장		60 이하	65 이하	50 이하
기타 지역	확성기	옥외 설치	70 이하	80 이하	60 이하
		옥내에서 옥외로 소음이 나오는 경우	60 이하	65 이하	55 이하
	공장·사업장		60 이하	65 이하	55 이하
	공사장	2009.1.1부터	65 이하	70 이하	50 이하

※ 비고
1. 공사장 소음 규제기준은 주간의 경우 1일 작업시간이 2시간 이하일 때는 +10dB을, 2시간 초과 4시간 이하일 때는 +5dB을 보정한다.
2. 확성기 사용기준 : 옥외에 설치한 확성기의 사용은 1회 3분 이내로 하며, 15분 이상 간격을 두어야 한다.
3. 규제기준치는 생활소음의 영향이 미치는 대상지역을 기준으로 하여 적용한다.
4. 발파소음의 경우 주간에 한하여 규제 기준치에 +10dB을 보정한다.
5. 공사장 규제기준 중 다음 지역은 공휴일에 한하여 −5dB을 보정한다.
   - 주거지역
   - 종합병원, 학교, 공공도서관의 부지경계로부터 직선거리 50m 이내의 지역

표 4-3 생활진동 규제기준 단위 : dB(A)

대상지역 \ 시 간 별	주간 (06~22시)	야간 (22~06시)
주거지역, 녹지지역, 준도시지역 중 취락지구 및 운동휴양지구, 자연환경보전지역, 기타 지역 안에 소재한 학교, 병원, 공공도서관	65 이하	60 이하
기타지역	70 이하	65 이하

※ 비고
1. 공사장 소음 규제기준은 주간의 경우 1일 작업시간이 2시간 이하일 때는 +10dB을, 2시간 초과 4시간 이하일 때는 +5dB을 보정한다.
2. 발파진동에 경우 주간에 한하여 규제기준에 +10dB을 보정한다.

4.2.2 건설공사의 대기환경관리

건설공사의 대기환경관리는 건설현장에서 발생하는 각종 대기오염물질을 관련법규 및

규정을 준수하여 적정·처리함으로써 대기환경과 작업자의 건강을 보호하고 현장 주변의 쾌적한 환경을 유지하도록 하는 것이다.

대기환경기준의 항목은 아황산가스(SO_2), 일산화탄소(CO), 이산화질소(NO_2), 미세먼지(PM^{-10}), 오존(O_3)과 납(Pb)으로 구성되어 있으며, 이러한 기준은 환경정책기본법과 대기환경보전법에 규정되어 있다. 특히, 건설현장에서 문제가 되는 대기오염물질은 차량의 배기가스에서 배출되는 아황산가스와 미세먼지이다. 미세먼지는 호흡을 통해 폐포까지 도달하기 때문에 호흡성 먼지라고도 하는데 24시간 평균치 $100\mu g/m^3$로 규정하고 있다.

1) 기본 용어

① 가스

물질의 연소 · 합성 · 분해 시에 발생하거나 물리적 성질의 의하여 발생하는 SO(황산화물), NO(질소산화물), CO 등의 기체상 물질

② 먼지

대기 중에 떠다니거나 흩날려 내려오는 입자상 물질

③ 비산먼지

일정한 배출구 없이 대기 중에 직접 배출되는 먼지

④ 특정 대기유해물질[18]

사람의 건강, 재산이나 동 · 식물의 생육에 직접 또는 간접으로 위해를 줄 우려가 있는 대기오염물질(카드뮴 · 납 · 크롬 · 비소 · 수은 · 니켈 · 페놀 · 베릴륨 및 그 화합물, 시안화수소, 폴리염화비페닐, 프로필렌 옥사이드, 염소 및 염화수소, 불소화물, 석면, 염화비닐, 다이옥신, 벤젠, 사염화탄소, 이황화메틸, 아닐린, 클로로프롬, 포름알데히드, 아세트알데히드, 벤지딘, 1-3 부타디엔 등)

2) 비산먼지 규제

비산먼지발생 사업의 대상은 착공일 이전에 첨부서류를 작성하여 원도급자가 신고해야 한다.[19] 최초 신고 시에는 실행 가능한 사항만 신고해야 하며, 신고서에 기재한 비산먼지 억제 조치시설은 수행 중에 반드시 설치하고 정상 운영해야 한다.

1개의 사업장이 2개 이상의 행정구역에 걸쳐 있는 경우에는 당해 공사지역의 면적 또는 길이가 가장 많이 포함된 행정구역의 관할관청에 신고해야 하고, 신고를 받은 관할관청의 장은 다른 공사지역 관할관청에 그 신고내용을 통보해야 한다. 또한 공동도급한 현장은 전체를 합하여 1개 사업장으로 보며, 비산먼지발생사업 신고는 공동 또는 분할에 관계없

18) 대기환경보전법 시행규칙 제4조 별표2
19) 대기환경보전법 제43조, 규칙 제58조

이 원도급자가 공동으로 신고하거나 대표사가 전체공사에 대하여 신고할 수 있다.(하도급자 명의로 신고할 수 없음) 비산먼지의 신고와 변경에 대한 규정은 표 4-5와 같다.

표 4-4 비산먼지의 신고와 변경 규정

구 분		내 용
신고	대 상	비산먼지를 발생시키는 사업(시멘트·석탄·토사·사료·곡물·고철의 운송업 제외)을 시행하는 자
	시 기	착공일 이전 (건축법 제16조 규정에 의한 착공신고대상 사업인 경우 착공 신고와 동시에 제출 가능)
	신고주체	원도급자
	서 식	비산먼지발생사업(변경) 신고서
	첨부서류	1) 공사개요(공사목적 및 공사일정 포함) 2) 공사장 위치도(공사장 주변 피해대상 표시) 3) 방진시설 등의 설치 명세 및 도면 4) 그 밖의 저감대책
변경 신고	대 상	1) 비산먼지 배출공정을 변경하는 경우 2) 사업의 규모를 늘리거나 그 종류를 추가하는 경우 3) 비산먼지 발생억제 시설 또는 조치사항을 변경하는 경우 4) 사업장의 명칭 또는 대표자를 변경하는 경우 5) 공사기간을 연장하는 경우
	시 기	1)~3)의 경우 : 변경 전 4), 5)의 경우 : 변경일로부터 7일 이내
	서 식	비산먼지발생사업(변경) 신고서
	첨부서류	신고 시 첨부서류와 같음

4.2.3 건설폐기물 관리와 재활용

건설공사 등으로 인하여 발생한 건설폐기물을 친환경적으로 적정처리하고 재활용을 촉진하여 국가자원을 효율적으로 이용하기 위하여 건설폐기물의 재활용 촉진에 관한 법률(이하 "건폐법"), 폐기물관리법(이하 "폐관법"), 자원의 절약과 재활용 촉진에 관한 법률 등에 따라 건설폐기물을 적법하게 관리·처리해야 한다.

1) 기본 용어

① **폐기물**[20)]

쓰레기, 연소재, 오니, 폐유, 폐산, 폐알칼리, 동물의 사체 등으로서 사람의 생활이나

20) 폐관법 제2조

사업활동에 필요하지 아니하게 된 물질

② **사업장폐기물**21)

사업장 일반폐기물, 건설폐기물 및 지정폐기물을 통칭

③ **사업장 일반폐기물**22)

대기환경보전법, 수질 및 수생태계 보전에 관한 법률 또는 소음·진동규제법에 의하여 배출시설을 설치·운영하는 사업장에서 발생되는 폐기물로서 다음 사업장에서 발생되는 폐기물

- 폐기물을 1일 평균 300kg 이상 배출하는 사업장(제조업)
- 일련의 공사 또는 작업 등으로 인하여 폐기물을 5톤 이상 배출하는 사업장(건설산업기본법 제2조 제4호에 해당하는 토목공사·건축공사·산업설비 공사 등 제외)

④ **건설폐기물**23)

건설산업기본법 제2조 제4호에 해당하는 토목공사·건축공사·산업설비공사 등으로 인하여(착공에서 준공 시까지) 발생하는 5톤 이상의 폐기물

⑤ **지정폐기물**

사업장 폐기물 중 폐유·폐산 등 주변환경을 오염시킬 수 있거나 감염성 폐기물 등 인체에 위해를 줄 수 있는 유해한 물질로서 대통령령이 정하는 폐기물(중금속 함유 유해물질)

⑥ **생활폐기물**

사업장폐기물 외의 폐기물

⑦ **순환골재**

건설폐기물을 물리적 또는 화학적 처리과정 등을 거쳐 품질기준에 적합하게 한 것

⑧ **순환골재 의무사용 건설공사**

국가, 지방자치단체, 정부투자기관, 정부산하기관, 정부출연연구기관, 공기업, 지방공기업이 발주하는 건설공사 중 해당하는 공사24)

⑨ **재활용**

건설폐기물을 처리하는 과정에서 생산된 순환골재 등을 직접 사용하거나 다른 건설공사 또는 다른 용도로 사용하는 것.

---

21) 폐관법 제2조
22) 폐관법 영 제2조
23) 건폐법 제2조
24) ① 「도로법」에 의한 4km 이상 도로의 신설 또는 확장공사
② 「국토의 계획 및 이용에 관한 법률」에 의한 1km 이상 일반도로, 자동차전용도로의 신설 및 확장공사
③ 「산업입지 및 개발에 관한 법률」에 의한 면적이 15만m^2 이상인 용지조성사업
④ 「하수도법」에 의한 하수종말처리시설 설치공사
⑤ 「오수·분뇨 및 축산폐수의 처리에 관한 법률」에 의한 분뇨처리시설 및 축산폐수공공처리시설 공사
⑥ 「수질 및 수생태계 보전에 관한 법률」에 의한 폐수종말처리시설의 설치공사

⑩ 처리

중간처리는 소각·중화·파쇄·고형화, 최종처리는 매립·해역 배출

⑪ 건설폐기물처리시설

건설폐기물을 중간처리하기 위한 시설로서 파쇄·분쇄시설(동력 20마력 이상인 시설에 한함), 탈수·건조시설(건설오니의 수분함량을 85% 이하로 중간처리하기 위한 시설만 해당)

2) 건설폐기물의 재활용 촉진에 관한 법률의 총칙

① 다른 법률과의 관계(제3조)

가. 건설폐기물을 친환경적으로 적정처리하고 재활용을 촉진하기 위한 사항은 이 법을 다른 법률에 우선하여 적용하고, 이 법에서 규정되지 아니한 사항은 관계 법률의 규정을 적용한다.

나. 관계 중앙행정기관의 장은 이 법의 규정에 관한 내용으로 법령을 제정하거나 개정하는 경우에는 미리 환경부장관 및 국토해양부장관과 협의해야 한다.

② 국가 및 지방자치단체 등의 의무(제4조)

가. 국가 및 지방자치단체는 건설폐기물을 친환경적으로 적정처리하고 재활용을 촉진할 수 있도록 필요한 시책을 강구해야 한다.

나. 국가 · 지방자치단체 및 공공투자 · 출연기관은 제1항의 규정에 의한 시책을 이행해야 한다.

③ 발주자의 의무(제5조)

가. 발주자는 재활용 촉진에 관한 시책을 적극적으로 이행하기 위하여 건설폐기물의 처리대책을 강구하여 시행해야 한다.

나. 발주자는 당해 건설공사에서 발생되는 건설폐기물의 분리배출 · 보관 · 처리 및 재활용 등에 필요한 비용을 공사금액에 계상하는 한편, 재활용에 관하여 필요한 사항을 공사시방서 등 계약서류에 명시해야 한다.

④ 배출자 등의 의무(제6조)

가. 건설업자는 건설폐기물을 친환경적으로 적정처리하고 재활용을 촉진하기 위하여 발주자가 요구하는 계약조건을 성실히 이행해야 한다.

나. 배출자는 건설공사를 수행하는 과정에서 발생한 건설폐기물을 성상별 · 종류별로 분리하여 배출하고 재활용을 촉진하기 위하여 노력해야 한다.

⑤ 건설폐기물처리업자 등의 의무(제7조)

가. 수집 · 운반업자 및 중간처리업자는 건설폐기물을 친환경적으로 수집 · 운반하고 적

정 처리해야 한다.

나. 중간처리업자는 순환골재의 생산을 위한 연구개발 및 시설개선 등의 노력을 해야 한다.

4.2.4 환경분쟁관리

환경분쟁관리의 목적은 환경분쟁의 알선·조정 및 재정의 절차 등을 이해함으로써 공사수행 시 발생할 수 있는 환경민원에 대해 합리적으로 대처하여 공사비 증가 및 공기지연 등을 미연에 방지하는 것이다.

1) 기본 용어[25)]

① 환경피해

사업활동 기타 사람의 활동에 의하여 발생하였거나 발생이 예상되는 대기오염, 수질오염, 토양오염, 소음진동, 지반침하, 일조방해 등의 원인으로 인한 건강상, 재산상의 피해를 말한다(방사능 오염으로 인한 피해 제외).

② 환경분쟁

환경피해에 대한 다툼과 환경기술개발 및 지원에 관한 법률에 의한 환경시설의 설치 및 관리와 관련된 다툼

③ 분쟁조정

환경분쟁에 대한 알선 · 조정 및 재정을 말한다.

2) 환경분쟁조정위원회[26)]

환경부에 중앙환경분쟁조정위원회를 특별시·광역시 또는 도에 지방환경분쟁조정위원회를 각각 설치하여 환경분쟁을 조정하도록 한다. 중앙환경조정위원회는 위원장 1인을 포함한 9인의 위원으로 구성하며, 그 중 상임위원은 3인 이내로 한다(지방조정위원회는 상임위원을 1인 이내로 한다).[27)]

중앙환경분쟁조정위원회는 신청금액이 1억 원 초과인 분쟁조정, 국가 또는 지방자치단체를 당사자로 하는 분쟁의 조정, 2 이상의 시도의 관할구역에 걸치는 분쟁의 조정, 지방조정위원회가 스스로 조정하기 곤란하다고 결정하여 이송한 분쟁의 경우에 관할하며, 지방환경분쟁조정위원회는 신청금액이 1억 원 이하인 분쟁조정을 관할한다.[28)]

---

25) 환경분쟁조정법 제2조
26) 환경분쟁조정법 제4조
27) 환경분쟁조정법 제7조
28) 환경분쟁조정법 제6조, 영 제3조

3) 분쟁조정

① 분쟁조정의 신청(변경)[29]

가. 분쟁조정을 신청하고자 하는 자는 위원회에 알선·조정 또는 재정 신청서를 제출해야 한다.

나. 국가를 당사자로 하는 분쟁조정에 있어서는 환경부장관이 국가를 대표한다.

다. 위원회는 당사자의 분쟁조정 신청을 받은 때에는 지체 없이 조정절차를 개시하고, 정해진 기간 내에 절차를 완료해야 한다.

라. 위원회는 신청인 또는 참가인이 서면으로 취지나 이유의 변경을 신청한 때에는 승인해야 한다. 다만 현저히 지연시킬 우려가 있는 경우에는 승인하지 아니할 수 있다.

② 분쟁조정신청서 기재사항[30]

가. 알선 · 조정의 경우

- 당사자 · 선정대표자 · 대리인 또는 대표당사자의 성명 또는 명칭 및 주소
- 분쟁에 관계되는 오염발생의 일시 · 장소 및 환경피해 발생의 일시 · 장소
- 분쟁의 경과
- 알선조정을 구하는 취지 및 이유
- 기타 참고자료

나. 재정의 경우

- 알선 · 조정의 1번 내지 3번 및 5번에 규정된 사항
- 재정을 구하는 취지 및 이유
- 피해(예상)금액

③ 분쟁조정의 처리기간[31]

가. 알선의 경우 : 3개월

나. 조정 또는 재정의 경우 : 9개월

다. 다음의 경우에는 위원회의 결정으로 기간을 1회에 한하여 연장할 수 있다.

- 당사자 등의 동의가 있는 경우
- 농작물의 피해로 인한 분쟁, 인체의 피해로 인한 분쟁 등 인과관계의 입증 또는 배상액의 산정에 장기간이 소요되는 경우

29) 환경분쟁조정법 제16조, 규칙 제10조
30) 환경분쟁조정법 제16조, 영 제8조
31) 환경분쟁조정법 제16조, 규칙 제12조

4) 알선

당사자의 자리를 주선하여 분쟁당사자 간의 합의를 유도하는 절차로서 신청서가 접수된 날로부터 7일 이내에 알선위원을 선정하고 당사자에게 그 명단과 분쟁조정절차에 관여하는 심사관의 명단을 통지해야 한다.[32]

① **알선의 중단**[33]

가. 알선위원은 알선으로서는 분쟁해결의 가능성이 없다고 인정되는 때에는 알선을 중단할 수 있다.

나. 알선중인 분쟁에 대하여 조정 또는 재정신청이 있는 때에는 당해 알선은 중단된 것으로 본다.

다. 위원회는 알선이 중단된 때에는 지체 없이 서면으로 그 뜻을 통지해야 한다.

5) 조정

사실조사 후 조정위원회가 조정안을 작성하여 당사자 간의 합의를 수학 권고하는 절차이다.

① **직권조정**[34]

중앙조정위원회는 중대한 환경피해가 발생하여 이를 방치하면 사회적으로 중대한 영향을 미칠 우려가 있다고 인정되는 경우의 분쟁으로, 아래의 경우는 당사자의 신청이 없는 경우에도 직권으로 조정절차를 개시할 수 있다.

가. 환경피해로 인하여 사람이 사망하거나 인체에 중대한 장애가 발생한 분쟁

나. 조정가액이 50억 원 이상인 분쟁

② **조정의 효력 등**[35]

가. 조정위원회는 분쟁의 해결을 위하여 필요하다고 인정하는 때에는 조정안을 작성하고 이를 당사자에게 통지해야 하며, 30일 이상의 기간을 정하여 당사자에게 수락을 권고할 수 있다.

나. 조정안이 당사자에 의하여 수락된 때에는 조정조서를 작성하고 당사자와 함께 기명 · 날인해야 하며, 합의가 성립된 것으로 본다.

③ **조정의 종결**[36]

가. 조정위원회는 당해 조정사건에 관하여 당사자 간에 합의가 이루어질 가능성이 없다고 인정하는 때에는 조정하지 아니하는 결정으로 조정을 종결시킬 수 있다.

---

32) 환경분쟁조정법 제27조, 영 제21조
33) 환경분쟁조정법 제29조, 영 제22조
34) 환경분쟁조정법 제30조, 영 제23조
35) 환경분쟁조정법 제33조
36) 환경분쟁조정법 제35조

나. 조정안을 송부 후 당사자로 하여금 수락한다는 뜻의 통지가 없는 때에는 당사자 간의 조정은 종결된다.

다. 조정이 종결된 때에는 이를 당사자에게 통지해야 한다.

라. 3항의 규정에 의해 통지를 받은 당사자가 통지를 받은 날부터 30일 이내에 소송을 제기한 경우, 시효의 중단 및 제소기간의 계산에 있어서는 조정의 신청을 재판상의 청구로 본다.

6) 재정

① 재정위원의 지명[37)]

가. 재정은 5인의 위원으로 구성되는 위원회에서 행한다(경미한 사한은 3인).

나. 재정위원회의 위원은 사건마다 각각 위원회의 위원 중에서 위원장이 지명하되 아래의 자 중 1인 이상을 포함해야 한다.

- 1급 상당의 공무원으로 1년 이상 재직한 자
- 2급 또는 3급 상당의 공무원으로 3년 이상 재직한 자
- 판사·검사 또는 변호사의 직에 6년 이상 재직한 자
- 공인된 대학이나 연구기관에서 부교수 이상 또는 이에 상당하는 직에 3년 이상 재직한 자
- 재정위원회의 회의는 구성원 전원의 출석으로 개의하고 구성원 과반수의 찬성으로 의결한다.

② 재정위원회의 조사권[38)]

가. 재정위원회는 분쟁의 재정을 위하여 필요하다고 인정하는 때에는 당사자의 신청에 의하여 또는 직권으로 다음 각 호의 행위를 할 수 있다.

- 당사자 또는 참고인에 대한 출석의 요구·질문 및 진술 청취
- 감정인의 출석 및 감정의 요구
- 사건과 관계있는 문서 또는 물건의 열람·복사·제출 요구 및 유치
- 사건과 관계있는 장소의 출입·조사

나. 당사자는 1항의 규정에 의한 조사 등에 참여할 수 있다.

다. 재정위원회는 조사 등을 할 때에는 그 결과에 대해서 당사자의 의견을 들어야 한다.

③ 재정의 효력[39)]

---

37) 환경분쟁조정법 제36조, 영 제26조

38) 환경분쟁조정법 제38조, 영 제27조, 규칙 제3조

39) 환경분쟁조정법 제42조, 영 제31조

가. 지정조정위원회의 재정위원회가 행한 재정에 불복이 있는 당사자는 재정문서의 정본이 송달된 날부터 60일 이내에 중앙조정위원회에 재정을 신청할 수 있다.

나. 재정위원회가 재정을 행한 경우에 재정문서의 정본이 당사자에게 송달된 날부터 60일 이내에 당사자가 쌍방 또는 일방으로부터 당해 재정의 대상인 환경피해를 원인으로 하는 소송이 제기되지 아니하거나 그 소송이 철회된 때, 또는 ①항의 규정에 의한 신청을 하지 아니한 때에는 당사자 간에 당해 재정내용과 동일한 합의가 성립된 것으로 본다.

④ **소송과의 관계**[40)]

가. 재정이 신청된 사건에 대하여 소송이 진행 중인 때에는 수소법원(소송을 신청한 법원)은 재정이 있을 때까지 소송절차를 중지할 수 있다.

나. 재정위원회는 1항의 규정에 의한 소송절차의 중지가 없는 경우에는 당해 사건의 재정절차를 중지해야 한다.

다. 재정위원회는 재정이 신청된 사건과 동일한 원인으로 다수인이 관련되는 동종·유사사건에 대한 소송이 진행 중인 경우에는 결정으로 재정절차를 중지할 수 있다.

⑤ **분쟁조정 신청사건 처리절차**

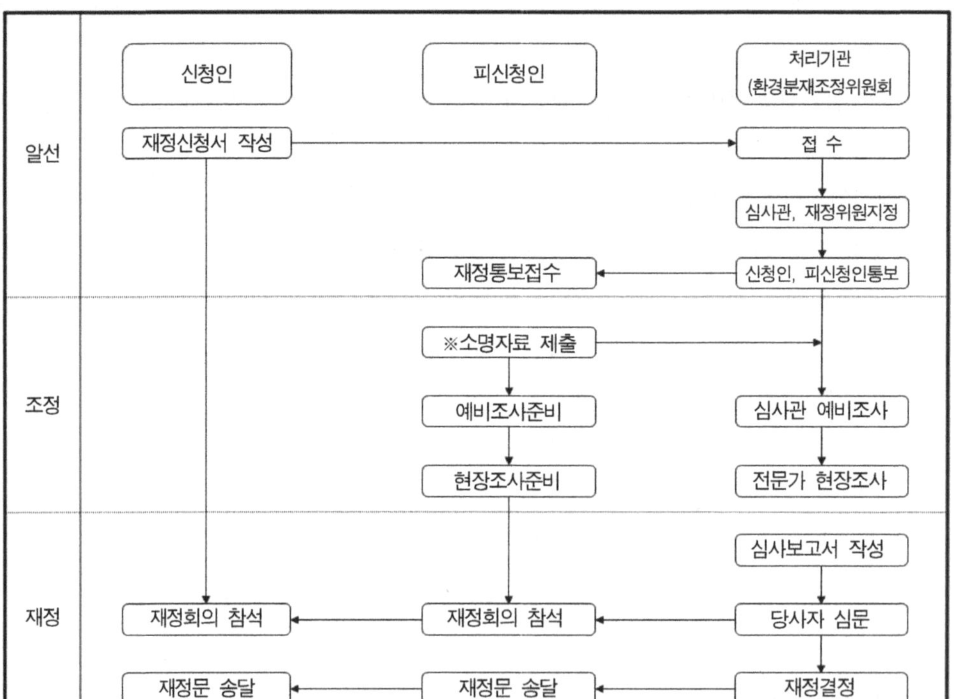

그림 4-3 환경분쟁조정 신청사건 처리절차

---

40) 환경분쟁조정법 제45조

BUILDING CONSTRUCTION

2

건축시공기술 각론

Chapter 01 | 대지 및 지반조사

1.1 준비공사의 요점

1.1.1 대지 인근 배려

1) 인근자의 동의

① 건설계획의 대강 결정과 인근대책의 검토

일조, 빌딩풍, 텔레비전의 전파장애, 프라이버시 보호, 가설울타리, 시공계획의 양해, 휴일작업 · 시간외 작업의 유무, 인근조사 등

② 시공계획 설명회 일정 및 인근에의 인사

2) 인근의 범위

① 건물의 건축에 의해 직접 영향을 받는 범위

일조, 빌딩풍, 텔레비전의 전파장애, 공사 중의 소음·진동, 공사차량의 통행로에 있는 가정, 진동을 싫어하는 정밀기기공장, 연구소 등, 우물(우물사용 가옥)의 수위와 수질, 기타

② 프라이버시 보호

계획건물의 개구부에서 인근 거주자의 생활이 직접 관통되는 경우, 눈가림 등의 대책 필요

3) 시공계획의 양해

① 소음·진동방지를 위한 공법, 가설울타리 및 인접건물의 침하방지, 안전대책

② 공사차량의 통행로 및 교통안전대책, 자재반입의 시간대

③ 공사기간 및 휴일 등

1.1.2 대지 확인

대지 실측도와 설계도를 지적도와 조합한 후에 대지경계 말뚝을 발주자, 인지소유자, 실측자 입회하에서 확인한다. 대지 실측도에 건축물의 위치, 인접건축물, 대지 내 장해물, 관련되는 전주·전선·전화선·가스·수도배관, 하수 등을 기입하여 설계자, 감리자의 확인을 받는다.

1.1.3 관공서 및 기타 수속절차

공사착수 전의 경우가 많으나 공사의 진행에 따라서 차례로 제출하는 것도 있다. 또 완료 전과 완료 후에 제출하는 것도 있으므로 건축, 전기, 각 설비공사별로 필요한 신고서를 작성해 두어야 한다. 또한 소방서는 협의 전 지도를 받는 편이 번거롭지 않으며 공사의 규모, 건물의 종류 또는 사용목적에 따라 사전에 각 관공서에 연락하여 절차에 필요한 것을 표시하고 지연되지 않도록 한다.

1.1.4 사전조사 보충

착공 시의 자료 중 인접건물의 침하, 터파기에 필요한 토질, 수위 등 불명확한 것은 보충조사를 실시하고, 터파기에 앞서 다음의 사항을 사전에 조사하여 대책을 수립해야 한다.

가. 전주, 철탑, 가선, 유지, 하천, 인근의 우물, 인지, 근접건물
나. 지질, 지층을 조사하고 히빙, 보일링 등을 검토한다.
다. 지하매설관의 위치 및 보호계획
라. 굴착기의 중량과 지질의 함수량, 경연도
마. 근접 건물의 기초, 밑판의 깊이, 목말뚝 등과 금회의 굴착깊이
바. 보도의 진입, 보양, 복구의 절차
사. 제3자의 통행에 대한 안전통로의 확보

1.2 부지조사 및 측량

1.2.1 부지조사

1) 거리측량

① 보측 : 거리의 대강을 알기 위하여 걸음으로 측정한 것으로 한국인의 한 걸음은 약 75~80cm

② 음측 : 발원지에서 음과 빛을 동시에 내어 착음지에서 음의 도착시간을 스톱워치로 측정하고 음판의 속도로 거리를 측정

③ 기구(줄자)에 의한 측량

2) 평판측량

① 평판을 써서 거리·각도·수평 등의 측정을 하고 동시에 현장에서 작도하는 것

② 사용기구 : 평판, 엘리데이드(alidade), 구심기, 자침기, 다림추 등

3) 고저측량(레벨측량)

높이를 측정하고자 하는 위치에 함자를 세우고 레벨을 보아 그 높이차를 구하는 것으로 구해 나가는 방향을 전시, 기지방향을 후시

4) 각도측량

트랜싯(transit)은 수평각·수직각을 측량하는 계기로 각도측량에 사용하는 기구

1.2.2 대지측량

공사 착수 전에 특기시방에서 정하는 바에 따라 다음의 측량을 한다.

1) 경계명시측량

인접지 및 도로와의 경계는 담당원, 인접지 소유자, 기타 관계자의 입회하에 측량한다.

2) 현황측량

대지의 고저 및 지상물의 형상 등을 표시하는 현황측량은 담당원이 지시하는 측량방법에 따른다.

1.3 지반조사

1.3.1 지반조사 항목 및 순서

1) 조사항목

① 과거 혹은 현재의 지층 표면의 변천사항

② 지하매설물 유무와 위치의 파악

③ 상수면의 위치와 지하유수의 방향

④ 각 지층의 구성, 토질, 각 지층의 깊이, 치밀성, 지내력

⑤ 동결선 등 기타사항

2) 조사순서

① 사전조사 – 예비지식으로 지반의 개황을 조사

② 예비조사 – 본조사의 기본자료가 되는 대지 내의 기초적 조사

③ 본 조사 – 지반의 물리적, 역학적 성질을 본격적으로 조사

④ 추가조사 – 본 조사의 결과를 보완하기 위한 보충조사

1.3.2 지반조사방법

1) 지하탐사법

① 터파보기(구멍파보기, test pit)

대지의 일부분을 시험하기 위하여 그 지층의 상태를 보고 내력을 추정. 가장 간단하고 확실한 방법으로 직경 60~90cm, 깊이 1.5~3m, 간격 5~10m로 구덩이를 파서 조사

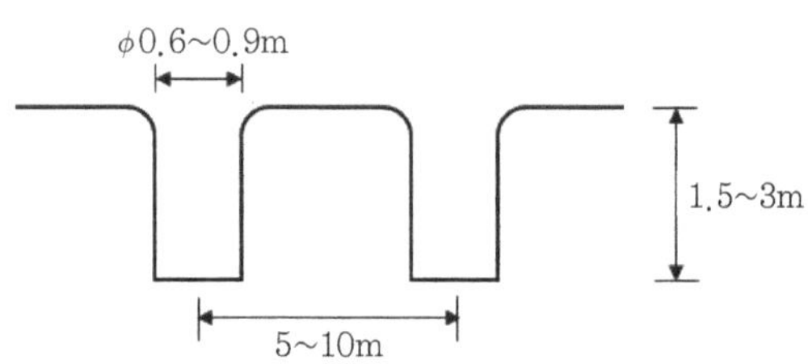

그림 1-1 터파보기

② 탐사간(쇠꽂이 찔러보기)

수 개소 시행하여 지층의 깊이 추정. 9mm 정도의 철봉을 땅속에 박아서 침하력으로 생땅의 위치나 흙의 강도 등을 측정

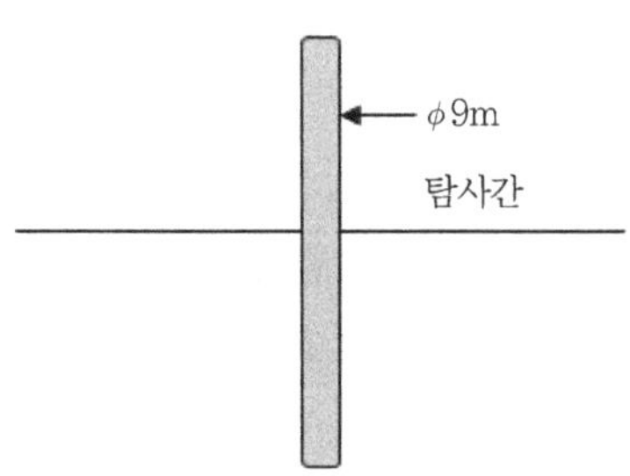

그림 1-2 탐사간

01 대지 및 지반조사

③ 물리적 지하탐사

광대한 대지의 지하 구성층의 개략적 탐사. 전기저항식, 강제진동식, 탄성파식이 있고, 전기저항식이 많이 쓰이며 건축공사에는 거의 사용하지 않음.

그림 1-3 물리적 지하탐사

2) **보링**(boring)

① 정의 : 지중의 토사에 철관을 꽂아 토질의 시료를 채취하여 지층의 상황을 판단하기 위한 토질조사법

그림 1-4 보링테스트

② 종류

가. 오거 보링(auger boring) : 나선형으로 된 송곳을 인력으로 지중에 틀어박는 방법으로 가장 간단함. 깊이 10m 이내의 점토층에 사용

나. 수세식 보링 : 비교적 연약한 토사에 수압을 사용하여 탐사하는 방식. 선단에 충격을 주어 이중관을 박고 물을 뿜어내어 파진 흙과 물을 같이 배출

다. 충격식 보링 : 경질층을 깊이 파는 데 이용되는 방식. 와이어로프의 끝에 충격날의 상하작동에 의한 충격으로 암석을 파쇄 천공하여 파쇄된 토사는 배출

라. 회전식 보링(rotary boring) : 지층의 변화를 연속적으로 비교적 정확히 알고자 할

때 이용하는 방식으로 불교란 시료의 채취가 가능. rod의 선단에 첨부하는 날(bit)을 회전시켜 천공하는 방법

③ 보링의 구성기구

가. 외관(casing) : 공벽보호용

나. 쇠막대(rod) : 지지연결대

다. 코어튜브(core tube) : 시료 채취기

라. 칼날(bit) : 굴삭용

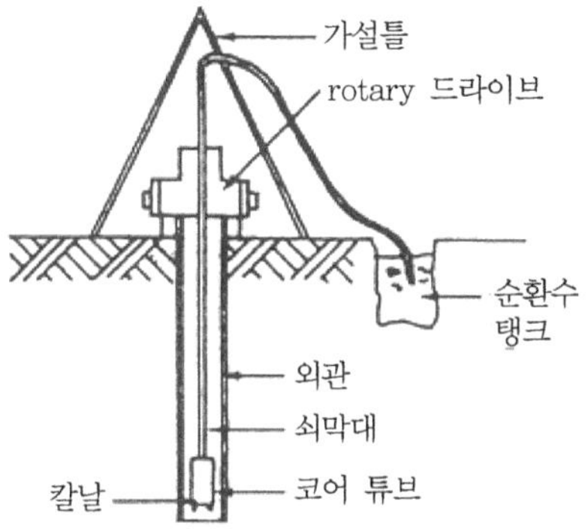

그림 1-5 보링구성 기구

④ 토질주상도

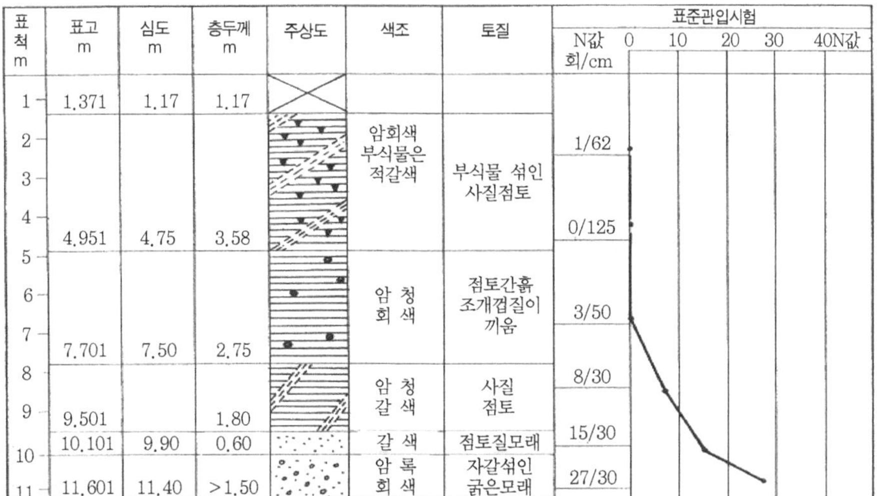

그림 1-6 토질주상도

지질단면을 도화할 때에 사용하는 도법으로 지층의 순서, 포함된 제물질의 상태, 층 두께 등을 축적으로 표시한 것으로 보링을 통해 작도가 가능하다.

⑤ 보링을 병행한 지반조사방법

샘플링, 표준관입시험, 베인테스트, 콘테스트

3) 샘플링(시료 채취, sampling)

① 개요

지반의 토질판별을 위하여 시료를 채취하는 방법. 샘플링하는 용도는 토질주상도 작성 기초자료, 토층의 성상판별, 지내력 추정 등. 시료 채취하는 방법은 교란시료 채취와 불교란 시료 채취방법으로 분류

② 교란시료 채취

토질이 흐트러진 상태로 채취한 시료

③ 불교란시료 채취

토질이 자연상태 그대로 흩어지지 않도록 채취하는 것으로 보링과 병행하여 실시. 신월(thinwall) 샘플링(연약한 점토 채취)와 콤포지트(composite) 샘플링(굳은 점토 또는 다져진 모래 채취)으로 분류

4) 토질시험(soil test)

① 전단 및 압축시험

- 물리적 시험 : 함수비 시험, 비중시험, 액성한계시험, 소성한계시험 등
- 역학적 시험 : 1축압축시험, 3축압축시험, 전단시험, 압밀시험 등

② 사운딩(sounding)시험

rod선단에 설치한 저항체를 땅속에 삽입하여서 관입, 회전, 인발(빼 올리기) 등의 저항으로 토층의 성상을 탐사하는 방법으로서 원위치시험이라고 함.

5) 표준관입시험(standard penetration test : SPT)

불교란 시료채취가 불가능한 사질지반에서 지반의 밀실도를 측정할 때 사용되는 방법으로, 표준관입시험용 샘플러를 중량 63.5kg의 추로 75cm 높이에서 자유낙하시켜 충격으로 30cm 관입시키는 데 필요한 타격횟수 N값을 측정한다.

① 표준관입시험 준비

② 표준관입시험용 샘플러 설치

③ 추 자유낙하

④ N치 측정

그림 1-7 표준관입시험 순서

6) 베인 테스트(vane test)

땅속의 토층에서 시료를 채취하지 않고 보링구멍을 이용하여 +자 날개형의 베인 테스터를 지반에 박고 회전시켜 그 저항력에 의하여 연약 점토지반의 점착력을 판별한다.

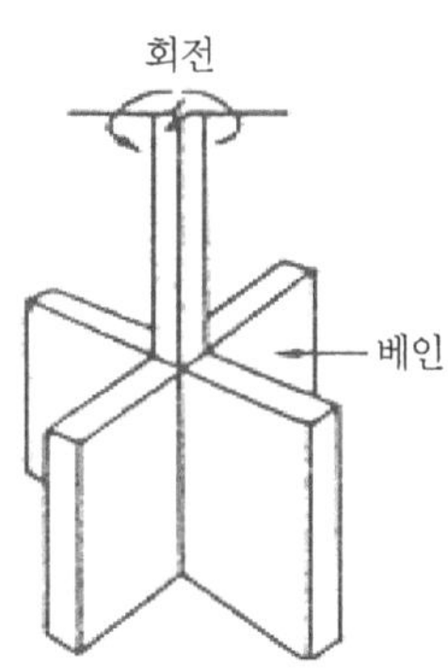

그림 1-8 베인 테스터

7) 콘(cone)관입시험

강봉의 선단에 원추형 콘을 달고 지중에 관입시켜 관입저항치를 측정하여 지반의 지지력을 측정하는 시험

8) 지내력시험(load test)

지반면에 직접 하중을 가하여 기초지반의 지지력을 추정하는 시험

① **평판재하시험**(P.B.T : Plate Bearing Test)

가. 시험은 예정 기초 저면에서 행함.

나. 시험용 재하판은 정방형이나 원형으로 $2,000cm^2$의 것을 표준으로 하고 보통 45cm 각 또는 30cm각의 강판이 쓰임.

다. 매회 재하는 1톤 이하 또는 예정 파괴하중의 1/5 이하로 하고, 침하가 2시간에 0.1mm 비율 이하가 될 때는 정지한 것으로 간주하며, 침하량은 다이얼 게이지로 측정함.

라. 단기하중에 대한 허용지내력은 총침하량이 2cm에 도달하였을 때 또는 침하량이 2cm이하라도 침하곡선이 항복상태를 보일 때 중 작은 값을 기준으로 산정

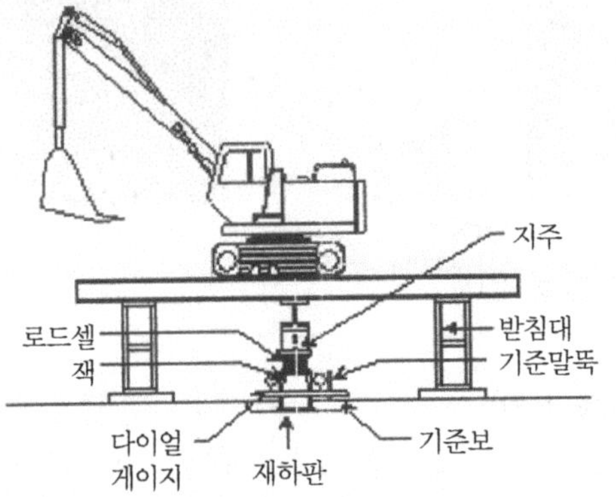

그림 1-9 평판재하시험 각부 명칭

① 장비 재하판 위에 설치

② 침하량 체크

③ 평판재하시험 장비

그림 1-10 평판재하시험 순서

마. 장기하중에 대한 허용지내력은 단기하중의 1/2

② 말뚝재하시험

가. 사용예정인 말뚝에 대해 실제로 사용되는 상태 또는 이것에 가까운 상태에서 지지력 판정의 자료를 얻는 시험으로 직접적으로 지지력을 확인하는 방법

나. 종류 : 정재하시험(압축재하시험, 인발시험, 수평재하시험)과 동재하시험 등

① 시험대 설치

② 파일 상단 재하대

③ 디지털 게이지로 지지력 테스트

그림 1-11 말뚝재하시험 순서

1.3.3 지반의 허용지내력도

표 1-1 지반의 허용지내력도(단위 : t/m²)

지 반		장기허용지내력	단기허용지내력
경암반	화강암, 내연암, 편마암, 안산암	400	장기하중에 대한 허용응력도의 2배 (법규상 규정치는 1.5배)
연암반	판암, 편암 등의 수성암	200	
	혈암, 표반암	100	
자갈		30(60)	
자갈, 모래의 혼합물		20(50)	
모래 섞인 점토 또는 loam토		15(30)	
모래, 점토		10(40, 25)	

*(　)안은 지반이 밀실한 경우의 지내력임.

1.4 근린대책

1.4.1 인접건물의 조사 및 보호

1) 조사항목

① 가옥 전경

② 내외벽의 모르타르나 타일의 균열

③ 기둥, 슬래브의 기울기

④ 바닥, 역T자형 줄기초 등의 균열

⑤ 침하, 경사

그림 1-12 균열 예시도

2) 계측방법

① 균열폭 : 최대 균열폭을 crack gauge, tilt meter에 의해 측정, 공사 후의 비교를 용이하게 하기 위해 균열의 분기점에서 측정한다.

② 틈새폭 : 최대 틈새폭을 crack gauge, tilt meter로 측정

③ 균열길이 : 균열의 발생 끝과 선단의 거리를 측정

④ 경사 : 다림추나 수평기를 이용하여 측정

3) 기록

① 방 배치평면도를 작성하여 사진이나 스케치의 위치, 방향, 번호 등을 기입한다.

② 사진촬영 시 기록판(흑판, 화이트보드)을 이용한다.

③ 가능하면 사진촬영 시 비디오로 주변현황을 동시 촬영하여 촬영시점이 나타날 수 있도록 한다.

공 사 명 : ○○공사 조사가옥 : ○○호 사진번호 : ○○−○○ 촬영장소 : 상황 : 북측 모르타르면 균열 길이 m, 폭 mm

그림 1-13 기록표 예시

4) 조사범위

규모, 공법, 지반 및 지역의 상황을 고찰하여 결정한다.

5) 인접가옥의 보양

① 지반침하, 진동에 대한 양생 : 언더피닝, 약액주입에 의한 지반강화, 인접가옥의 약

한 부분 직접 보강

② 낙하물이나 소음에 대한 보양

③ 부지 주변의 도로 위 등의 인접물은 착공 전에 조사하여 소유주와 협의한 후 필요한 조치를 강구한다.

1.4.2 인접부지의 조사 및 보호

1) 인접부지 매설물

① 사전조사

가. 도면조사 : 구청이나 공사에 조회하여 입수

나. 현지조사 : 도면과 실제상황이 다른 경우가 많으므로 반드시 현지 확인

② 매설물 조사도 작성

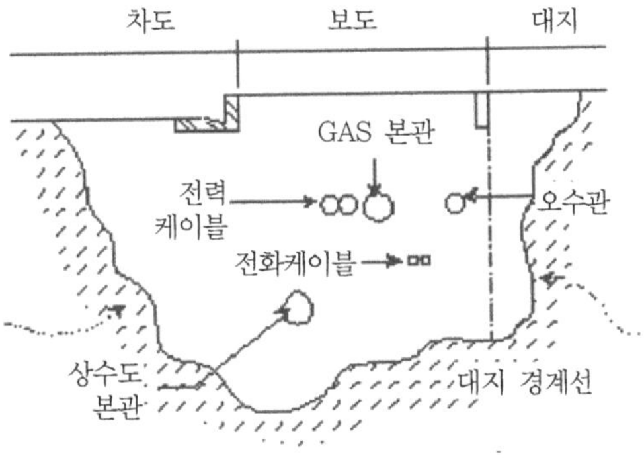

그림 1-14 매설물 조사도

③ 사전협의

착공 전 매설물 관리자와 협의하여 감시체제나 응급 시의 처리방법 확립

④ 침하측정

가. 지반침하의 우려가 있을 경우 정기적인 침하측정을 실시

나. 일반적으로 노면을 측정하나 필요시 관측공을 만든다.

다. 측정위치를 못 등으로 표시하고 훼손치 않도록 보양한다.

2) 인접부지

① 사전조사

가. 교통통제상황

나. 인접주민의 상황(소음, 진동, 오염, 분진 등으로 인한 인접주민의 반응)

다. 도로상황(운반경로, 교통량, 차량높이, 중량규제)

라. 지하수위

마. 주변지역의 과거 지하공사 등

② **계측관리 실시**

가. 주변 지반침하 : inclino meter, extension meter

나. 토압변위 : soil pressure gauge

다. 지하수위변동 : piezometer, water level meter

라. 소음, 진동 변화 : sound level meter

Chapter 02 | 가설공사

2.1 가설공사 개요

가설공사는 공사기간 중 일시적으로 설비한 제반 시설 및 수단의 총칭으로서 일반적으로 건축물 본 공사를 실시하기 위해 필요한 가설적 시공설비를 설치하여 활용하는 일시적인 공사를 말한다. 가설공사는 공통가설공사와 직접가설공사로 구분되며, 공통가설공사는 공사 전반에 공통으로 사용되어지며 간접적인 역할을 하는 공사를 말하며, 직접가설공사는 특정 공사에 사용되어지며 직접적인 역할을 하는 공사를 말한다.

현재 국내에서 시행되고 있는 가설공사를 살펴보면 공사 초기에 설치되어 해당 공종이 끝나면 해체되는 것이 대부분이므로 해당 시공자에 의해 계획되고 관리되는 것이 대부분이다. 그러나 가설공사의 경우 구조물의 품질 및 안전에 직접적인 영향을 미치기 때문에 안전관리계획이 미흡할 경우 각종 중대재해로 이어질 수 있으므로 주의해야 한다.

따라서 건축물의 가설계획 시에는 건축물의 규모와 부지상황, 공사기간, 제반환경 등을 고려한 합리적이고 체계적인 계획이 필요하다.

가설공사 계획 시 고려사항은 다음과 같다.

① 전용성 : 가설공사에 사용되는 가설재는 내구성이 뛰어나 계속적인 사용이 가능해야 한다.

② 안전성 : 재해관련 및 안전계획에 따른 안정성을 고려해야 한다.

③ 사용성 : 공장에서 제작하여 현장에서 쉽게 사용할 수 있고, 조립 및 해체가 간단해야 한다.

④ 경제성 : 가설재의 규격화, 표준화에 따른 공기단축 등을 통한 경제성을 고려해야 한다.

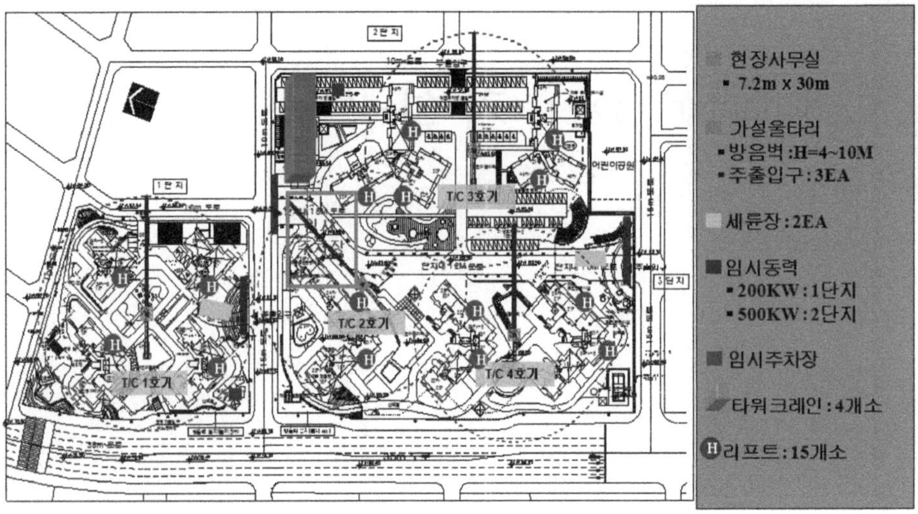

그림 2-1 가설계획 도면

2.2 가설공사 분류

가설공사는 크게 공통가설과 직접가설로 구분되며 그 내용은 다음과 같다.

표 2-1 가설공사의 분류

구 분	공통가설	직접가설
정 의	공사 전반에 간접적 역할	특정 건물에 직접적 역할
종 류	가설울타리, 가설건물(숙소, 현장사무소, 기자재창고), 가설운반로, 동력설비, 용수설비, 운반설비, 시공장비 등	규준틀, 비계, 보양재료, 먹매김, 안전설비 등

2.2.1 가설울타리

가설울타리는 건설공사현장 주위를 둘러싸는 담장을 말하며, 공사현장의 대지경계를 확보하거나 작업장의 안전 확보, 현장의 비산, 먼지, 소음 예방, 안전사고의 예방, 공사현장의 경관 개선 등을 위하여 공사기간 중에 한시적으로 설치하는 울타리를 말한다.

그림 2-2 가설울타리

가설울타리의 높이는 1.8m 이상(지반면이 공사현장 주위의 지반면보다 낮은 경우에는 공사현장 주위의 지반면에서의 높이)으로 하며, 야간에도 잘 보이도록 발광시설을 설치해야 하며, 출입구 폭은 4m 내외로 한다.

가설울타리용 재료는 합판, 철판, 철망, EGI(전기아연도금강판) 등을 사용한다.

2.2.2 가설출입문

가설출입문은 접이식 문과 쪽문으로 구성되어 차량, 현장원들의 출입, 자재의 출입을 위해 사용되는 출입문을 말한다.

이러한 출입문의 폭은 대개 6m 이상으로 차량, 자재의 출입을 위해서는 접이식 문이 사용되며, 사람의 통행을 위해서는 쪽문이 사용된다.

그림 2-3 가설출입문

가설출입문은 현장의 작업동선, 가설도로, 주변도로와의 관계 등을 고려하여 수량과 위치를 결정하여 설치해야 하며, 자재의 적재와 가설계획을 고려하여 통행에 방해가 되지 않는 범위로 해야 한다.

2.2.3 가설사무소

가설사무실은 현장관리 직원 및 하도급과 직원용 사무실과 회의실, 휴게실 등을 말한다. 가설사무실의 위치는 현장 전체가 모두 시야에 들어오는 곳이 좋으며, 출입문에 가깝게 설치하여 외부 방문객 등의 출입을 고려하는 것이 좋다. 또한 본 공사가 진행되는 곳을 거치지 않고 사무실까지 진입이 가능한 곳에 위치하도록 한다.

그림 2-4 가설사무소

가설사무소는 3.3m^2/1인을 기준면적으로 하고, 자재는 경량 샌드위치 패널이나 컨테이너를 사용한다. 최근에는 컨테이너 가설사무소를 많이 사용하는데 이는 전용성이 높고 설치 및 해체가 용이하기 때문이다.

표 2-2 컨테이너형 가설건축물의 산출

폭 \ 길이	3m		6m		9m		12m		비 고
	비계공	특별인부	비계공	특별인부	비계공	특별인부	비계공	특별인부	
2.4m	0.29	0.14	0.44	0.22	0.53	0.26	0.61	0.3	H=2.6m 기준용도: 사무실, 창고
3.0m	0.33	0.17	0.5	0.25	0.59	0.29	0.67	0.33	
3.5m	0.36	0.18	0.53	0.26	0.61	0.3	0.71	0.36	
4.8m	0.44	0.22	0.61	0.3	0.71	0.36	0.77	0.38	
6.0m	0.5	0.25	0.66	0.33	0.77	0.38	0.8	0.4	

2.2.4 시멘트 창고

건설현장에서 사용하는 시멘트를 저장하고 보관하는 곳을 시멘트 창고라 한다. 시멘트는 알칼리 반응에 의하여 경화되고 방습에 특히 약하므로 주의해야 한다.

시멘트 창고의 구조는 다음과 같다.

① 창고 주위에 배수도랑을 설치하여 우수침입을 방지한다.

② 마루높이는 방습상 지면에서 30cm 이상으로 한다.

③ 채광창은 두되 시멘트의 풍화를 방지하기 위해 통풍이 되는 환기창은 두지 않는다.

④ 반입구, 반출구를 따로 두고 먼저 반입한 것을 먼저 사용한다.

⑤ 쌓기 높이는 13포 이하로 하고 3개월 이내에 사용

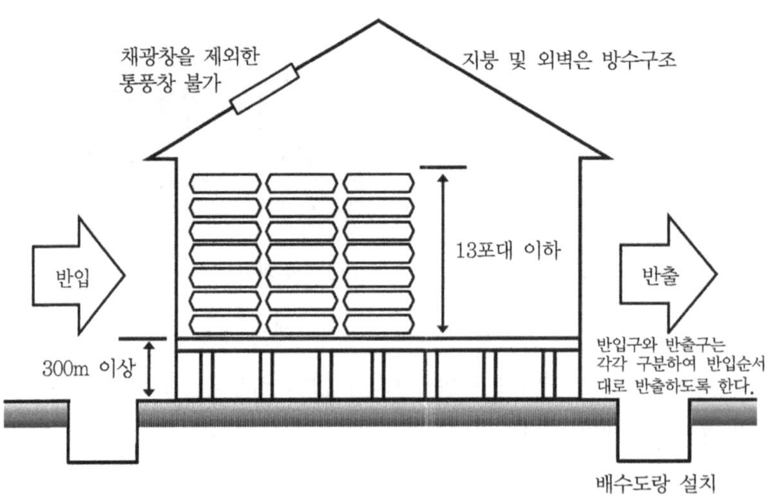

그림 2-5 시멘트 창고

시멘트 창고의 면적 산출 식은 다음과 같다.

$$A = 0.4 \times N/n\,(\mathrm{m}^2\text{당})$$

A : 창고면적(m^2)

n : 쌓기단수(13포 이하)

N : 저장할 수 있는 시멘트양

※ 600포 초과 시, 전량의 1/3을 저장하는 것을 기준으로 하며, 산출식은 다음과 같다.

A=0.4× N/n× 1/3

2.2.5 동력소 및 변전소

동력소 및 변전소는 유류나 가스, 기타 인화 물질 등의 위험물질과 떨어진 곳에 설치하며, 전선인입과 분배가 편리한 곳에 설치하도록 한다.

동력소 및 변적소의 면적 산출 식은 다음과 같다.

그림 2-6 동력소 및 변전소

$$A = 3.3\sqrt{\mathrm{W}\,(\mathrm{m}^2)}$$

w : 전력용량(kWh)

(1kWh= 1000W, 1마력= 0.746kW)

2.2.6 가설용수

가설용수는 공사작업 시 필요한 공사용, 식수용, 청소용 용수를 말한다. 시공작업을 위해 필요한 양과 적합한 수질의 급수시설은 공사착공 준비 시에 설치하거나 기존 상수도에 연결하여 사용한다. 현장에서 사용하는 위생용수는 1일 인당 40L를 기준으로 하며, 공사용수는 바닥면적 $100\mathrm{m}^2$당 0.15ton을 기준으로 산정한다.

2.3 규준틀 및 비계

2.3.1 기준점(bench mark)

기준점은 공사 중에 높낮이의 기준이 되도록 건축물 인근에 설치하는 것으로, 주로 공사착수 전에 설치하여 공사종료 시까지 존치시켜야 한다.

기준점 설치 시 주의사항은 다음과 같다.

① 이동의 염려가 없는 곳에 설치한다.

② 최소 2개소 이상 가급적 많게 한다.

③ 통상 인접건물, 담장 등에 지표면(G.L)에서 0.5~1.0m 사이에 표시한다.

④ 바라보기 좋고 공사에 지장이 없는 곳에 설치한다.

2.3.2 규준틀

규준틀은 건축물의 위치와 높이, 땅파기의 너비와 깊이 등을 표시하기 위해 건물의 귀퉁이나 그 밖의 요소에 설치하는 것으로, 이동변형이 없게 견고히 설치해야 하며, 보통 수평규준틀과 귀규준틀(세로규준틀)로 나뉜다.

수평규준틀은 주로 터파기 공사에 사용되며, 각부 위치나 기초의 너비, 높이, 길이 등을 결정할 때 쓰인다. 귀규준틀은 주로 조적공사(벽돌공사)에서 사용되며, 줄눈, 창문틀, 볼트, 나무벽돌 위치 등을 기입하는 데 쓰인다.

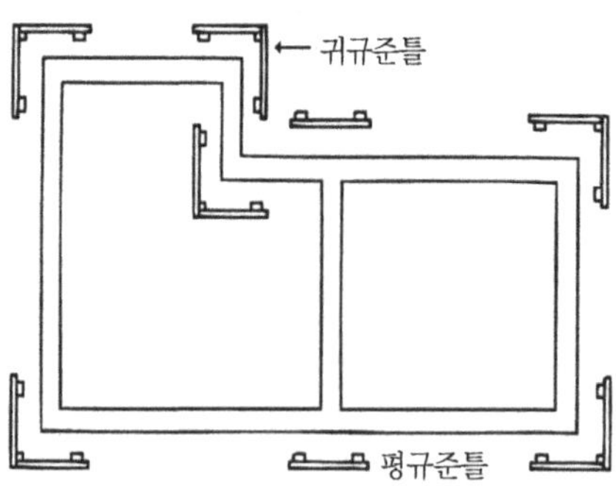

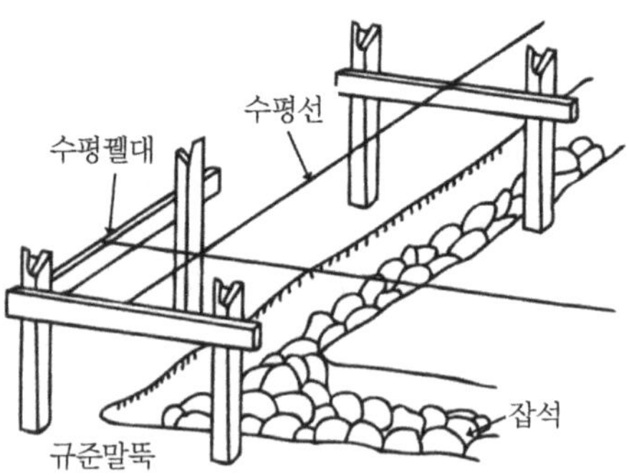

그림 2-7 수평규준틀

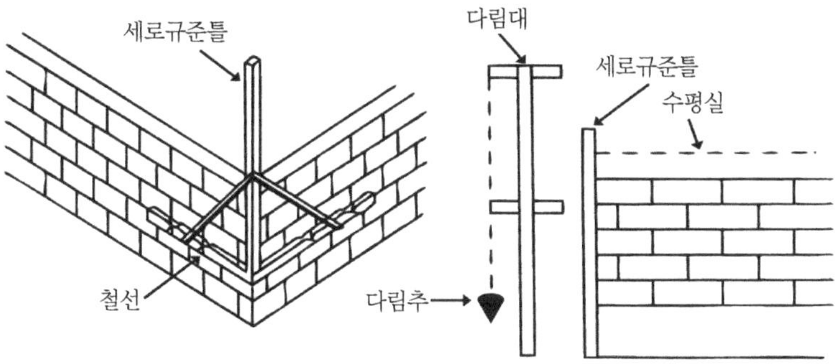

그림 2-8 수평규준틀

2.3.3 비계

비계는 높은 곳의 작업 및 통로로 이용하고자 설치하는 것으로, 안전하고 능률적이며 경제적이어야 하며, 위험방지작업 · 능률면에서 뛰어나야 한다.

비계는 재료상 분류에 의한 통나무비계, 강관파이프(단관, 틀)비계 등이 있고 용도상 분류에 의한 외부비계, 내부비계, 달비계가 있으며 공법상 분류에 의한 외줄비계, 겹비계, 쌍줄비계 등이 있다.

외줄비계는 비계기둥이 1줄이고 띠장을 한쪽에만 단 비계를 말하고, 겹비계는 하나의 기둥에 띠장만 붙인 비계, 쌍줄비계는 고층건물의 외장공사용으로 사용되며 비계기둥과 띠장을 2열로 세우고 여기에 비계장선을 연결한 비계를 말하며, 달비계는 건물의 외부 마감공사, 외벽청소, 고층건물의 유리창 청소에 사용되는 비계를 말한다.

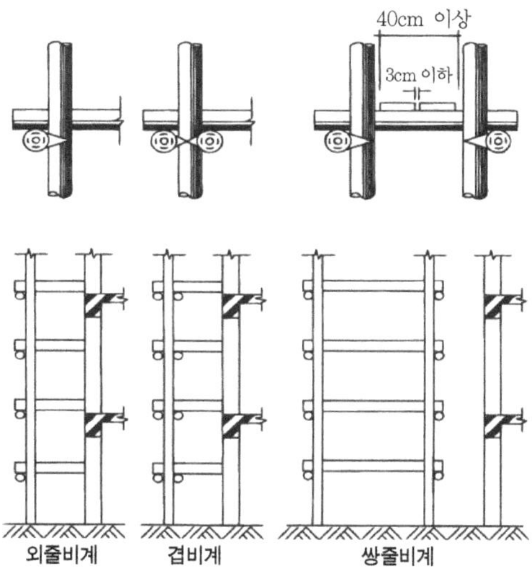

그림 2-9 비계의 종류

비계의 면적 산출법은 다음과 같다.

외줄, 겹비계	A=(ΣL+0.45×8)H
쌍줄비계	A=(ΣL+0.9×8)H
강관비계	A=(ΣL+1.0×8)H

1) 통나무비계

옛날부터 사용되어 온 통나무비계는 주로 낙엽송을 이용한 것으로 지름은 105mm 정도, 길이는 7m 정도의 흠이 없고 곧은 것을 사용한다. 비계기둥 간격은 보통 1.5~1.8m로 하고, 땅속에 60cm 이상 묻는다. 띠장 및 장선의 간격은 1.5m 이내로 하고, 구조체와 연결간격은 수직은 5.5m 이하 수평은 7.5m 이하로 한다. #8~10 철선, #16~18 아연도금 철선으로 결속하며, 이음은 주로 겹친이음으로 한다.

2) 강관 파이프비계

강관 파이프의 보 방향 기둥간격은 0.9~1.5m 도리방향은 1.5~1.8m로 하고 하부고정을 위해 받침철물 베이스 플레이트를 사용한다. 띠장간격은 1.5m 이하로 하고 제1 띠장은 2m 이하로 한다. 기둥 1개의 부담하중은 7kN 이하이고, 기둥과 기둥 사이 부담하중은 4kN 이하로 한다. 구조체와의 연결간격은 수직 수평 모두 5m 이하로 한다. 커플러, 클램프를 이용하여 연결하고 기둥높이가 31m를 초과하면 강관 1개로 기둥을 설치하고, 31m 이하는 2개를 묶어 설치한다.

3) 강관 틀비계

받침철물 베이스 플레이트를 사용한다. 기둥 1개의 적재하중은 콘크리트 기초 위 24.5kN 이하이고 기둥과 기둥 사이 부담하중은 4kN 이하로 한다. 구조체와 연결간격은 수직부재는 6m 이하, 수평은 8m 이하로 한다. 끼움재, 연결재, 핀 등으로 고정하며, 최고 높이는 45m이다.

4) 비계다리

비계다리의 경사는 30° 이하로 하고 보통 17° 로 한다. 미끄럼막이는 30cm 간격마다 철사로 고정하고 나비는 90cm 이상으로 한다. 참높이는 7m 이내마다 설치하고 1600m^2 마다 1개소를 설치한다. 비계다리는 안전상 겹친이음은 피하도록 한다.

그림 2-10 강관 파이프비계

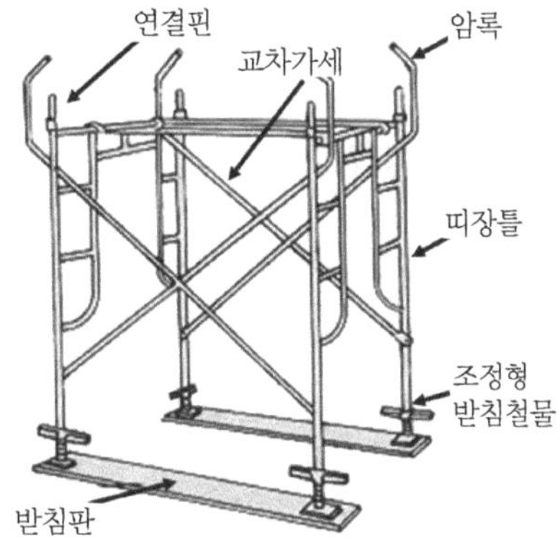

그림 2-11 강관 틀비계

2.3.4 동바리

타설된 콘크리트가 소정의 강도를 얻을 때까지 거푸집 및 장선, 멍에를 적정한 위치에 유지시키고 상부하중을 지지하기 위하여 설치하는 부재를 말한다. 동바리는 침하를 방지하고 각부가 이동하지 않도록 충분한 강도와 안전성을 갖도록 설치하고, 경사면에 수직하게 설치되는 동바리는 가새를 설치하여 안전하도록 한다.

그림 2-12 동바리

• 동바리 체적 산출

동바리량은 상층바닥판 면적에 층높이 곱한 것의 90%로 하며 체적계산은 공m^3로 한다.

동바리량(공m^3) = 상층바닥판 면적 ×층높이 ×90%

2.4 안전설비

안전 및 보양시설에는 안전표시, 안전수칙, 화재방지, 경계신호, 인도용 교량, 안전을 위한 담장, 경비 또는 사원 안전교육계획, 환경보호 등이 포함된다.

안전설비의 종류에는 방호철망 방호시트 방호선반, 낙하물에 대한 위험방지를 위한 낙하물방지망 등이 있다.

2.4.1 방호철망

먼저 방호철망은 철망호칭 #13 또는 #16의 것을 사용한다. 아연도금한 철선으로 철선 지름 0.9mm 이상의 것을 사용한다. 15cm 이상 겹쳐대고 60cm 이내의 간격으로 긴결하여 틈이 생기지 않도록 한다.

2.4.2 방호시트

방호시트는 재료의 인장강도와 신율의 곱이 500kg/mm 이상의 것을 사용한다. 방호시트 둘레 및 네 모서리와 잡아매는 구멍에는 천을 덧대거나 기타의 방법으로 보강한다. 구조체에 45cm 이하의 간격으로 틈새가 없도록 서치하고 시트 상호간에도 틈새가 없도록 겹친다.

2.4.3 방호선반

방호선반은 근로자 보행자 및 차량 등의 통행이 빈번한 곳에 풍압, 진동 및 충격으로 탈락되지 않도록 견고하게 설치한다. 방호선반의 설치높이는 8m 이내이어야 하며, 내민길이는 비계발판의 외측에서 2m 이상으로 하고 수평면과 선반이 이루는 각도는 20~30° 로 한다.

2.4.4 낙하물방지망

낙하물방지망은 낙하물에 의하여 작업자, 통행인 및 통행차량 등에 위해를 끼칠 우려가 있는 장소에 설치하는 시설물이다. 수직으로 둘러치는 것과 수평으로 둘러치는 것이 있다.

그림 2-13 낙하물방지망

낙하물 방지망의 내민길이는 비계 또는 구조체의 외측에서 수평거리 2m 이상으로 하고, 수평면과 이루는 각도를 20~30° 로 해야 하며, 설치높이는 10m 이내마다 설치해야 한다.

이음은 150mm 이상의 겹침을 두어 망과 망 사이에 틈이 없도록 한다.

2.5 가설장비

현장의 가설장비는 자재를 양중하는 타워크레인과 사람 및 자재를 운반하는 호이스트와 리프트 등이 있다.

2.5.1 타워크레인

그림 2-14 타워크레인

그림 2-15 기초 마스터

그림 2-16 메인 지브

타워크레인은 상승과 이동에 따라 크게 3가지로 구분된다. 건물의 높이가 고층이고 외측에 설치 시 이용하는 고정식, 건물내부 설치 시 유압장치를 이용한 상승식, 저층의 넓은 현장에 이용하는 이동식으로 구분된다. 타워크레인은 건축물 외부의 독립기초나 본 구조물 또는 지지말뚝 위에 설치한다.

표 2-2 타워크레인의 종류

종　류	내　용
고정식(fixed type)	· 콘크리트 기초에 고정된 앵커와 직접 조립하는 형식 · 건물의 외측에 설치 시 사용 · 건물높이가 고층일 때 · 건물골조의 영향이 적음
상승식(climbing type)	· 건물 철구조물에 얹어 놓는 방식 · 건물 내부에 설치 시 · 상승 시 자체의 유압장치를 이용 · 하중과 응력에 대한 보강 필요
이동식(travelling type)	· 저층의 넓은 현장에 사용 · 현장에 레일을 설치하여 작업

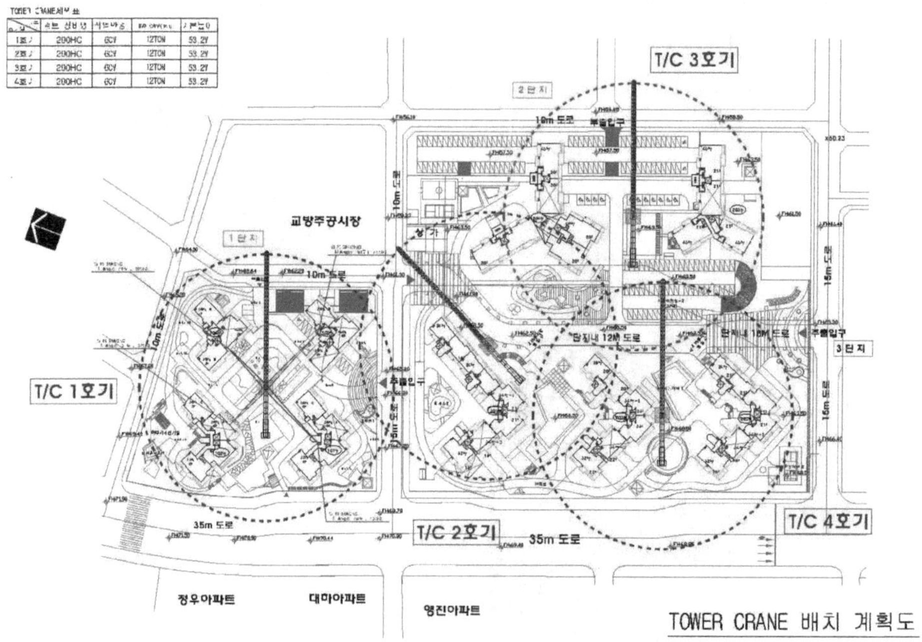

그림 2-17 타워크레인 배치도

2.5.2 호이스트

호이스트는 화물이나 사람을 운반할 수 있도록 상하로 움직이는 운반구를 말한다. 호이스트는 자재만을 움직이는 화물용 호이스트와 적재함 내에 조작 스위치가 설치되어 있는 인화물 겸용 호이스트로 나뉜다.

그림 2-18 호이스트

2.5.3 슈퍼데크 시스템

현장의 공기단축, 공사비 절감, 품질 향상, 크랙발생 예방, 천장 견출공정 불필요, 간접비 감소 등의 효과가 있는 획기적인 슬래브 신공법으로 슈퍼데크 시스템이 있다.

슈퍼데크 시스템은 무지보공, 무거푸집 슬래브공법으로서 고항복강도의 이형철선으로 트러스 거더를 조립하고 바닥슬래브 합판거푸집 대신에 0.5t 아연도 강판 위에 트러스 거더를 전기저항 용접하여 공장에서 일관 자동생산하여 선조립된 제품을 간단한 현장작업만으로 거푸집 설치 및 해체작업 없이 후속공정을 바로 적용하는 공법이다.

슈퍼데크 시스템의 특징은 다음과 같다.

① 슬래브 두께 100m~300m까지 적용범위가 넓다.

② 동바리, 스페이서가 불필요하므로 공사비를 절감할 수 있다.

③ 경량으로 중량부담이 적어 작업 시 안전시공이 가능하고, 간단한 교육만으로 정밀시공이 가능하다.

④ 후속공정의 동시작업이 가능하고 현장작업량이 적다

⑤ 거푸집 해체공정이 불필요하므로 공기단축이 가능하다.

⑥ S조, RC조, SRC조에 폭넓게 적용되며, 이미 설계된 구조도 설계변경이 가능하다.

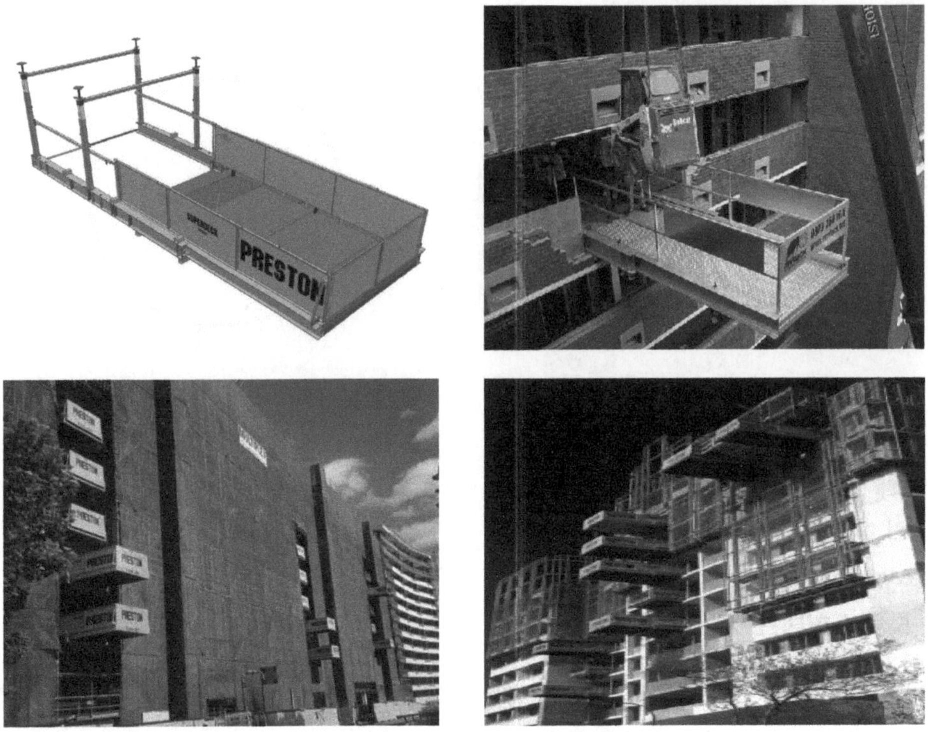

그림 2-19 슈퍼데크 시스템

2.6 측 량

측량은 건축공사의 수평 및 연직의 기준 설정에 관한 각도의 측정으로 측량의 종류에는 경계측량, 현황측량 외에 건축물의 수평, 수직도 및 비틀림, 기초침하, 건물의 수직거리, 기울기 등 여러 가지가 있다.

2.6.1 레벨측량

레벨측량은 각 점의 고저차를 측량하기 위한 것으로 측정기구로는 함척, 삼각대, 줄자 등이 있다.

2.6.2 평판측량

평판측량은 부지의 거리, 면적, 방위를 측정하기 위한 것으로 측정기구로는 앨리데이드, 평판, 구심기, 자침기, 담림추 등이 있다.

그림 2-20 자동레벨기

그림 2-21 평판측량 기기

Chapter 03 | 토공사

일반적으로 건축공사에서 토공사는 대지조성을 위한 터깎기(절토), 터돋우기(성토), 다지기(달고), 터고르기(정지), 기초파기(굴토), 되메우기(매토) 등을 말하고 부수적으로 흙막이를 토공사에 포함시키고 있다. 하지만 최근에는 도심공사가 많으며, 도심공사에서는 심도 깊은 터파기가 필수적이므로 오히려 흙막이 공사의 중요성이 더 높다고 볼 수 있다.

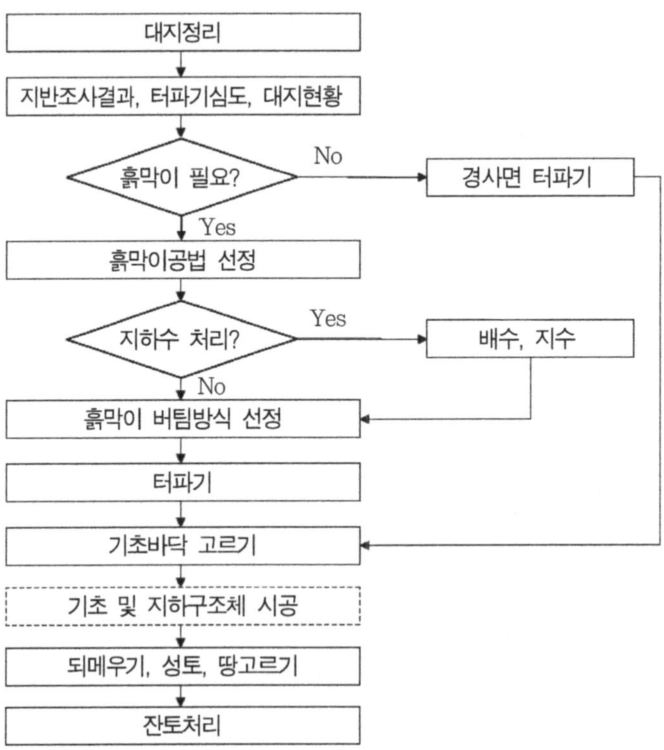

그림 3-1 토공사 흐름도

본 장에서는 토공사의 종류를 건축공사 표준시방서에 따라 대지정리(site clearing), 터파기(excavation), 배수·지수, 기초바닥 고르기, 되메우기·성토, 땅고르기, 잔토처리 등으로 구분하며, 최근 건축공사에서 중요시 되는 흙막이공사를 별도 항목으로 언급하였다.

토공사는 기후의 영향을 많이 받고, 지반조사와 상이한 토질과 지하수 위치 등이 많이 발생하여 예정공정표와 공정 차이가 많이 발생할 수 있는 공종이므로 공정계획 시 이에 대한 고려가 필요하다. 아울러 공사계약 시 공사 중 지반조건이 지반조사와 상이한 경우에 대비하여 공기연장이나 공사비 조정에 대한 사항을 계약서에 명기하여 분쟁의 소지를 미연에 방지하는 것이 좋다.

3.1 토공사 일반

3.1.1 대지정리(site clearing)

1. 공사에 앞서 앞으로의 작업을 원활히 진행할 수 있도록 대지 안을 정리한다.
2. 공사에 장애가 되는 수목 등은 제거하고 기준 수목 중에 보존가치가 있다고 판단되는 수목은 보존 또는 이전한다.
3. 특정 지하매설물(가스관, 상하수도, 전기통신설비 등)의 유기, 이전은 공사시방서에 따라 조치한다.
4. 대지가 연약지반일 경우 공사의 규모, 목적 등에 맞는 가설도로를 조성하기 위하여 적절한 지반개량을 실시한다.
5. 중장비를 사용하는 경우, 장비의 전도를 막기 위하여 작업지반을 견고히 하도록 세심한 점검, 정비, 보강을 실시한다. 필요에 따라 장비용 작업대를 설치한다.

3.1.2 터파기(excavation)

1. 굴착면이 안정된 형상으로 유지되도록 균형 있게 잘 파 나간다.
2. 땅파기에 앞서 굴착사면이 붕괴의 염려가 있을 경우에는 흙막이를 한다.
3. 파이프류 및 도관을 묻는 줄터파기(trench excavation)는 설계도면에 의하여 실시한다.
4. 굴착장비를 투입할 경우 장비의 전도, 전락을 막기 위하여 작업지반을 견고히 다진 다음 충분한 점검을 실시하고, 작업대를 사용할 경우 구조 및 안정성 확보에 대하여 확인하도록 한다.
5. 미리 시공되어 있는 파이프나 지하수 양수펌프 등은 굴착하는 동안 파손되지 않도록

한다.

3.1.3 배수 · 지수

1. 지표수 및 지하수가 굴착면에 유입되는 것을 방지해야 하며 대지 및 주위지역으로부터 지표수의 월류를 방지해야 한다.
2. 공사에 장애가 되는 지하수, 우수, 괸 물, 외부로부터의 유입수 등은 중력배수를 시키거나 강제배수를 시켜야 하며, 필요 시에 시멘트 약액주입 등으로 지수시켜야 한다.
3. 배수 및 지수 등으로 공사장 인접지반 및 시설물에 지장을 주지 않아야 한다.
4. 배수를 중단할 때에는 지하수위의 상승으로 인한 구조체의 부상, 보일링 등이 생기지 않도록 한다.
5. 직접기초인 경우 지하수로 인하여 기초 밑면의 지반이 손상되지 않도록 한다.

3.1.4 기초바닥 고르기

1. 기초바닥면은 특기할 만한 지시사항이 없는 한 평탄하게 있는 그대로 둔다.
2. 기초바닥면은 흐트러지지 않도록 하고 굴착 지반면에 흐트러진 부분이 있을 때는 자연지반과 동등이상의 지내력을 갖도록 조치한다.
3. 굴착 지반면을 직접 지지지반으로 할 경우 기계굴착을 하면 기계의 중량이나 진동으로 지지지반이 흐트러질 염려가 있으므로 기초 바닥면 위에서 약 10~20cm 여유를 두고 기계굴착을 중지하고 잔여분은 삽 등으로 인력 터파기를 실시한다.
4. 말뚝 기초의 경우, 말뚝에 손상이 가지 않도록 기초바닥을 정리한다.
5. 설계도서에 명시된 깊이 내에서 충분한 기초 지지지반이 나올 경우, 그 위치가 동결심도 이하인지를 확인하고 동결심도 이하가 아닌 경우는 기초가 동결심도 아래에 위치하도록 더 깊이 터파기를 한다.

3.1.5 되메우기 · 성토 · 땅고르기

1. 지하구체공사 종료 후 되메움 시기는 흙의 반입방법, 다짐방법, 콘크리트 강도 등을 고려하여 구조물에 손상이 없도록 결정한다.
2. 되메우기에 앞서 구조체에 붙어 있는 거푸집 등은 완전히 제거한다.
3. 되메우기 흙의 재료는 공사시방서에 따른다.
4. 모래로 되메우기 할 경우 충분한 물다짐을 실시하고, 일반 흙으로 되메우기 할 경우

두께 약 30cm마다 다짐밀도의 규정 또는 공사시방에서 요구하는 다짐밀도로 다진다.

5. 되메우기 시 충분한 다짐(상대다짐도 95%)을 하여 건물 완성 후 건물 주위의 흙이 침하하여 묻혀 있는 가스관, 상하수도관, 전기통신설비 등에 영향이 없도록 한다.
6. 초연약지반 위에 성토를 할 경우에는 적절한 지반개량공법을 선택하여 지반개량을 실시한 후 성토를 한다.
7. 성토의 재료는 공사시방서에 따른다.
8. 땅고르기 면은 평탄하게 고르면서 청결하고 보행에 견딜 정도로 다진다.

3.1.6 잔토처리

1. 잔토는 수평이동과 수직이동의 용도에 맞는 장비를 적절히 조합 선정하여 처리한다.
2. 잔토를 운반하는 트럭은 과적을 피하고 운반 중 흙이 넘쳐흐르지 않도록 하고 덮개를 씌워 운반한다. 또한 타이어 등에 붙은 흙이 도로를 더럽히지 않도록 한다.

3.1.7 한랭기후에 대한 주의

1. 기초 터파기 바닥면은 동결되지 않도록 한다. 동결할 경우에는 동결토는 제거하고 양질의 재료로 치환하는 등의 자연지반과 동등 이상의 지내력을 갖도록 조치한다.
2. 되메우기 성토 및 땅고르기에는 동결토사를 사용해서는 안 된다.

3.2 터파기

구조물의 기초 또는 지하부분을 구축하기 위한 지반의 굴착을 터파기라고 한다. 최근의 도심 건축공사는 지하심도가 크기 때문에 흙막이공사를 수반한 터파기가 일반적이며, 따라서 흙의 휴식각을 고려한 경사면 터파기나 구조물을 이용한 터파기 방식인 아일랜드 컷, 트렌치 컷과 같은 터파기 방식은 상대적으로 그 중요성이 떨어진다.

여기서는 일반적인 흙막이공법에 의한 터파기를 제외한 터파기 방식과 터파기에 수반되는 지하수 배수에 관한 것을 살펴본다.

3.2.1 경사면 터파기

경사면 오픈컷, 비탈내기 오픈컷이라고도 하며 흙의 휴식각을 이용하여 비탈면의 안정경사에 토압을 부담시키고 흙막이를 하지 않고 터파기하는 공법이다. 일반적으로 터파기의 경사는 휴식각의 2배로 보고 있다.

이 공법은 터파기 면적이 지하구조물 혹은 기초보다 크므로 대지의 여유가 있어야 하며, 깊은 심도에는 적용할 수 없다. 흙막이가 없으므로 공법이 간단하고 경제적이며 공사기간이 짧다.

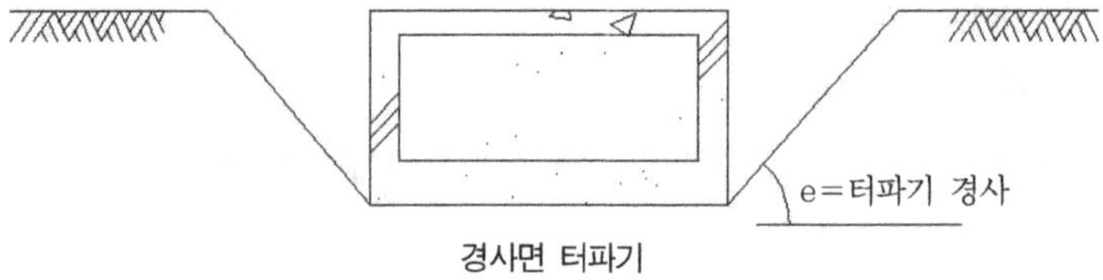

그림 3-2 경사면 터파기

3.2.2 건축물 구조체를 이용한 터파기

아일랜드 컷과 트렌치 컷 방식은 흙막이를 사용하지만 흙막이의 버팀에 건축물 구조체를 활용한다는 점에서 일반적인 흙막이 방식과 차이가 있으므로 별도로 구분하였다.

1) 아일랜드 컷(island cut)

지하구조물 주위로 흙막이를 설치하고 흙막이 주변부에는 흙을 남겨두고 중앙부만 기초저면까지 터파기를 한 다음 그곳에 섬(island)처럼 지하구조물을 축조한다. 이 구조물에 흙막이 버팀을 설치하고 흙막이 주변의 나머지 흙을 파내어 터파기를 완성하는 공법이다.

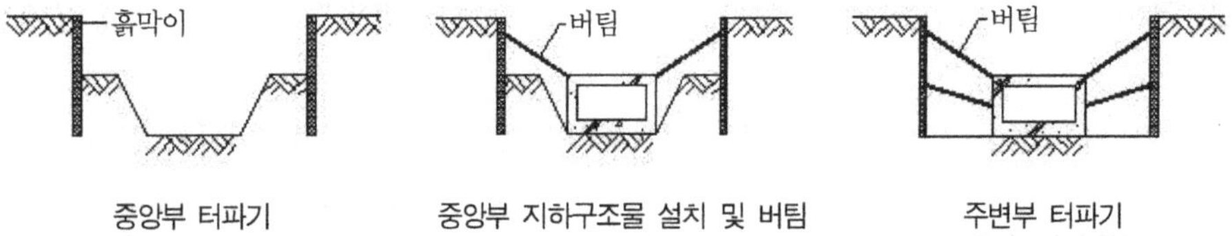

그림 3-3 아일랜드 컷 공법의 순서

2) 트렌치 컷(trench cut)

조적공사 하부의 줄기초를 위한 터파기를 줄기초 터파기 혹은 트렌치 컷이라고도 하나, 여기서는 아일랜드 컷과 상반되는 방식의 터파기를 말한다.

이 방식은 흙막이 지지를 위해 지하구조물의 주변부를 먼저 축조한다. 이를 위해 우선 흙막이를 설치하고 도랑(trench)처럼 터파기를 한 다음 구조물을 설치하며, 이 구조물은 중앙부의 흙을 파기 위한 흙막이 역할을 한다.

중앙부의 흙을 파낸 다음 중앙부의 지하구조물을 설치함으로써 지하구조물을 완성하는 공법이다.

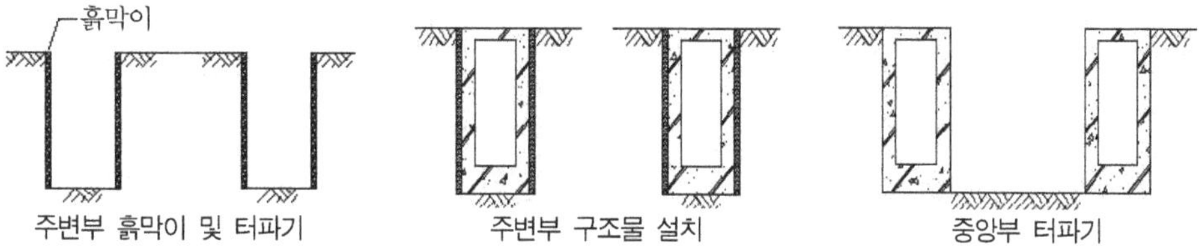

그림 3-4 트렌치 컷 공법의 순서

3.2.3 배수

터파기 주변의 지하수위가 높으면 수압이 커지게 되고 이로 인하여 흙막이가 붕괴되거나 지하구조물이 들뜨게 된다. 지반조사 결과 지하수위가 높다고 판단이 되면 터파기 이전에 지하수위를 낮추는 것이 안전하다.

지하수위를 낮추기 위해서는 배수를 해야 하는데, 일반적으로 배수공법은 중력배수공법과 강제배수공법으로 구분한다. 깊은우물공법은 전자에, 웰포인트공법은 후자에 속하는 대표적인 공법이다.

1) 깊은우물공법(deep well method)

터파기 외부 혹은 내부에 7m 이상의 깊은 우물을 파고 케이싱과 필터 등을 설치하면 중력에 의하여 지하수가 우물에 흘러오게 되고 고인 지하수를 수중펌프로 배수하는 방식이다.

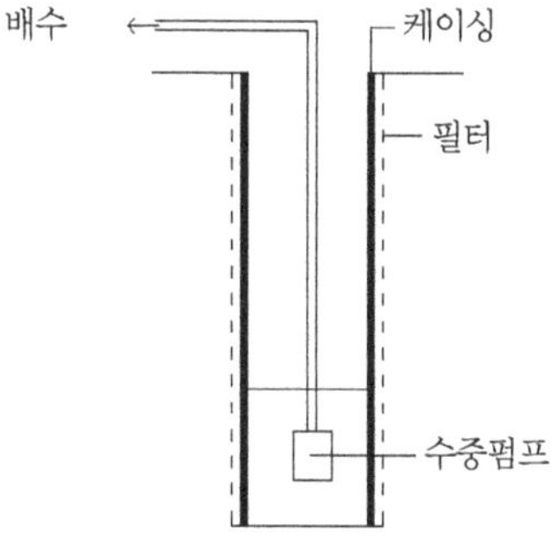

그림 3-5 깊은우물공법

2) 웰포인트공법(well point method)

터파기 주변부에 1~2m 간격으로 웰포인트를 붙인 파이프를 소정의 깊이에 설치한다.

파이프의 상부는 헤드파이프에 연결하고 헤드파이프는 진공펌프에 연결되어 있다. 펌프에 의하여 지하수는 강제배수되며 최대 7m까지 배수할 수 있다. 지하수위를 더 낮추고자 할 때는 2단 혹은 3단으로 설치한다.

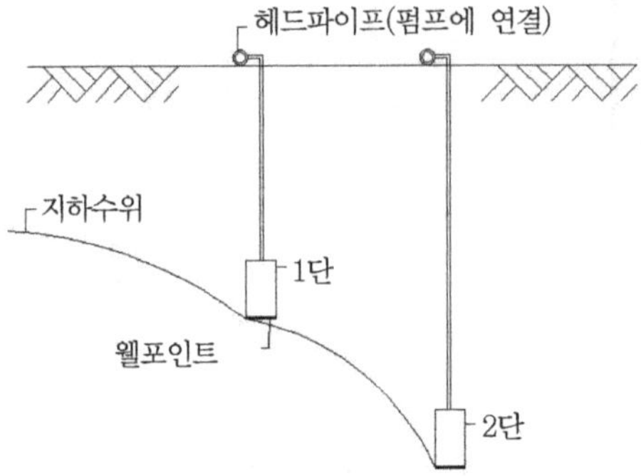

그림 3-6 웰포인트공법

3.3 흙막이공사

흙막이공사는 시공방법, 사용장비, 재료 등에 따라 여러 종류가 있고 문헌마다 분류방법이 다르지만, 여기서는 흙막이공사의 종류를 건축공사표준시방서에 따라 분류하였다. 흙막이공사에 수반되는 버팀방식은 별도의 장에서 수록하였다.

3.3.1 일반사항

1. 흙막이공법의 결정 및 설계와 계산은 설계도서, 지반조사보고서의 결과와 지중매설물, 장애물의 조사서 및 주변여건을 고려하여 결정한다.
2. 흙막이 설치 및 존치기간 중에는 안정상 필요한 계측과 점검을 하고 이상이 발견되었을 때에는 신속히 보강하거나 기타 필요한 조치를 한다.

3.3.2 용어 정의

다음은 흙막이공법에 관련된 용어이다.

1. 경사버팀대(raker) : 흙막이벽에 경사된 각도로 설치되어 띠장을 직접 지지해주는 압축 부재
2. 굴착안정액 : 굴착구의 붕락을 방지하며 안정액의 순환 시 굴착토사를 굴착공 바닥으로부터 굴착구 외부로 배출하기 위해 사용하는 벤토나이트, 점토 등의 현탁액

3. 귀잡이 : 모서리 띠장의 보강용으로 45° 내외의 각도로 설치되는 수평부재
4. 긴장 : 앵커의 인장재에 인장력을 주는 것.
5. 긴장력 : 어스앵커 설치 후 흙막이구조물의 수평변위를 제어하기 위하여 앵커 머리와 앵커체 사이에 프리스트레스(prestress)하는 힘
6. 널말뚝 : 지상에서부터의 삽입으로 토류벽을 형성하기 위한 부재, 나무 널말뚝, 강널말뚝(sheet pile) 등
7. 띠장(wale) : 흙막이벽체가 받는 측압을 버팀재, 귀잡이 등에 전달하는 수평지지대
8. 버팀대(strut) : 흙막이벽에 직각 방향으로 설치되어 띠장을 직접 지지해주는 수평지지대
9. 보일링 : 사질지반일 경우 지반 저부에서 상부를 향하여 흐르는 물의 압력이 모래의 자중 이상으로 되면 모래입자가 심하게 교란되는 현상
10. 상대다짐 : 실내다짐시험에 의한 최대건조단위중량과 현장단위중량의 비를 말하며, 현장다짐 관리에 이용하는데, 보통 90~95% 상대다짐을 요구한다.
11. 소일시멘트 벽체(soil cement wall) : MIP(mixed in place pile)라고도 하며, 굴착한 구멍 및 원지반 흙에 시트계 경화제를 오거 등으로 혼합하고, 그 속에 응력을 부담하는 응력부담재를 삽입하여 조성된 주열식 벽체
12. 슬라임(slime) : 굴착토사 중에서 지상으로 배출되지 않고 굴착 저면 부근에 남아 있다가 굴착중지와 동시에 곧바로 침전된 것과 순환수 혹은 공내수 중에 떠 있던 미립자가 굴착중지 후 시간이 경과함에 따라 서서히 굴착 저면 부근에 침전한 것
13. 안내벽(guide wall) : 지하연속벽(slurry wall) 시공 시 작업에 앞서 굴착구 양측에 설치하는 가설벽으로서, 굴착구 인접지반의 붕락을 방지하고 굴착기계의 진입을 유도, 철근망의 거치를 위해 설치하는 가설구조
14. 앵커 두부 : 구조물로부터 작용한 힘을 인장부에 무리 없이 전달하기 위한 부분
15. 앵커의 인발력 : 어스앵커에 있어 가해진 인장력에 대하여 앵커체 부분의 지반의 인발력
16. 앵커체 : 인장재의 인장력을 지반에 전달하기 위하여 설치되는 지반 중의 저항부분으로 대부분 시멘트계의 경화물이다.
17. 엄지말뚝(soldier) : 땅파기를 실시할 경계면에 1.0~2.0m 간격으로 수직으로 설치되는 H형강 말뚝으로서 흙막이판과 더불어 흙막이벽을 이루며 배면의 토압 및 수압을 직접 지지하는 수직 휨부재
18. 인장재 : 앵커 두부로부터 인장력을 앵커체에 전달시키기 위한 부재
19. 자유길이(free length) : 어스앵커 중 주동 토괴 내에 있게 되는 부분으로 앵커 머리와 앵커체 사이의 인장재 길이이며, 대부분은 프리스트레싱(prestressing)을 확실히

하기 위하여 흙과의 마찰이 없도록 설치하는 시스(sheath)로 보호해야 한다.

20. 잭킹(jacking) : 토류벽의 응력, 변형을 감소시키기 위하여 버팀대를 설치한 후 잭킹을 이용하여 버팀대에 미리 압축력을 도입하는 것.
21. 주입재 : 앵커체의 형성 또는 자유길이 부분의 보호를 목적으로 하여 지반 내에 주입되는 재료
22. 중간말뚝 : 버팀대를 지지하는 동시에, 그 면외좌굴을 방지하기 위하여 이용되는 부재
23. 지반앵커(earth anchor) : 선단부를 양질지반에 정착시켜, 이를 반력으로 하여 흙막이벽 등의 구조물을 지지하는 인장재
24. 지하연속벽(diaphragm wall) : 슬러리 월(slurry wall)이라고도 하며, 벤토나이트 슬러리(bentonite slurry)의 안정액을 사용하여 지반을 굴착하고 철근망을 삽입한 후 콘크리트를 타설하여 지중에 시공된 철근콘크리트 연속벽체
25. 터파기 : 구조물의 기초 또는 지하부분을 구축하기 위하여 행하는 지반의 굴착
26. 트레미관(tremi pipe) : 수중콘크리트 타설에 이용되는 상단부의 머리부분에 구멍을 가진 수밀성이 있는 관
27. 파이핑(piping) : 수위차가 있는 지반 중에 파이프 형태의 수맥이 생겨 사질층의 물이 배출되는 현상
28. 팩커(packer) : 앵커체의 형성을 위하여 시멘트 모르타르 주입 시 자유길이 부분으로 누출되지 않도록 앵커체 상단부를 차단하는 역할을 한다.
29. 확인 긴장력 : 어스앵커의 지지력을 확인하기 위하여 앵커머리를 긴장하는 힘
30. 흙막이 : 땅파기에 있어 지반의 붕괴 및 주변의 침하 등을 방지하기 위하여 설치하는 가설구조물
31. 흙막이판 : H형강 엄지말뚝의 플랜지 사이에 수평으로 설치되는 나무판으로서 배면(背面)의 측압을 직접 지지하는 휨부재
32. 히빙(heaving) : 굴착면 저면이 부풀어 오르는 현상

3.3.3 널말뚝

널 모양의 재료를 수직으로 연속시공하여 흙막이를 만드는 공법이다. 재료의 종류에 따라 나무 널말뚝과 강 널말뚝으로 구분한다.

1) 나무 널말뚝

① 나무 널말뚝은 소나무, 낙엽송의 생나무로 하고 깊어지면 미송을 쓸 수도 있다.

② 나무 널말뚝의 깊이는 4m까지로 하고 그 이상일 때는 철재 널말뚝을 사용한다.
③ 나무 널말뚝은 가지런히 줄을 맞추어 수직으로 박는다.
④ 연약한 지층 또는 솟는 물로 옆벽의 흙이 흘러내릴 우려가 있을 때에는 나무 널말뚝을 오니쪽매, 반턱쪽매, 제혀쪽매 등으로 한다.
⑤ 나무 널말뚝의 끝부분은 경사로 빗깎아서 박으며, 박을 때 널말뚝이 죄여서 틈이 생기지 않도록 시공한다.
⑥ 나무 널말뚝 끝은 철물로 보강하며, 말뚝머리는 박을 때 깨어지지 않게 쇠가락지 또는 8번 선으로 감아서 보강한다.

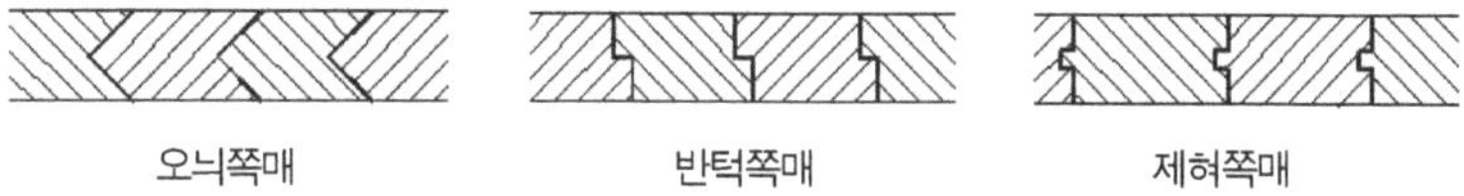

그림 3-7 나무 널말뚝 쪽매의 종류

2) 강 널말뚝

① 강 널말뚝은 용수(湧水)가 많고 토압이 크고 깊이가 깊을 때 사용한다.
② 박을 때에는 그 위치를 정확하고 줄바르게 하기 위하여 양옆에 정렬된 안내보를 설치하여 고정한 후에 박는다.
③ 떨공이의 무게는 말뚝무게의 2~3배 정도의 것을 사용한다.
④ 박아 나가는 방향으로 기울어지기 쉬우므로 다림추 등으로 검사하면서 박는다.
⑤ 철재 말뚝머리에는 직경 5cm 정도의 구멍을 뚫어 당김줄의 연결 또는 빼내기에 대비한다.
⑥ 널말뚝의 제거는 인접 주변구조물에 영향이 없도록 하며, 제거한 구멍은 모래로 채운다.

그림 3-8 강 널말뚝 항타

그림 3-9 강 널말뚝 시공현황

3.3.4 엄지말뚝, 흙막이판

토류벽(혹은 토류판) 흙막이라고도 하는 공법으로 H형강을 엄지말뚝으로 하여 일정간격으로 설치한 후 터파기를 하면서 엄지말뚝 사이에 흙막이판(혹은 토류판)을 설치하여 흙막이를 형성하는 공법이다.

엄지말뚝을 설치하는 방법은 떨공이로 박는 방법과 오거로 미리 구멍을 뚫은 다음 매입하는 방법이 있다. 엄지말뚝과 흙막이판의 설치방법은 다음과 같다.

1) 엄지말뚝

① 엄지말뚝의 간격은 1m~2m 범위로 하되 1.5m를 표준으로 한다.

② 엄지말뚝과 시공되는 구조물과의 순 간격은 50cm 이상 확보되어야 한다.

③ 엄지말뚝은 정확하게 연직으로 설치하며, 그 연직도는 근입깊이의 1/100~1/200 이내가 되도록 한다.

④ 엄지말뚝을 매입공법으로 설치하는 경우, 엄지말뚝 주위를 모래나 소일시멘트(soil cement)로 틈새 없이 충진한다.

⑤ 엄지말뚝의 선단은 굴착 저면 아래로 2m 이상 타입하는 것이 바람직하다.

⑥ 말뚝의 근입부분은 굴착이 진행됨에 따라 측압에 의하여 굴착 측으로 휨작용이 일어난다. 이에 저항하기 위하여 수동토압이 유효하게 작용되도록 충분한 근입길이를 확보해야 한다.

⑦ 말뚝 근입부의 측면저항은 흙의 점착력만으로 한다.

⑧ 엄지말뚝 인발 시 주면 지반에 지장을 주지 않도록 실시한다.

2) 흙막이판

① 흙막이판은 굴착 후 신속히 설치하며, 인접 흙막이판 사이에 틈새가 발생하지 않도록 한다.

② 흙막이판은 엄지말뚝에서 떨어지지 않도록 충분한 걸침길이를 확보하고 끼워넣는다.

③ 흙막이판 배면은 신속히 양질의 토사로 되메움하거나 소일시멘트로 채운다.

④ 흙막이판은 최종 굴착깊이의 측압강도에 계산된 판의 두께를 전 흙막이벽에 사용하고, 그 양단이 4cm 이상 또한 판 두께 이상 엄지말뚝의 플랜지에 지지되도록 한다.

3) 흙막이 및 흙막이판의 제거

① 흙막이는 본 공사에 지장이 없도록 제거한다.

② 흙막이와 축조물과의 사이에는 버팀 띠장을 떼어내기 전에 흙 또는 모래로 되메우기 한다.

③ 엄지말뚝을 제거한 다음 구멍은 모래 등으로 잘 메운다.

그림 3-10 흙막이판 시공현황

3.3.5 지하연속벽

1) 개요

최근 도심에서는 심도 깊은 터파기가 대부분 적용되고 있는데, 도심에서의 흙막이공사는 저소음, 저진동공법 및 강성이 큰 흙막이가 요구된다. 이에 가장 적합한 흙막이공법이 지하연속벽이다.

현장타설 말뚝을 연속적으로 시공하면 주열벽 흙막이가 되는 방식을 적용하여, 최근에 시공되는 지하연속벽은 단면이 직사각형인 패널형태이다.

바렛(barrette)기초, 역타공법(top-down)에도 적용되는 등 그 활용성이 높고 최근에 가장 많이 활용되는 흙막이공법으로 그 중요성이 높다.

그림 3-11 지하연속벽 공사 전경

지하연속벽의 특성은 다음과 같다.

① 벽체의 강성이 크다.

② 저소음, 저진동공법이므로 도심공사에 적합하다.

③ 다른 흙막이공법에 비해 지수성이 좋다.

④ 흙막이뿐만 아니라 지하구조체 외벽으로 활용 가능하다.

⑤ 패널시공 시 수직도 유지가 어렵다.

⑥ 패널굴착 시 공벽이 붕괴되지 않도록 안정액 등 시공관리를 잘 해야 한다.

⑦ 패널 이음부분의 지수처리를 해야 한다.

⑧ 외벽으로 활용할 경우 지하연속벽과 구조체의 보 및 슬래브의 이음이 구조적으로 안정되게 해야 한다.

2) 시공계획

① 공사를 착수하기 전에 지반조사에 의한 지층 또는 지하수의 현황과 해수의 영향 및 인근 우물의 사용현황 등 주위의 상황에 대한 자세한 조사를 실시한 후 시공계획서를 작성한다. 지하연속벽(diaphram wall)의 최소두께는 0.6~1.5m 또는 그 이상으로 결정한다.

② 파이핑(piping), 히빙(heaving), 보일링(boiling)에 대하여 검토를 실시해야 한다.

③ 지반조사, 지하수의 조사, 기존 구조물, 매설물, 주변상황 등의 조사를 실시해야 한다.

3) 시공기계 및 장치

① 시공기계는 지반조건, 굴착깊이, 그 외 현장의 조건에 맞는 기계를 선정한다. 일반적으로 행 그래브(hang grab), 하이드로 밀(hydro mill) 등이 사용된다.

그림 3-12 행 그래브

그림 3-13 하이드로 밀

② 안정액 제조 및 재생장치는 소요의 안정액을 만들기 위하여 충분한 성능과 용량의 기계설비를 갖춘 것으로 한다.

그림 3-14 안정액 저장(사일로) 및 재생장치(디샌더)

4) 시공순서

① 굴착위치를 정확하게 설정하고, 이를 기준으로 하여 안내벽(guide wall)을 정확한 위치에 설치한다.

② 지하연속벽을 패널로 구분한 다음 굴착장비로 선행패널부터 굴착한다.

③ 굴착이 완료되면 공벽의 양쪽에 강관(end pipe)을 설치한다(선행패널인 경우).

④ 지하연속벽의 지반정착을 위하여 굴착 저면의 슬라임(slime)을 제거한다.

⑤ 외부에서 제작된 철근망(steel cage)을 공벽에 설치한다. 이때 철근망에는 보와 슬래브의 접합을 위한 철근을 반드시 설치해야 한다.

⑥ 트레미(tremie)관을 설치한다.

⑦ 콘크리트를 타설한다. 콘크리트가 타설됨에 따라 트레미관을 동시에 상승시키며, 그 끝은 콘크리트에 2m 이상 묻혀있어야 한다.

⑧ 콘크리트가 응결되는 시점에 강관을 빼내고 패널을 양생한다.

⑨ 모든 패널이 완성된 후, 각 패널의 일체성 확보를 위해 패널 상부 둘레에 콘크리트 보(cap beam)를 설치한다.

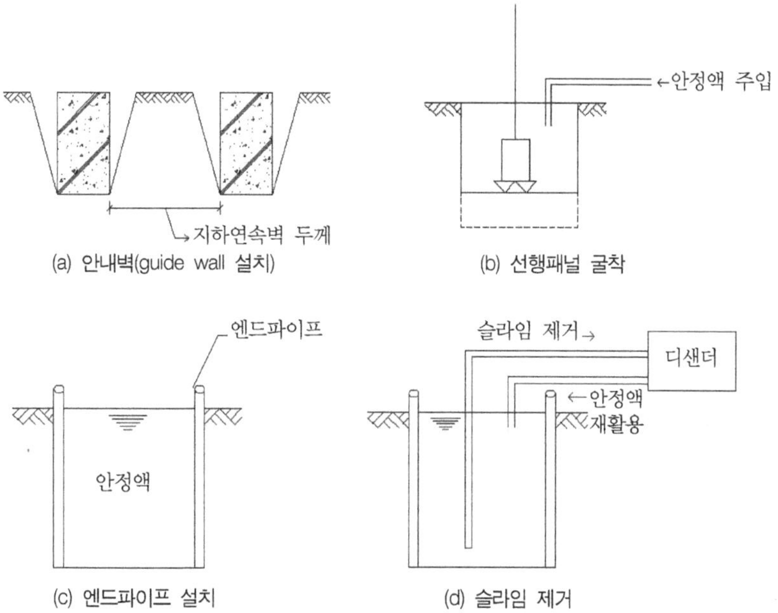

(a) 안내벽(guide wall 설치)
(b) 선행패널 굴착
(c) 엔드파이프 설치
(d) 슬라임 제거

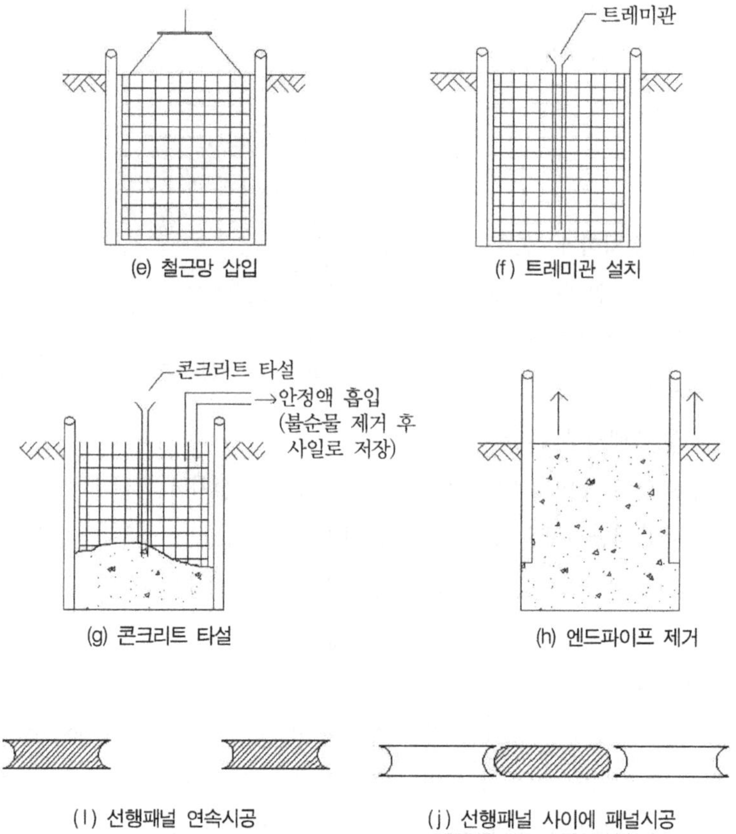

그림 3-15 지하연속벽 시공순서

6) 시공 시 주의사항

① 파내기는 계획서를 기초로 하여 다음 사항에 주의한다.

가. 파내기 구멍은 수직으로 판다. 최대 허용오차는 0.85~1.0% 이하로 한다.

나. 필요 깊이까지 정확하게 파내기를 한다.

다. 파내기 할 때는 주위 지반의 붕괴가 발생하지 않도록 유의한다.

라. 항상 계측하면서 파내기를 해야 하며 파내기 구멍 벽의 붕괴 방지에 유의한다.

마. 접속부분이 정확하게 이루어지도록 주의하며 차수능력이 있어야 한다.

② 벤토나이트(bentonite) 등의 안정액을 쓸 때에는 파내기 지반에 적합한 조합이 될 수 있도록 선정한다. 사용 중에는 그 성능을 관리하며, 나빠진 안정액을 사용해서는 안 된다.

③ 파내기 완료 후 파내기 심도를 확인하고 바닥의 슬라임을 제거한다.

④ 철근 또는 보강 강재를 넣을 때 부재에 부착되어 있는 흙 또는 이물질을 제거하고 변형 또는 손상되지 않도록 하고, 또한 파내기 벽을 손상하지 않는 위치에 설치한다.

⑤ 콘크리트의 타설은 바닥에서부터 중단 없이 연속하여 타설한다.

⑥ 수중콘크리트의 타설 시에는 트레미관(tremie pipe)을 사용하여 선단은 항상 콘크리트 중에 2m 이상 묻혀 있도록 한다.

⑦ 철근 또는 보강 강재를 넣고 콘크리트를 타설할 때에는 철근이나 보강재 등이 이동되지 않도록 처리해야 한다. 또한 철근망과 트랜치 측면 사이는 최소 10cm 정도의 콘크리트 피복이 유지되도록 시공한다.

⑧ 지하연속벽이 완료된 후 필요하면 윗부분의 벤토나이트 등의 혼입부분을 정확하게 제거하고 콘크리트를 타설한다.

⑨ 시공 중에는 주변 도로를 훼손하지 않도록 주의하고, 흙파기 구멍에 투입된 안정액이 지반을 통하여 매설물 속으로 들어가지 않도록 주의한다.

3.3.6 모르타르 주열식 흙막이벽

1) 개요

현장에서 지중에 구멍을 뚫고 모르타르를 주입한 후 철근망 또는 강재를 삽입하여, 이를 연속적으로 축조하여 흙막이벽으로 하는 공법이다.

2) 시공계획은 지하연속벽에 따른다.

3) 시공기계 및 장치

① 굴착기계는 지반조건, 천공직경, 굴착심도, 그 밖의 현장조건에 적합한 것을 선정한다.

② 모르타르의 제조 및 주입장치는 필요한 안정액 및 모르타르를 제조하여 소정의 압력 및 토출량으로 주입하는데 충분한 성능을 보유하는 것으로 한다.

4) 시공순서

① 시공의 준비

가. 천공위치를 정확히 설정하며, 이를 기준으로 하여 가이드를 정확한 위치에 설치한다.

나. 가이드(guide)는 굴토작업 등으로 오차가 발생되지 않도록 견고한 재료로서 주변지반에 확실하게 설치해야 한다.

다. 굴착기의 설치지반은 작업 중 기계가 기울어지지 않도록 한다.

② 천공

가. 기계를 정확하게 설치해야 하며, 적절한 굴진속도로 천공을 해야 한다.

나. 굴착 계획서에 의거하여 주변 지반을 교란시키지 않도록 하며, 연직으로 소정의 깊이까지 확실히 시공한다.

다. 주열식 기둥의 접속부분은 오차가 발생하지 않도록 특히 주의를 해야 한다. 기둥 간격은 소정의 치수보다 크지 않도록 한다.

③ 주열시공

가. 모르타르 기둥의 시공에 있어, 이미 시공된 모르타르 기둥에 악영향을 미치지 않도록 주의해야 한다.

나. 모르타르 주입은 공중에서 지상을 향하여 중단되지 않도록 연속적으로 시공하고 오거의 인양속도는 너무 빠르지 않도록 하여, 단면결함이 있는 모르타르 기둥이 되지 않도록 주의해야 한다.

다. 철근은 계획서에 따라 치수를 정확히 하고, 또 삽입 시 좌굴 또는 변형이 발생되지 않도록 강하게 결합해야 한다.

라. 철근 또는 강재의 삽입 시, 여기에 부착된 점토질흙 등은 제거해야 하며, 철근 강재 및 공벽에 손상을 주지 않도록 모르타르 주입 후 신속히 삽입시켜야 한다.

그림 3-16 천공

그림 3-17 강재삽입

3.3.7 소일시멘트(soil cement) 주열식 흙막이벽

1) 개요

현장에서 지중 소일시멘트 기둥을 조성한 후, 그 중에 소요의 강재를 삽입하는 것으로,

이것을 흙막이벽으로 적용하는 공법이다.

2) 시공계획은 지하연속벽에 따른다.

3) 시공기계 및 장치

① 시공기계는 지반조건, 굴삭심도, 그 밖의 것들을 고려하여 현장조건에 적합한 것을 선정하여 사용한다.

② 시멘트 밀크(cement milk)의 혼합 압송장치는 충분한 성능을 보유하는 것으로 한다. 또한 시멘트 혼화재 등의 적절한 계량관리가 가능하도록 설비해야 한다.

③ 전력 급배수설비 등은 시공에 충분하도록 제공해야 한다.

4) 시공순서

① 시공위치를 정확히 설정하고, 이를 기준으로 가이드(guide)를 설치해야 한다.

② 계획서에 따라 소일시멘트 기둥의 시공순서에 주의하여 소정의 강도, 지수성을 확보하도록 신중히 시공해야 한다.

③ 시멘트 밀크의 조합 및 주입량은 지반 지하수의 상태를 고찰하여 조성된 소일시멘트의 강도나 지수성이 확보되도록 결정해야 한다.

④ 시멘트 밀크의 주입에 있어서 그 지반의 최적 압력 토출량을 유지하면서 공 내의 균일한 소일시멘트가 되도록 충분히 고려하여 시공해야 한다.

⑤ 강재의 삽입은 삽입된 재료가 공벽에 손상을 주지 않도록 소일시멘트 기둥 조성 후 신속히 수행해야 한다.

그림 3-18 천공 및 시멘트 밀크 주입

그림 3-19 강재 삽입

3.4 흙막이 지지방식

흙막이 지지방식은 수평버팀, 경사버팀, 어스앵커 또는 이들을 혼합한 방식 등 현장여건에 따라 다양한 방식으로 사용되고 있는데, 여기서는 흙막이 내부에 설치되는 수평버팀대 방식과, 흙막이 외부에 설치되는 어스앵커 방식에 대해 알아본다.

그림 3-20 수평버팀대 전경

3.4.1 수평버팀대(strut)

수평버팀대 방식은 흙막이 지지방식으로 널리 사용된다. 띠장, 버팀대, 중간말뚝으로 구성되며, 띠장에 전달된 토압을 버팀대가 받는 방식이다. 흙막이의 안전을 위하여 버팀대에 응력계(strain gauge)를 설치하여 계측관리를 하는 것이 좋다.

1) 수평버팀대 방식의 특성

① 널리 사용되는 안전한 방식이다.

② 설치가 비교적 쉽다.

③ 가시설이기 때문에 철거를 고려하여 설치해야 한다.

④ 가구식으로 설치되기 때문에 내부가 복잡하여 터파기가 어렵고 구조체 공사도 조금 복잡하다.

⑤ 띠장, 버팀대, 중간말뚝은 지하구조체의 보, 슬래브, 기둥과 겹치지 않도록 설치해야 한다.

⑥ 건물의 평면이 복잡할 때 적용에 어려움이 있다.

2) 띠장의 설치

① 띠장은 계획서를 따라 각 단계마다 소정의 깊이까지 굴착 후, 신속히 설치해야 한다.

② 띠장은 적합하게 설치하며, 특히 접합부는 느슨함이나 강도 부족이 없도록 한다.

③ 띠장 및 흙막이벽 주변에 계획 이상의 하중이 적재되지 않도록 한다.

④ 버팀대를 붙이고 잭킹(jacking)을 할 경우 흙막이벽 버팀대 등에 미치는 영향을 검토하여 관리를 실시해야 한다.

그림 3-21 띠장 설치

그림 3-22 잭킹

3) 버팀대(strut)

① 띠장을 통하여 전달되는 측압을 확실히 지지하도록 계획, 시공한다.

② 버팀대의 이음은 응력이 충분히 전달되는 구조로 하고 좌굴이 발생되지 않도록 확실히 결속한다.

③ 받침, 기둥, 수평버팀대 등이 떠오르지 않게 하중 또는 인장재를 설치하고, 수평버팀대는 중앙부가 약간 처지게(경사 1/100~1/200) 설치한다.

그림 3-23 수평버팀대 설치

그림 3-24 수평버팀대 설치현황

4) 중간말뚝

① 중간말뚝은 버팀대의 자중, 적재하중 및 출력의 연직분력의 합계하중에 대하여 충분한 강도와 지지력을 가지도록 계획, 시공해야 한다. 또, 중간말뚝에는 인발력이 작용하는 경우도 있으므로, 이것에 대해서도 충분히 안전하도록 시공해야 한다.

② 중간말뚝의 배치는 버팀대의 교차부마다 설치하는 것을 원칙으로 하고, 그렇지 않을 경우 그 안전성을 확인해야 한다.

③ 지주에 큰 수평력이 가해지지 않도록 충분한 브레이싱(bracing) 등을 설치하여 안전

하게 시공해야 한다.

3.4.2 어스앵커(earth anchor)

어스앵커는 지반에 설치하는 앵커로서 주변 지반과의 마찰력으로 지지하는 것을 말하며, PC강선 및 강연선을 사용하여 프리스트레스를 가한 앵커(prestressed injection anchor)의 인장력으로 토압을 부담하는 공법이다.

1) 어스앵커 방식의 특성

① 흙막이 내부에 버팀대가 없기 때문에 넓은 공간을 확보할 수가 있고 터파기 작업이 쉽다.

② 수평버팀대 방식은 가시설을 철거하며 지하구조체 작업을 하는데 비해, 이 방식은 내부에 가시설이 없으므로 구조체 작업이 쉽다.

③ 앵커가 설치되는 지반의 특성을 조사하여 적정 깊이에 앵커체가 정착될 수 있는지 검토해야 한다. 정착길이가 너무 길 경우 앵커를 신뢰할 수 없고 비경제적이다.

④ 지하매설물에 충분히 주의해야 한다.

⑤ 인접 대지에 앵커가 설치될 경우 사전 양해를 구해야 한다. 도심에서는 인접 대지의 지하층으로 인해 대부분 시공이 불가능하다.

2) 시공순서

① 띠장을 설치한다.

② 소정의 지지력이 확보되는 지층까지 장비를 사용하여 천공한다.

③ 강선 혹은 강연선을 삽입한다.

④ 앵커체를 형성하기 위해 모르타르를 주입한다.

⑤ 앵커체를 양생한 후 소정의 인장력을 확보하기 위해 강선 혹은 강연선을 긴장하고 앵커두부에 정착시킨다.

천공

⇨

강선 삽입 및 모르타르 주입

⇨

강선 긴장

정착

그림 3-25 어스앵커 시공순서

3) 시공 시 고려사항

① 앵커의 설치

가. 앵커의 인장력을 충분히 지지할 수 있는 지층에 앵커체를 설치하며 앵커체는 흙막이 하단을 통하는 주동 활동면 외부에 위치해야 한다.

나. 여러 개의 앵커가 설치되는 지반에서 앵커 상호간의 영향 등을 감안하여 좌우 상하로 1.5~2m 이상의 간격으로 설치한다.

다. 앵커체는 수평에서 하향 10~45° 범위 내에서 경제성과 안정성을 고려하여 경사각을 결정한다.

② 모르타르 주입

앵커체를 형성하는 모르타르의 주입을 실시할 때 모르타르가 앵커의 자유길이 부분으로 유출되는 것을 방지하기 위하여 팩커에 먼저 주입한다. 팩커가 그 기능을 발휘할 수 있을 때 앵커체 형성을 위한 1차 주입을 실시한다. 영구 구조물을 위한 앵커인 경우에는 자유길이 부분 PC강선의 부식을 방지하기 위하여 앵커에 프리스트레스를 가한 후 이 부분에 2차 주입을 실시한다. 가설 구조물인 경우는 2차 주입이 필요치 않다.

③ 앵커의 긴장 및 정착

앵커의 내력을 확인하기 위하여 각 앵커에 작용하는 설계하중의 1.2배로 긴장하여 그 지지력을 확인한 후 설계하중으로 정착시킨다.

④ 앵커의 점검

정착된 후의 앵커의 점검은 도입된 긴장력과 벽체의 변형 등에 대하여 실시하며 계측의 방법은 로드셀, 스트레인 게이지, 인크리노메타 측정 등의 여러 방법을 사용할 것이며 흙막이 해체 시까지 인가된 업체로 하여금 점검토록 하여 예상치 못한 붕괴위험을 사전에 예방해야 한다.

3.4.3 역타공법(top down)

1) 개요

일반적으로 건축물은 중력의 작용에 의하여 하부에서 상부로 구조물을 축조하는 것이 일반적이나 역타공법은 지하구조물을 상부에서 하부로 축조한다.

이 공법의 주된 목적은 지상과 지하의 구조물을 동시에 축조함으로써 공사기간의 단축으로 볼 수 있는데, 흙막이 지지방식에 이 공법을 수록한 이유는, 앞서 소개한 수평버팀대나 어스앵커와는 달리 지하구조물 자체(슬래브, 보)가 수평버팀대 역할을 하기 때문이다.

2) 공법의 특성

① 지상 및 지하구조물의 동시시공으로 공사기간의 단축이 가능하다.

② 토공사에 앞서 1층 바닥공사를 선시공함으로써 1층 바닥을 작업장, 자재보관 장소 등으로 활용 가능하여 대지의 효율성이 높다.

③ 1층 바닥공사를 선시공함으로써 터파기공사는 기후의 영향을 받지 않고 할 수 있다.

④ 지하구조물의 슬래브 및 보를 흙막이 버팀으로 활용하여 별도의 가시설 버팀이 필요 없으므로 공사비나 공사기간 측면에서 유리한 점이 있다(현장의 상황에 따라 공사비나 공사기간이 증가할 수도 있기 때문에 일반적이라 볼 수는 없다).

⑤ 슬래브 하부의 채광과 환기가 되지 않는 좁은 공간에서 작업을 하기 때문에 작업효율이 저하되고 안전사고가 일어날 가능성이 많으며, 별도의 조명시설과 환기시설을 해야 한다.

3) 시공방법

흙막이공법과 지하기둥 설치방식에 따라 시공방법에 차이가 있고, 일부분만 역타를 하는 공법도 있으나 일반적인 시공방법은 다음과 같다.

① 흙막이 공사를 한다.

흙막이는 일반적으로 강성이 크고 차수성이 좋은 지하연속벽(흙막이 공사 참조)으로 한다.

② 지하층 기둥 설치

지하층 기둥을 지상에서 축조하며, 축조방법은 심초공법을 활용한다.(베노토, 리버스 서큘레이션 드릴 등)

③ 1층 슬래브 및 보를 설치한다.

④ 터파기를 지하1층까지 한 다음 지하1층의 슬래브 및 보를 설치하고, 같은 방법으로 기초 저면까지 터파기를 한다.

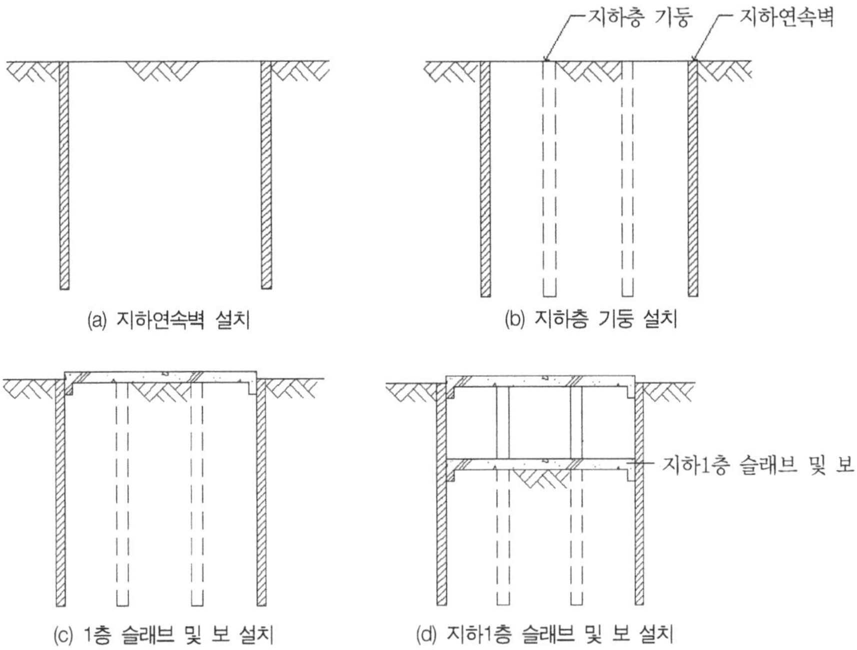

그림 3-26 역타공법 시공순서

3.5 흙막이의 파괴

흙막이의 파괴는 인접 지반, 건물, 도로의 침하, 지하매설물(전기, 수도, 가스 등)의 피해 등 주변 시설물에 많은 피해를 입히며 사회적으로도 큰 문제가 되므로, 흙막이 파괴의 요인을 사전에 검토하여 적절한 조치를 취하는 것이 중요하다.

다음은 흙막이 파괴를 일으키는 대표적인 요인들이다.

3.5.1 히빙(heaving)

흙막이 외부에 있는 흙의 중량과 지표 재하중의 중량을 견디지 못하여 흙막이 저면의 흙이 붕괴되고, 흙막이 외부의 흙이 안으로 밀려오면서 흙막이 내부의 흙이 불룩하게 되고, 결국 흙막이가 붕괴되는 현상이다.

이를 방지하기 위한 근본적인 대처방법은 흙막이 저면을 기초 저면보다 깊이 설치하며, 가급적 양질의 지반까지 흙막이를 내려 시공하는 것이다.

3.5.2 보일링(boiling)

터파기 저면이 사질지반인 경우, 흙막이 외부의 지하수위가 높거나 터파기 저면에 피압수가 있는 경우, 이들 수압에 의하여 모래가 액상화되어 흙막이 내부가 분출하게 되고 결국 흙막이의 지지력이 없어져 흙막이가 붕괴된다.

이를 방지하기 위해서는 지하수위를 낮추거나 흙막이 저면을 불투수층까지 내려 시공하는 것이다.

3.5.3 파이핑(piping)

흙막이 외부의 표면수 또는 지하수가 흙막이 틈새로 누수가 되면서 흙막이 외부 흙에 공극이 발생하고, 물의 흐름이 점차 커지면서 주변지반을 침하시키는 현상이다.

흙막이 외부의 표면수 처리를 위한 배수로 설치 및 배수 및 지수를 통한 지하수 처리를 함으로써 이 현상을 방지할 수 있다.

Chapter 04 | 지정 및 기초공사

4.1 개 요

지정이란 기초 자체나 지반의 내력을 증진시키는 부분을 지정이라고 한다. 또한 기초는 건물의 각종 하중을 받아 이것을 지반에 안전하게 전달시키는 구조부분이다. 그러므로 지정은 기초의 일부로서 지정을 포함하여 기초라 한다.

4.1.1 직접기초의 종류

1) 확대기초(footing foundation) : **기초판과 바닥슬래브가 독립된 형식의 기초**

① 독립기초

1개 기둥의 힘을 1개의 기초판으로 지지한다. 부동침하의 우려가 있어 지중보를 설치한다.

② 복합기초

2~3개의 기둥을 연결한 기초판으로 주로 사다리꼴이다. 도심지의 인근대지 근접시공으로 내부기둥과 연결시켜 만든 기초형식이다. 외부기둥의 휨모멘트에 대한 저항성 확보가 필요하다.

③ 연속(줄)기초

벽이나 연속된 기둥의 응력을 연결시킨 기초판을 말한다. 조적벽체, 연립주택의 하부기초에 주로 사용한다.

2) 전면기초(mat foundation) : **기초판과 바닥슬래브를 겸하는 형식의 기초**

① 전면기초

평면적으로 연속된 기초판을 구성하는 형식. 기초판의 구성비율이 클 때 채택한다. 기둥 하부의 기초판을 두껍게 하고 나머지는 콘크리트 절감을 위해 두께를 줄여서 시공하는 방법을 드롭전면기초라 한다.

② 슬래브 보형 기초

기초판 두께를 줄이기 위해 경간 중간에 보를 설치하는 공법. 터파기 작업량은 감소되나 시공성이 불리하다.

③ 공동 슬래브형 기초

기초판 내부에 공간을 두어 자중증가를 위해 물, 자갈 등을 채우거나 건물위생용 생활용수로 활용하기도 한다. 상부에 타설되는 콘크리트의 거푸집 탈형의 어려움 등으로 인하여 상부 슬래브를 PC를 사용한다.

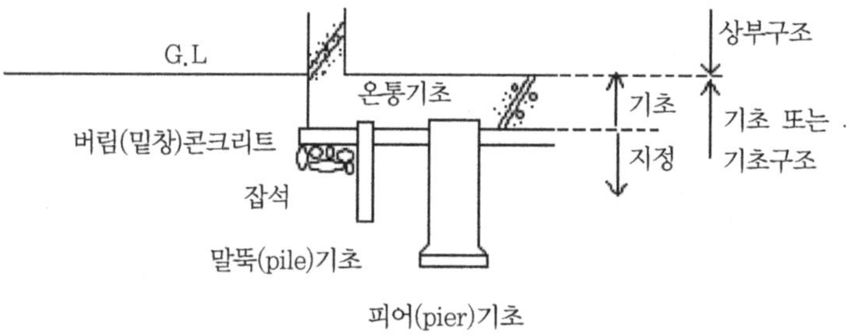

그림 4-1 기초의 개념

4.1.2 간접(pile, pier, caisson)기초의 종류

1) 말뚝기초(pile, pier, caisson foundation)의 역학상 분류

① 지지말뚝(bearing pile) : 경질지반에 직접 지지하는 말뚝

② 마찰말뚝(friction pile) : 지반과 말뚝의 마찰력으로 상부하중을 지지하는 말뚝

③ 다짐말뚝(compaction pile) : 무른 지반을 밀실하게 다지는 목적의 말뚝

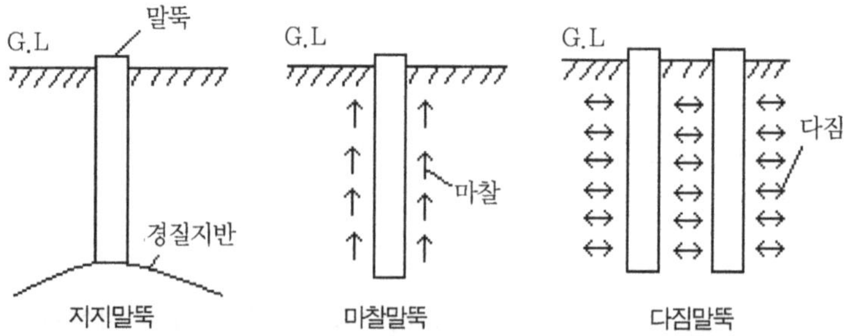

그림 4-2 말뚝의 역학상 분류

2) 재료상 분류

① 나무말뚝(wood pile)

② 기성말뚝

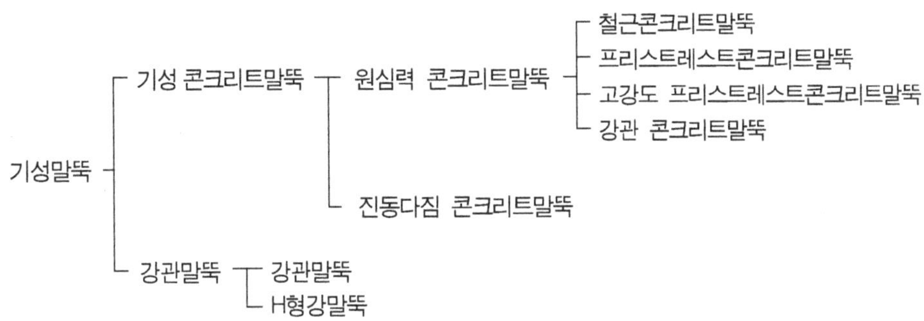

그림 4-3 기성말뚝의 분류 - 재료 및 제조방법에 의한 분류

③ 현장타설 콘크리트말뚝

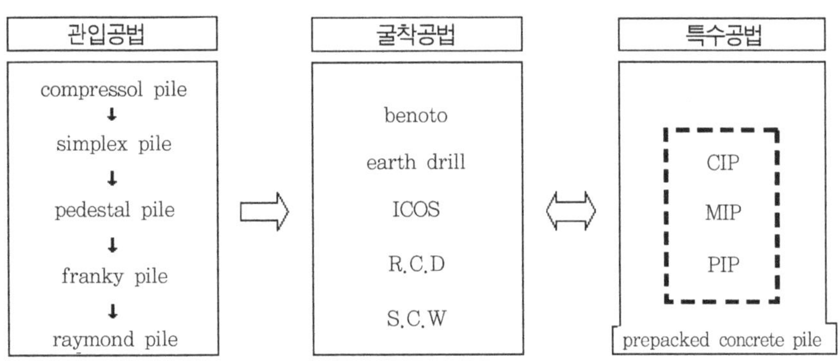

그림 4-4 현장타설 콘크리트말뚝의 분류

4.2 지 정

4.2.1 모래지정

기초 하부의 지반이 연약하고 1~2m 이내에 견고한 지층이 있을 경우 연약층을 모래로 치환한 지정을 말하며 30cm마다 물을 주면서 충분히 다져야 하고, 이때 물이 흐르는 경우 모래의 유실을 방지하기 위한 조치를 취해야 한다.

4.2.2 자갈 및 잡석지정

1) 자갈지정

기초의 밑바닥에 5~10cm 정도의 자갈을 소정의 두께로 깔고 밀실하게 다지며 배수를 하는 목적과 버림콘크리트양을 줄이는데 사용된다.

2) 잡석지정

기초의 밑바닥에 15~30cm 정도의 잡석을 밀실하게 깔고 사춤용 자갈 또는 쇄석으로 상부에 고루 펴서 다진 지정을 말한다. 잡석지정은 지반을 견고하게 다지는 보조수단으로 사용한다.

4.2.3 버림(밑창)콘크리트지정

버림콘크리트는 지정의 일부로 취급하며 모래지정, 자갈지정, 잡석지정 등의 위에 기초하부에 먹메김을 용이하게 하기 위하여 6~10cm 정도의 강도가 낮은 콘크리트를 타설하여 만든 지정을 말한다.

4.2.4 말뚝지정(나무말뚝, 기성콘크리트말뚝, 제자리콘크리트말뚝, 강재말뚝, 합성말뚝)

굳은 지반이 기초 저면으로부터 깊은 곳에 위치하여 직접기초를 구축할 수 없는 중량건물에서 채용하는 기초로서 말뚝을 사용하여 지지하는 지정을 말한다. 말뚝지정의 종류로는 나무말뚝, 기성콘크리트말뚝, 제자리콘크리트말뚝, 강재말뚝, 합성말뚝 등이 있다.

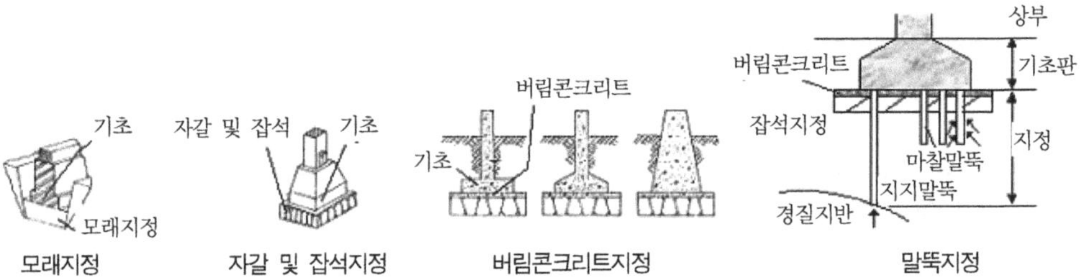

그림 4-5 지정의 종류

4.2.5 지반개량공사

1) 개요

지반이 연약하여 말뚝 박기 정도의 신뢰성이 없고 지내력이 불충분하여 구조물의 지지

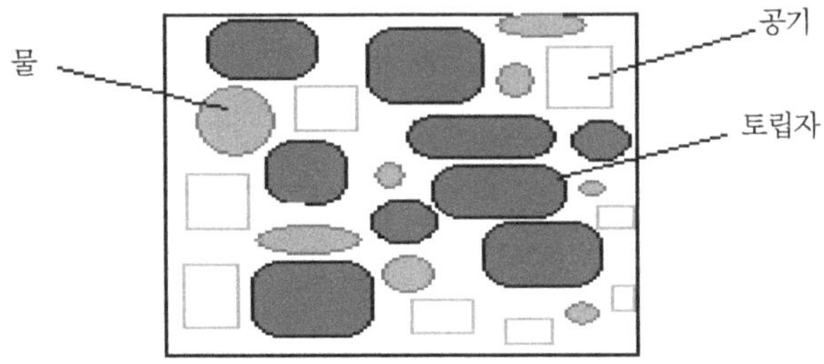

그림 4-6 흙의 구성요소

력을 증강 및 부동침하를 방지할 목적으로 지반을 개량한다.

2) 지반개량공법의 종류

① 혼합법

흙, 모래, 돌 등의 입도조성 또는 화학약제를 통한 혼합을 이루는 공법의 총칭을 말한다.

- 소일시멘트공법 : 흙분쇄 + 물 + 시멘트를 혼합하여 지반개량
- 화학약제 혼합공법 : 흙 + 소석회, 물유리 등 화학재를 혼합하여 지반개량

② 탈수법

가. 샌드드레인(sand drain)공법 : 연약지반을 1~2m 간격으로 천공한 후 모래를 삽입하고 지반 상부에 sand mat을 만든 후 sand pile로 배수하면서 성토재하하는 공법이다.

샌드드레인 팩드레인 페이퍼드레인

그림 4-7 탈수공법의 종류

나. 팩드레인(pack drain)공법 : 샌드드레인공법의 중간부의 잘림현상 방지를 위한 방법으로, 팩에 모래를 넣어 천공된 구멍에 삽입하여 드레인과 성토재하를 동시에 실시하는 공법이다.

다. 페이퍼드레인(paper drain)공법 : 지반의 수분을 모래 대신 종이를 이용하여 탈수하면서 성토재하를 동시에 실시하는 공법이다.

③ 재하법

연약지반에 하중을 장기간 가하여 흙의 압밀 촉진을 시도하는 공법으로서 프리로딩(pre loading)공법과 사면선단 재하공법 등이 있다.

④ 약액주입공법

연약지반에 시멘트, 벤토나이트, 기타 약제 등을 주입하여 지반을 고결시키는 공법으로서 고결안정공법이라고도 한다. 불투수층의 방수층 또는 지내력 증강의 효과가 있다.

⑤ 치환공법

연약지반의 흙을 모래나 자갈 또는 콘크리트 등으로 치환하는 공법이다.

⑥ 다짐공법

사질토에 주로 채용하며 진동과 물다짐을 병용하여 지반을 다지며 모래나 자갈을 투입하여 말뚝을 만드는 바이브로 플로테이션(vibro flotation)공법과 지반에 충격이나 진동을 주면서 특수파이프를 설치한 후 내부에 모래를 투입하여 진동다짐하면서 파이프를 빼내어 컴포저 파일을 구성하는 바이브로 컴포저(vibro composer)공법 등이 있다.

4.3 말뚝의 종류

4.3.1 나무말뚝

나무말뚝의 허용지지력은 보통 5~10톤이고 생나무를 사용하여 상수면 이하에 박아야 한다. 말뚝머리에 캡을 끼워 갈라짐을 방지하는데 현재는 거의 사용하지 않는다.

4.3.2 기성 콘크리트말뚝

1) 원심력 철근콘크리트말뚝(RC말뚝)

① 원심력에 의해 제작하며 길이 4~15m, 지름 ϕ300~450 정도이다

② 타격 시 균열발생이 쉽다.

③ 경질층(N=30) 이상 관통이 어렵다.

2) P.C pile(pre-stressed con'c pile)

① R.C pile에 비해 균열발생이 적고 인장응력 받을시 prestress가 작용하여 인장파괴 일어나지 않는다.

② 중간 경질층까지 관통이 쉬우며 운반 시 손상 입을 염려가 적다.

③ RC말뚝처럼 원심력에 의해 제작한다.

3) 원심력 고강도 프리스트레스트콘크리트말뚝(PHC말뚝)

① PC말뚝과 유사하게 만들며 고강도콘크리트로 제조하고, 오토클레이브 양생으로 고강도의 프리스트레스트콘크리트를 제조한 말뚝이다.

② 강도는 80MPa 정도이고 직경 30cm~80cm, 길이 4~15m 정도로 생산한다.

③ PC말뚝에 비해 허용내력이 크고 타격에 강하다.

4.3.3 강재말뚝(H beam 또는 강관 steel pile)

H형 말뚝과 강관말뚝 2종류가 있고 타 말뚝보다 고가이지만 해안매립지 등 휨 강성을 요구하는 곳 등에 사용된다. 녹이 발생되어 방식처리가 필요하고, N값 50까지 관통이 가능하다. 지지력이 크고, 이음이 쉬우며, 경량으로 취급운반이 쉽다.

4.3.4 현장타설 콘크리트말뚝(PIER 기초)

1) 관입공법

① 컴프레서말뚝(compressol pile)은 추를 사용하여 천공하고 콘크리트 추로 다지고 다시 평면추로 다짐한다.

② 심플렉스말뚝(simplex pile)은 외관을 굳은 지반에 박고, 추로 콘크리트를 다지며 외관을 빼낸다.

③ 페데스탈말뚝(pedestal pile)은 내관과 외관을 동시사용하며, 내관을 빼고 콘크리트를 타설하며 내관으로 다짐한다.

④ 레이먼드말뚝(raymond pile)은 박철판의 외관에 잘 맞는 내관(심대)을 끼워 내관을 빼내고 외관 속에 콘크리트를 타설한다.

⑤ 프랭키말뚝(franky pile)은 마개 달린 외관을 2~2.6ton 추로 마개 외관을 박는다. 소정의 깊이에서 마개를 빼고 콘크리트 타설하고 추로 다져 구근을 만든다.

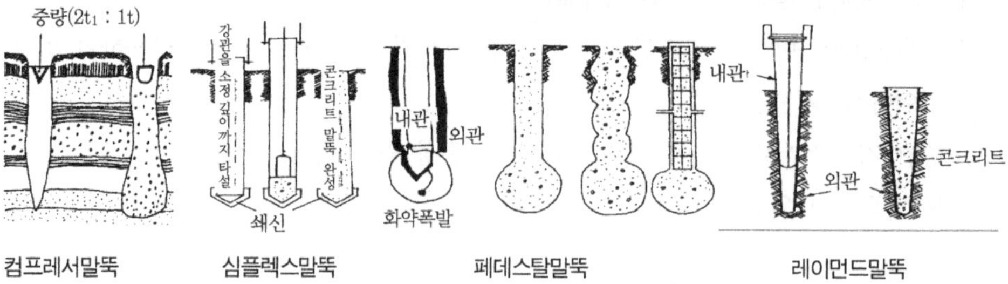

그림 4-8 관입공법

2) 굴착공법

① benoto(베네토)공법 – 올케이싱(all casing)공법

가. 프랑스 베네토사가 개발하고, 케이싱 튜브(casing tube)를 요동시키면서 유압적으로 압입하고, 내부를 해머 그래브(hammer grab)로 굴착한 후 철근망 삽입 후 콘크리트 타설하면서 케이싱 튜브를 순차적으로 뽑으면서 현장타설 말뚝을 축조한다.

나. 무진동, 무소음으로 시공이 확실하며 주변 지반에 영향이 적다.

다. 수중굴착 및 연암층까지 굴착이 가능하며, 길이 50~60m 정도까지 가능하다.

라. 지하수에 대한 문제와 피압수에 의한 보일링 대책 및 세사층에는 튜브 인발이 어렵다.

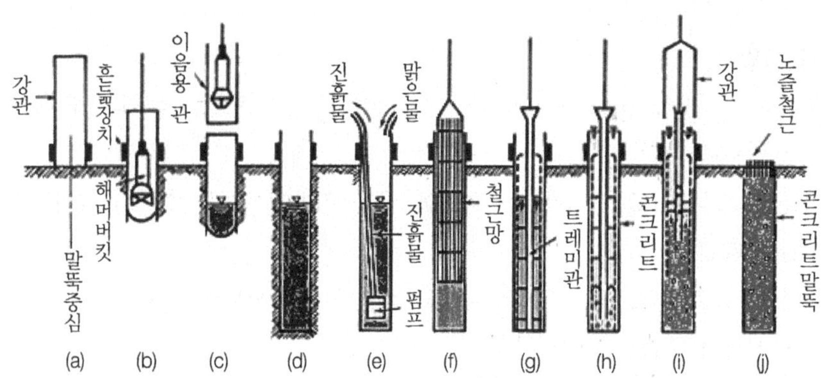

(a) 강관세우기 (b) 흙과내기 (c) 강관잇기 (d) 파내기 끝냄 (e) 진흙물 뽑기
(f) 철근망 넣기 (g) 트레미관 넣기 (h) 콘크리트치기 (i) 강관빼기 (j) 말뚝완성

그림 4-9 베노토공법의 시공순서

② 어스드릴(earth drill)공법

가. 美 칼웰드사가 개발하고 회전식 drilling bucket으로 터파기와 동시에 안정액을 사용하여 굴착한다.

나. 구멍 속에 철근망 삽입 후 콘크리트를 타설하여 현장타설 말뚝을 축조한다.

다. 무소음, 무진동공법이며 굴삭속도가 빠르므로 공기단축이 가능하다.

라. 모래지반에 부적합하고 안정액의 폐수처리가 곤란하다.

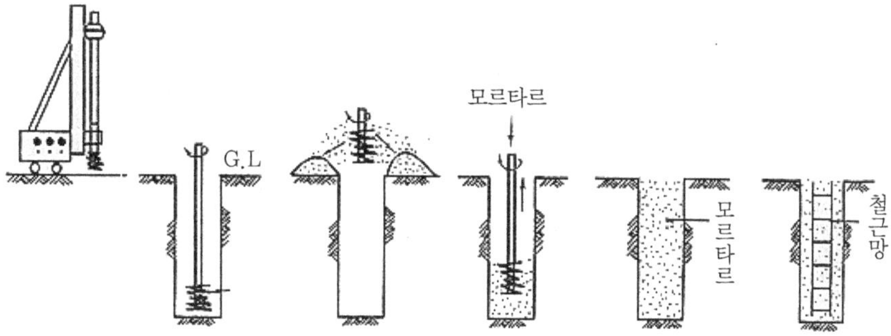

그림 4-10 어스드릴공법의 시공순서

③ Reverse Circulation Drill(R.C.D)공법

가. 스탠드파이프 외에 케이싱을 사용하지 않고 비트를 회전시켜 굴착 배토하는데, 배출된 이수는 저장조에서 토사를 침전시켜 역순환시키는 공법이다.

나. 물을 이용하여 정수압(지하수위 보다 2m이상 높게)으로 공벽을 보호하며 굴착한다.

표 4-1 굴착공법의 비교

검토항목	어스드릴공법	베네토공법	R.C.D공법
굴 착	자중 및 유압으로 가압한 상태에서 어스오거 버킷을 회전시켜서 굴착한다.	해머 그래브를 낙하시켜서 낙하에너지에 의해 지반 속에 관입시켜 지반을 파쇄 굴착한다.	비트의 회전으로 지반을 파쇄 굴착한다.
배 토	양동이를 끌어올려서 한다.	해머 그래브를 끌어올려서 배토한다.	물과 함께 빨아올린다.
공벽 및 바닥의 붕괴 방지	비중이 높은 흙물을 구멍 속에 채운다.	전 층 케이싱을 사용하지만, 지하수위 이하의 모래·사력에서는 물을 넣는다.	표층부분에 케이싱을 넣어 구멍 속의 수위를 지반의 수위보다 2m 이상 높게 유지
구멍바닥 침전물(슬라임)의 양	많다.	구멍 속에 물을 넣은 경우에 적다.	적다.

④ 케이슨(caisson)공법(잠함기초)

가. 미리 지상에서 구축한 구조물의 하부를 굴착하여 자중 혹은 적당한 중량물의 재하에 따라 소정의 심도까지 침하시키는 공법이다.

나. 흙막이 및 동바리가 불필요하고 연약지반에 시공 가능하며, 구조체 지상에서 시공

하여 침하시킨다.

다. 잠함기초는 연약지반이나 지하수가 많은 지반에 안전한 공법이며 탑다운공법 등에 많이 사용한다.

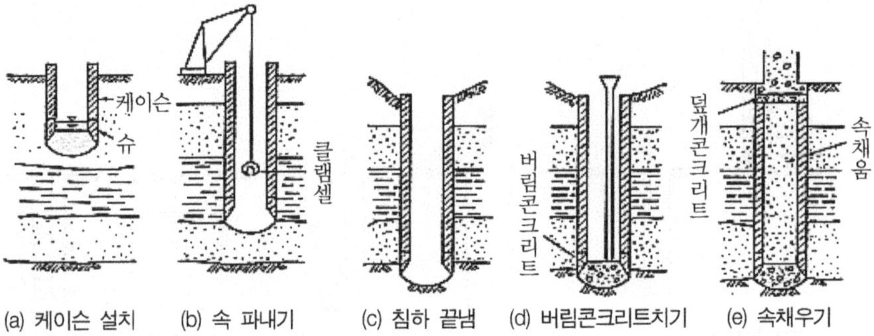

그림 4-11 오픈케이슨 기초공의 시공순서

3) 특수공법(pre-packed : 프리팩트공법)

① CIP(Cast In Place)말뚝

어스오거로 굴착 - 철근망을 삽입 - 트레미 파이프 설치 - 자갈 및 특수모르타르를 채움

② PIP(Packed In Place)말뚝

어스오거 굴착 - 오거심 파이프로 모르타르 또는 잔자갈 콘크리트 주입 - 철근 삽입

③ MIP(Mixed In Place)말뚝

파이프 회전축 선단에 교반비트 설치 굴착 - 회전축 빼면서 소일시멘트 형성(철근도 삽입 가능

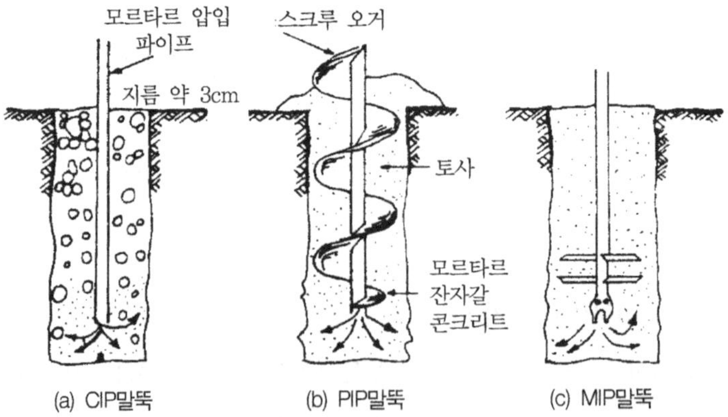

그림 4-12 프리팩트 콘크리트 말뚝(Pre-packed Concrete Pile)

4.3.5 설치방법에 의한 분류

1) 타격공법

항타기로 말뚝을 타격하여 박는 공법. 항타기에는 드롭(drop), 디젤(diesel), 스팀(steam), 뉴매틱(pneumatic) 해머(hammer) 등이 있다. 진동 및 소음발생이 크고 시공속도가 빠르며 양호한 품질의 말뚝기능을 얻을 수 있는 장점이 있으나 소음, 진동을 수반하는 결점이 있다. 타입 중 두부파손 우려가 있다.

2) 진동공법

말뚝에 상하의 진동을 주어 압입하므로 소음은 저감되나 진동이 발생한다.

3) 압입공법

유압잭과 윈치의 힘을 말뚝머리에 가하여 말뚝을 박는 공법. 저진동, 저소음으로 말뚝박기 도중에 절손, 두부의 파손이 적다. 그러나 대규모의 설비가 필요하고, 많은 경비와 상당한 공기가 필요한 결점이 있다.

4) 중공굴삭공법

선단이 개방된 중공형 말뚝의 중공부에 굴삭오거를 굴삭하면서 말뚝을 침하시키는 공법이다.

5) 프리보링(pre-boring)공법

굴착장비로 미리 구멍을 뚫어 기성말뚝을 구멍에 매입하고 최종 타격관입한 후 말뚝 밑면에 콘크리트를 타설하여 마무리하는 공법으로, 소음과 진동이 적고 중간층에 타입 불능한 전석층이 있어도 시공이 가능하다.

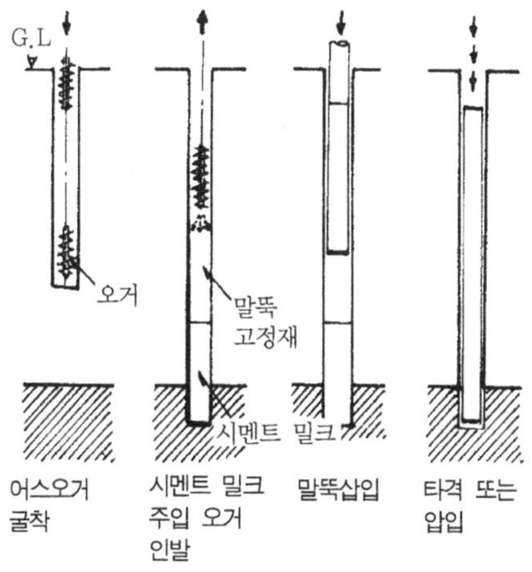

그림 4-13 프리보링공법

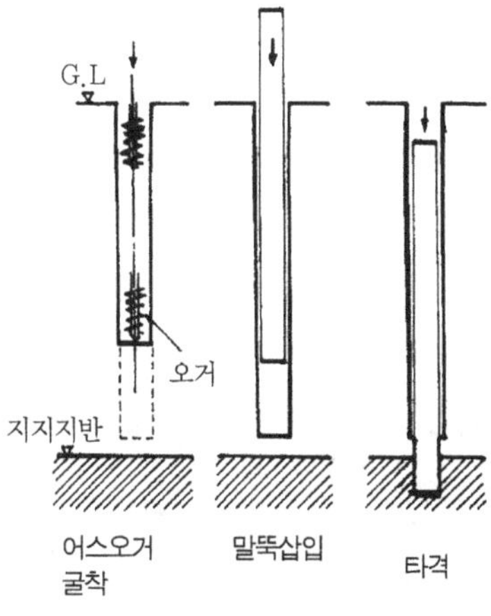

그림 4-14 프리보링 병용 타격공법

4.3.6 말뚝의 지지력 산정방법

말뚝기초의 지지력은 말뚝의 선단지지력과 주변의 마찰력으로 구성된다.

1) 정적재하시험

지지하중 이상의 하중을 직접 재하하거나 앵커를 이용하는 방법이 정상방법이지만 비용이 높다.

2) 동적재하시험

항타분석기로 음파를 분석하여 내력을 조사하는 방법으로 간편성과 시간단축 등의 이유로 많이 이용한다.

3) 동적 관입량 체크(rehound check)에 의한 관용적 내력 판별

R(허용지지력) = F(해머의 타격 에너지 = 해머중량 × 해머낙하고)/5 × S(말뚝의 최종 관입량) + 0.1

4) 토질 주상도 N치로 산정

표 4-2 재하시험법(수직)

시험법	정적재하		동적재하
	반력말뚝방식	직접재하법(종래법)	
비 고	· 실적이 많아 신뢰도가 높다 · 반력말뚝, 재하거더가 필요하다. · 말뚝 끝에 하중이 전달되기 어렵다.	· 반력말뚝이 불필요하다. · 말뚝 끝의 하중이 필요하다. · 침하를 구하기 쉽다. · 재하하중은 선단저항과 마찰저항이 작은 쪽의 극한치로 결정된다.	· 재하장치가 간단하다. · 재하시간은 5~30ms · 파동이론에 의한 해석이 필요 · 말뚝체에 인장력이 생긴다.

그림 4-15 동재하시험

그림 4-16 정재하시험

4.4 말뚝(pile)공사 품질관리

4.4.1 시공상 주의사항

① 무리(群)말뚝은 설계내력감소 방지를 위해 말뚝 간 최소 중심간격은 말뚝직경의 2.5d 이상으로 한다.

② 기성콘크리트말뚝은 운반파손에 주의하고 반입 시 표면균열을 확인하여 균열파일은 반출한다.

③ 정확한 위치에 시항타를 하고 수직으로 최종까지 연속타입하며 본 항타는 말뚝위치 검측 후 실시한다.

④ 예정위치 이상 무리하게 박을 때 두부 파손이 우려되므로 유의하고, 손상 시 반드시 보강한다.

⑤ 파일 중간 파손에 주의하고 말뚝의 이음 및 두부보강 시 정밀하게 한다.

4.4.2 말뚝이음 방법

1) 기성콘크리트말뚝

① 충전식

말뚝 내의 철근을 노출시켜 상하를 용접하고, 연결용 steel sleeve를 접합부 내·외부에 설치하여 콘크리트를 충전시켜 이음하는 방법이다.

② 볼트식

특수한 커플러(coupler)를 설치한 후 볼트로 조이는 방법. 이음부의 강도가 크고 신뢰도가 높으나 고가이며 볼트의 내구성 확보가 필요하다.

③ 용접식

말뚝의 접합면에 철판을 매입하는 단판식과 강제 통을 붙여 넣는 원통식이 있으며, 단판식이 많이 사용되며 상하말뚝을 일직선으로 정렬한 후 용접면에 이물질, 녹, 기름 등이 없게 하고 용접한다.

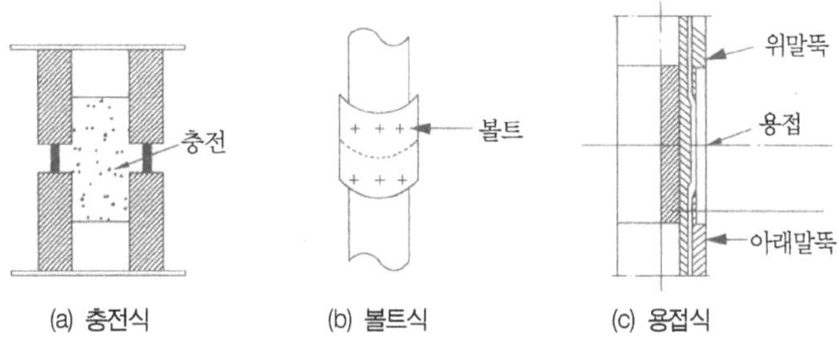

그림 4-17 말뚝의 이음

04 지정 및 기초공사

2) 강제말뚝

① 아크용접을 원칙으로 하며, 손용접, 반자동용접, 자동용접이 사용된다.

② 0℃ 이하에서 용접을 금지해야 하나 모재를 가열하면 용접이 가능하다.

③ 용접면에 이물질, 녹, 기름 등이 없게 하고 용접한다.

4.4.3 말뚝 두부(말뚝머리)정리

1) 말뚝의 길이가 긴 경우

① 절단점 10cm 아래에 크랙 발생 방지용 bend처리 후 절단한다.

② 절단부위에는 모르타르로 면 처리하여 footing과의 부착이 좋게 한다.

③ 강선은 기초 속에 약 30cm 정도 묻히게 한다.

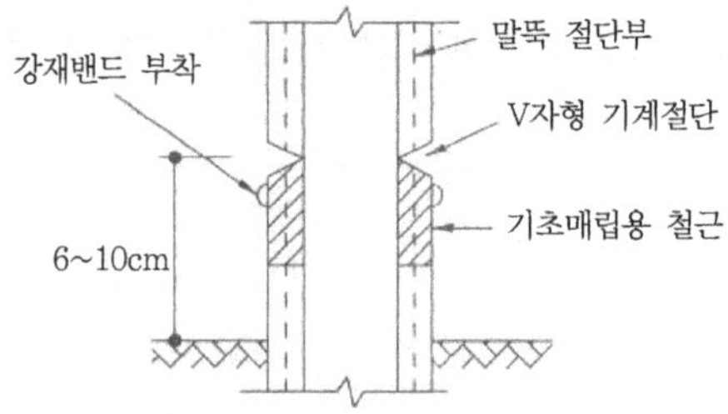

그림 4-18 길이가 긴 말뚝

2) 말뚝이 짧은 경우

① 말뚝직경의 1.5D폭으로 말뚝 주변 터파기 및 철근(강선) 굵기의 30d 이음 후 기초 속 약 30cm 묻히게 한다.

② 말뚝 두부정리 후 말뚝 상부 10cm 정도가 콘크리트 속에 묻히게 타설한다.

③ 말뚝 내부는 1/2D 하부에 금속판 또는 라스, 플라스틱 등으로 막고(파일캡) 콘크리

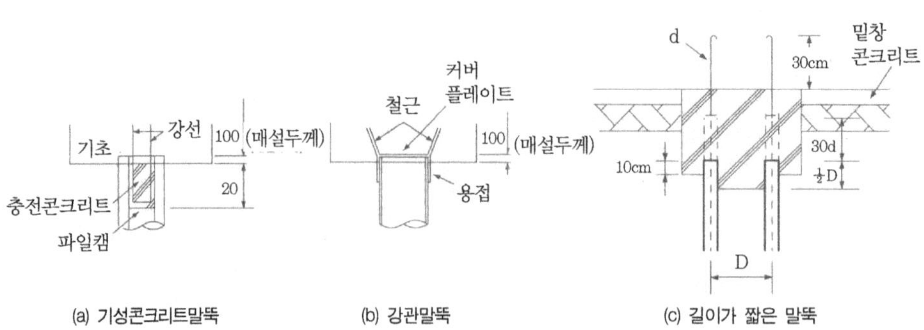

그림 4-19 말뚝 두부(말뚝머리)정리

트를 타설한다.

4.4.4 지정공사 무진동, 무소음공법

1) 개요

① 지정공사 시 소음, 진동으로 민원발생에 유의한다.

② 저소음, 저진동공법 등이 활용된다.

2) 저소음공법

① 방음커버공법

가. 디젤해머(disel hammer)의 소음을 흡입커버 등으로 차단한다.

나. 공법 종류 - 부분방음커버 : 해머만 덮는다.

- 기계전체커버 : 말뚝 전체를 덮는다.

다. 부분커버공법보다 전체커버가 양호하다.

② 저소음 해머공법

가. 해머 그 자체의 구조에 의해 박을 때 소음이 적다.

나. 유압용 혹은 실린더 피스톤 지하 진동에 의해 사이클을 가변해서 진동타격을 주는 유압 바이브로 해머이다.

다. hydro block : 주 램(ram)의 낙하에 의해 각 실린더 내 질소가스 등 압축 평균화된 타격 에너지 전달기구인 해머이다.

③ 강관말뚝 바닥치기 공법

가. 강관의 저부를 해머로 타격하는 관입공법이다.

나. 저판에 부착된 강관의 저부에 적량의 프라그 콘크리트를 채우고 이 부분을 드롭해머로 타격 관입시킨 것이다.

다. 엷은 강관용일 경우 속채우기 콘크리트 타설한다.

3) 향후 전망

① 근래 건축물이 고층화, 대형화, 다양화되면서 건설공해에 대한 민원발생이 증가되고 있다.

② 공법 선택이 신중해야 하며 설계단계(구조, 의장)에 공법을 고려해야 한다.

③ 무진동, 무소음 공법 채택 시 정책적인 지원과 세제상의 혜택 부여 등으로 적극 장려함이 공법개발과 시공의 근대화에 일조할 것으로 판단된다.

Chapter 05 | 거푸집공사

5.1 개 요[41)]

거푸집(form)은 콘크리트를 치어 부은 후부터 콘크리트가 강도를 발현하여 경화할 때까지 굳지 않은 콘크리트를 지지하는 가설구조물을 말한다. 거푸집은 콘크리트를 일정한 형상과 치수로 유지시켜 주며, 경화에 필요한 수분의 누출을 방지하고 외기의 영향을 차단하여 콘크리트가 적절하게 양생되도록 돕는 역할을 한다.

그림 5-1 거푸집공사의 전경

41) 본 장에서 인용한 사진자료는 ① 이정우 저, 건축시공 이미지 현장경험, 시공문화사 ② 포스코건설, 부산 센텀스타 주상복합 신축공사현장 ③ 롯데건설, 부산 롯데백화점 동래점 증축공사현장의 사진자료를 사용하였음을 밝힙니다.

거푸집공사는 일반적으로 골조공사의 20~30%를 차지하며, 그 역할이 중요하므로 거푸집공사의 자재와 시공법의 개선과 합리화 방안이 최근에 중요시되고 있으며, 설계의 단계에서부터 거푸집공사의 시공계획을 수립하는 것이 바람직하다.

또한, 거푸집공사는 콘크리트의 시공과 품질에 중요한 영향을 미치고 마감공사의 품질에도 많은 영향을 끼치므로 콘크리트의 형상 및 표면 마무리 등의 여러 조건이 충족되도록 설계, 조립, 해체, 운반해야 하고 품질, 안전, 경제성 등에 주안점을 두어야 한다.

5.2 거푸집의 재료 및 종류

5.2.1 거푸집널

거푸집널은 제치장 여부와 같은 콘크리트 표면의 품질, 전용횟수, 경제성을 고려하여 목재, 합판, 합성수지판, 금속판, 유로폼 등의 종류 중에서 선정하며, 거푸집널을 재사용하는 경우는 콘크리트에 접하는 면을 깨끗이 청소하고 볼트용 구멍 또는 기타 파손개소를 수선하고, 필요에 따라서 박리제를 도포하여 사용한다. 일반적으로 요구되는 거푸집널의 요구항목은 다음과 같다.

① 보관 중에 쉽게 변형되거나 변질되지 않아야 한다.

② 구조적인 강도와 강성에 문제가 없는 경우 가벼워야 한다.

③ 작업 중에 진동이나 충격에 대해 쉽게 파손되거나 분해되지 않아야 한다.

④ 절단과 가공이 용이해야 한다.

⑤ 콘크리트의 성능과 품질에 영향을 주지 않아야 하고 경제적이어야 한다.

1) 합판

최근에는 거푸집널을 5매 이상의 박판(veneer)을 5, 7, 9매 등의 홀수로 섬유방향이 직교하도록 접착제로 붙여 제조된 합판을 사용하고 있다. 사용되는 합판은 한국산업표준(KS F 3110 콘크리트 거푸집용 합판)의 규격에 적합한 것을 사용해야 한다. 한편, 제물치장 콘크리트용 거푸집널에는 내알칼리성이 우수한 재료로 표면을 처리한 합판을 사용한다.

합판은 내구성능이 양호한 재료이므로 장기적으로 사용할 수 있으나 거푸집을 조립, 해체할 때에 구멍, 모서리 부분의 파손 등이 발생하기 때문에 주기적인 보수가 필요하며 전용(轉用)횟수는 10회 정도이다.

2) 강제틀 합판 거푸집 패널

강제틀 합판 거푸집 패널은 일반적으로 유로폼(euro form)이라고 불리며, 콘크리트와 접촉되는 면이 코팅된 합판이고 그 합판을 고정하는 보강틀(frame)이 철제로 되어 있는 패널로 파손이 잘 되지 않고 별도의 장비가 없어도 조립해체가 용이하다. 강재 틀 합판 거푸집 패널은 1982년부터 국내에 도입되어 초기에는 무게가 무거워 주로 토목용으로 사용하던 것을 1990년대에 제품을 개선하여 현재 주로 사용되고 있다.

그림 5-2 강제틀 합판 거푸집 패널(유로폼)

그림 5-3 강제틀 합판 거푸집 패널(페리폼)

그림 5-4 페리폼이 시공된 슬래브 거푸집

그림 5-5 페리폼 슬래브 거푸집 하부

3) 강제 거푸집

강제 거푸집(metal form, steel form)에 사용되는 금속제 거푸집널은 KS F 8006(금속제 거푸집 패널)의 규정에 적합한 것을 사용하며, 철재로 제작된 강재 거푸집은 무거워 현장에서 잘 쓰이지 않으며, 알루미늄재 거푸집은 경량이고 취급이 용이하며 30회 이상 사용할 수 있으나, 기존의 거푸집 패널과 잘 호환되지 못하고 가격 면에서 기존의 제품에 비해 고가인 단점이 있다.

4) 합성수지판

합성수지판(KS F 5650 콘크리트 거푸집용 합성수지판)은 현재 가장 많이 사용되고 있는 합판이나 강재틀 합판 거푸집 패널의 대체용으로 사용되고 있다. 합성수지판은 높은 성형성과 마감면이 깨끗하고 경량이지만 견고하고 전용성과 내식성이 우수한 특징이 있다.

5.2.2 받침기둥

받침기둥(동바리, support, shoring)은 슬래브 거푸집과 보의 밑판 거푸집의 하중을 지탱해 주기 위해 설치되는 지주(支柱)로 거푸집을 해체한 후에도 콘크리트의 하중으로 인한 처짐을 막기 위해 일정기간 동안 세워둔다.

1) 강관받침기둥

강관받침기둥(pipe support)은 KS F 8001(파이프 서포트)의 규정에 적합한 것을 슬래브 하부, 보 하부 등과 같은 수평부재의 밑에 설치하여 거푸집의 받침으로 사용되며, 외관, 내관, 지지핀(pin), 바닥판으로 구성되고 현장에서 사용하는 높이에 맞게 길이조절이 가능한 형태로 제작, 사용된다. 강관받침기둥의 사용방법은 다음과 같다.

① 먼저 지지해야 할 거푸집의 높이에 가까운 위치까지 강관받침기둥을 연장시켜 지지핀으로 고정한다.

② 받침기둥의 중간에 있는 조절나사를 이용하여 세부조정을 하고 필요한 높이로 고정한다.

③ 높이에 맞게 고정시킨 후 강관받침기둥과 거푸집의 멍에, 장선의 접촉부분은 못 등으로 고정한다.

그림 5-6 강관받침기둥

그림 5-7 강관받침기둥과 멍에, 장선 연결

2) 강관틀 비계

강관틀 비계는 가로재와 수평재를 하나의 틀의 형태로 제작한 것으로 층고가 높은 구조물의 경우에 여러 개의 강관틀 비계를 서로 연결하여 상부 또는 하부에 높이 조절용 잭(jack)을 설치하거나 상부에 받침기둥을 연결하여 사용한다. 강관 비계, 강관틀 비계는 각각 KS F 8002(강관 비계) 및 KS F 8003(강관틀 비계)의 규정에 적합하고, 신뢰할 수 있는 시험기관에서 내력시험 등에 의하여 허용하중을 표시한 것을 사용해야 한다. 일반적으로 5단 이하로 사용할 경우 허용하중을 강관틀 1개에 대하여 5톤 정도로 산정한다.

한편, 강관받침기둥과 강관틀 비계의 보강에 사용되는 원형 파이프는 KS D 3566(일반 구조용 탄소강관), 각 파이프는 KS D 3568(일반 구조용 각형 강관), 경량 형강은 KS D 3530(일반구조용 경량형강)의 규정에 적합한 것을 사용해야 한다.

5.2.3 긴결재, 격리재, 박리제

1) 긴결재

긴결재(form tie)는 거푸집을 정확한 위치와 치수로 유지하기 위해 사용되는 것으로 못, 꺾쇠, 볼트, 철선, 폼타이, 기둥밴드(column band) 등이 주로 사용된다.

폼타이는 격리재와 조합시켜 사용하는 긴결재로 벽체 거푸집 안에 콘크리트를 부어 넣을 때 거푸집이 벌어지거나 변형되지 않게 연결, 고정하는 것으로 콘크리트의 측압을 최종적으로 지지하는 역할을 한다. 폼타이는 거푸집에 사용한 후 제거가 불가능한 매입형과 제거가 가능한 관통형이 있다. 한편 유로폼의 경우에는 긴결재와 격리재의 역할을 동시에 하는 평타이(플랫타이, flat tie)가 사용된다. 기둥밴드는 기둥 거푸집의 고정과 콘크리트 측압의 저항용으로 쓰이며, 고정핀(쐐기)을 박아 넣는 방식으로 고정하기 때문에 조립이 용이하다.

그림 5-8 기둥거푸집에 사용된 폼타이

그림 5-9 기둥거푸집에 사용된 기둥밴드

2) 격리재

격리제(separator)는 기둥, 벽체, 보 거푸집을 설치할 때 양편의 거푸집 상호간에 일정한 간격(벽 두께, 기둥의 너비 등)을 유지하기 위한 것으로 철제, 모르타르 제품 등이 쓰인다. 볼트형 격리재는 양쪽 끝이 볼트로 되어 있고 육각너트가 부속품으로 되어 있는 일반형과 플라스틱 원추형의 콘(cone)이 부착되어 있는 노출콘크리트용이 있으며, 콘크리트가 경화한 후 거푸집을 제거한 후에는 볼트부분을 꺾어 제거할 수 있는 것도 있다.

3) 간격재

간격재(spacer)는 철근과 거푸집의 간격(피복두께)을 유지하기 위해 사용되며, 합성수지(플라스틱), 모르타르 제품 등이 주로 사용된다.

그림 5-10 기둥거푸집에 설치된 스페이서

그림 5-11 슬래브에 설치된 스페이서

그림 5-12 기둥에 설치된 모르타르 스페이서

그림 5-13 거푸집에 박리제 도포

4) 박리제

박리제(form oil)는 콘크리트를 부어 넣은 후 거푸집널과 콘크리트 표면이 붙지 않고 떼어내기 쉽게 하기 위하여 미리 거푸집널에 바르는 것으로 중유, 석유와 아마유, 파라핀, 비눗물 등을 사용한다. 거푸집널에 박리제를 바를 경우에는 철근을 배근하기 전에 발라야 하며, 박리제는 콘크리트의 품질 및 표면마무리 재료의 부착에 유해한 영향을 끼치지 않아야 한다.

5.2.4 시스템 거푸집

시스템(system) 거푸집은 거푸집을 시공위치에서 조립하여 콘크리트를 타설한 다음 작은 유닛(unit)으로 해체하는 종래의 거푸집공법이 아니라, 미리 기둥 거푸집, 벽 거푸집, 보 거푸집 등을 제작한 후에 시공위치에서 조립, 설치만 하여 콘크리트를 타설하고 거푸집 존치기간 이후에는 대형 유닛으로 해체하여 다음 사용 장소로 인양하여 사용하는 것을 말하며, 주요 시스템 거푸집은 다음과 같다.

1) 슬라이딩 폼

슬라이딩 폼(sliding form, slip form)은 수평·수직적으로 반복된 구조물을 시공이음(construction joint)이 없이 균일한 형상으로 시공하기 위하여 1.2~1.5m 높이로 조립된 거푸집을 유압잭(jack)과 지지로드(rod)로 설치하고, 거푸집을 끌어 올리는 역할을 하는 요크(yoke)로 서서히 끌어 올려 연속적으로 상승시키면서 철근배근과 콘크리트 치기를 연속적으로 시공하는 거푸집을 말한다.

슬라이딩 폼은 사일로(silo), 굴뚝 및 상하 단면이 같은 기둥 등 평면형상이 일정하고 돌출부가 없는 높은 구조물에 사용되며, 최근에는 초고층 거푸집의 코어 벽의 선행공법으로 적용되고 있다.

2) 갱 폼

갱 폼(gang form)은 사용할 때마다 소형 부재의 조립, 분해를 반복하지 않고 단순화, 대형화하여 타워크레인 또는 별도의 장비를 이용하여 1개 층씩 인양하여 설치하는 것으로, 갱 폼의 지지틀은 C-channel 또는 구조용 각형 강관을 사용하고 절곡된 철판(steel plate)을 지지틀에 부착하여 일체로 제작한 벽체용 거푸집이다. 일반적으로 갱 폼에 사용되는 철판의 두께는 6층 이하의 벽체에서 0.5mm, 7층 이상의 벽체에서 1.2mm, 16층 이상의 벽체에서는 1.6mm 이상으로 한다.

3) 클라이밍 폼

클라이밍 폼(climbing system form)은 벽체용 거푸집으로 거푸집과 벽체 마감공사를 위한 비계틀을 일체로 조립하고, 유압잭 등을 이용하여 인양시켜 거푸집을 설치하는 것이다. 클라이밍 폼을 사용하면 골조공사의 공기단축, 유압잭으로 자체 인양(상승)이 가능하므로 타워크레인의 부하경감 등의 장점이 있으나 골조공사의 계측에 대한 세심한 관리가 필요하며 초기투자비가 많이 소용되는 단점이 있다.

그림 5-14 오토클라이밍 폼 조립(1)

그림 5-15 오토클라이밍 폼 조립(2)

그림 5-16 오토클라이밍 폼의 바깥 하부

그림 5-17 콘크리트 타설 후 거푸집 탈형

4) 터널 폼

터널 폼(tunnel form)은 벽식 철근콘크리트구조를 시공할 때 벽과 바닥의 콘크리트 타설을 한 번에 가능하게 하기 위하여, 벽체용 거푸집과 바닥 거푸집을 일체로 제작하여 한 번에 설치하고 해체할 수 있도록 한 거푸집이다. 주요 부재의 재질은 철재를 사용하고 거푸집의 시공방식은 소량의 거푸집으로 존치기간을 최소로 단축하여 거푸집을 이동시킨다. 전용횟수는 약 100회 정도이며, 종류로는 트윈 쉘(twin shell)과 모노 쉘(mono shell) 등이 있으며 주로 아파트, 병원의 병실, 호텔의 객실, 토목공사의 원형터널, 배수암거 등에 사용된다.

5) 와플 폼

와플 폼(waffle form)은 장선 슬래브의 장선(joist)을 직교하여 우물반자 형태로 된 2방향 장선 슬래브 구조를 이루는 격자형 모양으로 된 기성제 거푸집으로, 보통 합성수지나 철판으로 제작되며 큰 스팬(span)의 공간을 확보할 수 있고 층고를 낮출 수도 있으며 미관상도 유리한 장점이 있다. 일반적으로 와플 폼은 깊이 200~500mm, 가로세로 800~1,200mm의 크기로 주로 사용된다.

5.3 거푸집의 설계

5.3.1 거푸집의 설계

거푸집과 동바리는 요구되는 강도와 강성을 지녀야 하고, 완성된 구조물의 위치, 형상 및 치수를 확보시킬 수 있도록 되도록 설계와 시공을 해야 한다.

거푸집은 콘크리트 시공 시의 하중, 콘크리트의 측압, 부어넣을 때의 진동 및 충격 등에 견디어야 하며, 일반적으로 표 5-1의 콘크리트 부재의 위치 및 단면치수 허용차와 표 5-2의 콘크리트 마무리의 평탄하기 표준 값에서 정한 치수허용차를 넘는 변형 또는 오차 등을 나타내지 않도록 설계해야 하며, 필요에 따라 강도 및 강성에 대하여 구조계산을 해야 한다.

표 5-1 콘크리트 부재의 위치 및 단면치수 허용차의 표준값

항 목		허용차(mm)
위치	설계도에 표시된 위치에 대한 각 부분의 위치	20
단면치수	기둥, 보, 벽의 단면치수 및 바닥슬래브, 지붕슬래브의 두께	− 5 + 20
	기초의 단면치수	−10 (+규정은 없음)

표 5-2 콘크리트 마무리의 평탄하기 표준값

콘크리트의 내·외장 마무리	평탄하기 (mm)	참고	
		기둥, 벽의 경우	바닥의 경우
마무리두께가 7mm 이상의 경우 또는 바탕의 영향을 그다지 받지 않는 경우	1m당 10 이하	바름바탕 띠장바탕	바름바탕 이중마감바탕
마무리 두께가 7mm 미만의 경우 그 외 상당히 양호한 평탄함이 필요한 경우	3m당 10 이하	뿜칠바탕 타일압착바탕	타일바탕 융단깔기바탕 방수바탕
콘크리트가 제물치장 마무리이거나 마무리 두께가 매우 얇을 때, 그 외 양호한 표면상태가 필요할 때	3m당 7 이하	제물치장콘크리트 도장바탕 천붙임바탕	수지바름바탕 내마모마감바탕 쇠흙손마무리바탕

거푸집은 유해한 누수가 없고 용이하게 해체할 수 있으며 해체 시 콘크리트에 손상을 주지 않는 것으로 하며, 받침기둥(동바리)은 콘크리트 시공 시 수평하중에 의하여 무너지거나 떠오르고 뒤틀리지 않도록 장선, 멍에, 연결대, 가새, 당김줄 등으로 보강한다.

또한, 거푸집의 조립에 앞서 콘크리트 구조도를 근거로 시공도를 작성해야 하며, 특히 사전에 조립되는 거푸집의 계획에는 작업의 연속성 및 이동성이 고려되도록 한다.

5.3.2 거푸집의 구조계산

바닥 거푸집에는 콘크리트의 중량, 콘크리트 타설 작업하중, 충격하중 등이 작용하고 벽과 기둥 거푸집에는 콘크리트의 측압이 작용한다. 이러한 하중과 반복사용에 의한 손상에도 안전하고 경제적인 거푸집을 설계해야 한다.

연직방향 설계하중은 고정하중 및 공사 중 발생하는 활하중 등이 있으며, 고정하중은 철근콘크리트와 거푸집의 중량을 고려하여 합한 하중이며 철근콘크리트의 단위하중은 보통 콘크리트의 경우 2,400kg/m³이며 거푸집 하중은 최소 40kg/m³ 이상을 적용하며, 특수 거푸집의 경우에는 실제 중량을 적용하여 계산한다. 활하중은 작업자, 경량장비의 하중, 기타 콘크리트 타설에 필요한 자재 및 공구 등의 시공하중, 충격하중을 포함한다. 이때 거푸집의 구조계산에서 사용되는 재료의 허용응력도는 관련 규정에서 정한 장기 허용응력도와 단기 허용응력도의 평균치로 해야 한다.

콘크리트의 측압(側壓)은 수압과 같이 콘크리트의 높이에 따라 상부에서 아래로 갈수록 커진다. 콘크리트는 시간의 경과와 함께 경화하기 때문에 부어넣기 속도가 늦을 경우에는 일정한계 이상 작용하지 않으며, 이때 최대 측압이 생기는 콘크리트의 높이를 콘크리트 헤드(head)라고 한다. 콘크리트의 측압의 특성은 다음과 같으며, 거푸집 설계용 콘크리트 측압은 표 5-3에 나타낸 바와 같다.

표 5-3 거푸집 설계용 콘크리트의 측압 (t/m^2)

<table>
<tr><th colspan="2">부어넣기 속도
(m/h)</th><th colspan="2">10 이하인 경우</th><th colspan="2">10을 넘고 20 이하인 경우</th><th>20을 넘는
경우</th></tr>
<tr><td colspan="2">H(m)
부 위</td><td>1.5
이하</td><td>1.5를 넘고 4.0 이하</td><td>2.0
이하</td><td>2.0을 넘고 4.0 이하</td><td>4.0
이하</td></tr>
<tr><td colspan="2">기 둥</td><td rowspan="3">Wo · H</td><td>1.5Wo+0.6Wo×(H−1.5)</td><td rowspan="3">Wo · H</td><td>2.0Wo+0.8Wo×(H−2.0)</td><td rowspan="3">Wo · H</td></tr>
<tr><td rowspan="2">벽</td><td>높이 3m
이하인 경우</td><td>1.5Wo+0.2Wo×(H−1.5)</td><td>2.0Wo+0.4Wo×(H−2.0)</td></tr>
<tr><td>높이 3m를
넘는 경우</td><td>1.5Wo</td><td>2.0Wo</td></tr>
</table>

(주) H : 아직 굳지 않은 콘크리트의 헤드의 높이(m)
(측압을 구하고자 하는 위치 위에 있는 콘크리트의 부어넣기 높이)
Wo : 아직 굳지 않은 콘크리트의 단위용적중량(t/m^3)

① 콘크리트의 경화속도가 늦을수록(기온이 낮을수록) 측압이 높다.

② 묽은 콘크리트일수록(슬럼프값이 클수록, 유동성이 작을수록) 측압이 높다.

③ 부어넣기 속도가 빠를수록 측압이 높다.
④ 다짐이 많을수록 측압이 높다.
⑤ 부어넣기 수평면적이 넓을수록 측압이 높다.
⑥ 철근량, 철골량이 적을수록 측압이 높다.

5.4 거푸집의 가공 및 조립

5.4.1 거푸집도

일반적으로 거푸집의 가공 및 조립 전에 구조도면을 검토하여 각 시공부위의 특징을 파악하면서 거푸집의 가공과 조립을 나타낸 거푸집도를 작성하며, 멍에·지보공·긴결재 등의 배치를 기입하고 최후에 거푸집 조립 전체의 균형을 고려하면서 보강방법을 기입한다. 또한, 기둥, 벽, 보, 바닥 부위 등의 경우는 표준적인 거푸집도가 있으면 사용하고, 계단, 발코니나 특수한 형태를 가진 부위에 대해서는 시공부위마다 거푸집도를 작성할 필요가 있다.

거푸집도를 작성할 때 주의할 점은 다음과 같다.

① 사용할 재료의 종류를 가능한 한 줄이고 호환성과 융통성을 높이도록 고려한다.
② 거푸집널의 형태·치수, 동바리의 종류, 관련된 재료 등은 최대한 통일하고 표준화하는 편이 좋다.
③ 거푸집널·동바리의 전용계획을 수립할 때에는 불필요한 소운반(현장에서의 운반)을 피하도록 한다.
④ 복합된 응력이 거푸집·동바리에 생기지 않는 단순한 구조형식으로 하고, 관리가 간편하게 한다.

5.4.2 거푸집의 조립순서

거푸집은 보통의 경우 '기둥 ⇢ 벽 ⇢ 보 ⇢ 바닥'의 순서로 조립이 행해진다. 일반적으로 거푸집은 밑에서 위로 순차로 제작하여 시공하므로 ① 기초 옆(기초보) 거푸집, ② 기초판·기초보 철근배근, ③ 기둥철근을 기초에 정착, ④ 기초판(지하실 바닥판, 기초보) 콘크리트 부어넣기, ⑤ 기둥철근 배근, ⑥ 기둥 거푸집·벽의 한편 거푸집, ⑦ 벽의 철근배근, ⑧ 벽의 다른 편 거푸집, ⑨ 보 밑판·옆판 및 바닥판 거푸집, ⑩ 보 및 바닥판 철근배근, ⑪ 콘크리트 부어넣기와 같은 순서로 조립되고, 기초 상부부분은 ⑤~⑪의 순서로 시공한다.

거푸집을 조립할 때에는 건물의 높이와 위치의 기준이 되는 기준먹을 이용하여 도면에 있는 기둥, 벽의 위치와 치수를 바닥면에 옮기는 먹매김을 한다. 먹매김을 한 후에는 물수평이나 측량기기(레벨, 트랜싯)를 이용하여 바닥높이(level)의 차이를 측정한 후에 먹선을 따라 수평목 등을 설치하여 높이를 조절하며, 이때 수평목은 콘크리트를 부어넣을 때 이동하거나 파괴되지 않도록 견고하게 설치해야 한다. 거푸집 조립에 있어 주의사항은 다음과 같다.

① 배근, 거푸집의 조립 또는 이에 따른 자재의 운반 및 쌓기 등은 이들 하중을 받는 콘크리트가 유해한 영향을 받지 않는 재령에 도달하였을 때 시작한다.

그림 5-18 바닥거푸집에 설치된 설비용 슬리브

② 거푸집은 콘크리트 구조도에 나타난 콘크리트 부재의 위치, 형상 및 치수를 기준으로 하여 시공도에 따라 앞의 표 5-1(콘크리트 부재에 위치 및 단면치수의 허용차), 표 5-2(콘크리트 마무리의 평탄하기 표준값)를 만족하도록 가공하고 조립한다.

③ 거푸집은 시멘트 풀(paste) 또는 모르타르(mortar)가 이음부분에서 새지 않도록 긴밀하게 조립해야 한다.

④ 각종 배관, 박스(box), 매설물, 설비용 슬리브(sleeve)는 콘크리트를 부어넣을 때 이동하지 않도록 도면에 표시한 위치에 견고하게 부착시킨다.

⑤ 사전에 조립되는 거푸집은 이동 시의 변형과 조작의 간편성 등을 고려해야 하며 제작대는 수평을 유지하도록 한다.

⑥ 받침기둥은 수직으로 세우고, 상하층의 받침기둥은 가능한 한 평면상 동일 위치에 세운다.

5.4.3 부재별 거푸집 조립

1) 기초

기초판의 옆면은 기초 밑창콘크리트 윗면의 먹매김에 따라 조립하고 외부는 이동이 없도록 버팀대, 단관파이프 등을 사용하여 고정한다. 기초판 윗면의 경사가 30° 이상이 되면 옆판만이 아니라 상부 경사면에도 거푸집널을 설치해야 하며, 상부 거푸집은 콘크리트가 채워짐에 따라 위로 뜨므로 철선으로 기초판 철근과 연결시킨다. 한편, 기초판에 연결되는 기초보는 일반적인 보 거푸집의 시공과 유사하게 설치한다.

그림 5-19 기초거푸집 설치를 위한 먹매김

그림 5-20 매트기초 거푸집의 설치

2) 기둥

벽체와 연결되지 않는 기둥 거푸집은 거푸집을 4면에 세워대고, 띠장은 모서리에서 상하로 교차시켜 내밀어 기둥멍에를 세워대고, 철선 또는 기둥밴드(column band)로 긴결시킨다. 기둥 상부에서 보와 연결되는 부분은 보물림 자리를 따내고, 기둥거푸집 하부에는 콘크리트를 타설하기 전에 실시하는 물청소를 대비하여 목재 부스러기, 톱밥 등과 같은 쓰레기를 빼어낼 수 있는 청소구멍(소제구)을 만들었다가 손쉽게 막을 수 있도록 설치해 둔다.

그림 5-21 기둥먹매김과 높이조절용 각재 설치

그림 5-22 기둥거푸집 제작

그림 5-23 기둥거푸집의 설치 작업

그림 5-24 기둥거푸집

3) 벽

기둥에 벽이 붙을 때에는 기둥과 일체로 벽체 거푸집널을 설치한다. 벽체 거푸집은 보통 먼저 한쪽의 거푸집을 세우고 간격재(separator)를 부착한 후에 벽체 철근을 조립하고, 보와 바닥판의 거푸집을 그 위에 접속시킨 후에 배근이 완료되면 검사를 받고 맞은쪽 거푸집널을 설치한다. 한편, 벽체 거푸집을 조립할 때 수평보강재와 폼타이는 거푸집 상단에서 최대 측압이 작아지는 것을 고려하여 상단에서는 그 간격을 작게 할 수 있다. 그러나 시공성과 탈형 후의 미관을 고려하여 보강재의 간격은 일반적으로 전체 높이에 걸쳐 균등하게 배치한다.

그림 5-25 옹벽 거푸집의 설치

그림 5-26 벽 거푸집 설치

그림 5-27 벽 거푸집의 수직 보강

그림 5-28 벽 거푸집의 수평지지 보강

4) 보

보 거푸집은 보 밑판 거푸집의 경우 하부 거푸집널(보의 폭과 같은 크기)과 2개의 측면 거푸집널로 구성되며, 측면(옆판) 거푸집의 경우는 하부(밑판) 거푸집보다 먼저 떼어낼 수 있는 구조로 설치되어야 한다. 기둥 거푸집과 벽 거푸집이 세워지면 기둥 거푸집에 보 하부 거푸집널을 걸쳐대고 나서 측면 거푸집널을 조립한다.

그림 5-29 보 밑판 거푸집(1)

그림 5-30 보 밑판 거푸집(2)

그림 5-31 보 옆판 거푸집

그림 5-32 기둥과 보의 접속부

5) 슬래브

일반적인 바닥 거푸집의 조립은 다음과 같다. 먼저 보 거푸집의 가조립이 끝난 후에 보로 둘러싸인 슬래브 중앙부분에 받침기둥(동바리)을 세운 후에 약 90cm 간격으로 철재파이프 또는 각재로 된 장선과 각재로 된 멍에를 설치한다. 이후 합판 또는 바닥 거푸집널을 깐다. 이때 슬래브 거푸집널은 가능한 한 장선의 중앙부에 못으로 고정해야 하고, 장선과 멍에 밑에 90~120cm 간격으로 동바리를 세운다. 한편, 보 및 바닥판의 거푸집은 중

그림 5-33 바닥거푸집의 멍에 장선(1)

그림 5-34 슬래브거푸집의 멍에 장선(2)

그림 5-35 슬래브 거푸집

그림 5-36 슬래브 거푸집 설치 후 철근배근

중앙에서 1/300~1/500 정도 치켜 올려 타설할 콘크리트의 하중에 의한 처짐에 대비하는 것이 필요하다.

5.4.4 받침기둥의 설치

받침기둥(동바리)의 설치간격은 사용자재의 강도와 상부하중을 고려하여 정하며, 좌굴과 침하를 방지하는 대책을 강구해야 한다. 층고가 높을 때에는 이동·변형을 막기 위하여 그 중간 또는 상부에 가새 또는 수평연결재 등을 설치해야 한다.

그림 5-37 시스템 동바리

그림 5-38 슬래브 하부에 설치된 받침기둥

일반적인 강관받침기둥과 수평연결재의 설치방법은 다음과 같다.

① 강관받침기둥(파이프 서포트)을 지면에 설치할 경우에는 침하하지 않도록 두께 5cm 이상의 깔목을 설치하거나 버림콘크리트를 타설해야 한다.

② 설치되는 높이가 3.5미터 이상인 경우에는 2미터 이내마다 수평연결재를 2방향으로 설치해야 한다.

③ 강관받침기둥과 멍에, 장선의 연결부분은 못으로 고정시켜야 하고, 강관받침기둥과

수평연결재와의 접속부 및 교차부는 철선, 볼트, 클램프 등 전용철물을 사용하여 견고하게 보강해야 한다.

④ 수평하중의 분산기능, 동바리의 수직도 유지와 좌굴길이를 짧게 하여 동바리의 내력 감소를 방지하는 수평연결재는 동바리마다 직교방향으로 2개씩 설치하고 교차부마다 전용철물로 견고하게 연결해야 한다.

5.4.5 거푸집의 검사

거푸집은 콘크리트 부어넣기에 앞서 품질관리 항목에 따라 확인한 후 검사해야 하며, 거푸집의 재료, 조립, 해체에 있어서 품질관리 및 검사방법은 표 5-4에 나타낸 바와 같다.

표 5-4 거푸집의 재료, 조립, 해체의 품질관리, 검사

항 목	시험방법	시기, 횟수	판정기준
거푸집널, 받침기둥, 긴결철물의 재료	육안검사, 치수측정, 품질표시의 확인	현장반입 시, 조립 중 수시	5.2절의 규정에 적합
받침기둥의 배치	육안검사 및 자 등에 따른 측정	조립 중 수시 및 조립 후	거푸집 시공도에 일치 느슨함 등이 없음
긴결철물의 위치, 정도	육안검사 및 자 등에 따른 측정	조립 중 수시 및 조립 후	거푸집시공도에 일치
세우는 위치, 정밀도	자, 트랜싯 및 레벨 등에 따른 측정	조립 중 수시 및 조립 후	거푸집시공도에 일치
거푸집널과 최외측 철근과의 간격	자에 따른 측정	조립 중 수시 및 조립 후	소정의 피복두께 확보
거푸집널 및 받침기둥 해체를 위한 콘크리트의 압축강도	KASS 5T-602(구조체 콘크리트의 강도추정을 위한 압축강도 시험방법)	거푸집널, 받침기둥 해체 전 필요에 따라	강도시험의 결과가 소정의 값을 만족

5.5 거푸집의 해체

5.5.1 거푸집의 존치기간

거푸집은 양생중인 콘크리트의 급작스런 건조를 방지하며 보온, 방습의 역할을 하므로 거푸집은 콘크리트의 보양과 변형의 우려가 없고 충분한 강도가 날 때까지 존치해야 한다. 거푸집은 공사의 진행과 사용회전율(전용성)을 높이기 위하여 조속히 철거해야 하지만, 거푸집 존치기간(存置期間)이 콘크리트 강도에 큰 영향을 미치므로 규정된 기간을 지켜야 한다. 존치기간은 시멘트 종류, 기상조건, 하중, 보양 등의 상태에 따라 다르므로 그 경과기간 중 이들 조건을 정확하게 조사해야 한다. 일반적인 거푸집의 존치기간은 다음과 같다.

① 기초, 보 옆, 기둥 및 벽의 거푸집판재 존치기간은 콘크리트의 압축강도 50kgf/cm^2(약 5MPa) 이상에 도달한 것이 확인될 때까지로 한다. 다만, 거푸집판재 존치기간 중의 평균기온이 10℃ 이상인 경우는 콘크리트의 재령이 표 5-5에 나타난 날(day)수 이상 경과하면 압축강도시험을 하지 않고도 떼어낼 수 있다.

표 5-5 기초, 보 옆, 기둥 및 벽의 거푸집널 존치기간을 정하기 위한 콘크리트의 재령(일)

시멘트의 종류 / 평균기온	조강포틀랜드 시멘트	보통포틀랜드시멘트 고로슬래그시멘트 특급 포틀랜드 포졸란시멘트 A종 플라이애시시멘트 A종	고로슬래그시멘트 1급 포틀랜드 포졸란시멘트 A종 플라이애시시멘트 B종
20℃ 이상	2	4	5
20℃ 미만 10℃ 이상	3	6	8

② 바닥슬래브 밑, 지붕슬래브 밑 및 보 밑의 거푸집널은 원칙적으로 받침기둥을 해체한 후에 떼어낸다.

③ 받침기둥의 존치기간은 슬래브 밑, 보 밑 모두 설계기준강도의 100% 이상 콘크리트 압축강도가 얻어진 것이 확인될 때까지로 하며, 이보다 먼저 받침기둥을 해체할 경우는 대상으로 하는 부재가 해체 직후, 그 부재에 가해지는 하중을 안전하게 지지할 수 있는 강도를 적절한 계산방법에 따라 구하고, 그 압축강도가 실제의 콘크리트 압축강도보다 상회하는지 확인해야만 한다. 다만, 해체 가능한 압축강도는 이 계산결과에 관계없이 최저 120kgf/cm^2(약 12MPa) 이상이어야 한다.

④ 받침기둥 해체 후 해당 부재에 가해지는 하중이 구조계산서에 있는 부재의 설계하중을 상회하는 경우에는 전술한 존치기간에 관계없이 계산에 의하여 충분히 안전한 것을 확인한 후에 해체한다.

5.5.2 받침기둥 바꾸어 세우기

받침기둥 바꾸어 세우기는 원칙적으로 하지 않는다. 부득이 바꾸어 세우기를 할 필요가 발생한 경우에도 그 범위와 방법을 안전하게 수립한 후에 동시에 작업하지 말고 큰 보, 작은 보, 바닥판으로 순서로 바꾸어 세워야 한다.

그림 5-39 슬래브 거푸집의 해체

그림 5-40 거푸집 해체 후 받침기둥 세우기

5.5.3 거푸집의 해체

거푸집은 안전하게 해체해야 하며, 거푸집널 해체 후에는 적절한 방법으로 콘크리트를 양생해야 한다. 또한, 받침기둥을 해체한 후에는 유해한 균열 및 처짐의 유무를 조사하고 이상을 발견한 경우는 즉시 적절한 조치를 취해야 한다.

5.6 거푸집공사의 안전관리

콘크리트는 타설 후에 강도의 발현이 서서히 진행되므로 거푸집공사는 설계, 가공, 조립, 해체의 모든 과정에서 안전성을 확보해야 한다. 거푸집공사에서 안전사고는 설계결함보다는 담당기술자와 기능공의 사소한 실수와 점검부족으로 발생되므로, 거푸집을 설계하거나 조립할 때에는 지속적인 관찰과 검사를 실시하여 안전사고를 방지해야 한다.

거푸집을 조립할 때의 안전관리지침은 다음과 같다.

① 거푸집을 조립할 때에는 작업책임자를 선임해야 하고, 거푸집의 운반, 설치작업에 필요한 작업장 내의 통로와 비계가 충분한가를 확인해야 한다.

② 강관받침기둥은 3본 이상 이어서 사용하지 말고, 높이가 3.5미터 이상의 경우에는 높이 2미터 이내마다 수평연결재를 2개 방향으로 만들고 수평연결재의 변위가 일어나지 않도록 이음부분을 견고하게 연결하여 좌굴을 방지하도록 해야 한다.

③ 보 밑, 슬래브 등의 거푸집은 작업자가 용이하게 작업할 수 있는 위치에서부터 점차로 조립해 나가도록 해야 하며, 재료, 기구, 공구를 올리거나 내릴 때에는 달줄, 달포대를 사용해야 한다.

④ 거푸집 조립 작업장 주위에는 작업자 이외의 통행을 제한하고 슬래브 거푸집을 조립할 때에는 많은 인원이 한 곳에 집중되지 않도록 넓은 지역으로 고루 분산시켜야

한다.

거푸집을 해체할 때의 주요한 안전관리지침은 다음과 같다.

① 거푸집 및 동바리의 해체는 순서에 의해 실시해야 한며 안전 담당자를 배치해야 한다.

② 거푸집을 해체할 때에는 안전보호구를 착용해야 하며, 해체 작업장 주위에는 관계자를 제외하고는 출입을 금지시켜야 한다.

③ 거푸집을 해체할 때에는 구조체에 무리한 충격이나 큰 힘에 의한 지렛대 사용은 금지해야 하고, 거푸집의 낙하충격으로 인한 작업자의 돌발적 재해를 방지해야 한다.

④ 해체된 거푸집이나 각재 등에 박혀있는 못 또는 날카로운 돌출물은 즉시 제거해야 하며, 해체된 거푸집이나 각재는 재사용이 가능한 것과 보수해야 할 것을 선별, 분리하여 적치하고 정리정돈을 해야 한다.

Chapter 06 | 철근공사

6.1 개 요

건축공사에서 철근[42]의 사용목적은 인장력이 약한 콘크리트를 보완하여 구조내력상 또는 구조역학상 구조체를 보강할 필요에 의한 것이다. 철근콘크리트구조는 철근과 콘크리트가 일체로 결합한 하나의 복합구조체(複合構造體)로서 철근은 주로 인장강도, 콘크리트는 압축강도에 유효하게 작용시켜 양자의 장점을 발휘하기 위해서 철근은 철근콘크리트구조의 골격(骨格)의 역할을 하면서 콘크리트와 복합체로서 구조체를 견고하게 해야 한다.

철근은 단독으로 사용되는 일은 없으며, 콘크리트의 내부에 배치하여 철근과 콘크리트가 일체가 되도록 적절한 위치에 들어간다. 콘크리트는 인장력에 약하므로 기초, 기둥, 보, 벽, 바닥슬래브 등의 부재 및 하중의 영향을 고려하여 인장력 작용부위에 철근을 배근하는 것이 중요하다.

원형철근보다는 부착력이 좋은 이형철근(deformed steel bar)이 주로 쓰이고, 철선(鐵線), 피아노선(中硬鐵線, piano wire, music wire), 용접철망(鎔接鐵網, welding wire fabric) 등도 사용된다. 이형철근의 돌기(lug)나 리브(lib)의 쐐기작용(keying action)으로 철근이 콘크리트 속에서 뽑히지 않도록 상이한 두 가지 재료가 일체로 되는 효과인 부착(bond, adhesion)에서 유리하다. 이형철근의 공칭지름(公稱徑, nominal diameter)은 이형철근의 단위길이 무게와 같은 원형철근의 지름으로 한다.

철근가공은 주로 현장에서 가공하여 사용하고 있으나, 도심공사에서는 작업공간의 부족으로 인해 공장에서 가공한 철근을 사용하는 현장이 늘어나고 있는 추세이다.

42) KS D 3504(철근콘크리트용 봉강) 또는 KS D 3527(철근콘크리트용 재생봉강)의 규격에 합격한 것 사용

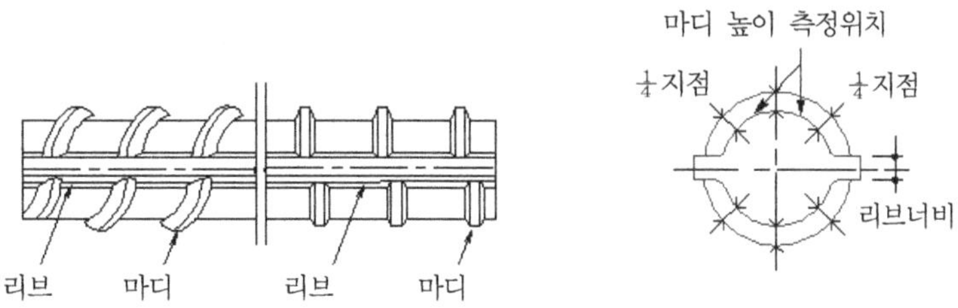

이형봉강의 리브 및 마디형상　　　　이형봉강의 단면도(중앙부)

그림 6-1 이형철근의 형상 및 단면

6.2 재 료

6.2.1 철근의 종류

1) 원형철근(round bar)

리브(rib)와 마디가 없는 표면이 매끄러운 철근으로서 현재는 거의 사용되지 않는다. 지름은 9, 12, 16, 19, 22, 25, 28, 32mm가 있으며, 표준길이는 4.5~9.0m로 제작되어 사용된다.

2) 이형철근(deformed bar)

원형철근의 표면이 매끄러워 콘크리트와의 접착력이 부족한 단점을 보완하기 위해 리브와 마디를 설치하여 부착력을 40% 이상 향상시킨 철근으로 현대의 거의 모든 현장에서 사용되고 있다. 부착력이 크므로 갈고리(hook)가 필요 없으며, 고강도화 할수록 철근 사용량을 절감할 수 있으며, 부수적인 효과로는 콘크리트의 충전성과 유동성이 증가하여 품질이 우수한 구조체를 만들 수 있다.

표준 직경은 10, 13, 16, 19, 22, 25, 29, 32mm가 있으며, 일반적으로 직경 앞에 D를 추가하여 표기(예, D10, D32 등)하며, 항복강도 3,500kgf/cm^2 이상의 철근을 고강도 철근이라 하는데 직경 D앞에 H를 추가하여 표기(예, HD10, HD32 등)한다.

3) 용접철망(welded wire fabric)

지름 2.6~8.0mm의 철선을 종횡으로 5~25cm의 눈(mesh)을 만들어 교점에 전기저항으로 용접한 것으로 정방형과 장방형이 있으나 대부분 정방형이 채용되고 있다. 국내의 건축공사에서는 사용실적이 많지 않으나 도로포장용이나 방수층의 보호누름층, 또는 SOG (Slab on Grade) 등에 많이 채용된다.

표 6-1 이형철근의 치수 및 무게

호칭명	단위무게(N/m)	공칭지름 d(mm)	공칭단면적 S(mm^2)	공칭둘레(mm)	비고
D10	5.6	9.53	71.33	30	#3
D13	9.95	12.70	126.7	40	#4
D16	15.6	15.90	198.6	50	#5
D19	22.5	19.10	286.5	60	#6
D22	30.4	22.20	387.1	70	#7
D25	39.8	25.24	506.7	80	#8
D29	60.4	28.60	642.4	90	#9
D32	62.3	31.80	794.2	100	#10
D35	75.1	34.90	956.6	110	#11

6.2.2 철근의 용도별 구분 및 역학적 성질

1) 구분

원형철근과 이형철근의 기계적 물성에 따른 종류의 구별을 용이하게 하기 위하여 양 단면을 청색, 녹색, 적색, 황색, 흑색, 분홍색 등으로 색칠하여 구분한다.

2) 역학적 성질

철근은 콘크리트 인장강도보다 약 10배의 인성을 보유하고 있는 재료이며 표 6-2와 같이 원형철근은 SR240~300, 이형철근은 SD300~500 이상으로 구분하여 각 부재에 작용하는 하중의 영향에 따라 알맞은 철근을 배근한다. 최근 SD500 이상 고강도 철근의 사용량이 증대되고 있으며, 대한주택공사에서 2008년 하반기부터 SD500을 전면 적용하기로 함에 따라 그 사용량은 급속히 확대될 것으로 기대하고 있다.

표 6-2 철근의 역학적 성질 및 구분

종류	기호	항복강도(N/cm^2)	인장강도(N/cm^2)	구분방법	용도
원형봉강	SR240	240	390~530	청색	일반용
	SR300	300	450~610	녹색	
이형봉강	SD300	300~400	450 이상	녹색	일반용
	SD350	350~450	500 이상	적색	
	SD400	400~520	570 이상	황색	
	SD500	500~640	630 이상	흑색	
	SD400W	400~520	570 이상	백색	용접용
	SD500W	500~640	630 이상	분홍색	

고강도 철근을 사용하면 배근량의 감소에 따른 배근간격이 늘어나 작업성이 좋아지며 구조체의 품질 및 공기가 단축되는 등의 장점이 있어 현재 SD600~800 강도의 철근이 개발 완료되었지만, 철근의 고강도화에 따른 콘크리트의 고인성 관련 품질의 만족 문제로 실용화는 아직 어려운 상태이다.

6.2.3 보 관

철근은 받침목을 사용하여 직접 지면에 닿지 않은 방법으로 적재하며, 천막이나 지붕을 설치하여 보관한다. 공정순서를 고려하여 재료의 반·출입이 용이하도록 한다. 또 보관 중에 작업일별로 사용수량을 기록하여 재고량을 명확히 해야 하며, 장기간 보존에 따른 유해한 휨이나 녹이 발생하지 않도록 주의한다.

6.3 철근공사의 계획

6.3.1 시공도의 작성

철근 시공도(施工圖)는 철근 공작도(工作圖)라 부르는 것으로 각 부위의 철근가공, 배근, 조립, 각종 보강근, 상이한 철근에 대하여 형상·길이·배근위치를 명기한 것으로 작업 지시서에 해당한다. 주요한 철근은 구조도에 기재되며, 갈고리와 정착부분의 길이, 피복두께, 보강근·보강철물의 상세는 구조도에 나타나 있더라도 시방서·배근규칙에 따른 별도의 명기가 필요하다.

1) 가공

철근가공은 절단 및 가공으로 나눌 수 있으며, 어느 것도 재질에 악영향을 주지 않는 것을 원칙으로 하며 상온 가공을 한다. 절곡(折曲)의 경우는 길이의 변화가 있으므로 사전에 검토가 필요하다. 가공은 현장의 공정순서에 따라 진행하고 종료된 것부터 순차적으로 검사를 수행하며 반출하기 쉬운 방법으로 보관한다.

2) 조립

콘크리트 표면의 레이턴스를 제거하고 거푸집 내의 청소가 완전히 된 후에 철근조립을 행한다. 정확한 위치에 견고하게 고정하는 것이 중요하다. 주의해야 할 사항으로는 이음위치, 철근의 정착길이, 철근 상호간의 간격, 피복두께 등이 있다.

각 부위의 접합부 주변은 상당히 과밀한 배근이 되는 경우가 많으므로 배근순서를 충분히 검토해야 한다. 특히 기둥의 띠철근(hoop) 및 보의 스터럽(stirrup)은 정확한 위치에 배치할 수 있도록 충분한 검토가 요구된다.

3) 배근규준

배근상세에 관한 규정으로서의 기준 및 표준에는 다음과 같은 것이 있으며, 각 공사에 맞는 항목이 명기되어야 한다.

① 건축법 및 동 시행령
② 건축공사 표준시방서(제5장 철근콘크리트공사)
③ 콘크리트 표준시방서(건설교통부)
④ 철근콘크리트 구조계산기준(대한건축학회)
⑤ 건축물의 구조기준 등에 관한 규칙(건설교통부령)
⑥ 발주처의 시방서

4) 철근의 취급 및 저장

철근은 지름 및 길이별로 구분하여 정돈하여 놓고 불합격품은 다른 것과 혼돈되지 않도록 가려 놓는다. 철근은 직접 지면에 닿지 않고 흙물이 튀지 않게 저장하며, 장기간 저장할 때는 우수에 노출되거나 직접 닿지 않도록 시트 등으로 덮어 놓는다.

5) 재료의 시험

반입된 철근은 규정에 따라 시험편을 채취하여 인장강도시험과 휨시험을 해야 한다. 시험을 실시할 때는 공인된 검사기관에 시험을 정해진 절차대로 시험을 행하여 품질의 적정성 여부를 판단해야 한다.

6.3.2 철근공사의 계획

1) 배근의 기본

철근은 부재에 발생하는 인장응력 및 전단응력에 저항하는 역할을 하고 있으며, 이런 응력이 대단히 큰 위치는 구조계산으로부터 구하여 철근위치가 결정된다. 철근콘크리트는 경계면의 부착력에 의하여 응력을 전달하기 위하여 철근 주변은 콘크리트로 밀실하게 채워질 필요가 있다. 이를 위하여 배근위치, 철근 상호간의 간격, 피복두께의 확보가 중요하다. 또한 철근의 단부는 압축응력을 받는 부분에 대해서도 충분히 계산에 넣을 필요가 있으며 각 부위의 조건에 대응하는 정착길이가 정해진다.

2) 철근 각 부위의 마무리

철근의 각 부위, 특히 기둥·보·벽·바닥 등의 접합부는 각 방향으로부터 철근이 집중하므로 정착길이를 확보하기 위한 마무리가 복잡하게 된다. 따라서 이런 부분에는 조립순서를 검토하여 마무리를 결정해야 한다. 각 부위의 마무리와 배근 기준을 준수하고 각 부위에 적합한 거푸집공사, 설비배관 등의 작업을 종합적으로 신중하게 검토할 필요가 있다.

3) 철근 수량조서의 작성

구조도에 의한 철근의 필요량을 조사하여 수량조서를 작성한다. 모든 작업은 이 조서에 의하여 이루어지므로 정확한 조서와 수량 파악이 필요하다. 수량조서의 순서는 구조도로부터 철근의 종류, 이음·정착·갈고리의 지정, 개구부·관통부위의 보강법을 확인하고 이것을 공사별··공구별·층별·부위별로 분류하여 작업공정에 의한 필요수량을 산출한다. 보강근 등에 대해서 구조도면에 명기되어 있지 않은 경우에는 시방서 및 배근규칙에 따른다.

6.3.3 철근 및 용접망의 청소

철근 및 용접망은 조립 전에 청소하고 들뜬 녹, 기름류, 먼지, 흙 등 콘크리트와의 부착력을 감소시킬 우려가 있는 것은 제거한다. 철근 및 용접망을 조립한 후 콘크리트를 부어넣기까지 장기간 경과되었을 때는 콘크리트를 부어넣기 전에 위의 사항을 재검사하고, 필요에 따라 철근 및 용접망을 청소한다.

6.4 공정 및 가공·조립

6.4.1 공 정

철근공사의 공정은 다음과 같다.

1) 공작도(工作圖)의 작성

철근구조도에 의거하여 현장에서 철근절단, 구부리기 등의 공작을 하기 위한 것으로 철근의 모양, 각부의 치수, 구부림의 위치 · 지름 · 길이 등을 명확히 기입하여 시공에 편리하도록 한 것이다.

2) 재료의 반입 및 저장

철근 및 용접철망 자재의 반입은 미리 소요계획을 작성하여 부위별 또는 가공조립순서에 따라 순차적으로 현장에 반입해야 한다. 철근의 저장장소는 종류, 직경, 길이별로 분류하여 재고관리가 용이하도록 하며, 불합격품은 구별하여 처리해야 한다. 또한 지상에 직접 놓지 않고 각목 등을 깔고 그 위에 놓고 방청을 위해서 풍우에 노출되지 않게 하여 진흙, 기름, 먼지 등이 묻지 않도록 저장한다.

3) 재료검사 및 시험

재료검사는 심한 녹, 심한 휨 등의 외관을 조사하고 치수, 중량에 관해서 발취검사(拔取檢査)를 한다. 재료시험은 발취시험에 의해서 인장강도, 항복점, 내력, 신축 등의 인장시험과 휨시험을 한다.

4) 가공 및 조립 배근

현장에서 절단 · 구부림 · 용접 등을 행한 다음 철근콘크리트조의 철근조임 및 배근순서는 대체로 거푸집 조립순서에 따라 행해지며, 그 순서는 대략 다음과 같다.

기초 → 기둥철근 → 띠철근(hoop) → 기둥과 벽의 한쪽 거푸집 → 벽 철근 → 기둥과 벽의 다른 쪽 거푸집 → 보·바닥의 거푸집 → 보철근 → 스터럽(stirrup) → 바닥철근

등의 순서이나 철골철근콘크리트조에서는 기둥과 보의 배근을 제일 먼저하고 거푸집의 공정에 따라서 벽과 바닥의 배근을 한다.

5) 배근검사

배근이 끝나면 배근도에 의하여 검사를 한다.

6.4.2 철근 및 용접망의 가공

건축에서 사용하는 철근은 이형철근이 대부분이다. 철근을 현장에서 가공하는 경우는철근이 반입되면 가공장 근처의 재료적치장에서 직접 지면에 접하지 않도록 침목을 배치하고, 철근의 종류, 제품명, 길이별로 각각 나누어 보관한다. 철근에는 불순물의 부착을 막기 위해 시트 등을 덮어 보관하며, 각 부재마다 철근의 길이가 다르면 길이에 맞게 절단한다. 절단은 커터를 사용하며, 원형철근의 말단부에는 반드시 갈고리(hook)를 만든다. 갈고리 제작 및 늑근, 구부리기(折曲)는 냉간가공으로 한다. 철근 및 용접망 가공의 자세한 사항은 다음과 같다.

① 유해할 정도까지 손상이 있는 철근 및 용접망은 사용하지 않는다. 다만, 경미한 것은 담당원의 승인을 받아 재료를 손상하지 않는 방법으로 교정하여 사용할 수 있다.

② 코일상태의 철근은 직선기에 넣어서 사용하고, 이때 철근에 손상을 주어서는 안 된다.

③ 철근 및 용접망은 배근시공도에 지시된 치수와 형상에 맞추어 절단 가공한다. 절단가공은 절단기, 전동톱 및 시어커터 등의 기계적 방법에 의해야 한다.

④ 철근 및 용접망의 구부림 가공은 배근시공도에 따르며 절곡기를 사용한다.

⑤ 철근 및 용접망의 가공은 담당원의 특별한 지시가 없는 한 가열가공은 금하고 상온에서 냉간 가공한다.

⑥ 철근은 배근시공도에 따라 아래 (1) 및 (2)를 표준으로 하여 구부림 가공한다.

(1) 구부림 가공치수의 허용차는 공사시방서에 따른다. 공사시방서에 정한 바가 없을 때에는 표 6-3에 따른다.

(2) 철근의 구부림의 형상 및 치수는 표 6-4 및 표 6-5에 따른다.

⑦ 아래의 (1)~(4)에 표시한 철근의 단부에는 갈고리를 만든다.

(1) 원형철근

(2) 스터럽 및 띠철근

(3) 기둥 및 보(지중보는 제외)의 돌출부분의 철근

(4) 굴뚝의 철근

⑧ 용접망의 구부림 가공치수의 허용차 및 형상, 치수는 공사시방서에 따른다.

표 6-3 구부림 가공치수의 허용차

항 목			부 호	허용차(mm)
가공치수1)	스터럽, 띠철근, 나선철근		a, b	±5
	주 근	D25 이하	a, b	±15
		D29 이상 D41 이하	a, b	±20
가공 후의 전 길이			l	±20

(주) 1) 가공치수 및 가공 후의 전 길이를 재는 법의 예를 그림에 제시한다.

철근가공 선반

철근 밴딩기

그림 6-2 철근 현장가공

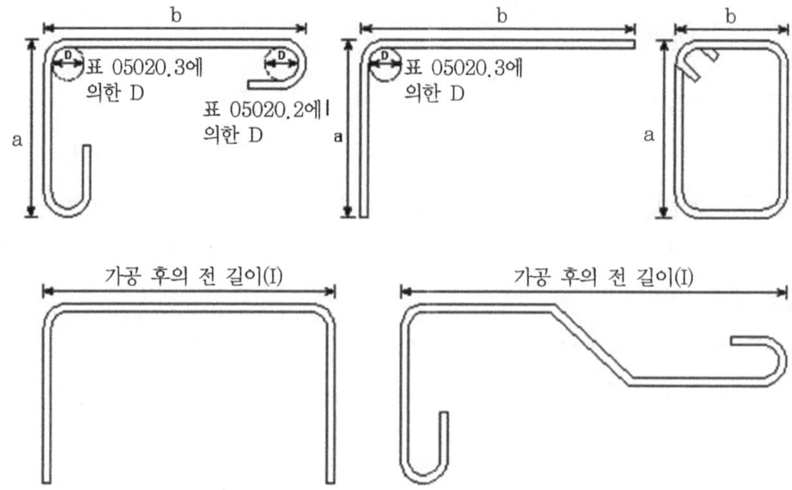

그림 6-3 구부림 가공치수의 허용차

표 6-4 철근 단부의 구부림 형상 및 치수

구부림 각도	그 림	종 류	지 름	구부림 안치수(D)
180° 135°	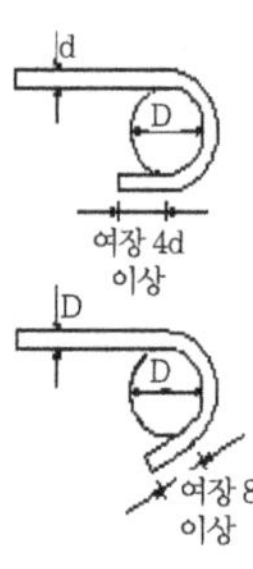	SR240	16mm 이하	3d 이상[1)]
		SR300 SD300 SD350	16mm 이하 D16 이하	3d 이상
			19mm 이하 D19~D38	4d 이상
			D41	5d 이상
		SD400, SD400W		5d 이상
		SD500, SD500W		5d 이상
90°	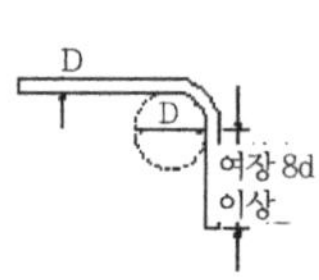			

(주) 1) d는 원형철근에서는 지름, 이형철근에서는 호칭을 이용한 수치로 한다.
2) 캔틸레버의 상단근의 선단, 벽의 자유단에 사용하는 선단은 여장 4d 이상이면 된다.

표 6-5 철근 중간부의 구부림 형상 및 치수

구부림 각도	그 림	철근 사용 개소의 호칭	철근의 종류	철근지름	구부림 안치수(D)
90°	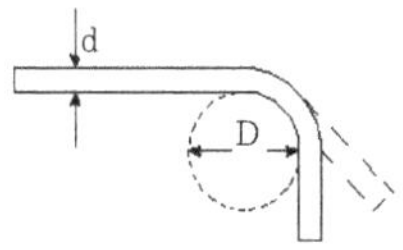	띠철근 스터럽 나선철근 슬래브근 벽근	SR240	16mm 이하	3d 이상[1]
			SR300	D16 이하	
			SD300	19mm 이하	4d 이상
			SD350	D19 이하	
			SD400, SD400W		
	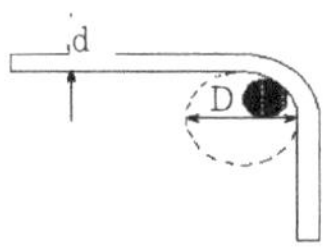	기둥, 보, 벽, 슬래브, 기초보 등의 주근	SD300	D16 이하	4d 이상
			SD350	D19~D25	6d 이상
			SD400, SD400W	D29~D41	8d 이상
			SD400		

(주) 1) d는 원형철근에서는 지름, 이형철근에서는 호칭을 이용한 수치로 한다.

6.4.3 배근검사

철근의 가공 및 배근조립에서 철근의 설계도는 배근조립 순서의 명시, 제자리에 들어가는 올바른 배근, 역학적인 합리성, 시공의 용이성이 전제가 되고 있다. 이 설계도에 의해 시공도 및 가공도를 만들고 구부려 가공하는 일반공법, 프리패브화공법에 의해 배근되고 조립되어 설계에서 기대하는 내력강성이 얻어질 수 있는지를 이해하여 설계요구를 만족시켜 주는 최고의 시공을 행하는 것이 중요하다. 따라서 설계 및 시공분야를 명확히 하여 각각 책임 있게 행하는 것이 필요하다.

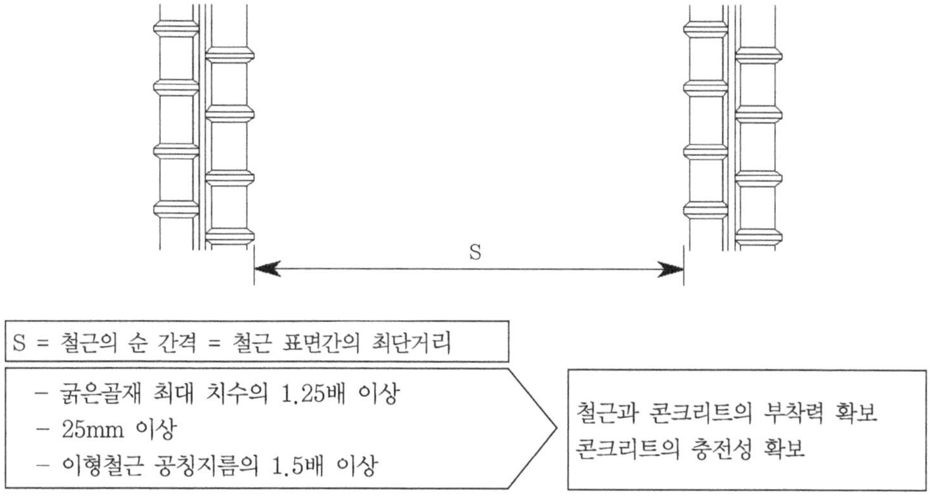

그림 6-4 철근의 순 간격 기준

06 철근공사

6.5 철근의 조립순서

6.5.1 철근 및 용접망의 조립

① 철근 및 용접망은 배근시공도에 따라 정확하게 배근하고 콘크리트 부어넣기를 완료할 때까지 이동하지 않도록 견고하게 조립한다.

② 철근은 서로 견고하게 긴결한다.

③ 철근 고임재(bar-support), 버팀재(bar-spacer), 및 간격재(separator) 등의 재질 및 배치 등은 공사시방서에 따른다. 공사시방서에 정한 바가 없을 때는 표 6-12를 표준으로 한다. 또한, 철근의 피복두께를 정확하게 확보하기 위해서는 적절한 간격으로 고임재 및 간격재를 배치해야 한다.

④ 철근과 철근의 순간격을 굵은골재 최대치수의 1.25배 이상으로 25mm 이상 또는 원형 철근에서는 지름, 이형철근에서는 공칭지름의 1.5배 이상으로 한다. 여기서 철근간의 순간격이라 함은 철근 표면간의 최단거리이며, 이형철근의 경우는 철근간의 마디, 리브 등이 가장 근접하는 경우의 치수이다. 겹친이음의 경우에도 이음철근과 인접철근과의 간격은 위의 값 이상으로 한다.

⑤ 보의 관통구멍과 벽 및 슬래브의 개구부 보강철근은 공사시방서 및 배근 시공도에 따른다.

6.5.2 기초철근 조립

밑창콘크리트 위에 수평규준틀에 의거하여 심먹 및 기초판 갓둘레의 거푸집 위치 먹줄치기를 한다. 심먹에서부터 백묵이나 활석 등으로 철근간격 표시를 한 다음 기초판 바닥철근을 배열하고 직교하는 철근은 모두 철사로 결속하며 1.5m각 정도의 간단한 기초판은 지상에서 조립한 것을 운반·설치할 때도 있다. 바닥철근 밑에는 모르타르 블록을 제작하여 철근 밑에 괴어 콘크리트로 피복되도록 한다.

지반면에는 기둥철근의 지지재를 말뚝을 박아 고정하고 기둥주근을 세운다. 밑은 기초판 철근 위에 방사형으로 벌려 결속하고 띠철근을 둘러 감는다. 이때 기초에 접속되는 기초보, 바닥판, 벽 등의 모든 철근을 빠짐없이 배근한다. 기초보 또는 지하실 바닥판의 거푸집 짜기, 철근배근, 콘크리트 부어넣기 등은 기초부와 동시 또는 분리 시공한다.

6.5.3 기둥 및 벽 철근 조립

1) 기둥철근

기둥철근은 위층의 층높이의 1/3 지점 정도로 뽑아 올리고, 한 기둥철근의 이음은 주근

개수의 반 정도는 위치를 바꾸어 엇갈리게 한다. 철근의 위는 버팀대 등을 써서 건들거리지 않게 고정하고, 간격을 정확히 하여 띠철근(hoop)을 감아 일단 조립을 완료한다. 기둥 주근의 이음은 층높이의 2/3 하부에 두고, 인접철근이음과의 거리는 3d 또는 25mm 이상 서로 떨어져 있게 한다. 띠철근(hoop)은 주근을 세우고 거푸집을 짜기 전에 배근 결속한다. 띠철근의 간격은 30cm 이하, 작은 주근지름의 15배 이내로 한다.

2) 벽 철근

벽은 먼저 한쪽 거푸집을 짜고 철근조립을 완료한 후 다른 편의 거푸집을 짜 댄다. 벽의 세로철근의 하부는 기초판·기초보·바닥판, 상부근은 보에 깊이 정착하고 일정간격·수직으로 세우고, 이음은 휨·인장 등을 적게 받는 곳에 두며 그 자리는 엇갈리게 한다. 가로근은 기둥을 통과 또는 깊이 정착시킨다. 기둥 또는 벽의 철근을 2층 콘크리트를 부어 넣을 자리 위까지 내밀어 둘 때에는 그 이동변형을 막도록 철근 상부를 고정할 필요가 있다.

6.5.4 보철근 조립

보의 주근을 이어야 할 때에는 압축부에 두고 중앙 하부근과 단부 상부근의 위치를 피하며, 굽힘철근은 그 자리에서 이어야 한다. 끝의 기둥에 접합되는 보의 철근은 기둥 속에 구부려 내려 깊이 정착한다. 중간기둥에서는 보철근의 상부 주근은 건너지르고 하부 주근은 기둥에 깊이 정착시킨다. 스터럽(stirrup)의 간격은 보춤의 3/4 이하, 또는 45cm 이하로 한다. 스터럽의 상부근을 따로 댈 때의 배치는 내진 구조체에서는 스터럽마다 하는 것이 원칙이지만, 상부근의 바닥철근과 간섭되는 관계로 경미한 구조물의 중앙부에서는 배치하지 않을 수 있다. 보의 철근은 바닥거푸집 위의 위치에서 짠다.

6.5.5 바닥철근 조립

바닥판의 사변(四邊)이 고정일 때 바닥철근은 반곡점(짧은 변 칸사이의 1/4 위치)에서 사방굽힘으로 하고, 자유단에서는 상부 단순지지단에서는 하부에 인장근을 배근한다. 이때 단부바닥판의 상부근은 보의 철근(상부근) 위, 하부근은 보의 상부근 밑으로 건너지르고, 단부 바닥판에서는 그 상부근을 보 안에 구부려 내려 정착한다.

한 바닥판의 짧은 변 방향의 철근을 주근이라 하고, 긴 변 방향의 것을 온도조절 철근(temperature bar), 부근(sub bar) 또는 배력근이라 한다. 주근은 바깥 부근은 안에 두는 것을 원칙으로 한다. 바닥판의 한 변의 길이가 단변 길이의 2배를 넘으면 부근은 주근에 비하여 거의 효력이 없다. 바닥철근의 최대간격은 주근 20cm 이하, 부근은 30cm 이하 또는 바닥판 두께의 3배 이내로 한다. 바닥판을 보에 매다는 형식의 철근배근은 보의 하부근 위로 건너지르고 또는 보에 깊이 정착하거나 보강근을 별도 배치한다. 이때 보와 바닥판은 일체로 강절(剛節)되어 있으므로 보는 중앙에서는 구형(矩型)보, 단부에서는 T형 보로 계산한다.

6.5.6 계단철근 조립

계단바닥판은 상하층의 지지보 또는 계단 옆 보에 지지시키는 두 형식이 있다. 전자의 계단 주근은 계단방향이고, 배근방법은 지지보의 거리를 span으로 하는 보통 수평바닥이 경사진 것으로 간주하고 배근한다. 따라서 주근은 양단부에서 구부려 올리고 중앙부는 하부에 둔다. 후자는 계단 옆 보를 계산하여 좌우·중앙 또는 한편에만 배치할 때가 있으나 모두 그 보에 직각방향이 주근방향이고, 중앙 또는 옆에서는 캔틸레버 식으로 상부에 배근하고 계단보에 깊이 정착시킨다. 계단형으로 배근한 철근은 보조근으로서 중요 중량물을 취급하는 계단의 단 끝을 강력히 유지하고자 할 때에 유리하다.

6.6 철근의 이음과 정착

6.6.1 철근의 이음

철근은 안전하게 작용시키기 위해서는 콘크리트 내에 적당한 길이를 넣어두는 것이 필요하다. 철근은 길이가 부족한 경우, 아무 위치에서나 잇지 말고 반드시 응력이 작은 장소에서 잇는다. 그러기 위해서는 철근공사의 시공계획 시에 기둥, 보, 바닥슬래브 등, 긴 부재에 대해서는 이음위치를 고려하며 철근의 정착길이를 정해서 재료를 발주한다.

1) 철근간격

최소간격 이상 확보한 철근만 겹친이음으로 하며, 시공성을 고려할 때 최소 철근간격보다 더 큰 값을 사용하는 것이 바람직하다. 건축공사표준시방서에서는 D29 이상의 원형 및 이형철근에는 겹친이음을 금지하고 있다.

2) 인장철근의 용접이음 또는 기계적 이음

철근이 큰 인장응력을 받는 구역에 용접이음 및 기계적 연결로 이음을 두는 경우, 이음위치에서 설계기준 항복강도(f_y)의 125% 이상을 발휘하도록 해야 하며, 배근된 철근량이 해석에 의해 요구되는 철근량의 2배 이하일 경우에는 엇갈리게 이음하는 것이 바람직하지만, 용접이음이나 기계적 연결에 의한 이음일 경우에는 반드시 엇갈리게 이음할 필요는 없다. 용접이음 및 기계적 이음은 6.7절에서 자세히 명시한다.

6.6.2 철근의 정착

철근콘크리트구조는 철근과 콘크리트가 일체가 되어 하중을 받아 지탱하는 구조로서 보와 기둥의 접합부는 일체가 되어 회전하지 않으므로 일체구조라 한다. 보에 휨모멘트가 작용하면 기둥으로도 휨모멘트가 전달되므로 접합부의 구조는 강해야 한다. 휨모멘트를 전달하는 데에는 철근의 작용이 중요하며, 부재에 휨모멘트가 작용할 때 철근이 저항할 수 없어 콘크리트로부터 뽑혀 나오는 접합부로 해서는 안 된다. 따라서 보에서는 접합하는 기둥에 소정의 길이로 주근을 기둥의 중심선 이상까지 연장하여 기둥 내부에 묻히게 하는 데 이것을 정착(定着)이라 하다.

1) 정착길이

콘크리트에 묻혀 있는 철근이 힘을 받을 때 뽑히거나 미끄러짐 변형이 없이 항복강도까지 발휘될 수 있게 하는 최소한의 묻힘깊이를 뜻하며, 철근의 강도가 클수록 길어지며 콘크리트의 강도가 클수록 짧아진다.

2) 정착방법

인장철근 정착길이가 확보되지 않을 경우 갈고리를 두어 정착시키며 표준갈고리를 갖는 인장철근 길이 이상 연장 후 표준갈고리로 시공한다. 하지만 갈고리는 압축철근의 정착에 있어서는 유효하지 않다.

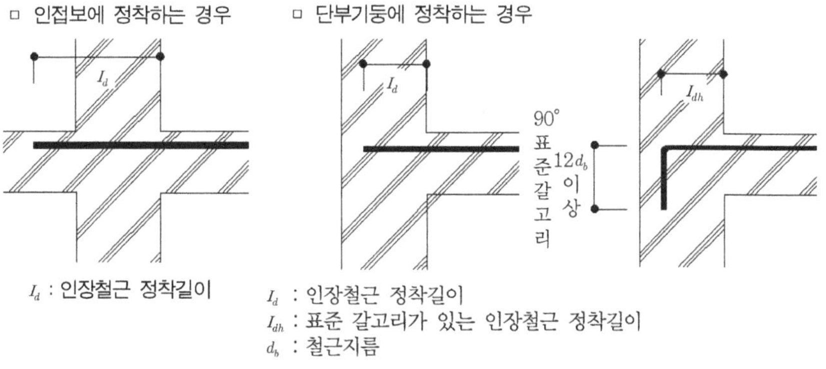

그림 6-5 보 및 기둥에 정착할 경우

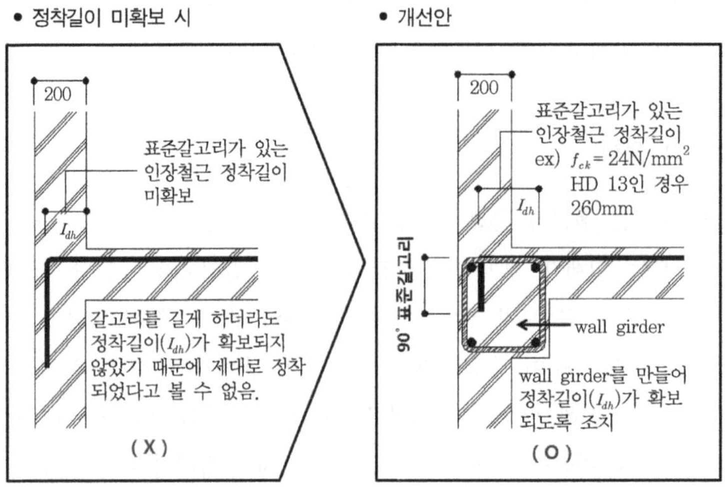

그림 6-6 정착길이의 확보방안

3) 철근의 정착위치

① 기둥의 주근은 기초에 정착

② 큰보의 주근은 기둥에 정착

③ 벽 철근은 기둥, 보, 바닥에 정착

④ 바닥철근은 보, 벽체에 정착

⑤ 지중보의 주근은 기초 또는 기둥에 정착

표 6-6 철근 이음 및 정착길이

위 치	보통콘크리트	경량콘크리트
압축력 또는 적은 인장력	25d	30d
기타의 부분	40d	50d

6.6.3 철근이음 및 정착 시 주의사항

① 응력이 큰 곳은 피하고 엇갈려 잇게 한다.

② 한 곳에서 철근수의 반 이상을 이어서는 안 된다.

③ D29(ϕ28) 이상은 겹친 이음을 하지 않는다.

④ 지름이 다른 철근의 겹친 이음은 가는 쪽 철근을 기준으로 한다.

⑤ 갈고리(hook)의 길이는 이음길이에 포함시키지 않는다.

⑥ 철근의 구부림은 연간가공을 피하고 냉간(상온)가공을 한다.

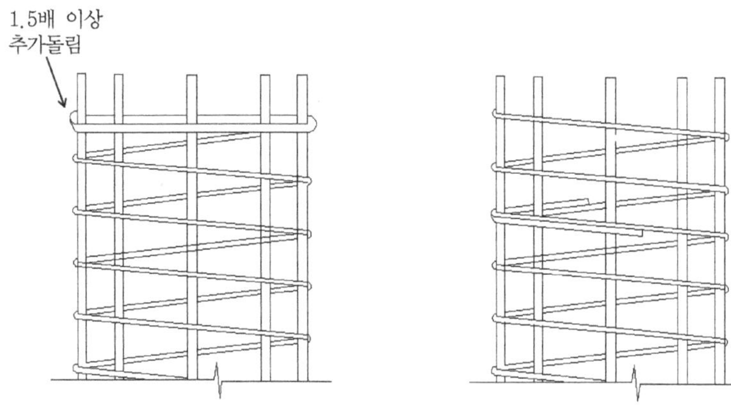

그림 6-7 나선철근의 말단부처리 및 겹친이음

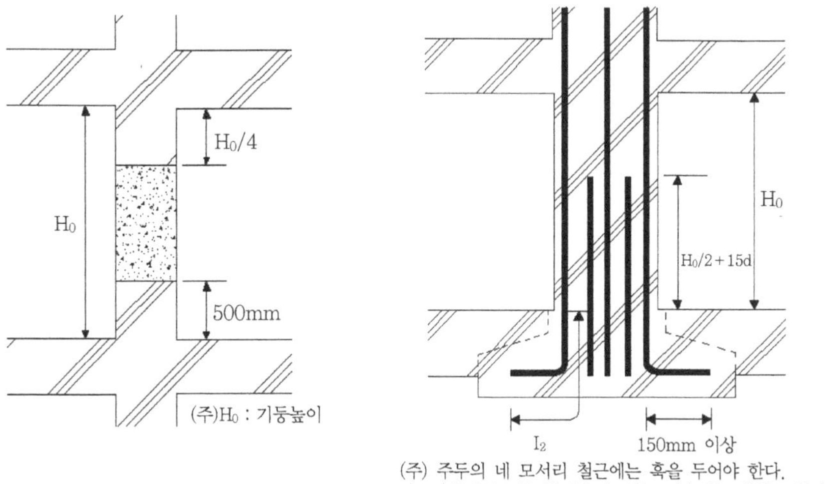

(a) 기둥이음 범위 (b) 정 착

그림 6-8 기둥이음 및 정착범위

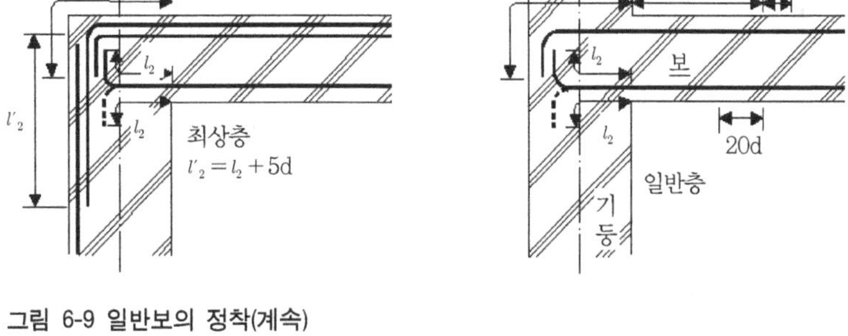

그림 6-9 일반보의 정착(계속)

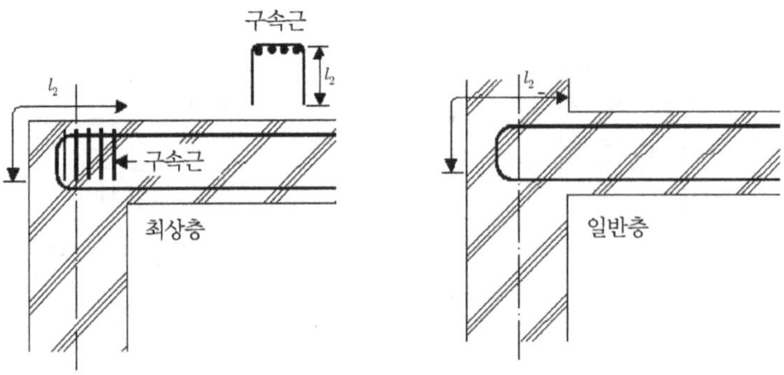

그림 6-9 일반보의 정착

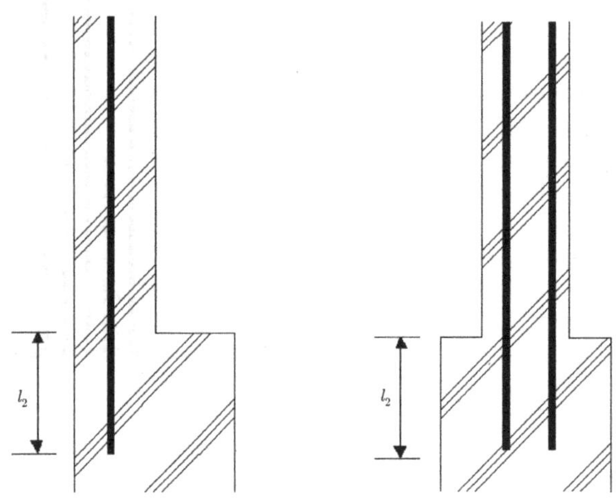

(주) l_2 : 정착길이

그림 6-10 벽 철근의 이음위치 및 정착

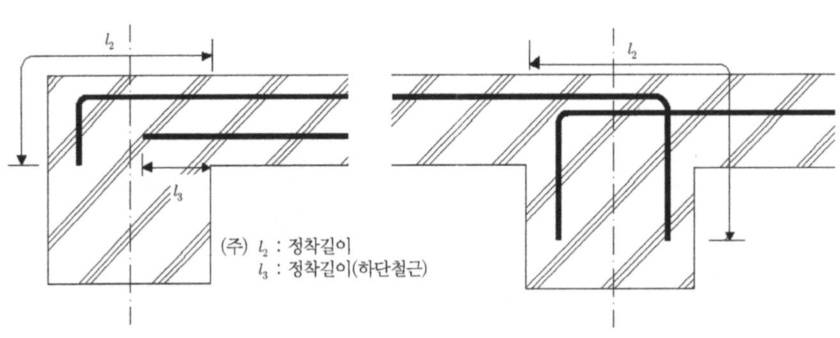

(주) l_2 : 정착길이
l_3 : 정착길이(하단철근)

그림 6-11 슬래브 철근의 이음위치 및 정착

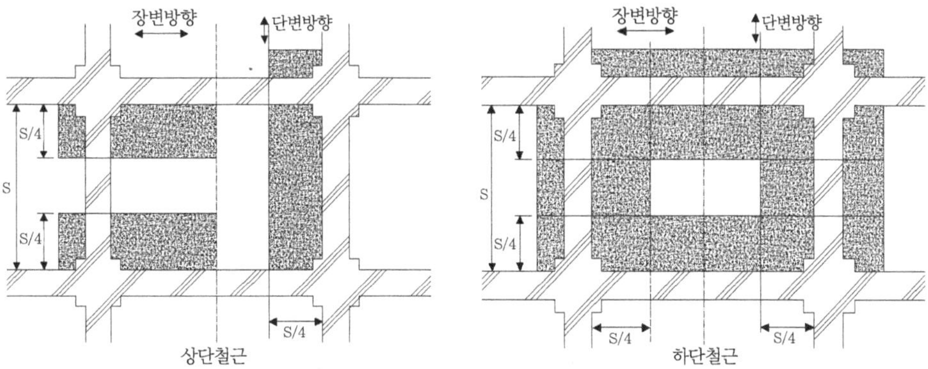

그림 6-12 슬래브 철근의 이음위치 및 정착

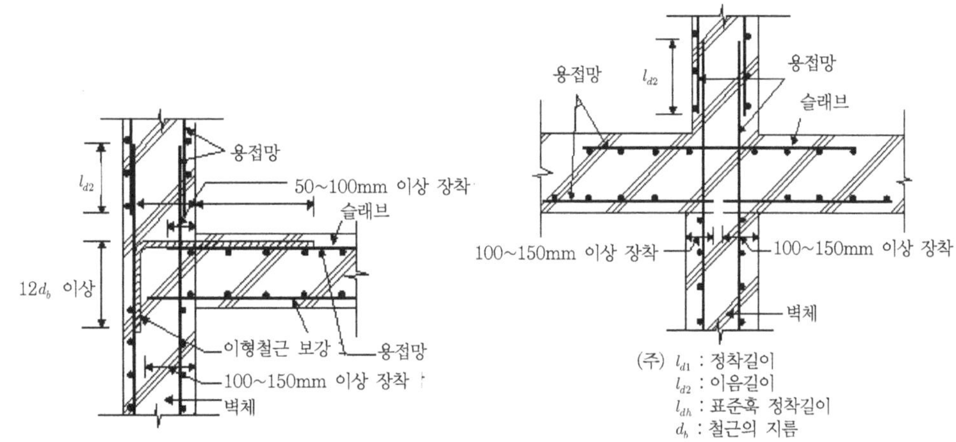

그림 6-13 슬래브와 벽체의 용접망의 정착방법(복배근 벽체)

6.7 철근의 용접이음

6.7.1 가스압접이음

① 가스압접이음은 아래 '②~⑨' 항 외의 사항은 공사시방서에 따른다.

② 압접공은 작업대상과 압접장치에 관하여 충분히 숙지·숙련된 기량을 갖는 자로 하며 담당원의 승인을 받는다.

③ 철근의 가공은 압접 후 소정의 형태, 치수가 되도록 재축에 직각으로 정확하게 절단하여 가공한다.

④ 철근의 압접위치는 설계도, 시공도에 위치를 표기하여 담당원 승인을 득하고, 압접단면의 처리는 압접작업의 당일에 유해한 부착물을 완전히 연삭·제거하고 철근직각

절단기를 사용하여 압접단면을 직각이 되게 한다.

⑤ 압접장치는 아래에 따른다.

수동가스압접장치의 가열기는 압접 표면을 원주방향으로 고르게 가열할 수 있도록 화구는 철근지름에 적합한 8구 이상의 것을 사용해야 한다. 압접기는 철근축방향의 압축력과 철근중심의 조정이 가능한 기구를 사용하도록 하여 작업 중 편심과 휨이 생기지 않도록 충분한 지지능력을 갖고 있어야 한다. 가압기는 압력을 확인할 수 있는 기능을 갖고 있는 전동식 유압기 사용을 원칙으로 하며 가압능력은 철근단면에 대하여 30MPa 이상 가할 수 있는 것으로 한다. 자동가스압접장치의 가열장치는 제어장치로부터의 지시에 의해 가열기의 요동 및 위치의 제어를 자동적으로 할 수 있는 기능을 갖고 있어야 하고, 가압장치는 제어장치로부터 지령에 의해 자동적으로 작동하는 것으로 설정한 가압력을 유지할 수 있어야 하며, 제어장치는 철근의 단면 크기에 따라서 적정 압접조건을 설정할 수 있는 것이어야 하고, 가열장치, 가압장치의 동작 및 가스공급을 미리 설정한 압접조건에 의해 제어하고 압접작업을 자동적으로 진행시키는 능력을 갖고 있어야 한다.

⑥ 가스압접의 가압 및 가열은 아래 (1)~(6)의 순서 및 방법으로 한다.

(1) 압접하는 2개의 철근의 압접면 사이 간격은 1mm 이하로 한다.

(2) 압접면의 틈새가 완전히 닫힐 때까지 환원불꽃으로 가열한다.

(3) 압접면의 틈새가 완전히 닫힌 후 철근의 축방향에 압력을 가하면서 중성불꽃으로 철근의 표면과 중심부의 온도차가 없어질 때까지 정확하게 가열하여 가압한다.

(4) 압접부는 아래 가~라의 형태가 될 수 있도록 정확하게 가열하여 가압한다.

가. 압접 돌출부의 깊이는 철근지름의 1.4배 이상

나. 압접 돌출부의 깊이는 철근지름의 1.2배 이상으로 하고 완만하게 밑으로 처지지 않도록 한다.

다. 철근 중심축의 편심량은 철근지름의 1/5 이하

라. 압접 돌출부의 단부에서의 압접면의 엇갈림은 철근지름의 1/4 이하

(5) 압접기의 해체는 철근 가열부분의 불꽃색이 없어진 뒤에 한다.

(6) 가열 중에 불꽃이 꺼지는 경우, 압접부를 잘라내고 재압접한다. 단, 압접면의 틈새가 완전히 닫힌 후 가열 불꽃에 이상이 생겼을 경우는 불꽃을 재조정하여 작업을 계속해 나가도 된다.

⑦ 강풍 또는 강우 시에는 원칙적으로 작업을 하지 않는다. 단, 방풍 또는 덮개 등의 설치를 했을 경우에는 담당원의 승인을 얻어 작업을 행할 수 있다.

⑧ 압접완료 시 검사방법은 아래 (1)~(3)에 따르고 표 6-9에 의해 검사를 하며 검사 성적서를 담당원에 제출하고 승인을 얻는다.

(1) 표 6-9에 의한 검사는 수동가스압접과 자동가스압접에 동일하게 적용되며 검사

의 시험편은 발췌검사를 원칙으로 한다.

(2) 검사결과의 신속성, 공사공정에 미치는 영향, 전수검사 가능성 면에서 외관검사 및 초음파탐상검사를 원칙으로 한다.

(3) 굽힘시험 및 인장검사방법은 외관검사와 초음파탐상검사방법보다도 보조적으로 설계도서에 지정한 경우에만 적용한다.

⑨ 불량 압접의 보정은 아래 (1), (2)에 따른다.

(1) 외관검사의 결과 불합격된 압접부의 조치는 아래에 따른다.

가. 철근중심축의 편심량이 규정값을 초과했을 때는 압접부를 떼어내고 재압접한다.

나. 압접돌출부의 지름 또는 길이가 규정값에 미치지 못하였을 경우는 재가열하고 압력을 가하여 소정의 압접돌출부로 만든다.

다. 형태가 심하게 불량하거나 또는 압접부에 유해하다고 인정되는 결함이 생긴 경우는 압접부를 잘라내고 재압접한다.

라. 심하게 구부러졌을 때는 재가열하여 수정한다.

마. 압접면의 엇갈림이 규정값을 초과했을 때는 압접부를 잘라내고 재압접한다.

(2) 표 6-9에 의한 검사의 결과 불합격 로트(lot)가 발생했을 때는 아래에 따른다.

가. 즉시 작업을 중지하고 결함발생의 원인을 조사하여 필요한 개선조치를 정하여 담당원의 승인을 얻어 작업을 재개한다.

나. 불합격된 로트의 나머지 전 수량에 대하여는 초음파 탐상검사를 하고 불량압접부에 대하여는 압접개소를 절제하여 재압접을 하거나 보충근에 의해 보강을 한다. 단, 초음파탐상검사의 검사방법, 검사기술자 등에 대하여는 담당원의 승인을 받는다.

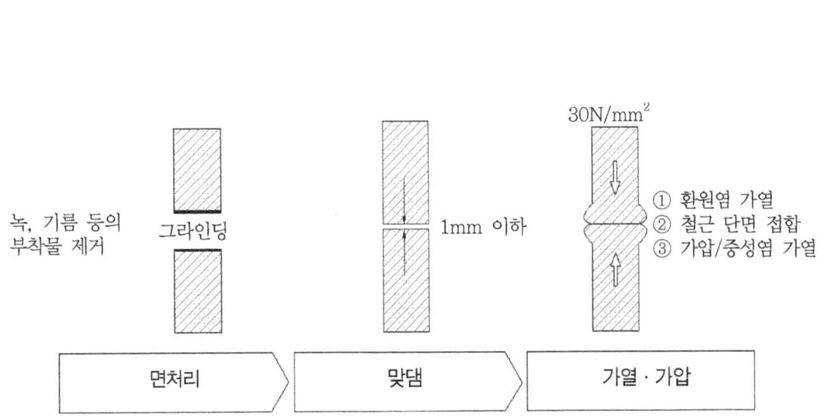

그림 6-14 가스압접방법

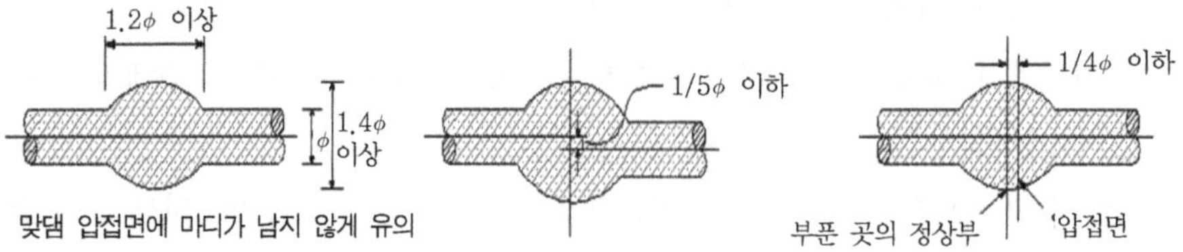

그림 6-15 압접부의 형상 기준

표 6-7 가스압접이음의 특징

소요시간	· 1개소당 3분~4분
품질기준	· 용접 돌출부 지름 1.5d 이상 · 용접 돌출부 길이 1.2d 이상 · 철근중심축 편심량 1.5d 이하
압접이음할 수 없는 경우	· 철근의 지름 차이가 6mm 이상일 때 · 철근의 재질이 서로 다른 경우 · 항복점 또는 강도가 서로 다른 경우 · 낮은 온도에서의 작업일 때(0℃ 이하) · 지름의 1/5 이상의 편심오차 발생

표 6-8 가스압접이음의 장·단점

장 점	단 점
· 가공이 단순하고 가공면적이 작다. · 철근의 조직변화가 적다. · 철근 조립부가 단순해져 콘크리트 타설이 용이하다. · 겹친 이음이 없어 경제적이다.	· 숙련공이 필요하다. · 공정상, 작업상 불리하다. · 거푸집 위에서 작업 시 화재가 우려된다. · 용접부 검사가 어렵다.

표 6-9 압접부의 검사

항목	시험방법	시기, 횟수	불합격 개소	판정기준
외관검사	육안 및 자에 의한 측정	압접작업 완료시 전부		압접부의 부푼 형태, 치수, 철근 중심축의 편심량, 압접면의 차이에 관해 기준에 적합할 것.
샘플링 검사	초음파탐사법 KS D 0273	1검사 로트에 20개소 이상	1곳	20개소 이상 검사하고 전부 합격일 것.
			2곳 이상	로트 전체를 불합격 처리
	인장시험법 KS D 0244	1검사 로트에 3개소 이상의 시험편	1곳	6개 이상의 시험편에 의한 검사를 시행하고 전부 합격일 것.
			2곳 이상	로트 전체를 불합격 처리

6.7.2 기계식 이음(커플러 이음)

① 기계식 이음은 D29를 초과하는 철근의 이음에 사용하며, 아래 '②~⑥'항 외의 사항은 공사시방서에 따른다.

② 기계식 이음을 시공하는 작업자는 기계식 이음의 특성에 관하여 충분히 숙지 · 숙련된 기량을 갖는 자로 하고 담당원의 승인을 받는다.

③ 철근의 가공은 기계식 이음장치(커플러)에 적합하도록 재축에 직각으로 정확하게 절단하여 가공한다.

④ 이음을 하는 철근과 기계식 이음장치(커플러)에 유해한 부착물을 완전히 제거해야 한다.

⑤ 기계식 이음장치(커플러)의 재질과 성능은 사용 철근의 성능보다 우수한 것으로 사용해야 하며, 기계식 이음장치(커플러)를 이용하여 연결한다.

⑥ 기계식 이음장치의 시공순서 및 방법은 각 장치별 공사시방서에 따른다.

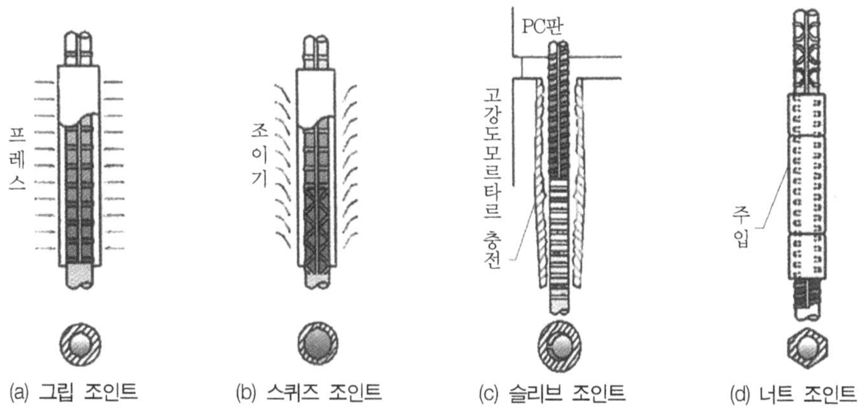

그림 6-16 기계식 이음의 종류

또한 최근 개발된 각종 특수기구를 이용한 이음법은 다음과 같다.

① 그립 조인트 : 특수 유압잭으로 프레스를 가하는 방식으로 슬리브의 경우 살이 두꺼운 강관을 사용한다.

② 스퀴즈 조인트 : 특수 유압잭으로 슬리브를 비탈방식으로 슬리브의 경우 살이 두꺼운 강판을 사용한다.

③ 슬립 조인트 : 내부에 고강도모르타르를 충전하는 방식이다

④ 너트 조인트 : 철근을 너트형 커플러로 이음할 내부에 에폭시를 주입하는 방식이다.

6.7.3 용접이음

모재와 용접봉 사이에 전류를 흘려 아크를 발생(방전)시켜 이 열로 모재, 용접봉 끝을 녹여 모재와 간극에 채워서 용접한다.

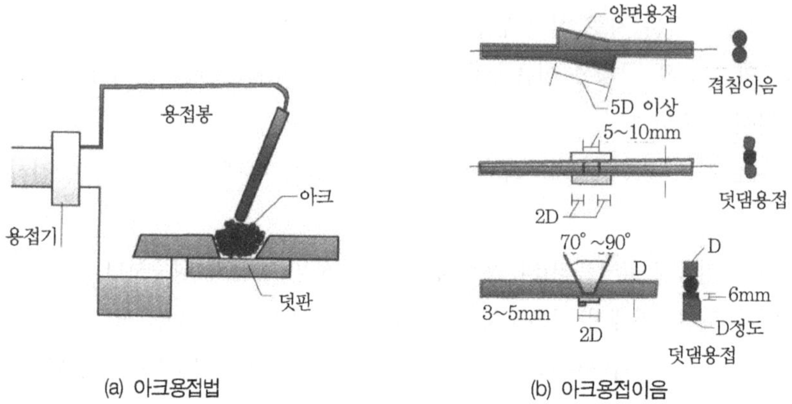

그림 6-17 아크용접

표 6-10 용접이음의 장·단점

장 점	단 점
· 철근량의 절약 · 단면이 크게 되어 충분한 강도 보장 · 콘크리트 부어넣기 용이 · 일체성, 수밀성 확보 가능	· 숙련공이 필요 · 검사방법 복잡, 곤란

6.8 철근에 대한 콘크리트의 피복두께

철근은 응력이 큰 부재의 표면 가까이에 넣는데, 지나치게 피복이 얇으면 화재가 발생했을 경우 가열에 따라 내부의 철근온도가 상승되어 강도가 저하한다. 또한 콘크리트의 강한 알칼리성부이 표면에서 공기 중의 탄산가스와 작용하여 중성화가 진행되면 산소를 포함하는 수분과 탄산가스와의 작용에 의해 철근이 부식되기 쉽다. 또한 타설 시의 거푸집과 철근 사이에서의 굵은 골재의 유동성 문제가 발생할 수 있다. 이를 방지하기 위하여 철근은 콘크리트 표면에서부터 최소거리를 결정하고 있다. 이것을 피복이라고 말한다. 철근의 피복을 유지하기 위해서는 바 서포트 및 스페이서 블록이 사용된다.

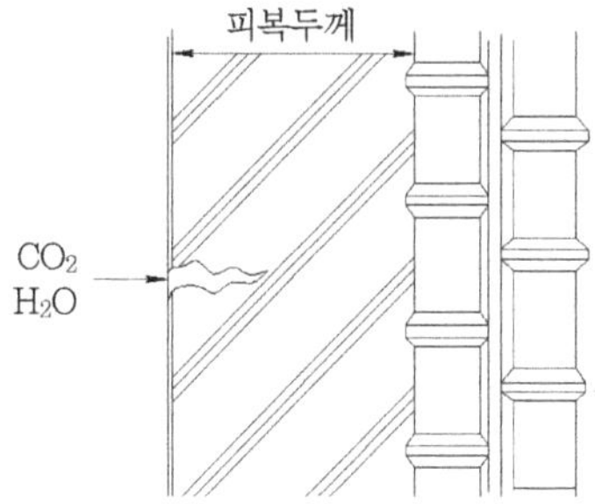

그림 6-18 철근 부식방지를 위한 피복의 역할

6.8.1 콘크리트의 피복두께

옥외에 면하는 치장콘크리트 또는 특히 마모가 예상되는 곳의 콘크리트, 기타 특수콘크리트의 피복두께는 특기시방서에 의한다. 특기가 없을 때에는 보통의 피복두께보다 1cm 이상 증가하거나 또는 담당원의 지시에 따라 55% 이하의 물-시멘트비의 콘크리트를 사용한다.

피복두께는 기둥의 경우 띠철근(hoop)의 외면까지, 보의 경우 스터럽(stirrup)의 외면까지의 콘크리트 두께를 말하며, 설계도서에 명시되지 않은 경우 표준시방서에서 제시하는 다음 표를 따른다.

표 6-11 철근의 최소 피복두께

<table>
<tr><th colspan="3" rowspan="2">부 위</th><th colspan="2">최소피복두께(mm)</th></tr>
<tr><th>마감 있음</th><th>마감 없음</th></tr>
<tr><td rowspan="5">흙에 접하지 않는 부위</td><td rowspan="2">바닥슬래브, 지붕슬래브, 비내력벽</td><td>옥내</td><td>20 이상</td><td>20 이상</td></tr>
<tr><td>옥외</td><td>20 이상</td><td>30 이상</td></tr>
<tr><td rowspan="2">기둥, 보, 내력벽</td><td>옥내</td><td>30 이상</td><td>30 이상</td></tr>
<tr><td>옥외</td><td>30 이상</td><td>40 이상</td></tr>
<tr><td colspan="2">옹 벽</td><td>40 이상</td><td>40 이상</td></tr>
<tr><td rowspan="2">흙에 접하는 부위</td><td colspan="2">기둥, 보, 바닥슬래브, 내력벽</td><td>–</td><td>40 이상</td></tr>
<tr><td colspan="2">기초, 옹벽</td><td>–</td><td>60 이상</td></tr>
</table>

6.8.2 피복두께와 스페이서(spacer)

적정 피복두께를 확보하여 철근의 역할을 가능하게 하기 위하여 적절한 간격으로 고임재 및 간격재를 배치한다. 종류로는 콘크리트재, 강재, 플라스틱재 등이 있으며 각 특성은 다음과 같다.

① 콘크리트재 : 안정성, 강성, 내구성에 유리하며 주로 바닥구조에 활용된다.

② 강재 : 철근으로 현장제작이 가능하며 부식에는 약하지만 주로 기초부위에 활용한다.

③ 플라틱재 : 규격품 제조되어 사용이 편리하지만 부분적으로 단면결손을 초래할 수도 있으며 벽의 측면이나 일반 슬래브 구조에 활용된다.

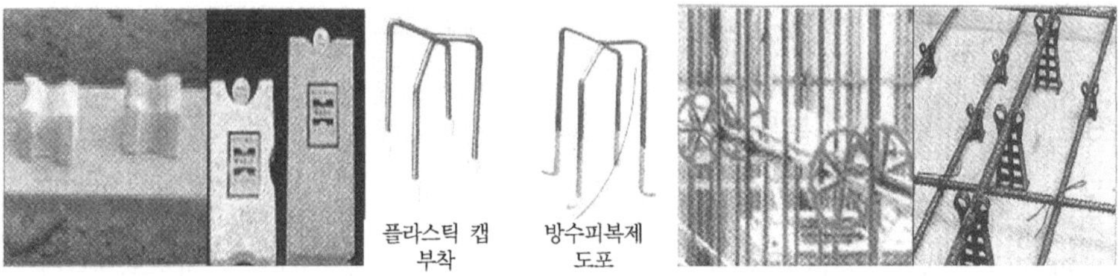

(a) 콘크리트재 (b) 강재 (c) 플라스틱재

그림 6-19 스페이서의 종류 및 활용 예

표 6-12 철근 고임재 및 간격재 등의 수량 및 배치의 표준

부 위	수량 또는 배치(강재, 콘크리트재)
슬래브	· 상부근, 하부근 각각 1.3개/m^2 정도
보	· 간격 : 1.5m 정도, 단부는 1.5m 이내
기 둥	· 상단 : 보 밑에서 0.5m 정도 · 중단 : 주각과 상단의 중간 · 기둥폭 방향은 1.0m까지 2개, 1.0m 이상일 때 3개
기 초	· 8개/4m^2, 20개/16m^2
지중보	· 간격 : 1.5m 정도, 단부는 1.5m 이내
벽 지하외벽	· 상단 : 보 밑에서 0.5m 정도 · 중단 : 상단에서 1.5m 간격 정도 · 횡간격 : 1.5m 정도 · 단부 : 1.5m 이내 · 1.0m 이상 3개

6.9 철근 선조립

6.9.1 철근 선조립공법(pre-fab)

철근 선조립공법은 기둥, 보 등을 부위별로 공장 또는 stock field에서 미리 조립(유닛화된 철근 부재를 가스압접, 용접 또는 특수 이음철물 등을 사용하여 조립)하는 공법으로

서 최근 철근콘크리트조 건축물의 대형화, 고층화, 거대화, 고강도화 추세에 따라 철근의 가공·조립작업은 작업공간의 협소와 품질의 불균일성 및 안전문제가 발생하고 있어 이에 따라 시공을 보다 신속, 정확, 간단화하기 위한 방법이다.

즉, 철근을 기둥, 보, 바닥, 벽 등의 부위별로 미리 절단, 가공, 조립해 두고 현장에서 이 부재를 접합, 연결, 조립하는 것으로 일본에서는 60년대부터 현장에 적용되었으며, 국내에서도 80년대 해외건설 진출 이후 부분적으로 그 적용이 늘고 있는 실정이다. 이 공법은 대형지름의 이형철근 개발로 각종 철근이음공법이 개발되어 활용되고, 바닥과 벽의 보강근으로 용접철망이 사용되고 있다. 하지만 현재 철근 선조립공법이 안고 있는 문제점 중 운반, 양중, 접합 등의 사전작업에 의한 경제성 문제가 있어 양산화가 필수이며, 현장타설 콘크리트 시공을 합리화하기 위해 거푸집의 시스템화가 필요하다.

표 6-13 철근 선조립 특징

장 점	구조 측면	· 굵은 철근 사용이 가능하면 RC조 고층 건축물에 유리 · 철근피복이 정확하며, 시공정밀도가 높아 안전율 증대효과 · 강재 절감 → 강재의 항복강도 증가로 재료절감(용접철망 선조립공법) · 균열분산 능력 탁월 → 부착성이 좋아 균열제어 효과적 (용접철망 선조립공법)
	시공 측면	· 기술적 숙련도 및 강재 절감 · 철근공사 및 콘크리트 거푸집공사 등에서 공기단축 증대효과 · 기존의 PC공법과 비교해 운반 부재 중량이 적어 소규모 T/C로 시공 가능 · 슬래브 전기배선, 배관공사 용이(용접철망 선조립 공법)
단 점 (유의점)	설계 측면	· 평면의 단순화 필요 · 부재 규격화, 종류 단순화 필요 · 주근 동일 굵기로 사용 · 부재 접합은 공법의 특성에 적합한 이음 기술 사용 · 철선의 신율이 작음 → 냉간가공으로 고강도이나 신율이 작음 (용접철망 선조립공법)
	시공 측면	· 부재의 운반, 접합방식에 대한 주의 요함 · 기둥, 보 접합부의 단순화 필요 · 운반과 조립작업 시 변형 및 응력발생 지양 · 띠철근과 스터럽은 나선식이 유리 · 공장조립 시 운반비가 높게 책정되므로 현장조립이 유리 · 철근에 비해 재료비 고가(용접철망 선조립공법) · 녹의 진행이 일반 철근에 비해 빠름(용접철망 선조립공법)

6.9.2 철근 선조립공법의 분류

거푸집보다 먼저 기둥, 보, 철근의 장축부재에 조립선행방식과 거푸집공사 시공 후의 기둥, 보, 철근의 장축부재 조리방식이 있다. 지하 차수벽 공사인 슬러리 월 공사와 같이

벽, 바닥 등 면 부재의 철근을 선조립하는 공법으로 구분된다.

표 6-14 철근 선조립 분류

구분	철근 선조립공법	구조용 용접철망 선조립공법
전제조건	· 시공도의 작성 · 가공의 정밀도 · 선조립 철근의 유닛 조립	용접철망의 유닛을 구조물에 직접 배치하므로 설계 및 계획단계에서 정밀한 검토 필요

6.9.3 철근 선조립공법의 도입과 효과

1) 시공정도 향상

재래공법은 실질적으로 시공성이 결여된 부위의 hoop 및 스터럽 단부에 130° 훅을 사용하거나, 선조립방법으로 보 밑 단근과 늑근의 완전결속이 가능하고 나선철근 등의 사용으로 시공 정도를 높여서 구조적으로 배근의 안전성을 확보할 수 있다.

2) 공기단축

가공 및 조립잡업이 기계화되어 규격화와 대량생산이 가능하기 때문에 현장작업을 줄일 수 있어 공기를 단축할 수 있다.

3) 품질관리의 용이성

조립이 정밀하게 완료된 상태로 현장에 반입되므로 부재의 배근상태 등 품질검사가 용이하고 공장조립 후 현장 공기에 맞춰 적기에 반입하므로 현장 정리정돈, 작업장 확보 등 현장관리에 유리하다.

4) 작업의 단순화

절단·가공·조립을 공장(반)자동화할 수 있어 많은 숙련공이 필요 없고, 현장설치 시 양중장비 사용이 용이하여 현장조립을 단순화할 수 있다.

6.9.4 철근 선조립공법의 시공

1) 철근 선조립공법의 FLOW

공장생산 단계에서 조립이 완료되어 현장에 운반되어 건축구조체에 사용하는 가공 및 조립공정은 다음의 흐름도와 같다.

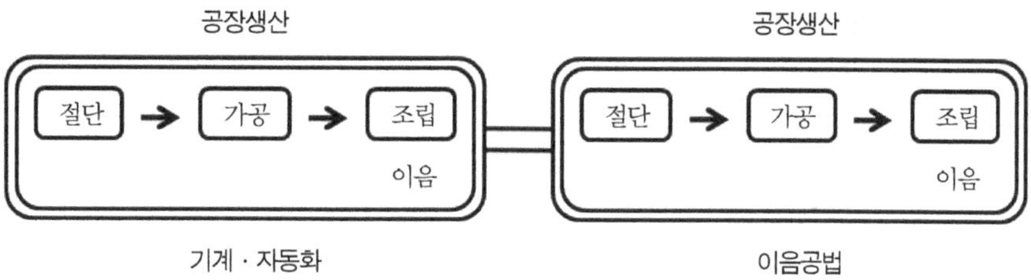

그림 6-20 철근 선조리공법의 흐름도

2) 철근의 가공조립

각 부재의 소요길이별로 ⓐ 절단기구를 이용한 인력절단, ⓑ 프레스절단기를 이용한 기계 · 반자동화 절단, ⓒ 고압산소를 이용한 절단 후 부재의 소요치수에 맞게 인력 또는 기계를 이용하여 구부리거나 훅 등 가공하여 철근을 각 부재별로 정착길이 확보 및 이음을 하거나 공장 또는 작업장에서 미리 조립한다.

3) 이음

이음이란 길이가 한정되어 생산되는 철근을 여러 가지 방법으로 이어서 철근이 가지고 있는 구조적 기능을 유지시키는 것으로 이음원칙을 이음길이와 응력 확보, 규격이 다를 때의 기준, 이음장소, 이음수량, 규격에 따라 겹침이음 금지 등을 준수하여 이음을 한다.

① 겹친이음 : 철근과 철근을 겹쳐서 이음하는 것으로 인장 측과 압축 측의 이음길이가 다르게 적용된다.

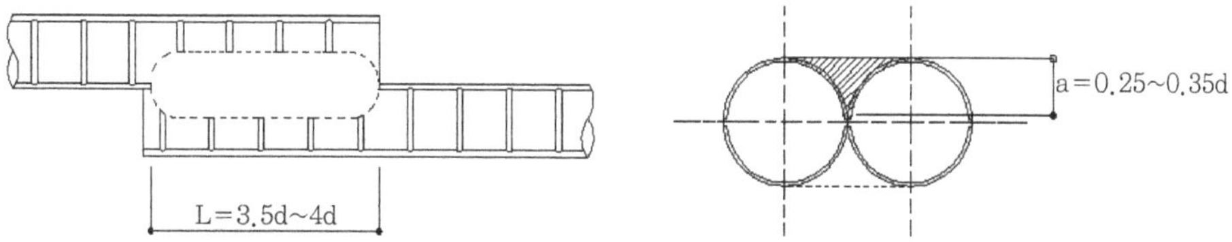

그림 6-21 아크용접 겹친이음

② 용접이음 : 아크용접과 플러시 버트(flash butt)용접, 가스압접이 있으며, 전류를 통한 철근을 맞대어 강압해 전기저항으로 접촉부에서 직렬 · 융융되어 용접한다.

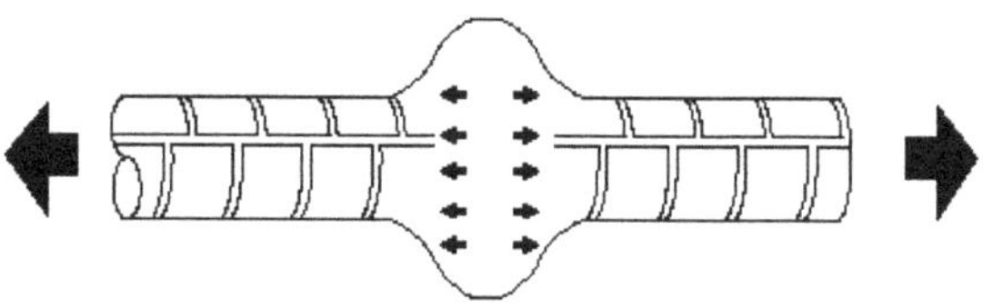

그림 6-22 가스압접이음

4) 가스압접이음을 이용한 선조립방법

① 공정

공정간 생산성과 효율성을 고려하여 철근유닛의 조립, 건립, 가설재 조립 및 철거순서를 협의 후 일정을 확보한다.

선조립 수행 시에는 거푸집 해체 등의 작업에 의해 작업 바닥이 어수선하지 않도록 공정을 확보한다.

기둥철근 시공 시에는 시공층 슬래브의 콘크리트 타설 후 수행하도록 공정을 확보한다.

비계가 필요한 기둥에 대해서는 비계 설치를 고려한 일정을 확보한다.

② 철근가공

철근의 단부는 재축에 직각방향으로 절단(고속절단 및 톱절단)한다.

철근의 수축량은 1d로 감안하여 철근을 절단한다.

주근은 작업 바닥면으로부터 750~1,250mm 높이에서 이음부를 시공하도록 가공한다.

가급적 현장절단하지 않도록 가공한다.

압접부위의 10d 이내에 있는 부착물의 청소는 전문인력에 의해 시공 전에 완료한다.

이음위치 → 철근의 겹친이음 위치에 준한다.

5) 특수 기구이음

① 캐드이음(Cad welding)

철근에 슬리브를 연결하고 철근과 슬리브 사이의 공간에 순간 폭발을 발생시켜 합금을 흘려보내 충전하여 있는 방법

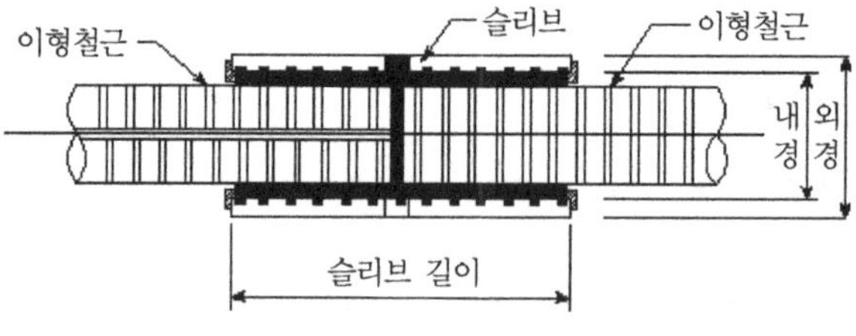

그림 6-23 CAD이음

② 슬리브(sleeve)이음

칼라 압착이음, 나사식 커플러이음, 슬리브+아크용접(SER 법), 약액 주입법 등이 있다.

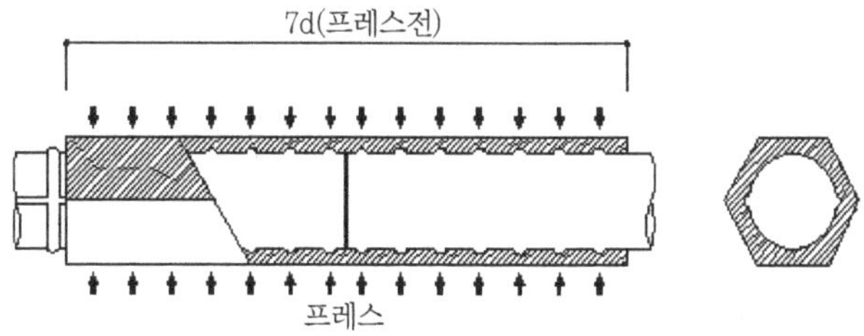

그림 6-24 슬리브이음

6.9.5 철근 선조립공법 적용사례

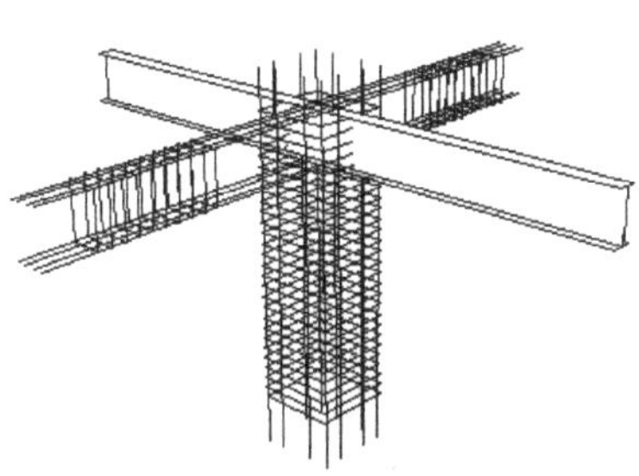

그림 6-25 기둥철근 선조립
(hybrid frame 구법)

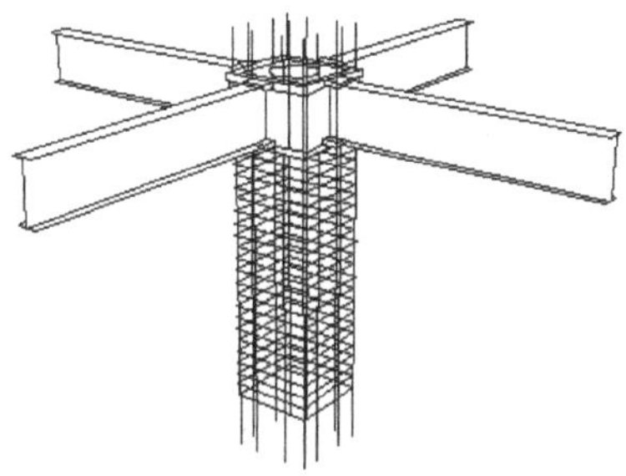

그림 6-26 기둥철근 선조립
(충전식 hybrid frame 구법)

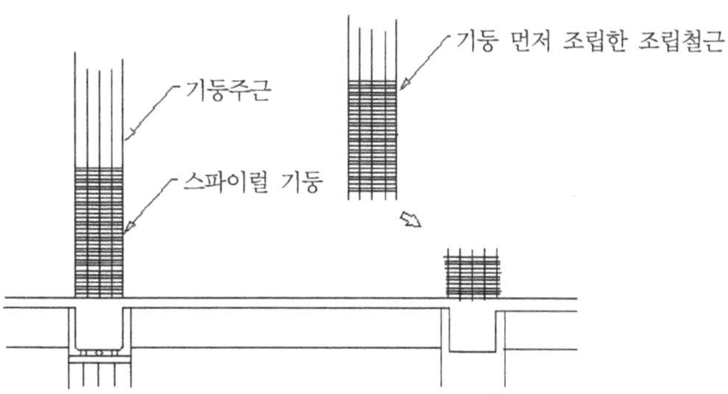

그림 6-27 기둥조립 철근 설치 시공도

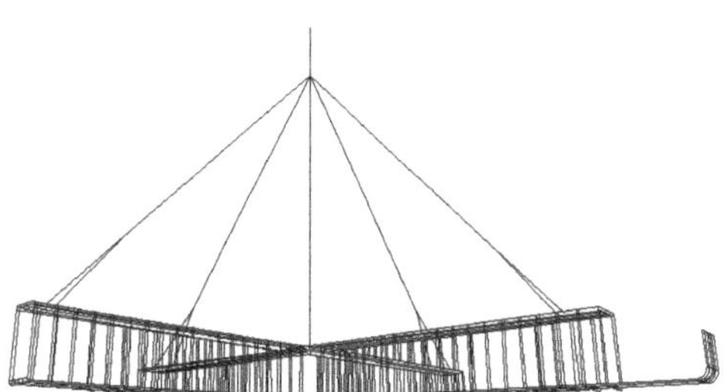

그림 6-28 보철근 선조립 부재양중

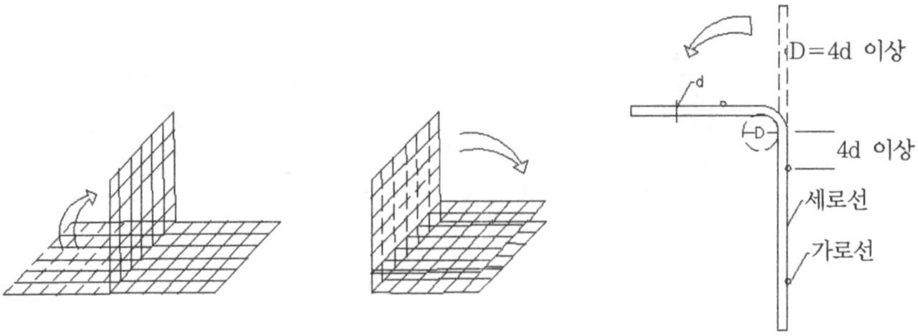

그림 6-29 벽체철근 선조립 가공도

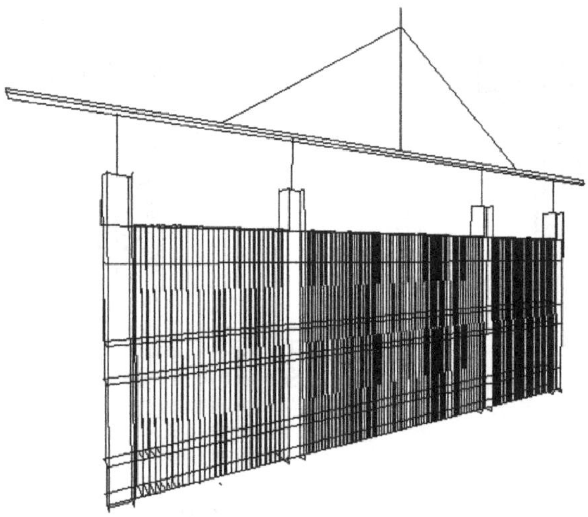

그림 6-30 벽체철근 선조립 양중도

6.9.6 철근 선조립공법 시공 시 유의사항

① 기둥, 보 부재는 운반과 세우기 시에 유해한 휨이 발생되지 않게 브레이스를 넣어 보강한다.

② 사용 결속선은 가능하면 굵은 것을 사용한다.

③ 기둥, 보, 접합부의 형상을 단순화한다.

④ 철근조립 전 조립부위의 뜬 녹이나 흙, 기름 등 부착저해 요소는 와이어 브러시 등으로 깨끗이 제거해야 하며, 철근조립 허용오차는 피복두께 5mm, 정착이음 위치는 20mm이다.

6.9.7 향후 전망

R.C조 건축물의 시공기술 및 자재 개발과 철근공사의 합리화로 pre-fab화 및 구조물

작업의 시스템화가 증대됨에 따라

① 시공 정도의 향상, 공기단축, 공비절감, 안전성 확보, 치수정도의 정밀화, 작업의 단순화를 이룰 수 있고 설계 시 부재의 표준화, 구조내력의 확보를 도모할 수 있다.

② 기둥, 보의 접합부 형상을 단순화하며 현장에서 부재조립 시 작업성이 적절한 방법을 사용해야 한다.

③ 선조립 철근의 다층, 다스팬화가 늘어날 것으로, 이에 대한 양중장비의 대형화가 요구되며 특히, 철근의 pre-fab화 이전 단계인 철근가공의 공장화를 우선 많이 실시토록 하고 향후, 철근콘크리트 공정의 시스템화를 위한 철근공사와 거푸집공사 콘크리트공사를 연계한 공법의 개발에 산학연의 지속적인 연구, 노력이 필요하다.

Chapter 07 | 콘크리트공사

7.1 콘크리트공사 개요

콘크리트란 물, 시멘트, 잔골재, 굵은골재 등을 혼합하여 거푸집에 채워 넣어 경화시킨 다음 거푸집을 제거하여 만든 복합재료를 말하며, 품질개선이나 소요성질을 부여하기 위해 각종 혼화재료를 넣어 사용한다. 일반적인 콘크리트의 구성비율은 다음 그림과 같으며, 설계조건에 따라 배합 시 각 성분의 구성비율은 달라질 수 있다.

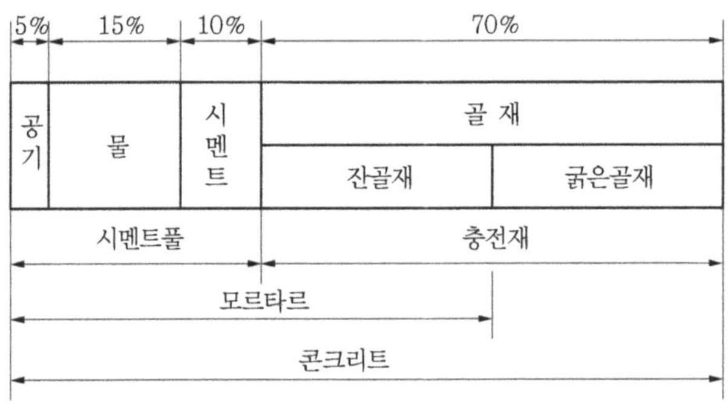

그림 7-1 콘크리트의 구성비율

또한 콘크리트는 넓은 의미에서 결합재의 종류에 따라 분류할 수도 있는데 여기에는 시멘트, 석회, 석고 등과 같은 무기질 결합재와 아스팔트, 폴리머, 레진 등과 같은 유기질 결합재 등이 있다.

콘크리트에 요구되는 기본적인 품질로서는 워커빌리티, 강도, 내구성, 수밀성, 균열 저항성 및 강재를 보호하는 성질 등을 들 수 있으며, 이러한 성능을 확보하기 위해서는 양질의 재료 사용과 정확한 배합설계 및 철저한 시공관리가 요구된다.

7.2 콘크리트용 재료

7.2.1 물

물은 콘크리트 용적의 약 15%를 차지하고 있는 콘크리트 기본재료로서 기름, 산, 유기불순물, 혼탁물 등 콘크리트나 강재의 품질에 나쁜 영향을 미치는 물질을 허용함유량 이상 초과하지 않아야 하며, 특히 해수는 강재를 부식시킬 염려가 있으므로 철근콘크리트에서는 혼합수로 사용하지 않는다.

7.2.2 시멘트

시멘트는 석회석, 점토 또는 유사한 조성과 반응성을 가진 원료 혼합물을 1,450℃까지 가열하여 얻은 클링커(clinker)에 적당량의 석고를 가한 다음, 분쇄하여 가루로 만든 것이다. 현재 KS에 규정되어 있는 시멘트는 포틀랜드시멘트로서 보통, 중용열, 조강, 저열 및 황산염 등 5가지가 있고, 혼합시멘트로서는 고로슬래그, 플라이애시 및 포졸란시멘트 등이 있다. 이들 시멘트는 각각의 특징이 있고 품질에도 많은 차이가 있다.

따라서 공사에 쓸 시멘트를 선정할 경우에는 구조물의 종류, 단면치수, 위치, 기상조건, 공사시기와 공사기간 및 시공방법 등에 따라 소요품질의 콘크리트를 경제적이고 안정하게 얻을 수 있는 시멘트를 선택할 필요가 있다.

표 7-1 각종 포틀랜드시멘트의 특징과 용도

종 류	특 징	용 도
보통포틀랜드시멘트 (1종 시멘트)	일반적인 시멘트의 특징을 나타냄.	일반적인 건축·토목공사
중용열포틀랜드시멘트 (2종 시멘트)	수화발열량이 낮아 건조수축이 적다.	매스콘크리트, 서중콘크리트
조강포틀랜드시멘트 (3종 시멘트)	조기강도가 크다(7일에 보통시멘트 28일 강도 도달).	긴급공사, 한중콘크리트
저열포틀랜드시멘트 (4종 시멘트)	중용열포틀랜드시멘트보다 수화발열량이 더 적다.	매스콘크리트, 건물·교량기초, 지중연속벽공사
내황산염포틀랜드시멘트 (5종 시멘트)	황산염에 대한 강한 저항성을 가지고 있는 시멘트	온천지역 구조물 공사, 항만 및 하천공사

표 7-2 각종 혼합시멘트의 특징과 용도

종 류	특 징	용도
고로시멘트	선철을 제조하는 과정에서 발생되는 부유물질인 슬래그(slag)와 포틀랜드시멘트를 혼합하여 만든 것으로 수축균열이 적고 해수 및 동결 융해에 대한 저항성이 크다.	일반적인 건축·토목공사, 항만·하천·댐공사, 매스콘크리트
플라이애시시멘트	화력발전소에서 석탄이 연소할 때 채집한 미세립 석탄재를 포틀랜드시멘트와 혼합하여 만든 것으로, 수축균열이 적고 내화학성 및 장기강도가 크다.	일반적인 건축·토목공사, 하수·공장폐수 등 환경오염지역 공사, 콘크리트 2차 제품
포졸란시멘트	포틀랜드시멘트에 규산질 혼합재와 석고를 혼합하여 분쇄한 시멘트로, 수축균열이 적고 수밀성 및 화학적 저항성이 크다.	일반적인 건축·토목공사, 항만·하천·댐공사

또한 포틀랜드시멘트와 혼합시멘트가 갖지 못한 특수한 성능을 부여한 시멘트를 특수시멘트라고 하는데, 건설공사에 사용하고 있는 특수시멘트는 다음 표 7-3과 같다. 이러한 특수시멘트는 독특한 품질을 가지고 있으므로 그 사용방법을 충분히 검토하고 적절한 시험을 실시한 후에 사용해야 한다.

표 7-3 각종 특수 시멘트의 특징과 용도

종 류	특 징	용도
알루미나시멘트	알루민산 석회를 주광물로 사용한 시멘트로 초기강도가 크다(1일에 보통시멘트 28일 강도 도달).	긴급보수공사, 한중콘크리트
초속경시멘트	초기강도가 매우 큰 시멘트(1~2시간 만에 압축강도 10MPa에 도달)	긴급보수공사, 뿜칠콘크리트
팽창시멘트	물과 반응하여 경화하는 과정에서 팽창하는 시멘트로 균열방지 효과가 있다.	지붕방수·수영장·수조, 팽창콘크리트

7.2.3 골 재

1) 종류

골재는 콘크리트 전체 용적의 60~90%를 차지하므로 그 종류와 품질은 콘크리트의 성질에 커다란 영향을 미치며, 크게 생산방식, 치수, 비중 등에 따라 분류할 수 있다. 생산방식에 의한 분류 중 천연골재는 산, 강, 바다에서 채취한 모래나 자갈이며, 인공골재는 암석을 부수어서 만든 부순모래(쇄사), 부순자갈(쇄석)이나 산업부산물인 고로슬래그를 부수어서 만든 골재 등이 있다. 치수에 의한 분류는 보통 5mm체를 경계로 잔골재와 굵은골재로 구분하는데 잔골재는 5mm체에 중량으로 85% 이상 통과하는 골재이고, 굵은골재는 5mm체에 중량으로 85% 이상 남는 골재로 규정하고 있다. 비중에 의한 분류는 비중

2.5~2.7 정도로 보통콘크리트에 사용되는 골재를 보통골재라 하고, 비중 2.0 이하로 콘크리트의 중량감소, 단열 등의 목적으로 사용되는 골재는 경량골재, 비중 2.7 이상으로 방사선 차단효과를 높이기 위하여 사용하는 골재는 중량골재라고 한다.

2) 요구사항

골재는 깨끗하고 견고하며, 내구성 및 내화성이 있어야 하고, 양질의 콘크리트를 경제적으로 만들기 위해서는 대소의 알이 적당히 혼합된 입도(粒度)가 좋은 것을 사용해야 한다. 알의 크기가 고르면 간극률이 커지기 때문에 같은 정도의 콘크리트를 만드는 데 다량의 모르타르가 필요하게 되어 콘크리트의 제조단가가 높아진다. 또한 알 모양(粒形)은 편평하거나 세장하지 않은 구형으로 표면이 거친 것이 좋고, 골재의 강도는 콘크리트 중에 경화한 시멘트풀(cement paste)의 강도보다 커야 한다. 일반적인 골재의 품질기준은 다음 표 7-4와 같다.

표 7-4 보통골재의 품질

종류	절건비중	흡수율(%)	점토량(%)	유기불순물	염화물(NaCl) (%)
굵은골재	2.5 이상	3.0 이하	0.25 이하	–	–
잔골재	2.5 이상	3.0 이하	1.0 이하	표준색보다 진하지 않는 것	0.04 이하

굵은골재의 치수는 사용장소나 골재의 종류에 따라 달라지는데 부재종류에 따른 굵은골재의 최대치수는 다음 표 7-5의 범위에서 철근 순간격의 4/5 이하 또는 피복두께 이하가 되게 해야 한다.

표 7-5 부재종류에 따른 굵은골재의 최대치수

부재 종류	굵은골재의 최대치수	
	자갈	부순자갈, 고로슬래그 부순자갈
기둥, 보, 슬래브, 벽	20, 25	20, 25
기초	20, 25, 40	20, 25, 40

3) 함수상태

골재의 함수상태를 도식적으로 나타내면 다음 그림 7-2와 같이 분류할 수 있으며, 이러한 함수상태는 콘크리트 배합 시 고려해야 하는 중요한 요소이다.

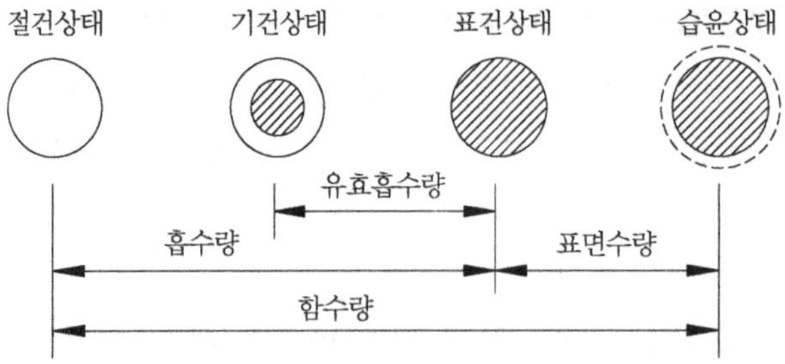

그림 7-2 골재의 함수상태

여기에서 절건상태는 노건조상태라고도 하며 골재를 건조기 내에서 온도 110℃ 이내로 정중량이 될 때까지 건조한 것이며, 기건상태는 골재 내부에 약간의 수분이 있는 대기중의 건조상태이며, 표면건조 내부포수상태는 골재의 표면은 건조되고 내부는 포수상태로 된 것이고, 습윤상태는 골재의 내부가 포수상태이고 외부에도 물이 젖어 있는 상태를 말한다. 이 중 표면건조 내부포수상태는 콘크리트 배합설계에 있어서 기준이 된다.

4) 입도 및 입형

골재의 입도 및 입형은 콘크리트의 배합과 유동성에 큰 영향을 미친다. 입도는 골재의 크고 작은 입자가 섞여 있는 정도를 나타내는데 입도가 좋을수록 워커빌리티 성능을 개선시켜 단위수량을 적게 할 수가 있어서 강도·내구성이 좋은 콘크리트를 만들 수 있다. 골재의 입도는 체가름시험을 통해 알의 분포상태를 조사하는데, 골재의 체가름 분포를 수치적으로 표시하는 한 방법으로 조립률(fineness modulus)이 이용된다. 골재의 조립률은 여러 가지 입자를 포함하는 골재의 평균입경을 대략적으로 나타내는 것으로 75mm, 40mm, 20mm, 10mm, 5mm, 2.5mm, 1.2mm, 0.6mm, 0.3mm 0.15mm의 표준체를 따로 사용하여 체가름시험을 하였을 때 각 체에 남은 골재량의 백분율(%) 누계의 합을 100으로 나눈 값을 말한다. 골재에 따른 조립률의 개략치는 다음 표 7-6과 같다.

표 7-6 조립률의 개략치

골재의 최대치수 (mm)	굵은 골재			잔골재		
	40	25	20	5	2.5	1.2
조립률	7.2	6.8	6.6	3.3	2.8	2.2

또한, 입형이란 골재의 모양을 나타내는데 입형이 둥근 것이 시멘트풀이 적게 소요되면서 실적률이 커지고 슬럼프가 커진다. 단, 쇄석(부순자갈)을 사용하면 단위수량은 5~8% 정도 증가하지만 표면이 거칠기 때문에 시멘트풀의 부착을 좋게 하여 강도발현 면에서 유리하다.

5) 유해물 함유량

골재에 함유된 먼지, 점토, 유해물 함유량 등은 기준치를 초과하지 않아야 하며, 특히 최근 많이 사용하는 바닷모래로 인한 철근의 부식을 유의해야 한다. 잔골재의 염화물 이온량은 절대건조질량에 대해 0.02% 이내로 하는데 이를 염화나트륨(NaCl)으로 환산하면 약 0.04%에 해당한다. 단, 철근의 방청조치를 한 경우에는 염분량 0.1%까지 사용해도 된다. 또한 보통콘크리트에 함유된 염화물량은 염화물이온량을 0.3kg/m^3 이하로 하고, 방청조치를 하더라도 0.6kg/m^3 이하로 한다.

7.2.4 혼화재료

1) 개요

혼화재료는 콘크리트에 소요의 성능을 부여하고 성질을 개선하기 위하여 첨가되는 시멘트, 물, 골재 이외의 재료이다. 일반적으로 혼화재료는 사용량의 다소에 따라 혼화제(混和濟)와 혼화재(混和材)로 구분된다. 혼화제는 콘크리트의 성질을 개선하기 위하여 비교적 소량 사용하는 것으로 콘크리트 배합설계 시 혼화제의 부피는 무시하며, 혼화재는 콘크리트의 물성을 개선하기 위하여 비교적 다량 사용하는 것으로 배합설계 시 혼화재의 부피를 계산에 포함한다. 최근 콘크리트 각종 성능을 개선시키기 위하여 다양한 혼화재료가 개발되고 있으므로 용도에 따라 양질의 혼화재료를 적절하게 사용하면 콘크리트 품질을 많이 향상시킬 수 있다.

2) 혼화제(混和濟)

① 표면활성제

표면활성 작용에 의하여 콘크리트 속에 미세한 기포를 발생시키거나 시멘트 입자를 분산시켜 콘크리트의 시공연도를 좋게 하는 혼화제로, 그 종류로는 콘크리트 속에 미세한 기포를 발생시켜 단위수량을 감소시키면서 시공연도를 좋게 하는 AE제(air entrained admixture ; 공기연행제)와 시멘트 입자를 분산시켜 아주 적은 수량으로 시공연도를 향상시키는 감수제, AE제와 감수제의 성질을 겸한 AE감수제 등이 있다. 일반적으로 콘크리트에는 혼화제를 사용하지 않아도 비교적 큰 입경의 갇힌 공기(entrapped air)가 1~2% 정도 불규칙하게 존재하게 된다. 이에 반해 AE제를 사용하게 되면 콘크리트 내에 무수히 많은 연행공기(entrained air)가 발생하는데, 이 연행기포는 콘크리트 내에서 볼베어링 역할을 하여 작업성을 개선하게 된다.

② 고성능감수제

감수제의 일종으로 소요의 시공성을 얻기 위해 필요한 단위수량을 대폭 감소시키고 유동성을 증진시키는 것을 목적으로 한다.

③ **유동화제**

단위수량이 적은 콘크리트의 유동성을 일시적으로 증대시킨다.

④ **응결경화촉진제**

급결제라고도 하며, 시멘트와 물과의 화학반응을 촉진시켜 조기강도를 증진시킨다.

⑤ **응결지연제**

시멘트와 물과의 화학반응을 늦어지게 하여 응결을 지연시킨다.

⑥ **방수제**

콘크리트 내 공극을 충전하거나 불투수층을 형성하는 혼화제이다.

⑦ **방청제**

콘크리트에 함유된 염화물에 의해 철근이 부식하는 것을 억제하기 위하여 사용한다.

⑧ **방동제**

염화칼슘, 식염 등으로 콘크리트 동결을 방지한다.

⑨ **기포제, 발포제**

기포제와 발포제는 주로 콘크리트의 중량을 가볍게 하거나 충진재로 사용되며, 최근에는 ALC(autoclaved lightweight concrete)를 주체로 한 경량 프리캐스트 제품에 많이 사용되고 있다.

3) 혼화재(混和材)

① **고로슬래그**(blast furnace slag)

용광로(高爐)에서 선철을 제조하는 과정에서 발생되는 용융상태의 고온 슬래그를 물, 공기 등으로 급랭하여 입상화한 것을 고로슬래그라고 부르며, 이를 적절하게 잘 사용하면 콘크리트의 장기강도를 증진시키고 수화열의 발생속도를 늦추며, 수밀성이 증진되어 염화물이온, 황산염, 해수에 대한 화학적 저항성을 개선시킨다.

② **플라이애시**(fly ash)

화력발전소 등의 연소보일러에서 부산되는 미세립 석탄재로서 적절하게 사용하면 콘크리트의 워커빌리티를 개선하여 단위수량을 감소시킬 수 있고, 수밀성이나 화학적 침식에 대한 내구성을 개선시키며 장기강도가 커지는 등의 뛰어난 효과가 있다.

③ **실리카 퓸**(silica fume)

규소합금 제조 시 발생하는 폐가스를 집진하여 얻어진 규산질(SiO_2) 초미립자로 고강도 콘크리트를 제조할 때 사용한다.

④ 팽창재

경화과정에서 팽창을 일으키는 것으로 건조수축균열을 방지한다.

⑤ 착색재

콘크리트에 다양한 색깔을 착색시키는 것으로 제2산화철(빨강), 크롬산바륨(노랑), 군청(파랑), 산화크롬(초록), 이산화망간(갈색), 카본블랙(검정) 등이 사용된다.

7.3 콘크리트 배합

7.3.1 일반사항

콘크리트의 배합의 목적은 소요의 강도, 내구성, 수밀성, 균열저항성, 철근 또는 강재를 보호하는 성능을 확보하기 위하여 각 구성재료인 시멘트, 물, 잔골재, 굵은골재 및 혼화재료 등을 가장 경제적으로 혼합하는 것이다. 또한 이러한 콘크리트 성능은 콘크리트 물시멘트비 및 단위수량에 의해 크게 좌우된다. 일반적으로 단위수량을 적게 하면 소요품질의 콘크리트를 얻는데 필요한 단위시멘트양이 적어지게 되고 또 콘크리트에 균열이 생길 우려도 줄어든다. 그리고 단위수량이 많은 콘크리트를 사용하면 단위시멘트양도 많아져서 비경제적으로 될 뿐 아니라 재료분리가 일어나기 쉬우므로 양질의 콘크리트를 만들기 어렵다. 따라서 강도, 내구성 및 수밀성을 갖는 콘크리트를 만들기 위해서는 작업에 적합한 워커빌리티를 얻는 범위 내에서 물시멘트비와 단위수량을 될 수 있는 대로 적게 하는 것이 매우 중요하다. 배합은 질량으로 표시하는 것을 원칙으로 하고, 배합의 표시법은 다음 표 7-7과 같다.

표 7-7 콘크리트 배합의 표시방법

굵은골재의 최대치수 (mm)	슬럼프 범위 (mm)	공기량 범위 (%)	물시멘트비 W/C (%)	잔골재율 S/a (%)	단위량(kg/m^3)						
					물 W	시멘트 C	잔골재 S	굵은골재 G		혼화재료	
								mm-mm	mm-mm	혼화재	혼화제

① 배합표에는 구조물의 종류, 설계기준강도, 배합강도, 시멘트 종류, 잔골재 조립률, 굵은골재 종류, 굵은골재 공극률, 혼화제 종류, 운반시간, 시공시기에 대해서도 병기하는 것이 바람직하다.

② 포졸란반응성 및 잠재수경성을 갖는 혼화재를 사용할 경우 물시멘트비는 물결합재비가 된다.

③ 같은 종류의 재료를 여러 가지 사용할 경우에는 각각의 난을 나누어 표시한다. 이 때 사용량에 대하여는 ml/m^3 또는 g/m^3 로 표시하며, 희석시키거나 녹이거나 하지 않은 것으로 나타낸다.

7.3.2 설계기준강도(specified compressive strength of concrete)

설계기준강도(f_{ck})는 구조설계에서 기준으로 하는 콘크리트 강도를 말하며, 일반적으로 표준양생을 실시한 콘크리트 공시체의 재령 28일의 압축강도를 기준으로 한다. 콘크리트의 압축강도는 재령과 더불어 증가하지만 일반적인 구조물에서는 표준양생을 한 재령 28일의 강도를 훨씬 넘을 수 있는 콘크리트의 양생을 기대할 수 없기 때문에, 이런 점을 고려해서 설계기준강도는 재령 28일에서의 시험값을 기준으로 한다. 하지만 비교적 일찍 사용하는 구조물의 경우에는 하중의 성질, 부재치수, 양생방법 등을 고려해서 28일보다 빠른 7일 또는 14일에서의 강도를 기준으로 할 수도 있으며, 장기강도가 크거나 양생기간이 긴 경우에는 28일보다 긴 재령에서의 공시체의 강도를 표준으로 해도 좋다.

7.3.3 배합강도(required average concrete strength)

배합강도(f_{cr})는 콘크리트 배합을 정할 때 목표로 하는 강도로서, 설계기준강도보다 작아지지 않도록 현장콘크리트의 품질변동을 고려하여 설계기준강도보다 충분히 크게 정해야 한다. 콘크리트 배합강도는 재령 28일의 압축강도를 기준으로 하는데, 다음의 두 식에 의한 값 중 큰 값으로 한다.

$f_{cr} = f_{ck} + 1.34_s$ (MPa)

$f_{cr} = (f_{ck} - 3.5) + 2.33_s$ (MPa)

여기서, s : 압축강도의 표준편차(MPa)

7.3.4 물시멘트비(water cement ratio, W/C)

물시멘트비는 모르타르 또는 콘크리트에 포함된 시멘트풀 중의 시멘트에 대한 물의 중량 백분율로 콘크리트의 강도와 내구성 및 수밀성 등에 영향을 미치는 가장 중요한 요소이다. 특히 콘크리트의 압축강도는 콘크리트 물시멘트비의 역수와 비례관계가 있다. 물시멘트비는 배합강도, 시멘트의 종류, 시멘트 강도 등을 고려하여 계산식에 의하여 산출되지만, 최종적으로는 시험비빔에 의해 결정된다. 보통 건축공사에 사용하는 물시멘비는 40~70% 정도이나 AE제, 쇄석 등을 사용할 때는 다소 조정된다. 각 기준에 따른 일반적인 물시멘트비의 범위는 다음과 같다.

① 염화칼슘 등의 제빙화학제를 사용하는 콘크리트의 물시멘트비는 45% 이하로 한다.
② 콘크리트의 중성화 저항성을 고려해야 하는 경우 물시멘트비는 55% 이하로 한다.
③ 콘크리트의 수밀성을 기준으로 물시멘트비를 정할 경우에는 50% 이하로 한다.
④ 콘크리트 내동해성을 기준으로 물시멘트비를 정할 경우에는 구조물의 노출상태, 기상조건, 단면상태에 따라 45~60%로 한다.
⑤ 콘크리트 황산염에 대한 내구성을 기준으로 물시멘트비를 정할 경우에는 황산염 노출 정도, 토양 내의 황산염 질량, 물 속의 황산염, 시멘트 종류, 물시멘트비 등에 따라 45~50%로 한다.

7.3.5 단위수량

단위수량은 콘크리트 $1m^3$ 중에 포함된 물의 양으로 작업이 가능한 범위 내에서 될 수 있는 대로 적게 하는 것이 좋다. 소요의 슬럼프를 얻는데 필요한 단위수량은 굵은골재의 최대치수, 골재의 입도와 입형(粒形), 혼화재료의 종류, 콘크리트의 공기량에 따라 다르므로 실제 시공에 있어서는 시험을 실시한 다음 정한다. 단위수량은 AE제, 감수제, AE감수제나 고성능 AE감수제를 적당히 사용하면 상당히 감소시킬 수 있다. 감수율은 KS F 2560 콘크리트용 화학혼화제에 적합한 AE제의 경우 6~10%, AE감수제의 표준형 또는 지연형의 경우 10~14%, 촉진형의 경우 8~12%, 고성능 AE감수제의 경우는 16~20% 정도이다. 또한 부순돌이나 고로슬래그 굵은골재를 사용할 경우에는 자갈을 사용했을 경우에 비하여 단위수량이 약 10% 정도 증가한다.

7.3.6 단위시멘트양

단위시멘트양은 콘크리트 $1m^3$ 중에 포함된 시멘트의 중량으로 골재의 품질과 입도가 적당하면 어느 정도까지는 단위시멘트양을 적게 해도 수밀하고 내구적인 콘크리트를 만들 수 있다. 하지만 골재를 충분히 부착시키지 못할 정도로 단위시멘트양을 지나치게 적게 하면 시멘트풀이 묽어서 경화한 콘크리트의 공극이 커지므로 강도는 물론 수밀성과 내구성이 큰 콘크리트를 만들 수 없다. 일반적으로 단위시멘트양은 다음과 같이 단위수량과 물시멘트비로부터 구할 수 있다.

$$C = \frac{W}{x} \times 100$$

여기서, C : 단위시멘트양

W : 단위수량(kg/m^3)

x : 물시멘트비(%)

7.3.7 굵은골재의 최대치수

굵은골재의 최대치수는 소요 워커빌리티를 확보할 수 있는 범위 내에서 가급적 큰 골재를 사용하는 것이 경제적인 관점에서 유리하지만, 콘크리트가 구석구석까지 채워지게 하기 위해서는 너무 큰 굵은 골재를 사용하는 것은 적당하지 않다. 굵은골재의 최대치수는 부재 최소치수의 1/5, 철근피복 및 철근의 최소 순간격의 3/4을 초과해서는 안 된다. 일반적으로 굵은골재 최대치수는 25mm의 것을 사용하는 경우가 대부분이지만, 단면이 얇은 건축공사나 프리스트레스트콘크리트 부재, 펌프압송 등의 사정에 따라 20mm를 사용하는 경우도 있다. 무근콘크리트의 경우에는 일반적으로 단면이 크기 때문에 최대치수가 약간 큰 굵은골재를 사용할 수 있으며, 굵은골재 최대치수의 표준은 다음 표 7-8과 같다.

표 7-8 굵은골재의 최대치수

구조물의 종류	굵은골재의 최대치수(mm)
일반적인 경우	20 또는 25
단면이 큰 경우	40
무근콘크리트	40 부재 최소치수의 1/4을 초과해서는 안됨.

7.3.8 슬럼프

콘크리트의 워커빌리티를 측정하는 방법에는 여러 가지가 있지만 그 중 측정법이 간편하여 가장 많이 사용되고 있는 것이 슬럼프시험이다. 슬럼프가 큰 콘크리트를 사용하면 작업성은 좋지만 블리딩이 많아지고 굵은골재가 모르타르로부터 분리하는 경향이 심해진다. 그러므로 작업에 적합한 범위 내에서 될 수 있는 대로 작은 슬럼프의 콘크리트를 사용할 필요가 있다. 또한 콘크리트의 운반시간이 길 경우 또는 기온이 높을 경우에는 슬럼프가 크게 저하하므로 운반중의 슬럼프 저하(slump loss)를 고려한 슬럼프값에 대하여 배합을 정해두어야 한다. 작업에 적합한 워커빌리티를 얻을 수 있는 슬럼프값은 콘크리트 부재의 크기 및 형상, 콘크리트의 취급 및 다지기 방법 등에 따라 다른데 일반적인 슬럼프의 표준값은 다음 표 7-9와 같다.

표 7-9 슬럼프의 표준값

종 류		슬럼프값(mm)
철근콘크리트	일반적인 경우	80~150
	단면이 큰 경우	60~120
무근콘크리트	일반적인 경우	50~150
	단면이 큰 경우	50~100

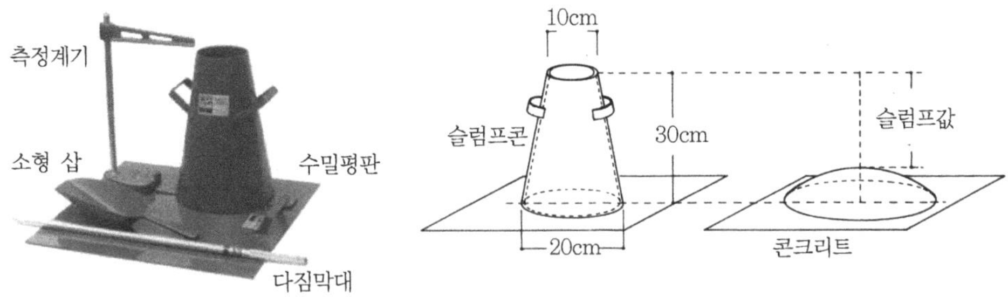

(a) 슬럼프시험 기구 (b) 슬럼프시험 방법

그림 7-3 슬럼프시험

7.3.9 잔골재율

잔골재율이란 콘크리트가 적정 워커빌리티를 얻는 데 있어서 매우 중요한 요소로서 잔골재 및 굵은골재의 절대용적의 합에 대한 잔골재 절대용적의 백분율로 정의된다. 잔골재율의 적정범위는 33~45% 정도의 범위이나 사용하는 잔골재의 입도, 콘크리트의 공기량, 단위시멘트양, 혼화재료의 종류 등에 따라 다르므로 시험을 통해 정한다. 일반적으로 잔골재율을 적게 하면 소요 워커빌리티를 가지는 콘크리트를 얻기 위하여 필요한 단위수량이 감소되고, 아울러 단위시멘트양이 적어져서 경제적이다. 하지만 잔골재율을 너무 적게 하면 콘크리트는 거칠어지고, 재료분리가 발생하며, 워커빌리티가 저하된다. 따라서 잔골재율은 소요 워커빌리티를 얻을 수 있는 범위 내에서 단위수량이 최소가 되도록 정하는 것이 중요하다.

7.3.10 시방배합과 현장배합

시방배합은 시방서 또는 책임기술자에 의하여 지시된 배합으로 시방배합에서 잔골재는 5mm를 전부 통과하는 골재, 굵은골재는 5mm체에 전부 남는 골재를 말하며, 잔골재 및 굵은골재는 각각 표면건조포화상태로서 나타낸다. 하지만 현장에 있는 골재는 이러한 상태가 아니기 때문에 골재의 함수량, 5mm체에 남는 잔골재의 양 및 5mm체를 통과하는 굵은골재의 양을 고려해서 시방배합을 현장배합으로 바꾸어야 한다. 따라서 현장배합이란 계획배합의 콘크리트를 얻을 수 있도록 현장에서 재료의 상태 및 계량방법에 따라 정한 배합이라 할 수 있다.

7.4 콘크리트 특성

7.4.1 굳지 않은 콘크리트

1) 굳지 않은 콘크리트의 성질

굳지 않은 콘크리트란 비빔 직후부터 응결과정을 거쳐 소정의 강도를 발휘할 때까지의 콘크리트로 소요 워커빌리티를 확보하여 운반, 타설, 다짐 등의 작업이 용이해야 한다. 또한 시공 전·후에 재료분리 및 품질의 변화가 적고 타설 후 균열이 발생하지 않아야 한다. 이를 위해서는 양질의 재료와 정확한 배합, 철저한 시공과 적절한 양생이 필요하다. 굳지 않은 콘크리트의 성질을 나타내는 각종 용어의 정의는 다음과 같다.

① workability(시공연도)

묽기 정도 및 재료분리에 저항하는 정도 등 복합적 의미에서의 시공 난이 정도

② consistency(반죽질기, 유동성)

단위수량의 다소에 따르는 혼합물의 묽기 정도

③ compactability(다짐성)

콘크리트 묽기에 따른 다짐의 용이한 정도

④ plasticity(성형성)

구조체에 타설된 콘크리트가 거푸집에 잘 채워질 수 있는지의 난이 정도

⑤ pumpability(압송성)

펌프에서 콘크리트가 잘 밀려가는지의 난이 정도

⑥ stability(안정성)

블리딩(bleeding), 재료분리에 대한 저항성

⑨ finishability(마감성)

도로포장 등에서 골재의 최대치수에 따르는 표면정리의 난이 정도

⑩ mobility(가동성)

점성(viscosity), 응집력, 내부저항 등에 관한 유동변형의 용이성

2) 재료분리(segregation)

재료분리는 균질하게 비벼진 콘크리트가 비비기, 운반, 타설 도중 균질성을 잃고 굵은

골재가 국부적으로 집중되거나 수분이 콘크리트 윗면으로 상승하는 현상을 말한다. 이러한 재료분리는 시공상 장애가 되거나 콘크리트 강도, 구조물 미관, 내구성 등을 저하시킨다. 일반적인 재료분리의 원인과 대책은 다음 표 7-10과 같다.

표 7-10 재료분리 원인과 대책

원 인	대 책
㉮ 단위수량이 클 때	㉮ 물시멘트비를 적게
㉯ 골재 종류, 입도, 입형이 부적당한 경우	㉯ 골재의 입도 및 입형이 적당한 것 사용
㉰ 굵은골재의 최대치수가 클 때	㉰ 잔골재율을 크게
㉱ 시공 시 무리한 타설속도 및 다짐 과다	㉱ 시공상 주의(적정 타설속도·다짐)
㉲ 혼화재료 사용이 부적절할 때	㉲ 혼화제 적정 사용(AE제, 플라이애시 등)

3) 블리딩(bleeding), 레이턴스(laitance)

블리딩이란 재료분리 현상의 일종으로 아직 굳지 않은 시멘트풀, 모르타르, 콘크리트에 있어서 물이 윗면에 스며오르는 현상이다. 이러한 블리딩은 콘크리트 내부에도 발생하여 콘크리트 중에 고정된 수평철근이나 굵은 골재의 하부에 수막 및 공극을 형성한다. 그 결과 철근과 콘크리트의 부착력 및 수밀성 저하의 원인이 되므로 가급적 블리딩 발생을 억제하기 위해서는 단위수량을 적게 하고 입도가 적당한 골재를 사용해야 한다. 또한 레이턴스는 콘크리트를 부어넣은 후 블리딩 수(水)의 증발에 따라 그 표면에 발생하는 백색의 미세한 물질, 즉 콘크리트 표면에 형성된 얇은 층으로 콘크리트 강도와 접착력을 감소시키므로 이어치기 전 반드시 제거해야 한다.

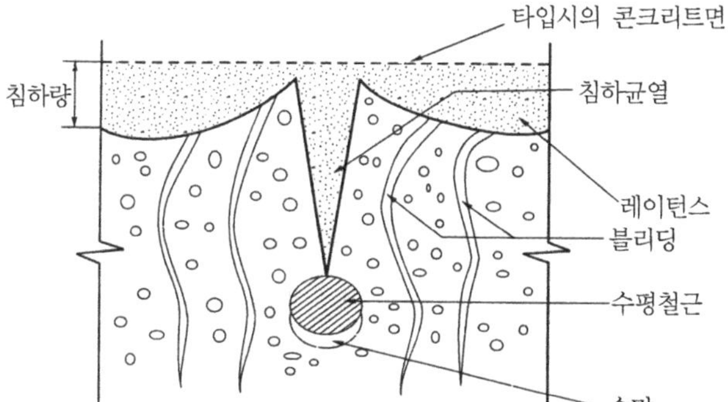

그림 7-4 블리딩과 레이턴스

07 콘크리트공사

7.4.2 굳은 콘크리트

1) 강도

콘크리트구조물의 설계에서 사용하는 콘크리트 강도로는 압축강도 이외에 인장강도, 휨강도, 전단강도, 지압강도, 강재와의 부착강도 등이 있으나, 콘크리트구조물은 주로 콘크리트의 압축강도를 이용해서 설계된다. 적당한 시공에 의해 만들어진 콘크리트의 인장강도, 휨강도, 전단강도, 지압강도, 강재와의 부착강도 등은 반드시 압축강도와 비례하는 것은 아니지만, 대체적으로 콘크리트 압축강도로 판단할 수 있다. 또한 압축강도는 그 시험방법이 쉬울 뿐 아니라, 콘크리트 품질을 비교적 정확하게 표시할 수 있기 때문에 편리한 지표로서 널리 쓰이며, 일반적인 구조물에 쓰이는 콘크리트의 압축강도는 표준양생을 실시한 콘크리트 공시체의 재령 28일에서의 강도를 기준으로 한다.

2) 내구성

① 중성화(中性化 ; carbonation)

콘크리트 내부에서 시멘트와 물의 수화반응으로 생긴 수산화칼슘은 강한 알칼리성을 가지고 있어 내부 철근의 부식을 막아준다. 하지만 중성화가 진행되면서 콘크리트 중의 수산화칼슘이 대기중의 탄산가스의 작용을 받아 서서히 탄산칼슘으로 변화하면서 알칼리성을 상실하게 되면 철근은 녹이 슬고 철근체적이 팽창하여 콘크리트에 균열이 발생하면서 내구성이 저하된다. 따라서 콘크리트의 중성화는 철근콘크리트구조물에 있어서 매우 중요한 문제이며 중성화의 화학적 반응식은 다음과 같다.

$$Ca(OH)_2 + CO_2 = CaCO_3 + H_2O$$

또한 콘크리트 중성화를 방지하기 위해서는 물시멘트비가 적은 밀실한 콘크리트 사용, 피복두께 증가, 적절한 혼화제(AE제 등)의 사용, 조강포틀랜드시멘트 사용, 유효한 마감의 실시, 균열방지 및 신속한 보수 보강 등의 유효한 대책을 적절하게 적용할 필요가 있다.

② 알칼리 골재반응(AAR : alkali aggregate reaction)

알칼리 골재반응이란 콘크리트 중의 알칼리 성분이 골재 중의 실리카 성분과 결합하여 알칼리-실리카겔을 형성하고, 이 겔이 주위의 수분을 흡수하여 콘크리트 내부에 국부적인 팽창압력을 발생시켜 구조물에 균열을 발생시키는 것을 말한다. 최근 천연골재의 고갈과 함께 알칼리 골재반응을 유발시키는 쇄석골재가 많이 사용되고 있으므로 이에 대한 대비가 필요하며, 알칼리 골재반응을 저감시키는 방법으로는 저알칼리(고로, 플라이애시) 시멘트 사용, 비반응성 골재의 사용, 수분의 흡수 방지, 염분의 침투 방지, 콘크리트에 포함되어 있는 알칼리 총량의 저감 등이 있다.

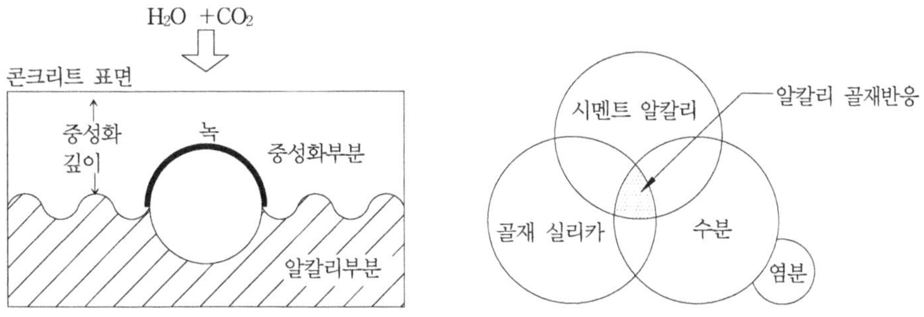

(a) 중성화 (b) 알칼리 골재반응

그림 7-5 중성화에 의한 철근부식 및 알칼리 골재반응이 일어나기 위한 조건

③ 염해(鹽害)

콘크리트 중에 염화물이 존재하여 강재가 부식함으로써 콘크리트구조물에 손상을 끼치는 현상을 염해라고 하는데, 해사(海沙)의 염소이온(Cl^-)이 일정 양 이상 존재하면 철근에 녹이 발생하고 철근은 2~3배까지 체적이 팽창하면서 콘크리트에 균열을 발생시켜 내구성을 저하시키게 된다.

7.5 콘크리트 시공

7.5.1 콘크리트 계량

콘크리트 각 재료는 질량으로 계량하는 것을 원칙으로 한다. 그러나 물과 혼화제 용액은 체적으로 계량하여도 상당한 정밀도로 계량할 수 있으므로 용적으로 계량해도 좋다. 재료의 계량에는 다소의 오차가 있게 마련인데 재료의 계량오차는 1회의 계량분에 대하여 콘크리트 표준시방서 및 KS F 4009(레디믹스트 콘크리트)에서 다음 표 7-11과 같이 허용오차를 정하고 있다.

표 7-11 계량의 허용오차

재료의 종류	허용오차(%)
물	1
시멘트	1
골재	3
혼화재	2
혼화제(용액)	3

주) 단, 고로슬래그 미분말의 계량오차 최대치는 1%로 한다.

7.5.2 콘크리트 비빔

콘크리트 재료는 반죽된 콘크리트가 균등하게 될 때까지 충분히 비벼야 하는데, 이를 위해서는 비비기 성능이 좋은 믹서를 사용하여 적절한 재료의 투입순서 및 비비기 시간으로 비빔하는 것이 중요하다. 충분히 비비기 위해서 필요한 시간은 시험에 의해 정하는 것을 원칙으로 하는데, 시험을 하지 않는 경우에는 가경식 믹서일 때에는 1분 30초 이상, 강제식 믹서일 때에는 1분 이상으로 하는 것이 좋다. 최근 건축공사에 대부분 사용하는 레미콘(레디믹스트콘크리트, ready-mixed concrete)은 레미콘공장에서 콘크리트 각 재료를 정확하게 중량으로 계량하여 투입하는 배처 플랜트(batcher plant)와 배처 플랜트에 비빔설비를 한 믹싱 플랜트(mixing plant)에 의해 생산된 콘크리트를 납품하고 있다.

7.5.3 콘크리트 운반

콘크리트는 재료분리나 공기량의 변화, 슬럼프의 저하 등이 생기지 않도록 신속하게 운반해야 하며, 현장에 도착하면 즉시 타설하여 충분히 다지는 것이 중요하다. 비빔으로부터 타설이 끝날 때까지의 시간은 원칙적으로 외기온도가 25℃ 이상일 때는 1.5시간, 25℃ 미만일 때는 2시간을 넘어서는 안 된다. 다만, 타설까지의 시간이 길어질 경우에는 양질의 지연제, 유동화제 등의 사용을 사전에 검토할 필요가 있다. 콘크리트 운반용 기계는 공장에서 공사현장까지 운반할 수 있는 콘크리트 운반차와 현장 내에서 타설장소까지 운반할 수 있는 타설장비 등으로 크게 분류할 수 있으며, 최근 효율성이 뛰어난 다양한 형태의 새로운 운반기계가 개발되어 현장에 적용되고 있다.

1) 운반차

콘크리트 운반차의 종류로는 트럭믹서(truck mixer), 트럭 애지테이터(truck agitator), 덤프트럭(dump truck) 등이 있다. 이 중 트럭믹서는 재료를 공급받아 운반하면서 드럼 내에 혼합용 날개(blade)를 회전시켜 혼합할 수 있도록 한 것이며, 트럭 애지테이터는 미리 비벼진 콘크리트를 드럼 내에 날개를 붙여 드럼의 저속회전에 의해 운반 중의 재료분리와 콘크리트 응결을 막도록 한 것이다. 또한 덤프트럭은 포장용 콘크리트의 근거리 운반에 제한적으로 사용하며, 현장에서는 트럭 애지테이터 형식의 레미콘 차량을 주로 사용한다.

2) 현장 내 운반장비

① 콘크리트 펌프(concrete pump)

콘크리트펌프는 트럭에 콘크리트 압송펌프, 압송배관이 일체형으로 포함된 트럭 탑재형

(콘크리트 펌프카)과 콘크리트 압송장비를 트럭으로 견인해서 이동하는 트럭 견인형(정치식) 등이 있다.

(a) 트럭 탑재형(콘크리트 펌프카) (b) 트럭 견인형(정치식)

그림 7-6 콘크리트 펌프

트럭 탑재형의 경우에는 기동성이 좋아 현장 운용 면에서 큰 장점이 있어 가장 많이 사용되고 있으나, 콘크리트 압송거리에 한계가 있어서 주로 수직높이 10층 이하에 많이 적용된다. 트럭 견인형의 경우에는 현장에서 압송배관을 별도로 설치해야 하는 번거로움이 있지만 배관길이를 길게 할 수 있어 장거리 압송이나 높은 곳의 압송에 적당하다. 또한 압송관의 지름은 콘크리트 종류, 품질, 굵은골재의 최대치수, 압송조건 등을 고려하여 정하는데 보통 100~150mm의 관을 많이 사용한다. 압송관의 배치는 가능한 굴곡이 적게 되도록 하고 타설장소까지 최단거리를 선택한다. 특히 높은 장소로 압송하거나 장거리 압송 등 특수한 시공조건에 대하여는 사전에 실제 시공조건에서 현장시험을 실시한 후 시공하는 것이 바람직하다.

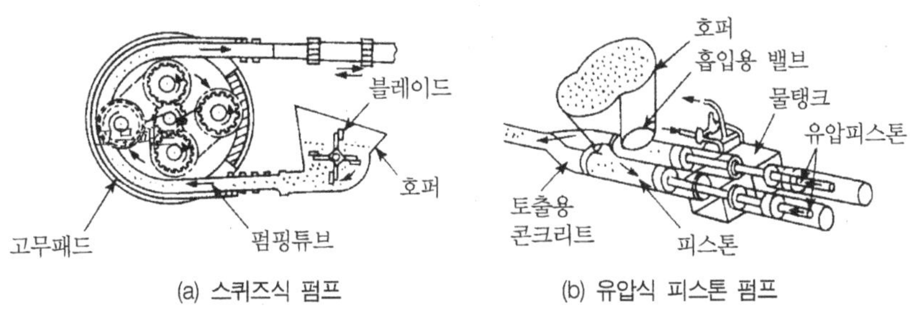

(a) 스퀴즈식 펌프 (b) 유압식 피스톤 펌프

그림 7-7 콘크리트 펌프의 압송방식

② 버킷(bucket)

버킷에 의한 운반은 적당한 크기의 버킷에 콘크리트를 담아 타설장소까지 크레인으로 운반하는 방법으로 수평, 수직 어느 방향으로도 운반이 용이한 장점이 있다.

③ 주름관(flexible hose)

인력으로 주름관을 이동하면서 타설하고 일정구간 타설이 끝나면 주름관을 끌고 다음 장소로 이동하는 방식의 가장 보편적인 타설방법이다. 초기 투자비용이 적고 간단하지만 연속작업 시에는 작업효율이 떨어지고 타설 시 철근배근이 흐트러지거나 고임재(spacer)가 파손되어 품질이 저하될 우려가 있다.

④ 콘크리트 분배기(concrete distributor)

타설부위에 철제레일을 깔고 레일 위로 이동하는 분배기를 설치하여 콘크리트를 타설하는 방법으로 작업을 빠르게 진행할 수 있으며, 작업반경이 넓고 레일을 바닥에서 20~30cm 높게 설치하므로 철근배근에 영향을 주지 않는다. 하지만 분배기를 이동시키기 위한 양중장비를 설치해야 하고 장비 구입을 위한 초기투자비가 필요하다.

⑤ 콘크리트 플레이싱 붐(C.P.B. concrete placing boom)

초고층 건물에서 보다 효율적으로 콘크리트를 타설하기 위해서는 주름관이나 콘크리트 분배기 대신에 콘크리트 플레이싱 붐이 사용된다. 이 방법은 마스트(mast)에 타설용 붐을 연결하여 콘크리트를 타설하는 것으로, 국내에서는 규모가 큰 초고층 건물에만 적용되고 있으며 플레이싱 붐의 수평도달거리는 약 20~50m이고 건물 전체가 작업반경 안에 들어오는 위치에 콘크리트 플레이싱 붐을 배치해야 한다.

(a) 콘크리트 버킷

(b) 주름관

(c) 콘크리트 분배기

(d) 콘크리트 플레이싱 붐

그림 7-8 현장 내 운반장비

7.5.4 콘크리트 타설

1) 타설계획

콘크리트 타설은 구조물에 요구되는 기능, 강도, 내구성 및 특히 시공상 주의해야 할 점 등을 고려하여 구체적인 운반, 타설 등의 방법에 관하여 충분한 계획을 세울 필요가 있으며, 다음 사항에 대해 검토해야 한다.

① 콘크리트 작업의 공정
② 1일 콘크리트양에 맞추어 운반, 타설방법 등의 결정 및 인원배치
③ 운반로, 운반경로
④ 타설구획, 시공이음의 위치, 시공이음방법
⑤ 콘크리트 타설순서와 소요시간

2) 타설시 주의사항

① 콘크리트 타설순서는 낮은 곳에서 높은 곳(기초, 기둥, 벽, 계단, 보, 바닥판, 파라펫)으로 한다.
② 콘크리트 자유낙하 높이는 재료분리를 방지하기 위하여 배출구와 타설면까지의 높이는 1.5m 이하를 원칙으로 한다.
③ 넓은 장소에서의 콘크리트 타설은 공급원으로부터 먼 곳에서 가까운 곳으로 부어넣기 한다.
④ 타설한 콘크리트는 거푸집 안에서 횡방향으로 이동시켜서는 안 된다.
⑤ 타설작업을 할 때는 철근, 매설물, 거푸집 등이 변형 및 손상되지 않도록 주의해야 한다.
⑥ 콘크리트를 2층 이상 나누어 타설할 경우에는 콜드조인트가 생기지 않도록 하층의 콘크리트가 굳기 전에 상층의 콘크리트를 시공해야 하며, 각 층의 콘크리트가 일체가 되기 위해서는 표 7-12의 이어치기 시간간격을 준수해야 한다.

표 7-12 허용 이어치기 시간간격의 표준

외기온	허용 이어치기 시간간격
25℃ 초과	2.0시간
25℃ 이하	2.5시간

3) 이어치기 위치

콘크리트의 이어치기는 강도의 저하, 방수층의 누수와 미장과 같은 마무리재의 균열 등의 원인이 되므로 가급적 이어치기를 하지 않는 것이 이상적이나, 구조물 전체를 일체타

설하는 것은 현실적으로 거의 불가능하므로 이어치기를 할 때는 구조물의 강도에 영향이 없는 곳, 이음길이가 짧은 곳, 시공순서에 무리가 없는 곳 등에서 해야 한다. 또한 이어치는 면은 블리딩(bleeding) 현상에 의하여 생긴 레이턴스(laitance) 등을 깨끗하게 청소한 후 수습(水濕)되도록 하여 이어치는 콘크리트와 일체성을 확보한다. 부득이하게 이어치기를 할 경우 이음위치는 다음과 같이 한다.

① 보 및 바닥판은 이어치기를 하지 않는 것이 바람직하지만, 불가피하게 이어치기를 할 때는 전단력이 적은 중앙부에서 수직으로 한다. 단 캔틸레버로 내민보나 바닥판은 이어치기를 하지 않는다.

② 바닥판의 중앙에 작은 보가 있는 부분에는 구조적으로 응력이 급변하므로 작은 보 너비의 2배 정도 떨어진 곳에 둔다.

③ 기둥은 바닥판, 연결보 또는 기초 상단에서 수평으로 한다.

④ 벽은 개구부 등 끊기 좋고 또한 이음자리 막기와 떼어내기 편리한 곳에 수직 또는 수평으로 한다.

⑤ 아치의 이음은 아치 축에 직각으로 한다.

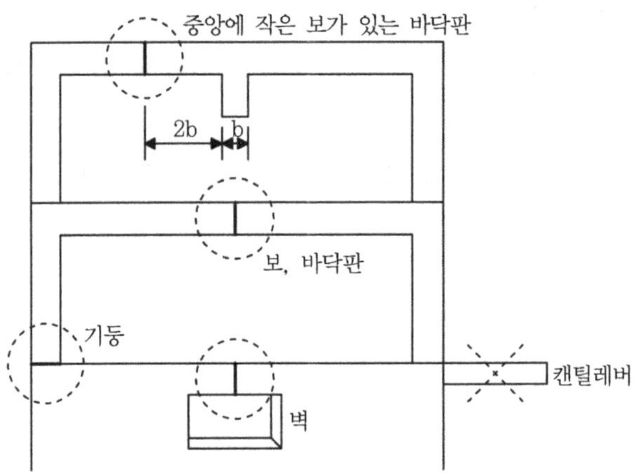

그림 7-9 각 부위별 이어치기 위치

4) 콘크리트 줄눈(joint)

콘크리트구조물은 온도·습도의 변화나 건조수축 등에 의하여 균열발생이 예상되는 경우에, 이를 방지 또는 유도제어하기 위하여 각종 줄눈을 설치한다. 이러한 줄눈은 설계 시부터 균열의 크기, 응력의 발생 정도, 구조물의 조건, 환경여건 등을 충분히 감안하여 적절한 공법을 선택해야 하며, 현장에서 계획적으로 설치하는 줄눈의 종류는 표 7-13과 같다.

표 7-13 콘크리트 줄눈의 종류

조절줄눈 (control joint)	바닥판의 수축에 의한 표면균열 방지를 목적으로 설치하는 줄눈
신축줄눈 (expansion joint)	기초의 부동침하와 온도·습도변화에 따른 신축팽창을 흡수시킬 목적으로 설치하는 줄눈
미끄럼줄눈 (sliding joint)	슬래브나 보가 단순지지방식일 때 자유롭게 미끄러지게 설치하는 줄눈
시공줄눈 (construction joint)	시공상 콘크리트를 한 번에 계속하여 부어나가지 못할 곳에 생기는 줄눈
지연줄눈 (delay joint)	장스팬의 구조물(100m가 넘는)에 신축줄눈을 설치하지 않고 건조수축을 감소시킬 목적으로 설치하는 줄눈

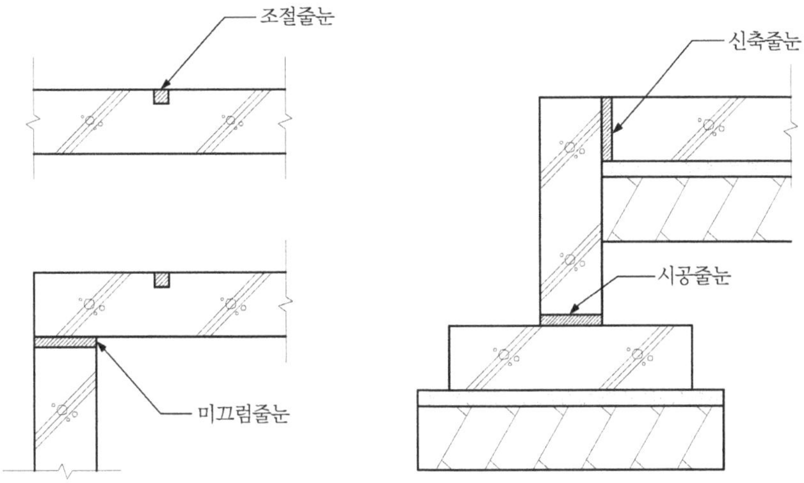

그림 7-10 각 부위별 줄눈설치 위치

7.5.5 콘크리트 다짐

1) 개요

부어넣는 콘크리트는 타설 직후 바로 충분히 다져서 콘크리트가 철근, 매설물 등과 잘 밀착되고 거푸집 구석구석까지 잘 채워질 수 있도록 해야 한다. 진동기에는 많은 종류가 있으며, 성능도 각각 다르므로 공사에 적합한 진동기를 사용하는 것이 중요하다. 일반적인 콘크리트 다지기에는 꽂이식 내부 진동기를 사용함을 원칙으로 하나, 얇은 벽 등 내부진동기의 사용이 곤란한 장소에서는 거푸집 진동기를 사용해도 좋다. 또한 표면진동기는 바닥판 등 얇은 콘크리트에 사용하지만 건축공사에서는 별로 쓰이지 않는다.

2) 내부진동기 사용방법

내부진동기는 봉형의 진동체를 콘크리트 속에 삽입시켜 매우 빠른 진동충격을 방사상으로 전달하여 콘크리트를 치밀하게 다지는 것으로 사용방법은 다음을 표준으로 한다.

① 진동다지기를 할 때에는 내부진동기를 하층의 콘크리트 속으로 0.1m 정도 찔러 넣는다.

② 내부진동기는 될 수 있는 대로 연직으로 일정한 간격으로 찔러 넣으며, 삽입간격은 일반적으로 0.5m 이하로 하는 것이 좋다.

③ 1개소당 진동시간은 5~15초로 한다.

④ 내부진동기는 콘크리트로부터 천천히 빼내어 구멍이 남지 않도록 한다.

⑤ 내부진동기는 콘크리트를 횡방향으로 이동시킬 목적으로 사용해서는 안 된다. 이는 콘크리트 재료분리의 원인이 되기 때문이다.

⑥ 진동기의 형식, 크기 및 대수는 부재단면의 두께와 면적, 1시간당 최대타설량, 굵은 골재 최대치수, 배합, 특히 잔골재율, 슬럼프 등을 고려하여 선정한다.

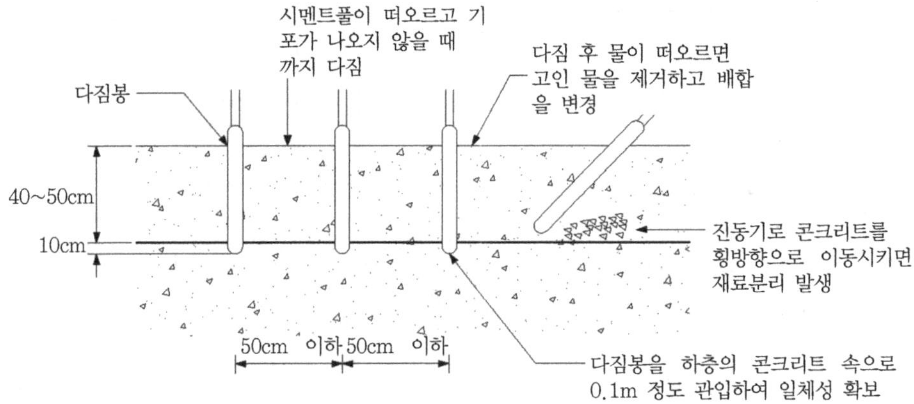

그림 7-11 진동기 사용방법

7.5.6 양 생

1) 개요

양생(養生, curing)이란 콘크리트의 강도, 내구성, 수밀성 등의 소요품질을 확보하기 위해 소요기간까지 경화에 필요한 온도, 습도조건을 유지하며 유해한 작용의 영향을 받지 않도록 보호하는 것이다. 콘크리트 양생의 구체적인 방법이나 필요한 일수는 구조물의 종류, 시공조건, 입지조건, 환경조건 등 각각의 상황에 따라 정하는 것이 좋으며 양생방법은 표 7-14와 같다.

표 7-14 양생의 기본

- 양생
  - 습윤양생
    - 수중
    - 담수
    - 살수
    - 젖은 포(양생 매트, 가마니 등)
    - 젖은 모래
    - 막양생
      - 유지계(용제형, 유제형)
      - 수지계(용제형, 수지형)
  - 온도제어양생
    - 매스콘크리트 - 파이프쿨링, 연속살수 등
    - 한중콘크리트 - 단열, 가열, 증기, 전열
    - 서중콘크리트 - 살수, 햇빛덮개 등
    - 촉진양생 - 증기, 급열 등
  - 유해한 작용에 대한 보호

2) 양생방법

① 습윤양생(wet curing)

콘크리트의 강도 증진을 위해서는 될 수 있는 대로 오랫동안 습윤상태를 유지하는 것이 좋다. 그러나 콘크리트는 재령 초기에서는 경화의 증진이 현저하지만 장시간 습윤양생하는 것은 일반적인 구조물에서는 시공상 곤란하고 또 비경제적이다. 따라서 콘크리트 표준시방서에서는 표 7-15와 같이 일평균 기온 및 시멘트 종류에 따른 표준양생일수를 규정하고 있다.

표 7-15 습윤양생 기간의 표준

일평균 기온	보통포틀랜드시멘트	고로슬래그시멘트 플라이애시시멘트 B종	조강포틀랜드시멘트
15℃ 이상	5일	7일	3일
10℃ 이상	7일	9일	4일
5℃ 이상	9일	12일	5일

콘크리트를 습윤상태로 보호하기 위해서는 양생용 매트, 모포 등을 물에 적셔서 덮거나 물을 공급하여 수분이 증발하지 않도록 해야 하는데 구체적인 방법으로는 수중, 담수, 살수, 젖은 포, 젖은 모래 등을 이용하는 방법 등이 있으며, 이 중 수중양생은 가장 이상적인 방법이지만 현실적으로 수중양생을 하는 구조물은 거의 없다. 또한 막양생방법으로는

피막양생제를 살포하여 콘크리트 노출면에 막을 형성하는 액상의 막양생제(curing membranes)와 피막도포가 곤란한 경우 불투수층의 얇은 시트(sheet)로 노출면을 덮어 콘크리트 수분증발을 억제하는 플라스틱 시트(plastic sheet)가 많이 사용되고 있다.

② 온도제어 양생

콘크리트는 경화가 충분히 진행될 때까지 경화에 필요한 온도조건을 유지하여 저온, 고온, 급격한 온도변화 등에 의한 유해한 영향을 받지 않도록 필요에 따라 온도제어 양생을 실시해야 한다. 기온이 현저하게 낮을 경우에는 초기에 동해를 입을 위험이 있으므로 필요한 온도조건을 유지하기 위하여 급열 또는 보온에 의해 온도제어를 일정한 기간 이상 실시할 필요가 있다. 또 기온이 현저하게 높을 경우나 큰 온도차가 생길 것이 예상되는 경우, 또는 부재 크기가 크고 온도상승이 큰 경우에는 온도응력에 의한 균열이 발생할 위험이 있으므로 파이프쿨링(pipe-cooling)이나 표면보온, 또는 이들 방법을 병용하여 콘크리트의 온도나 온도차를 제어해야 한다.

③ 유해한 작용에 대한 보호

콘크리트는 양생기간 중에 진동, 충격, 하중 등의 유해한 작용으로부터 보호해야 한다. 특히 콘크리트가 충분히 경화될 때까지는 그 위를 보행하거나 가설재료, 기계, 공구 등을 쌓아두지 않도록 한다.

7.6 각종 특수콘크리트공사

7.6.1 경량골재 콘크리트

구조물의 경량화를 목적으로 경량골재를 사용하여 기건 단위용적질량이 1,400~2,000 kg/m^3인 콘크리트를 경량골재콘크리트라고 부른다. 경량골재는 자연산 경량골재와 인공경량골재가 있으나, 우리나라의 경우에는 사용 가능한 대량의 자연산 경량골재가 거의 없기 때문에 혈암, 고로슬래그, 점토, 플라이애시 등을 분쇄하여 인공적으로 소성한 인공경량골재를 많이 사용하고 있다. 경량골재콘크리트는 경량골재콘크리트 1종 및 경량골재콘크리트 2종으로 분류하고, 설계기준강도 및 기건 단위용적질량의 범위는 표 7-16과 같다.

표 7-16 경량콘크리트의 설계기준강도 및 기건 단위용적질량의 범위

사용한 골재에 의한 콘크리트의 종류	사용골재		설계기준강도 (MPa)	기건 단위 용적질량 (kg/m^3)
	굵은골재	잔골재		
경량골재콘크리트 1종	경량골재	모래, 부순 잔골재, 고로슬래그 잔골재	15 21 24	1,700~2,000
경량골재콘크리트 2종	경량골재	경량골재나 혹은 경량골재의 일부를 모래, 부순 잔골재, 고로슬래그 잔골재로 대치한 것.	15 18 21	1,400~1,700

경량콘크리트는 자중이 적어 건물의 중량을 감소시킬 수 있고 운반이나 부어넣기의 노력이 절감된다. 또한 내화성이 우수하고 열전도율이 낮고 내화성 및 방음효과가 크지만 건조수축이 큰 단점이 있다. 일반적으로 경량골재는 다공질이라 흡수율이 크기 때문에 건조한 상태로 사용하면 골재의 흡수가 일어나 콘크리트의 비빔, 운반, 타설 중에 품질이 변동하기 쉽다. 따라서 경량골재는 충분히 물을 흡수시켜 사용해야 하며, 사전에 흡수시킨 경량골재의 함수율은 콘크리트 펌프의 사용 유무 및 압송조건, 내동해성 등을 고려하여 정해야 한다.

7.6.2 매스콘크리트

매스콘크리트는 일반적으로 넓은 평판구조에서는 두께 0.8m 이상, 하단이 구속된 벽체에서는 두께 0.5m 이상인 구조물에 타설하는 콘크리트를 적용대상으로 한다. 단면치수가 큰 부재에 타설한 콘크리트는 경화 중에 시멘트의 수화열이 축적되어 콘크리트의 내부온도가 상승한다. 이때 콘크리트 부재 표면과 내부와의 온도차나 부재 전체의 온도가 강하할 때의 수축변형 구속 등에 의해 응력이 생겨 균열발생을 초래한다.

1) 매스콘크리트 온도균열

온도균열의 발생원리를 살펴보면 내·외부 온도차로 인해 발생하는 내부구속에 의한 균열과 외부온도 하강 시에 발생하는 외부구속에 의한 균열로 구분할 수 있다.

① 내부구속에 의한 균열발생

콘크리트 타설 후 초기재령에서 구조물의 표면은 외기온도에 의해 냉각되기 때문에 변형이 거의 없지만, 중앙부는 수화발열 과정에서 열의 발산이 충분하지 못하기 때문에 중앙부 온도는 높아져 팽창하게 된다. 즉, 중앙부와 표면부의 변형률이 다르기 때문에 표면

부에서는 인장응력이, 내부에서는 압축응력이 발생하여 콘크리트 표면에는 내부구속에 따른 미세균열이 발생하게 된다.

② 외부구속에 의한 균열발생

콘크리트를 타설하고 수화열이 최대가 되는 정점을 지나서 온도가 하강하는 과정에서 구조물의 체적은 수축하게 된다. 이때 콘크리트구조물과 암반이 일체로 되어 있는 경우에는 냉각과정에서 구조물 체적을 암반이 구속함으로써 외부구속에 의한 균열이 발생하게 된다. 외부구속에 의한 균열은 일반적으로 구조물을 관통하는 균열로 누수 및 구조적인 문제를 발생시키기 때문에 신중히 검토되어야 한다.

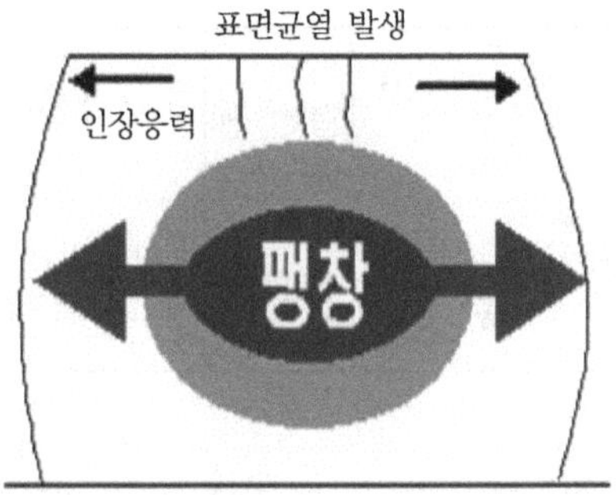

그림 7-12 수화발열 시 내부구속에 의한 온도균열

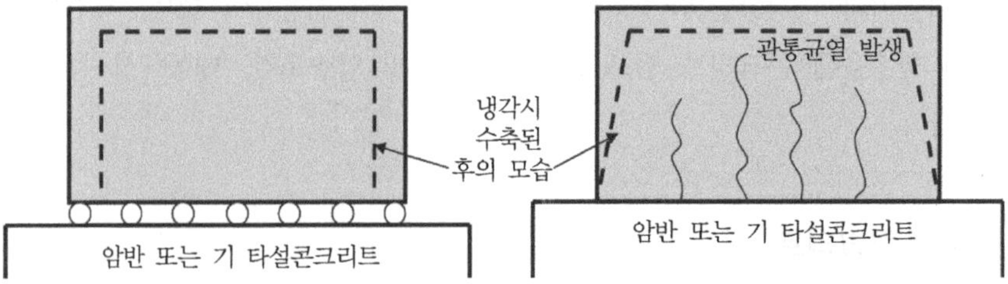

(a) 외부구속이 없는 경우

(b) 외부구속이 있는 경우

그림 7-13 온도하강 시 외부구속에 의한 온도균열

2) 매스콘크리트 온도균열 제어

매스콘크리트의 균열 방지 및 억제를 위해서는 콘크리트 부재의 설계로부터 시멘트, 혼화재료, 골재 등의 재료배합의 적절성, 비빔에서 양생까지 시공 전반에 걸쳐 종합적인 검토를 해야 한다. 온도균열 제어를 위한 일반적인 방법으로는 수화열이 적은 시멘트의 사용, 프리쿨링·파이프쿨링 등에 의한 온도 저하 또는 제어, 균열발생을 제어하기 위한 균열유발줄눈의 설치, 균열 제어 철근의 배치, 팽창콘크리트의 사용 등이 있는데 그 효과와 경제성 등을 복합적으로 고려하여 적용해야 한다.

7.6.3 한중콘크리트

한중콘크리트는 하루 평균기온이 4℃ 이하의 동결의 우려가 있는 기간에 시공하는 콘크리트를 말한다. 겨울철 추운 기온조건하에서 타설되는 콘크리트가 초기동해를 받으면, 그 후 양생을 계속하더라도 강도의 증진이 어렵고 균열, 내구성 저하 등 구조체 콘크리트 품질에 중대한 문제를 발생시킬 수 있으므로 타설 후 초기에 동결하지 않도록 잘 보호해야 한다.

1) 재료

한중콘크리트를 시공할 때는 초기재령의 강도발현을 위해서 포틀랜드시멘트를 사용하는 것을 표준으로 하고 AE제, AE감수제, 고성능 AE감수제 등을 사용하면 미세한 공기기포를 발생시켜 초기동해에 뛰어난 효과가 있다. 동결되어 있는 골재나 빙설이 혼입되어 있는 골재는 그대로 사용해서는 안 되고, 재료를 가열할 경우 물 또는 골재를 가열하되 시멘트는 어떠한 경우라도 직접 가열해서는 안 된다. 배합 시 물시멘트비는 동결융해에 대한 저항성을 갖도록 60% 이하로 한다.

2) 시공

타설 시 콘크리트 최저온도는 10℃ 이상으로 하며 타설이 종료된 후에는 초기양생을 실시해야 하는데 초기양생은 단열보온양생과 가열보온양생으로 구분된다. 단열보온양생은 단열성이 높은 재료로 콘크리트의 주위를 감싸 시멘트의 수화열을 이용하여 소정강도가 얻어질 때까지 보온하는 것이며, 가열보온양생은 기온이 낮은 경우 또는 단면이 얇은 경우에 보온만으로는 동결온도 이상의 온도를 유지할 수 없을 때 가열에 의하여 양생하는 것이다.

7.6.4 서중콘크리트

서중콘크리트는 하루 평균기온이 25℃를 초과하는 경우 시공하는 콘크리트로 높은 외부기온으로 콘크리트의 슬럼프 저하나 수분의 급격한 증발 등의 염려가 있을 경우에 적용한다. 기온이 높은 시기에 콘크리트를 시공할 경우에는 운반 중의 슬럼프 저하, 연행공기량의 감소, 콜드조인트의 발생, 표면수분의 급격한 증발에 의한 균열의 발생, 온도균열의 발생 등의 위험성이 증가하기 때문에 이에 대한 적절한 조치와 품질확보방안이 요구된다.

1) 재료

서중콘크리트는 소요의 강도 및 워커빌리티를 얻을 수 있는 범위 내에서 단위수량을 적게 사용해야 하며, 이를 위해서는 감수제 및 AE감수제, 고성능감수제, 유동화제 등을 사용해야 한다. 또한 단위시멘트양이 커지면 수화발열량이 증대되므로 온도균열이 발생하게 되어 장기강도가 저하되므로, 되도록 단위수량을 적게 하는 대신에 동시에 단위시멘트양이 많아지지 않도록 적절한 조치를 취해야 한다.

2) 시공

시공 시 콘크리트 재료는 온도가 되도록 낮아지도록 하여 사용해야 하며, 콘크리트는 비빈 후 되도록 빨리 타설하는 것이 바람직하고 타설할 때의 콘크리트 온도는 35℃ 이하이어야 한다. 서중에 타설한 콘크리트 표면은 직사광선이나 바람 등에 의해 갑자기 건조해서 균열이 발생하기 쉽다. 따라서 타설을 끝낸 콘크리트는 적어도 24시간은 노출면이 건조하지 않도록 살수 또는 양생포 등을 덮고 습윤상태를 유지해야 하며, 적어도 5일 이상은 양생하는 것이 바람직하다.

7.6.5 수밀콘크리트

수밀콘크리트는 콘크리트구조물 공사에 있어서 저수조, 수영장, 지하구조물과 등과 같이 수밀성을 높게 요구하는 부위에 타설하는 콘크리트이다. 수밀콘크리트 구조물에서는 균열, 콜드조인트 등 누수의 원인이 되는 결함이 생기지 않도록 재료 및 배합을 고려해야 하며, 특히 작업에 적합한 워커빌리티를 가지는 콘크리트를 사용해야 한다.

1) 재료

수밀콘크리트는 AE제, 감수제, AE감수제, 고성능 AE감수제 등의 혼화제 사용을 원칙으로 하는데, 그 이유는 물시멘트비를 감소시키고 워커빌리티를 개선시킴으로써 수밀성을 크게 향상시킬 수 있기 때문이다. 다짐 및 양생을 충분히 실시한 콘크리트라도 물시멘트비가 55~60% 이상이 되면 콘크리트 수밀성이 감소되므로 배합 시 물시멘트비는 55% 이하로 적게 하고 단위굵은골재량은 되도록 크게 한다.

2) 시공

시공 시에는 콘크리트 자체의 수밀성을 높이고 균열이 발생하지 않도록 해야 하지만, 특히 콜드조인트로 인한 이음부는 누수의 원인이 되어 수밀을 요하는 구조물의 기능을 손상시키므로 콘크리트는 가능한 일체로 타설하는 것이 중요하다. 또한 콘크리트를 타설할 때는 다짐을 잘하여 밀실한 콘크리트로 해야 하며, 연직시공이음에는 지수판을 사용하여 수밀하게 시공해야 한다.

7.6.6 유동화콘크리트

유동화콘크리트란 미리 비빈 콘크리트에 유동화제를 첨가하여 이를 교반해서 유동성을 증대시킨 콘크리트를 말한다. 여기에서 유동화제를 첨가하기 전의 미리 비빈 콘크리트를 베이스콘크리트(base concrete)라고 하며, 유동화콘크리트의 품질은 기본적으로 베이스콘크리트의 품질에 좌우된다. 유동화제의 주성분에는 나프탈린계, 멜라민계, 리그닌계 및 폴리칼본산계 등이 있지만 유동화제와 베이스콘크리트에 이용한 AE제, 감수제 또는 AE감수제와의 상호작용에 따라 각각 그 효과에 영향을 미치므로 유동화제 선정 시 주의가 필요하다. 베이스콘크리트를 유동화시키는 제조방법에는 다음과 같은 3가지 방법이 있다.

① 현장첨가 현장유동화 방식 : 현장에서 레미콘차에 유동화제를 첨가하여 유동화하는 방법으로 가장 효과적인 방식이다.

② 공장첨가 현장유동화 방식 : 레미콘공장에서 유동화제를 첨가하여 현장에서 유동화하는 방식으로 시공현장과 레미콘공장 간의 거리가 가까울수록 효과적이다.

③ 공장첨가 공장유동화 방식 : 레미콘공장에서 유동화제를 첨가해서 유동화하는 방식으로, 이 역시 시공현장과 레미콘공장 간의 거리가 가까울수록 효과적이나 시간의 경과에 따라 유동성이 저하되므로 가급적 피하는 것이 좋다.

또한 유동화콘크리트의 슬럼프 증가량은 100mm 이하를 원칙으로 하며, 50~80mm를 표준으로 한다. 일반콘크리트 및 경량콘크리트의 슬럼프 최대치는 표 7-17과 같다.

표 7-17 유동화콘크리트의 슬럼프(mm)

콘크리트의 종류	베이스콘크리트	유동화콘크리트
일반콘크리트	150 이하	210 이하
경량콘크리트	180 이하	210 이하

특히, 슬럼프값의 경시(經時)변화는 보통콘크리트보다 커서 여름에는 30분, 겨울에는 1시간 정도에서 베이스콘크리트의 슬럼프로 되돌아오므로 가급적 유동화제를 첨가하여 유동화한 후에는 신속하게 타설하는 것이 바람직하다.

7.6.7 고강도콘크리트

보통콘크리트는 40MPa 이상, 경량콘크리트는 27MPa 이상의 설계강도를 갖는 콘크리트를 고강도콘크리트라고 정의한다. 고강도콘크리트는 작업성은 일정하게 유지하면서 목표로 하는 높은 강도를 확보하기 위하여 보다 엄격한 재료의 선택 및 관리와 철저한 시공이 요구된다.

1) 재료

고강도콘크리트는 시멘트의 종류에 따라 강도특성에 미치는 영향이 크기 때문에 KS L 5201에 적합한 양질의 시멘트를 사용해야 한다. 고강도콘크리트의 제조에는 높은 감수성능과 양호한 슬럼프 유지성능을 갖는 고성능감수제와 사용목적에 따라 플라이애시, 실리카품, 고로슬래그 미분말 등을 배합 시 사용한다. 특히 고강도콘크리트는 시멘트풀 강도가 골재강도보다 상대적으로 강하기 때문에 굵은골재의 파괴가 선행되는 경우가 많으므로 굵은골재의 강도는 단단하고 견고해야 한다. 또한 입도분포는 굵고 가는 골재가 골고루 섞이어 공극률을 줄임으로써 시멘트풀이 최소가 되도록 해야 한다. 단위수량은 소요 워커빌리티를 얻을 수 있는 범위 내에서 최대 180kg/m^3 이하로 가능한 적게 해야 하고 물시멘트비는 50% 이하로 한다.

2) 시공

높은 단위시멘트양과 적은 수량으로 제조되는 고강도콘크리트는 비빈 후 시간이 경과함에 따라 슬럼프 손실이 크기 때문에 신속히 운반하여 타설해야 하며, 타설 시 낙하고는 1m 이하로 하여 재료분리가 발생하지 않아야 한다. 고강도콘크리트는 초기강도 발현이 중요하기 때문에 동절기에는 세심한 보온양생이 요구되며, 높은 단위시멘트양 때문에 수화발열량이 많으므로 하절기에는 사용재료의 온도와 양생방법 등에 대한 특별한 관리대책이 요구된다. 특히 낮은 물시멘트비로 제조한 고강도콘크리트는 수분이 적기 때문에 반드시 습윤양생을 실시한다.

7.6.8 방사선 차폐용 콘크리트

방사선 차폐용 콘크리트는 생물체의 방호를 위하여 X선, γ선 및 중성자선을 차폐할 목적으로 이용되는 중량콘크리트이다. 대상 구조물은 방사선 차폐가 요구되는 원자력발전시설 등에 적용되며 방사선 차폐의 성능은 차폐물체의 단위면적당의 중량에 대부분 비례한다. 따라서 높은 소요밀도를 보유한 콘크리트여야 하며 건조수축이나 온도응력에 의한 균열이 없어야 한다.

1) 재료

골재의 밀도는 2,300kg/m^3 정도라면 강모래, 강자갈, 쇄석을 차폐용 콘크리트의 골재로 사용할 수 있으나 필요시에는 고가인 바라이트, 자철광, 적철광 등의 중량골재를 사용해야 한다. 물시멘트비는 단위시멘트양이 과다로 되지 않는 범위 내에서 50% 이하로 하는 것이 바람직하고, 차폐용 콘크리트의 슬럼프는 소요밀도를 확보하기 위하여 150mm 이하로 하는 것이 바람직하다.

2) 시공

이어치기는 방사선의 유출을 방지할 수 있도록 가급적 실시하지 않도록 해야 하며, 타설 경화 후 방사선 유출검사를 실시하여 불합격이 되면 결함부를 납으로 메워주는 보수작업이 필요하다.

7.6.9 프리팩트콘크리트

거푸집 속에 미리 굵은 골재를 채워 넣은 후, 그 공극 속으로 특수한 모르타르를 적당한 압력으로 주입하여 만든 콘크리트로 주로 수중공사나 해수의 영향을 받는 해중공사에 적용된다. 특수한 모르타르란 유동성이 크고 재료의 분리가 적으며 적당한 팽창성을 가진 주입모르타르를 말하며, 일반적으로 포틀랜드시멘트와 모래 외에 플라이애시나 고로슬래그 미분말과 감수제 및 팽창재 등을 혼합한 것이다.

7.6.10 섬유보강콘크리트

콘크리트의 휨강도, 전단강도, 인장강도, 인성 등을 개선하기 위하여 각종 섬유상 재료를 균등히 분산시켜 제조한 콘크리트를 섬유보강콘크리트라고 한다. 섬유에는 강섬유 외에 내알칼리성 유리섬유, 폴리프로필렌섬유, 탄소섬유, 비닐론섬유 등이 있다. 주로 사용되는 강섬유는 일반적으로 길이가 25~60mm, 지름이 0.3~0.9mm로서 콘크리트에 대한 강섬유의 혼입률의 범위는 용적 백분율로 0.5~2.0% 정도이다. 섬유보강콘크리트는 균열저항성이 뛰어나고 피로강도가 개선되며 내구성을 높일 수 있다. 또한 철근콘크리트와 병용하면 부재의 전단내력을 증대시킬 수 있어 특히 높은 전단내력이 요구되는 철근콘크리트구조물에 효과적이다.

7.6.11 프리스트레스트콘크리트(prestressed concrete)

1) 일반사항

프리스트레스트콘크리트(PS콘크리트, PSC)는 콘크리트의 인장력이 생기는 부분에 PS강재에 의해 미리 압축력을 주어 콘크리트 인장강도를 증가시켜 휨 저항성을 크게 한 콘크리트로 장 스팬(span)의 구조물 시공이 가능하다. 특징으로는 균열발생이 적고 부재자중을 가볍게 할 수 있으나 처짐 및 충격에 의한 진동이 크고 철근콘크리트보다 화재에 주의를 요한다. 프리스트레스트콘크리트는 토목공사의 구조물, 교량 등에 주로 사용되고 있으며, 최근에는 일반 건축물이나 강당, 체육관 등에도 적용되고 있다. 프리스트레스트콘크리트는 시공정밀도가 매우 예민하여 구조물의 안전에 많은 영향을 주게 되며 시공 시 사용되는 부속재료는 다음과 같다.

① 긴장재

프리스트레스트콘크리트에 응력 도입을 위하여 쓰이는 고강도 강재의 총칭이며, PS강재라고도 한다. PS강재의 종류에는 PS강선, PS강봉, PS스트랜드 등이 있으며 KS 규정에 적합한 것을 사용해야 한다.

② 시스(sheathe)

콘크리트를 타설한 후 PS강재를 삽입할 수 있도록 미리 콘크리트에 설치한 얇은 주름관으로 타설시 시멘트풀이 새어 들어가지 않게 충분한 강성을 가진 것을 사용하며, 원활한 프리스트레싱을 위해서는 시공 시 정확히 배치해야 한다.

③ 정착구(anchorage)

PS강재를 잭(jack)으로 인장하여 콘크리트에 긴장력을 전달시키기 위하여 부재 단부에 설치하는 정착장치로 쐐기식(wedge system), 나사식(screw system), 압착나사식(press screw system), 버튼 헤드식(button head system), 루프식(loop system) 등이 있다.

2) 종류

프리스트레스트를 도입하는 방법에는 긴장재에 인장력을 주는 시기에 따라 프리텐션 방식(pre tension system)과 포스트텐션 방식(post tension system)으로 분류된다.

① 프리텐션 방식

가. PS강재에 미리 인장력을 가한 상태로 콘크리트를 타설하여 경화시킨 후, 인장력을 풀어서 미리 준 인장력을 PS강재와 콘크리트의 부착에 의하여 콘크리트에 프리스트레스(pre stress)를 도입하는 방식이다.

나. 주로 소형 건축부품을 공장에서 생산할 때 많이 사용한다.

② 포스트텐션 방식

가. 콘크리트를 타설하기 전에 미리 시스를 묻어 두고 콘크리트를 타설하여 경화되면 PS강재를 삽입한 후 한 끝은 정착시키고 다른 끝은 잭으로 긴장시켜 고정시킨다. 그리고 PS강재를 넣은 시스의 구멍 속에 모르타르를 적당한 압력으로 충전하여 당겨진 긴장재가 늘어나지 않도록 하는 방식이다.

나. 주로 대형부재(보, 기둥)의 생산에 사용되고 현장제작도 가능하다.

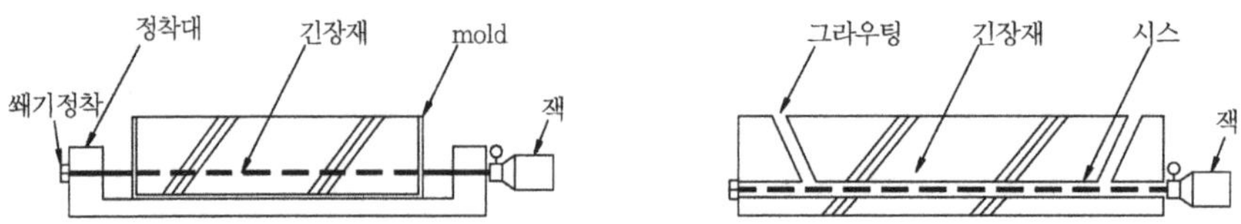

(a) 프리텐션공법 (b) 포스트텐션공법

그림 7-14 프리스트레스트콘크리트

7.7 프리캐스트(precast ; PC)공사

프리캐스트콘크리트(precast concrete)공사는 미리 공장에서 기둥, 벽, 보 및 바닥 등의 철근콘크리트 부재를 공장에서 제작하고, 현장에서 양중장비를 이용하여 조립 시공하는 공법으로 일명 PC공사라고 한다. 이러한 PC 공사는 공업화 건축의 하나로서 최근 건설산업의 급격한 환경변화에 따른 대처방안으로 그 필요성이 대두되고 있으며, 기존 RC공법과 비교하면 표 7-18과 같다.

표 7-18 RC공법과 PC공법의 비교

공법 / 항목	RC공법	PC공법
설계	다양한 설계 가능	창의적 설계 어려움
원가	저렴	고가
공기	공기단축에 한계	공기단축 가능
품질	현장조건에 따라 오차발생	공장생산으로 오차가 작음
일체성 확보	유리	불리
공해	현장시공으로 공해발생	현장작업 감소로 공해저감

7.7.1 PC공법의 특징

1) 장점

① 천후 · 기상의 영향을 적게 받아 공사기간을 단축할 수 있다.
② 기계화 시공으로 작업능률이 우수하여 인력절감이 가능하다.
③ 현장작업이 대폭 감소되어 공사관리가 용이하고 건설공해를 저감시킬 수 있다.
④ 공장제작이므로 품질이 균등하고 높은 신뢰성을 확보할 수 있다.

2) 단점

① 공장생산을 위한 초기 투자비가 많이 든다.
② 운반비가 상승하고 현장에서 대형 양중장비가 필요하다.
③ 부재가 규격화되어 있으므로 설계상 제약이 있다.

7.7.2 PC공법의 종류

1) 판식 구조

벽식 RC조의 벽과 바닥 등을 실 크기(room size) 단위로 제작 조립하는 공법으로 주로

15~20층 정도의 고층건물에 사용하는데, 특히 공동주택의 양산공법으로 유효하다. 이 공법은 접합부가 적고 창호, 전기설비 배관을 선부착할 수 있으나 부재가 대형이므로 운반에는 불리하다.

2) 골조식 구조

기둥, 보, 바닥판 등의 중요 부재를 PC로 만들어 조립하는 방식으로 장스팬이 가능하므로 공장이나 상업시설에 주로 쓰이며 주요공법은 다음과 같다.

① RPC공법(라멘 PC공법) : 라멘구조의 기둥, 보를 SRC나 RC로 PC부재화하여 현장에서 조립 · 접합시키는 공법으로, 중요구조부를 공장생산으로 제작하므로 안전성 및 신뢰성이 높다.

② HPC공법(H형강 PC공법) : 기둥은 H형강을 사용하고 보, 바닥판, 내력벽 등을 PC부재화하여 현장에서 조립 접합시키는 공법으로, 기둥은 SRC형으로 현장에서 콘크리트를 타설하는 것이 일반적이며 고층 공동주택에 적합한 공법이다.

③ 적층공법 : 철골로 골조를 조립하고 공장제작된 구조체 및 외벽 등을 1개층씩 조립하면서, 동시에 설비공사 및 마감공사도 1개층씩 끝내면서 세워가는 공법이다.

3) 상자식 구조

공장에서 생산된 박스형의 공간유닛(space unit)을 현장에서 연결하여 쌓거나 철골구조체 안에 삽입하여 구축하는 방식으로 단위유닛의 부피가 커서 거의 활용되지 못하고 있다.

7.8 콘크리트구조물의 유지관리

7.8.1 안전점검

콘크리트구조물의 안전점검은 경험과 기술을 갖춘 자가 육안 또는 점검기구 등에 의하여 검사를 실시함으로써 시설물에 내재되어 있는 위험요인을 조사하는 것으로, 초기점검, 정기점검, 정밀점검, 긴급점검 등이 있다. 초기점검은 시설물 관리대장에 기록되는 최초의 정밀점검이며, 정기점검은 육안관찰이 가능한 개소에 대하여 성능저하나 열화 및 하자의 발생부위 파악을 위하여 정기적으로 실시하는 점검이다. 그리고 정밀점검은 안전진단기관에 의해 정기적으로 시설물의 거동을 심도 있게 파악하기 위하여 실시하는 것이며, 긴급점검은 천재지변이나 화재, 부력(浮力), 충돌 등과 같은 긴급사태에 대해 시설물의 손상에 관한 정보를 신속히 얻기 위해 실시하는 점검이다. 또한 안전점검의 항목으로는 균열, 박락, 부식, 누수, 처짐, 층 분리, 기울기, 해체, 박리 등이 있으며, 시설물의 상태를 정확히 파악하기 위해서는 특성에 맞는 적절한 검사방법을 적용해야 한다.

7.8.2 보수 및 보강공법

보수는 손상된 구조물의 내구성, 안전성, 미관 등 내하력 이외의 기능을 설계단계의 수준으로 회복시키는 것이고, 보강은 손상에 의해 저하된 구조물의 내하력을 설계단계의 수준이나 그 이상으로 회복시키는 것을 말한다. 콘크리트구조물의 보수·보강은 열화와 손상 및 하자에 대하여 충분히 조사를 하고 구조특성, 중요도, 시공성, 유지관리, 내구성 등을 고려해서 그 시설물의 중요도에 따라 적절한 보수수준을 정하여 실시해야 하며 대표적인 보수·보강공법들은 표 7-19와 같다.

표 7-19 보수공법 종류

표면처리법	미세한 균열에 적용되는 공법으로 균열부위에 시멘트풀 등으로 도막을 형성하는 공법
주입공법	균열부위에 주입용 파이프를 적당한 간격으로 설치하고 저점성의 에폭시 수지 등을 주입하는 공법
충전공법	비교적 큰 폭의 균열(0.5mm 이상) 보수에 적당한 공법으로 균열선에 따라 콘크리트를 절단하고 그 부분에 보수재를 충전하는 공법

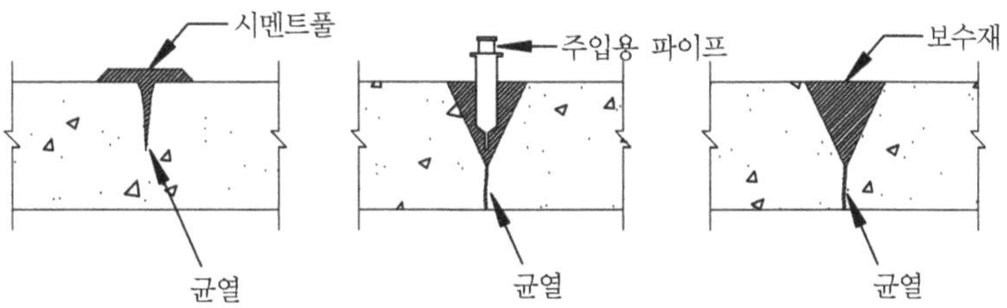

(a) 표면처리법 (b) 주입공법 (c) 충전공법

그림 7-15 보수공법

표 7-20 보강공법 종류

강판접착공법	콘크리트 부재의 인장 측 표면에 강판을 접착시켜 콘크리트와 강판을 일체화시키는 공법
앵커접합공법	콘크리트에 설치된 앵커용 볼트에 강판을 끼워 너트조임으로 콘크리트에 밀착시키는 공법
탄소섬유판 접착공법	탄소섬유판을 에폭시 수지 등으로 콘크리트면에 부착시켜 콘크리트와 탄소섬유판을 일체화시키는 공법
단면증가공법	가설부재에 콘크리트를 다져 넣어 단면을 증가시키는 공법

Chapter 08 | 철골공사

과거 건축물의 고층화, 대형화, 건식화 추세에 따라 건축물에 사용되어 온 철골구조 시스템은 최근 기둥의 단면적을 줄이거나 공사기간 단축 등을 위하여 많이 활용되고 있다.

많은 건축현장의 기술자들이 철근콘크리트에 대해서는 많은 지식과 경험을 가지고 있으나 철골에 대해서는 상대적으로 지식 및 경험이 부족한 경우가 많다. 따라서 철골공사의 일반적인 정의, 특징, 장·단점 및 그 밖의 일반적인 상세에 대한 내용은 다음과 같다.

그림 8-1 철골공사 사례(네오스포)

1) 철골공사의 구성

철골공사는 크게 공사계획, 부재의 공장생산 혹은 표준부재의 구매를 통하여 현장반입과 세우기, 접합, 내화의 과정으로 주요구조체를 형성하게 되며, 각각의 시공단계에서의 적절한 품질관리와 검사로 구성되어 있다.

2) 철골공사의 재료에 따른 분류

철골공사를 위한 부재는 기본적으로 강판의 절단과 가공, 접합을 통하여 제작되며, 강재의 형태에 따라 형강, 봉강, 강판으로 나뉠 수 있다. 형강 중 H형강은 기둥과 보에 널리 사용되고 I형강은 힘을 받지 않는 소형기둥에 많이 활용되고 있다. 강관의 경우 각형강관과 원형강관이 있어서 경량구조에 많이 활용되고 있으나 CFT기둥(Concrete Filled Tube)의 경우 대형강관으로 적용된다.

대형구조체의 경우 강판의 절단이나 형강의 접합(용접, 리벳, 볼트접합)을 통하여 하나의 구조체로 만든 조립부재의 활용이 많으며, 사용용도에 따라 조립기둥, H형강보, 조립판보, 허니콤 보, 래티스 보 등이 있다.

기타 철골공사의 바닥공사를 위한 데크플레이트와 각종 합성데크 등을 주로 활용하며, 데크플레이트를 위한 시어 커넥터와 스터드볼트 등이 있다.

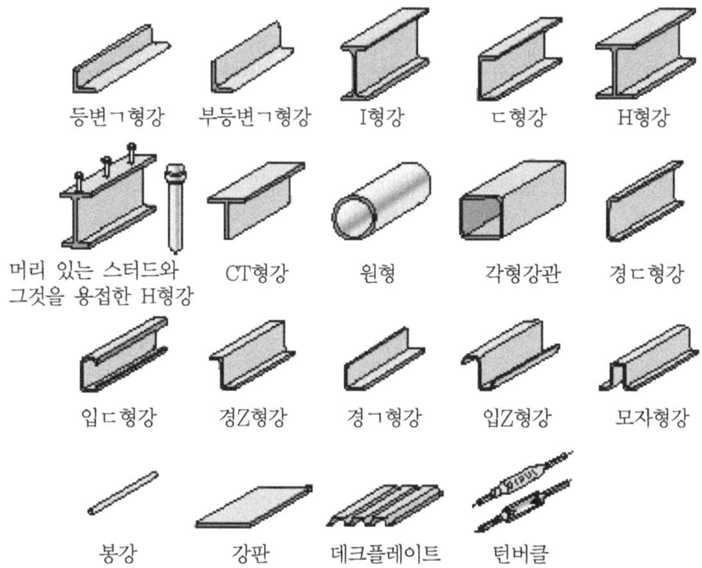

그림 8-2 재료에 따른 분류

3) 철골공사의 특징

철골공사는 건식건축공사의 대표적인 공법으로서 부재의 안정적인 접합성능뿐 아니라 현장조립의 품질이 중요하여 공장생산~현장조립의 단계까지 까다로운 검사 및 시험이 규정되어 있다.

특히, 강재는 불연재로서 단면적당 강도가 크고 품질이 안정적이나 높은 온도를 받게 되면 강도가 현저하게 저하되어 약 섭씨 500도에서는 강도가 거의 반으로 감소하고, 공기

중에 방치하면 산화하여 녹이 발생하므로 건축물의 사용을 위해서는 내화대책과 방청대책이 필수적인 자재이다.

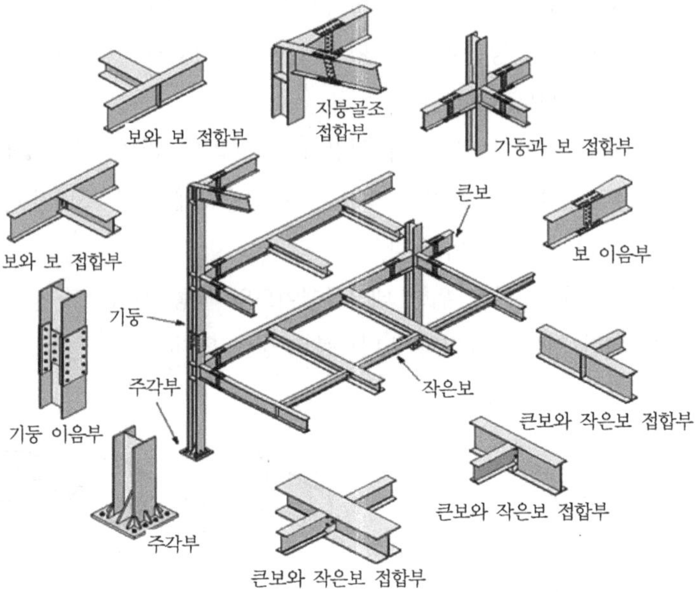

그림 8-3 부위별 철골공사

4) 철골공사와 철근콘크리트공사의 비교

① 공사기간과 양생기간이 상대적으로 짧다.

② 공사관리 항목이 적은 편으로 품질관리가 쉽다.

③ 양중기 사용부하가 상대적으로 많다.

④ 공장에서 현장까지의 자재운반계획과 관리가 필요하다.

⑤ 고소작업에 따른 안전관리의 부담이 큰 편이다.

⑥ 많은 경험과 참여자 간의 협의가 필요한 공사이다.

⑦ 고층공사에서 상대적으로 공간활용 면적이 크다.

⑧ 부재품질이 균일하므로 기둥 축소량 등에 적절히 대응이 가능하다.

⑨ 풍하중과 진동에 대하여는 철근콘크리트조에 비하여 불리하다.

⑩ 층간 차음이나 충격음, 처짐, 내화성, 열전도율 면에서 상대적으로 불리하다.

표 8-1 철골공사와 철근콘크리트공사의 비교

단계	항목	철골	철근콘크리트
공사 중	공사기간	유리	불리
	양생기간		
	공사관리 항목	적음	많음
	양중기 부하	불리	적음
	자재관리중요성	불리	보통
	안전관리	불리	보통
	의사소통	불리	보통
공사 후 거주중	공간활용 면적	유리	보통
	시공후 품질관리	유리	보통
	풍하중	불리	유리
	열전도율	보통	유리
	진동	보통	유리
	층간차음	보통	유리
	충격음	보통	유리
	처짐	불리	유리
	내화성	불리	유리

8.1 철골공사계획

철골공사는 크게 공장제작과 현장설치 및 조립의 중요한 공정이 있으며, 이 두 부분의 원활한 관리를 위한 설계·발주관리와 운반·양중관리가 중요하다.

공장제작 과정은 설계단계에서 도출된 부재의 성능과 재질, 치수, 형상을 면밀히 검토하여 생산계획을 수립하며, 전기설비와의 관련성이나 접합위치, 부속철물과의 관계 등을 검토해야 한다. 뿐만 아니라, 운반을 통한 현장반입과 조립기간을 고려한 납품계획 등을 사전에 확인해야 하며, 방청검사, 굽힘검사, 용접검사, 도막검사, 비파괴검사 등의 적절한 검사를 통하여 품질관리를 실시해야 한다.

현장조립 과정은 현장상황과 계절·기후에 맞는 공법과 공사계획을 수립해야 하고, 안전관리계획 및 공해관리계획과 단계별 품질관리를 위한 검사계획을 수립해야 한다. 뿐만 아니라 양중기 사용이 많은 자재이므로 양중계획과 자재적치계획 등을 철저히 수립하지 않으면 공사관리 단계에서 문제발생 가능성이 높으므로 신중히 검토하여 계획수립이 필요하다.

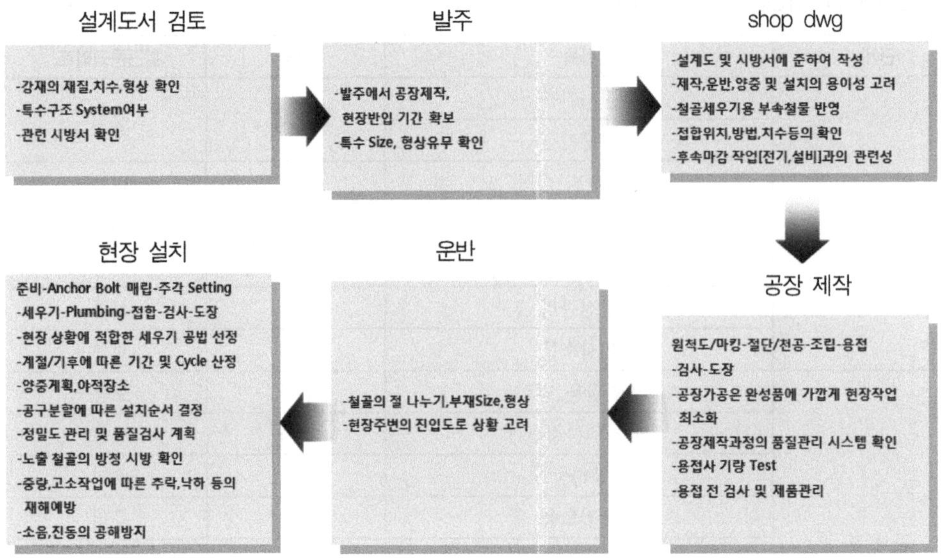

그림 8-4 철골공사계획

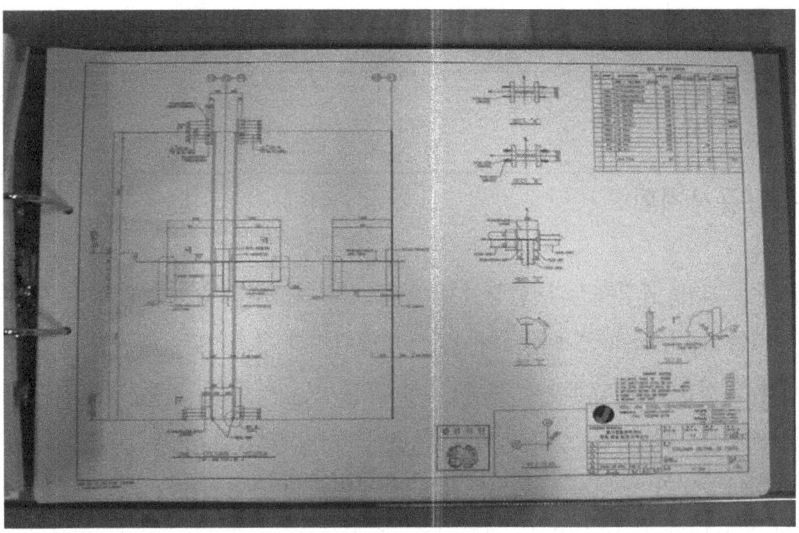

그림 8-5 시공도 사례

8.1.1 설계도서 검토

① 구조설계 내용과 설계도면, 시방서의 전반적 검토

② 철골부재와 세부 마감재료와의 관계와 중심선 등의 치수·재질·형상 확인

③ 각종 관통구멍(배관, 덕트용) 위치와 보강 유무 확인

④ 특수구조(허니콤 보, 빌트업 빔 등)의 경우 별도 시방서와 도면 확인

8.1.2 발주·생산계획

① 현장반입 및 설치를 위한 발주·공장생산계획 기간 확보
② 표준부재 여부 확인·특수 사이즈, 특수형상 유무 확인
③ 원자재 동향 파악 및 공장생산능력 확인
④ 공장방문평가 및 품질측정으로 사전계획 수립
⑤ 부속철물과 접합위치, 방법 등의 시공도 확인
⑥ 후속마감작업과 전기·설비공종과의 관련성 확인

8.1.3 공장생산계획

① 현장세우기 및 조립계획에 따른 생산계획 수립
② 현장작업을 최소화 할 수 있는 공장생산계획 작성
③ 설계품질의 확보를 위한 공장생산 품질관리시스템 확인
④ 대형부재, 중량부재는 수송능력 및 세우기 가능 여부 등을 고려하여 분할가공 여부 확인 필요

그림 8-6 공장생산 과정

⑤ 현장운반 전단계의 야적 및 품질유지계획 수립
⑥ 공장의 기계의 보유상태와 능력의 적정성, 기술자 및 작업원의 정도 및 인원수의 확보 여부, 부재 적치장, 정리장소 등의 준비가 되어 있는지의 여부 등을 확인

8.1.4 운반·현장반입계획

① 공장~현장의 거리와 교통상황 등을 고려한 운반계획 수립
② 현장 주변의 진입도로 상황을 고려하여 계획을 수립하되, 도로상에서 직접 반입할 경우 교통안전계획 등을 수립
③ 되도록 반입과 양중 사이의 대기시간을 줄여 현장 내 공간 확보계획 수립
④ 대형부재의 경우 절 나누기 등을 통하

그림 8-7 운반 및 현장반입

여 현장·공장의 작업계획을 수립해야 함.

⑤ 부득이하게 야적할 경우 작업부위와의 거리, 동선 등을 고려하여 계획 수립함.

8.1.5 현장조립계획

① 현장상황과 계절 및 날씨 등을 복합적으로 고려한 세우기 계획 수립

② 양중기의 사용 및 배분계획을 구체적으로 고려하여 공정 간섭 최소화

③ 수직도 등의 정밀도관리 및 노출철골의 방청 등 품질관리계획 수립

④ 중량·고소작업을 대비한 안전관리계획 수립

그림 8-8 현장조립

⑤ 세우기 및 조립과정에서 발생하는 소음과 진동에 대한 대책 수립

8.2 철골공사의 재료

8.2.1 성분에 따른 분류

(1) 순철 : 탄소함유량이 0.02% 미만, 불순물이 적은 철

(2) 선철 : 탄소함유량이 2.5~4.5%, 철광석을 제련하여 맨 처음 얻어지는 철

(3) 강철 : 탄소함유량이 0.02~2.0%, 선철을 정련한 강철

8.2.2 용도에 따른 분류

(1) 일반강 : 일반 구조용강으로 C(0.1~0.9%) 이외에 소량의 Si, Mn, P, S 등을 함유한 강

(2) 특수강 : 공구강, 기계 구조용강, 특수용도강으로 함유 원소(Cr, Ni, Mo, V) 등을 첨가시킨 강(합금강)

8.2.3 제조법에 따른 분류

(1) 열간압연 제품 : 제강된 반제품을 재결정 온도 이상(800~1,200℃)에서 압연, 인발 등 제품화한 것.

(2) 냉간압연 제품 : 열간압연 제품을 더 가공해서 제품화하기 위하여 재결정 온도 이하(800℃ 이하)에서 냉간압연한 것.

(3) 주강품 : 소정의 형상 틀에 주물을 부어 일정 형상으로 가공한 제품

(4) 단강품 : 소정의 재료를 단조를 통하여 제품화한 것.

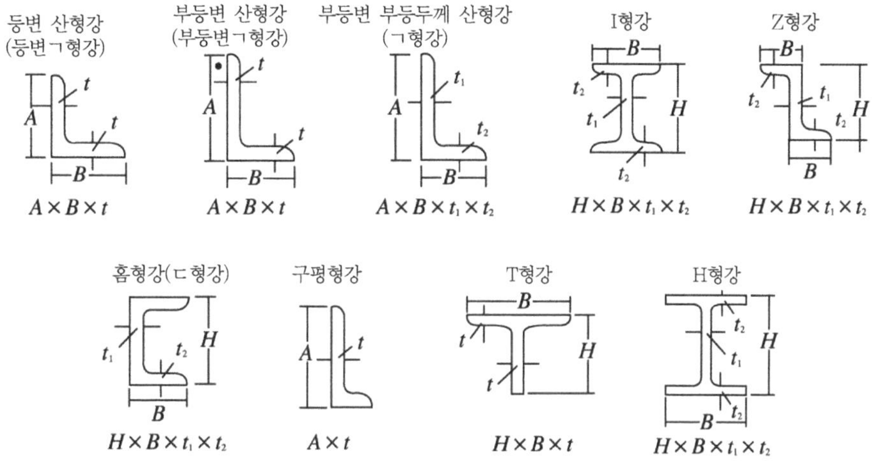

그림 8-9 형강의 치수표기법

8.2.4 형상에 따른 분류

(1) 봉강 : 원형, 사각, 육각, 8각형, 이형봉강 형태로 제조되며 철근, 리벳, 볼트의 재료

(2) 강판 : 후판(6mm 이상), 중판(3~6mm), 박판(3mm 이하)로 구분하며, 스티프너, 거싯플레이트, 베이스플레이트, B/H 등에 사용함.

(3) 형강 : 특정 형태로 열간압연된 구조용 강재

① L형강 : 두 변이 직각인 압연형강으로 주로 트러스 부재, 중도리, 띠장, 조선, 철탑 부재 등에 사용

② ㄷ형강 : 채널(channel)이라고도 하며 단면형상이 비대칭이어서 뒤틀림의 영향이 있으나 조립이 편하여 트러스, 가새, 샛기둥 등에 이용

③ I형강 : H형강과 유사하나 플랜지 폭이 좁고 웹이 두꺼운 형태이며 현재는 단면효율이 적어 많이 사용되지 않음.

④ H형강 : 단면이 성능이 우수하고 단면의 조합, 접합이 용이해 구조용 강재로 널리 쓰인다. 광폭재는 기둥재에 적합하다.

⑤ T형강 : 보통 H형강 웹의 중앙부를 절단하여 제작하고 주로 트러스 부재에 사용

표 8-2 강재의 종류와 규격

규격번호	강재의 명칭
KS D 3503	일반구조용 압연강재 SS 400, SS490, SS 540
KS D 3501	열간압연 강판 및 강대 SHP 1, SHP2, SHP 3
KS D 3515	용접구조용 압연강재 SM 400 A·B·C, SM 490 A·B·C,
KS D 3861	건축구조용 압연강판 및 강대 SN 400 A·B·C, SN 490 B·C
KS D 3865	건축구조용 내화강재 FR 400 B·C, FR 490 B·C
KS D 3529	용접구조용 내후성 열간압연강재
KS F 4603	H형강 말뚝 SHK 400·400M, SHK 490M
KS F 4604	열간압연 널말뚝 SY 295, SY 390
KS D 3558	일반구조용 용접 경량형강 SWH 400, SWH 500
KS D 3530	일반구조용 경량형강 SSC 400
KS D 3566	일반구조용 탄소강관 STK 400, STK 490, STK 540
KS D 3568	일반구조용 각형강관 SPSR 400, SPSR 490, SPSR 540
KS D 3632	내진 탄소강관 STKN 400W, 400B, STKN 490B
KS D 3864	내진 각형강관 SPAR 295, SPAP 235, 325

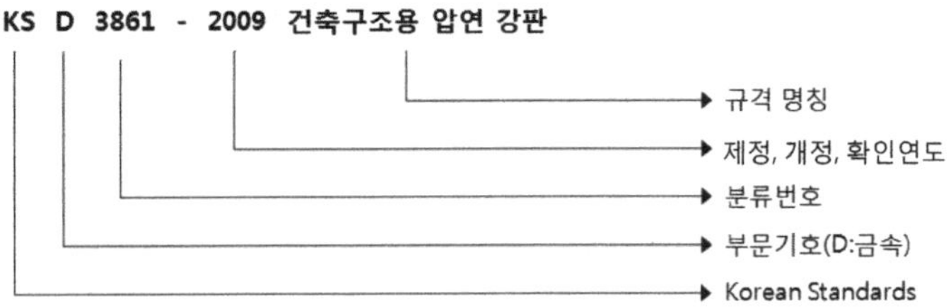

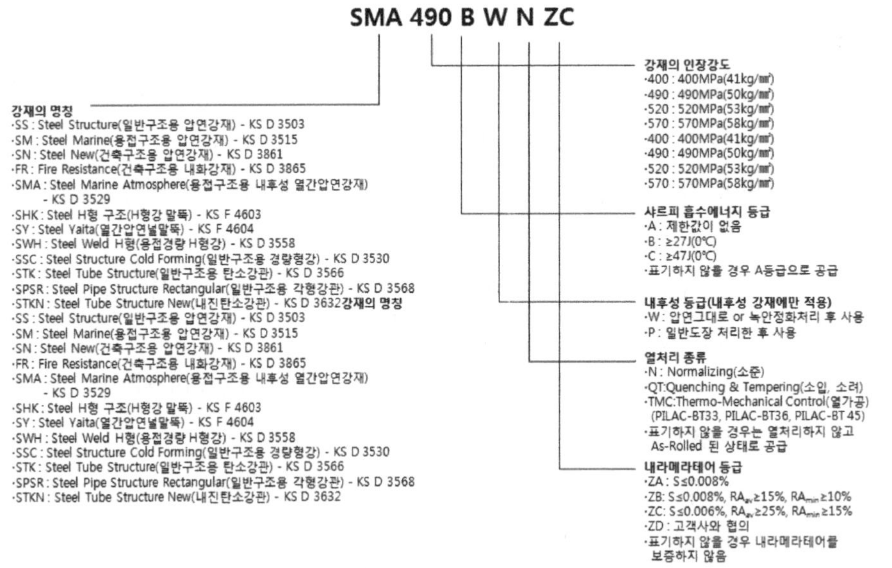

그림 8-10 철골공사 재료의 한국산업규격(KS)

⑥ 경량형강 : 1.6~4.5mm의 강판을 냉간압연하여 여러 가지 단면으로 제작한 것. 단위중량에 비해 단면성능이 커서 휨재로 경제성이 있으나 단면이 얇아 좌굴, 부식 등에 대한 단점이 있다.

⑦ 강관 : 이음 없이 열간압연하거나 강관, 강판을 용접하여 제조함. 일반구조용 탄소강관은 건축, 토목용의 철탑, 비계용으로 단면이 큰 것은 기초 파일, 고층 건물의 기둥 등에 사용된다.

8.3 공장제작

철골의 공장제작은 크게 제작준비단계와 가공 및 조립단계, 검사 및 운반단계의 크게 세부분으로 나뉠 수 있다. 제작준비단계는 공작도의 작성과 본뜨기 및 변형검사 및 수정의 작업이 수행되며, 가공 및 조립단계는 금긋기와 절단, 가용접과 본조립의 과정이 있고, 다음으로 검사 및 방청도장, 적치 및 운반 등의 작업이 이행된다.

각 단계에서 공장뿐 아니라 공사 및 설계 관계자가 단계별 검사에 공동으로 참여하여 철골의 성능과 품질 확보를 고려해야 한다.

그림 8-11 공장제작 전경

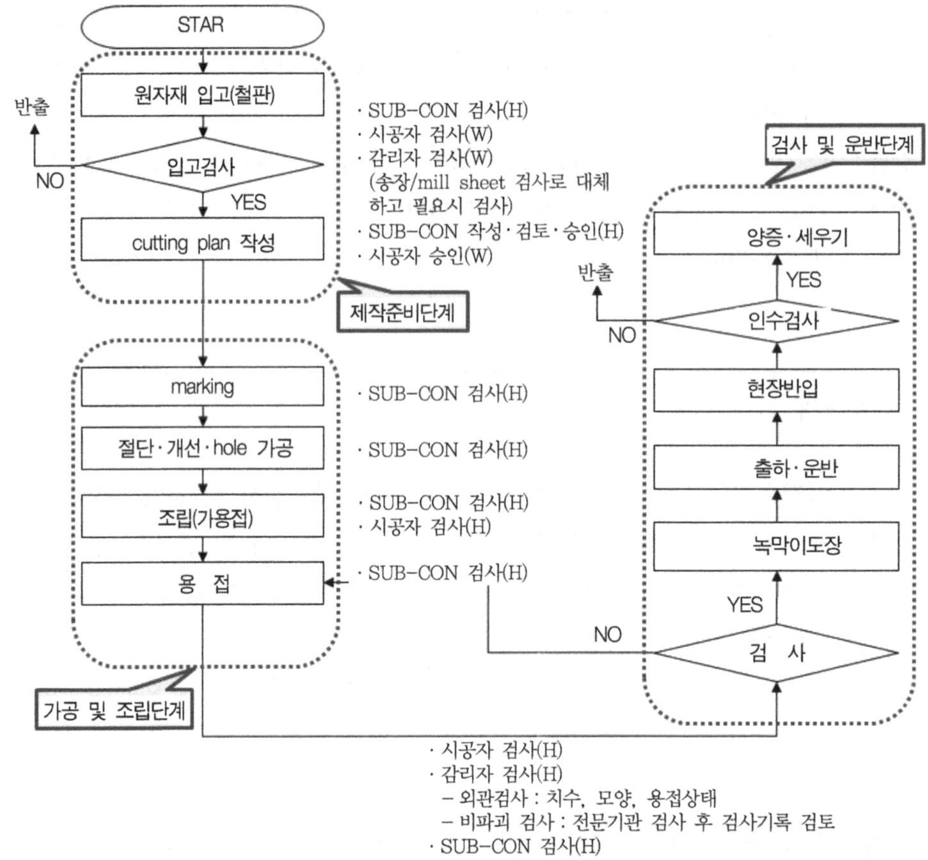

그림 8-12 철골 공장제작 순서

8.3.1 제작준비단계

제작준비단계(Input / tools & technique/output)

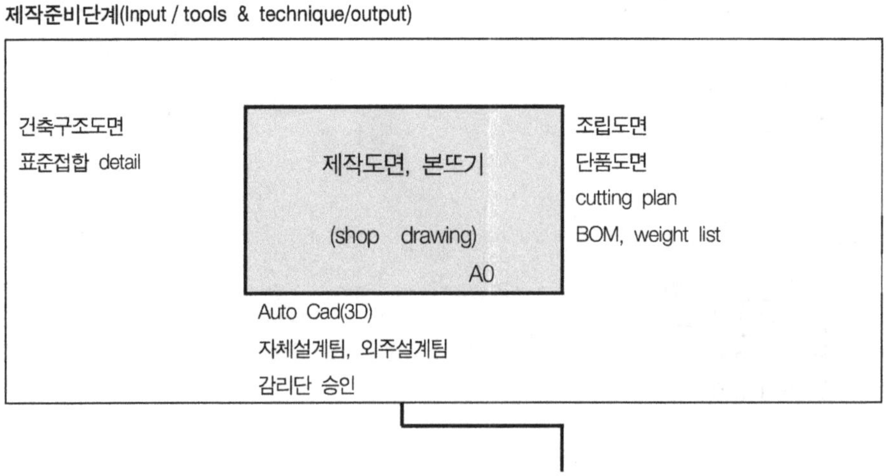

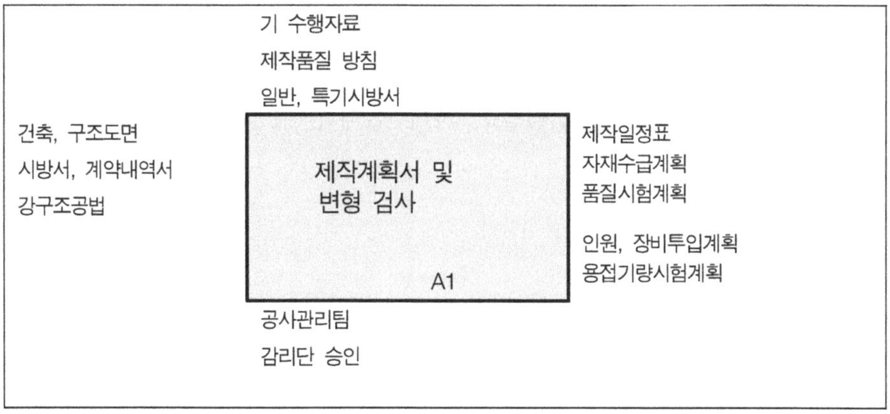

1) 공작도 작성

① 설계도면 및 시방서에 따라 철판 또는 합판 등에 원척으로 각부 상세 및 치수를 그리는 과정

② 강재의 형상, 치수, 구부림 정도를 명확히 그리고 점검한다.

③ 리벳이나 볼트를 위한 구멍의 경우 피치, 게이지라인, 클리어런스 등을 점검한다.

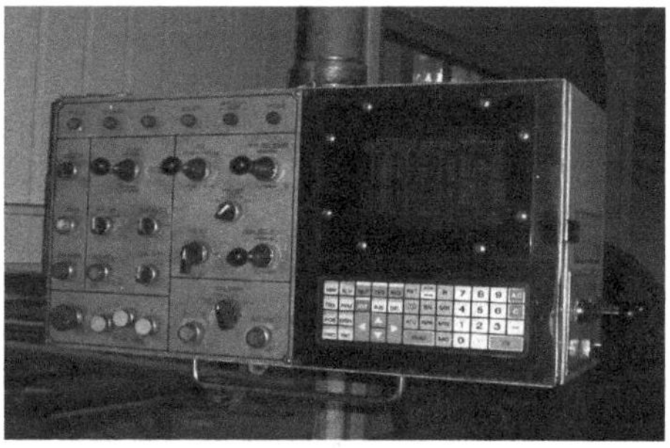

그림 8-13 절단 및 구멍뚫기 자동화 장비

④ 작업을 위한 주요 투입물은 건축설계 및 구조설계도면과 표준상세도면 등이 있다.

2) 본뜨기

① 공작도의 검사 및 승인 이후 원척판을 이용하여 얇은 강판에 정밀하게 본판을 작성하여 절단 및 구멍뚫기를 위한 기초본으로 활용한다.

② 최근 컴퓨터와 자동화 기기를 활용한 절단 및 구멍뚫기가 일반화 되어 본 단계가 지속적으로 개선되고 있는 추세이다.

3) 제작계획서

① 철골공사의 공장제작단계에서 사전에 공사의 관계자들이 공장의 실사를 수행하게 되며, 이 단계에서 중요한 판단항목으로 부재 생산능력을 보게 된다. 이 항목은 인력확보와 장비상태뿐 아니라 생산시기의 다른 프로젝트 생산의 현황까지 복합적으로 판단하게 된다.

② 제작준비단계에서 철골의 제작과 반출의 효과적 관리를 통하여 부재의 품질을 확보

하고 효과적 현장세우기를 지원할 수 있는 계획 수립이 필요하다.

③ 주요 투입물로는 기존 수행자료와 품질방침, 시방서, 구조도면, 내역서, 공법서류 등이 있으며, 주요 산출물로 일정표, 자재수급계획, 품질시험계획, 인원 및 장비투입계획 등이 있다.

4) 변형검사

금긋기의 정확성과 효율성을 위하여 변형 정도를 검사하여 바로잡아야 하며, 수행을 위한 장비로는 프릭션 프레스(friction press), 파워프레스(power press), 짐 크로(jim craw) 등이 있고, 강판의 변형을 바로잡기 위한 플레이트 스트레이닝 롤(plate straining roll)이 있다.

그림 8-14 변형 바로잡기 장비(plate straining roll)

8.3.2 가공 및 조립단계

가공 및 조립단계 (input/tools & technique/output)

Input	Process (A2)	Output
shop drawing 조립도, 단품도 1차 소부재 가공 용접 후 열처리	(위) WPS, PQR / 제작일정표 금긋기 절단, 구멍뚫기 가조립·본조립 A2 (아래) 생산팀 / CNC 기기 / 감리제품검사	부재 완성제품

1) 금긋기(marking)

그림 8-15 plate 전단절단기

① 원척도, 공작도를 이용하여 강재면에 강필로 볼트구멍 위치, 절단개소 등의 필요한 지시사항을 그려놓는 것을 말함.

② 원척도와 일치되고 가공조립에 지장이 없도록 정확하고 명료하게 수행해야 함.

③ 고장력강 및 가공한 연강의 표면에 줄, 송곳, 펀치(punch) 등으로 외부에 center punch 등을 사용해서는 안 된다.

④ 용접 구조물은 수축이 생기므로 용접완료 후 구멍의 금긋기를 해야 한다.

⑤ 중요부분의 금긋기 작업은 완료 후 공장 품질담당자의 입회하에 검사를 받아야 한다.

2) 절단 및 가공

① 전단절단과 톱절단, 가스절단의 3가지 방법이 있으며, 절단면은 도면에 특별히 표시된 것 외에는 수직이어야 한다.

② 수동절단은 경미한 작업 외에는 사용하여서는 안 된다.

③ 절단면에 심한 톱날, 절삭 남김, 파형, 슬래그, 부착물 등이 있을 때는 그라인더로 갈아서 제거해야 한다.

그림 8-16 자동 산소절단기에 의한 절단

④ 소재의 절단은 가공에 의하여 생기는 수축변형 및 끝손질 등의 여유를 고려하여 절단해야 한다.

⑤ 가스 절단면의 정도는 200S(0.2mm) 이하로 하고, 절단면의 notch양은 2mm 이하로 해야 한다.

⑥ 강재의 절단은 가공 시 생기는 절단 수축, 변형 및 다듬질 여유 등을 고려하여 절단해야 한다.

3) 홀(hole) 시공

① 천공은 펀칭 및 전기드릴에 의하여 수행하고, 조립을 위하여 리머(reamer)로 구멍 가심을 한다.

② 용접완료 후 천공이 필요한 경우는 용접 시 입열에 의한 변형이 발생하므로, 구멍위치를 정확히 하기 위하여 용접완료 후 마킹(marking)을 하고 천공해야 한다.

③ 볼트 직경에 대한 구멍 크기의 직경은 표 8-3에 따라 작업해야 한다.

그림 8-17 자동 구멍뚫기 기계

표 8-3 구멍지름의 허용치

구분 \ 호칭	10	12	13	14	16	18	19	20	22	24	25
볼트	11	13		15	17	19		21	23.5	25.5	
고장력 볼트		13			17			21	23.5	25.5	
주각용 앵커볼트	지름 30 ~ 80					구멍지름 = 볼트지름 + 9.0mm					
일반 앵커볼트	지름 19 ~ 25					구멍지름 = 볼트지름 + 5.0mm					

4) 가조립

① 결합부의 본 조립을 위하여 미리 볼트 또는 가용접으로 고정하는 단계로서 뒤틀림에 주의하고 충분히 긴결한다.

② 볼트 가조립의 경우 각 부재는 1~2개의 볼트로 우선 부재구멍을 맞춘 후, 전 볼트수의 1/2~1/3 이상 또는 2개 이상으로 가조립한다.

그림 8-18 가용접에 의한 가조립

③ 볼트 가조립은 임팩트렌치나 토크렌치를 사용한다.

④ 가용접의 경우 위치는 본용접이 끝나는 부분, 시작점, 단부 등의 강도상 문제점이 되는 부위는 피해야 한다.

⑤ 가용접에서 크랙이 발생한 경우는 용착금속을 완전히 제거한 후 재용접을 해야 한다.

⑥ 가용접은 급랭경화를 일으킬 수 있으므로 bead 길이를 짧지 않게 유지해야 한다.

⑦ 가용접 후에는 슬래그(slag)를 완전히 제거해야 하며, 용접부의 결함 유무를 확인해야 한다.

⑧ 용접면에 페인트, 유류, 수분 등이 부착하여 있는 경우는 완전히 제거한 후 가용접을 해야 한다.

⑨ 가용접의 용접봉은 본 용접보다 한 치수 작은 것을 사용해야 한다.(통상 3.2~4mm 정도의 것을 사용)

5) 본 조립

① 리벳, 고력볼트, 용접 등을 이용하여 본 조립을 수행하며, 되도록 현장의 작업을 줄 일 수 있도록 공장에 많은 부분을 작업한다.

그림 8-19 자동용접기에 의한 본조립

② 조립순서는 용접순서, 용접작업의 특성을 고려하여 계획하고, 용접이 잘못된 부위가 없도록 미리 검토 후 작업해야 한다.

③ 용접 본 조립의 경우 부품별로 가공된 소재 집결정리 ⇢ 소재의 조립위치 ⇢ 용접 ⇢ end plate 취부 ⇢ 본 용접 ⇢ 마찰접합부 처리 ⇢ 조립검사의 순서로 시행한다.

④ 수축이 큰 맞대기 이음을 먼저 조립하고, 이후 필렛(fillet)용접을 시행해야 한다.

⑤ 조립은 정반 위에서 실시해야 한다.

8.3.3 검사 및 운반단계

검사 및 운반단계 (input/tools & technique/output)

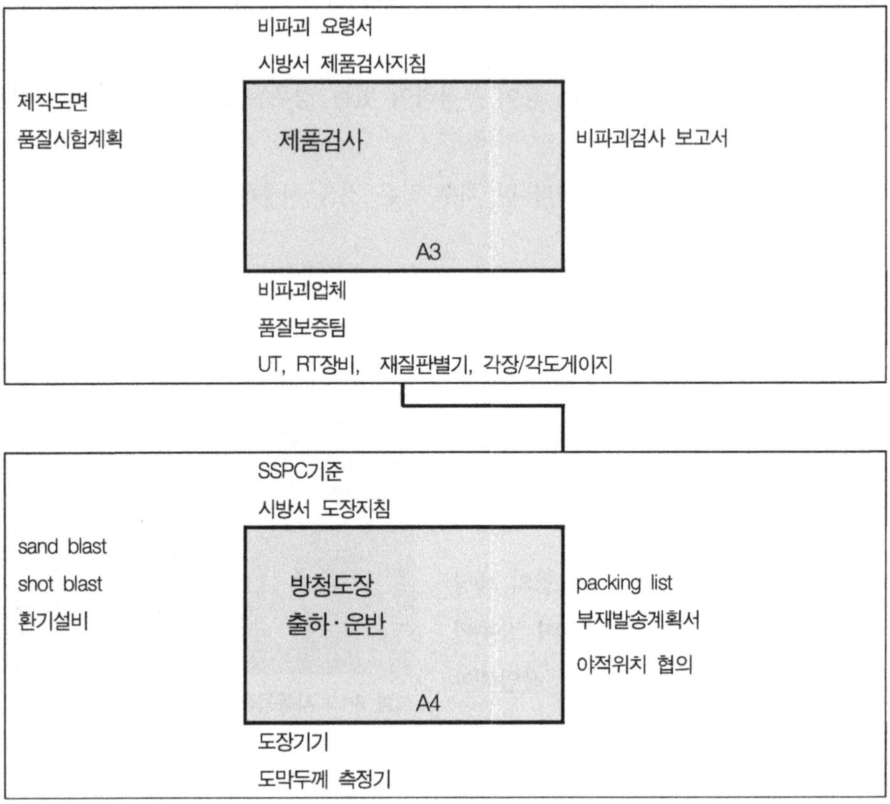

1) 검사

① 공장제작단계에서의 검사는 주로 부재가 설계도서 및 시방서에서 요구하는 품질을 확보하였는지 검사하는 것으로 부재의 치수, 접합상태, 도장 및 포장검사 등이 있다.

② 육안검사에 의한 언더 컷, 균열, 블로우 홀, 각장 부족, 오버랩, 언더컷, 피트 등을 수정

③ 자분탐상에 인한 미세균열 등을 수정하고 용접에 의한 노치, 크레이터 등을 수정, 스패터(spatter)는 깨끗이 제거한다.

④ 고력볼트 마찰 면은 디스크 그라인터 등으로 와셔 외경 2배 이상의 범위에 대하여 흑피 제거 후 옥외에 방치하여 자연발생시킨 붉은 녹 상태를 확보한다.

⑤ 마찰면의 들뜬 녹, 먼지, 기름. 용접 스패터 등은 제거하고 마찰면에는 클램프 자국 등 요철이 없어야 한다.

그림 8-20 공장검사(치수, 자기분말검사, 도막두께검사)

표 8-4 공장제작 검사의 종류 및 기준

검사 및 시험	항 목	적용 기준	검사 구분		결과물
			공장	감리	
재료검사	1. mill sheet 2. 강재 식별·규격 확인 3. 강재시험(필요시)	- KS D 3505, 3515 - 시방서 - 강재시험기준	W	R	mill sheet
마킹 및 절단검사	1. 재질구분 마킹 및 절단 정도 확인 2. 절단 결함 확인	- 마킹 절단기준 - 설계도면·시방서 - KS B 5209	M	M	N/A
조립검사	1. 이물질 제거 2. 주요자재 취부 및 외관 3. 개선각도·취부각도 4. 가붙임 용접상태	- 조립검사 기준 - 시방서 - 설계도면	M	M	N/A
용접중 검사	1. 예열, 용접부 외관 2. 용접재료 사양·환경조건	- 육안검사 기준 - 시방서, 검사절차서	M	M	N/A
비파괴 검사	1. R/T 2. U/T 3. M/T	- KSB 0845, 0896 - 비파괴검사계획 - 시방서	H	R	비파괴 검사 기록서
최종 단품검사	1. 용접 및 외관상태 2. 부재마킹·치수	- 시방서	W	R	제작최종 검사기록서
도장 검사	1. 표면처리 상태 2. 도장조건 상태 3. 도막두께·외관	- 시방서 - 도장검사 기준	W	R	도장 검사 기록서

표 8-4 공장제작 검사의 종류 및 기준 (계속)

검사 및 시험	항 목	적용 기준	검사 구분		결과물
			공장	감리	
포장 / 운송	1. packing 포장상태 2. 변형 여부	- 시방서 - 포장검사 기준	R	R	N/A

※ 검사 구분 및 범례

H : hold(필수검사) - 감리원의 입회검사를 필히 수행해야 하며, 수행하지 않고 후공정을 진행할 경우 사전에 감리원의 승인을 득해야 한다.

W : witness(입회검사) - 감리원이 입회검사를 수행해야 하며, 사전통보된 시간에 입회검사를 못하는 경우 감리원의 승인 없이 후속공정을 진행한다.

M : monitoring(현장 순회검사) - 감리원이 수시로 제작현장을 관찰하며 검사를 수행한다.

R : review(서류검토) - 방사선 투과시험 필름 또는 서류점검으로 검사를 대신한다.

2) 검사의 종류

① 재료검사 : 밀시트(mill sheet), 강재 식별, 규격 확인과 필요 시 강재시험 등을 수행함

② 금매김 및 절단검사 : 금매김의 정확성 및 재질구분 여부, 절단 정도 및 결함 확인

③ 조립검사 : 이물질 상태, 취부 및 외관, 개선 및 취부각도, 가조립 용접상태

④ 용접중 검사 : 예열상태, 용접재료 사항, 용접을 위한 환경조건 등

⑤ 비파괴검사 : 방사선검사, 초음파탐상검사, 자기분말검사 등

⑥ 도장검사 : 표면처리상태, 도막두께, 외관검사 등

⑦ 포장 및 운송 : 포장상태, 변형여부 등

3) 녹막이도장

① 선공정을 거쳐 부재제작이 완료되면 도장을 요하는 부재는 표면처리를 위해 쇼트나 샌딩으로 표면처리한다(shot blast, sand blast).

② 공장제작 및 가공이 끝난 부재는 오염 제거 및 각종 검사를 끝낸 후 녹막이도장을 1회 하고, 녹슬기 쉬운 곳은 2회 칠한다. 철골철근콘크리트조에서 콘크리트에 매입될 부분은 녹막이칠을 하지 않으나, 운반 및 저장기간이 길 때는 녹막이도장을 수행한다.

③ 도장의 목적은 표면에 도료를 부착시켜 경화된 도막을 형성하여 피도체를 보호하고, 외관을 아름답게(미관 부여)하고 특수기능을 부여하는 목적이 있다.

④ 표면처리는 도막의 수명과 부착 등에 큰 영향을 미치게 되므로 피도면에 부착된 흑피, 녹, 이물질, 등을 제거하여 표면조도를 형성시켜 도료의 부착성, 방식성을 증진시키는 과정이다.

⑤ 도장작업 시 기후조건은 대기온도 5℃ 이상, 상대습도 85% 이하, 철 표면온도는 이슬점 온도보다 3℃ 이상 높아야 하며, 옥외에서 시공 시 비, 눈, 이슬이 내리거나 강풍이 부는 환경에서는 작업을 중지한다.

⑥ 별도 시방서에 지정되어 있지 않을 경우 아래의 경우 녹막이도장을 하지 않는다.

가. 현장용접을 하는 부위와 인접하는 10cm 이내

나. 고장력 볼트 마찰접합부, 콘크리트에 매립되는 부분

다. 조립에 의해 서로 밀착되는 면

라. 폐쇄형 단면을 가진 부재의 내부면

마. 초음파 탐상검사에 지장을 미치는 부위 등

그림 8-21 숏블라스트

그림 8-22 녹막이도장

4) 포장 · 운반

① 도장이 끝난 성품은 부재의 변형이 발생되지 않게 정반에 받침목 등을 사용하여 적재한다.

② 녹막이도장 작업 후 완전건조한 다음에 출하목록에 맞추어 포장한다.

③ 제품의 현장운반은 감독관 및 검사원의 최종검사가 끝난 제품으로 현장세우기 순서에 따라 운반한다.

④ 출하담당자는 제품 운반 시 송장 4부를 작성하여 1부는 공장 내부용으로 하고 3부는 운전자편으로 현장에 송부하며, 1부는 현장제출, 1부는 공장보관, 1부는 인수증으로 사용한다.

⑤ 운전자는 인수증에 제품을 인수한 현장 인수자의 서명을 득하여 당 공장 출하담

그림 8-23 철골의 적재

당자에게 제출한다.

⑥ splice, filler, liner plate, 소부재 등의 출하 시에는 규격 및 수량을 송장에 기입한다.

⑦ 출하담당자는 출고 부재와 송장이 일치하는지 확인한다.

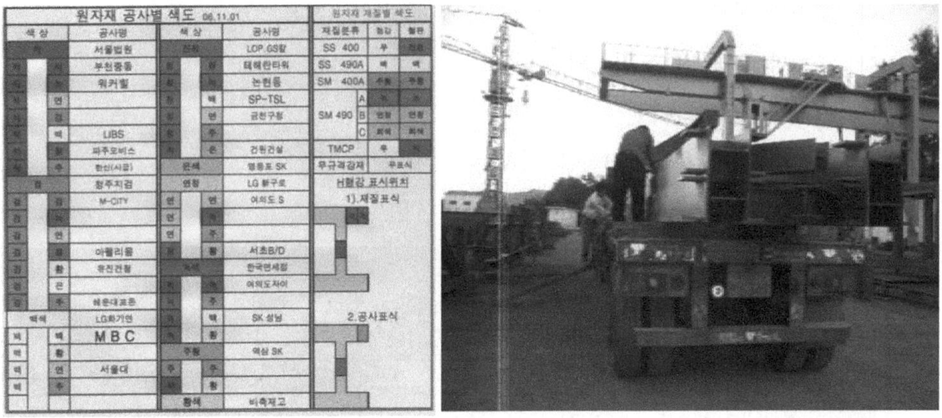

그림 8-24 부재 구분을 위한 색도 및 상차사례

8.4 철골의 접합

철골의 접합은 구조설계에 따라 핀접합, 롤링접합, 강접합으로 구분되며, 구조체의 경우 특별한 경우를 제외하고는 대부분 강접합이 사용된다.

강접합은 전통적으로 리벳접합과 볼트접합, 용접접합, 고력볼트접합이 있으며 최근 고력볼트와 용접접합이 많이 적용되고 있다.

8.4.1 리벳접합

가열된 리벳을 뚫어놓은 구멍에 끼운 다음 조 리베터(joe riveter), 뉴매틱 리베터(pneumatic riveter)로 두드려 접합하는 방법으로, 과거에는 철골접합의 주된 방법이었으나 최근에는 인건비나 소음, 화재의 위험 등의 문제로 다른 접합방법에 비하여 상대적으로 효율이 떨어져 거의 사용하지 않고 있다.

8.4.2 일반볼트접합

리벳접합과 함께 전단내력에 의한 접합방식의 일종으로 리벳접합에 비하여 소음이 적고 조립 및 해체가 용이한 장점이 있다. 그러나 시간이 지남에 따라 충격과 반복하중 등으로 이완되거나 변형이 일어나기 쉬워서 가설건축물 등에 제한적으로 사용되며 높은 강성이 필요한 곳에는 사용하지 않는다.

8.4.3 고력볼트접합

고력 인장력에 의한 접합으로 강재를 서로 밀착하여 발생하는 마찰력으로 접합하는 방식이다. 고력볼트는 리벳접합에 비하여 소음이 작으며 화재위험이 적다. 그리고 볼트접합에 비하여 접합강도가 높아서 주요구조부에 많이 사용되나, 구멍에 의한 단면결손이 발생하고 덧판 등의 접합보조재가 필요하다.

주요 특징은 접합부의 강성이 크고, 소음이 작으며 경제적이다. 그리고 불량시의 수정이 용이하고 리벳에 비하여 조립설비가 간단하며, 공기단축 및 노동력 절약이 가능하다.

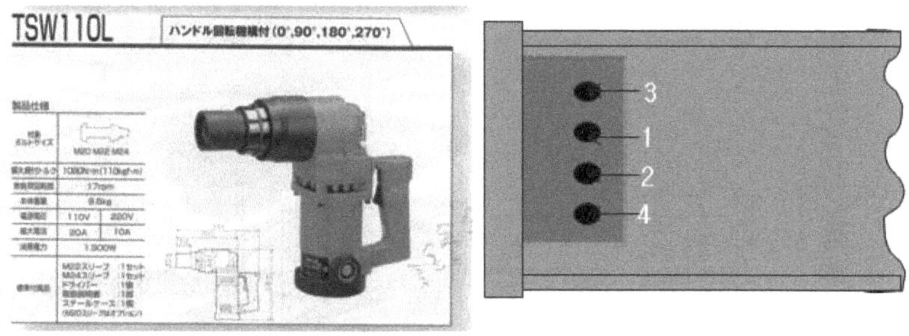

그림 8-25 고력볼트 접합렌치 및 접합순서 사례

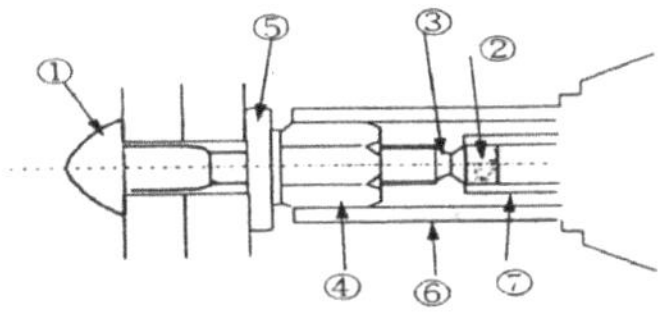

1) 핀 테일에 내측 소켓을 끼우고 펜치를 살짝 밀어 너트에 외측 소켓이 맞춰지도록 한다.

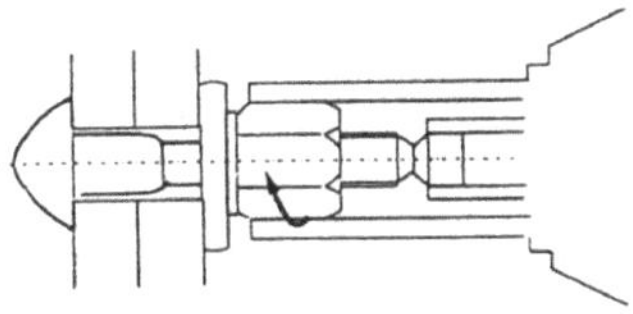

2) 스위치를 켜면 외측 소켓이 회전하여 너트를 조이고, 소정의 축력에 달하면 핀 테일이 절단되며 이것은 체결이 완료되었음을 의미한다.

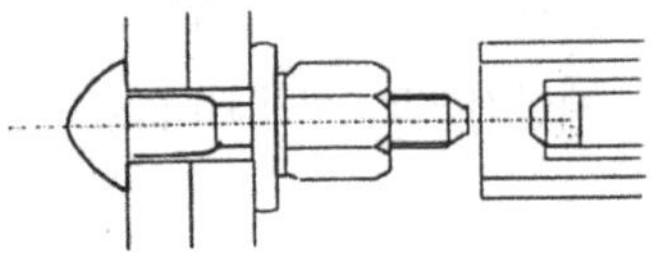

3) 핀 테일이 절단되었을 때 스위치를 끄고 외측 소켓이 너트로부터 분리되도록 렌치를 잡아당긴다.

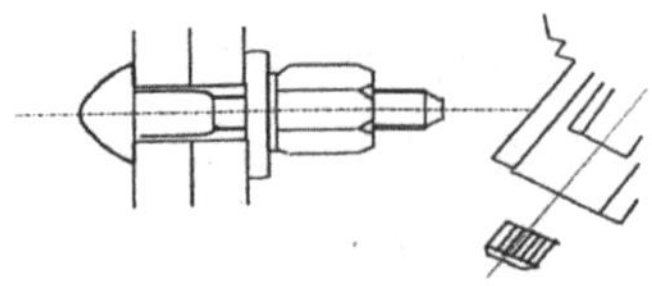

4) 핀 테일 레버를 잡아당겨 내측 소켓에 들어있는 핀 테일을 제거한다.

그림 8-26 고력볼트 접합 메커니즘

1) **고장력볼트**(high strength hexagon bolts for friction grip joints)

고장력 6각 볼트와 KS B1010규격의 너트, 평와셔 2개로 구성되며, 주로 철구조물의 마찰접합용으로 사용된다.

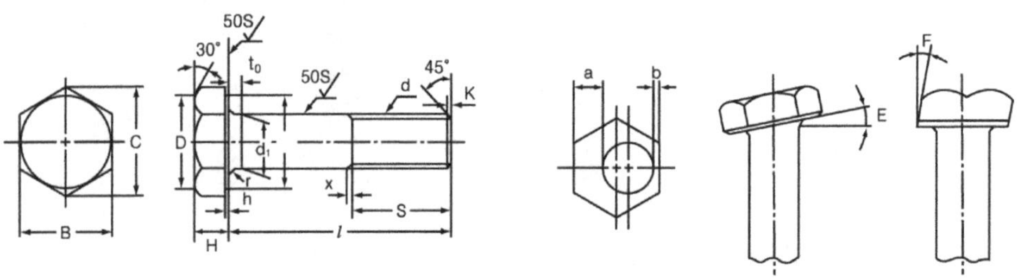

그림 8-27 고장력볼트

2) T/S**볼트**(torque shear type high strength bolt)

볼트의 핀테일과 브레이크 넥의 회전 방해력으로 조이는 방법으로, 브레이크 넥(그림 8-28의 h부분)의 부분에서 토크가 일정수치가 되었을 때 파단되는 구조를 가지고 있다.

고장력 볼트(H/T bolt)의 문제점을 보완한 것으로, 체결 시 소정의 축력에 달하면 볼트의 핀 테일(pin tail)부가 파단되어 체결이 자동적으로 완료되어 별도의 토크 테스트(torque test)가 필요 없는 볼트를 말하며, 고장력 볼트의 가장 큰 문제점인 토크(torque)값 확보 문제로, 대부분의 국내 철골공사에 T.S 볼트가 사용중이며 사용 확대중이다.

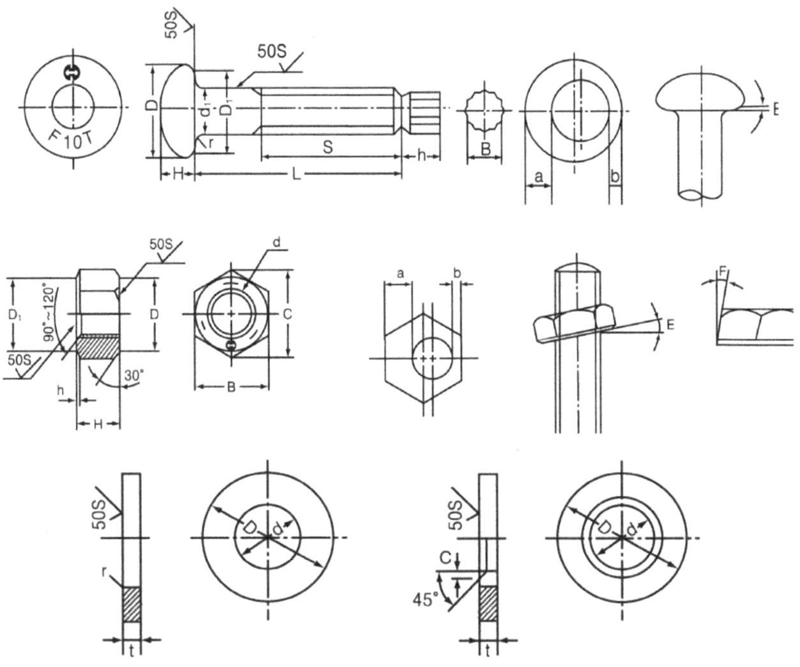

그림 8-28 T/S 볼트(볼트 · 너트 · 와셔)

표 8-5 T/S볼트의 규격 (KS) 단위 : mm

<table>
<tr><th rowspan="2">Nominal Diameter</th><th colspan="2">d1</th><th>D1</th><th>D</th><th colspan="2">H</th><th>h</th><th colspan="2">B</th><th>r</th><th>a-b</th><th>E</th><th colspan="2">S</th></tr>
<tr><th>Basic</th><th>Toler-ance</th><th>Min.</th><th>Min.</th><th>Basic</th><th>Toler-ance</th><th>App.</th><th>Basic</th><th>Toler-ance</th><th>App.</th><th>Max.</th><th>Max.</th><th>Basic</th><th>Toler-ance</th></tr>
<tr><td>M16</td><td>16</td><td>+0.7
−0.2</td><td>26</td><td>27</td><td>10</td><td>±0.8</td><td>15</td><td>11.3</td><td rowspan="4">±0.3</td><td rowspan="3">1.2~
2.0</td><td>0.8</td><td rowspan="4">1°</td><td>30</td><td>+5
0</td></tr>
<tr><td>M20</td><td>20</td><td rowspan="3">+0.8
−0.4</td><td>33</td><td>34</td><td>13</td><td rowspan="3">±0.9</td><td>18</td><td>14.1</td><td>0.9</td><td>35</td><td rowspan="3">+6
0</td></tr>
<tr><td>M22</td><td>22</td><td>37</td><td>38.5</td><td>14</td><td>19</td><td>15.4</td><td>1.1</td><td>40</td></tr>
<tr><td>M24</td><td>24</td><td>41</td><td>43</td><td>15</td><td>20</td><td>16.8</td><td>1.6~
2.4</td><td>1.2</td><td>45</td></tr>
</table>

많이 활용되는 고력볼트는 T/S볼트(원형머리)와 H/T(육각머리)볼트가 있으며, 최근에는 T/S볼트가 많이 사용된다. 그 이유는 T/S볼트가 상대적으로 공구가 가볍고 소음이 상대적으로 작고 작업이 용이하며 검사방법이 간단하여 그 사용이 늘고 있다.

표 8-6 T/S 볼트와 H/T 볼트의 비교

구 분	T/S 볼트(원형머리)	H/T 볼트(육각머리)
SET 구성	· T/S 볼트, NUT, 와셔 1개로 구성	· H/T 볼트, 너트, 와셔 2개로 구성
체결공구	· T/S 볼트의 체결은 전용 전동렌치를 사용하며 공구가 가벼워 작업이 용이하다.	· air impact 사용 시 공구가 무거워 작업자 피로도 증가 · air compressor 및 air hoses의 층간 이동으로 작업이 불편하다.
토크 일정성	· 볼트의 노치부분이 일정한 토크에 의해서 절단되므로 안정된 토크로 체결되었음을 확인할 수 있다.	· 작업자의 감으로 작업하여 안정된 토크 보장 받을 수 없다. · 너트 체결 시 볼트가 따라 돌 우려 있음.
소음방지	· 도심 내에서 사용 시 소음 없이 시공함.	· 공회전이 있어 1차 조립을 완전히 한 다음 체결이 가능하므로 체결작업이 지연
체결검사	· 토크렌치에 의한 체결검사가 생략 · 육안검사로 토크에 의한 체결 확인됨.	· 토크에 의한 체결검사가 필수 · 체결상태를 육안으로 검사할 수 없다.

3) 고력볼트 조이기

① 1차 조임은 아래의 식에 의하여 표준볼트 인장력의 80% 정도 값이 나오도록 조인다.

$[T = k(\text{토크계수}: 0.2) \times d(\text{볼트직경}) \times N(\text{표준볼트장력})]$

② 덜 조여진 볼트는 80%에 도달될 때까지 추가로 조임한다.

③ 1차 조임 후 모든 볼트는 볼트, 너트, 와셔 및 부재를 지나도록 금매김하고, 본조임 시 검사할 수 있도록 한다.

④ 본조임은 표준볼트 인장력의 100%에 도달될 수 있도록 조여야 하며, 토크렌치를 활용하는 토크관리법과 너트를 120° 회전하여 조임하는 너트회전법이 있다.

표 8-7 고력볼트의 종류 및 특징

명 칭	형 상	특 징	
		장 점	단 점
T/S 볼트	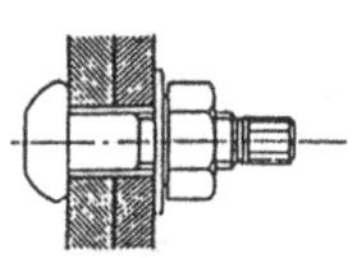	· 노치절단으로 토크 체크 가능 · 도입축력이 안정 · 특수한 체결기구 불필요	· 볼트 노치가 떨어지기 쉽다. · 협소한 장소에서 시공불가
그립볼트	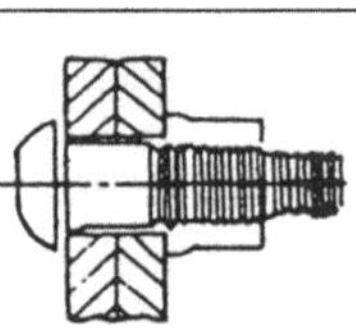	· 도입축력 안정 · 풀림이 없다. · 시공관리 용이	· 특수한 체결기구 필요 · 체결하면 재조정이 어렵다. · 볼트 말미부분이 떨어지기 쉬워 위험함.
PI너트 부착 고장력 볼트	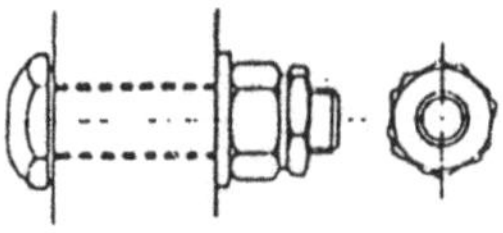	· 특수한 체결기구 불필요 · 토크조정이 불필요 · 체결 정도의 육안관리 · 너트가 2중(풀림 방지)	· 볼트의 길이가 길다. · 너트의 제작관리를 요함 →체결토크에 영향

4) 고력볼트 조임검사

① 토크관리법

1차 조임 완료 후 표시한 금매김의 어긋남에 따라 회전량의 과부족을 육안검사하는 방법으로 규정 토크값의 ±10% 이내의 것을 합격으로 처리하는 검사로서, 볼트군의 10% 이상 또는 1개 이상을 검사한다. 조임 부족의 경우 해당 볼트군을 모두 검사하고 동시에 소요 토크값까지 추가 조임한다.

그림 8-29 토크렌치 조임 및 토크관리법 검사

② 너트회전법

1차 조임 후 너트 회전량을 육안검사하여 본조임 시 120° ± 30° 이내의 것을 합격으로 하는 검사방법으로, 회전량이 부족할 경우 추가로 조이고, 과도하게 조여진 경우 교체한다.

그림 8-30 서브머지드 아크용접

8.4.4 용접접합

용접접합은 고력볼트와 함께 철골공사에서 가장 많이 쓰이는 접합방법으로 접합하고자 하는 두 개 이상의 철 부재의 접합부분을 용융시켜 접합하는 방법이다.

용접접합은 다른 접합에 비하여 강재가 절약되고 단면처리 및 이음이 쉽고 응력전달이 확실한 장점이 있다. 그리고 의장적으로 미려하고 공사비가 상대적으로 싼 편이며 부재가 두꺼워도 가능한 접합방법이다.

그러나 용접공의 숙련도에 따라 품질이 좌우되고 검사 및 확인방법이 상대적으로 불확실하며, 열변형이 있을 수 있는 단점이 있다.

1) 용접접합의 종류(철골공사 주요공법)

① 가스압접 : 주로 철근의 이음에 활용되는 접합방법으로 용접하고자 하는 2개의 철근을 산소아세틸렌 불로 가열하고 적당한 온도에서 두 철근을 가압하여 압착시키는 방법이며, 철골공사에는 많이 쓰이지 않는다.

② CO_2 아크용접 : 플럭스라 불리는 피복제를 사용하여 모재 사이에 아크를 발생시켜 모재와 용접봉을 녹여 접합하는 방법으로 용접 시 CO_2를 뿌려줌으로써 금속의 변질을 방지하는 방법이다.

③ 서브머지드 아크용접 : CO_2 아크용접이 반자동임에 반해, 용접봉의 주입과 용접을 위한 이동을 자동화한 장비로서 용접작업 시 아크가 보이지 않아 작업능률이 높고 용융모재가 대기와 접촉하는 것을 차단하여 용접되는 방식으로 철골공장제작에서 많이 활용되는 방식이다.

④ 일렉트로 슬래그용접 : 두꺼운 강판을 용접하는데 사용되는 용접법으로, 판재를 2~3cm 간격으로 놓고 양 옆에 물로 냉각되는 동판을 붙여 녹은 쇳물이나 슬래그가 새어나가지 않게 한 후 부재사이에 용접봉의 녹은 쇳물을 투입하면서 수직으로 용접하는 방식이다.

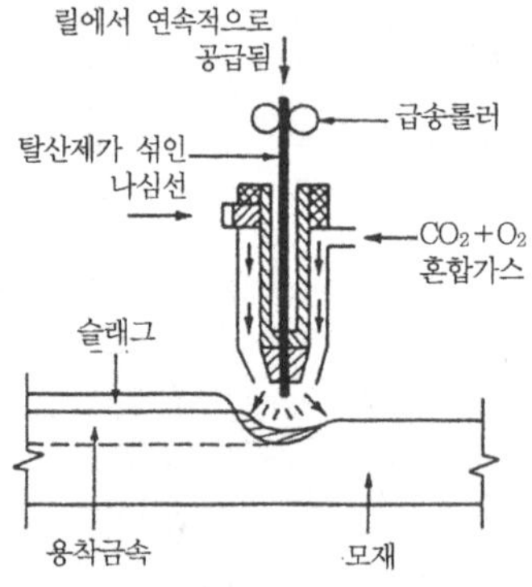

그림 8-31 CO_2 아크용접

그림 8-32 스터드볼트 용접

⑤ 스터드용접 : 주로 철골보와 콘크리트 바닥판을 일체화하기 위한 앵커철물 용접에 사용되며, 데크플레이트 이음 사이 철골보에 용접하거나 데크플레이트를 관통하여 철골보에 용접하기도 한다.

⑥ 가우징 : 접합공법은 아니나 용접에서 빈번히 발생하는 용접접합 오류를 수정하기 위하여 사용되는 방법으로, 탄소와 흑연으로 된 장치를 사용하여 모재 사이에 발생하는 아크의 고온 열로 모재를 순간적으로 녹이고, 동시에 압축공기의 강한 바람으로 용해된 금속을 불어내는 방식이다.

그림 8-33 가우징 카본과 가우징

2) 용접이음방법

① 맞댐용접 : 맞댐용접은 접합재를 동일평면으로 유지하여 그 끝을 적당한 모양이나 각도로 개선하여 용접살을 개선부에 채워 넣는 용접방식이다.

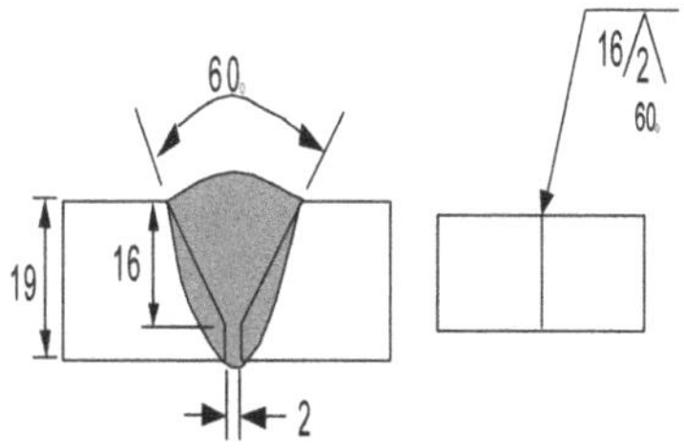

그림 8-34 맞댐용접 도면 사례

② 모살용접 : 부재의 끝을 개선하거나 가공하지 않고 부재와 부재가 교차하는 선을 따라 삼각형 모양으로 용접살을 덧붙여서 용접하는 방식으로, 모재를 가공하지 않고 용접이 가능하여 철골부재 공장제작에서 많이 쓰이는 공법이다.

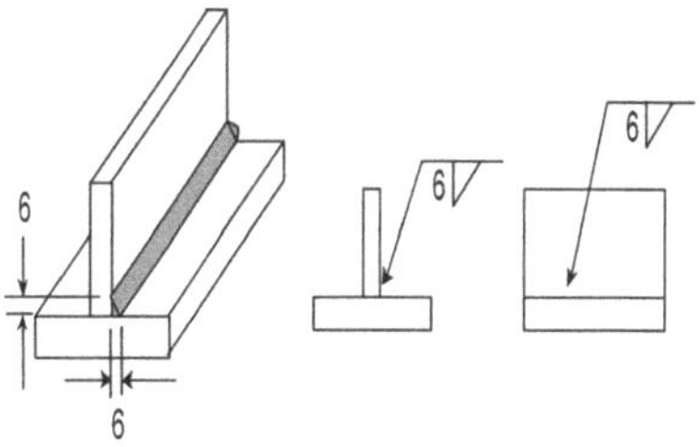

그림 8-35 모살용접 도면 사례

3) 용접작업의 시공 시 유의사항

① 용접재료관리

가. 모든 용접재료는 용접봉 건조로가 비치된 용접재료 관리창고에서 저장, 건조 불출 관리하며, 각 용접재료는 종류별 용접봉 건조표준에 따라 건조 후 불출시켜야 하며, 사용 시에는 이동식 건조로에 보관하여 사용하는지 확인한다.

나. 건조 후 불출된 용접봉이 대기중에 4시간 이상 노출된 것은 사용할 수 없으며, 이러한 용접봉 재건조 표준에 따라 재건조시킨 후 사용하는지를 확인한다.

다. 용접이음될 부재의 면 또는 모서리 쪽은 절단, 가우징, 그라인딩 등으로 가공되어야 하며, 용접에 유해한 오일, 그리스, 녹 등을 제거하여 작업을 하는지를 확인한다.

② 용접 기후조건 및 예열온도

가. 기온이 0℃ 이하의 경우는 용접해서는 안 되며, 용접 시는 용접접합부 10mm 범위의 모재부분을 30℃ 이상으로 가열하여 행하는지를 확인한다.

나. 용접이음될 부재의 표면이 눈 또는 비로 젖었을 때나 심한 바람이 불 때는 적절히 보호막이 설치되지 않는 한 옥외작업은 행해서는 안 된다.

다. 예열 및 층간온도를 감지할 수 있는 crayons이나 수치를 읽을 수 있는 접촉식 온도 측정기를 사용하여 체크해야 한다.

라. 도면이나 시방서에 특별히 명시되지 않는 한 최소예열은 예열온도의 표준사항에 따른다.

③ 용접 전 준비

가. 제작도면을 잘 이해하고 작업내용을 충분히 검토한다.

나. 용접전류, 용접순서, 용접조건 등을 확인한다.

다. 용접부위는 이물질(녹, 기름, 먼지, 수분 등)을 완전히 제거한 후 용접한다.

라. 용접사는 반드시 용접사 자격시험에 합격한 경우에 한하며, 자격시험을 AWS D1.1 또는 KSB 0885 용접기술 검정에 있어서 시험방법 및 판정기준의 규정된 절차를 따르는지를 확인하며, 국가자격을 취득한 용접사는 자격시험을 생략한다.

④ 용접작업 시 유의사항

가. 용접작업방법과 순서는 변형과 잔류응력을 최소화 되도록 용접절차 시방서에 따라 실시하는지를 확인한다.

나. 용접중 또는 용접 시작 전에 가용접의 균열이 발생한 경우는 그 부분을 완전히 제거한 다음 본 용접을 실시하는지를 확인한다.

그림 8-36 용접기량시험을 위한 시편

다. 모재의 두께가 두꺼워 다층용접을 할 경우 용접변형을 방지하기 위하여 재편의 앞뒤를 번갈아 가며 용접하며, 각 용접층을 완료시킨 후 슬래그를 제거하고 그 다음 용접층이 형성되도록 하는지를 확인한다.

라. 최종 개선면은 와이어브러시 등을 이용하여 슬래그나 스패터를 깨끗이 제거해야 한다.

마. 모재에는 충격을 일으키지 않아야 하며, 빈번한 용접중 중단이나 과도한 상하 움직임을 삼가하고 용접거리는 가능하면 사용 용접봉 직경 이내로 유지해야 한다.

그림 8-37 엔드탭

바. 서브머지드 아크용접 시 길이방향의 용접에는 용접 시작과 마지막 부분에 용접완료 후 제거 가능한 엔드탭(end tab)[43]을 사용하여 작업하는 지를 확인한다.

4) 용접의 결함

① 용접결함의 종류

가. 크랙(crack) : 용접 후에 급랭될 경우 생기는 균열

나. 블로홀(blow hole) : 녹은 금속이 응고할 때 방출가스가 남아서 생긴 구멍

다. 슬래그(slag) 감싸돌기 : 용접봉의 피복재 심선과 모재가 변하여 생긴 슬래그가 용착되어 금속 내에 혼입되는 현상

라. 언더컷(under cut) : 용입불량 등의 원인으로 모재가 녹아 용착금속이 채워지지 않고 홈으로 남는 부분

마. 오버랩(overlap) : 용착금속과 모재가 융합되지 않고 단순히 겹쳐지는 것

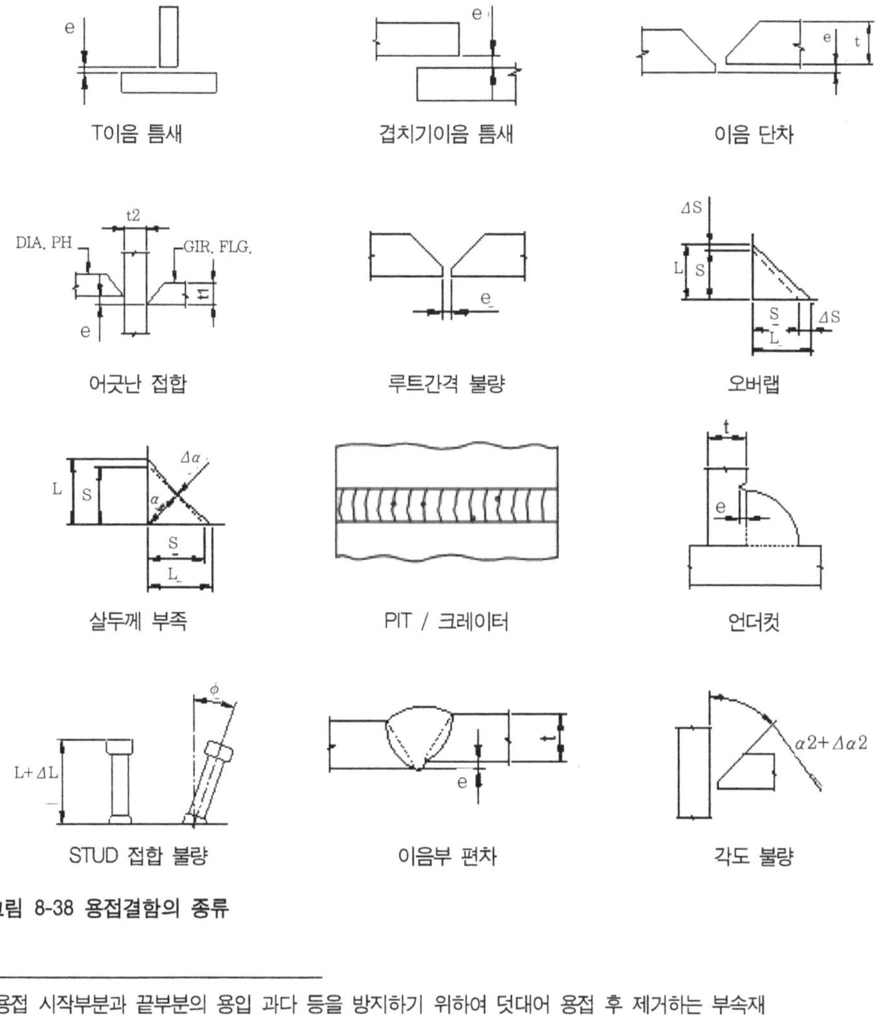

그림 8-38 용접결함의 종류

43) 용접 시작부분과 끝부분의 용입 과다 등을 방지하기 위하여 덧대어 용접 후 제거하는 부속재

바. 크레이터(crater) : 용접 끝단에 항아리 모양으로 오목하게 파인 모양의 결함

사. 용입 불량 : 용입깊이가 부족하거나 부재와의 융합이 불량한 결함

아. 피트(pit) : 작은 구멍이 용접부 표면에 생기는 결함

② 용접결함의 원인과 방지대책

가. 전류의 높낮이가 고르지 않을 경우 결함발생이 많으므로 과전류 방지기를 설치

나. 용접속도가 일정하지 않거나 용접공의 기량이 미숙할 경우 결함 가능성이 높으므로 용입 불량이 생기지 않도록 적정속도를 유지하고 철저한 용접사는 용접기능시험을 실시하여 선발한다.

다. 용접봉의 관리 및 보관이 불량하거나 용접부위가 청결하지 않을 경우 결함이 발생되기 쉬우므로 건조한 상태에서 청소상태를 검사하여 품질을 유지한다.

라. 변형이 생기지 않도록 용접부위를 예열하고 용접방법 및 순서를 지켜 수행한다.

표 8-8 용접불량의 원인 및 대책

결 함	원 인	대 책
용입 부족	· 용입속도가 적당하지 않을 때 · 용접전류가 낮을 경우 · 홈의 각도가 좁은 경우	· 용접속도를 적당히 낮추고 전류를 적당히 크게 할 것. · 홈의 각도를 크게 하거나 각도에 따른 봉 지름의 것을 선정할 것.
under cut	· 용접봉 각도, 용접속도가 적당하지 않을 때 · 용접전류가 너무 높을 때 · 부적당한 용접봉을 사용할 때	· 봉 지름에 따른 균일한 운봉할 것. · 용접속도 늦게 하고 전류를 약간 낮게 할 것. · 목적에 따른 용접봉을 선정할 것.
기공 & pit(blow hole & pit)	· 아크 분위기 중에 수소 또는 일산화탄소가 너무 많을 때 · 용착부가 급랭할 때 · 이음부에 유지, 페인트, 녹 등이 있을 때 · 용접봉 또는 이음부에 습기가 많을 때	· 적당한 봉을 선정할 것. · 후열 등에 의해 냉각속도를 늦게 할 것. · 저수소계 용접봉을 쓴다(건조시켜서 쓸 것). · 이음부에 청소를 충분히 할 것.
터 짐	· 모재에 대한 심선과 flux의 조합 부적합(모재 탄소량 과다, 용착금속 망간양 최소)	· 망간양이 많은 심선을 사용할 것(모재의 탄소량이 많을 때는 충분히 예열할 것).
	· 용착부의 급랭에 의한 열영향부의 경화 · 심선에 탄소와 유황의 함유량이 과다할 때	· 심선을 교체할 것. · 지정된 시공방법으로 용접할 것.
슬래그 감싸돌기	· 용접방향으로 모재가 경사져 있어서 슬래그가 선행할 때 · 용접속도가 너무 느릴 때	· 모재를 되도록 수평으로 하고 전류와 용접속도를 조절한다. · 엔드탭의 두께와 홈 형상을 모재와 동일하게 한다.
fisheye	· 용접봉의 건조가 나쁠 때 · 수소가 대량 용해되었을 때	· 용접봉을 잘 건조한다. · 저수소계 용접봉을 사용한다. · 예열, 후열처리한다. · 용접속도를 느리게 하고 급랭을 피함.

5) 용접검사

① 철골의 용접접합의 결함을 방지하고 구조적으로 내력을 확보하였는지 여부를 확인하기 위하여 용접검사를 실시하며 용접 전 검사, 용접중 검사, 용접 후 검사로 나뉜다.

② 용접 전 검사는 절단면의 거칠기, 절단면의 직각도, 절단면의 슬래그, 트임새 모양, 메탈 터치(metal touch), 용접사의 기량시험 등으로 나뉜다.

③ 용접중 검사는 용접봉의 상태와 운봉상태, 전류상태 등을 체크하여 결함이 발생하였을 때 원인분석이 될 수 있도록 한다.

④ 용접 후 검사는 육안검사와 비파괴검사로 나뉠 수 있으며, 특히 철골의 접합성능도달 여부를 확인하기 위하여 비파괴검사를 주로 수행한다.

표 8-9 용접 전 검사의 표준시방서 사례

항 목	도 시	건축공사 표준시방서		
		관리 허용차	한계 허용차	측정기기
GAS 절단면의 거칠기	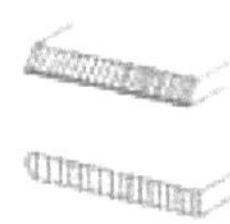	(개선면) 200S (노출면) 100S	(개선면) 200S (노출면) 100S	육안판단
절단면의 직각도	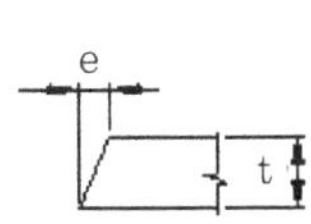	t ≤ 20 경우 e ≤ 1 t 〉20 경우 e 〈t/20	t ≤ 20 경우 e ≤ 2 t 〉20 경우 e 〈t/20	직각자 틈새 게이지 각도 게이지
절단면의 슬래그	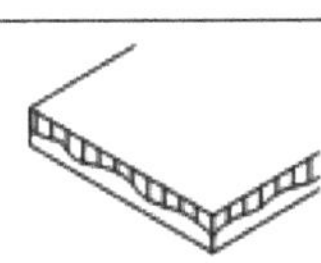	완전제거	완전제거	육안
메탈 터치	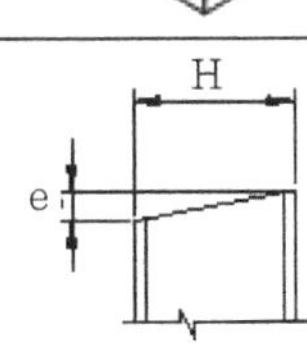	e≤1.5H/1000	e≤2.5H/1000	금속재 직각자 틈새 게이지 용접 게이지
개선각도	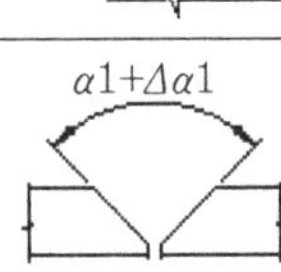	−5° −2.5°	−10° −5°	용접 게이지
루트간격	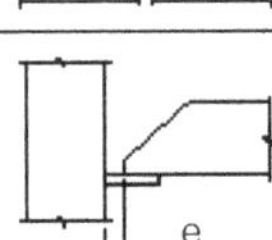	e≤2	e≤3	틈새 게이지 용접 게이지

6) 비파괴검사(N.D.T : non destructive testing)

① 검사기준 AWS D1.1 SECTION 6, SECTION 8에 따르거나 또는 KSB 0845 및 KSB 0896 2급 또는 비파괴검사 표준에 따른다. 만일, 검사결과 결함부위로 판정된 부위는 가우징 등으로 제거하여 수정용접을 한다.

② 검사시행은 발주자의 품질관리 담당자에게 의해 주관시행하며 검사시기 등 기타 필요한 사항은 제작사의 품질관리팀과 협의하여 처리한다.

③ 용접부위별 검사 시 불합격으로 판정되면 합격될 때까지 재시험한다.

④ 방사선 투과검사(R.T : radiographic testing)

가. X선, γ선에 의해 용접부를 투과시켜 내부상태를 필름에 감광시켜서 내부의 결함을 검출하는 방법

나. 촬영장소를 한눈으로 알 수 있고 기록으로 남길 수 있다.

다. 검사장소가 제한되고 촬영기술, 필름의 감도 등에 따라 결함이 판정이 달라서 경험을 요하는 검사기술이다.

라. 방사선이 인체에 유해하므로 취급과 보관은 취급허가자가 관리한다.

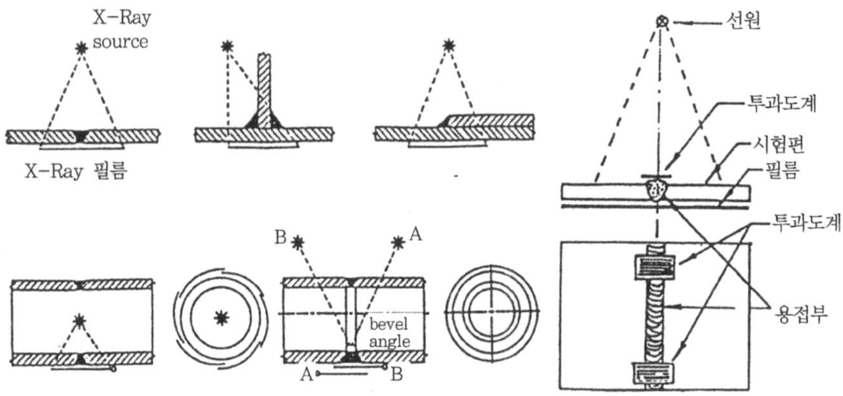

그림 8-39 방사선투과 검사

⑤ 초음파 탐상검사(U.T : ultrasonic testing)

가. 초음파 기계에서 전기적 에너지를 기계적 에너지로 바꾸어서 0.1~25MHz의 음파를 물질에 투과시켜 반사되어 나오는 음파를 CRT의 영상으로 잡아 내부의 결함을 발견하는 검사방법.

나. 필름이 필요하지 않으며 검사속도가 빠르고 경제적이며, T형 접합 등 X선으로 불가능한 부분의 검사가 가능하다.

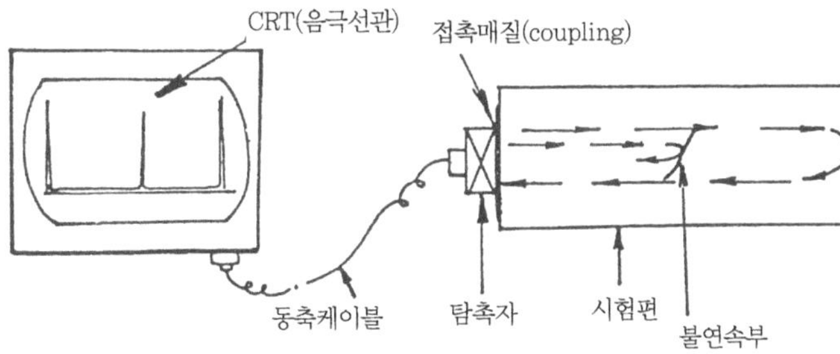

그림 8-40 초음파 탐상시험

다. 기록성이 없고 검사원의 기량 능력에 따라 판단결과가 상이하다.

⑥ 자분탐상검사(M.T : magnetic particle testing)

가. 자분탐상검사는 강한 자화전류를 이용하여 용접구조물의 내부결함 또는 개재물 용입 부족, 크랙 등을 검사하며 액체상태에서 혼합된 철분가루가 사용된다.

나. 검사할 부위에 자분을 고르게 깐 후 자화시키면 결함부 위에서는 자속이 흔들리는데, 이 원리를 이용하여 검사하는 방법이며 크기 모양과 위치를 찾아낼 수 있으며 자성을 갖는 물체에만 검사가 가능하다.

그림 8-41 자분탐상검사 기계

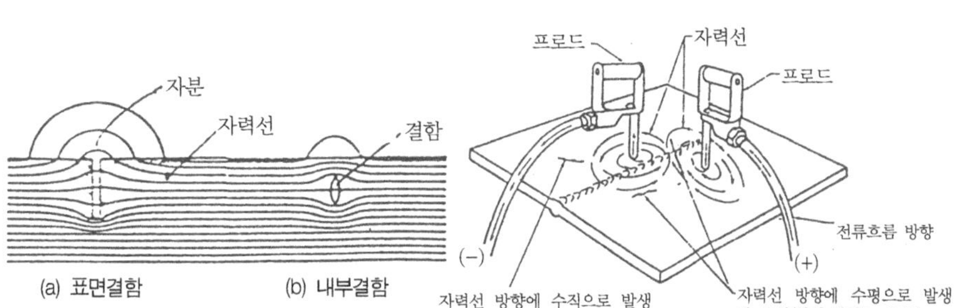

그림 8-42 자분탐상검사

⑦ **액체침투탐상검사**(P.T : liquid penetrant testing)

가. 표면에 있는 결함에 모세관 현상을 이용하여 침투액을 침투시키고, 그 위에 현상액을 뿌려 결함부에 배어 있던 침투액이 스며 나오는 현상을 육안으로 판정하여 결함을 찾아내는 방법

나. 검사순서는 용접부 세척 ⇢ 건조 ⇢ 침투제 도포 ⇢ 침투제 세척 ⇢ 현상제 도포 ⇢ 관찰의 순서로 진행되며 재질에 관계없이 응용범위가 넓다.

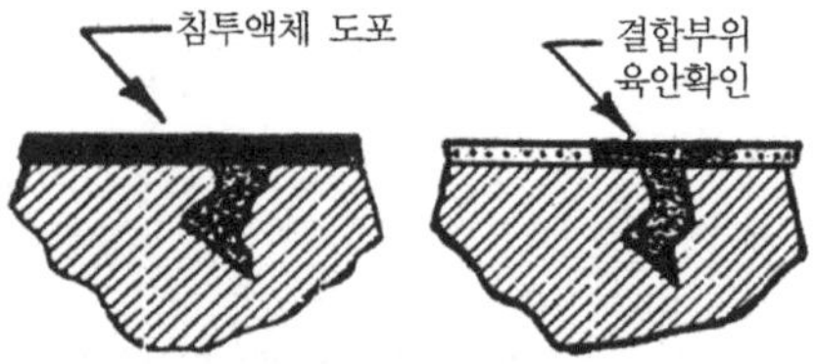

그림 8-43 액체침투탐상검사

표 8-10 비파괴검사방법의 비교

구 별 \ 탐상법	R. T	U. T	M. T	P. T
결함발견 가능 부위	내부	내부	표면, 표면 근처	표면
적 용	t=100mm 이하	모두 적용	fillet	fillet
검사위치	양면 인원분산 촬영필름	한 면	장비운용 가능한 장소	좌동
검출감도	R. T < U. T		M. T < P. T	
전 원	X-RAY : 촬영 r-RAY : 불필요	불필요 (battery)	필요	불필요
판 독	최소 3시간 후	즉시	즉시	즉시
장 비	X-RAY : 중량 r-RAY : 간편	간편	간편	간편

8.5 현장시공

공장제작이 완료된 철골부재를 현장으로 운반하여 시공하는 단계로서 크게 주각 시공준비 및 세우기 단계와 주요부재 접합, 검사의 세 단계로 구분된다. 특히 주각 세우기의 경우 공사규모, 높이, 정밀도 등에 따라 전체 공사에 미치는 영향이 크므로 철저한 계획과 검토가 필요하다.

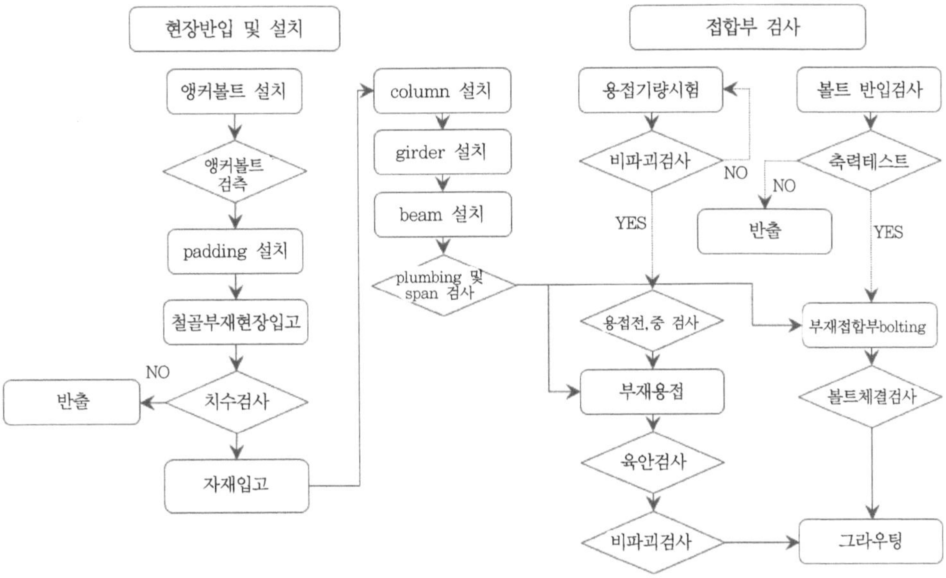

그림 8-44 철골 현장시공 절차

8.5.1 주각 시공준비 및 세우기 단계

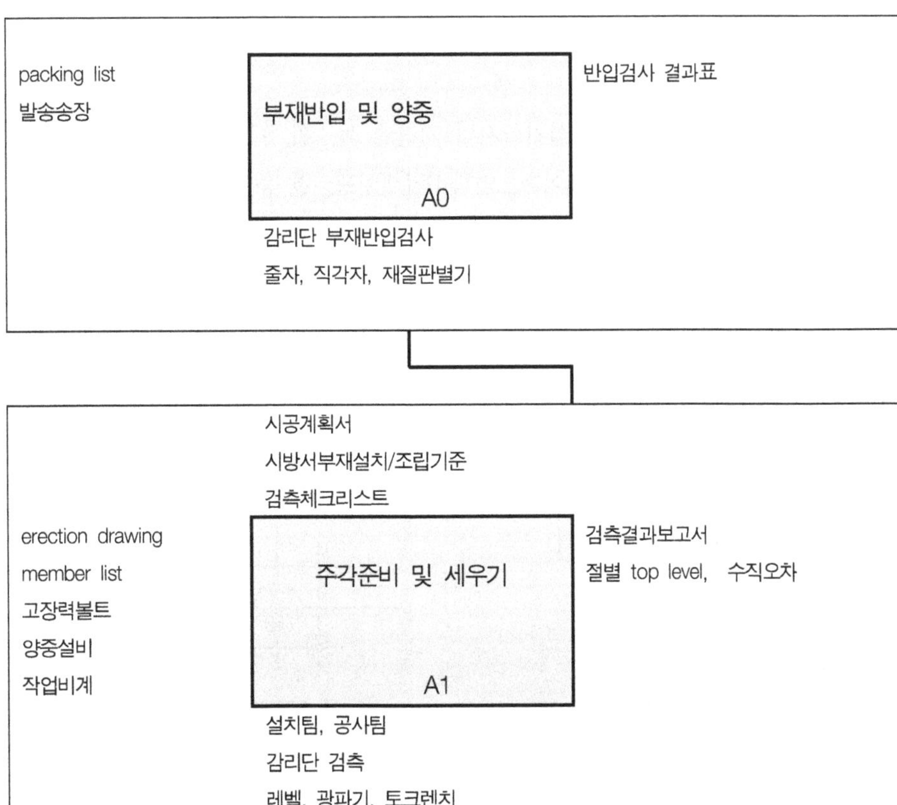

주각은 기둥이 기초에 접합되는 부분으로 기둥의 축방향력, 전단력, 휨모멘트를 안전하게 기초에 전달할 수 있어야 한다. 따라서 기초에 앵커볼트를 매입하여 베이스플레이트를 고정하고 여기에 주각을 용접하게 되므로, 앵커볼트의 매입공법과 베이스플레이트 하부의 응력전달을 위한 기초상부 고름질이 중요하다.

그림 8-45 앵커볼트 고정매입공법(기초상부 고름질 - 나중채워넣기법 사례)

1) 앵커볼트 매입공법

앵커볼트는 설치에서부터 철골 설치까지의 기간에 녹, 휨, 나사부 타격 등에 의한 유해한 손상이 발생하지 않도록 비닐테이프, 염화비닐테이프, 천 등으로 보호양생을 한다.

① 고정매입공법 : 기초콘크리트 속에 앵커볼트를 정확하게 매입하여 설치하는 방법으

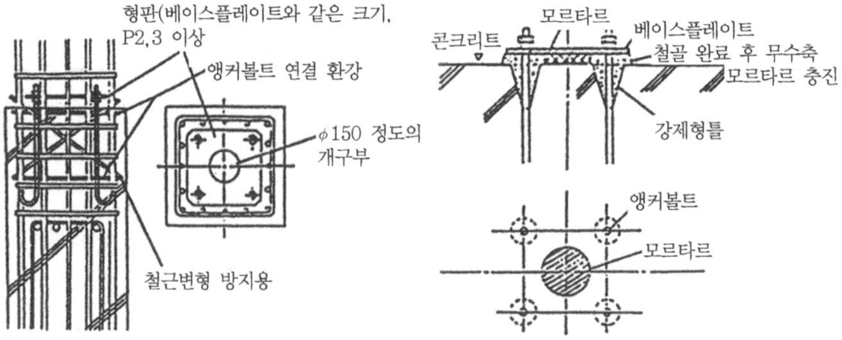

(a) 고정매입공법

(b) 가동매입공법

그림 8-46 앵커볼트 매입공법

로 구조적으로 안전한 공법으로 대규모의 중요한 부위에 사용하나 시공의 정밀도가 요구된다.

② 가동매입공법 : 앵커볼트가 상부에 한하여 나중에 위치조정이 가능하도록 슬리브를 미리 매설하여 설치하는 공법으로 중규모 공사에 사용한다.

③ 나중매입공법 : 콘크리트 타설 전에 앵커볼트 매입할 자리를 만들어 두거나 타설 후 천공하여 앵커볼트를 매입하고 그라우팅으로 고정하는 방법으로 경미한 공사에 사용된다.

2) 기초상부고름질

기초상부는 베이스판이 완전수평이 되도록 해야 한다. 이것이 어려울 경우 소정의 기둥 저면에서 30~50mm 낮게 콘크리트를 치고 표면을 거칠게 한 뒤 다음과 같은 방법으로 마무리 모르타르를 바른다.

① 전면바름법 : 베이스플레이트 저면을 전체에 대하여 하부를 각면 3cm정도 넓게 형성

② 나중채워넣기 중심바름법 : 베이스플레이트 중앙부만 모르타르를 바르고 기둥을 세운 후 잔여부분을 무수축모르타르로 채워넣는 방법으로 십자바름법과 중심바름법이 있다.

③ 나중채워넣기법 : 베이스플레이트 중앙에 구멍을 내고 귀퉁이에 쐐기 등으로 괴어 기

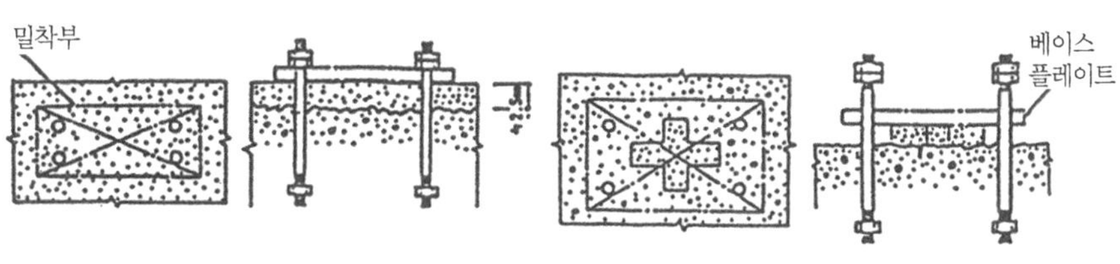

(a) 전면바름 마무리법 (b) 나중채워넣기 중심바름법

그림 8-47 기초상부 고름질법

그림 8-48 나중채워넣기 공법의 기초상부 고름질

등을 세운 후 중앙구멍으로 모르타르를 주입하는 방법

3) 세우기 준비

설계도 및 공작도에서 부재의 형상과 수량 및 중량을 확인하고, 볼트 구멍. 이음부 집합방법을 확인해야 하며, 기타 철골계단의 유무, 세우기 작업성의 검토 등의 준비를 실시한다.

그림 8-49 철골공사 가설부품 사례 (안전네트 및 철물)

또한 가설부재의 부품은 외부 비계 및 인양 구대, 보호망 및 훅, 보호난간 부속철물, 기둥 및 보 중앙에서의 안전대 설치용 철물, 안전네트 설치용 철물, 양중기 설치용 보강제, 방호선반 설치용 철물, 비계 연결용 부재 등의 준비사항을 확인해야 한다.

4) 세우기 계획 및 검토

① 사전조사 검토 사항 : 현지상황, 건립공정, 사용전력 및 가설설비, 안전관리체제 등

② 현지조사 : 현장 주변환경조사, 수송로와 재료적치장 조사, 인접가옥, 공작물, 가공전선 등의 조사

③ 세우기 공정 수립 시 검토사항 : 입지조건에 의한 영향, 기상조건에 의한 영향, 철골부재 및 접합형식에 의한 영향, 건립용 기계에 의한 영향, 안전시설에 의한 영향 등

④ 공정계획조사 : 공사단위 확인(절단위, 층단위 등). 주요공정 간섭사항, 공기 등

⑤ 인원계획 : 용접공, 비계공, 리벳공, 볼트공 등의 소요계획 별도 작성

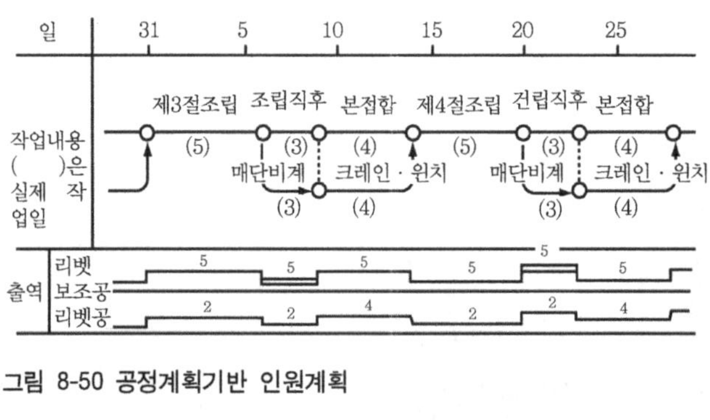

그림 8-50 공정계획기반 인원계획

5) 계획 유의사항

① 현장 세우기 순서와 공장제작 순서를 일치시키는 것이 중요하다.

② 2층 이상을 한 번에 세우고자 할 경우는 가능한 1개 스팬 이상 건립이 되도록 계획하여 도괴 방지에 대한 대책을 강구한다.

③ 세우기 장비의 작업반경과 진행방법을 고려하여 먼저 세운 것이 방해가 되지 않도록 계획한다.

④ 기둥을 2본 이상 세울 때 반드시 보를 설치하는 것을 원칙으로 하며, 기둥을 세울 때 보를 설치하여 안정성을 검토하면서 세우기를 진행시켜 나간다.

⑤ 세우기 중 도괴를 방지하기 위하여 가볼트 체결을 가능한 한 단축하도록 후속공사를 계획한다.

6) 세우기 공법 선정

① TIER공법(재래식 공법)

가. 기둥의 이음위치를 3~4개층 1개절 단위로 하여 동일한 층에서 집단으로 연결하는 공법으로, 가장 일반적인 방법으로서 설치작업자들에게 가장 익숙한 설치방법임.

나. 3~4개층 1절 기둥 설치 ⇢ 거더·빔 설치 ⇢ 볼트·용접접합 ⇢ 데크플레이트 및 스터드볼트 ⇢ 철근배근·전기설비 배관 ⇢ 콘크리트 타설

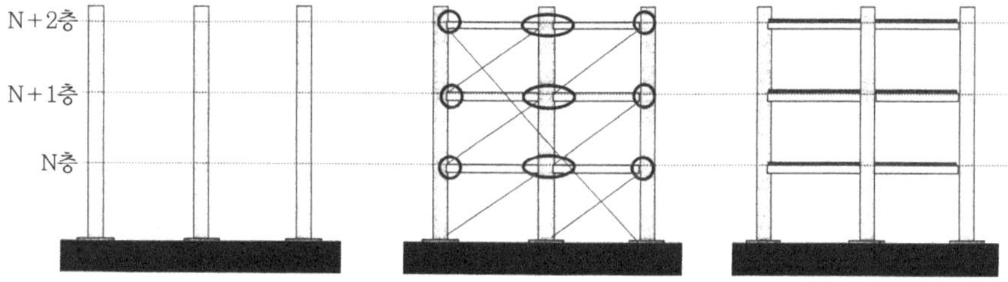

그림 8-51 TIER공법

② N공법

가. 기둥의 이음위치를 층별로 분산하여 용접, 수직도 조정 등이 용이하도록 하고, 층단위로 설치하는 공법으로 작업량 분산으로 인원감소 효과와 사이클 공정으로 연속적인 작업이 가능한 공법이다.

나. 층별 해당 절의 기둥 설치 ⇢ 거더·빔 설치 ⇢ 볼트·용접접합 ⇢ 데크플레이트 및 스터드볼트 ⇢ 철근배근·전기설비 배관 ⇢ 콘크리트 타설

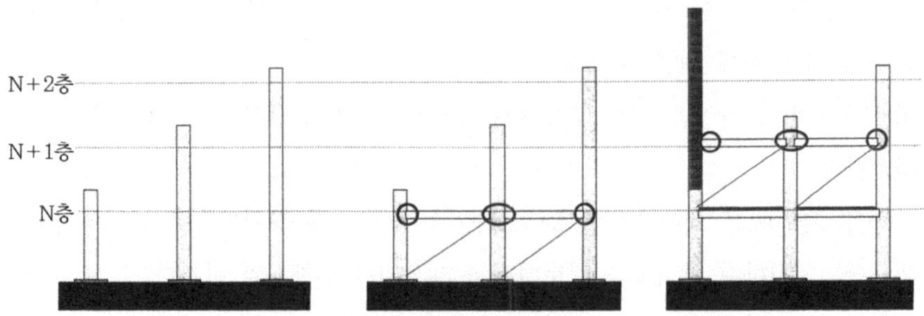

그림 8-52 N공법

③ 미국식공법

가. 철골부재 설치작업이 완료된 후에 연이어 다음 절의 철골부재 설치작업을 진행시키며 조정 및 본 체결작업은 철골작업이 진행되는 바로 밑의 절에서 같은 속도로 진행된다. 즉, 국내에서는 1개절에서 이루어지는 모든 작업이 2개절에서 동시에 이루어지는 공법

나. N층 및 N+1층 철골기둥 설치 → N층, N+1층 거더·빔 설치 + N+2층, N+3층 기둥 설치 → N층, N+1층 볼트·용접접합 → N층, N+1층 데크플레이트 및 스터드볼트 + N+2층 N+3층 거더·빔 설치 → 철근배근·전기설비 배관 → 콘크리트 타설

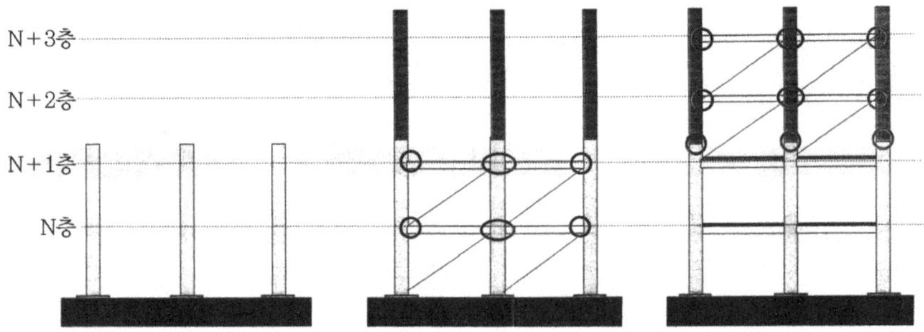

그림 8-53 미국식공법

④ D-SEM공법(digit & spiral erection method)

가. 철근콘크리트 코어부는 선행하며 외주부는 구역별로 구분하여 N공법과 유닛 플로어(unit floor)공법을 병행 시행하는 공법

나. N+2층 완료 후 1개절 (N+3/N+4층) 코어 진행 층별 해당 절의 기둥 설치 → 코어선행 기둥·거더·빔은 구역별로 N공법으로 철골 설치, 바닥판은 유닛플로어공법

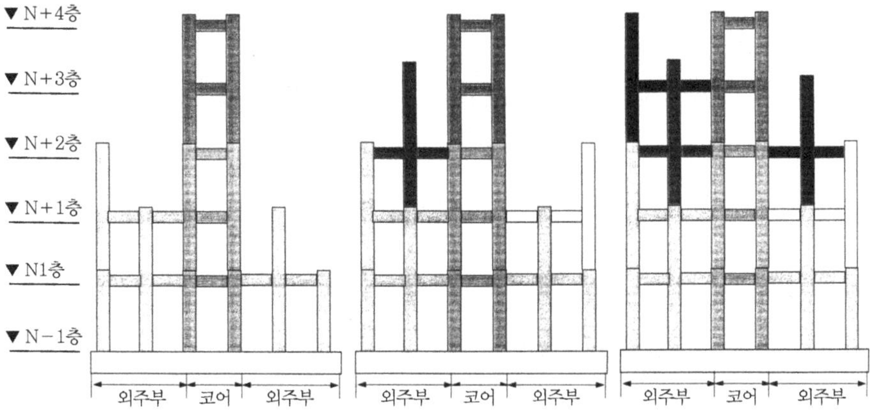

그림 8-54 D-SEM공법

적용

⑤ 유닛플로어공법(unit floor공법)

가. 유닛플로어공법은 안전한 지상 저층(1, 2층)에 조립장을 설치하고 그 상하부에 설비시설(공조, 위생, 냉난방, 자동화, IBS, 소화, 조명) 및 안전시설물을 설치하고 대형 양중장비로 양중하여 조립 설치하는 공법

나. 철골부재 입고 → 바닥판(deck) 깔기 → 스터드볼트·콘크리트 스토퍼 설치 → 전기 및 설비 배관 → 검수 → 양중 및 설치

다. 설계검토 및 반영 : 설계단계에서 유닛플로어공법 적용이 용이하도록 스팬구획 및 설비배관 위치 등의 조정이 필요함.

7) 세우기 장비

① 장비의 분류

가. 고정식 타워 크레인 : T형 크레인(trolley crane), luffing jib crane

나. 이동식 크레인 : 트럭 크레인, 크롤러 크레인, 휠 크레인

다. 데릭 : 가이데릭, 스티프 레그데릭, 진폴 데릭 등

그림 8-55 지브형 러프 크레인(luffing crane)

② 타워 크레인(tower crane)

가. 설치방식에 따라 콘크리트 또는 철골 등의 기초면에 고정하는 정치식과 레

일 위를 주행하는 이동식이 있으나, 대별하면 붐이 상하로 오르내리는 지브형과 수평을 유지하고 트롤리 호이스트가 움직이는 T형이 있다.

나. 유압잭을 이용한 셀프 클라이밍(self climbing)으로 건물높이에 따라 점차 상향으로 올라가며 작업한다(베이스 고정방식과 베이스 클라이밍 방식).

다. 초고층 작업이 용이하고 인접물에 장해 없이 360° 작업이 가능하며 가장 능률이 좋은 기계이다.

③ **트럭 크레인**(truck crane)

장거리 기동성이 있고 붐을 현장에서 조립하여 소정의 길이를 얻을 수 있다. 붐의 신축과 기복을 유압에 의하여 조작하는 유압식이 있고 한 장소에서 360° 선회작업이 가능하며 기계종류도 소형에서 대형까지 다양하다.

기계식 트럭 크레인 인양하중이 150톤까지 가능한 대형도 있다.

④ **크롤러 크레인**(crawler crane)

트럭 크레인의 타이어 대신 크롤러를 장착한 것으로 외부 받침대를 갖고 있지 않아 트럭 크레인보다 하중인양 시 안전성이 약하다. 크롤러식 타워 크레인의 차체는 크롤러 크레인과 같지만 직립고정된 붐 끝에 기복이 가능한 보조 붐을 가지고 있다.

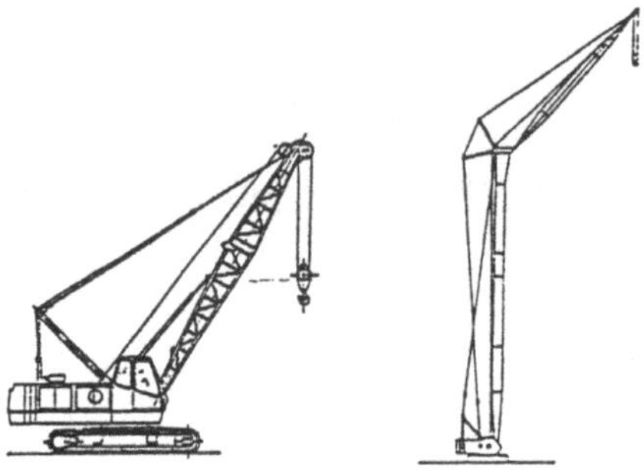

그림 8-56 크롤러 크레인

⑤ 세우기 장비의 안전관리

가. 세우기 장비의 인양하중을 초과해서는 안 된다.

나. 장비의 책임자는 하중을 표시하여 운전자 및 로프작업자가 볼 수 있도록 한다.

다. 현장 책임자는 노동부 例規 제95호에 의한 신호법을 신호수 및 작업자에게 주지시켜 적절히 사용토록 하고 운전자가 단독으로 작업하지 않게 한다.

라. 현장 책임자는 장비 운전자 이외의 작업자가 장비에 탑승하지 않도록 한다.

마. 장비 운전자는 화물을 인양한 채로 운전석을 이탈하지 않도록 한다.

바. 와이어로프가 절단되거나 지브 및 붐이 파손되어 작업자에게 위험이 미칠 우려

가 있을 때에는 당해 작업범위 내에 타 작업자가 들어가지 못하도록 한다.

사. 와이어로프의 가닥이 절단, 손상, 부식되었거나 지름의 감소가 공칭지름의 7%를 초과하는 것은 사용하지 않는다.

아. 현장 책임자는 사용 기계의 권과방지장치(리미트스위치), 안전장치, 브레이크, 클러치 훅의 손상 유무를 정기적으로 점검하도록 한다.

자. 설치장비를 이용하여 화물을 인양시킬 때에는 와이어로프를 거는 훅에 해지장치를 하여 인양 시 와이어로프가 훅에서 이탈하는 것을 막는다.

차. 지브 크레인, 이동식 크레인 또는 붐이 부착된 데릭을 사용할 때는 당해 장비의 경사각의 범위를 초과해서는 안 된다.

카. 현장 책임자는 설치장비를 다른 용도에 사용하지 않도록 한다.

8) 세우기 작업

① 부재 반입

가. 다른 작업에 장해가 되지 않게 철골을 적치한다.

나. 받침대는 적당한 간격으로 적치된 부재의 중량을 고려하여 안정성 있는 것으로 한다.

다. 부재 반입 시에는 세우기 순서 등을 고려하여 반입토록 한다.

라. 부재 하차 시에는 쌓여 있는 부재의 도괴에 대비한다.

마. 부재를 하차시킬 때 트럭 위에서의 작업은 불완전하기 때문에 인양시킬 때 부재가 무너지지 않도록 한다.

바. 부재를 잡아매는 작업자는 경험이 충분한 자로 한다.

사. 인양장비의 운전자는 서서히 들어 올려 일단 안정상태인가를 확인한 다음 서서히 인양하여 트럭 적재함으로부터 2m 정도가 되면 수평이동시킨다.

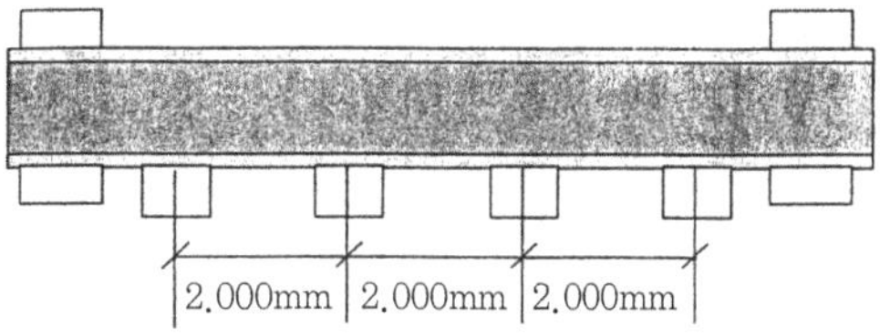

그림 8-57 기둥 야적방법

② 하역작업

가. 부재의 입·출고 관리 및 하역, 부재 선별작업을 위하여 별도의 관리팀 운영

나. 기둥은 1회 하역에 1패킹씩 하역하고 받침목은 2m 간격으로 전체길이를 받친다.

다. 거더·보는 1회 하역에 1패킹 하역을 하고 패킹 양 끝단부 2개소에 받침목을 받친다.

③ 기둥세우기

가. 기둥 제작 시 전 길이에 대하여 웨브와 플랜지의 양방향 4개소에 센터 마킹을 실시한다.

나. 기 설치된 하부 기둥과 상부 기둥과의 설치 직진도를 잡기 위한 소형 수평기와 직각자 등을 준비한다.

다. 기둥 설치 시 기 설치된 하부 절 기둥의 중심선(center line)과 일치되게 선조정한 후 1m 수평기로 기둥 수직도를 확인하고 스플라이스 플레이트(splice plate)의 볼트조임을 실시한다.

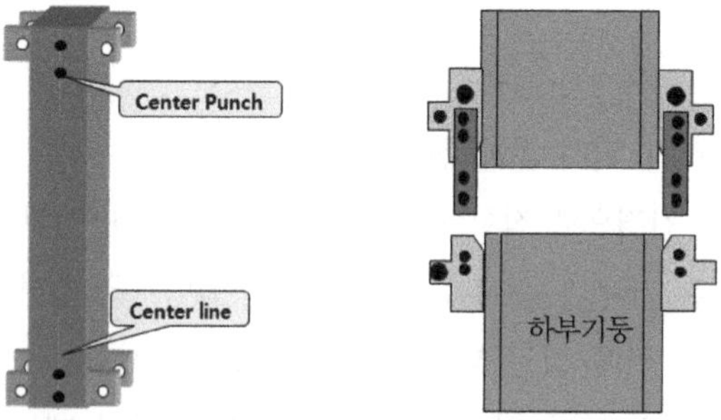

그림 8-58 기둥접합 시 중심선 마킹

④ 보의 조립

가. 거싯형태 보(gusset type)는 설치위치에서 작업자는 기둥에 매달려 작업하게 되고 보의 볼트를 체결한 후가 아니면 보에 걸터앉을 수 없다.

나. 브래킷형태 보(bracket type)는 작업자가 브래킷 위에 걸터앉아 설치하는 작업을 말한다.

다. 보의 설치작업에 있어 반드시 안전대는 기둥 또는 기둥 승강용 트랩에 설치해 추락을 방지토록 한다.

라. 가볼트는 미리 정해진 수량에 따라 필요한 곳에 체결한다.

마. 볼트를 체결한 후 인양 와이어로프를 해체하도록 한다. 특히 조립용 수공구 등을 꽂고 해체하지 않도록 한다.

바. 인양 와이어로프를 해체할 때는 안전대를 매고 보 위를 걸어와 해체하며 이때는 안전대를 설치할 구명줄(안전로프)을 양쪽 기둥에 튼튼히 맨다.

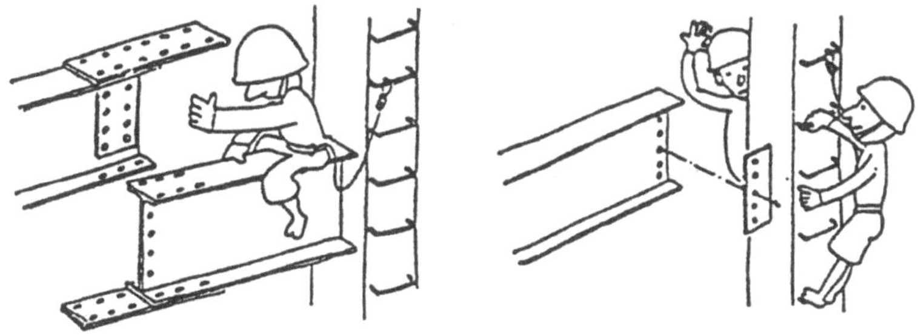

그림 8-59 브래킷 유무에 따른 작업조건

사. 기둥 사이의 구명줄을 설치하지 않을 경우는 보 위에 양발을 벌이고 앉아 플랜지를 양손으로 잡고 이동하여 와이어로프를 해체할 때까지 안전대를 착용한다.

그림 8-60 기둥조립

⑤ 수직도 관리

가. 철골 설치 전에 기준기둥 주두의 기울기를 측정하여 기울기를 잡을 때 반영한다.

나. 설치 기둥 기준기둥 주각에 트랜싯을 설치하여 주두의 기울기를 계측한다.

다. 외부기둥은 피아노선에 의해서 스틸 테이프로 주두의 기울기를 측정한다.

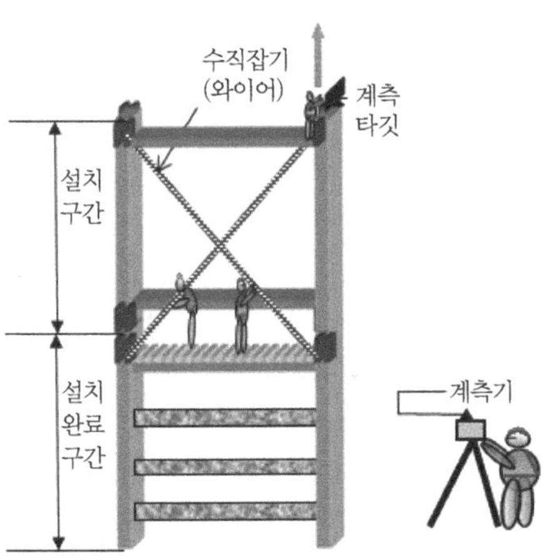

그림 8-61 수직도관리 사례 및 계측기

8.5.2 부재별 접합 작업단계

시공계획서
표준상세도

용접봉
back bar, end tab
청소, 예열, 제습

부재별 접합작업
A2

검측요청서

접합팀, 공사팀
아크용접기, 건조로
방풍차단막

1) 일반사항

① 접합부는 접합되는 부재의 존재응력이 완전히 전달되어야 한다. 따라서 구조상 주요한 부재의 접합재의 경우 리벳, 볼트 및 고력볼트접합으로 할 때는 최소 2개 이상 배치하고, 용접접합으로 할 때는 최소 3톤 이상의 내력을 지지할 수 있어야 한다.

② 축방향력을 받는 2개 이상의 부재를 접합할 때는 각재의 중심축이 한 점에서 만나도록 한다. 만약 한 점에서 모이지 않을 때는 편심의 영향이 고려되어야 한다. 또한 축방향력을 받는 부재의 중심축과 재단접합 리벳, 볼트 및 고력볼트, 용접의 이음매 등의 중심축은 되도록 일치되어야 한다.

③ 축방향력 또는 전단력을 전달하는 접합부의 리벳, 볼트 및 고력볼트, 용접부의 응력을 응력방향으로 균등하게 분포하는 것으로 한다.

④ 휨모멘트를 전달하는 접합부의 리벳, 볼트 및 고력볼트, 용접 이음매의 응력은 회전중심에서의 거리에 비례하는 것으로 본다.

그림 8-62 수직도관리

⑤ 휨모멘트, 전단력 및 축방향력을 전달하는 기둥과 보 접합부에서는 이러한 응력을 충분히 전달할 수 있는 재단접합을 해야 하며, 또한 기둥과 보로 둘러싸인 부분의 내력에 대해서도 검정한다.

⑥ 기둥이음의 접합용 리벳, 볼트 및 고력볼트, 용접은 이음부의 존재응력을 충분히 전달하고, 또한 부재의 각 응력에 대한 허용내력의 1/2 이하의 내력이 되지 않도록 한다. 다만, 이음위치의 단면에 인장력이 생길 우려가 없고, 접합부 단면을 밀착시

킬 수 있는 구조로 했을 때는 압축력 및 휨모멘트 각각의 1/4은 접촉면에서 직접 전달하는 것으로 볼 수 있다. 또한 기둥이음은 폭풍이나 지진 시 응력의 조합에서 적재하중을 무시할 때 생기는 인장력에 대해서도 안전해야 한다.

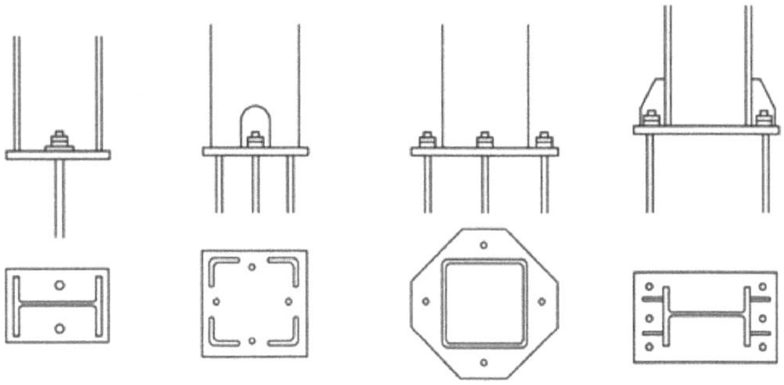

그림 8-63 베이스플레이트와 주각의 접합

2) 각 부의 접합

① 베이스플레이트와 주각의 접합

베이스플레이트와 주각은 주로 용접에 의하여 접합하며, 경우에 따라 볼트접합을 병행한다.

② 보와 보의 접합

동일 치수의 경우 덧판을 붙여서 고력볼트로 잇고, 큰보와 작은보 접합의 경우는 단순지지의 경우가 많으므로 클립앵글 등을 사용하여 웨브를 상호접합한다. 작은보가 연속보일 경우 플렌지에 덧판을 대고 웨브는 밀착시킨다.

③ 기둥과 보의 접합

기둥과 보의 경우 기둥이 약간만 기울어도 오차가 생길 염려가 많으므로 보통 기둥제작 시 브래킷을 공장용접하여 현장반입하여 볼트접합한다. 부득이하게 현장용접하여 시공시에는 중앙에서부터 좌우 가장자리 외부를 향하여 대칭으로 용접함으로써 수축오차를 줄인다.

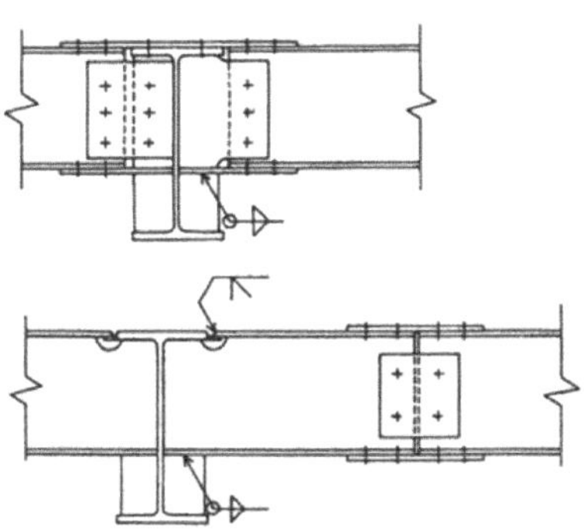

그림 8-64 큰 보와 작은 연속보의 접합

그림 8-65 기둥과 보의 접합

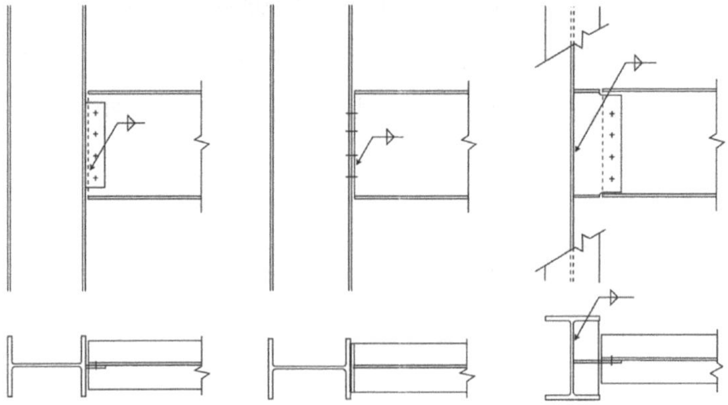

그림 8-66 기둥과 보의 접합

④ 기둥과 기둥의 접합

기둥과 기둥의 수직방향 이음은 바닥에서 1.0m~1.5m 정도로 하는 것이 휨응력도 적고 작업도 쉽다. 대부분 고력볼트를 사용하여 이음을 하고 간혹 용접을 수행하기도 한다. 상하 기둥의 치수가 같을 경우 메탈터치[44]가공하고, 크기가 다를 때는 끼움판을 설치하거나 내력판을 마구리에 깔아서 용접한다. 용접접합 시에는 볼트를 이용하여 임시로 고정하여 용접하며, 끝부분은 스캘럽[45]가공하여 중복용접에 의한 응력손실이 없도록 한다.

그림 8-67 스캘럽 및 가공장비

44) 메탈터치(metal touch) : 기둥 마구리를 기계가공하여 완전 밀착되어 힘을 전달할 수 있도록 하는 것으로 전단력이 충분히 전달되고 응력집중이 생기지 않도록 하는 이음을 말하며, 축력의 25%까지 하부 기둥 밀착 면에 직접 전달시킨다.

45) 스캘럽(scallop) : 형강의 끝부분이 공장제작시와 현장용접 시에 중복용접되어 품질저하되지 않도록 개선처리 하는 방법

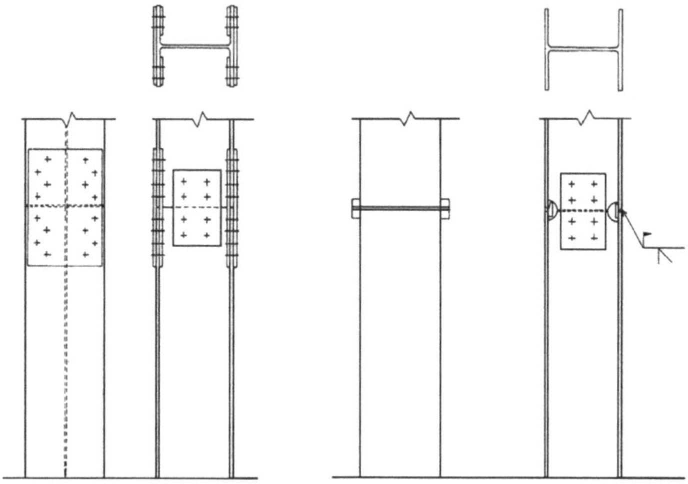

그림 8-68 기둥과 기둥의 접합

8.5.3 바닥판 시공

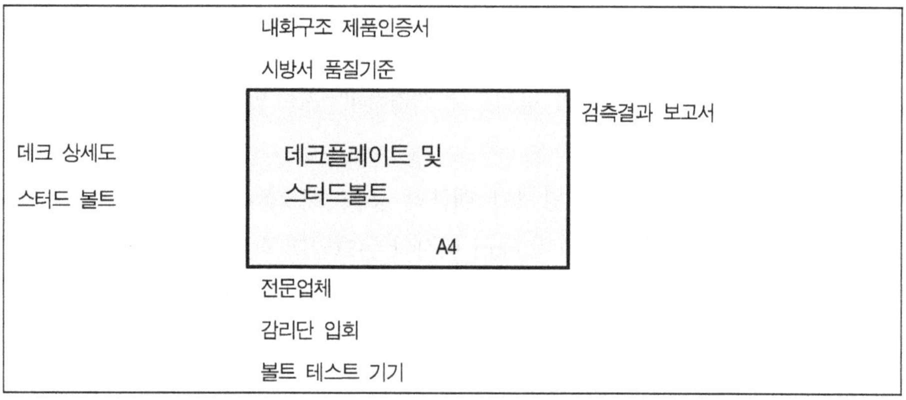

철골공사의 바닥판은 주로 데크플레이트와 스터드볼트를 사용하여 콘크리트를 타설하며, 철근의 선용접, 콘크리트 슬라이딩 방지 철물 등에 따라 다양한 공법이 활용된다.

데크플레이트의 재질은 KS D 3602 강제 강판(steel decks)의 규정에 정하는 것 또는 항복강도 2.1tf/cm^2 이상, 인장강도 3.0tf/cm^2 이상의 것으로 해야 한다. 바닥판을 위한 철근의 재질은 KS D 3504 철근콘크리트용 봉강 및 KS D 3511 철근콘크리트용 재생봉강의 규정에서 정하는 것으로 하며, 용접철망을 사용하는 경우는 KS D 7017 용접철망의 규정에서 정하는 것 가운데 철선의 지름이 6mm 이상의 것으로 한다. 스터드볼트 및 단부 앵커의 재질의 형상은 콘크리트와의 합성효과를 최대한으로 발휘할 수 있는 것으로 하고, 용접 후의 길이가 스터드 지름의 4배 이상의 것으로 한다.

현장시공 순서는 다음과 같다.

① 데크플레이트를 설치할 보 위를 깨끗하게 청소하고 분할선을 긋고 분할선을 맞추어 데크플레이트를 설치하고 가용접한 후, 데크플레이트를 순차적으로 설치한다. 이때 일정한 수량(5장~10장) 간격으로 데크플레이트를 가용접한다.

② 합성슬래브와 보는 용접 또는 스터드용접 등의 방법으로 접합시키며, 연속지지 합성슬래브인 경우에는 데크플레이트의 상부에 스페이서를 1.0m 이하의 간격으로 배치하고, 용접철망을 설치한다. 이때 용접철망에 대한 콘크리트의 피복두께가 20mm 이상 확보되도록 함. 이형철근을 사용하는 경우에는 D10 이상을 가로, 세로 200mm 이하로 배치하고 철근 피복두께 20mm 이상 확보한다.

③ 데크플레이트의 단부 및 데크플레이트 상부 개구부 주변에서는 콘크리트 누출방지용 철물(end closer)을 설치한다.

④ 데크플레이트 및 철근배근(용접철망)이 완료된 후에 데크플레이트 상부 면을 청소한다.

⑤ 콘크리트 타설시 용접철망 혹은 철근이 이동하지 않도록 주의하며 콘크리트 면이 평활하도록 주의하면서 콘크리트를 타설한다.

⑥ 데크플레이트와 보와의 접합은 용접 또는 스터드로 용접접합하며, 데크플레이트 상호간은 용접, 비스, 감압 등의 방법으로 연결하며 구조 및 내화성능에 지장이 없도록 시공한다.

⑦ 콘크리트 타설을 위한 용접철망 1단 배근의 경우, 데크플레이트 상부에 스페이서를 1m 이하의 간격으로 설치하고 20mm 이상의 콘크리트 피복두께가 확보되도록 용접철망을 설치하며, 이형철근을 사용하는 경우, D10 이상을 가로, 세로 간격 200mm 이하로 배근하고 콘크리트 피복두께 20mm 이상이 확보되도록 배근한다.

⑧ 2단 배근의 경우, 데크플레이트의 상부에 스페이서를 1m 이하의 간격으로 배치하고 상단의 용접철망은 슬래브 상단에서 20mm, 하단의 용접철망은 데크플레이트 상부

그림 8-69 데크플레이트 설치

그림 8-70 엔드 클로우저(end closer)

면에서 15mm 떨어진 위치에 설치한다. 용접철망의 겹침길이는 50mm 이상 확보해야 한다.

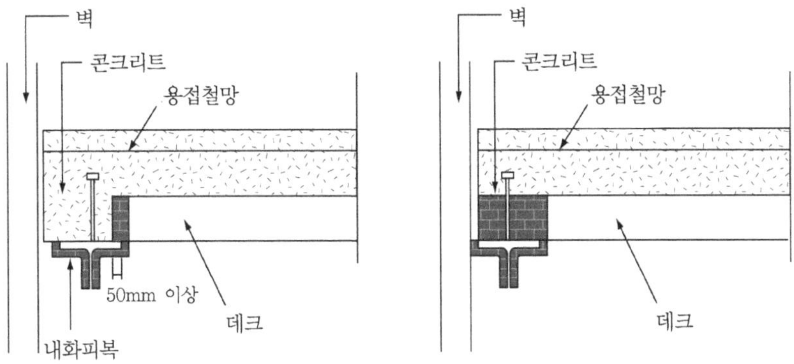

그림 8-71 데크플레이트를 활용한 바닥판 단면

8.6 내화피복

철골이 여러모로 편리하고 우수한 재료임에는 분명하지만 화재에는 대단히 취약하다. 불이 났을 때 진화 시까지 최소 1시간 내지 3시간 정도가 소요됨을 감안하여 그때까지 충분히 견딜 수 있도록 내화조치를 해야 한다. 철골의 인장강도는 100℃에서는 약간 내려가다가 250~300℃에서는 오히려 올라간다. 그러다 600℃가 되면 급격히 떨어져 보통 때의 1/3로 떨어져 구조체로서는 제구실을 할 수가 없게 된다. 불이 나면 보통 600℃ 이상이 될 때가 많다.

건축구조기준에서 기둥이나 벽체, 슬래브 등 화기(火氣)가 접하는 부위에 따라 견뎌야 하는 시간을 각각 달리 정하고 있다. 최소한 그 시간까지는 견딜 수 있는 내화재료를 피복함으로써 안전을 확보해야 한다. 건축법에서 정하는 내화기준에 적합하기 위해서는 통상 1시간에서 3시간까지 견딜 수 있는 재료를 사용해야 한다. 철골기둥은 두께 5cm 이상의 콘크리트로 덮거나 두께 6cm 이상의 철망모르타르를 발라야 한다. 철골벽체는 두께 4cm 이상의 철망모르타르를 양면으로 발라야 하며, 철골보의 경우 두께 6cm 이상의 철망모르타르를 바르거나 두께 5cm 이상의 콘크리트를 덮도록 되어 있다.

8.6.1 철골 내화피복 시공 시 주의사항

① 내화피복 작업 시 분진방지를 위하여 건물 외벽에 방풍막을 견고하게 설치하며 작업 중 떨어진 낙진의 원활한 제거를 위해 깔판을 깔고 작업한다.

② 1회에 뿜칠되는 적정 뿜칠두께는 최대 30mm까지로 하고 재뿜칠 시에는 최소 36시간 이상 충분히 양생을 한 뒤 시공하며, 장비가 작동할 수 있는 정격전압과 충분한 전기용량을 사전에 확보해야 한다.
③ 깨끗하며 이물질 등이 혼합되지 않은 공업용수 기준에 적합한 물을 사용하고 표면 뿜칠상태 및 두께 등을 작업원이 조정할 수 있도록 300Lux 이상의 조도를 확보한다.
④ 동절기 공사 시 작업장소의 온도와 피착면의 온도가 작업 및 양생건조되는 기간 동안 4℃ 이상 유지되도록 한다.
⑤ 뿜칠 록울(rock wool)공법은 반건식 공법으로서 시공 시 분진이 비산되어 현장작업 환경을 악화시키므로, 습윤된 상태에서 뿜어 붙이는 습식 록울, 세라믹계 뿜칠을 이용하여 분진의 발생을 억제한다. 블랭킷(blanket) 휘감는 공법, 성형판 부착공법은 절단 시 이외에는 분진발생이 적다.
⑥ 내화피복 시공 후 부착력 손실로 인한 박리는 절대적으로 불가하다. 뿜칠 록울공법은 부착력이 기대되지 않으므로 라스(lath)의 병용 등 기계적인 보강이 필요하다.
⑦ 철골과의 부착성 개선을 목적으로 개발된 세라믹계 선부착 공법을 적용한다.
⑧ 내화피복의 부착성 문제, 박리 방지상 녹막이 광명단 도장을 하지 않는다. 철골 녹발생의 진행에 따라 내화피복재의 부착력이 손실되어 내화성상의 문제의 소지가 우려되므로 유의한다. 내화피복 시공 전까지 철골 녹발생 억제, 또 충분히 제거 후 시공하는 품질관리가 요망된다. 필요 시 철골 녹방지 페인트도장 후 내화피복을 실시한다.

8.6.2 철골 내화피복공법의 종류 및 특성

1) 타설공법

주로 보통, 경량콘크리트, 기포콘크리트계에 한하며 시공은 종래의 콘크리트공사와 변함이 없다. 내화피복두께의 확보 및 균열발생에 주의를 요한다.

2) 뿜칠공법

석면, 질석, 암면 등의 재료를 강재에 뿜칠하여 피복
① 건식 : 주재료, 부재료를 뿜칠할 때 노즐 끝에서 물 분사
② 습식 : 공장에서 배합한 시멘트, 질석 등의 재료에 물을 가하여 믹서에 혼합하여 뿜칠 용기로 압송하여 뿜어 붙이는 방법
③ 시공장비의 능률이 나쁘고 재료의 시산량이 많아 방지책이 필요하고 기둥형, 보형

의 모서리 내기가 곤란하고 마무리 재료로는 적당치 않다.

④ 재료의 양중량이 많고 피복두께, 비중의 품질관리가 어려움

3) 조적공법

콘크리트 블록, 벽돌, 석재 등으로 조적하는 공법

충격, 박리에 비교적 강하나 시공기간이 길고 상대적으로 무거우며 진동 등에 의한 미세 균열의 우려가 있다.

4) PC판공법

유닛 치수가 크고 철골과 이격하여 피복 자체가 자립되는 방식

① 판두께가 두껍고 강도가 있으며 용접 또는 볼트조임을 하므로 견고함.

② 화재 시 열변형이 커 일반 PC 부착보다도 철골에서의 지지간격을 짧게 함.

③ 접합부의 줄눈 틈이 없도록 고려할 필요가 있음.

5) ALC(auto calved light weight concrete)판공법

경량으로 충격에 약하며 접합부 틈새 처리 문제가 있다.

6) 규산 칼슘판공법

① 유닛 치수가 작고 강도가 없으므로 열변형을 고려하여 접합부 줄눈 틈이 작고 접착제를 사용하므로 접합부 응력이 작다.

② 접착제는 규산나트륨을 주성분으로 단섬유 석면 등의 내화재료를 배합한 것으로 접착제는 물에 녹으므로 시공 시 빗물이 시공면에 닿지 않도록 양생 조치해야 한다.

③ 판의 맞춤이 나쁘면 접착제의 도포량이 많아지므로 판과 판이 잘 밀착되도록 한다.

7) 세라믹계 뿜칠공법

① 종래의 섬유질 중심의 조성이 아니라 수산화알루미늄이나 탄산칼슘의 가열하에서의 흡열반응에 착안한 재료

② 습식 록울공법과 같은 순서로 습윤상태의 재료를 뿜어 붙이는 공법

③ 철골과의 부착성이 우수해서 내화피복 선부착공법이 가능

8) 복합공법

하나의 복합제품으로 2개의 기능을 충족시키는 공법으로 외부 커튼월과 내화피복, 천장공사의 천장마감 내화피복 기능을 충족하는 공법이다.

① 외벽 ALC 패널(외벽 마감과 내화피복 성능)
② 천장, 멤브레인공법(흡음성과 내화피복공법)

9) 내화도장공법

① 일반시설, 주거시설, 산업시설 및 위험물시설의 철골 보 및 기둥의 1시간용 내화도료로 도장시공 시의 기온은 반드시 5℃ 이상, 4℃ 이하이며, 만약 표면온도가 높은 경우에는 건조가 너무 빨라 핀홀(pin hole), 퍼짐성 불량, 접착력 감소 등의 도막결함이 발생될 수 있으며, 표면온도가 너무 낮아 습기나 서리가 있는 경우에는 불완전한 경화, 접착불량, 건조지연, cratering 현상 등 제반 물성을 나타낼 수 없게 됨을 유의해야 한다.

② 밀폐된 공간에서 도장은 작업자에게 유해하므로 도료도장 시나 건조과정 시 깨끗한 공기를 공급해야 하며, 밀폐된 장소는 송풍기 등을 이용하여 강제환기시켜야 한다.

③ 주위여건상 화학물질이나 분진 등 오염될 수 있는 환경인 경우, 피도면의 오염은 세척을 해야 하며 최대한 도장간격을 줄여 오염을 방지해야 한다. 또한 철골구조물이 설치된 직후 도장하는 것이 바람직하다.

④ 도장방법은 스프레이, 붓, 롤러 등으로 시공이 가능하나 후도막이 요구되는 내화도료는 균일한 도막두께 및 양호한 외관을 얻기 위해서는 에어레스-스프레이 도장방법을 원칙으로 하고, 부분적으로 현장사정상 공사가 곤란한 경우에는 붓, 롤러 등으로 시공할 수 있다.

Chapter 09 | 조적공사

9.1 개 요

조적공사라 함은 벽돌, 블록, 돌 등의 재료를 시멘트와 같은 접착재료나 연결철물 등을 사용하여 소규모의 건축물, 칸막이벽체, 외부마감 등을 형성하는 공사를 말한다. 아파트나 사무소 건축물의 칸막이벽체, 외부마감 등을 형성하는 공사를 말한다. 아파트나 사무소 건축물의 칸막이벽체와 같이 구조적으로 힘을 받지 않는 곳에 시멘트벽돌, 시멘트블록이 많이 사용되고 있고, 최근에는 ALC블록과 패널의 보급으로 사용량이 증가하고 있다.

조적공사는 구조와 시공이 간단하고 재료 구입과 공사비 측면에서도 많은 장점을 가지고 있다. 그러나 조적공사에서는 균열, 누수, 백화 등의 결함이 발생되지 않도록 시공관리를 철저히 하는 것이 매우 중요하다.

9.2 벽돌공사

벽돌공사는 시멘트벽돌, 붉은벽돌, 내화벽돌 등을 모르타르로 쌓아올려 벽체나 기둥을 구성하는 것으로 내력벽, 장막벽, 중공벽 등으로 대별할 수 있다. 내력벽(bearing wall)은 수직하중과 수평하중을 받아 기초에 전달하는 벽체로, 외벽은 물론이고 내벽이라도 내력벽으로 할 때도 있다. 커튼월(curtain wall, 장막벽)은 상부에서 오는 일체의 하중을 전달하지 않고 그 벽 자체의 자중만을 받으며 자립하는 비내력벽으로 철근콘크리트 라멘조 또는 철골조 건물의 칸막이로 사용된다. 중공벽(hollow wall)은 이중벽을 쌓아 벽돌 벽체 내에 공간을 형성시켜 보온·방습·차음을 목적으로 하는 벽체로서, 주로 외벽에 사용된다.

9.2.1 벽돌의 종류

벽돌의 종류는 재료에 따라 보통벽돌과 콘크리트벽돌로 구분하고, 용도와 형상 등에 따라 내화벽돌, 경량벽돌, 특수벽돌 등으로 구분한다.

1) 보통벽돌

보통벽돌의 기존형은 210×100×60mm, 줄눈의 너비는 가로 세로 18mm이다. 표준형은 190×90×57mm이며 줄눈은 가로 세로 10mm이다. 규격은 KS L 4201(보통벽돌)의 규정에 합격한 것을 사용하며, 벽돌색이 적색 또는 적갈색을 띠는 것은 원료점토에 포함되어 있는 산화철에서 기인한다. 종류는 붉은벽돌·시멘트벽돌·블록벽돌 등으로 구분한다.

표 9-1 벽돌의 규격

구 분		길 이	너 비	두 께
표준형	치수(mm)	190	90	57
기존형	치수(mm)	210	100	60
내화벽돌	치수(mm)	230	114	65
허용오차(mm)		±3	±3	±4

표 9-2 벽돌의 품질

종 류	등 급	압 축 강 도	흡수율
붉은벽돌 (소성벽돌, 점토벽돌)	1종	210kgf/cm^2 이상	10% 이하
	2종	160kgf/cm^2 이상	13% 이하
	3종	100kgf/cm^2 이상	15% 이하
시멘트 벽돌	압축강도 80kgf/cm^2 이상, 골재 최대치수 10mm 이하, 진동, 압축을 병용하여 성형한다. 습도 100% 상태, 500℃ 이상, 보양 7일 이상 보존 후 출하		

2) 내화벽돌

내화벽돌은 굴뚝·난로·보일러 연도에 사용되는 것으로 소성온도 및 원료에 따라 많은 종류가 있으며, 주원료에 따라 내화도 및 화학적 성질이 다르다. 내부 쌓기용으로는 S.K 2.6 이상의 내화도를 가진 벽돌을 사용하며 보일러 내에는 보통 S.K 32 이상의 것을 사용한다. 종류는 산성 내화벽돌, 염기성 내화벽돌, 중성 내화벽돌 등으로 구분한다.

표 9-3 내화벽돌의 내화도

등 급	S.K-NO.	내 화 도
저 급	26~39	1,580℃~1,650℃
보 통	30~33	1,670℃~1,730℃
고 급	34~42	1,750℃~2,000℃

3) 경량벽돌

경량벽돌이란 저급점토, 목탄가루, 톱밥 등으로 혼합·성형한 후 소성한 것으로 보통벽돌보다 가벼운 벽돌을 말한다. 구멍벽돌과 다공벽돌이 있으며 단열과 방음성이 우수한 특징이 있다.

구멍벽돌은 중공벽돌이라고도 하며, 속이 비게 된 것으로서 그 질은 보통벽돌과 같이 된 것과 다공질의 것이 있다. 다공벽돌은 원료 중에 분탄·톱밥 등을 50% 정도 혼합하여 소성한 것으로 내부에 있는 무수한 미세구멍으로 인해 가볍고 절단, 못치기 등이 용이하다. 이것은 경미한 칸막이벽, 방열, 방음 또는 단순한 치장재로 쓰인다.

4) 특수벽돌

특수벽돌은 특수한 용도를 가진 벽돌의 총칭으로 일반적인 용도를 가진 보통벽돌보다 형상, 치수, 빛깔이 다르거나 원료가 약간 다르다. 특수벽돌은 주로 치장용으로 쓰이는 검정벽돌과 특수한 형태의 구조체에 사용할 목적으로 만들어지는 이형벽돌, 그리고 도로나 마룻바닥에 까는 포도벽돌 등이 있다.

9.2.2 벽돌쌓기

1) 붙임모르타르 배합

시멘트·모래·물을 배합하여 사용하는 것으로, 시멘트는 보통포틀랜드시멘트를 쓰고 모래는 강모래를 체로 쳐서 사용한다. 모래의 입도는 12~25mm의 것이 좋다.

표 9-4 모르타르 배합비

종	별	모르타르	시멘트 석회 모르타르	사 용 장 소
		시멘트 : 모래	시멘트 : 석회 : 모래	
1급	1호	1 : 1	1 : 0.2 : 1	치장줄눈
	2호	1 : 2	1 : 0.2 : 2.5	아치쌓기, 특수구조부
	3호	1 : 3	1 : 0.2 : 2.8	
2급	1호	1 : 4	1 : 0.5 : 3.5	일반쌓기용(내력벽)
	2호	1 : 4	1 : 2.0 : 5.0	일반쌓기용(경비구조부용)

모르타르의 배합비는 쌓기용은 원칙적으로 1:3을 사용하고 아치쌓기는 1:2, 줄눈 치장용은 1:1을 사용한다. 필요에 따라 안료, 방수제 등을 모르타르에 혼합하여 사용하기도 하며 배합 후 응결이 시작된 모르타르는 사용하지 않는다.

2) 쌓기 일반사항

① 가로·세로줄눈의 너비는 도면 또는 공사시방에 정한 바가 없을 때에는 10mm를 표준으로 한다. 세로줄눈은 통줄눈이 되지 않도록 하고 수직 일직선상에 오도록 벽돌 나누기를 한다. 벽돌쌓기 법은 도면 또는 특기시방에서 정하는 바가 없을 때에는 영식쌓기·화란식 쌓기로 한다.

② 벽돌벽은 가급적 건물 전체를 균일한 높이로 쌓고, 1일 쌓기 높이를 1.2m(17켜 정도)를 표준으로 하고 최대 1.5m(21켜 정도) 이내로 하여 모르타르가 굳기 전에 큰 압력을 받아 변형균열이 생기는 것을 방지한다. 연속되는 벽면의 일부를 트이게 하여 나중쌓기로 할 때에는 그 부분을 층단 떼어쌓기로 하는 것이 원칙이나, 부득이할 때에는 켜걸름 들여쌓기로 하거나 이음보강철물을 사용한다. 벽돌벽이 블록벽과 서로 직각으로 만날 때에는 연결철물을 만들어 블록 3단마다 보강하여 쌓는다.

③ 한랭기 및 극한기에는 벽돌공사를 가급적 하지 않도록 한다. 그러나 부득이하여 공사를 강행할 때에는 모르타르의 온도가 4~40℃ 사이가 되도록 모래나 물을 데워 사용하고 벽돌벽의 표면을 시트나 거죽 등으로 덮어 보양해 줘야 한다.

3) 줄눈

벽돌쌓기 줄눈모르타르는 벽돌의 접합면 전부에 빈틈없이 가득 차도록 하고 쌓은 직후 줄눈모르타르가 굳기 전에 줄눈흙손으로 빈틈없이 누르기를 한다. 보통 벽돌벽의 줄눈너비는 10mm로 하며, 줄눈은 응력분산에 유리한 막힌 줄눈을 원칙으로 한다. 통줄눈은 보강 블록조와 치장용으로만 사용하며, 특별한 때 외에는 영식쌓기 또는 화란식쌓기로 한다.

① 통줄눈

세로줄눈의 아래 위가 일직선으로 연결된 줄눈으로 상부하중을 밑으로 균등하게 전달하지 못한다. 내력벽에서는 가능한 한 통줄눈은 피하는 것이 좋다.

② 막힌줄눈

세로줄눈의 아래 위가 갈려 일직선으로 연결되지 않고 막힌 줄눈으로 벽돌벽에 실린 하중이 균등하게 전달되어 안전하다.

③ 치장줄눈

벽돌벽의 의장적 효과를 위한 줄눈을 치장줄눈이라고 한다. 치장벽돌 면은 쌓기가 완료되는 대로 흙손으로 줄눈누르기를 해두고, 시기를 보아 깊이 10mm 정도 줄눈파기를 하고 벽면을 청소한 후 1:1 모르타르로 치장줄눈을 시공한다. 줄눈모양은 특별한 지정이 없을 때에는 평줄눈으로 하고 조적면에서 2mm 정도 들여 시공한다. 벽돌 치장면 청소방법에는 물씻기 청소, 헝겊 닦기 등과 희석액을 사용하여 청소 후 물씻기를 하는 방법이 있다.

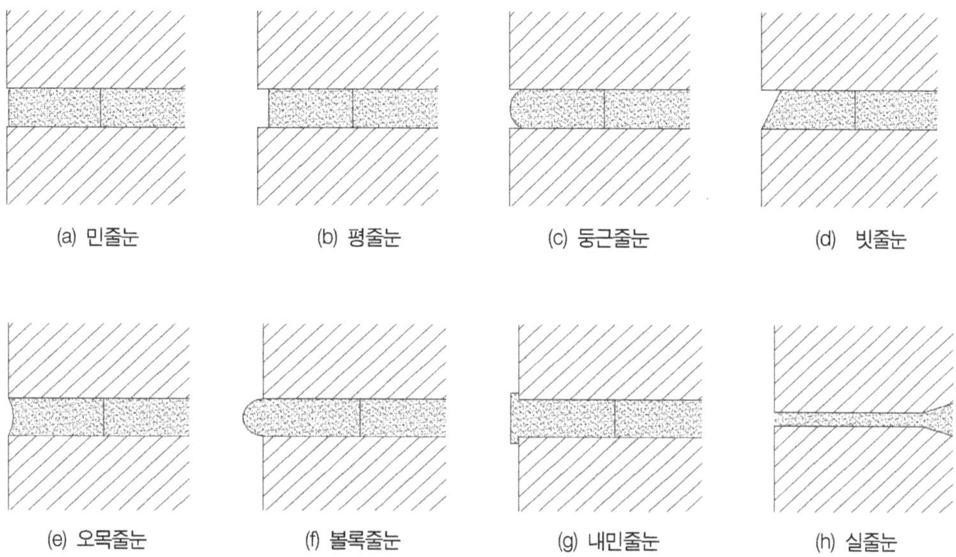

그림 9-1 치장줄눈의 종류

4) 벽돌 마름질

벽돌은 온장을 쓰는 것이 원칙이나 토막으로 사용하는 것을 벽돌 마름질이라 한다. 마름질 종류는 다음과 같다.

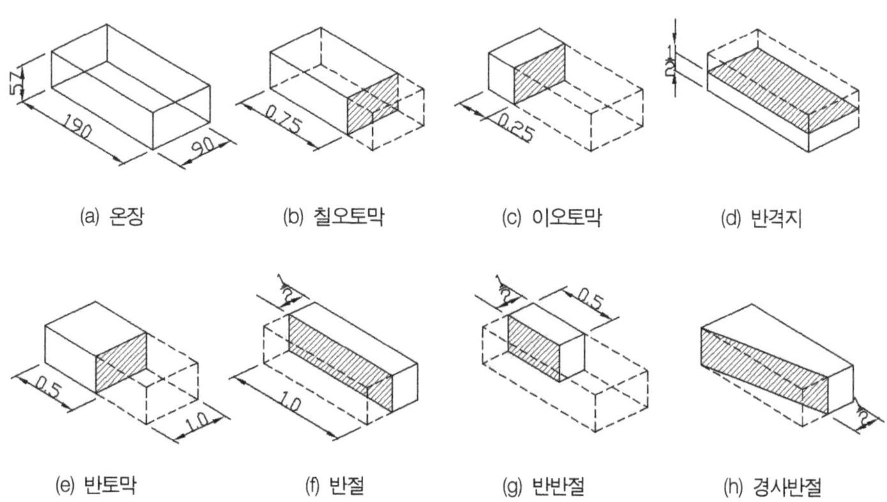

그림 9-2 벽돌 마름질의 종류

09 조적공사

5) 벽돌쌓기 방법

① 마구리, 길이쌓기

벽면에 마구리만 나오게 쌓는 것을 마구리쌓기, 길이만 나오게 쌓는 것을 길이쌓기라 한다. 벽면에 마구리를 세워 쌓는 것을 옆세워쌓기, 길이방향으로 세워 쌓는 것을 세워쌓기라 한다.

② 영식쌓기

입면상에서 한 켜는 길이쌓기로 하고 다음 켜는 마구리쌓기로 하여 벽체를 쌓는 방식이다. 모서리 벽 끝에는 이오토막, 반절을 사용하여 통줄눈이 최소화되어 가장 튼튼한 방식이며, 주로 내력벽체에 많이 사용된다.

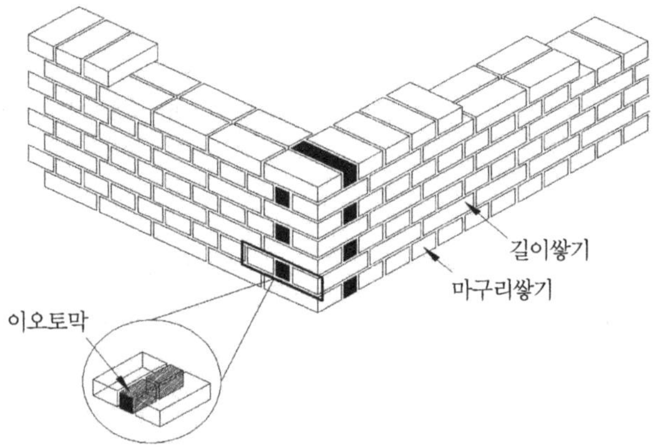

그림 9-3 영식쌓기

③ 화란식쌓기

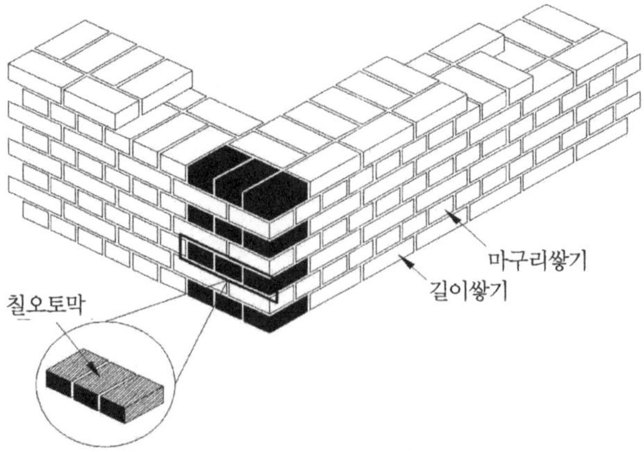

그림 9-4 화란식쌓기

영식 쌓기와 원리는 같으나 길이쌓기 켜의 끝부분에 칠오토막을 사용한다. 영식쌓기보다 약간 덜 튼튼하고 모서리 끝에는 세로줄눈이 잘 맞지 않게 될 때도 있으나, 쌓기가 편리할 뿐 아니라 모서리 벽 끝에 이오토막을 사용하면 쌓을 때 불안하기 때문에 우리나라에서는 일반적으로 화란식쌓기를 많이 사용한다.

④ 플레미시 쌓기

매 켜에 길이와 마구리가 번갈아 나오게 쌓는 방법으로 통줄눈이 많아 구조적으로 튼튼하지 못하나 외관은 좋다. 따라서 치장쌓기 벽체 또는 벽돌담 등에 쓰인다. 모서리 벽 끝에는 이오토막, 반토막 벽돌을 사용한다.

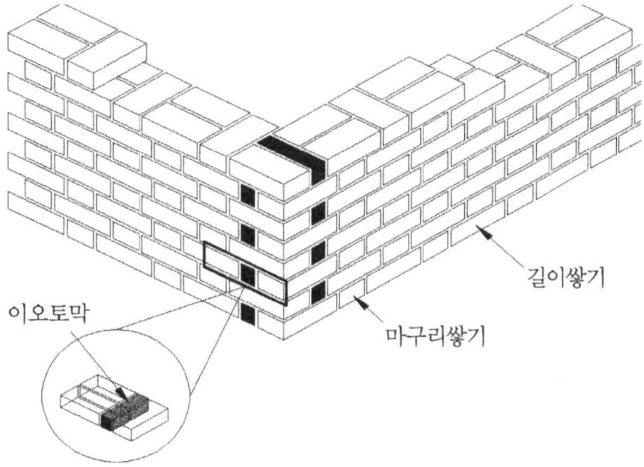

그림 9-5 플레미시 쌓기

⑤ 미식쌓기

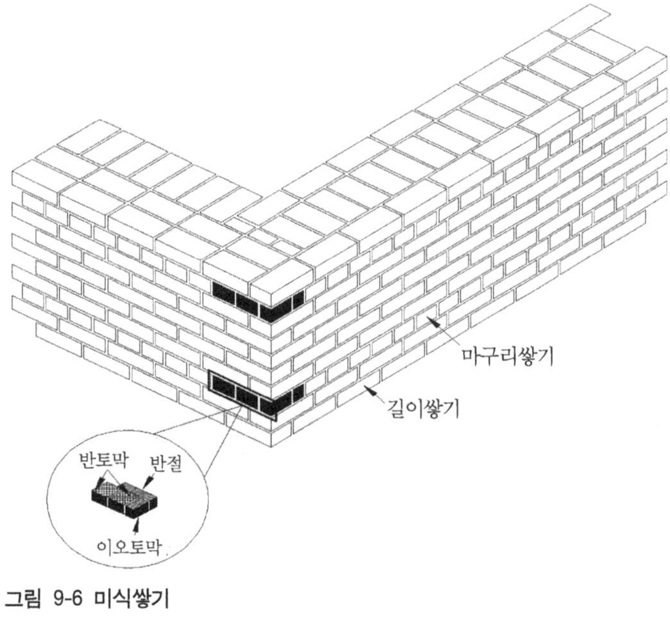

그림 9-6 미식쌓기

벽돌벽의 뒷면은 영식쌓기로 하고 앞면은 치장벽돌을 사용해서 앞면 5켜까지는 길이쌓기로 하고 그 위 한 켜는 마구리쌓기로 하여 본 벽돌벽에 물려 쌓는 방식이다.

9.2.3 부위별 벽돌 시공

1) 기초쌓기

줄기초 윗면은 청소하고 물축이기를 한다. 기초 윗면의 오목한 곳은 벽돌쌓기 전일에 모르타르 또는 콘크리트로 고름질하여 둔다. 기초쌓기는 1/4B씩 1켜 또는 2켜 내어 쌓는다. 기초벽돌의 맨 밑의 너비는 도면 또는 공사시방에서 정한 바가 없을 때에는 벽두께의 2배로 하고 맨 밑은 2켜 쌓기로 한다.

2) 교차부 및 모서리쌓기

① 교차부쌓기

벽돌벽은 건물 전체를 균일한 높이로 쌓아 올라가는 것이 가장 이상적이지만 비계발판, 기구 및 인원배치 등에 무리가 있으므로 한 벽면을 먼저 쌓고, 여기에 교차되는 벽은 나중에 쌓는다. 이때에는 직교하는 부분에 벽돌이 물린 자리를 벽돌 한 켜걸름으로 1/4B을 들여쌓는다. 이때 그 켜걸름 들여쌓기의 좌우 옆은 정확하게 수직으로 하고 일정한 깊이로 들여놓는다. 하루 일이 끝나면 들여쌓기 부분의 여분의 모르타르는 깨끗이 청소한다. 교차부 물려쌓기는 모르타르를 충분히 펴고, 끼우는 벽돌에는 사춤모르타르를 빈틈없이 채워 넣는다.

② 모서리쌓기

벽돌 벽의 끝 모서리쌓기를 할 때에는 통줄눈이 생기지 않도록 주의하고, 토막이 적게 사용되도록 벽돌나누기를 한다. 벽돌 벽의 끝 또는 모서리 선이 정확히 일직선이 되도록 하고 사춤모르타르도 충분히 채워 넣는다. 예각 또는 둔각 교차부의 치장쌓기에는 마름질한 벽돌을 금강사(金剛砂) 숫돌로 갈아 평활하게 하여 쌓는다.

3) 공간쌓기

내부공간의 방음, 방한, 방서의 효과를 거두기 위하여 벽과 벽 사이에 공기층을 두거나 절연재를 두어 쌓는 것을 공간쌓기라고 한다. 공간쌓기는 도면 또는 공사시방에 정한 바가 없을 때에는 바깥쪽을 주벽체로 하고 안쪽은 반장쌓기로 한다. 공간은 5~7m 정도로 하고 바깥쪽에는 필요에 따라 지름 1cm 정도의 물 빠짐 구멍을 낸다.

안·바깥벽은 벽돌, 철선, 철망 등을 사용하여 연결하는데, 연결재의 배치·거리간격의 최대수직거리는 40cm를 초과해서는 안 되고, 최대수평거리는 90cm를 초과해서는 안 된다. 연결재는 위 아래층의 것이 서로 엇갈리게 배치한다. 공간쌓기를 할 때에는 모르타르가 공간에 떨어지지 않도록 주의하여 쌓는다.

4) 개구부쌓기

① 창문틀 세우기

벽돌 벽을 쌓으면서 창문틀을 설치하는 것을 '먼저 세우기'라고 하고 벽을 다 쌓은 후에 창문틀을 설치하는 것을 '나중 세우기'라 한다. 창문틀은 원칙적으로 먼저 세우기로 하고, 나중 세우기로 할 때에는 가설틀 또는 먼저 설치 고정한 나무벽돌 또는 연결철물의 재료, 구조 및 공법 등의 상세를 나타낸 공작도를 작성하여 담당원의 승인을 받아 시공하도록 한다.

② 창대쌓기

창대벽돌은 그 윗면을 15° 정도의 경사로 옆세워 쌓고 그 앞 끝의 밑은 벽돌 벽면에서 3~5cm 정도 내밀어 쌓는다. 창대벽돌 위 끝은 창대 밑에 1.5cm 정도 들어가 물리게 하고 창대벽돌의 좌우 끝은 옆벽에 두 장 정도 물리게 한다. 창문틀 주위의 벽돌줄눈에는 사춤모르타르를 충분히 하여 방수가 잘 되게 한다.

③ 창문틀 옆 쌓기

창문틀의 상하 가로틀은 뿔을 내어 옆벽에 물리고 중간 60cm 이내의 간격으로 철물을 박아 견고히 고정시킨다. 옆벽을 쌓을 때에는 창문틀에 횡력을 가하여 선틀이 안으로 휘거나 각도가 일그러지지 않게 주의한다. 옆벽 쌓기는 좌우에서 같이 쌓아 올라가고 꺾쇠, 못 등을 박을 때에는 진동, 이동 및 변형 등이 없게 하여 그 옆 모르타르가 진동으로 흘러내려 선틀이 안으로 휘지 않도록 주의한다. 창문틀이나 나무벽돌 또는 고정철물의 주위에는 모르타르를 빈틈없이 사춤한다. 창문틀 밑 또는 옆의 고임목, 쐐기 등은 반드시 빼내야 한다.

④ 인방보

창문 등의 개구부의 위에 설치하는 인방보는 제자리콘크리트 부어넣기 또는 기성재 콘크리트 부재 등을 사용하여 설치한다. 인방보는 좌우가 벽에 20cm 이상 물리고 상부의 하중을 전달할 수 있는 충분한 길이로 한다. 좌우의 벽체가 공간쌓기일 때에는 콘크리트가 그 공간에 떨어지지 않도록 벽돌 또는 철판 등으로 막고 인방보를 설치한다.

⑤ 테두리 보

철근콘크리트조의 테두리 보를 설치할 때 모서리 철근은 서로 직각으로 구부려 겹치거나 길이 40d 이상 철근을 구부려 내려 유효하게 정착시킨다. 테두리 보에 목조 보, 철골보 등이 접합될 때에는 콘크리트를 부어넣기 전에 앵커볼트, 달쇠, 기타 설치 고정물을 정확한 위치에 묻어 두어야 한다.

철골조의 테두리 보를 설치하는 경우 그 일반적인 사항은 철골공사에 준하여 시공하면 된다. 다만, 강재와 조적조와의 접촉부분은 강재의 모양에 잘 맞도록 쌓을 것과 강재와의 접촉면에는 빈틈없이 모르타르를 넣어야 하는 점에 주의하도록 한다.

5) 내화벽돌쌓기

내화벽돌은 보통 벽돌쌓기에 준하여 쌓되 통줄눈이 생기지 않게 한다. 우선 내화벽돌에 묻은 흙, 먼지 등을 청소하고 물 축이기는 하지 않고 그대로 사용한다. 내화모르타르는 덩어리진 것을 풀어 물반죽을 하여 사용하고 줄눈너비는 가로·세로 6mm를 표준으로 한다.

6) 장식쌓기

줄눈의 변화를 보이거나 벽면의 의장으로 특수벽돌쌓기로 할 때가 있다. 담 또는 처마부분 등의 내쌓기를 할 때 45° 로 모서리가 면에 나오도록 쌓는 엇모쌓기, 벽돌벽에 장식적으로 구멍을 내어 쌓는 영롱쌓기, 벽돌면에 무늬를 넣어 쌓는 무늬쌓기 등이 있다. 이것들은 모두 장식벽체에 주로 쓰이고 구조적으로는 약하다. 따라서 줄눈나누기를 잘하고 모르타르 사춤을 충분히 하여 모양 좋고 튼튼하게 쌓아야 한다.

7) 신축줄눈

벽돌 또는 벽돌이 접합하는 구체의 팽창수축에 대한 균열 등의 손상을 발생시키지 않도록 미리 설치하여 탄력성을 갖게 한 줄눈이다. 도면 표시에 따라 신축줄눈을 설치하되 일정 두께 이상의 스테인리스 스틸, 냉간압연한 구리판 등을 사용하고, 신축줄눈의 스트립(strip)으로는 탄성충전재, 신축성이 있는 기성 네오프렌 또는 압출 플라스틱 등을 사용한다.

9.3 블록공사

9.3.1 블록공사 개요

1) 블록조의 종류

블록구조는 조적식 구조체로서 방화적이고 공사비가 저렴한 특징이 있으며 필요에 따라 철근콘크리트로 보강하여 사용할 수도 있다. 블록구조를 대별하면 블록의 처리 및 보강방법의 차이에 따라 다음의 3가지로 구분할 수 있다.

① 단순조적 블록조

블록을 단순히 모르타르로 접착하여 쌓아올리거나 수평줄눈에 철망을 넣는 정도로 보강한 블록구조

② 철근콘크리트 보강 블록구조

블록의 빈속에 철근과 콘크리트를 부어 넣어 보강한 것으로 수직하중·수평하중에 견딜 수 있는 구조로 가장 이상적인 블록구조

③ 거푸집 블록구조

콘크리트 블록을 사용하여 거푸집으로 하고 공동부분에 철근을 배근하고 콘크리트를 그라우팅하여 내력벽과 기둥, 보 등의 구조체를 만드는 블록구조

2) 블록의 형상 및 치수

블록 제작용 원료의 혼합에는 믹서를 사용하거나 이와 동등이상의 결과를 얻을 수 있도록 혼합해야 한다. 성형에는 동력에 의한 진동과 압축을 병용하는 방법으로 한다. 성형 후에는 500℃ 이상, 습도는 100%에 가까운 상태로 둔 다음 성형의 통산 4,000℃ 이상 다습상태에서 보양한다. 그 후 7일 이상 경과한 후 사용한다.

표 9-5 속빈시멘트 블록의 치수(mm)

형 상	치 수			허용치	
	길이	높이	두께	길이 · 두께	높이
기본블록	390	190	210 190 150 100	±2	±3
이형블록	길이 높이 및 두께의 최소 크기를 90mm 이상으로 한다. 또, 가로근 삽입 블록 · 모서리 블록과 같이 기본 블록과 동일한 크기인 것의 치수 및 허용치는 기본 블록에 따른다.				

표 9-6 속빈 부분 및 최소살두께

블록의 종류	속빈부분			최소살두께	
	세로근을 삽입하는 속빈부분		가로근을 삽입하는 속빈부분	조적 후 외부에 나타나는 부분	기타의 부분 (mm)
	단면적(cm^2)	최소너비(cm)	최소지름(cm)		
두께 150mm 이상의 블록	60 이상	7 이상	6 이상	25 이상	20 이상
두께 100mm 이상의 블록	30 이상	5 이상	5 이상	20 이상	20 이상

블록은 겉모양이 균일하고 비틀림, 해로운 균열 또는 흠 등이 없어야 하며, 철근을 삽입하는 속빈 부분은 콘크리트를 부어넣기에 지장이 없도록 충분히 크게 한다.

3) 모르타르 및 콘크리트 배합

블록쌓기용 모르타르 및 콘크리트의 배합비는 그 용도에 따라 표 3.3과 같이 용적 배합비를 맞추어 사용한다. 줄눈용 모르타르에는 석회를 조금 넣어 시멘트 : 석회 : 모래의 비가 1 : 1 : 3이 되도록 한다. 블록의 빈속에 채워 넣는 사춤용 콘크리트에 사용하는 자갈의 최대지름은 속빈 블록 최소폭의 1/4 이하 또는 20mm 이하로 한다.

표 9-7 콘크리트 블록 쌓기용 모르타르의 배합비

구 분		배 합 비			
		시멘트	석 회	모 래	자 갈
모르타르	줄눈용	1	1	3	–
	사춤용	1	–	3	–
	치장용	1	–	1	–
콘크리트	사춤용	1	–	2	4
	구조용	1	–	2.5	3.5
	밑창콘크리트	1	–	3	6

4) 블록공사 재료의 운반·취급 및 저장

블록의 운반 및 취급에 있어서는 모서리의 파손, 깨짐 및 긁힘 등이 생기지 않도록 주의한다. 블록의 적재높이는 1.6m를 한계로 하며 바닥판 위에 임시로 쌓을 때는 1개소에 집중하지 않도록 한다. 또한 지면에서 떨어진 판자나 다른 지지기구 위에 쌓아서 바닥의 습기가 직접 닿지 않도록 하고 방수덮개를 씌워 우로에 노출되지 않도록 한다.

시멘트는 우수 및 습기의 영향을 받지 않도록 저장하며 적재높이는 13포대를 한계로 한다. 골재는 종류별로 구분하여 저장하고 먼지, 흙 등 기타 불순물이 혼입되지 않도록 한다. 혼화재료는 종류별로 구분하여 저장하고 품질의 특성에 유의하여 품질변화가 생기지 않도록 한다. 철근은 규격별, 종류별로 저장하되 지면과 우수에 직접 접촉하지 않도록 각별히 주의하고 흙, 기름 등에도 오염되지 않도록 한다.

9.3.2 블록쌓기

1) 규준틀 및 준비

콘크리트 구조체나 기둥 또는 먼저 쌓은 벽에 심먹 및 벽면 먹줄을 쳐서 실제로 블록을 나누어 보고, 안팎 어느 면을 잘 맞추어 쌓는가를 정하여 수평실을 그 면에 치고 규준틀도 여기에 맞게 세운다. 블록을 쌓는 밑바탕은 정리 및 청소를 하고 물축임을 한다. 블록에 붙은 흙, 먼지 등을 제거하고 모르타르 접착면은 적당히 물로 축여 모르타르의 경화수가 부족하지 않도록 한다.

2) 블록쌓기 일반사항

블록쌓기는 일반적으로 세로규준틀에 의하여 직교하는 모서리 또는 중간요소에 기준이 되는 블록을 먼저 정확하게 쌓은 다음 수평실을 치고 먼저 쌓은 블록을 기준으로 하여 수평실에 맞추어 모서리부에서부터 차례로 쌓아간다. 블록은 제조 형틀과 빈속 형틀에서 빼내는 관계상 블록 살두께에 테이퍼가 있어 그 살두께가 두꺼운 편이 위로 가게 하여 쌓는다.

가로줄눈 모르타르는 블록의 중간 살을 제외한 양면 살 전체에, 세로줄눈 모르타르는 마구리 접합면에 각각 발라 수평, 수직이 되게 쌓는다.

하루의 쌓기 높이는 1.5m 이내이며 블록 7켜 정도의 높이를 표준으로 한다, 줄눈모르타르는 쌓은 후 줄눈누르기 및 줄눈파기를 한다. 여기서, 특별한 시방이 없으면 가로줄눈 및 세로줄눈의 두께는 10mm가 되게 한다. 치장줄눈을 할 때에는 흙손을 사용하여 줄눈이 완전히 굳기 전에 줄눈파기를 하여 치장줄눈을 바른다. 모르타르를 사춤하는 높이는 3켜 이내로 하고, 작업 종료 시의 세로줄눈 공동부에 모르타르의 타설높이는 블록의 상단에서 약 5cm 아래에 둔다.

3) 인방보·테두리보

① 인방보

창문, 기타 문 꼴의 위에 설치하는 인방보는 인방블록(U블록)을 가설틀 위에 쌓고, 그 안에 철근을 배근한 후 콘크리트를 부어 넣는 방식과 기성재 콘크리트 인방보를 사용하는 방식이 있다.

인방블록은 세로·가로형이 있고 창문틀 좌우 벽에 20cm 이상 물리며, 철근은 40d 이상 정착시킨다. 도면 또는 공사시방에서 정한 바가 없을 때에는 40cm 정도로 한다. 기성 콘크리트 인방보는 블록벽에 20cm 이상 물리고 하중을 벽체에 충분히 전달할 수 있는 길이로 한다. 창문틀 바로 옆에 수직철근이 있을 때에는 인방보에 구멍을 뚫어 끼우고 콘크리트를 채워 다진다.

② 테두리보

2층 바닥, 처마벽 상부에 철근콘크리트보를 둘러 벽체를 보강하고 바닥판, 지붕틀 하중을 균등하게 받도록 한다. 이것도 인방보와 마찬가지로 제자리 부어넣기 콘크리트 테두리보를 쓸 때와 기성재 콘크리트 제품을 쓸 때가 있다. 주근은 직교하는 철근과 연결하거나 수직으로 구부려 40d 이상 정착시킨다.

9.3.3 보강블록공사

단순조적 블록조와 같은 방법으로 블록공사를 하되 블록의 빈 속을 철근과 콘크리트로 보강하여 내력벽 또는 이에 준하는 장막벽을 구성하는 것을 말한다.

1) 벽 세로근

벽 세로근은 밑창콘크리트 윗면에 철근을 배근하기 위한 먹매김을 하여 기초판 철근 위의 정확한 위치에 고정하여 배근한다. 세로철근이 블록나누기에 잘 맞지 않게 되었을 때에는 그 자리에서 꺾어 구부리지 않고 콘크리트를 파내고 민틋하게 구부린다. 그 각도는 수직과 30° 이내로 한다.

세로근은 원칙적으로 기초·테두리보에서 위층의 테두리보까지 잇지 않고 배근하여 그 정착길이는 40d 이상, 피복두께는 2cm 이상으로 한다. 테두리보 위에 쌓는 박공벽의 세로근은 테두리보에 40d 이상 정착하고, 세로근 상단부는 180° 의 갈고리를 내어 벽 상부의 보강근에 걸치고 결속선으로 결속한다.

2) 벽 가로근

우각부, T형 접합부 등에서의 가로근은 세로근을 구속하지 않도록 배근하고 세로근과의 교차부를 결속선으로 결속한다. 가로근의 단부는 180° 의 갈고리로 구부려 배근하고 피복두께는 2cm 이상으로 한다. 모서리 가로근의 단부는 수평방향으로 구부려서 세로근의 바깥쪽으로 두르고 정착길이는 공사시방에 정한 바가 없는 한 40d 이상으로 한다. 중간에 가로근을 이을 때에는 이음길이를 25d 이상으로 하고, 그 위치는 엇갈리게 한다. 개구부 상하부의 가로근을 양측 벽에 묻을 때에도 정착길이는 40d 이상으로 한다. 한편, 가로근은 그와 동등 이상의 유효단면적을 가진 블록 보강용 철망으로 대신 사용할 수 있다.

3) 블록쌓기

보강 블록쌓기의 세로줄눈은 시방에서 정한바가 없을 때에는 통줄눈으로 한다. 이는 통줄눈으로 하더라도 철근이 삽입되고 모르타르, 콘크리트로 줄눈 사이를 사춤쳐 넣기 때문에 막힌줄눈을 할 필요가 없기 때문이다. 보강 블록조와 라멘구조가 접촉되는 부분은 원칙적으로 블록을 먼저 쌓고 콘크리트체를 나중에 시공한다. 창문틀 세우기, 나무벽돌, 볼트 기타 철물 묻기, 배관 등 기타 사항은 단순조적 블록조와 동일하다.

표 9-8 블록쌓기 일반사항

시공도 작성	시공자는 설계도서에 따라 축척 1/50의 블록나누기 도면 작성
사춤 모르타르 (보강블록 중공부 사춤)	시멘트 : 모래 = 1 : 3 시멘트 : 모래 = 1 : 2.5 : 3.5 ~ 1 : 3 : 6 (가수 후 1시간 이내의 것은 다시 비벼서 사용, 굳기 시작한 것은 사용금지)
살두께	두꺼운 쪽이 위로 가게 쌓는다. (전면 살두께 : 25mm, 중간 살두께 : 20mm)
줄눈	일반블록조 : 막힌줄눈, 보강블록조 : 통줄눈
일일 쌓기 단수	1.2m~1.5m 이내(6~7켜) 블록과 모르타르의 접촉면을 물 축이고 모르타르는 충분히 깐다.
치장줄눈	줄눈두께 10mm 표준, 2~3켜 쌓고 줄눈파기 후 치장줄눈
모서리, 교차부	모서리, 마구리는 이형블록 사용, 보강철물, 철근삽입 보강 사춤모르타르 및 조인트로 구성, 와이어 메시 3단마다 보강

9.3.4 거푸집 블록공사

거푸집 시멘트블록을 쌓고 빈속에 철근과 콘크리트를 채워 넣어 철근코크리트 부재나 장막벽을 형성하는 공사이다. 거푸집 블록의 살두께는 최소 25mm 이상은 되어야 하며 뒤틀림, 갈라짐, 기타 흠집이 없어야 한다.

거푸집 블록 속에 모르타르를 채워 넣을 때 벌어지거나 이동, 변형 등이 생길 우려가 있는 곳은 가는 철선 등으로 연결결속하여 이들의 변형을 방지한다. 거푸집 블록을 콘크리트면에 붙여 댈 때에는 떨어지지 않도록 연결철물을 사용하여 견고히 고정하고 모르타르를 충분히 채워 넣는다. 이 구조는 블록 자체가 거푸집이 되므로 목제 거푸집에 비하여 빨리 공사를 진행시킬 수 있는 장점은 있으나 경제적으로 반드시 유리하다고 할 수가 없다. 또한, 블록 내의 작은 빈속에 콘크리트를 부어넣어야 하므로 다짐이 불량하여 줄눈으로 시멘트 물이 흘러내려 곰보가 될 우려가 있고, 블록은 살이 얇고 불안정하게 쌓아지므로 충분한 다짐이 어려워 간단한 구조물 외에는 별로 쓰이지 않는다.

표 9-9 거푸집 블록조

거푸집 블록조	· 속이 없고 살두께가 얇은 ㄱ자, ㅁ자, T자, ㄷ자 형의 블록을 거푸집 대용으로 사용하여 철근배근, 콘크리트 타설 · 1일 쌓기 높이 : 1m 정도(측압 고려) · 콘크리트 1회 부어넣기 : 60cm 이내 혹은 가로철근 높이 이내 · 개구부 주위의 콘크리트 단면: 9×12cm 이상

9.4 돌공사

석재는 무거워서 운반 및 가공이 어렵고 가공과 시공과정에 상당한 시일이 소요되지만, 외관이 장중하고 내구성이 강해 건축물의 내벽, 외벽, 창문 주위, 바닥 등에 구조 및 장식용으로 널리 사용되고 있다. 일반적으로 화강암은 기둥, 바닥재 및 마감재로 많이 쓰이고 대리석은 실외용으로는 적합하지 않아 실내장식용 마감재로 주로 쓰이며 사암은 주로 구조 및 장식용으로 사용하고 있다.

특히 우리나라에는 양질의 석재가 풍부하기 때문에 오래 전부터 건축자재로 이용되어 왔으며, 현대에 이르러서는 건식붙임공법의 보급, 자동가공기계의 개발, 다양한 석재 가공법 등의 발달을 통해 마감재로 널리 사용되고 있다. 석재공사는 석재를 쌓아 벽체 및 구조물을 구축하는 돌쌓기 공사와 천연석, 테라초, 모조석 등의 공장가공품을 건물 구조체에 설치·고정하는 돌붙임공사 및 돌깔기공사로 나눌 수 있다.

9.4.1 석재의 종류

석재는 생성과정에 따라 화성암, 수성암, 변성암으로 대별된다. 화성암은 규산염을 주성분으로 한 마그마라 불리는 용융체가 고결하여 광물의 집합체로 된 것이다. 지구 내부에서 생긴 것을 심성암이라 하고, 지표에 굳은 것을 화산암이라 하며 중간의 것을 반심성암

표 9-10 암석의 종류 및 특성

암석의 종류		용 도	특 징
화성암	화강암	조적재, 구조재, 외장재	· 조직이 균일하다. · 경도, 강도, 내마모성, 색채, 광택이 우수하다. · 내화성이 약하다.
	안산암	구조재, 장식재	· 경도, 강도, 내구성, 내화성이 있다. · 색조가 일정치 않고 절리에 의해 가공이 용이하다. · 큰 재 얻기가 어렵다.
	현무암	판석재로 많이 사용	
수성암	사암	외벽재, 내장재, 경량구조재	· 조직이 치밀하고 규산질 사암 등 경질의 것은 내구성이 있다. · 석회질 사암은 가공성 좋다. · 석회질 사암, 철분사암은 흡수율이 높고 내구성이 약하다.
	석회암	시멘트의 원료	· 용도가 매우 광범위하다.
	점판암	지붕재료, 비석, 바닥	· 재질이 치밀, 흡수성이 강하다. · 색상이 미려하다.
변성암	대리석	실내장식재, 조각재	· 강도가 크며 실외 사용이 드물고 실내장식용으로 쓰인다. · 내화, 내산성이 약하고 풍화되기 쉽다.
	석면	단열재, 마감재	· 단열, 보온, 흡음이 우수하고 내화적이다.

이라 한다. 화강암, 안산암, 현무암, 감람석, 부석이 여기에 속한다.

수성암은 지표의 암석이 풍화, 침식, 퇴적 작용에 의해 생긴 암석으로서 일반적으로 연질이며 강도가 약하고 풍화, 동해, 변색의 우려가 있으나 석회암을 제외하고 화열에 비교적 강하다. 석회암, 사암, 점판암, 응회암 등이 여기에 속한다.

9.4.2 석재의 강도, 비중, 흡수율

석재를 석질에 따라 분류하면 화성암재, 수성암계, 변성암계가 있다. 화성암재는 화강암, 안산암, 석영조 등이 있고, 수성암계는 점판암, 사암, 응회암, 석회암 등이 있다. 또 변성암계에는 사문석, 반석, 대리석 등이 있다.

화강암은 열에 약한 결점 외에는 물리적 성질이 모든 면에서 우수하다. 안산암은 화강암보다 못하나 열에 대한 저항은 더 강하다. 응회암, 사암은 흡수율은 더욱 떨어지지만 열에 대해서는 상당히 강하다. 대리석은 화강암보다 강도가 떨어지며 풍화가 빠르다.

9.4.3 석재의 시공

1) 석재의 시공상 주의사항

동일 건축물에는 동일한 석재로 시공하는 것이 좋으며 석재는 휨·인장강도가 낮으므로 항상 압축을 받는 장소에만 사용한다. 석재가공 시 예각은 피하고 구멍을 만들지 않도록 하며, 내화도가 약하므로 내화가 필요한 곳은 열에 강한 석재를 사용한다. 또한 모르타르가 연석에 대하여 화학작용을 하지 않도록 주의해서 처리해야 한다.

2) 석재의 표면 마무리 방법

석재의 표면 마무리 방법은 손다듬기와 기계다듬기로 구별되는데, 사용공구와 다듬기 솜씨에 따라 마감품질에 상당한 차이가 나므로 견본을 제출받아 미리 마감 정도를 확인하는 것이 좋다. 석재는 경질석재, 연질석재에 따라 마감 정도를 다르게 해야 한다.

① 손다듬기

가공순서는 혹두기, 정다듬, 도드락다듬, 잔다듬, 물갈기 순으로 진행된다.

가. 혹두기 : 거친 돌이나 마름돌의 돌출부 등을 쇠메로 쳐서 비교적 평탄하게 마무리하는 것을 혹두기라 한다. 큰 혹두기와 작은 혹두기로 구분하지만 엄밀한 관계는 없다.

나. 정다듬 : 혹두기면을 정으로 쪼아 평평하게 다듬은 것으로 정자국의 간격에 따라 초벌다듬, 중간다듬, 정벌다듬으로 구분한다. 정자국의 거리간격은 균등하게 하

고 깊이는 일정해야 한다. 정다듬기는 보통 2~3회 정도로 한다.

다. 도드락다듬 : 정다듬면의 거친 면을 도드락망치로 다듬어 더욱 평탄하게 다듬는 것을 도드락다듬이라 한다. 정다듬 위에 더욱 평탄하게 할 때에 쓰이며 잔다듬의 바탕다듬기로 하는 것이다. 그러나 이것을 쓰면 면에 금이 생길 우려가 있고, 흠 자국도 남을 수가 있어 사용에 주의해야 한다.

라. 잔다듬 : 도드락다듬면에 다시 양날로 세밀한 평행선이 나타나게 다듬는 것으로 1~5회 다듬기로 하지만 보통 2~3회 다듬기로 한다. 횟수가 많은 것은 처음 두 번은 서로 직교하는 대각선 방향으로 다듬고, 그 다음에 면의 한 변에 평행으로 다듬는다. 공구 종류로는 양날망치, 외날망치, 뾰족날망치가 있다

마. 물갈기 : 잔다듬한 면을 각종 숫돌 손갈기, 수동기계 갈기 또는 공장 기계갈기로 하여 마무리하는 것을 물갈기라 한다. 또한, 갈은 다음 왁스로 광택이 나게 마무리한 것을 정갈기라고도 한다.

② 기계다듬기

planer, surfacer, grinder 등을 이용하여 마감한다.

3) 표면 마무리 특수 가공공법

① 모래분사법

석재면에 고압공기의 압력으로 모래를 분출시켜서 면을 곱게 다듬는 방법이다. 이 방법은 돌출부, 모서리 또는 조각물 등 예각부의 마모가 심할 수 있다.

② 화염분사법

석재의 표면에 화염을 방사하여 가열한 다음 이를 급랭시켜 표면의 박리층을 제거하여 거친 면으로 다듬는 방법이다.

③ 착색돌 마감

석재의 흡수성을 이용하여 석재의 내부까지 착색시키는 방법이다. 염료, 레이크 안료 또는 색소안료를 쓰는 물감에 석재를 담궈 물감이 침투되게 한다. 다만 짙은 색은 내기 어렵고 퇴색에 주의해야 한다.

4) 석재가공 후의 검사내용

가공이 완료된 것은 돌나누기에 따라 돌 뒷면에 부호, 번호 등을 매겨 두고 겉에서도 찾을 수 있게 표시한다. 가공검사의 요점은 다음과 같다.

① 마무리 치수의 정확도, ② 모서리의 직선·직각 바르기, ③ 면의 평활성, ④ 다듬기 솜씨 등이 일정해야 한다.

이 검사는 엄밀히 하여 수정해서 쓸 수 있는 것은 다시 다듬고 몹쓸 것은 다른 데 전용

하도록 한다.

9.4.4 석재 붙임공법

건축공사에서 사용되는 석재 붙임공법은 습식공법과 건식공법으로 대별되는데, 전자는 주로 모르타르를 사용하여 구조체와 결합해서 일체화를 꾀하며 후자는 설치용의 철물로서 석재를 설치하고 구조체와의 일체화는 꾀하지 않는다. 습식공법에는 전면채움공법과 부분채움공법이 있으며, 건식공법에는 앵커공법과 커튼월공법이 있다. 그리고 커튼월공법은 단재방식과 복합재방식으로 나뉜다.

이외에 공장 프리캐스트콘크리트 패널 제작 시 석재 패널을 넣고 콘크리트와 일체로 타설하여 제작하는 G.P.S 패널공법이 있다.

1) 습식공법

이 방법은 석재의 상하 좌우 맞댐면 사이에 촉·꺾쇠 등으로 바탕면과 연결, 고정시키고 모르타르 채움에 의해 일체화시키는 공법이다. 석재의 붙임방법으로서는 가장 오래된 공법으로서 석재와 구조체를 모르타르로 일체화시키는 것이 특징이다. 정성스럽게 시공하지 않으면 석재 뒷면의 모르타르 주입이 불완전해지기 쉽고, 이 부분에 빗물이 침투하면 백화·줄눈 갈라짐·균열 등이 발생하기 쉽다.

맨 밑켜의 석재는 마감 먹에 맞추어 수평 또는 수직이 되게 하고, 쐐기를 석재의 밑면과 구조체와의 사이에 끼우고 밑면에는 된비빔 모르타르를 채운다. 구조체와의 긴결은 미리 구조체의 콘크리트를 타설할 때 묻어둔 세로근 또는 앵커철물에 가로줄눈의 위치에 맞추어 가로근을 용접해 두고 하단 석재의 꽂임촉 구멍에 촉을 걸어 구조체와 연결시킨다.

습식공법에서 가장 주의해야 할 점은 쇠에서 발생하는 녹에 의해 석재 표면이 적황색으로 변색하는 것이다. 황동제 긴결철물을 사용한 경우는 문제가 안 되나, 보통 구조체에 긴결하는 철물과 철근의 녹에 의해서 발생하게 된다. 이것은 녹막이 처리를 해도 채움모르타르의 두께가 얇으면 녹이 나오게 되므로 바탕면과 석재 뒷면과의 뛰움 거리를 30mm 정도 되게 하여 채움모르타르의 두께를 확보해야 한다.

이 공법에서 부착력은 채움모르타르에 의한 것은 아니고 긴결철물에 의한 것이므로 긴결철물로써 튼튼하게 붙이도록 계획해야 한다. 철물 설치를 위한 구멍은 보통 핸드드릴을 사용하여 뚫는다.

석재의 뒷면에는 사춤모르타르를 채우되 흘러나오지 않도록 줄눈에 백업재 등으로 틀어막고 모르타르의 압력으로 석재가 밀려나가지 않도록 여러 번 나누어 채운다. 사춤모르타르의 경화 정도를 보아 줄눈에 끼운 백업재를 제거하고 줄눈파기를 한다. 치장줄눈은 석재면의 물씻기를 한 후에 하고 치장줄눈용 모르타르를 사용해서 평활하게 마무리한다.

2) 앵커 긴결공법

이 공법은 석재의 붙임에 모르타르를 사용하지 않고 앵커, 볼트, 연결철물을 사용하여 석재와 구조체를 연결시키는 방법이다. 먼저 시공도에 따라 수평실을 쳐서 연결철물 장착을 위한 앵커용 구멍을 뚫는다. 연결철물은 석재의 상하 및 양단에 설치하는데 하부의 것은 지지용으로, 상부의 것은 고정용으로 사용한다. 설치 시 조정과 층간변위를 고려하여 1차 연결철물(주로 앵글형)과 2차 연결철물(주로 평판형)을 연결하는 구멍은 모두 다소 헐겁게 뚫는다. 판석재와 철재가 직접 접촉하는 부분에는 적절한 완충재를 사용하고 줄눈은 실링재를 사용하여 마무리한다. 이 공법의 특징은 모르타르를 사용하지 않으므로 백화현상, 공기지연 등의 문제를 해결할 수 있으며 앵커에 의해 단위 판재가 지지되므로 상부의 하중이 하부 판재로 전달되지 않는다.

3) 강재 트러스

여러 장의 석재판을 미리 조립된 스틸트러스에 공장에서 부착한 후 현장으로 수송하여 조립식으로 설치해 나가는 공법을 말한다. 시공도에 따라 트러스를 지상에서 제작한 후 여기에 앵커, 볼트, 연결철물을 사용하여 석재를 설치한다. 트러스는 타워 크레인으로 양중하고 미리 구조체에 설치한 앵커에 연결시켜 트러스를 접합시킨다.

화강석 지지철물로서 알루미늄제 연결철물을 사용하여 볼트와 연결철물을 확실히 연결한다. 조립식공법이므로 습식공법 등 다른 공법에 비해 공기를 단축시킬 수 있어 공사비 절감에 도움이 된다.

4) G.P.C공법

화강석 뒷면에 철근을 조립한 후 콘크리트를 타설하여 일체화시킨 것으로 PC로 제작하여 건축물 외벽에 부착한다. 화강석을 채취하여 가공공장에서 판재로 자른 후 제트버너마감(jet burner finish)으로 표면을 처리하고, PC제작한다. 공장생산으로 공기가 단축되고 석재의 두께가 얇게 시공되어 원가가 절감된다. 습식공법에 비해 석재를 얇게 할 수 있고 백화현상, 얼룩짐 등이 없지만 건식공법에 비해 설치기간이 길고 건물이 중량화 되기 쉽다.

Chapter 10 | 타일공사

10.1 개 요

타일은 점토 또는 암석의 분말을 성형·소성하여 만든 박판 제품(두께 약 5mm 정도)을 총칭한 것이다. 타일은 요업 제품으로서 보통은 표면적에 비하여 상당히 얇고, 점토 또는 점토와 다른 원료와의 혼합물로 만든다. 시유 또는 무유로서 제조공정 중에서 소성하여 특별한 물리적 성질 및 특징을 갖게 한 것을 말한다.

타일공사는 일반적으로 바탕면에 모르타르 또는 유기질 접착제를 이용하는 마감공사이다. 무기질로서 단단한 재질의 타일은 내수성, 내마모성, 내열성 특징을 가지고 있어 내구성이 우수한 건축물 내·외장재에 사용되나, 시공 전 과정에 걸쳐 충분한 접착강도를 만족해야 하고 박리사고 등이 발생하지 않도록 시공 시 품질에 주의해야 한다. 따라서 설계에서 시공까지 정확한 기획·설계가 이루어져야 하고, 공법의 중요항목에 대해 적절한 시공관리가 필요하다.

10.2 타일의 분류

10.2.1 성형방법에 의한 분류

성형방법에는 원료의 수분 함량에 따라 다음의 두 가지가 있으며, 제조되는 타일 종류도 다르다.

1) 건식성형

건식성형은 3~10%의 수분을 함유한 분말을 프레스의 금형에 넣어 200~300kg/cm^2 정도의 고압을 가해 성형한다. 이 방법으로 성형시킨 타일에는 내장타일, 모자이크타일, 바닥타일 등이 있으며, 밀도가 치밀하여 표면이 매끈하고 모서리가 정확하게 되며 두께가 얇아도 비교적 제품은 강하다.

2) 습식성형

반죽한 원료를 오거 머신(auger machine)에서 뽑아내어 성형시킨다. 오거 머신 속에 있는 나선의 스크루가 회전하면서 원료를 출구 쪽으로 밀어낸다. 이 방법으로 성형시킨 타일에는 외장타일, 바닥타일이 있으며, 그 밖에 특이한 형상의 타일 제조에도 사용된다.

표 10-1 건식·습식타일의 특징

명 칭	성형방법	정 밀 도	용 도
건식타일	프레스 성형	치수 정밀도가 높고 고능률이다.	내장, 모자이크타일
습식타일	압출성형	프레스 성형에 비해 정밀도가 낮다.	외장, 바닥타일

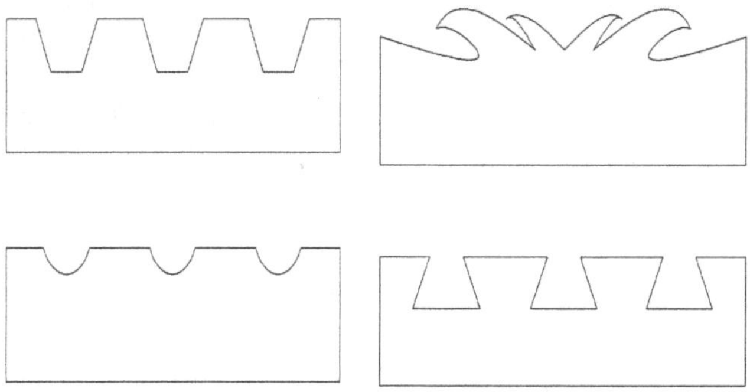

(a) 프레스식　　(b) 압출식

그림 10-1 성형방법에 따른 타일의 형상

10.2.2 용도에 의한 분류

타일은 용도에 따라 내장타일, 외장타일, 바닥타일, 모자이크타일 등으로 구분되며, 그에 대한 특징은 표 10-2와 같다.

표 10-2 용도에 의한 분류

용 도	특 징
외장타일	·외기에 저항력이 강하고 단단한 것. ·발생할 수 있는 결점 종류 – 치수, 형태오차 – 색조의 차이 – 공기구멍(기포) 혼입
내장타일	·건물의 내부용(5.4cm 각 이상의 대형, 중형) ·미려하고 위생적이며 청소가 용이한 것.
바닥타일	·단단하고 내수성이 강한 것. ·흡수성이 적은 것. ·표면이 매끄럽지 않은 것. ·내마모성이 좋고 충격에 강한 것.
모자이크타일	·내·외벽용, 바닥용

10.2.3 소지질에 의한 분류

소지의 흡수율에 따라 자기질, 석기질, 도기질로 품질구분을 하며, 그에 따라 적용되는 타일의 종류도 다르다. 소지질에 의한 분류는 표 10-3과 같다.

표 10-3 소지질에 의한 분류

구 분	내 용		적용 타일
	소지 성질	흡수율(%)	
도기질	비용화성(非熔化性)	10.0 이상	내장타일
석기질	대부분 용화성	1.0~3.0	내장타일, 외장타일, 바닥타일, 클링커타일
	반용화성	3.0~10.0	
자기질	불침투성	0	내장타일, 외장타일, 바닥타일, 모자이크타일
	용화성	1.0 미만	

10.3 타일시공 준비

10.3.1 타일 붙임재료

타일의 붙임재료는 유기질 접착제와 시멘트계 재료로 크게 나눌 수 있다. 콘크리트나 모르타르 바탕의 붙임재료로서는 시멘트계 재료와 유기질 접착제 두 가지를 사용할 수 있다. 보드계 바탕에는 유기질 접착제만을 사용한다.

표 10-4 붙임재료의 사용구분

사용부위	붙임재료
외 장	외장용 유기질 접착제 시멘트계 재료(기성조합 모르타르, 현장조합 모르타르)
내 장	유기질 접착제 시멘트계 재료(기성조합 모르타르, 현장조합 모르타르)
외부바닥	시멘트계 재료(기성조합 모르타르, 현장조합 모르타르)
내부바닥	유기질 접착제 시멘트계 재료(기성조합 모르타르, 현장조합 모르타르)

1) 유기질 접착제

타일붙임에 사용하는 접착제는 시공장소와 내수성, 내열성 등의 요구성능에 적합하게 선정하는 것이 필요하다. 접착제는 바탕을 충분히 건조시킨 상태에서 작업을 해야 한다. 내장타일 붙임에 사용하면 타일 탈락을 방지하고 시공능률을 향상시킬 수 있는 이점이 있다. 최근에는 외장타일 붙임에 사용되는 변형실리콘 수지계 접착제가 개발되어 있는 실정이다.

① 합성수지, 합성고무 에멀션형

이들은 모두 페이스트 상태의 접착제로서 그 속의 물이 증발되거나 또는 타일이 물을 흡수하여서 건조 경화되는 형이다. 통풍, 기온 등에 의해 오픈-타임이 변화하므로 주의해야 한다.

② 합성고무 용제형

용제의 휘발에 의해 경화하는 형으로 통풍이나 기온에 따라 현저하게 빨리 휘발하므로 오픈-타임을 짧게 해야 한다. 냄새도 나기 쉽고 인화성도 있으므로 주의할 필요가 있다.

③ 에폭시수지계

주제와 경화제의 2액을 시공하기에 앞서 혼합하여 사용한다. 사용시간에 제한이 있으며 내수성과 접착강도는 우수한 편이다.

④ 에멀션형 에폭시수지

성능이 뛰어나며 내수성, 접착강도, 내열성이 우수하다.

2) 기성조합 모르타르

기성조합 모르타르는 시멘트에 규사 등의 골재나 혼화제를 미리 조합한 모르타르로서 현장에서 물과 섞어 간편하게 사용할 수 있어 널리 사용된다. 현장조합 모르타르에 비해 품질의 편차가 적은 것이 특징이다.

3) 현장조합 모르타르

현장조합 모르타르는 시멘트, 모래, 혼화제 및 물을 현장에서 조합하여 믹싱한 것이다. 모르타르의 조합은 타일붙임 시공법에 적합한 조합으로 한다. 최근에는 기성조합 모르타르의 사용상 편의점 때문에 별로 사용하지 않고 있다.

10.3.2 줄눈재료

1) 기성조합 줄눈모르타르

현장조합 줄눈재는 얼룩이 발생하는 경우가 있기 때문에 기성조합 줄눈모르타르의 사용이 증가하고 있다. 기성조합 줄눈모르타르는 현장에서 물과 섞는 것만으로 사용이 가능하다. 최근에는 내장용에 내수성, 오염저항성, 높은 접착성을 갖춘 것, 외장용에는 거친 질감을 가진 것 등 가능성이나 의장성이 뛰어난 줄눈재료가 개발되어 사용되고 있다.

2) 수지줄눈계

시멘트계 줄눈재료는 취성재료이므로 옥내의 보드 바탕 등 움직임이 있는 장소에는 균열이 발생할 수 있다. 그 문제를 해결하기 위해서 탄성이 있는 수지줄눈재가 개발되었다. 재질은 아크릴계, 에폭시계 등이 있다.

3) 내약품성 줄눈재

시멘트계 줄눈재에 비하여 물리적, 화학적인 특성이 보다 우수하다. 시멘트에 고무라텍스나 수지 에멀션을 가한 폴리머시멘트가 주로 사용되며 물유리, 에폭시수지 등도 사용되고 있다. 내약품성 줄눈재는 화학공장·식품공장과 같이 침식되기 쉬운 곳, 병원의 수술실과 같이 청결이 필요한 곳, 통행량이 많은 바닥 등 큰 하중을 받는 곳에 사용하면 좋다.

4) 신축조정 줄눈재

신축조정 줄눈재는 신축성, 방수성 및 내후성이 우수해야 하며 변색 및 퇴색이 적어야 한다. 신축줄눈재 재료로는 실리콘계와 폴리우레탄계가 널리 사용되고 있다.

10.3.3 모르타르 표준배합

모르타르의 배합비는 치장줄눈, 경질 · 연질타일 붙임용 종류에 따라 표 10-5를 표준배합으로 한다. 혼화제는 시멘트 사용량에 대해 소량 혼입하는 것이 대부분이며, 과다한 양이 혼입되거나 지나치게 소량 혼입되면 모르타르의 성질이 크게 달라지므로 정확한 양만을 혼입한다.

표 10-5 모르타르 표준배합

타 일	배합비	비고
치장줄눈	1 : 1	시멘트 : 모래
경질타일 붙임용	1 : 2	
연질타일 붙임용	1 : 3	

10.3.4 줄눈너비의 표준

타일을 벽면에 붙이다 보면 벽면의 폭이 타일 한 장 치수의 정확한 배수가 되지 않을 경우가 많고, 이럴 때에는 타일을 잘라 넣어야 한다. 타일붙임 벽면이 깔끔하게 마무리될 수 있도록 하기 위해 타일치수와 줄눈치수를 합하여 타일 한 장의 기준치수를 정하고, 타일붙임면의 세로방향, 가로방향의 순으로 정수배로 나누어지도록 배치한다. 약간의 부족이 있을 때에는 줄눈너비를 조정하여 맞추는데, 표 10-6을 표준으로 한다.

표 10-6 줄눈너비의 표준

타일 구분	대형 벽돌형(외부)	대형(내부일반)	소형	모자이크
줄눈나비	9mm	6mm	3mm	2mm

※창문선(개구부 주위), 설비기구류의 마무리 줄눈너비 : 10mm 정도

10.3.5 바탕처리

타일은 모르타르를 두껍게 발라 바탕면에 붙여대는 방법과 바탕면을 완전 평면으로 모르타르를 발라놓고 타일에 붙여대는 방법이 있다. 타일 붙임면이 평탄하지 않으면 깎아내거나 모르타르를 발라 평평하게 하고 지나치게 평탄한 면은 긁어서 부착이 잘되게 한다.

바탕처리 작업 시에는 바탕면의 평활도를 3m당 ±3mm로 하고 바탕고르기 모르타르 바름을 1회 10mm 이하로 하며 2회에 나누어 한다. 들뜸 · 균열 등을 보수, 불순물 제거, 청소하여 타일부착이 잘되게 거친 면으로 하고 바탕처리 후 1주일 이상 경과 후 타일붙임을 원칙으로 한다. 흡수성 있는 타일과 바탕면은 미리 물을 뿌려 적당한 물 축임을 하나 타일붙임 표면에서 시멘트 가루는 백화현상의 원인이 되므로 뿌리지 않는다.

10.3.6 치장줄눈

타일의 치장줄눈공법은 문지름과 줄눈바르기가 있으며, 디자인에 따라 여러 가지 치장줄눈이 쓰인다. 치장줄눈은 세로줄눈을 위에서부터 먼저 하고, 가로줄눈의 순으로 밑으로 마무리한다.

치장줄눈 작업 시에는 붙임을 한 후 3시간 지난 뒤에 줄눈파기하고, 24시간 경과 후 치장줄눈하되 줄눈 바탕에 작업 직전 물을 뿌려 습윤하게 한다. 치장줄눈 너비가 5mm 이상일 때는 고무흙손을 사용하여 빈틈없이 누르고 2회로 나누어 줄눈을 채우며 개구부나 바탕 모르타르에 신축줄눈 시공 시 실링재로 완전히 채운다.

10.4 타일붙임공법

타일붙임공법은 크게 현장붙임공범과 먼저붙임공법으로 나눌 수 있다. 이러한 공법 등은 시공능률의 향상, 백화 및 오염의 방지, 타일 숙련공의 부족 해소 등을 위해서 계속적으로 개량이 이루어져 왔으며, 공법을 선정할 시에는 박리와 백화가 발생되지 않고 마무리 정도가 좋으며, 타일에 균열이 생기지 않도록 기본적인 성능을 고려하여 공법을 선정한다.

10.4.1 현장 붙임공법

현장 붙임공법은 콘크리트나 모르타르면을 바탕으로 하여 타일을 붙여나가는 것으로, 붙임 순서나 붙임재료에 의해 세분화 되어 떠붙임공법, 개량떠붙임공법, 압착공법, 밀착공법, 접착공법, 개량압착법, 직접붙임공법과 모자이크 타일붙임공법 등으로 분류된다.

1) 떠붙임공법

벽면의 아래에서 위로 한 단씩 쌓아 올려가는 종래의 일반적인 방법이다. 이 방법은 바탕이 그다지 고르지 않아도 되고, 접착력의 차이가 크지 않으며, 모르타르가 빈배합이기 때문에 경화 시 수축에 의한 영향이 적은 장점이 있으나, 타일공의 숙련과 경험이 요구되며 시공능률이 낮은 단점이 있다. 또한 붙임모르타르 사이로 공간이 생기기 쉬우며, 이로 인한 우수 등의 침투로 백화현상이 발생하기 쉬우므로 외장타일 부착방법으로는 부적당하다.

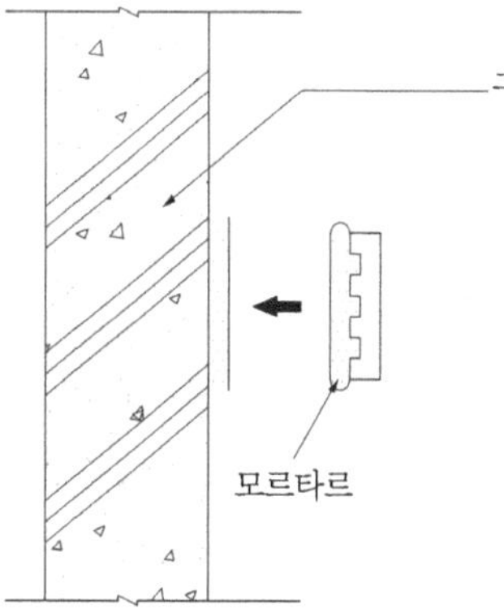

그림 10-2 떠붙임공법

떠붙임공법 시공 시에는 바탕 물축임을 필요로 하며 흡수율이 큰 타일에는 적당히 물축임을 하면서 붙임이 필요하다. 타일 뒷면의 모르타르가 불충분할 때에는 마른 모르타르를 채워야 하는데, 이로 인해 백화의 원인이 될 수도 있고 1일 작업의 적당한 높이는 타일의 무게에 따라 다르나 1.0~1.5m를 초과하지 않는 것이 타일 처짐을 방지하기 위해서 바람직하다.

2) 개량떠붙임공법

이 방법은 떠붙임공법의 단점을 개선한 방법으로, 바탕모르타르를 초벌과 재벌로 두 번 발라 바탕을 고르게 마감하며 타일 뒷면에 붙임용 모르타르를 그대로 얹지 않고 전체에 골고루 바르는 데 차이가 있으며, 높은 접착력을 얻을 수 있고 백화 방지에도 효과를 얻을 수 있는 방법이다.

바탕이 고르기 때문에 외관도 좋아지고 모자이크 타일, 내장타일의 박리 방지에도 유효하다. 그러나 모르타르가 타일 뒷면 전체에 고르게 발라지지 않으면 백화가 발생할 수 있으며, 동결피해가 우려되는 단점이 있다. 1일 쌓기가 1.2~1.5m로 제한되어 있다.

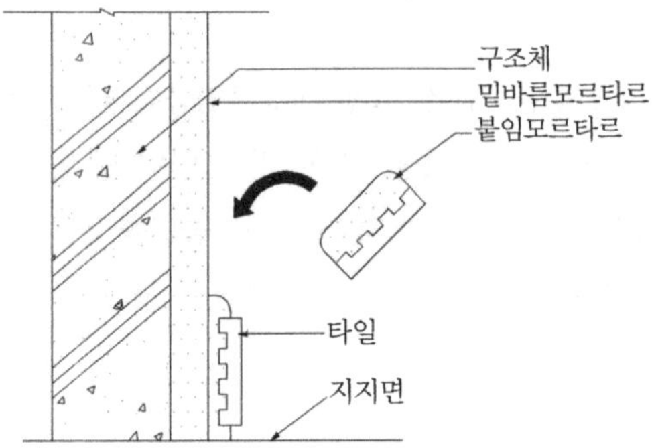

그림 10-3 개량떠붙임공법

3) 압착공법

이 방법은 바탕면에 붙임모르타르를 바르고 모르타르가 굳기 전에 타일을 눌러 붙이는 방법이다. 백화 방지와 작업능률 향상을 위하여 고안된 방법으로서 외장타일공법 중 가장 널리 보급된 방법이다.

세심하게 눌러 붙이면 접착력도 증대하며 타일과 붙임재료 사이에 공극이 생기기 어려우므로 백화가 생기기 어렵고 시공능률이 양호하며 외장타일 붙임공법 중 시공속도가 가장 좋은 장점이 있으나, 붙임모르타르의 바름 방치시간의 영향을 받아 접착력이 저하되기 쉬우며 접착강도의 편차가 크다는 단점이 있다

4) 밀착공법

이 방법은 먼저 나누기에 의해 바탕에 모르타르를 발라 타일을 눌러 붙인 다음, 충격공구로 타일면에 충격을 가하면서 붙이는 방법이다. 충격으로 인하여 연해진 붙임모르타르가 뒷발의 공극을 없애주므로 보다 밀착이 확실해지고 충분한 접착력을 얻을 수 있으며, 줄눈 사이로 흘러나온 모르타르를 줄눈흙손으로

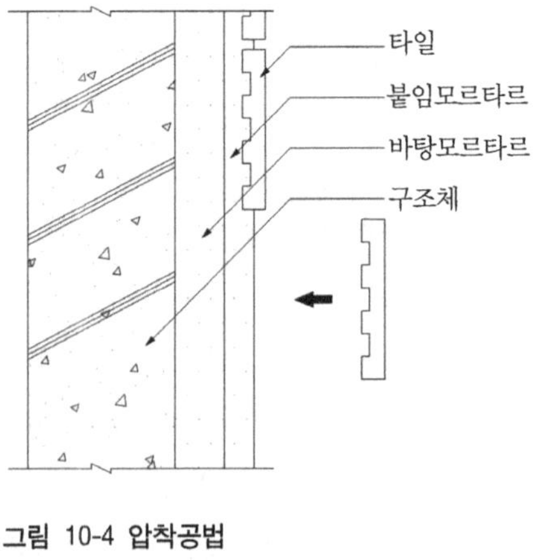

그림 10-4 압착공법

눌러 주어 줄눈도 동시에 시공할 수 있다. 이때 줄눈의 깊이는 타일두께의 절반이 기준으로 되어 있고 박리와 백화의 우려는 극히 적다.

바탕은 개량압착붙임방법과 같으며 사용하는 타일의 두께에 따라 붙임용 모르타르를 두껍게 바르는 경우도 있다. 이 방법은 외장타일을 손으로 붙이는 방법 중 가장 확실한 방법이지만, 보급단계에 있어 기능공 확보가 문제이고 충격공구, 검사용 시험기기의 보급이 시급한 실정이다.

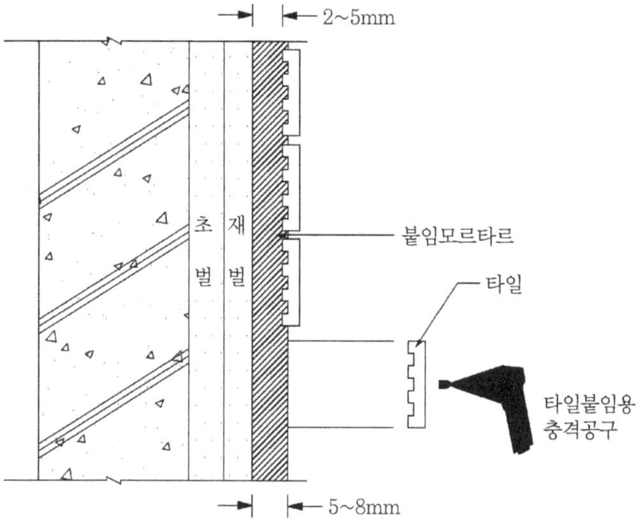

그림 10-5 밀착공법

10.4.2 먼저붙임공법

고층 건물 등 대규모 건축물의 경우 현장에서 타일을 붙이지 않고 구체 콘크리트공사에 포함시켜서 공사를 하는 것으로, 부착강도를 향상시키고 백화현상을 방지하기 위해 먼저붙임공법이 이용되고 있다. 먼저붙임공법에는 거푸집 먼저붙임공법과 PC판 먼저붙임공법이 있다.

1) 거푸집 먼저붙임공법

이 공법은 현장에서 타일 또는 유닛타일을 형틀에 먼저 고정시켜 콘크리트를 타설하고 거푸집을 제거한 후 부자재를 제거하는 방법이다. 높은 접착력, 백화의 방지에 좋으나 콘크리트 타설 시의 유동을 방지하기 위한 확실한 고정방법이 필요하고 타일의 배열 및 고정에 상당한 기술과 치밀한 계획이 요구된다.

여러 개의 타일을 종이 또는 수지필름으로 연결하여 유닛을 만들고, 이 유닛을 1개로 하여 거푸집에 설치하는 방법과 거푸집에 줄눈칸막이를 설치하여 이것에 타일을 끼우는 줄눈칸막이 방법이 있다. 대형 타일의 경우 타일나누기에 맞추어 거푸집에 잔목을 박아 여기에 타일을 배열하고 머리 없는 못 등으로 거푸집에 고정한 후 콘크리트를 타설하는 잔목법(殘木法) 등이 있다.

2) PC판 먼저붙임공법

PC공장에서 PC(precast concrete)판 제조 시에 P.C거푸집에 타일을 깔아 놓고 콘크리트를 타설하여 타일이 부착된 TPC(tile precast concrete)판을 만드는 방법이다. 접착의 확실성과 백화 방지, 균일한 시공명 등 매우 신뢰성이 높은 공법이며, 별도의 타일공사가 생략되므로 고층 건물의 외벽공사 시 주로 이용되고 있다. TPC판 설치 시 충격에 주의하여 타일의 탈락을 방지해야 하며, 공사의 초기단계에 타일의 소요가 필요하므로 시공계획 시 충분한 사전검토가 필요하다.

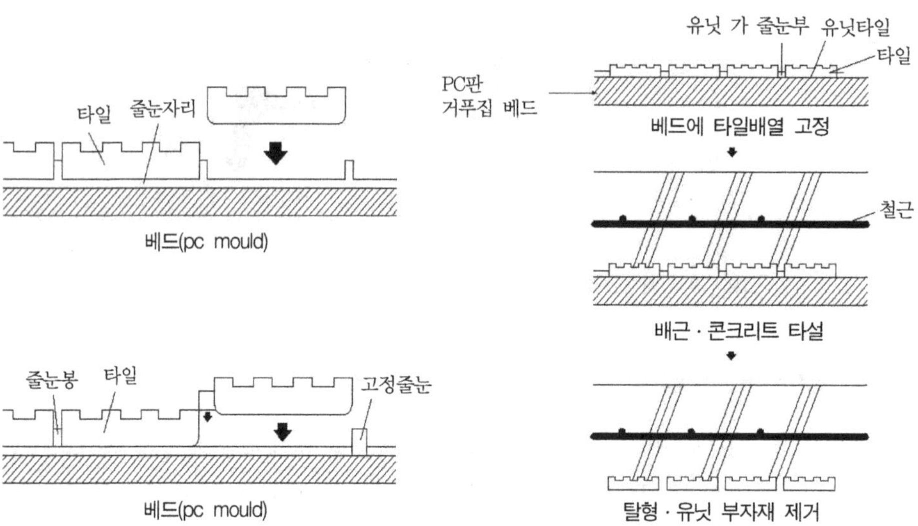

그림 10-6 PC판 먼저붙임공법

10.5 타일의 보양 및 검사

10.5.1 보양

외부에 붙인 타일이 직사일광 또는 풍우 등으로 손상을 받을 염려가 있다고 판단되면 거죽이나 시트 등으로 씌워서 보양하도록 한다.

타일 보양 시 기온이 2℃ 이하일 때는 작업장 내 온도가 10℃ 이상이 되도록 임시난방, 보온 등으로 시공부분을 보양하지만 타일을 붙인 후에는 톱밥으로 보양하고 3일간은 진동이나 보행을 금한다. 산분은 완전히 물로 제거한 후 보양하며 시유타일(유약타일)은 염산 사용을 금하고 부득이한 경우 30배 용액을 사용한다. 수축균열이 우려되는 이질재 접합부, 수평이어붓기 부분 등에서는 3m 이내에 신축줄눈을 설치하여 균열을 예방한다.

10.5.2 검사

타일은 붙임모르타르 경화 후 검사봉으로 두드림 검사를 하여 들뜸, 균열발생 시 다시 붙인다. 검사는 타일접착 강도가 충분히 발휘되는 2주 이후에 실시하며 외관검사, 들뜸, 인장 접착강도시험을 적용한다.

1) 외관검사

외관검사는 타일의 색조, 더러움, 깨짐, 결여, 줄눈너비, 줄눈의 색조, 줄눈깊이의 불균일 등을 점검한다. 뚜렷한 재붙임 등의 수단으로 처리한다.

2) 타일 들뜸조사

타일이 바탕에서 들떠있는지를 알아보기 위해서는 벽면 전체에 대하여 조사할 필요가 있다. 조사방법은 사다리, 곤돌라 등을 이용하여 타진봉, 테스트 해머 등으로 타일 면을 타격하고, 발생한 음을 청각으로 판정하는 타음법 조사가 주로 쓰이고, 슈미트 해머를 이용한 반발법과 그 외 타격법, 초음파법, 표면온도법 방법으로 조사한다. 그러나 조사자의 청각 및 숙련도에 따라 판정 정도에 차이가 있을 수 있다.

3) 인장 접착강도시험

타일 접착강도는 시험실에서는 타일 표면과 평행한 방향으로 하중을 가하여 전단 접착강도를 측정한다. 그러나 현장에서는 타일 표면과 직각방향으로 타일을 당겨서 인장 접착강도를 측정하는 것이 보통이며, 시험체의 수는 벽 면적 100mm^{2}당 1회 시험하고 시험체의 개수는 3개씩으로 한다. 오프타임이 길어지면 모르타르의 접착력이 감소되고 박리, 탈락사고가 많이 발생하기 때문에 타일검사 시 유의하며, 검사 시 타일시공 후 4주 이상, 접착강도 4kg/cm^2 이상일 때 실시한다. 그러나 보다 안전한 측으로 6kg/cm^2 이상을 통상 적용하고 있다.

10.6 타일의 백화

타일의 뒷면에 물이 침투되면 물은 바탕 모르타르 속에 들어 있는 석회를 용해시켜서 수산화석회($CaOH_2$)를 생성하는데, 이와 같이 생성된 수산화석회가 벽의 외부로 표출되면서 공기 중의 탄산가스 등과 반응하여 석회석으로 변해 타일의 표면을 오염시키는데 이러한 현상을 타일의 백화현상이라 한다.

백화현상은 타일과 건물 사이에 물이 침입하여 발생하는 현상이므로 이를 방지하기 위해서는 우선 타일과 건물 사이에 물이 침투하지 않도록 해야 한다. 그러기 위해서는 타일과 건물 사이에 공극이 발생하지 않도록 모르타르를 충분히 타일 뒷면에 채워서 접착하되 붙임용 모르타르의 두께는 균등하도록 해야 한다.

특히, 떠붙임공법에 의해서 타일 접착시공을 할 때 시멘트풀을 줄눈에 뿌리는 것은 백화현상을 촉진시키는 요인이 된다.

현재까지는 타일의 백화현상을 방지할 수 있는 특별한 공법이 개발되지 않고 있는 실정이므로, 백화 방지를 위해서는 품질이 좋은 타일을 사용해야 하며 정밀시공을 하는 것이 최선의 방법이다.

10.7 동해의 원인 및 대책

타일에서의 동해란 타일 자체가 흡수한 수분이 동결함에 따라 생기는 균열과 타일 뒷면에 물이 스며들어 그것이 얼어서 타일 전체를 박리시키는 현상을 말한다. 타일의 기공 내에는 어떤 형태로든지 수분이 있게 되며 이것이 동결되면 약 9%의 체적팽창을 일으킨다. 따라서 동결·융해작용으로 물과 얼음으로 녹았다 얼었다 하는 것이 반복됨에 따라 팽창압이 작용되어 타일을 결국 파괴시키게 되는 것이다. 동해는 일반적으로 흡수율과 기공률이 클수록 현저히 나타나고 떠붙임공법에서 많은 문제가 발생되나, 압착공법에서도 밀어누르기가 부족하거나 두드리기가 불충분하면 발생하기 쉽다.

동해에 대한 기본적인 대책은 흡수율이 작은 자기질 타일과 석기질 중에서도 흡수율 3% 이하의 것만은 외부에 사용하는 것이 가장 유리하다. 석기질 중에서 흡수율이 높은 것과 도기질은 동해를 일으키기 쉬우므로 물 접촉이 많은 곳이나 외부에는 사용하지 않는 것이 좋다.

Chapter 11 | 목공사

11.1 목공사계획

목재는 예전부터 우리나라 전통건축의 주류를 이루었으며, 구조 및 수장, 가구용 재료로서 널리 이용되어 왔다. 비강도가 크고 가공성이 우수하며 직선의 통재를 얻을 수 있어 구조재로 사용할 수 있고 단열성, 차음성, 적당한 흡습성이 있고 마감면이 아름다워 마감재로도 사용할 수 있지만 연소와 부식의 우려가 있다는 단점도 있다. 근래에는 목재의 부족과 철근콘크리트 및 철골조 건물의 확산으로 도심지에서는 목조건축을 시공하는 사례가 거의 없지만, 사찰건축 및 전통건축, 통나무를 이용한 전원주택 등에서는 여전히 목재를 사용하고 있다.

목공사는 건축 내장공사를 총칭하는 수장 목공사, 목재가 구조체로 쓰이는 구조 목공사, 우리 전래의 고건축과 관계되는 전통 목공사로 대별할 수 있다.

건축표준시방서에서의 목공사는 벽체뼈대, 지붕틀, 지붕널, 처마둘레, 마루귀틀, 마룻널 깔기, 창문틀, 홈대, 천장(반자), 바름벽 바탕 및 내·외벽 수장, 계단, 난간 등의 공사를 포함하고 있다.

목수는 보통 대목과 소목으로 분류하며, 구조·수장의 일을 하는 목수를 대목, 창호·가구 등의 일을 하는 목수를 소목, 목수직의 책임자를 도편수라 한다.

11.2 재 료

11.2.1 목재의 구조와 조직

목재의 성질은 성분과 구조상태에 따라 달라지므로 구조와 조직을 알면 목재의 성질을 알 수 있고 수종을 구분할 수 있다. 목재의 원소는 대개 탄소, 산소, 수소, 질소로 조성되어 있으며, 이 외에도 회분, 석회, 칼슘, 마그네슘, 나트륨, 망간, 알루미늄, 철 등이 미량 함유되어 있다. 목재의 주성분은 셀룰로오스, 헤미셀룰로오스, 리그닌이다. 이 중 셀룰로오스(섬유소)는 세포막을 구성하여 골격을 형성하는데, 목질 건조중량의 50% 정도를 차지한다. 리그닌은 약 20~30% 정도를 차지하며, 세포끼리 리그닌으로 접착·고화되어 목질화된다. 헤미셀룰로오스(반섬유소)는 약 10~20% 정도이며, 그 외 소량의 회분·수지·유지·정유·타닌·색소 등이 함유되어 있다. 목재는 횡단면상 수심, 목재의 대부분을 차지하는 목부와 그 주위의 형성층, 수피로 구성되어 있다.

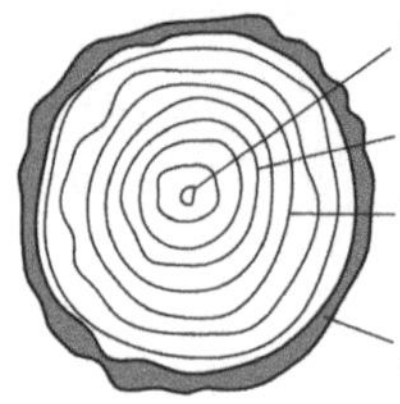

그림 11-1 목재의 구조

1) **수심**

나무의 중심부를 의미한다. 수심을 중심으로 1년에 1개씩 동심원 모양의 나이테가 형성된다.

2) **목부**

목부는 나무를 지지하는 역할을 하며, 심재와 변재로 구성된다.

심재는 세포내에 고무질, 타닌, 수지 등이 퇴적하여 재질이 견고하며 내구성이 크고 색깔이 진하다. 변재는 심재 외부의 연한 부분으로 수분을 많이 함유하며, 양분을 함유한 수액을 보내어 수목을 자라게 하거나 양분을 저장한다.

3) **형성층**

수목의 성장이 이루어지는 곳으로서, 여러 형상과 역할을 갖는 세포를 점차 내부로 형성해 가는데, 이 성장상태는 계절에 따라 다르게 나타난다. 봄부터 여름까지 활동이 왕성하여 세포가 크고 세포막이 얇고 유연하며 담색으로 나타나는 부분을 춘재, 가을에 활동이 줄어들면서 겨울에 휴식하여 세포가 작고 세포막이 두껍고 견고하며 암색으로 나타나는 부분을 추재라 한다.

4) **수피**

나무의 껍질부분에 해당하며, 오래된 나무일수록 껍질이 두껍다.

11.2.2 목재의 종류와 용도

목재의 종류는 크게 침엽수와 활엽수로 구분할 수 있으며, 주용도는 표 11-1과 같다. 침엽수는 보통 잎이 바늘처럼 뾰족하고 가는 형태를 하고 있으며, 그 줄기는 곧고 키가 크므로 기둥, 보 등의 구조재로 적합하다. 소나무, 잣나무, 전나무, 낙엽송, 해송, 편백 등이 침엽수에 속한다. 활엽수는 보통 잎이 넓은 모양이고, 다양하고 아름다운 무늬결을 띠고 있어 주로 장식재로 이용되며, 단풍나무, 느티나무, 너도밤나무, 오동나무, 느릅나무, 참나무 등이 활엽수에 속한다.

표 11-1 목재의 종류와 주용도

목재의 종류		주 용 도
침 엽 수	소나무	구조재, 창호재, 말뚝
	잣나무	수장재, 창호재
	전나무	반자널재, 가구재
	낙엽송	구조재, 말뚝
	해송	구조재, 말뚝
	편백	구조재, 수장재, 창호재
활 엽 수	단풍나무	창호재, 가구재, 수장재
	느티나무	가구재, 수장재(고급 건축용)
	너도밤나무	창대 및 마룻널재, 가구재
	오동나무	반자널재, 창호재, 가구재, 수장재
	느릅나무	가구재, 수장재
	참나무	창호재, 가구재, 수장재

11.2.3 목재의 성질

1) 비중

목재의 비중은 일반적으로 기건상태의 겉보기 비중으로 표시하며, 수종에 따라 다르지만 보통 침엽수는 0.3~0.5, 활엽수는 0.5~0.9 정도이다. 주요 수종별 비중은 삼나무 0.4, 소나무 · 해송 0.5, 오동나무 0.3, 참나무 0.65, 가시나무 0.9 정도이다.

2) 함수율

목재의 함수상태는 함수율로 나타내며, 함수상태에 따라 강도, 경도, 체적이 달라진다. 함수율이란 절대건조 시의 중량에 대한 함수량의 백분율을 말한다.

$$\text{함수율} = \frac{W_2 - W_1}{W_1} \times 100\,(\%)$$

W_1 = 절대건조시의 중량

W_2 = 건조 전의 중량

절대건조 시의 중량은 100℃의 건조로에서 24시간 건조시킨 절대건조상태의 중량을 말하며 함수율은 0%이다. 생나무는 벌목 직후의 상태로 함수율은 40~100%이며 자유수를 많이 포함하고 있다. 생나무를 건조함에 따라 세포벽은 아직 포화되어 있으나 자유수는 공극에 존재하지 않을 때의 함수상태를 섬유포화점이라고 한다. 섬유포화점 이상에서 목재의 강도는 일정하나 섬유포화점 이하에서는 함수율이 감소함에 따라 목재는 수축하고 강도는 급속하게 증가하는 등 물리적 성질과 기계적 성질이 변한다. 이때의 함수율은 수종에 관계없이 25~30%(평균 28%)이다. 또한 생나무를 장기간 방치하면 수분이 증발하여 대기습도와 평형을 이루는 기건상태가 되며, 이때의 함수율을 평형함수율이라 한다. 평형함수율은 보통 12~18% 정도이다.

3) 수축변형

목재의 함수율이 섬유포화점 이하가 되면 목재의 수축이 시작된다. 일반적으로 밀도가 크고 견고한 수종일수록 수축량도 커진다. 목재의 수축 정도는 나이테방향(접선방향)이 가장 크고, 다음이 섬유의 직각방향(반지름방향), 섬유방향이 가장 적다. 대체적인 수축비는 10 : 5 : 1 정도이다. 수종별로 보면 비중이 작은 침엽수는 수축률이 적고 비중이 큰 활엽수는 수축률도 크다. 동일 수종에서의 수축률은 변재가 심재보다 크다.

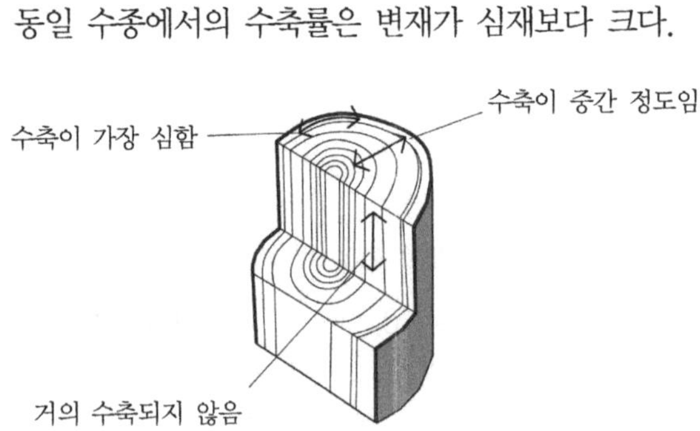

그림 11-2 목재의 수축변형

11.2.4 목재의 결함

1) 옹이

나무의 줄기에서 가지가 뻗어 나간 곳에 생기는 결점으로, 생옹이, 죽은옹이, 썩은옹이,

빠진옹이 등이 있다. 생옹이는 성장과정 중에 가지가 말려 들어가서 생긴 것으로서 주위의 목질과 단단하게 연결되어 있어 강도에는 영향을 미치지 않는다. 죽은옹이나 썩은옹이, 빠진옹이 등은 죽은 나뭇가지의 흔적으로서 단단하여 가공이 곤란하고 강도도 저하되며 외관을 손상시킨다.

2) 갈라짐

목재의 수분이 건조되면서 생기는 결점으로, 벌목 후 급격한 건조로 인해 발생하는 심재성형 갈라짐, 수목의 성장 시 기후변화로 발생하는 변재성형 갈라짐 등이 있다.

3) 지선

목재의 수지가 흘러나온 곳에 생기는 결점으로, 가공을 어렵게 하거나 가공 후 목재에 얼룩이 지게 한다.

4) 껍질박이

나무가 성장하는 동안 상처를 입었다가 아물면서 성장한 부분의 껍질이 안으로 말려 들어간 형태의 결점으로, 껍질박이 부분은 강도가 크게 떨어진다.

5) 썩음

목재가 국부적 또는 전체가 썩은 것이다.

6) 혹

섬유가 집중되어 불룩하게 된 부분으로, 뒤틀리기 쉽고 가공도 곤란하다.

11.2.5 목재의 건조

목재를 건조시키면 강도의 증가, 중량 경감, 사용 시 건조수축에 의한 균열 및 변형 방지, 부패균류의 번식이나 충해 예방, 방부제 등의 약제 주입 용이 등의 성질이 향상된다. 목재의 건조방법은 자연건조법(대기건조법, 수액제거법)과 인공건조법으로 나눌 수 있다.

1) 대기건조법

목재를 대기 중에 통풍이 잘 되도록 세워 놓거나 일정한 간격으로 쌓아두어 건조시킨다. 구조용재는 거의 대부분 이 방법으로 건조하며, 가구재의 경우에는 인공건조법의 예비건조로서 이용하고 있다. 건조하는데 넓은 공간과 장시간이 필요하지만 건조경비가 적게 들고 건조에 의한 목재의 손상이 적다는 이점이 있다.

2) 수액제거법

목재를 뗏목으로 하여 강물에 띄워놓고 약 6개월 정도 담가두면 수액이 빠지고 그 부분에 수분이 침투하지만 건조는 빨라진다.

3) 인공건조법

단기간 내에 원하는 함수율까지 건조시킬 수 있는 방법으로, 시설비와 가공비가 많이 든다. 증기법, 열기법, 훈연법 등이 있다.

11.2.6 목재의 방부

목재의 부식은 목조건축의 내구성에 직접적인 영향을 미치므로, 부식의 원인인 부식균의 억제가 필요하다. 부식균의 성장에 필요한 온도, 습도, 공기, 양분 등을 조절하여 균의 번식을 불가능하게 한다. 목재는 방부처리에 지장이 없는 정도로 건조되어야 하고, 처리된 목재의 함수량은 작업현장으로 운반되기 전 18% 정도로 하며 방부처리한 목재는 충분히 건조한 후에 사용한다.

공사시방에 정한 바가 없는 한, 다음 사항에 대하여 방부처리를 한다.

① 구조내력상 중요한 부분에 사용되는 목재로서 콘크리트, 벽돌, 돌, 흙 및 기타 이와 비슷한 포수성의 재질에 접하는 부분
② 목조의 외부 버팀기둥을 구성하는 부재의 모든 면
③ 급수 · 배수시설에 근접된 목부로서 부식의 우려가 있는 부분
④ 납작마루틀의 멍에, 장선 등
⑤ 직접 우수에 맞거나 습기 차기 쉬운 부분의 모르타르 바름, 라스 붙임 등의 바탕으로서 담당원이 지시하는 부분
⑥ 나무벽돌(다만, 담당원의 승인을 받아 방부처리를 생략할 수 있다.)

목재의 방부법으로는 도포법, 주입법, 표면탄화법, 침지법 등이 있다.

1) 도포법

목재의 방부법 중 가장 간단한 방법으로, 방부처리 전에 충분히 건조시킨 후 균열부나 이음부 등에 솔 등으로 방부제를 도포한다. 사용되는 방부제는 크레오소트, 콜타르 등이다.

2) 주입법

방부제 용액에 3~6시간 정도 침지하는 상압주입법과 압력용기 내에 목재를 넣고 고압

하에서 방부제를 주입하는 가압주입법이 있다.

3) 표면탄화법

목재 표면을 3~10mm 정도 태워서 탄화층을 만든다.

4) 침지법

상온에서 방부제 용액(크레오소트, PCP 등)에 몇 시간 또는 며칠간 담가 흡수시키는 방법으로, 침투깊이는 깊지 않으나 액을 가열하면 더 깊이 침투시킬 수 있다.

11.3 목조건축의 종류

11.3.1 기둥-보 구조(post & beam framing system)

가장 오래된 목구조방식의 하나이다. 적은 수의 대단면 부재를 사용하여 시공하고, 주로 상업건물과 규모가 큰 주택 등에 이용된다.

11.3.2 중목구조(heavy timber framing system)

기본적으로 기둥-보 구조의 원리와 동일하지만, 규정된 최소한의 규격을 가지는 목재를 사용하여 화재 시 구조체의 내화성을 확보할 수 있도록 한 구조이다.

11.3.3 벌룬구조(balloon framing system)

작은 단면의 각재들을 사용하여 벽체는 기둥으로 바닥은 장선으로, 지붕은 서까래로 구성하는 방식이다. 벽체의 기둥은 기초에서 지붕까지 건물 전체높이로 설치하며, 2층을 초과하지 않는다.

11.3.4 플랫폼구조(platform framing system)

시공 시 발생되는 벌룬구조의 약점을 보완한 구조로서, 강한 마루틀을 설치한다. 각 층의 평탄한 바닥 위에 상부의 벽체가 놓이게 되어 벽체를 구성하는 기둥부재의 길이가 짧아져 시공이 용이해진다.

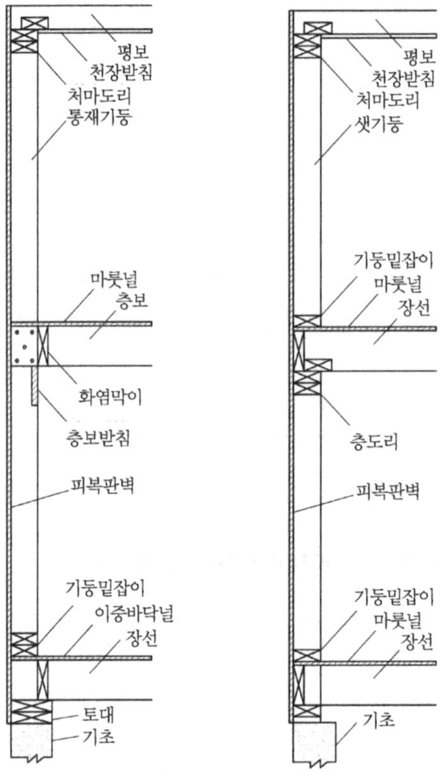

(a) 벌룬구조(balloon frame) (b) 플랫폼구조(platform frame)

그림 11-3 벌룬구조와 플랫폼구조

11.4 가공 및 접합

11.4.1 가 공

목재의 가공은 먹매김, 마름질, 바심질, 모접기의 순으로 진행한다.

1) 먹매김

마름질, 바심질 등을 하기 위해 재의 축방향으로 심먹을 치고, 절단부와 가공부 등을 표시한다. 토대·보 등의 가로재에는 반드시 심먹을 치고, 맞춤과 이음부 등이 같은 종류로서 수량이 많을 때에는 본판을 원칙으로 떠서 만들어 이를 기준으로 먹매김한다.

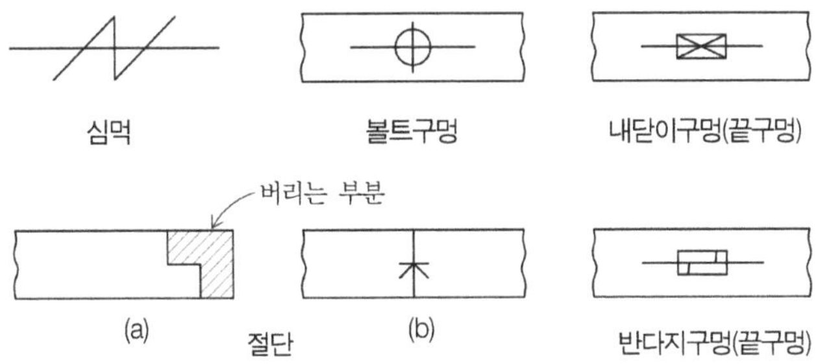

그림 11-4 먹매김 부호

2) 마름질

바심질하기 전에 제작 또는 가공을 위해 재료를 치수에 맞추어 자르는 일이다. 껍질이나 이물질 등을 대패를 이용하여 깎아낸다.

3) 바심질

자르기와 깎아내기를 하고 구멍뚫기, 홈파기, 대패질, 기타 다듬질을 하는 것이다. 대패질은 거친 대패질, 중대패질, 고운 대패질로 구분할 수 있다. 거친 대패질은 막대패질이라고도 하며, 제재톱 자국이 겨우 없어질 정도로 하는 것이다. 기계대패질은 거친 대패질로 본다. 제재톱 자국이 완전히 없어지고 평활한 정도로 하는 것을 중대패질, 완전평면으로 매끈하게 하는 것을 고운 대패질(마무리대패)이라 한다.

4) 모접기

나무의 모나 면을 깎아 밀어서 두드러지게 또는 오목하게 하여 모양을 만드는 것을 모접기라 한다. 모접기의 종류는 다음과 같다.

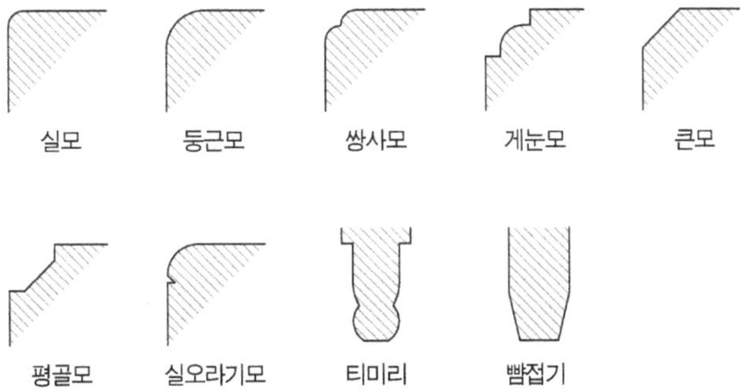

그림 11-5 모접기의 종류

11 목공사

11.4.2 접합

목재의 접합방법은 이음, 맞춤, 쪽매로 분류할 수 있다. 이음과 맞춤은 가능한 한 응력이 적은 곳에서 하고, 그 모양은 단순한 것이 유리하며, 필요에 따라 철물로 보강한다. 재료는 될 수 있는 한 적게 깎아내어 약해지지 않도록 주의하고, 접합면은 정확히 가공하고 밀착시켜 빈틈이 없도록 한다. 구조재 이음의 덧판은 구조재와 동종의 것으로 사용하는 것을 원칙으로 하되 소나무, 삼송, 낙엽송 등으로 하고 산지, 쐐기, 촉 등은 참나무 등의 굳은 나무로 한다. 이음·맞춤의 각부 크기의 비례 및 그 가공 마무리에 대해서는 담당원의 승인을 받는다.

1) 이음

2개 이상의 부재를 길이방향으로 이어서 길게 접합하는 것. 목재이음의 위치는 엇갈림으로 배치함을 원칙으로 하고 토대, 도리, 중도리 등을 이어 쓸 때는 그 짧은 재의 길이는 1m 이상으로 한다.

① 맞댄이음

두 부재를 단순히 맞대어 잇는 것. 부재를 그냥 잇기가 어려우므로 철판이나 나무 덧판을 대고 못이나 볼트로 보강한다.

② 겹친이음

두 부재를 겹치고 큰 못, 볼트, 산지, 듀벨 등으로 보강한 것 .

③ 심이음

지지재의 중심부에서 잇는 것.

④ 내이음

내밀어서 잇는 것.

⑤ 베개이음

이음 위치의 하부에 칸막이도리 또는 보를 걸고 그 위에서 잇는 것.

⑥ 따내기 이음

두 부재가 서로 맞물려지도록 따내어 맞추는 이음. 엇걸이 이음, 주먹장이음, 메뚜기장이음, 빗걸이 이음 등이 있다.

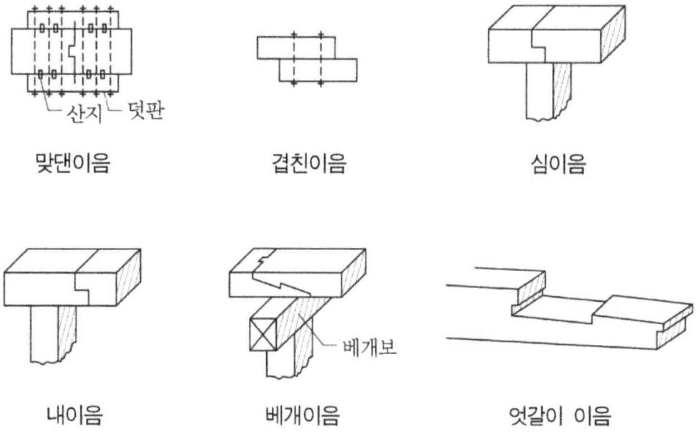

그림 11-6 이음의 종류

2) 맞춤

방향이 다른 두 부재를 직각이나 경사지게 접합하는 것. 부재가 직교방향으로 걸쳐지는 경우에는 걸침턱맞춤으로 하고, 모서리에는 나무 마구리가 보이지 않게 감추면서 45° 각도로 빗잘라 대는 연귀맞춤으로 한다. 그 외 턱맞춤, 턱솔맞춤, 반턱맞춤, 주먹장맞춤, 메뚜기장부맞춤, 숭어턱맞춤 등이 있다.

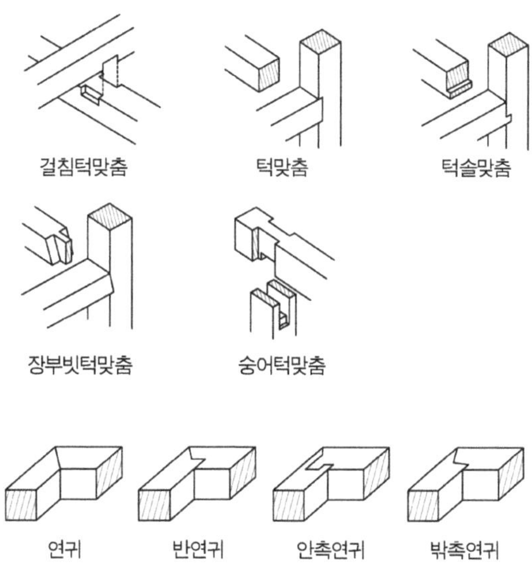

그림 11-7 맞춤의 종류

3) 쪽매

두 부재를 나란히 옆으로 대어 넓게 하는 것. 맞댄쪽매, 빗쪽매, 오니쪽매, 반턱쪽매,

제혀쪽매, 딴혀쪽매, 틈막이대쪽매 등이 있다.

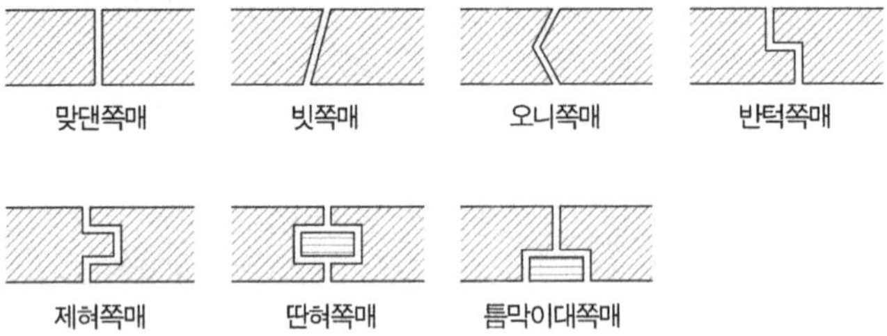

그림 11-8 쪽매의 종류

11.4.3 철물과 접착제

철물의 재질 및 치수는 KS F 4514(목구조용 철물), KS D 3553(일반용 철못), KS B 1055(홈붙이 나사못) 및 KS B 1002~1015(볼트 너트)의 규격에 합격한 것으로 한다. 철물의 구멍위치는 정확하게, 그 구멍의 지름은 가시못일 때는 그 못지름보다 1.5mm, 보통못, 나사못은 0.5mm, 볼트는 2mm를 넘지 않게 한다. 철물은 페인트칠로 지정된 것, 도금한 것 및 콘크리트 또는 모르타르에 묻히는 부분을 제외하고는 와이어브러시 등으로 녹떨기를 하고 콜타르 담금질을 한다. 실내 목재부에 적용하는 못, 나사못 기타 여러 가지 앵커는 가능한 한 눈에 띄지 않게 감추어 설치하고, 외부나 상대습도가 높은 지역에서 마감목공에 사용되는 앵커는 아연피복을 한 것을 사용해야 한다.

1) 못

못의 지름은 널두께의 1/6 이하로 하고, 길이는 나무두께의 2.5~3배로 하되 널두께가 10mm 이하일 때에는 4배를 표준으로 한다. 구조재의 못은 접합면에 수직으로 박고, 또한 목재의 죽이 있는 부분에 못이 비죽 나오지 않게 그 위치를 피한다. 못 끝이 나왔을 때, 목재에 갈램이 생겼을 때, 옹이 등으로 인하여 못 박기가 곤란할 때에는 담당원의 지

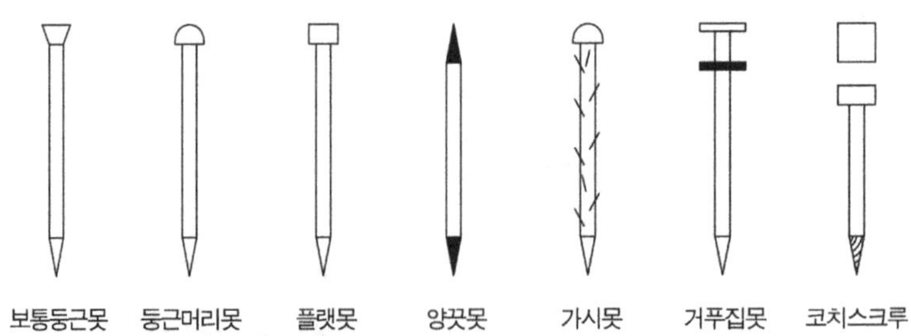

그림 11-9 못의 종류

시를 받는다. 보통 철제 둥근못을 사용하며, 동제, 스테인리스제 등이 있다. 못의 종류로는 보통 둥근못, 둥근머리못, 플랫못, 양끝못, 가시못, 갈고리못, 거푸집못, 슬레이트못, 콘크리트못, 드라이비트못, 코치스크루 등이 있다.

2) 볼트

볼트, 너트, 와셔의 세트로 구성되어 있으며 두 부재를 당겨 조일 수 있다. 볼트의 머리는 볼트와 일체로 만들어 낸 것으로 한다. 볼트는 특별한 경우 이외에는 양나사볼트로 하지 않는다. 볼트의 구멍은 볼트지름보다 2mm 이상 크게 해서는 안 되고, 구조용은 12mm 이상, 경미한 곳에는 9mm의 것을 사용할 수 있으나 심한 변형이 예상되는 곳에는 사용하지 않는다. 보통볼트, 양나사볼트, 주걱볼트, 갈고리볼트 등이 있다.

3) 꺾쇠

두 부재를 간단히 걸어 맬 수 있게 한 철물로서 중요한 곳에는 사용하지 않는다. 보통꺾쇠, 엇꺾쇠, 주걱꺾쇠 등이 있다. 꺾쇠는 박을 때 부러지지 않는 양질의 것을 쓰고, 갈고리의 구부림 자리에서는 정 자국, 갈램, 찢김 등이 없게 한다. 갈고리는 배부름이 없고 꺾쇠의 축과 갈고리의 중심선과의 각도는 직각이 되게 한다.

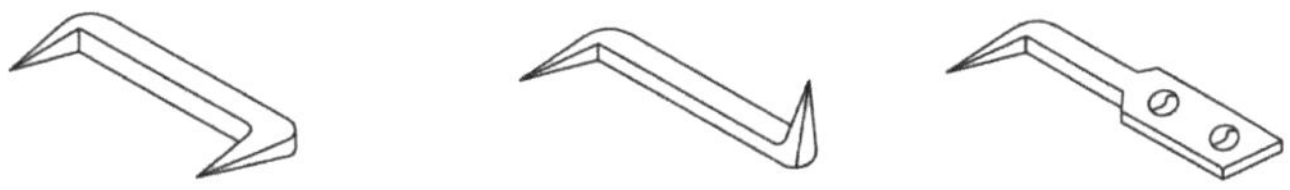

보통꺾쇠 엇꺾쇠 주걱꺾쇠

그림 11-10 꺾쇠의 종류

4) 띠쇠

띠형의 철판에 못구멍을 뚫은 것으로서, 철물의 두께는 공사시방에 정한 바가 없을 때에는 3mm 이상으로 한다. ㄱ자쇠, 감잡이쇠, 안장쇠 등이 있다.

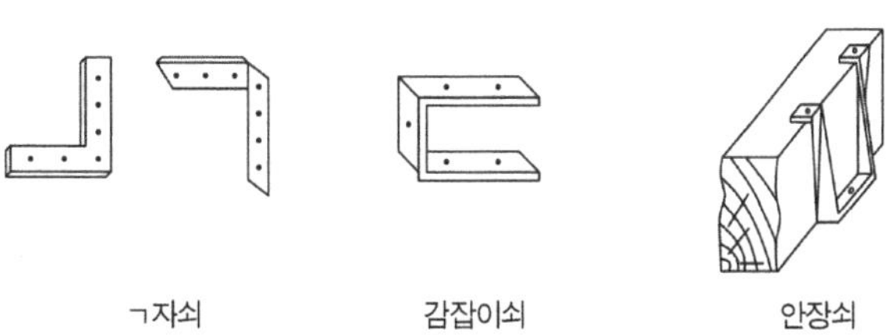

ㄱ자쇠 감잡이쇠 안장쇠

그림 11-11 띠쇠의 종류

5) 듀벨

일종의 산지로서, 볼트와 같이 사용하여 목재의 접합부에 힘이 작용했을 때 볼트가 파고드는 현상을 막기 위한 보강철물이다. 볼트는 인장력을 부담하고 듀벨은 전단력을 부담한다. 가락지 듀벨, 손톱형 듀벨, 톱니 듀벨 등이 있다.

6) 접착제

카세인, 아교 등의 천연 접착제와 에폭시, 페놀, 요소, 멜라민, 실리콘 등의 합성수지 접착제가 있다.

① 접착력의 크기 순서

에폭시 → 요소 → 멜라민 → 페놀

② 내수성의 크기 순서

실리콘 → 에폭시 → 페놀 → 멜라민 → 요소 → 아교

11.5 세우기

목조의 세우기는 토대, 1층 벽체뼈대, 2층 마루틀, 2층 벽체뼈대, 지붕틀의 순서로 한다. 뼈대 세우기가 완료되면 수직, 수평, 각도 등을 재검토하고 가새, 버팀대, 귀잡이 등을 이용하여 정확히 고정시킨다. 지붕 잇기가 완료되면 전체를 점검하여 다시 조인다.

11.5.1 토 대

기초 콘크리트가 완료되면 기초 윗면에 심먹을 치고 토대를 설치한다. 토대는 기초 위에 놓이는 수평부재로서 기둥 밑을 고정시키고 상부의 하중을 기초에 전달한다. 내습성 및 내구성이 강한 나무를 사용하며 기초에 닿는 면은 방부제를 칠한다.

11.5.2 벽 체

건물의 모서리나 벽체의 교차부, 1.8m를 넘는 벽의 중간에 기둥을 세우고 도리를 걸친다. 기둥이 이동하지 않도록 가새나 버팀대 등을 이용하여 고정한 뒤 샛기둥, 벽선, 창대, 인방, 가새, 버팀대, 귀잡이 등 공정순서대로 짜 나간다. 재료는 공사시방이 없을 때에는 소나무, 삼송, 낙엽송 및 미송 등으로 한다.

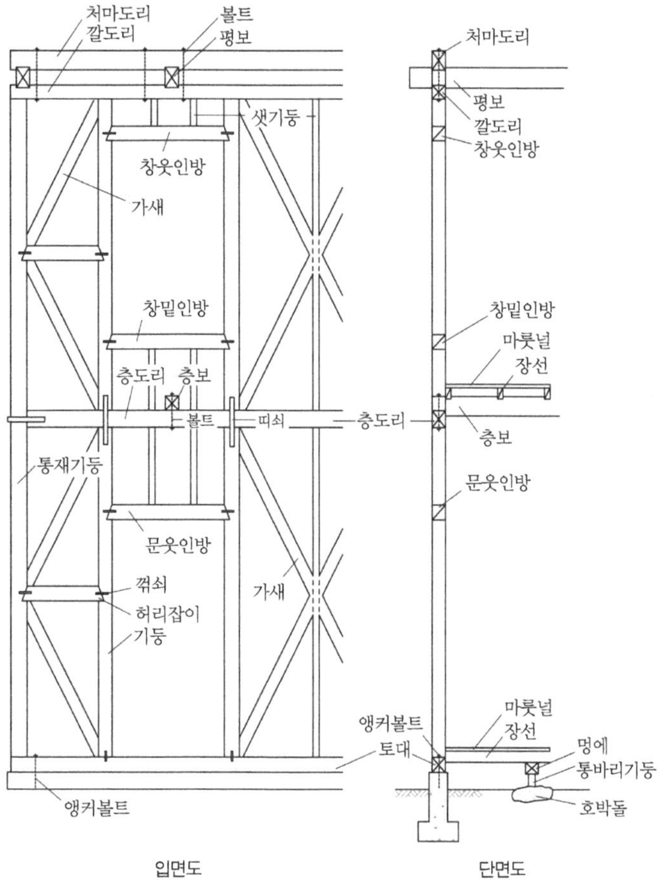

그림 11-12 벽체의 뼈대

1) 기둥

밑층에서 위층까지 1개의 부재로 된 기둥을 통재기둥, 각 층에 배치되는 한 층 높이의 기둥을 평기둥, 본기둥(통재기둥, 평기둥) 사이에 배치하여 벽체를 보강하고 하중의 일부를 지지하는 샛기둥이 있다. 샛기둥의 크기는 본기둥의 1/2~1/3이고, 450mm 간격으로 설치한다. 본기둥과 가로재와의 접합부는 많이 따내지 말고 적당한 철물로 보강한다.

2) 층도리

2층 마루가 있는 부분에 수평으로 대는 가로재로서, 기둥 상호간을 연결하고 샛기둥받이나 보받이의 역할을 한다.

3) 깔도리

기둥 맨 상단의 처마부분에 수평으로 놓아 기둥을 연결하며 지붕보나 장선 등의 끝을 받쳐주는 부재이다. 한식구조 및 일식구조에서는 깔도리를 생략한다.

4) 처마도리

서양식 목조에서 지붕틀의 평보 위에 깔도리와 같은 방향으로 대어서 서까래를 받쳐주는 부재이다.

11.5.3 가새, 버팀대, 귀잡이

1) 가새

수평력에 저항하기 위해 대각선 모양으로 설치하는 부재이다. 각도는 60° 이하가 좋다.

가새의 구분은 굵은 가새, 가는 가새로 한다. 굵은 가새는 기둥의 3쪽 켜기 이상으로서 두께 4cm 이상, 가는 가새는 두께 1.5cm 이상 3cm 미만으로 하고, 3~4cm의 것은 공사시방에 따른다.

2) 버팀대

뼈대의 모서리를 고정시키기 위해 빗대는 부재로, 가새를 댈 수 없는 곳에 설치할 수 있다. 기둥 상부에 45° 경사로 대어 고정시킨다.

3) 귀잡이

토대, 보, 도리 등의 가로재를 안정하게 하기 위해 수평으로 대는 버팀대이다.

11.5.4 마 루

마룻널 및 쪽매판 깔기는 건축공사표준시방서 수장공사의 해당 항에 따른다. 재료는 공사시방에서 정한 바가 없을 때에는 소나무 · 잣나무 · 낙엽송 · 삼송 · 미송 · 나왕 등으로 하고, 습기가 차기 쉬운 마루 밑에는 공사시방에서 정한 바에 따라 멍에, 장선의 전체면 및 마룻널의 뒷면에 방부처리를 한다.

1) 1층 마루

① 동바리 마루 : 동바리돌 → 동바리 → 멍에 → 장선 → 마룻널

② 납작마루 : 동바리돌 → 멍에 → 장선 → 마룻널

2) 2층 마루

① 홑마루 : 장선 → 마룻널

② 보마루 : 보 ⇢ 장선 ⇢ 마룻널

③ 짠마루 : 큰보 ⇢ 작은보 ⇢ 장선 ⇢ 마룻널

3) 마룻널 이중깔기 순서

동바리 ⇢ 멍에 ⇢ 장선 ⇢ 밑창널 깔기 ⇢ 방수지 깔기 ⇢ 마룻널 깔기

11.6 수 장

실내의 마감공사를 수장이라 한다. 수장공사에 이용되는 목재는 건조가 잘 된 것을 사용하며 마감 후의 수축이나 비틀림이 없어야 한다. 수장재의 시공에 있어서 함수율은 개별 KS규격에 따르거나 공사시방을 따르며, 공사시방에서 정한바가 없으면 표 11-2를 표준으로 한다. 수장재는 제재치수로 하되 공사시방이 있을 때에는 제재 정치수 또는 마무리 치수로 할 수가 있다.

표 11-2 수장재의 함수율

종 별	A 종	B 종	C 종	비 고
함 수 율	18% 이하	20% 이하	24% 이하	함수율은 온 단면에 대한 평균치로 한다.

Chapter 12 | 방수공사

12.1 개 요

방수공사의 목적은 물의 침입 또는 유출이 없도록 하여 구조물의 이용가치를 저하시키지 않도록 하기 위해서이다. 이를 위해서는 방수효과, 경제성, 유지관리 등을 고려하여 구조물에 적합한 방수공법을 선택하여 방수성능을 높이는 것이 무엇보다 중요하나, 그에 못지않게 구조체의 내구성과 방수성능이 병행되어야 방수효율을 높일 수 있다. 또한 구조체의 방수성능을 향상시킴으로써 구조체 재료 본래의 내구성을 충분히 발휘시킬 수 있다.

이와 같이 올바른 방수공사는 건물의 기능과 내구성을 유지할 수 있는 중요한 공종으로서 재료의 특징과 시공방법을 정확히 알고 공법을 선택해야만 할 것이다.

12.2 방수성능에 영향을 미치는 요인

12.2.1 방수재에 의한 요인

방수재는 각각의 재료에 따라서 화학적, 물리적 특성이 있다. 따라서 방수재 자체의 특성을 고려하여 시공장소에 적합한 재료의 선택은 방수성능에 많은 영향을 미친다.

따라서 방수공법의 종류와 재료적 특성을 확인하는 것은 방수공사의 첫걸음이라고 할 수 있다.

12.2.2 시공성

건설공사의 일환으로서 방수공사업계도 그에 상응하는 시공능력이 필요하다.

아무리 좋은 재료를 사용하여도 시공을 잘 못하면 완전한 방수능력을 가질 수 없다.

방수 기능공의 시공능력과 시방서에 의한 공사관리는 방수능력을 향상시키는 중요한 요인이다. 그리고 방수공사 완료 후 하자발생을 사전에 차단하기 위하여 24시간 이상 담수하여 누수상태를 확인하는 것이 좋다.

12.2.3 방수 바탕에 의한 요인

방수 바탕으로부터 받는 요인 중에서 구조체의 균열이나 내구성 저하는 방수시스템의 수밀성을 손상시키는 큰 요인이다. 다음으로 시공 전 바탕처리를 들 수 있다. 바탕처리가 불량하면 아무리 좋은 방수재로 시공하였다 해도 그 효과를 볼 수가 없다. 일반적으로 방수공사의 바탕처리 시 주의사항을 열거하면 다음과 같다.

① 바닥이나 지붕 슬래브방수는 물매(1/50~1/100)를 주어 바닥에 물이 고임 없이 빨리 배수될 수 있도록 한다.

② 치켜올림부는 방수층 끝부분의 처리가 충분하게 되는 형상, 높이까지로 한다.

③ 평탄하고 단차, 취약부 및 현저한 돌기물 등의 결함이 없도록 한다.

④ 곰보, 균열부분이 없을 것.

⑤ 모체와 접착에 방해가 되는 물질이 없을 것.

12.2.4 외부환경에 의한 요인

외부환경에 의한 요인으로는 보호 마감층과 기상작용 등에 의한 요인들을 들 수 있다.

방수공사의 대표적 시공부위인 옥상은 태양의 직사광선과 바람, 눈, 비 등의 영향을 직접적으로 받는 부위이다. 특히 노출형 방수층은 이러한 요인들에 의하여 영향을 많이 받는다. 보호 마감층도 옥상면의 온도변화에 의해 방수 바탕의 균열과 접합부분에 움직임이 생기면 방수층에 반복적인 응력이 생겨 파단의 원인이 된다. 이러한 점을 고려하여 방수공사 후 노출형 방수층일 경우에는 사전에 피복하거나 수년 경과 때마다 표면을 코팅처리하여 보호하는 것이 좋다. 보호 마감층이 있는 경우는 외력에 의하여 방수층을 손상시킬 수 없도록 보호 마감층이 적정한 두께와 강도를 갖도록 하고, 방수장소에 따라 필요한 경우에는 보호 마감층으로 인한 직접적인 영향을 받지 않도록 방수층 사이에 PE필름 등으로 분리하는 것이 좋다.

12.3 방수공사의 분류

12.3.1 방수부위에 따른 분류

1) 지하실 방수

지하실 방수는 구조체 외부와 내부에서 시공하는 방법이 있는데 이에 따라 바깥방수, 안방수라고 부른다.

① 바깥방수

지하실은 지하수의 압력을 받는다. 따라서 방수층은 이러한 수압에 따른 내력이 있어야 한다. 바깥방수는 구조체가 방수층 내부에 있으므로 이러한 점에서 안방수보다 유리하다. 그러므로 수압이 크고 깊은 지하실에서는 바깥방수가 유리하다. 지하실 바닥은 기초파기 및 말뚝지정 등이 완성되면 곧 방수층의 바탕을 축조한다. 바탕 용수가 있을 때는 계속 배수하고 잡석이나 자갈다짐을 한 위에 와이어 메시(wire mesh) 또는 철근콘크리트 밑창판을 평탄하게 만들고 건조한 다음 아스팔트방수, 시멘트액체방수, 기타 방수층을 시공한다. 아스팔트방수층일 때는 치켜올림을 고려하여 밑창콘크리트는 60cm 이상 넓게 하고 방수층도 접어 올릴 수 있게 해둔다.

그러나 바깥방수는 시공이 어렵고 방수 보호층을 구성하기 위한 경제적 비용이 증대되며 타 공정을 위한 되메우기가 선행되어야 할 경우가 많아 공사시기에 제약을 받는 단점이 있다.

② 안방수

안방수는 지하실 구조체 내부에서 시행하는 방수를 말한다. 바깥방수보다 시공시기가 자유롭고 공사비가 저렴하다. 그러나 지하실의 수압이 클 때는 수압에 따른 내력을 견디지 못하면 방수층이 파괴되는 위험이 있다.

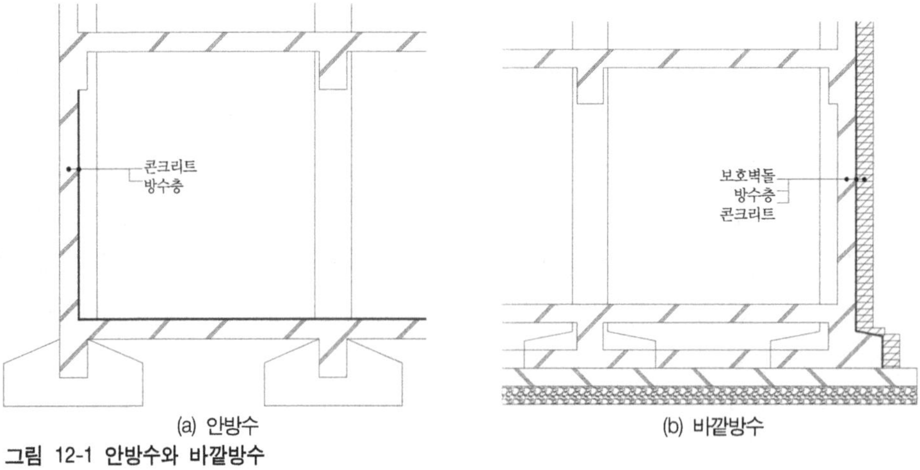

그림 12-1 안방수와 바깥방수

2) 옥상방수

옥상방수는 외기온도의 변화, 실내온도와 외기온도와의 차이, 직사일광 등에 의한 방수층이 신축, 박리, 기타의 영향에 대해 안전하도록 되어야 하고 비노출 방수일 경우에는 방수층에 보호누름을 잘 설치하여 노후, 신축, 마모, 파손 등에 대비해야 한다. 그리고 지붕이 어떠한 형태이든지 옥상에서의 물고임은 누수의 원인이 되기 때문에 물 흐름 구배를 잘 시공하여 물이 고이는 곳이 없도록 해야 한다.

또한 옥상방수의 가장 취약부위인 드레인 주위와 파라펫 등의 가장자리 치켜올림 부위는 시방서에 따라서 정밀시공해야 한다.

3) 외벽방수

외부 벽체에 시공하는 외벽방수는 외벽 마감재 자체가 방수성을 갖는 경우가 많기 때문에 외벽을 전면적으로 방수공사를 시행하는 경우는 드물다. 그러나 창문틀 주위는 누수의 원인이 되는 경우가 많으므로 실링공사를 통하여 누수를 방지해야 한다.

4) 실내방수

화장실, 목욕탕, 부엌, 개수대 등은 항상 물을 사용하는 곳이므로 방수층을 설치해야 한다. 이러한 실내방수는 수압도 없고 기후의 영향도 덜 받는 곳이므로 시멘트액체방수나 탄성이 있는 비노출형 도막방수를 주로 시공한다. 그러나 실내방수는 배수관이나 관의 관통부위가 많고 마감재 시공이나 고정철물 등으로 방수층을 손상시킬 위험이 상존하는 곳이므로 이러한 점을 고려하여 세심한 방수처리가 요망된다.

12.3.2 방수재료에 따른 분류

방수공사를 사용하는 재료에 따라서 분류하면 다음과 같다.

① 시멘트액체방수
② 아스팔트방수
③ 금속판방수
④ 벤토나이트방수

12.3.3 방수공법에 따른 분류

방수공사를 방수공법에 따라서 분류하면 다음과 같다.

① 멤브레인(membrane)방수 : 아스팔트방수, 시트방수(개량 아스팔트시트방수, 합성고분자계 시트방수), 도막방수

② 침투성방수
③ 실링공사
④ 발수공사
⑤ 방습공사

12.4 멤브레인방수

멤브레인(membrane)방수는 막(膜)방수라고도 하며 아스팔트 루핑, 시트, 우레탄이나 아크릴고무계 방수재 등을 방수 바탕의 전면 또는 부분적으로 접착하거나 기계적으로 고정시키고 루핑류가 서로 만나는 부분을 접착시켜서 연속된 얇은 막상(膜狀)의 방수층을 형성시키는 공법이다. 이러한 멤브레인방수공법에는 크게 아스팔트방수와 시트방수, 도막방수가 있다.

12.4.1 아스팔트방수공사

아스팔트방수공사는 아스팔트 펠트(asphalt felt), 루핑(roofing) 등을 용융아스팔트로 여러 겹 붙여서 방수성능을 얻는 공법이다. 지하실의 바깥방수, 지붕방수 등 비교적 물을 많이 사용하는 장소에 사용되고 있다. 그리고 아스팔트방수는 시공 중 악취가 심하고 화재의 위험이 많기 때문에 시공 시 주의를 요한다.

방수공사용 아스팔트는 KS F 4052(방수공사용 아스팔트)에서 정의하는 통칭 아스팔트 컴파운드(asphalt compound)의 1종~4종으로 하며, 종별에 따른 품질은 표 12-1에 적

표 12-1 방수공사용 아스팔트의 품질

종류	1종[*1]	2종[*2]	3종[*3]	4종[*4]
연화점(℃)	85 이상	90 이상	100 이상	95 이상
침입도 25℃, 100g, 5sec	25~45	20~40	20~40	30~50
침입도 지수	3 이상	4 이상	5 이상	6 이상
증발량(%)	1 이하	1 이하	1 이하	1 이하
인화점(℃)	250 이상	270 이상	280 이상	280 이상
사염화탄소 가용분(%)	99 이상	99 이상	97 이상	95 이상
취하점(℃)	-5 이하	-10 이하	-15 이하	-20 이하
흘러내린 길이(mm)	-	-	8 이하	10 이하
가열안정성(℃)	합격	합격	합격	합격

범례: *1: 보통의 감온성을 갖고 있으며, 비교적 연질로서 실내 및 지하구조부분에 사용되며 공사기간 중이나 그 후에도 알맞은 온도를 가져야 한다.

*2 : 비교적 적은 감온성을 가지고 있으며 일반지역의 구배가 느린 옥내구조부에 사용한다.

*3 : 감온성이 적은 것으로서 일반지역의 노출지붕 또는 기온이 비교적 높은 지역의 지붕에 사용한다.

*4 : 감온성이 아주 적으며 비교적 연질의 것으로 일반지역 외에 주로 한랭지역의 지붕 기타 부분에 사용한다.

합한 것으로 한다. 방수층 위에 단열재와 콘크리트 보호층이 있는 지붕의 경우 온도변화가 거의 없음을 고려하여 지하 및 실내의 경우와 동일하게 1종을 표준으로 적용한다.

아스팔트 프라이머(asphalt primer)는 솔 또는 롤러 등으로 도포하기에 지장이 없고 침입도 10~30 정도의 아스팔트를 휘발성 용제에 용해한 용액 타입의 것으로 한다.

1) 방수층의 종류

아스팔트 방수층은 피막하는 횟수에 따라서 8층 방수, 10층 방수 등으로 불리며 그 종류는 표 12-2와 같다.

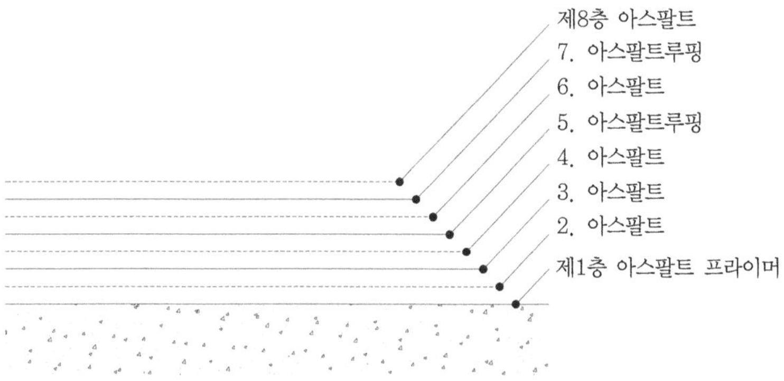

그림 12-2 아스팔트 8층 방수

표 12-2 아스팔트방수층의 종류

종별 / 공정	보행용 전면접착(A-PrF *)			보행용 부분접착 (A-PrS)	노출용 부분접착 (A-MiS)	ALC바탕 부분접착 (A-AlS)	단열재삽입 전면접착 (A-ThF)
	a	b	c				
1층	아스팔트 프라이머 (0.4kg/m^2)	아스팔트 프라이머 (0.4kg/m^2)	아스팔트 프라이머 (0.4kg/m^2)	아스팔트 프라이머 (0.4kg/m^2)	아스팔트 프라이머 (0.4kg/m^2)	아스팔트 프라이머 (0.4kg/m^2)	아스팔트 프라이머 (0.4kg/m^2)
2층	아스팔트 (2.0kg/m^2)	아스팔트 (2.0kg/m^2)	아스팔트 (2.0kg/m^2)	모래붙은 구멍뚫린 루핑	모래붙은 구멍뚫린 루핑	모래붙은 구멍뚫린 루핑	아스팔트 (2.0kg/m^2)
3층	아스팔트 펠트	아스팔트 펠트	아스팔트 루핑	아스팔트 (2.0kg/m^2)	아스팔트 (2.0kg/m^2)	아스팔트 (2.0kg/m^2)	아스팔트 루핑
4층	아스팔트 (1.5kg/m^2)	아스팔트 (1.5kg/m^2)	아스팔트 (1.5kg/m^2)	아스팔트 루핑	아스팔트 루핑	스트레치 루핑	아스팔트 (2.0kg/m^2)
5층	아스팔트 루핑	아스팔트 루핑	스트레치 루핑	아스팔트 (1.5kg/m^2)	아스팔트 (1.5kg/m^2)	아스팔트 (1.5kg/m^2)	단열재
6층	아스팔트 (1.5kg/m^2)	아스팔트 (1.5kg/m^2)	아스팔트 (1.5kg/m^2)	스트레치 루핑	스트레치 루핑	스트레치 루핑	아스팔트 (1.7kg/m^2)
7층	아스팔트 루핑	아스팔트 루핑	스트레치 루핑	아스팔트 (1.5kg/m^2)	아스팔트 (1.7kg/m^2)	아스팔트 (1.7kg/m^2)	스트레치 루핑
8층	아스팔트 (1.5kg/m^2)	아스팔트 (2.1kg/m^2)	아스팔트 (2.1kg/m^2)	스트레치 루핑	모래 붙은 스트레치 루핑	모래 붙은 스트레치 루핑	아스팔트 (1.7kg/m^2)
9층	아스팔트 루핑	—	—	아스팔트 (2.1kg/m^2)	—	—	모래 붙은 스트레치 루핑
10층	아스팔트 (2.1kg/m^2)	—	—	—	—	—	—
보호 마감	현장타설 콘크리트 블록			자갈 아스팔트 콘크리트	마감도료 또는 없음		

(주) * : 보호층이 필요한 아스팔트 전면접착공법으로, a, b, c의 3종류가 있으며 적용부위에 따라 자유로이 선택하여 적용할 수 있다.

1 : 루핑류의 산출은 바닥면적에 대하여 1.2m^2/m^2로 한다.

2) 시공방법

아스팔트방수를 시공하기 전에 콘크리트나 모르타르 바탕을 욱음, 턱솔, 틈, 돌기 등이 없도록 쇠 흙손질로 마무리하여 완전하게 건조시키고 아스팔트 프라이머(asphalt primer)를 시공범위 전면에 롤러 등으로 균일하게 도포하여 건조시킨다. 이후 아스팔트 펠트와 루핑을 용융아스팔트로 번갈아 바른다.

이때 주의해야 할 점은 다음과 같다.

① 용융아스팔트는 되도록 시공장소 가까이에 설치하고 접착력 저하를 방지하기 위하여 200℃ 이하가 되지 않도록 한다. 그리고 콘크리트 슬래브 위에 용해 솥을 설치할 때는 열이 전달되지 않도록 벽돌이나 블록 등을 깔아야 하며 용융아스팔트로 인하여 건물의 오염을 방지하도록 조치를 취해야 한다.

② 루핑류 겹치기는 가로, 세로 100mm 이상으로 하며 물매의 아래쪽에서부터 위를 향해 붙이고 상하층의 겹침 위치가 동일하지 않도록 붙인다.

③ 루핑이나 펠트 사이에 기포, 공극, 주름 등이 생기지 않도록 한다.

④ 방수층을 뚫고 설치하는 드레인(drain), 홈통, 파이프 주위에는 일반 평면부 루핑을 붙이기 전에 스트레치 루핑으로 폭 200mm 정도 덧붙임 한 후 평면부 루핑을 겹쳐 붙인다.

⑤ 치켜올림부의 루핑은 각 층 루핑의 끝이 같은 위치에 오도록 하면서 미리 파놓은 홈에 집어넣고 고무 아스팔트계 실링재로 마감하여 물이 침투하지 못하도록 한다.

⑥ 화재예방을 위하여 가까운 곳에 소화기 등을 준비한다.

3) 보호마감

아스팔트방수 후에는 외력에 의한 파손을 방지하기 위하여 일반적으로 보호마감을 하는데 주의사항은 다음과 같다.

① 평면부 누름콘크리트에는 가로, 세로 모두 3~5m마다 폭 15mm 신축줄눈을 설치하고 신축줄눈 깊이는 누름콘크리트 밑면까지 도달하도록 설치한다.

② 치켜올림부는 벽돌이나 블록을 방수층으로부터 20mm 이상 간격을 둔 위치에 쌓아 올리고 그 공간에 공극이 생기지 않도록 모르타르로 충전한다.

③ 방수층 위에는 폴리에틸렌 필름 등을 전면에 깔아 누름층과 절연한다.

④ 보호마감 시 방수층 파손에 주의한다.

⑤ 보호마감을 자갈로 할 때는 방수층이 완성된 다음 아스팔트를 바르면서 둥근 모양을 한 직경 20~30mm 정도의 콩자갈을 두께 50mm 내외로 깐다.

4.2 시트방수공사

4.2.1 합성고분자계 시트 방수공사

합성고분자계 시트방수는 비교적 신장률이 큰 합성고분자 재료로 제조된 시트(sheet)상 루핑을 붙여서 방수하는 공법이다. 합성고분자계 시트 방수층의 종류는 표 12-3과 같다.

일반적으로 시공상 주의사항은 아스팔트방수공사와 같으나, 바탕처리에서 특히 주의해야 할 점은 바닥의 돌기와 같은 돌출물은 장기적으로 시트의 파손을 초래하기 때문에 평탄하게 마감하고 시트의 겹침 부분, 그리고 구석부분과 모서리 부분은 시공에 세심한 주의가 필요하다. 합성고분자계 방수는 일반적으로 마감이 없기 때문에 오존이나 자외선을 받으면 신축과 팽창이 일어나고 열화하여 균열이 생기는 수가 있다. 바탕을 충분히 건조시킨 뒤에 청소를 하고 프라이머를 바르고 나서 접착제로 깔 때에는 시트가 너무 긴장하지 않도록 하여 까는 주의가 필요하다. 이때 사용하는 접착제는 합성고무계 또는 합성수지계의 것으로 프라이머 및 시트의 품질을 저하시키지 않는 것으로 한다.

표 12-3 합성고분자계 시트 방수층의 종류

공정 \ 종별	합성고무계 전면접착 (S-RuF)	합성수지계 전면접착 (S-PIF)	합성수지계 기계고정 (S-PIM)
1	프라이머(0.2kg/m^2)	프라이머(0.2kg/m^2)	합성수지계 시트의 고정철물에 의한 고정
2	접착제(0.5kg/m^2)	접착제(0.5kg/m^2)	—
3	합성고무계 시트	합성수지계 시트	—
보호 마감	도장	없음	없음

(주) 1) 사용하는 시트의 종류와 두께는 공사시방에 의한다. 공사시방이 없을 경우, 두께는 1.0mm 이상으로 한다.
2) S-RuF의 귀퉁이는 시트를 붙이기 전에 200mm×200mm 정도의 비가황 고무계 시트로 덧붙임한다. 합성수지계 전면접착(S-PIF), 합성수지계 기계고정(S-PIM)공법의 오목·볼록 모서리부는 시트시공 후, 성형 고정물로 고정한 다음 실링재로 처리한다.
3) 합성고무계 전면접착, 합성수지계 전면접착공법에서의 ALC패널 단변 접합부에는 공정 2의 시공 전에 폭 50mm 정도의 절연용 테이프를 붙인다.
4) 합성수지계 기계고정공법에서 치켜올림 또는 감아내림부를 접착공법으로 할 경우에는 공사시방에 따른다.
5) 합성고무계 전면접착, 합성수지계 전면접착공법에서 단열재를 사용할 경우에는 접착제를 바르기 전에 단열재용 접착제로 단열재를 붙인다. 또한 합성수지계 기계고정공법에서는 공정 1 전에 단열재를 고정철물로 고정한다.
6) 방수층의 치켜올림 또는 감아내림의 끝부분은 누름철물로 고정하고 실링재로 처리한다.
7) 합성고무계 전면접착공법에서는 도료마감을 표준으로 한다. 기타도료는 공사시방에 의한다.
8) 합성수지계 전면접착공법에서 에틸렌아세트산 비닐수지계 시트를 사용할 경우에는 공사시방에 의한다.

12.4.2 개량아스팔트 시트 방수공사

개량아스팔트 시트 방수공사는 기존의 아스팔트공법의 장점을 확보하면서 방수공사의 근대화를 이루기 위하여 개선된 방수공법으로 합성고분자계 시트 방수공사와 비슷하나 일반적으로 접착제를 사용하지 않고 토치로 개량아스팔트 시트의 뒷면과 바탕을 균일하게 가열하여 개량아스팔트를 용융시키면서 잘 밀착시키는 방법을 표준으로 한다.

시트는 열에 약하기 때문에 방수 누름층 공사 후 신축줄눈부분에 충진하는 용융아스팔트나 용접작업 등으로 인한 손상에 주의해야 한다.

개량아스팔트의 방수층 종류는 표 12-4와 같다.

표 12-4 개량아스팔트 시트 방수층의 종류

공정 \ 종별	보행용 전면접착 (M-PrF)	노출용 전면접착(M-MiF *) a	노출용 전면접착(M-MiF *) b	노출용 단열재 삽입 (M-MiT)
1	프라이머 ($0.4kg/m^2$)	프라이머 ($0.4kg/m^2$)	프라이머 ($0.4kg/m^2$)	프라이머 ($0.4kg/m^2$)
2	개량아스팔트 시트 (비노출복층 방수용) 2.5mm 이상	개량아스팔트 시트 (노출복층 방수용) 4.0mm 이상	개량아스팔트 시트 (비노출복층 방수용) 2.5mm 이상	접착제
3	개량아스팔트 시트 (비노출복층 방수용) 2.5mm 이상	—	개량아스팔트 시트 (노출복층 방수용) 3.0mm 이상	단열재
4	—	—	—	점착층 붙은 개량 아스팔트 시트 2.0mm 이상
5	—	—	—	개량아스팔트 시트 (노출복층 방수용) 3.0mm 이상
보호마감	현장타설 콘크리트, 아스팔트 콘크리트, 콘크리트 블록, 모르타르, 자갈	마감도료 또는 없음		

(주) * : 최상층에 노출용의 개량아스팔트 시트를 사용하여 전면밀착으로 하는 공법. a, b의 2종류가 있으며, 적용부위에 따라 자유로이 선택하여 적용할 수 있다.

1) 치켜올림 및 감아내림부는 누름철물로 고정하고 실링재로 처리한다. 다만, 실내에서 방수층의 치켜올림 높이가 낮을 경우에는 누름철물을 제외할 수도 있다.
2) 오목 모서리에는 미리 폭 200mm 정도의 덧붙임용 시트를 붙여둔다.
3) 보행용 전면접착(M-PrF)공법에서 치켜올림부의 보호마감을 마감도료 또는 하지 않을 경우에는 평면의 공정 3의 개량아스팔트 시트를 오목 모서리 앞에서 바름을 멈추고, 두께 3mm 이상의 노출 복층방수용 개량아스팔트 시트를 200mm 걸쳐 붙인 다음에 치켜올림부를 붙인다.
4) 드레인 주변에는 500mm 각 정도의 덧붙임용 시트를 사용한다.
5) 파이프 주변에는 덧붙임용 시트를 적절하게 혼합하여 사용한다.
6) ALC를 바탕으로 할 경우에는 표면을 미장마감하거나 공정 1의 프라이머를 $0.6kg/m^2$로 한다.
7) 노출용 단열재 삽입(M-MiT)공법의 공정 1의 프라이머, 공정 2의 접착제의 사용량은 접착제의 종류에 따라 달라진다.
8) PC 또는 ALC패널의 이음줄눈부는 덧붙임용 시트로 양쪽으로 100mm 정도씩 걸쳐 붙인다.
9) 노출용 단열재 삽입공법에서의 단열재의 두께는 공사시방에 의한다.
10) 보행용 전면접착(M-PrF)공법에서 단열재를 사용할 경우에는 방수층과 보호마감 사이에 두고, 그 두께는

공사시방에 의한다.

11) 노출용 전면접착(M-MiF)과 노출용 단열재 삽입공법에는 필요에 따라서 구멍뚫린 아스팔트 루핑을 붙이고 탈기장치를 설치한다.

12) 마감도료의 종류와 시방은 개량아스팔트 시트 제조자의 지정에 따른다.

13) 루핑류는 바탕면적에 대하여 $1.2m^2/m^2$ 사용을 원칙으로 한다.

12.4.3 도막방수

도막방수재는 표 12-5에서 보는 것과 같이 방수층의 종류에 따라 재료적 특성이 다르다. 도막방수공사는 바탕면 시공과 관통공사가 완전히 종결된 후에 시행해야 한다. 도막방수용 프라이머는 건조시간 5시간 이내의 것을 사용하고 보강포는 바탕에 균열이 생겼을 때 방수층의 동시파단 또는 크리프 파단의 위험을 경감하고 균일한 도막두께의 확보 및 치켜올림부, 경사부에서의 방수재의 흘러내림을 방지하기 위하여 사용하는데, 모서리나 드레인 주변 및 돌출부 주위에서부터 시공하고 주름이나 구김살이 없도록 한다.

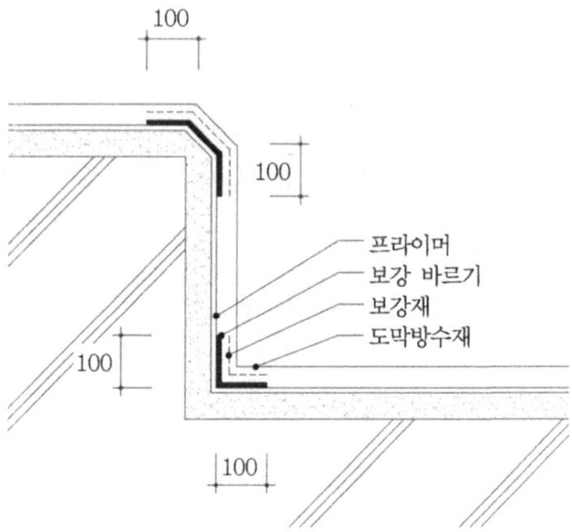

그림 12-3 모서리 주위 도막방수 보강

방수재 1회 혼합량은 시공시기, 면적, 능률 및 재료의 사용 가능시간 등을 고려하여 36kg 이하를 표준으로 하며 접합부는 절연용 테이프 등으로 보강하고 폭 100mm 이상으로 방수재를 덧바름한다.

방수재는 핀 홀(pin hole)이 생기지 않도록 하면서 겹쳐 바르기를 원칙으로 하는데, 앞의 칠 공정 표면이 완전히 건조된 다음 앞 공정에서의 칠 방향과 직교하여 실시한다.

표 12-5 도막방수층의 종류

공정 \ 종류	우레탄 전면접착 (L-UrF)	아크릴 전면접착 (L-AcF)	아크릴 외벽용 (L-AcW)	고무 아스팔트 전면접착 (L-GuF)	고무 아스팔트 지하용 (L-GuU)
1 층	프라이머 ($0.3kg/m^2$)	프라이머 ($0.3kg/m^2$)	프라이머 ($0.3kg/m^2$)	프라이머 ($0.3kg/m^2$)	프라이머 ($0.3kg/m^2$)
2 층	우레탄고무계 방수재 ($0.8kg/m^2$)	아크릴고무계 방수재 ($1.0kg/m^2$)	수직면용 아크릴 고무계 방수재 ($1.7kg/m^2$)	고무아스팔트계 방수재 ($2.0kg/m^2$)	고무아스팔트계 방수재 ($3.5kg/m^2$)
3 층	보강포	보강포	—	보강포	고무아스팔트계 방수재 ($3.5kg/m^2$)
4 층	우레탄고무계 방수재 ($1.0kg/m^2$)	아크릴고무계 방수재 ($1.0kg/m^2$)	—	고무아스팔트계 방수재 ($1.5kg/m^2$)	—
5 층	우레탄고무계 방수재 ($1.7kg/m^2$)	아크릴고무계 방수재 ($1.5kg/m^2$)	—	고무아스팔트계 방수재 ($1.5kg/m^2$)	—
6 층	—	아크릴고무계 방수재 ($1.5kg/m^2$)	—	고무아스팔트계 방수재 ($2.0kg/m^2$)	—
보호 마감	도장, 모르타르 또는 우레탄 포장	도장 또는 모르타르	도장	현장타설 콘크리트 콘크리트 블록 시멘트 모르타르 도장	

(주) 1) RC의 타설이음부 ALC패널 및 PC부재 접합부의 처리는 공사시방에 의한다.

2) ALC패널의 표면은 미장마감한다. 그 재료는 공사시방에 의한다.

3) 고무아스팔트계 도막방수재는 고형분이 60%(중량)의 재료의 사용량을 나타내며, 그 외의 것은 고형분이 다음과 같은 양이 되도록 사용량을 바꾼다.

(산식 : 재료 사용량 = 기준량($5kg/m^2$) (60%/사용 방수재의 고형분 %)

4) 우레탄 전면접착(L-UrF)공법에서의 치켜올림부는 KS F 3211(지붕용 도막방수재)의 수직면용의 재료를 사용하여 표 14010.21(보충표)을 표준으로 시공하고, 발코니, 개방복도 및 차양 등의 소면적에서의 시공은 공사시방에 의한다.

5) 아크릴고무계 도막방수재는 고형분을 70% 이상으로 하여 두께를 정하고 있다.

표 12-6 방수재의 겹쳐 바르기 시간간격

구 분	봄·가을	여 름	겨 울
우레탄 전면접착(L-UrF)	10시간 ~ 3일	5시간 ~ 2일	15시간 ~ 5일
아크릴 전면접착(L-AcF) 아크릴 외벽용(L-AcW)	12시간 ~ 7일	8시간 ~ 7일	24시간 ~ 7일
고무아스팔트 전면접착(L-GuF) 고무아스팔트 지하용(L-GuU)	10시간 ~ 3일		

(a) 바탕청소　　(b) 프라이머 도포 및 실런트작업　　(c) 우레탄방수 완료모습

그림 12-4 우레탄방수 시공

12.5 시멘트액체방수

시멘트액체방수는 비교적 저렴하고 시공이 용이한 방수공법이기 때문에 소규모의 실내 방수, 지하실, 지붕면 등에 주로 사용한다. 그러나 신축에 대한 저항성이 없어 구조체의 변화에 저항성이 없기 때문에 그 신뢰도가 떨어지는 방수공법이다.

시멘트액체방수공사는 콘크리트나 모르타르 등의 표면에 방수제를 도포하거나 침투시키고, 모르타르를 도포하거나 시멘트, 모르타르, 콘크리트에 방수제를 혼합하여 모체의 표면에 덧발라 방수하는 방수공법을 의미한다.

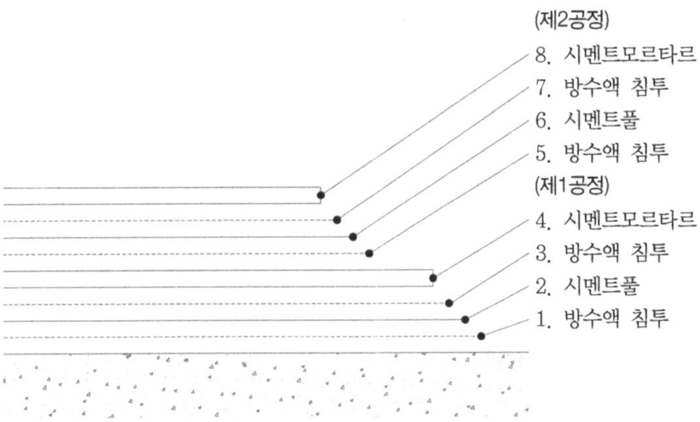

그림 12-5 시멘트액체 방수층의 구성

12.5.1 자 재

시멘트액체방수공사에 사용하는 방수제는 액상, 분말상, 반죽상태의 방수제가 있다. 성분상으로는 무기질계, 유기질계, 폴리머계로 구분할 수 있다.

액상방수제의 품질은 표 12-7과 같으며 분말 방수제는 입도, 순도, 소정 사용량 및 사용법이 명시되고 방수성능이 보장되는 것으로 한다. 반죽상태의 방수제의 품질, 규격, 종류 등은 필요시 특기시방에 표기한 것을 따른다. 시멘트액체방수에 사용하는 시멘트는 1종 보통포틀랜드시멘트를 사용한다. 시멘트액체방수층의 시공 시 기상적 제약, 공기단축, 바탕대응, 지수작업, 작업성능 개선 등을 목적으로 지수제, 접착제, 방동제, 경화촉진제 등의 보조재료를 사용하기도 한다.

표 12-7 시멘트액체 방수제의 품질

성능항목	품　　질
응결시간	1시간 후에 시작하여 10시간 이내에 종결할 것.
안정성	침수법에 의한 시험으로 균열 또는 비틀림이 없을 것.
강 도	방수제를 혼입하지 않은 콘크리트 또는 모르타르에 비하여 콘크리트에서 85% 이상, 모르타르에서 70% 이상의 강도를 가져야 할 것.
흡수비	흡수비[방수제를 혼입한 것의 흡수량(g)/방수재를 혼입하지 않은 것의 흡수량(g)]는 0.7 이하로 할 것.
투수비	투수비[방수제를 혼입한 것의 투수량(g)/방수재를 혼입하지 않은 것의 투수량(g)]는 0.7 이하로 할 것.

12.5.2 방수층 시공

시멘트액체방수를 위한 바탕면 처리는 모체와 접착을 좋게 하기 위하여 시공 전에 바탕 콘크리트에 대하에 물 축임을 행하고 모체의 면을 거칠게 해두면 좋다.

그러나 바탕 모체에 방수재를 직접 도포할 때는 바탕청소를 충분히 한 다음 건조시킨 후에 시행해야 방수액이 모체에 침투성이 좋아진다.

시멘트액체방수는 신축성이 없기 때문에 구석진 부분, 모서리부분, 배관 관통부위 등 균열에 취약한 부분에는 신축성이 있는 도막 방수재를 도포하여 보강하는 것이 좋다.

시멘트액체방수에 혼입되는 방수제를 콘크리트에 적당량 혼입하여 콘크리트 자체에 방수성을 갖게 할 수 있는 구체방수가 있다. 방수제에 따라서는 철근 등을 부식시키거나 콘크리트 강도를 저하시키는 것이 있으므로 주의해야 한다. 이와 같은 구체방수는 콘크리트 방수만으로 확실한 방수성능을 기대하기 어렵기 때문에 방수공사로 분류하지 않는 것이 일반적이지만, 지하실 등의 콘크리트에 외방수로서 시멘트액체방수와 혼용하면 효과가 있다.

시멘트액체방수의 구성은 표 12-8과 같다.

(a) 시멘트액체방수 전 (b) 시멘트액체방수 후 (c) 취약부위 보강

그림 12-6 시멘트액체방수 후 도막방수재로 보강한 모습

표 12-8 방층의 종류와 적용 구분

공정 \ 종류		시멘트액체방수층		폴리머시멘트모르타르 방수층		시멘트 혼입 폴리머계 방수층
		1 종	2 종	1 종	2 종	
1 층		방수시멘트 페이스트	방수시멘트 페이스트	폴리머시멘트 모르타르	폴리머시멘트 모르타르	프라이머 (0.3kg/m²)
2 층		방수용액	방수용액	폴리머시멘트 모르타르	폴리머시멘트 모르타르	방수재 (0.7kg/m²)
3 층		방수시멘트 페이스트	방수시멘트 페이스트	폴리머시멘트 모르타르	—	방수재 (1.0kg/m²)
4 층		방수모르타르	방수용액	—	—	보강포
5 층		방수시멘트 페이스트	방수시멘트 페이스트	—	—	방수재 (1.0kg/m²)
6 층		방수용액	방수모르타르	—	—	방수재 (0.7kg/m²)
7 층		방수시멘트 페이스트	—	—	—	—
8 층		방수모르타르	—	—	—	—
적용구분	실내	○	○	○	○	○
	지하	○	○	○	○	○
	수조*1	○	○	○	○	○
	옥상*2	○	○	○	○	○

[범례] *1 : 음료용 수조에 사용할 경우에는 수도법상의 수질기준의 합격여부 확인

*2 : 차양 또는 옥상의 배수홈 등의 소면적 부위 사용

(주) 1) 각 방수층의 종류별 보호마감은 공사시방에 의한다.

2) 시멘트액체 방수층과 폴리머시멘트모르타르 방수층에는 각각 a, b의 2종류가 있으며, 적용부위에 따라 자유로이 선택하여 적용할 수 있다.

3) 시멘트 혼입 폴리머계 방수층을 지하에 적용할 경우에는 방수재 제조자가 정하는 방수재를 사용하여 다음의 공정에 의하여 실시한다.

공 정	1 층	2 층	3 층
종 류	방수재(1.0kg/m²)	방수재(1.0kg/m²)	방수재(1.0kg/m²)

12.5.3 양생법

시멘트액체방수는 건조로 균열이 발생하기 쉽고 들뜨는 경우가 많이 발생하여 하자의 원인이 되고 있다. 따라서 방수모르타르는 시공 후 충분한 습윤양생을 행하는 것이 좋다. 다만 고분자계 방수제를 혼입한 것은 재령 초기에 충분한 습윤양생을 행한 후 건조양생을 하는 것이 좋다. 그리고 심한 온도변화나 바람에 의한 급격한 건조를 하지 않도록 하고 겨울철에 동해를 방지하며 재령 초기에는 외력에 충격을 받지 않도록 한다.

12.6 침투성 방수

침투성 방수란 경화된 구체의 표면에 발수성이 있는 유·무기질계의 방수제를 침투시켜서 방수성능을 갖도록 하는 시공법이다.

유기질 방수제는 액상으로서 제물치장콘크리트, 미장, 벽돌벽, 석재면 등에 물의 침투를 억제하기 위한 목적으로 사용하며 분사방식으로 시공한다.

무기질 방수제는 분말형상으로서 콘크리트 구체의 벽면이나 욕실, 수조 등의 바닥 등에 사용된다. 시공할 구체 표면을 건조시키고 방수제에 물을 섞어 교반한 후 솔이나 흙손, 롤러 등으로 구체에 도포한다. 두 번째 도포를 할 경우에는 24시간 이상의 간격을 두고 물을 뿌린 후 도포한다.

12.7 금속판방수

금속판 방수공사는 건축물의 지붕 및 차양 등에 동판, 납판 또는 스테인리스 스틸(stainless steel) 등의 금속을 이용하여 방수층을 형성하는 것을 말한다.

금속판 방수공사 시행 전에는 시공계획도를 작성하여 시공 및 관리를 해야 하며 재료는 다른 재료와 접촉을 피하여 부식이 없도록 해야 한다.

납판 시공 시에는 겹침을 최소 2.5cm 이상으로 하여 납판을 깔고 비흘림 또는 방지턱 등을 꺾음, 굽힘하여 성형한다. 이음부분은 접합 직전에 깎아 내거나 쇠 브러시 질을 하여 완전 용접되도록 하고, 시공이 끝난 후 납판 위를 콘크리트나 모르타르 등으로 시공할 경우에는 표면에 0.4mm 두께 이상의 아스팔트 코팅을 하고 보양해야 한다.

동판을 시공할 시 접합은 최소 2.5cm 이상 겹침하여 리벳 간격 20cm 이하로 리벳치고 납땜하거나 갈고리형 플랜지를 한 평거멀접기 이음으로 하고 납땜한다.

스테인리스 스틸(stainless steel) 시트는 서로 만나는 성형재의 꺾어 올림부를 합장 맞춤하여 소정의 위치에 깔고 가용접한 후 자주식 씨임 용접기로 용접한다. 성형재의 길이 방향의 단부를 다른 방향의 성형재와 용접하는 T조인트는 끝으로부터 약 150mm의 꺾어 올림부를 넘어뜨리고 접속하는 성형재와 평행이 되도록 꺾어 올린 후 씨임 용접한다. 특히 관통부는 일반부의 방수층과 용접하여 일체화시킨다. 처마 끝은 덮어씌우기 또는 물끊기를 설치하여 처리한다.

12.8 벤토나이트방수

12.8.1 시공관리

벤토나이트는 몬모릴로나이트(montmorillonite) 계통의 팽창성 3층판(Si-Ai-Si)으로 이루어져 팽윤성을 지닌 가소성이 매우 높은 점토 광물로 칼슘(Ca)계와 소디움(sodium)계가 있으며 패널, 매트, 시트 또는 테이프 형태로 지하구조물의 방수재로 사용된다. 시공 전 바탕처리는 평탄하고 돌출물이 없어야 하며 건조되어 있어야 하는 등, 방수공사의 일반적인 바탕처리와 같다. 벤토나이트방수공사는 염분 함유량이 2% 이상인 지하수 또는 해수와의 접촉이 예상되는 지역은 벤토나이트의 성능이 저하될 수 있으므로 주의해야 한다.

12.8.2 시 공

1) 벤토나이트 패널 시공

수직면에서 시공 시 패널은 기초바닥면에서 시작해서 콘크리트 못이나 접착제로 고정시키면서 설치하고 상하층의 이음매가 겹치지 않도록 시공하고 인접한 패널과의 겹침은 50mm 이상으로 하여 고정시킨 후 테이프로 발라 처리한다. 슬래브 하부에 설치 시에는 습기차단을 위하여 폴리에틸렌 필름을 10cm 정도 겹치게 설치하고 그 위에 고정시킨다.

2) 벤토나이트 시트 시공

시트는 시공 시 벤토나이트 층이 구체에 면하도록 하여 콘크리트 못으로 고정시키는데 사전에 벽체의 조인트 부위는 벤토나이트 실런트나 튜브 등으로 충전해둔다. 시트의 겹침은 최소 70mm 이상이 되도록 하고 이음부는 접착테이프로 밀폐한다. 이때 수직면에 시공 시에는 고정 못을 45cm 이내 간격으로 하고 시트 말단부는 알루미늄 졸대를 대고 폭

그림 12-7 벤토나이트 시트 시공장면과 내민 부위 폴리에틸렌 필름 보양장면

20cm 간격으로 콘크리트 못으로 고정시킨다. 수평면에 시공 시는 60cm 이내의 간격으로 고정하는데, 후속작업을 고려하여 슬래브 단부에서 25cm 이상 내밀어 시공하고 내민 부위는 수분이 침투하지 않도록 폴리에틸렌 필름으로 보양한다. 수평면에 시공 시는 보호콘크리트 타설을 빠르게 실시하여 시트의 손상 및 조기수화 팽창을 방지해야 한다.

3) 벤토나이트 매트의 시공

매트는 직포 또는 부직포가 구조물을 향하도록 하여 시공하고 겹침은 10cm 이상으로 하고 30cm 간격으로 콘크리트 못으로 고정한다. 바닥에 물이 많을 경우는 배수작업을 선행하고 폴리에틸렌 필름을 깔아 조기수화를 방지한다.

4) 되메우기 및 보호마감

되메우기는 방수작업 완료 후 36시간 이내에 실시한다. 이때 방수층을 손상시킬 수 있는 각진 골재나 10cm 이상의 호박돌은 제거하고 높은 곳에서 낙하되지 않도록 한다.

방수패널이나 시트는 우수 또는 용출 지하수에 의해 조기수화 팽창되거나 타 공종에 의해 손상되기 쉬우므로 각 작업공정이 끝날 때마다 PE필름 및 마감 긴결재로 보호해야 한다.

12.9 실링방수

실링방수는 건축물의 부재와 부재와의 접합부분에 설치되어진 줄눈에 건(gun) 등으로 실링재를 충전하는 공사를 말하며, 창틀 주변, 균열 보수, 커튼월 등 현대 건축에서 없어서는 안 될 정도로 다양하게 사용되고 있다. 실링재는 바로 사용할 수 있는 1성분형과 주제와 경화제를 섞어 사용할 수 있는 2성분형의 것이 있다.

12.9.1 시공관리

① 줄눈은 백업(back-up)재 등으로 줄눈 바닥을 만들어 소정의 깊이를 유지해야 한다.
② 부재 접합부의 움직임이 큰 조인트는 2면 접착구조로 해야만 균열발생이 없다.
③ 피착면에는 접착성을 저해할 수분, 유분, 녹, 먼지 등이 부착되어 있지 않을 것.
④ 줄눈은 구체 부재 접합부의 움직임을 추종할 수 있는 치수로 한다.
④ 기온이 5℃ 이하이거나 30℃ 이상에서는 시공을 중지한다.
⑤ 습도가 85% 이상에서는 시공을 중지한다.

12.9.2 시공순서

① 재료 및 시공기기의 확인
② 피착면 청소
③ 백업재 충전 및 본드 브레이커(bond breaker: 실링재를 접착시키지 않기 위해 줄눈 바닥에 붙이는 테이프형의 재료) 바름
④ 마스킹테이프(masking tape : 시공중 구성재의 오염 방지와 줄눈의 선을 깨끗하게 마감하기 위하여 사용하는 보호테이프) 바름
⑤ 프라이머 도포
⑥ 실링재 충전
⑦ 주걱마감
⑧ 마스킹테이프 벗긴 후 청소
⑨ 양생

Chapter 13 | 미장공사

13.1 개 요

미장공사(plaster work)란 모르타르, 흙, 플라스터, 회반죽, 인조석 등을 천장, 벽, 바닥 등에 바르는 공사로서 흙손으로 바르거나 뿜칠 등을 통하여 시공하며 표면의 질감을 위하여 여러 가지 기법들이 동원된다.

이러한 미장공사는 표면을 마무리하는 공정으로서 대부분이 가시적인 형태로 표현되기 때문에 시공 정도의 우열이 쉽게 판정된다.

이러한 시공품질은 사용재료의 원인에서도 나타나지만 대부분 바름 바탕처리에 기인하든지 미장공의 숙련도와 성실한 시공자세에 의하여 달라진다.

미장공사는 공기에 의하여 경화(氣硬性)하는 회반죽이나 돌로마이트 플라스터, 토벽 등도 있지만 물에 의하여 경화하는(水硬性) 시멘트모르타르를 가장 많이 사용하는데, 어느 것이나 건조 경화시켜가는 공사이므로 경화 후 균열(龜裂) 또는 박리(剝離) 등의 하자가 많이 생기기 쉬운데 이를 방지하기 위하여 시공상 주의가 필요하다.

13.2 미장공사의 품질과 재료

13.2.1 품질 요구조건

미장공사의 품질 요구조건은 다음과 같다.

① 균열방지

② 박리방지

③ 미관

④ 시공의 용이성 및 유지관리의 편리성

⑤ 편평도

13.2.2 자 재

미장공사에는 그 특성에 따라 여러 가지 기능의 자재들이 사용되는데 각각의 특성을 살펴보면 다음과 같다.

1) 결합재

결합재는 다른 미장재료를 결합하여 경화시키는 재료로서 시멘트, 석고계 플라스터, 돌로마이트 플라스터, 회반죽, 외벽 흙, 아스팔트 등이 사용된다.

결합재 각각에 대한 품질은 K.S 기준으로서 규정하고 있다.

2) 혼화재료

혼화재료는 주재료 이외의 재료로 반죽할 때 필요한 성능개선을 위해 첨가하는 재료로서, 미장용으로 사용되는 재료로는 고로슬래그와 규석분을 포함하는 무기질계 혼화재와 합성수지계 혼화재, 감수제, 방수제, 회반죽용 풀, 안료 등이 있다.

3) 골 재

미장용 골재로서 가장 많이 사용하는 재료는 모래이다. 모래는 유해한 양의 먼지, 흙, 유기불순물, 염화물 등을 포함하지 않아야 하며 내화성 및 내구성이 있는 것을 사용한다.

그 외의 골재로는 무기질, 유기질 계통의 경량골재와 종석, 펄라이트(perlite) 등이 사용된다.

4) 물

물은 깨끗해야 하며 유해한 양의 기름, 염분, 철분, 유황유기질 및 유독물질을 포함하지 않아야 한다.

5) 보강재료

보강재료는 미장재의 강도를 증진시키기 위하여 사용하는 재료로서 미장면의 균열방지를 위해 효과적이다.

이러한 보강재료로는 종이나 짚, 무명 등의 여물과 수염, 종려털이나 종려잎 등이 사용된다.

6) 기배합재료

기배합재료는 용도에 맞게 공장에서 미리 배합한 미장재료로서 현장에서 배합하여 사용하는 것보다 품질을 신뢰할 수 있고 현장에서는 주로 물만 더하여 사용할 수 있으므로 보다 편리하게 사용할 수 있다는 장점이 있다.

7) 보조재료

미장용 보조재료는 수축균열 방지와 접착성 보강 등의 목적으로 사용하는 합성수지 에멀션 실러와 바닥의 균열 방지와 바름구획, 보수 용이, 미적인 용도 등의 목적으로 사용하는 줄눈대 등이 있다.

13.3 시 공

13.3.1 바름 바탕

미장을 위한 바름 바탕은 미장공사의 하자 방지를 위하여 가장 중요한 사항이다. 바름 바탕으로는 콘크리트나 구조체에 직접 바르는 방법과 구조체 외에 바탕을 만들어 바르는 방법이 있다. 바름 바탕의 일반적인 조건은 다음과 같다.

① 미장바름을 지지하는 데 필요한 강도와 강성을 가질 것.
② 미장바름을 지지하는 데 필요한 접착강도를 유지할 수 있는 재질 및 형상일 것.
③ 미장바름의 종류 및 마감두께에 알맞은 표면상태일 것.
④ 미장바름의 종류에 화학적으로 적합한 재질일 것.
⑤ 내·외벽 등의 부위별 기후조건 및 사용조건에 적합할 것.

13.3.2 바탕처리방법

1) 콘크리트 바탕

콘크리트 바탕은 거푸집을 완전히 제거한 상태로서 부착상 유해한 잔류물이 없어야 하며, 바탕면이 너무 매끄러우면 부착이 나쁘므로 철솔이나 정 등으로 표면을 거칠게 하고 균열, 오물, 과도한 요철 등이 없어야 하며 바름두께가 커져서 손질바름의 두께가 25mm를 초과할 때는 철망 등을 긴결시켜 콘크리트를 덧붙여 친다.

2) 콘크리트 블록 및 벽돌 바탕

콘크리트 블록 및 벽돌쌓기의 줄눈형상은 적용된 미장바름의 종류 및 바름두께에 적합한 것으로 해야 하며, 콘크리트 블록은 적용된 미장바름과 비교하여 강도, 강성이 우수한 것으로 줄눈나누기 등에 의한 균열을 방지하기 위해 건습에 따른 신축이 적은 것으로 한다.

물 뿌리기는 미장재료의 경화과정, 보수성, 흡수율 등을 고려하여 적절히 한다.

3) 메탈 라스(metal lath) 및 와이어 라스(wire lath) 바탕

라스는 주로 모르타르 바탕 바름에 쓰이며 힘살은 지름 2.6mm 이상의 강선으로 하고 갈고리못은 지름 1.6mm(#16), 길이 25mm 내외의 것을 철선간격 300mm 내외로 시공한다.

리브 라스(rib lath)는 리브가 바탕쪽으로 되게 붙인다. 리브가 바름면에 돌출하게 붙이면 균열의 원인이 된다.

4) 석고보드 바탕

석고보드는 두께 9.5mm 이상의 것으로 한다. 석고보드용 목조, 경량철골 바탕의 띠장과 기둥, 샛기둥의 간격은 450mm 내외로 하고 이음은 보드 받음재 위와 기둥, 샛기둥 주위는 100mm 내외, 기타 부분에서는 간격 150mm 내외로 평두못이나 평두나사못으로 고정한다.

5) 외바탕

외바탕에 사용하는 재료는 대, 줄기가 곧고 가는 나뭇가지, 수수깡 등을 직경 40~60mm로 쪼개 만든 것으로 하고 외대를 묶는 새끼는 종려나무, 삼, 짚 등으로 하되 공사시방에 따른다.

13.3.3 공 법

미장공사의 각 공법에서 공통적으로 주의할 점은 다음과 같다.

① 양질의 재료를 사용하여 배합을 정확히 한다.

② 실내온도가 2℃ 이하일 때는 공사를 중단하거나 난방하여 5℃ 이상으로 유지한다.

③ 바탕면에는 부착이 잘 되고 박리가 되지 않도록 하며, 필요에 따라 물 축임이나 프라이머를 도포하거나 면을 거칠게 하고 이물질을 제거한 후 시공한다.

④ 각 재료의 이겨두는 시간에 주의한다.

⑤ 초벌바름이 충분하게 건조하고 균열을 발생시킨 뒤에 재벌, 정벌바름을 한다.

⑥ 시공중이나 경화중에는 바름면에 대한 진동을 피하고 타 공정으로 인한 피해를 방지하기 위하여 적절한 조치를 한다.

⑦ 바름면은 바람 또는 직사광선에 의한 급속한 건조를 피한다.

⑧ 바탕이 이종(異種)재료일 때는 두 재료의 신축에 따른 균열을 방지하기 위하여 조인트 비드(joint bead), 와이어 라스(wire lath)나 천(布) 등의 덧바름으로 보강하고 바탕재가 견고하지 못한 스터코, 석고보드 등일 때는 모서리 부분에 코너비드(corner bead)로 보강한다.

1) 시멘트모르타르 바름

시멘트모르타르 바름은 보통콘크리트, 벽돌, 블록, 라스 등의 바탕 위에 초벌바름, 고름질, 재벌바름의 순으로 시공한다.

시멘트모르타르의 배합은 표 13-1과 같으며 부착력을 강하게 하기 위하여 초벌바름은 재벌바름이나 정벌바름보다 부배합으로 한다. 그리고 표 13-2에서 보는 바와 같이 마무리 두께는 천장, 차양은 15mm 이하, 기타는 15mm 이상으로 한다.

(a) 시멘트모르타르 바름 전　(b) 시멘트모르타르 시공장면　(c) 시멘트모르타르 시공 후

그림 13-1 시멘트모르타르 공사

표 13-1 모르타르의 배합(용적비)

바탕	바르는 곳	초벌, 라스먹임	고름질, 재벌바름	정벌바름
		시멘트 : 모래	시멘트 : 모래	시멘트 : 모래 : 소석회
콘크리트, 콘크리트 블록 및 벽돌면	바닥	–	–	1:2
	내벽	1:3	1:3	1:3:0.3
	천장 · 차양	1:3	1:3	1:3
	외벽 · 기타	1:2	–	1:2:0.5
각종 라스 바탕	내벽	1:3	1:3	1:3:0.3
	천장 · 차양	1:3	1:3	1:3:0.5
	외벽	1:2	1:3	1:3
	기 타	1:3	1:3	1:3
목모시멘트판	내벽 · 천장	1:2	1:3	1:3:0.3
	외벽 · 차양 · 기타	1:2	1:3	1:3

표 13-2 모르타르 바름두께

바탕	바르는 곳	바름두께(mm)				
		초벌, 라스먹임	고름질	재벌바름	정벌바름	계
콘크리트, 콘크리트 블록, 벽돌, 목모시멘트판	바닥	–	–	–	24	24
	내벽	7	–	7	4	18
	천장 · 차양	6	–	6	3	15
	외벽 · 기타	9	–	9	6	24
각종 라스바탕	내벽	라스두께보다 2mm 내외 두껍게 바른다.	7	7	4	18
	천장 · 차양		6	6	3	15
	외벽 · 기타		0~9	0~9	6	24

2) 인조석 바름 및 테라초 바름

인조석 바름과 테라초 바름은 시멘트에 종석, 돌가루, 모래 등을 주재료로 하여 벽면이나 바닥면에 바르는 작업을 말한다. 이때 시멘트는 제조회사에 따라서 색상이 다를 수 있으므로 동일 회사의 제품을 사용하는 것이 좋다.

인조석 바름과 테라초 바름의 차이는 사용하는 종석과 사용부위에 있다. 인조석 바름은 테라초 바름에 비하여 사용하는 종석의 크기가 작아서 바닥이나 벽 등에 사용되고 질감도 씻어내기 마감, 갈아내기 마감, 잔다듬 마무리 등 다양하게 만들 수 있다. 그러나 테라초 바름은 표 13-3에서 보는 것과 같이 종석의 크기가 크고 바름두께가 상대적으로 두껍기 때문에 바닥에 발라서 굳은 후 갈아내어 마감하는 것이 대부분이다.

인조석 바르기와 테라초 바름은 균열이 생기기 쉬우므로 시공 시에는 줄눈대(90~180cm)를 넣고 시멘트와 종석을 섞어 잘 반죽하여 다져 넣으면서 쇠흙손으로 바른다. 테라초는 바른 후 시공시기, 배합에 따라 손갈기일 때는 2일 이상, 기계갈기일 때는 5~7일 이상 경과한 후 경화 정도를 보아 갈아내기를 한다.

인조석 바름이나 테라초 바름은 현장에서 직접 시공 시 표면 물갈기로 인한 슬러지의 환경오염 문제로 인하여 공장제작한 제품을 현장에서 시공하는 추세이다.

표 13-3 인조석 바름과 테라초 바름의 배합(용적비) 및 바름두께

종별		바름층	시멘트	모래	시멘트, 백색시멘트 또는 착색시멘트	종석	바름두께(mm)
인조석 바름		정벌바름	–	–	1	1.5	7.5
바닥 테라초 바름	접착공법	초벌바름	1	3	–	–	20
		정벌바름	–	–	1	3	15
	유리공법	초벌바름	1	4	–	–	45
		정벌바름	–	–	1	3	15

3) 플라스터 바름

플라스터 바름에는 석고플라스터 바름과 돌로마이트 플라스터 바름이 있는데, 석고플라스터는 물과 결합하여 경화하는 수경성(水硬性)이지만 돌로마이트 플라스터는 공기 중의 탄산가스와 화합하여 경화하는 기경성(氣硬性)이므로 경화가 늦고 수축률이 크기 때문에 될 수 있는 대로 간접적으로 통풍하는 것이 좋다. 돌로마이트 바름의 미장일 수는 바탕의 건조상태에 따라 좌우되는데, 대체로 초벌바름 후 10일 이상 지나서 고름질을 하고 고름질한 후 5일 이상 지나서 갈램이 일어나지 않음을 확인한 다음 재벌바름을 한다. 정벌바름은 재벌바름이 어느 정도 건조한 다음에 행하는데 이때 지나치게 건조한 때에는 적당히 물을 뿌리고 정벌바름한다. 경화된 뒤에는 어느 정도 간접적인 통풍을 하면 건조가 빠르게 된다.

4) 회반죽바름

회반죽은 소석회에 해초풀을 끓여 용해시켜 체로 친 풀에 모래와 여물을 혼입하여 바른다.

이때 해초풀은 점성이 있게 하고 여물은 잔금이 생기는 것을 방지하는 역할을 한다. 회반죽바름의 바름두께는 시멘트모르타르의 바름두께보다 적은데 일반적으로 벽에는 15mm, 천장과 차양에는 12mm로 한다. 해초풀을 끓인 다음 1일 이상 방치하게 될 때에는 표면에 소량의 석회를 뿌려서 부패를 방지하며 사용 시 표층부분을 제거한 후 사용한다. 이때 석회를 뿌리더라도 2일 이상 두어서는 안 된다. 천장의 탈락과 균열을 방지하기 위하여 졸대 바탕에 수염 붙이기를 하는데 수염 간격은 벽에서 300mm 이하, 천장 차양에서 250mm 이하로 한다. 회반죽은 기경성이기 때문에 돌로마이트 플라스터와 같이 바름작업 중일 때에는 통풍을 피하는 것이 좋다.

5) 외바탕 흙벽바름

외벽바탕 흙벽공사는 바름용 흙에 물을 가하여 이기면서 짚 등의 여물을 섞어 외벽 바탕의 초벽에서 재벽바름까지 시공하고 정벌바름에는 색 흙, 색 모래 또는 소석회 등을 섞어 시공하는 공사를 말한다. 외바탕 바름을 위하여 짚을 섞어 반죽한 흙은 7일 이상 두었다가 사용한다. 그리고 초벽바름 뒤에는 통풍을 충분히 하여 건조시키고 장마철의 시공은 피한다.

바름두께는 기둥 개탕 24mm를 남겨놓고 정벌바름 끝마침을 표준으로 한다. 따라서 기둥 굵기에 따라 바르는 두께가 변하나 고름질과 재벌바름에 따라 마감두께를 조절하며 바름두께는 표 13-4를 표준으로 하며 바름 공정은 표 13-5와 같다.

표 13-4 바름두께 (단위 : mm)

초벽바름	고름질	재벽바름	정벌바름	계
26~30	8~11	8~11	2.5	45~55

*초벌의 두께는 맞벽의 바름두께를 합친 것이다.

표 13-5 흙벽바름의 공정

종 별	공 정
A	① 초벽바름 ② 뒷면고름질 ③ 맞벽바름 ④ 띠장덮기 ⑤ 개탕주위 바름 ⑥ 고름질 ⑦ 재벽바름 ⑧ 정벌바름
B	상기 시방 가운데 맞벽바름, 개탕주위 바름의 공정을 제외한 것.

6) 바닥강화재 바름

바닥강화재 바름은 금강사, 철분, 광물성 골재, 시멘트 등을 주재료로 하여 콘크리트 등의 시멘트계 바닥 바탕의 내마모성, 내화학성 및 분진 방지 등의 증진을 목적으로 주차장 바닥이나 공장 바닥 등에 마감(하드너 마감이라고도 함)하는 것을 말한다.

강화재는 분말상 바닥 강화재와 액상 바닥 강화재가 있다.

분말상 바닥강화재는 바탕의 물기가 완전히 표면에 올라올 때까지는 시공을 금지하고 물과 레이턴스(laitance)를 제거한 후 블리딩(bleeding)이 멈추고 초기응결이 시작될 때를 잘 맞추어 바닥강화재를 손이나 뿜기계를 이용하여 살포한 후 바른다. 분말상 바닥강화재는 제조업자의 시방에 따르며 일반적으로 바름 바닥면적(㎡)당 0.3~7.5kg의 강화재를 최소한 3mm 이상의 두께가 되도록 바른다. 바닥강화재 마무리 작업이 끝난 후 물을 주거나 비닐이나 거적 등을 덮어 주고 7일 이상 충분히 양생한다. 그리고 수축 팽창에 의한 균열 방지를 위하여 4~5m 간격으로 조절줄눈을 설치해야 한다.

침투식 액상 바닥강화재는 콘크리트가 최소 21일 이상 양생된 상태에서 바탕 표면을 깨끗이 청소하고 시공한다. 액상 바닥강화재 사용량은 제조업자의 시방에 따르며, 일반적으로 강화재를 물로 희석하여 1차 도포하고 1차 도포분이 완전히 흡수되어 건조된 후(보통 1일 정도)에 2차 도포를 시행한다.

7) 단열모르타르 바름

단열모르타르 바름은 열손실이나 결로 방지를 목적으로 외벽, 지붕, 지하층, 바닥면의 안 또는 밖에 경량단열골재를 주재료로 하여 만든 단열모르타르를 미장하는 공사를 말한다. 단열모르타르용 골재는 일반적으로 내화성이나 난연성, 내후성이 있는 펄라이트, 석회석, 화성암 등을 고온에서 발포시킨 경량골재나 질석 등을 사용한다.

단열모르타르의 시공은 초벌바름과 정벌바름으로 이루어지는데 각 바름마다 바름두께는

1회에 10mm 이하로 하고, 단열모르타르의 표면정리 및 강도 보정이 요구되는 경우에는 보강모르타르로 바름을 마감해야 한다.

단열모르타르는 재료의 특성상 오염이 잘 되므로 재료의 저장은 바닥과 벽에서 15cm 이상 띄워서 흙 또는 불순물에 오염되지 않도록 해야 하고 수분에 젖지 않도록 하며, 특히 외부 마감용으로 사용하는 경우에는 우천 시 흡수, 흡습 등을 방지하기 위하여 방수성이 있는 마감재(도장재, 타일 등)를 사용해야 한다.

Chapter 14 | 지붕 및 홈통공사

건축물의 지붕은 사람의 머리부분과 같으므로 건축물의 미적사항에 지대한 역할을 하며, 아래와 같이 지붕이 갖추어야 할 요건과 지붕의 형태, 사용재료 등에 유의하여 적용해야 한다.

또한, 지붕의 빗물을 받아서 지상으로 보내는 홈통공사는 내수성이 강한 함석, 동판, 경금속판, 플라스틱제 등이 사용되는데 홈통의 종류에 따라 처마홈통과 지상으로 연결하는 선홈통으로 구분하여 단위시간당의 강우량과 건물의 미관을 고려하여 적용해야 한다.

14.1 지붕이음공사의 개요

14.1.1 재료의 구비사항

① 수밀, 내수적일 것.

② 가볍고 내구성이 크고 내풍적일 것.

③ 방화적이고 내한, 내열적이며 차단성이 클 것.

④ 보기 좋은 모양과 빛깔로서 건물에 조화가 잘 될 것.

⑤ 시공이 용이하고 수리에 편리할 것.

14.1.2 지붕공사의 주의사항

① 빗물이 잘 흐르고 폭풍우 등에도 침수 없는 공법일 것.

② 안정되어 있어 진동 등으로 밀려 떨어지지 않을 것.

③ 상당한 바람에도 날린다든지 접혀지는 일이 없을 것.

④ 외관이 좋고 수평관이 고를 것.

⑤ 용마루 추녀 등에 누수가 없고 안전, 견고하게 시공할 것.

⑥ 양질의 재료를 사용하여 단기간에 균열, 녹, 부패 등이 없도록 할 것.

14.1.3 공사계획

① 지붕의 형상, 그 배치 및 외관

② 건물의 용도 및 규모

③ 구체구조의 종류, 평면형, 지붕잇기재의 종류·형상·치수 및 성질

④ 입지조건(경관, 주변건물 등) 및 환경조건(강우·강설량 등)

⑤ 지붕에 요구되는 성질(차음·단열·채광 등)

⑥ 법령에 의한 규제(경관·방풍·내화 등)

14.1.4 주요 사용재료

기와, 슬레이트, 콘크리트, 아스팔트 싱글, 금속판, 투명합성수지판, 유리 등이 있으나 그 지방의 기후, 전통, 풍습, 지붕물매와 외관 등을 고려하여 선택하며 새로운 재료도 이용이 가능하다.

14.2 기와지붕 잇기

14.2.1 지붕공사의 종류

1) 재료상의 분류

① 기와지붕

② 슬레이트지붕

③ 금속판지붕

④ 유리 및 플라스틱지붕

⑤ 철근콘크리트지붕

표 14-1 지붕재료의 비교

재 료		중량(kg/m²)	내구성	강도	방한방열	방화	색조	적당한 물매	가격	물매
기와	토기와	50~70	대	대	대	대	흑 · 은적 갈 · 록	4.5	보통	4
	시멘트기와	38~45	중	중	대	대	흑 · 화 적 · 록	4.0	싸다	4
슬레이트	천연슬레이트	12~25	대	중	중	대	흑	6.0	보통	6
	석면슬레이트	15	중	중	중	대	회 · 적 · 흑	5.0	보통	5
	골슬레이트	7	중	중	중	대	회	3.0	싸다	3
금속판	함 석	7	중	소	소	소	청 백	2.5	싸다	
	골함석	7	중	소	소	소	청 백	2.5	싸다	
	동 판	7	영구	대	소	소	갈 록	2.5	비싸다	
	알루미늄판	3	대	소	소	소	은 백	5	비싸다	
루 핑		1	대	소	소	소	흑록·은백	3	싸다	

2) 바탕 만들기

① 재료 : 널판재, 수피(樹皮), 아스팔트 펠트, 합성수지계 시트 등

② 중도리에 직접 거는 골함석·골슬레이트를 제외하고는 지붕널 위에 아스팔트 펠트(asphalt felt) 또는 타르 펠트(tar felt)를 이음새 가로세로 9cm 이상 겹쳐 깔고 지붕재료를 이음한다.

③ 기와지붕 · 함석 기와가락 이음에서는 펠트 위에 기와살(걸침대 : tile button)을 기와 크기에 맞추어 기와공이 못박아 댄다.

④ 필요에 따라 펠트 위에 얄팍하게 이겨 바르는 알매흙을 사용하고, 방열·방서적이고 기와의 안정이 잘 되지만 지붕무게가 크게 되므로 주택 등에 쓰인다.

14.2.2 한식기와 잇기

1) 바탕 만들기

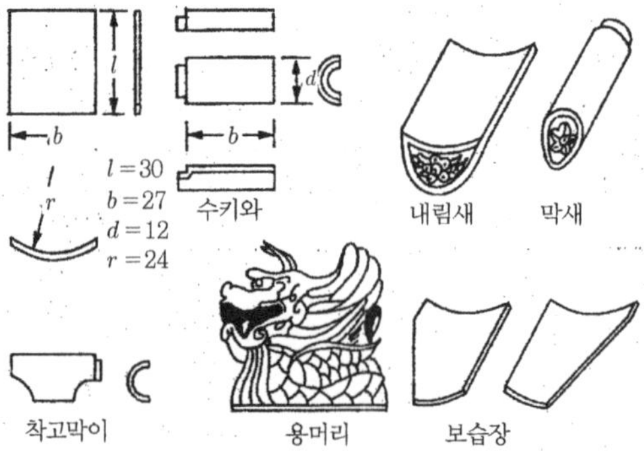

그림 14-1 기와의 종류

건축시공기술각론

① 전통적인 방식은 지붕널 대신에 산자를 가는 새끼로 엮고 그 위에 진흙을 이겨 바르거나 또는 짚이나 대팻밥을 편 위에 흙을 깔고 기와를 이어나간다.

② 물매는 3.5로서 평기와보다 적다.

2) 기와 잇기

① 처마 끝의 평고대 위에 연암을 대고 기와나누기를 하여 암키와를 알매흙 위에 줄바르게 잇는데 상하의 겹침은 2, 3장이 되게 한다.

② 암키와 사이에 홍두께 흙을 뭉쳐 놓아 수키와 안에 가득 차게 해놓고 수키와를 덮는다.

③ 지붕마루는 착고를 댄 위에 부고를 대고 그 위에 마룻장을 깔고 수마룻장을 덮어 완료하고 망와나 용머리로 장식한다.

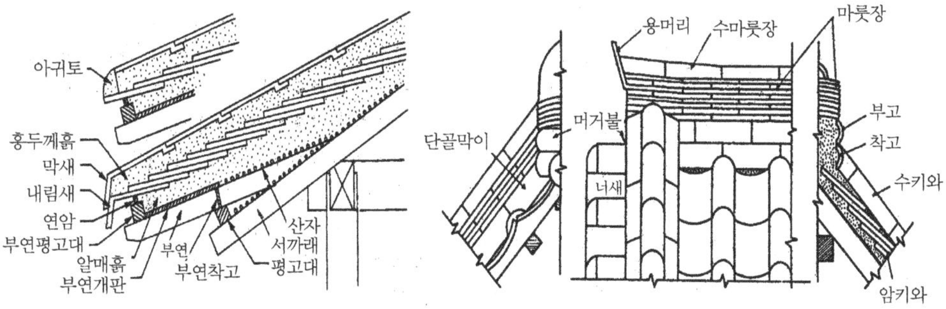

그림 14-2 한식기와 잇기

14.2.3 걸침기와 잇기

1) 바탕 만들기

① 알매흙을 사용하지 않고 지붕널과 펠트를 깔고 그 위에 대는 기와걸침대(기와살)는 물매방향에 직각으로 기와치수에 따라서 설치한다.

② 보통 1.8~2.5cm의 각재를 사용한다.

③ 처마길이도 기와 크기의 정수배가 되도록 기와나누기를 하고 처마 끝의 평고대는 3~4cm의 각재를 사용한다.

④ 물매는 4 : 10을 기준으로 하며, 3.5 : 10~5 : 10의 범위로 한다.

⑤ 처마길이는 기와너비의 정수배로 나누어지도록 처마내밀기 또는 기와내밀기 등을 가감하여 결정한다.

2) 기와 잇기

① 기와 5~6장 분의 실용너비를 표시한 규준대를 만들어 처마의 우측에서부터 용마루 부분과 처마 끝을 표시하고 실줄을 친다.

② 이 줄에 우측에서부터 이어 올라가고, 다음 좌측으로 옮겨 위로 이어 올라간다.

③ 처마끝 내림새는 처마돌림대에서 6~9cm 내밀어 잇고, 시방서에 기재되어 있을 때는 내림새와 그 위 한 장은 못 또는 #20 철선으로 기와살 또는 지붕널에 연결한다.

④ 그 위는 가로세로 줄바르게 잇고 기왓장은 서로 틈서리 없게, 또 잘 물려 뒤놀지 않게 되어야 한다.

④ 박공에는 감새로 박공을 감싸 덮고 박공처마 끝에는 감내림새를 댄다.

⑤ 감새와 감새 옆세로기와 한 줄은 모두 지붕널 또는 기와살에 철선으로 고정하고, 지붕면에서는 5단마다 연결한다.

3) 회첨골 및 지붕마루

① 회첨골에는 골 걸침대를 양옆에 대고 아연도금 철판제 골홈통을 댄다.

② 지붕마루의 평기와 사이의 착고는 회진흙반죽으로 축조하고 그 위에 평마룻장을 3~5켜 덮는다.

③ 평마룻장을 3켜로 할 때에는 보통의 것을 쓰고, 5~7켜로 할 때에는 밑의 2~3켜는 반쪽 평마룻장으로 축조하고, 그 위에 온마룻장 2~3켜를 덮어야 한다.

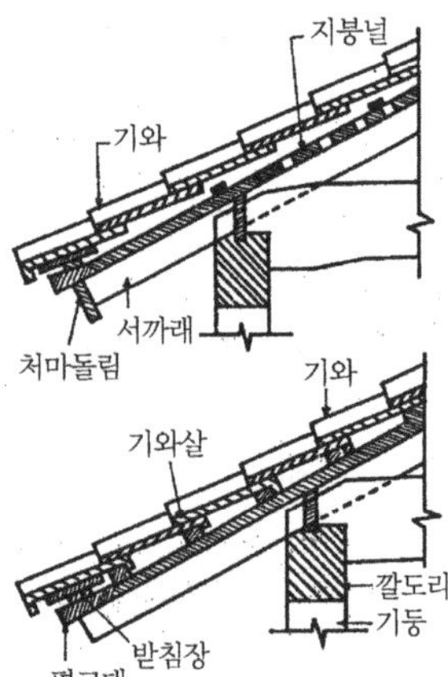

그림 14-3 걸침기와 잇기

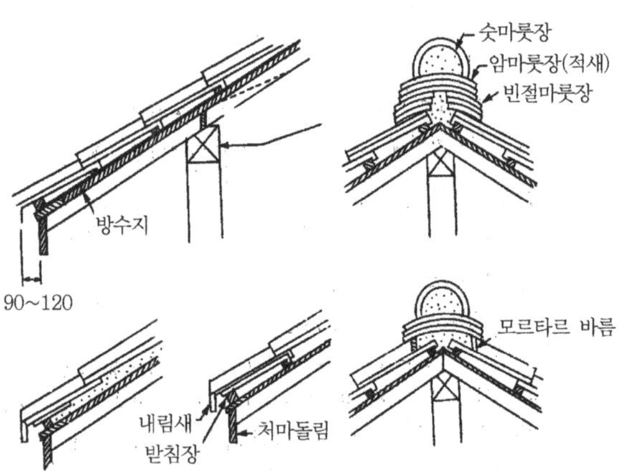

그림 14-4 일식기와 잇기

④ 마룻장은 평마룻장 3켜 위에 둥근 마룻장을 덮는 것을 표준으로 한다.

⑤ 평마룻장 이음새는 상하가 엇갈리게 하여 회진골반죽으로 겹쳐 대고 철선 또는 동선으로 연결한다.

⑥ 착고 마무리는 기와의 빛깔과 같은 빛깔의 모르타르를 마룻장보다 5mm 정도 안으로 들어가게 하여 잘 발라 마무리한다.

⑦ 용마루 기와는 철선으로 연결하고 모르타르로 고정한다.

14.2.4 슬레이트 잇기

1) 종류

① 석면 슬레이트

② 플렉시블 보드(flexible board)

2) 천연슬레이트 잇기

① 골슬레이트 잇기

못은 목재 중도리의 경우 75mm 길이 이상의 못을 쓰고 강재 중도리의 경우는 지름 6mm 내외의 아연도금 갈고리 볼트로 고정한다.

가. 골따기 : 큰골- 5cm, 작은골-9cm

나. 가로겹침 골수 : 큰 골판-0.5골, 작은 골판-1.5골 이상

다. 이음새의 세로겹침 : 15cm -지붕물매 (3 : 10이 표준)와 관련되어 고려한다.

② 일자(一字)이음

③ 마름모이음

④ 지붕마루와 회첨골

⑤ 비막이와 추녀

⑥ 기와가락이음

바탕널, 기와가락쌤으로 구분하고 바닥널은 거멀띠로 고정한다.

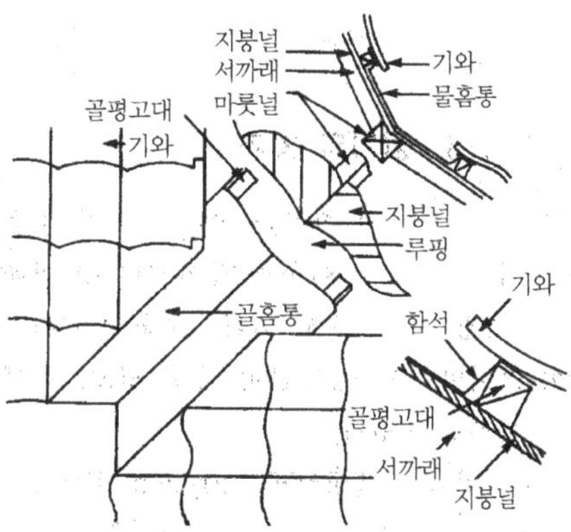

그림 14-5 회첨골 기와 잇기

3) 동판·경금속판 잇기

① 동판 잇기

가. 사용재료 : 두께-0.2~0.35mm, 크기-정척 36×121(cm), 큰판-91×182(cm).

나. 가공이 자유롭고 곡면 만들기 용이하다.

다. 고정시 구리못·동선 사용, 아연도금철판 또는 철재류와 혼용하지 않는다(부식 우려)

② 경금속판 잇기

가. 모는 둥글게 구부려야 한다.

나. 반경질은 거멀접기·두번거멀접기 할 것, 두께-0.5mm

다. 거멀접기 겹침 : 12~15mm

④ 두께 1mm 미만의 재단(材端)은 보강을 겸하여 끝접기를 해야 한다.

14.3 홈통공사

14.3.1 홈통공사 시 주의사항

① 홈통의 설계는 지붕면 모양 및 크기와 그 지방의 단위시간당 최대 강우량에 의하여 크기, 위치, 개수를 정해야 하며, 폭우 시에도 완전히 배수가 되도록 설계해야 하며, 안전계수를 처마홈통의 1.5배, 골홈통의 3배로 한다.

② 처마홈통의 경사는 1/200 이상으로 하고, 될 수 있으면 1/50 정도로 하는 것이 좋지만 2중 홈통이 아니면 외관이 나쁘므로 느린 경사로 하며, 선홈통 배치간격을 줄이고 또한 선홈통 좌우에서 처마홈통 물이 흘러들어 가게 하는 것이 좋다.

③ 선홈통은 처마길이 10m 이내마다 배치하고, 굴뚝 등으로 처마홈통이 단절되는 1구간마다 설치하며, 위치는 각 층 창문이 없는 벽 또는 굴뚝, 붙임기둥 옆 등의 잘 보이지 않는 곳에 두는 것이 미관상 좋으나 막힐 경우를 고려하여 시공해야 한다.

④ 콘크리트조, 벽돌조의 기둥 속에 홈통을 묻어 넣는 일이 없도록 하고, 만약 설치할 경우에는 빗물이 막히더라도 물이 새지 않게 파이프 등을 사용해 누수가 발생되지 않도록 해야 한다.

14.3.2 재 료

함석판(#28, #30), 동판(0.3~0.5mm), 납판, 알루미늄 경금속판 등으로 한다.

14.3.3 홈통의 종류

1) 처마홈통

① 물매 : 1/50~1/200

② 홈통걸이 간격 : 90~120cm

③ 이음 : 4cm 이상 포개고 안팎으로 납땜해야 한다.

2) 선홈통

① 함석판의 두께 : 0.4mm(#27), 세로이음 : 3cm 이상 겹치고 납땜한다.

② 홈통걸이 간격 : 90~120cm

③ 이음 : 5cm 이상 꽂아 끼우고 납땜, 둥근 누름턱으로 한다.

④ 보호관 높이 : 지면에서 1.5m 정도(철관, 석면슬레이트판)

⑤ 선홈통과 보호관의 연결 : 6cm 이상

⑥ 낙수받이 돌 : 윗면은 홈을 파고, 지면에서 5cm 이상 묻히게 할 것.

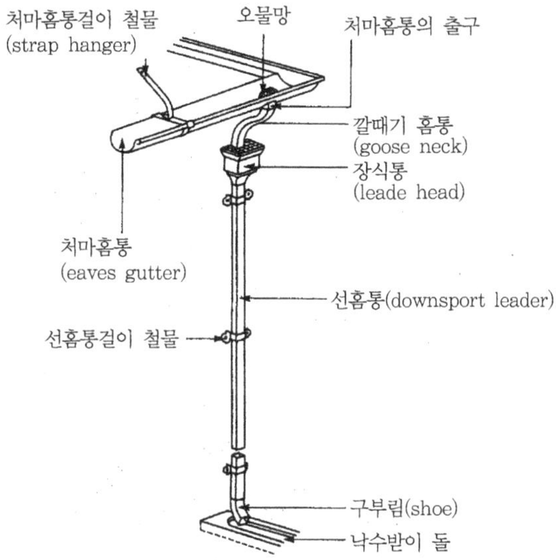

그림 14-6 홈통의 각부 명칭

3) 깔때기 홈통

① 처마홈통과 연결하는 홈통

② 경사 : 15° 정도

③ 깔때기 하부 꽂는 길이 : 선홈통 지름의 1/2

4) 장식홈통

① 목적 : 집수의 넘쳐흐름 방지, 유수방향 돌리기

② 접합 : 10mm 정도의 거멀 접기

③ 선홈통에 꽂는 길이 : 6cm 이상

표 14-2 지붕면적에 대한 홈통의 치수

종 류 \ 지붕면적		$30m^2$ 내외	$60m^2$ 내외	$100m^2$ 내외	$200m^2$ 내외
처마홈통 지름	cm	9.0	12.0	15.0	18.0
선홈통 지름	cm	6.0	9.0	12.0	15.0

Chapter 15 | 금속공사

15.1 개 요

금속공사는 철, 비철금속 및 이들의 2차적 제품을 주재료로 하여 제조된 기성철물이나 가공 제작하여 사용하는 철물로서, 주로 장식, 손상 방지, 도난 방지 등의 목적을 위하여 다른 부분에 고정하는 공사 및 도금처리에 관한 공사를 말한다.

15.1.1 금속공사 시 기본요건 및 준비사항

1) 기본요건

① 설치하는 바탕시설물과 일체화가 되어야 한다.

② 설치 시에 시공이 용이해야 한다.

③ 내구 및 내화, 바탕재와 역반응이 없어야 한다.

④ 미관이 좋아야 한다.

⑤ 유지관리가 쉬어야 한다.

⑥ 경제성이 있어야 한다.

2) 준비사항

① 금속공사 전에 금속공사에 필요한 제품 등의 설치를 위한 나무벽돌 등을 설치해야 하며, 나무벽돌은 소나무, 삼나무, 낙엽송재로 방부처리한 것을 사용한다.

② 인서트(insert), 앵커볼트(anchor bolt), 앵커스크루(anchor screw), 슬리브(sleeve) 및 드라이브 핀(drive pin)류는 그 사용목적에 맞는 형상, 치수로 하고 미리 견본을 제출하여 재질, 지지력 등의 하중으로 지지력을 시험해서 안전 여부에 따라 사용의

가부를 결정한다.

15.1.2 녹막이 처리

① 강철재 및 금속 제품은 도면 또는 특기시방서에 정하는 것과 도금처리를 하는 것 외에는 모두 녹막이 도료를 1회 칠한다.

② 비철금속 제품으로 이에 접하는 다른 재료에 의하여 부식을 받을 우려가 있을 때에는 도면 및 특기시방서에 정한 바에 따라 방식처리한다.

③ 현장반입 후, 녹막이칠의 손상부분 및 박리부분은 곧바로 보수하여 사용한다.

15.2 금속의 종류

15.2.1 철강재

1) 일반적 성질 : 비중 7.85, 용융점 1,425~1,528℃, 내알칼리성

2) 제품

① 구조강제

가. ㄱ자형(등변, 부등변), I형, ㄷ형, H형, T형

나. 경량형강 : 두께 1.6mm, 2.3mm, 3.2mm

다. PC강제 : 피아노선

라. 봉형 : 이형철근, 원형철근

② 철선재

가. 경강선재 : 결속선, 밧줄

나. 연강선재 : 가설제, 철망, 못

다. 철망류 : wire lath, methal lath, wire mesh, rib lath

③ 접합철물

가. 볼트, 리벳, 못, 꺾쇠, 띠쇠(감잡이쇠, 안장쇠) 특수 못

나. 용접봉

④ 스테인리스강

가. 내후성 : 대기중에서 보통강의 2~6배

나. 강도 : 알루미늄의 약 3배

다. 내식성이 우수하며 열전도율이 낮고 전기저항이 큼

라. 땜질이 가능하며 Cr, Ni 등의 합금강임.

15.2.2 비금속재

1) 알루미늄

경금속(비중 : 2.7, 철의 약 1/3)이며 내식성이 크고 가공성이 우수하다. 전기나 열의 양도체이며 은백색의 광택이 있고 열, 광의 반사율이 크다. 용융점이 낮고(640~660℃) 열팽창계수가 크다(철과 콘크리트의 약 2배). 강도, 탄성계수가 작으며(강의 1/2~1/3 정도) 알칼리에 침식된다(콘크리트에 의해 부식).

2) 알루미늄 합금

알루미늄(Al), 구리(Cu)의 합금, 경량이면서 강도가 높고 내식성이 크므로 구조용재에 쓰인다. 용도는 급배수관, 전기배선관, 수조, 창호새시, 셔터, 구조재, 외장재 등이다.

3) 동

① 동의 성질

내식성이 철보다 크고(청록이 생겨 내부 보호), 비중 8.91, 인장강도 4,000kgf/cm^2, 용융점 1,083℃이다.

② 구리의 합금

가. 황동(놋쇠) : 동과 아연(15~45%)의 합금, 연성이 크고 황색, 창호철물, 줄눈대 등에 쓰인다.

나. 청동 : 동과 주석(5~12%)의 합금, 강도, 내식성이 크고 청담색, 창호철물, 줄눈대 등에 쓰인다.

4) 아연

백색, 질이 연하고 내식성, 연성이며, 철 제품의 내식도금제, 산 및 화학약품의 저장조에 쓰인다.

5) 납

① 내산성이나 알칼리에 침식됨(콘크리트 중에서 침식)

② 융점이 낮음(땜납, 퓨즈, 스프링클러 등에 사용, 가용합금)

③ X선 차단성이 있음(방사선 차단용)

④ 대기 중에서 표면에 보호막이 생겨 부식되지 않음(방수관, 배수관, 급수관 등에 쓰인다)

15.3 부위별 금속제 제품의 종류

15.3.1 강판

박강판 : 3mm 이하, 중강판 : 3~6mm, 후강판 : 6mm 이상

15.3.2 계단 미끄럼막이

1) 종류 : 철제, 황동제(일반적), 포금제, 점토제, 고무제 등
2) 미끄럼막이의 너비 : 5~7cm, 길이 : 90cm, 150cm, 180cm
3) 시공순서

계단 콘크리트에 심은 나무벽돌 빼기 → 구멍청소 → 다리철물 설치 → 모르타르 사춤 → 논슬립 붙이기

15.3.3 계단난간대

1) 난간동자

계단 콘크리트에 나무(스티로폼)벽돌 → 나무벽돌 제거 후 청소 → 소켓 파이프 묻기 → 난간동자 끼우고 모르타르 사춤 → 소켓 끼우고 나사로 고정 및 용접

2) 두겁대(손스침)

뒷면에 덧판, 덧판 + 슬리브를 나사·용접으로 설치 → 난간동자와 접합

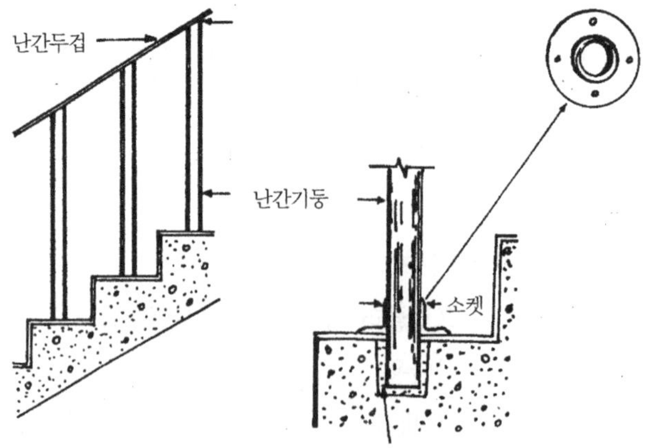

그림 15-1 계단난간

15.3.4 conor bead, plaster stop

1) conor bead : 기둥, 벽의 모서리 보호 및 마무리
   plaster stop : 모르타르와 이질재와의 접합부 등의 균열을 방지
2) **종류** : 아연도금 강판제, 스테인렛제, 황동제
3) **고정** : 콘크리트못, 1:2의 된비빔 모르타르로 고정

15.3.5 메탈 라스(metal lath)

얇은 아연도금 철판에 마름모형의 구멍을 뚫어 그물같이 만든 것. 미장시공이 곤란한 미끈한 면, 합판, 루핑 위, 경량철골 격자 등의 미장 바탕과 파이프 온돌깔기의 균열 방지용으로 쓰인다.

15.3.6 와이어 라스(wire lath)

아연도금 철선의 마름모형 그물철망으로 미장 바탕의 균열 및 탈락 방지를 위해 쓰임.

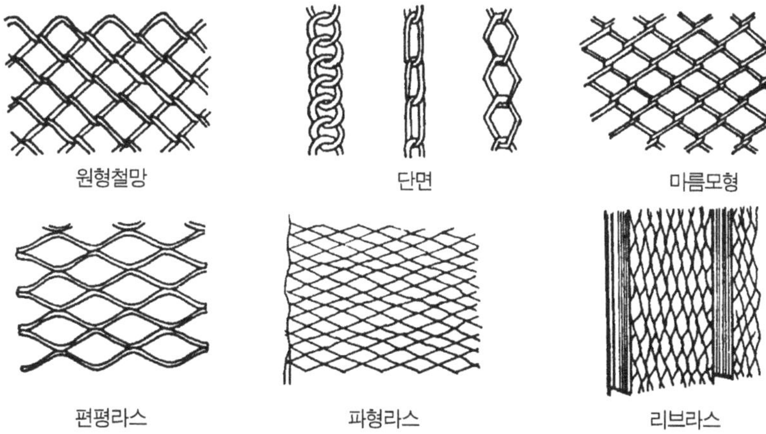

그림 15-2 각종 라스

15.3.7 와이어 메시(wire mesh)

지면과 닿은 바닥콘크리트, PC 패널, 콘크리트 도로포장 등에 철근 대용으로 사용한다. 전기 용접되어 판형으로 생산된다. 크기는 1.2m×2.4m, 1.5m×3.0m이다.

15.3.8 팽창볼트(expansion bolt)

콘크리트, 벽돌벽에 문틀, 띠장, 판석 등의 고정을 위해 드릴로 뚫은 후 볼트를 넣고 조이면 끝이 벌어져 구멍 안쪽 면에 고정되는 볼트를 말한다.

15.3.9 스크루 앵커(screw anchor)

팽창볼트와 유사하며 나사못과 플라스틱 실드(plastic shield)를 사용한다.

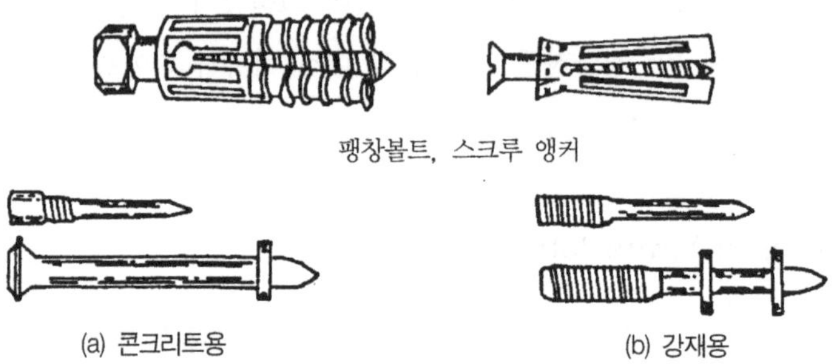

그림 15-3 팽창볼트, 스크루 앵커

15.3.10 타정총(打釘銃, drive-It) 및 드라이브 핀(drive pin)

① 타정총

소량의 화약을 써서 콘크리트, 벽돌벽, 강재 등에 드라이브 핀(특수 가공한 못)을 순간적으로 쳐 박는 기계를 일컫는다.

② 드라이브 핀

콘크리트용과 강재용이 있으며 H형, T형이 있다.

15.3.11 인서트(insert)

반자틀, 덕트 등을 매달기 위해 콘크리트 슬래브 밑부분에 매설하는 철물을 말한다. 배치간격을 정확히 하고 슬래브 콘크리트 타설 시 이동이 없게 한다.

15.3.12 줄눈대(joiner)

보드와 보드, 이질재와의 접합 시 이음새를 감추어 누르는데 사용된다. 경금속제, 스테인리스제, 합성수지제가 있다.

15.3.13 펀칭 메탈(punching metal)

얇은 금속판으로 표면에 다양한 무늬가 눌려져 있거나 작은 구멍이 나 있다. 벽, 기둥의 커버, 천장재 등으로 사용된다.

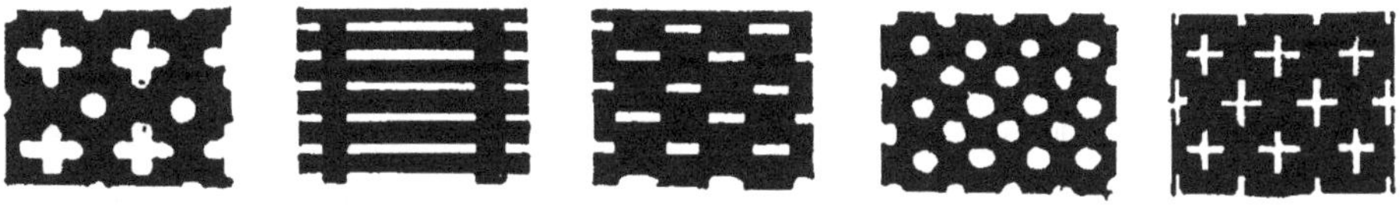

그림 15-4 각종 펀칭 메탈

15.3.14 무늬강판

철판 표면에 일정 패턴의 무늬가 돋아 있어 미끄러지지 않게 된 것으로 한다. 계단 디딤판, 공자, 선박의 바닥에 사용된다.

15.4 장식용 철물

15.4.1 재 료

1) 장식용 철물

철제, 황동제, 청동제, 알루미늄제 등이 많이 쓰이며 철제는 주철, 가단주철, 연강철, 중강철, 경강철 등이 사용된다.

2) 스테인리스 스틸

두께 3mm 미만의 얇은 판을 사용할 경우 스테인리스는 가능한 접합이 적게 하는 구조로 하고, 도장을 할 경우에는 파커라이징(parkerizing), 인산처리(bonderizing) 등의 바탕처리한 후에 크롬, 니켈도금 또는 브론징(bronzing), 메탈리콘(metalicon) 등을 사용하며 사전에 바탕크롬 도금을 해야 한다.

3) 청동 제품

버프(buff) 닦기 하여 투명 래커칠 또는 크롬, 니켈, 브론즈(bronze) 도금으로 하여 사용한다.

4) 알루미늄

순도가 높은 것을 사용하고, 표면은 알마이트(almite) 또는 다른 처리로 색조를 달리하여 사용한다.

15.4.2 기성제 장식용 철물

1) 줄눈대(joiner)

줄눈대는 천장, 벽 등에 보드, 합판 등을 붙이고 그 이음새를 감추어 누르는 데 쓰이는 것으로 아연도금 철판제, 경금속제 또는 황동제의 얇은 판을 프레스한 것으로 사용하며, 그 밖에 합성수지 제품 등을 사용하기도 한다.

2) 금속벽판, 금속반자판

아연도금 철판(두께 : 0.3mm)에 각종 무늬 모양을 돋운 것으로 벽판 또는 천장재로 사용된다.

3) 맨홀(manhole)

외부 압력에 충분한 강도를 가진 주철제가 사용되며, 전면에 콜타르 달군질을 하며, 도난방지를 위해 쇠사슬 고리를 달아둔다.

4) 더스트 슈트(dust chute)

동체는 주철제로 하고, 겉뚜껑 문과 버킷부분은(두께 : 3mm) 열간압연 강판으로 한다. 설치는 도면에 따라 심먹매김하고 1 : 3(시멘트 : 모래) 사춤모르타르로 된비빔하여 고정해야 한다.

15.5 금속제품 설치공법

- 설치공법
  - 먼저설치공법
    - 구조체 시공 시 설치
    - 구조체 시공 시 일부 설치
  - 나중설치공법
    - 구조체공사 완료 후 설치
    - 구조체공사 완료 후 일부 설치
    - 마감공사 완료 후 설치

15.5.1 먼저설치공법

콘크리트 타설에 앞서 정확한 위치에 고정하고 콘크리트를 타설하는 방법이다. 종류로는 사다리, 훅(hook)류, 루프드레인(roof drain) 등이 있으며, 콘크리트 타설에 의해 이동되지 않도록 철근 및 철골에 용접해야 한다.

15.5.2 나중설치공법

설치용 준비재료의 위치, 간격 등을 도면에 따라서 정확하게 심먹매김한다. 다리철물 주변의 사춤모르타르를 된비빔으로 채워 넣는다.

① 사춤모르타르의 배합비(용적) 시멘트 : 모래 = 1 : 3

② 콘크리트 바탕 등의 설치용 준비재 : 나무벽돌, 인서트, 앵커볼트, 앵커스크루, 소형 다리철물, 드라이브 핀

Chapter 16 | 커튼월공사

19세기 후반 철, 콘크리트, 유리를 사용하는 건축물이 세워지면서 하중을 받지 않는 장막벽 역할의 벽체가 나타나기 시작하였다. 장막벽 중에서 외부와 내부를 구분하는 커튼월이 개발되었고, 개발 초기에는 금속재가 주를 이루었으나 현재는 다양한 종류의 커튼월로 발전하고 있다.

커튼월의 일반적 특징은 다음과 같다.

첫째, 콘크리트나 블록, 벽돌 등의 외장재에 비하여 경량이기 때문에 건축물의 자중을 감소시킬 수 있다.

둘째, 공장제작(prefabrication) 제품의 적용으로 위험한 고소작업을 줄일 수 있어 안전하고 공기단축이 가능하다.

셋째, 공업화된 부재를 사용하므로 품질의 균질화, 공업화가 가능하다.

넷째, 커튼월공사를 전문적으로 담당하는 업종이 나타남에 따라 지속적으로 기술이 축적되어 커튼월의 성능이 향상되고 있다.

16.1 커튼월공사계획

16.1.1 전체공정

커튼월공사는 골조공사 완료 후 시작되는 주요공정으로 현장시공의 기계화를 통한 품질확보, 공사비 절감, 작업의 안전성 및 공기단축을 도모할 수 있도록 다른 공종과의 작업속도를 고려하여 공정계획을 수립해야 한다. 커튼월공사의 공정은 금속 커튼월과 PC 커튼월에 따라 차이가 있으므로 커튼월 종류에 따른 전체공정의 흐름을 부재의 공장제작 및 타

공사와의 관련 등을 고려하여 관리해야 한다.

16.1.2 공장제작계획

주문생산에 의한 커튼월의 경우 설계시방이나 생산규모, 제작기간이 건물에 따라 다르기 때문에 제작계획을 수립할 때에는 사전에 설계·시공업체 및 제작업체 간에 면밀한 협의가 필요하다. 제작계획의 주된 내용으로서는 자재계획, 생산설비계획, 작업순서계획, 공정계획 및 검사계획을 들 수 있다. 특히 제조공정에서는 부재의 설치순서와 사용개소, 현장의 종합적인 공사계획 등을 고려하여 커튼월 부재의 출하계획을 수립한다.

16.1.3 커튼월공사의 공정계획

커튼월공사의 공정계획 수립은 공사의 규모, 작업순서, 전체공기, 건물의 입지조건, 구조, 가설설비 등 제반조건에 따라 정해진 공기 내에서 각종 작업을 적절히 배분한다. 커튼월공사는 아래층에서 위층으로 구조체 시공속도와 유사하게 진행하는 것이 일반적이다.

커튼월공사 전 승인을 위한 제출사항은 다음과 같다

① 커튼월의 단일 설계, 엔지니어링, 구성재의 일원화 계획

② 설계 사용자재에 대한 물성시험 성적표 및 품질보증서

③ 성능시험을 위한 시료와 적용부위를 위한 실시 상세도면

④ 성능 모의시험용 구조체의 구조 및 기능검토 보고서

⑤ 모의 성능시험 결과에 대한 평가보고서와 보정된 실시 설계도면

⑥ 육안검사를 위한 모의시공 계획서 및 실시 상세도면

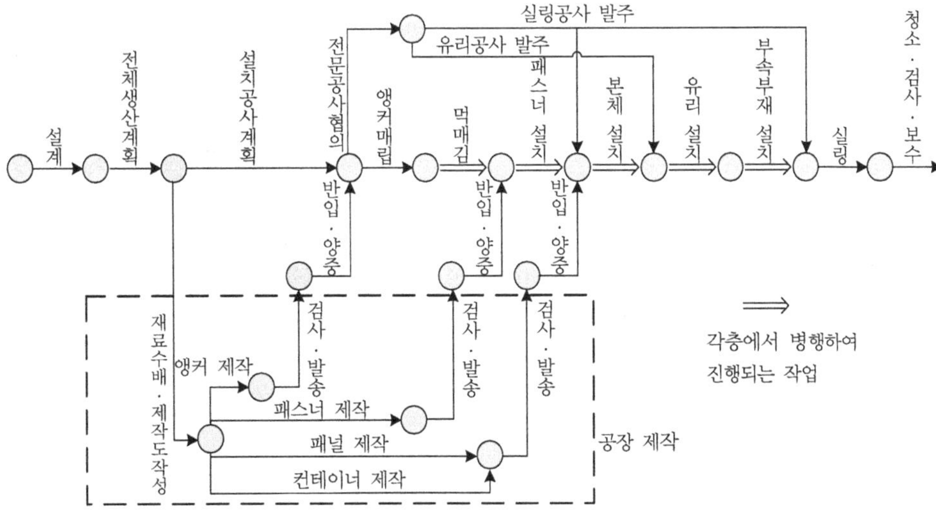

그림 16-1 커튼월공사 흐름도

16.1.4 시공계획서

시공자는 담당원[46]의 요청이 있을 때에는 시공계획서를 제출하여 담당원의 승인을 받은 후 공사에 착수해야 하며, 시공계획서에는 다음의 내용을 포함한다.

① 공정계획

② 소운반 및 양중계획

③ 사용부재와 부재 설치방법

④ 양생, 청소계획

⑤ 검사계획

⑥ 안전대책

16.2 커튼월의 분류

커튼월은 재료의 종류, 외관의 형태, 조립방법, 구성형식에 따라 종류를 구분할 수 있다.

16.2.1 재료의 종류에 의한 분류

1) 금속제 커튼월

금속제 커튼월은 금속관련 기술의 발달과 더불어 가장 광범위하게 사용되고 있다.

그림 16-2 금속제 커튼월

① 강제 커튼월

다른 금속재료에 비해서 가격이 저렴하나 녹이 발생하기 쉬운 단점이 있으므로 녹이 슬지 않도록 불소수지로 도장을 하거나 표면에 유리질 유약을 입힌 법랑형태로 사용한다.

② 알루미늄 커튼월

얇은 알루미늄판 사이에 단열재 등을 끼워 넣은 복합패널의 형태로 만들며, 가볍고, 조립시공이 쉬우며 부식에 강하다.

③ 스테인리스 커튼월

가격이 비싸나 내후성이 좋고 외관이 미려하여 독특한 외벽의 디자인을 표현할 수 있다.

46) 담당원이란 현장 상주 감독관이나 책임감리원 또는 건설사업 관리자를 말한다.

2) 콘크리트제 커튼월

콘크리트를 커튼월의 형태로 제작한 것이다. 콘크리트 패널은 프리캐스트콘크리트로 제작되므로 여러 가지 형태가 가능하다. 또한 공장에서 제작할 때 타일이나 석재 등을 붙이면 다양한 형태의 표면과 외관을 제작할 수 있다.

① G.P.C : 공장에서 석재를 부착한 PC 커튼월

② T.P.C : 공장에서 타일을 부착한 PC 커튼월

그림 16-3 콘크리트제 커튼월

3) 기타 커튼월

① 석재 커튼월 : 석재를 커튼월의 패널로 사용한다.

② 유리 커튼월 : 커튼월의 패널로 유리를 사용한다.

③ 세라믹 커튼월 : 점토를 판상으로 성형하여 구운 초대형 타일을 사용하는 커튼월이다.

그림 16-4 석재 커튼월

그림 16-5 유리 커튼월

16.2.2 외관의 형태에 의한 분류

① 멀리언(mullion) 타입

수직부재인 멀리언을 노출시키고 그 사이에 창호나 스팬드럴 패널을 끼우는 방식이다.

② 스팬드럴(spendrel) 타입

트랜섬과 수평으로 연결되는 스팬드럴을 강조하여 외관에 있어 수평을 강조하는 타입이다.

③ 그리드(grid) 타입

멀리언과 트랜섬 모두를 강조하여 수직과 수평을 동시에 강조하는 타입이다.

④ 시스(sheath) 타입

멀리언이나 트랜섬이 외부에서 보이지 않도록 패널로 은폐시키는 타입이다.

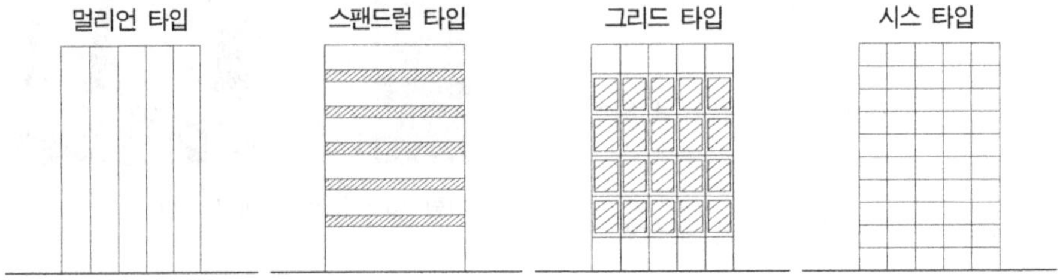

그림 16-6 외관의 형태에 의한 분류

16.2.3 조립방법에 의한 분류

1) 스틱(stick) 시스템

스틱 시스템은 커튼월의 각 구성부 재료를 멀리온, 트랜섬, 스팬드럴 패널, 유리의 순으로 현장에서 하나씩 조립하여 설치하는 방법으로, 현장에서 단위부재를 조립한다고 하여 녹다운방식(knock down system)이라고도 한다. 시공속도가 느리기 때문에 고층건물에서는 잘 사용되지 않고 중층건물에 주로 사용된다.

2) 유닛(unit) 시스템

커튼월의 각 구성부재를 공장에서 미리 조립하여 대형 패널처럼 형성하여 현장에 운반, 시공하는 방법으로 유리까지 공장에서 취부할 수 있다. 공기를 줄일 수 있어 초고층 건물에 적합하다. 국내의 고층 건물에서는 이 공법을 많이 사용한다.

16.2.4 구성형식에 의한 분류

1) 유닛 멀리언(unit and mullion) 시스템

스틱 시스템과 유닛 시스템을 혼합하여 응용한 시스템이다. 멀리언을 먼저 슬래브 사이에 고정한 후 공장에서 사전에 조립한 유닛(또는 패널)을 멀리언 사이에 조립하는 방식이다.

2) 패널(panel) 시스템

알루미늄 시트 또는 알루미늄 캐스팅을 이용하여 패널을 만들어 현장에 설치하는 것으로 유닛 시스템과는 구성부재를 시트, 캐스팅 등 단일재로 형성한다는 것이 다르다. 프리캐스트 콘크리트 커튼월에서 사용되는 패널이 패널 시스템의 일종이라고 할 수 있다.

3) 기둥커버 스팬드럴(column cover and spandrel) 시스템

국내에 잘 사용되지 않고 있으나 해외에서는 최근에 많이 사용하고 있는 커튼월 시스템의 하나이다. 기둥이 강조된 건물 외관을 살리고자 할 때 이용될 수 있으며, 구조체 기둥을 둘러싸는 부재인 기둥커버가 설치된 후 기둥 사이에 스팬드럴 패널을 시공하고 유리창을 조립하는 방식이다.

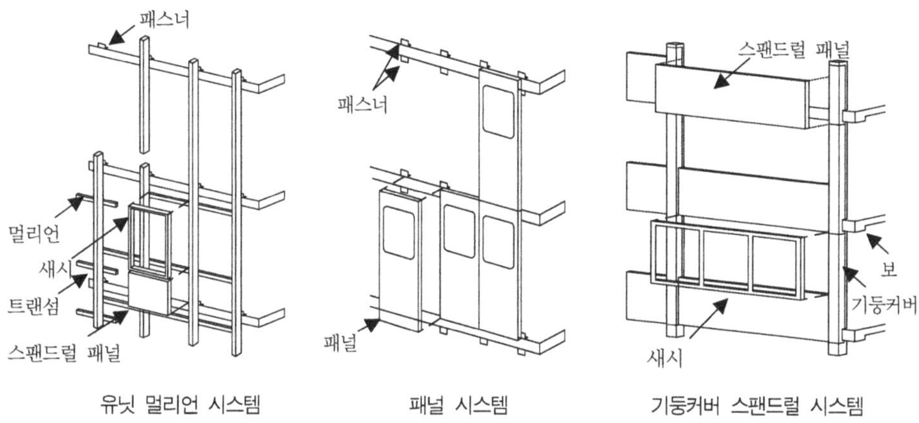

그림 16-7 커튼월의 구성형식에 의한 분류

16.3 제작 및 검사

16.3.1 금속 커튼월의 제작

1) 제작도 작성

공사착수 전 설계도면과 시방을 기준으로 하여 제작, 설치를 위한 세부제작, 시공 상세도를 아래와 같이 작성하여 담당원의 승인을 받아야 한다.

① 각층 평면도 및 주단면도

② 방위별 입면도

③ 부위별 단위평면도, 입면도, 단면상세도

④ 수직, 수평부재 및 부재 간의 접합부 상세도

⑤ 익스팬션 조인트 단면상세도

⑥ 보강부분의 보강 상세도

⑦ Weather stripping 재료 및 방법

⑧ 결로수 배수처리방법 및 상세도

⑨ 하드웨어 재질, 형상, 설치위치

⑩ 유리 끼우기 및 고정방법

⑪ 단열재의 설치 및 고정방법

⑫ 타 공종과의 연관 부분에 대한 상세도

⑬ 공정에 따른 시험계획서 및 작업계획서

⑭ 긴결철물 상세 및 위치도

⑮ 시공 및 설치 순서도

⑯ 기타 담당원이 지정하는 부분의 단면상세도

2) 부재의 접합

표면에 노출된 일체의 부재 접합부 가공은 시각적, 구조적으로 결함이 없어야 하며, 누수가 되지 않는 구조로서 정확한 치수와 강도를 유지하도록 해야 한다.

3) 공장조립

커튼월 각 부재와 이에 부속되는 각종 부속철물은 공장에서 조립하여 철저히 사내검사와 담당원의 검사를 받아서 현장조립에서 발생할 수 있는 오류나 실수를 최소화할 수 있도록 한다.

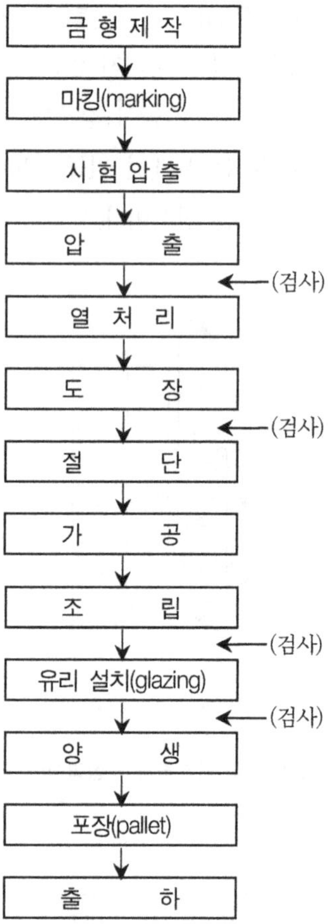

그림 16-8 금속커튼월 제작흐름도

4) 이종금속 접촉부에 대한 보호대책

상호 접촉에 따른 부식의 가능성이 있는 모든 이종금속의 접촉면에는 이종금속의 상호 접촉에 따른 부식을 방지할 수 있도록 표면에 피막제를 도포하거나 실재 또는 비닐시트 등 적절한 재료로 보호 및 조치한다.

5) 용접

용접 종류, 형태, 간격 등은 상세도면에 표시해야 하며, 용접에 의한 부재 표면의 뒤틀림이나 퇴색현상이 없도록 주의한다. 용접부위가 표면에 나타나는 곳은 디스케일링이나 연마하여 터치업 마감을 한다.

6) 절단면 접합부의 누수 방지

누수 방지를 위해 모든 절단면 접합부위는 조립 시 내부에서 실링(sealing)재를 시공하고, 스크루 조립작업 후에는 그 위에 반드시 실재를 도포한다.

7) 개스킷 및 부속재 부착작업

개스킷은 개스킷 홈에 접착제를 주입하여 부착하고, 이음부위는 강력접착제로 완전히 고정시키며 외기와 접하는 부위는 열에 의한 자가 융착방식이 가능한 것을 사용토록 하여 정확히 부착한다.

8) 유닛별 조립작업

부속재의 부착 및 실재가 완료된 부재를 이동식 조립테이블에 놓고 조립용 공구로 1,2차 조임을 하여 스크루를 완전 조립한 후 누수되지 않도록 실재를 마감한다.

9) 포장 및 운반

조립이 완료된 제품은 철저한 사내검사를 거쳐 비닐보호막으로 개별포장하여 출하하고, 운송 도중에 변형 또는 파손이 없도록 목재나 스펀지 등으로 보호 및 처리하여 운송한다.

16.3.2 프리캐스트콘크리트 커튼월 제작

1) 형틀의 제작 및 조립

형틀은 진동, 타설 등 연속작업 및 반복사용에 형태, 치수가 정확히 유지되어야 하고 조립, 탈형이 용이하며, 예상되는 외력 및 양생조건에 견딜 수 있도록 설계, 제작, 조립한다.

그림 16-9 형틀의 제작 및 조립

2) 철근의 가공 및 조립

① 철근은 비, 바람에 노출되지 않도록 하고 지상에 직접 닿지 않게 하여 규격별로 보관한다.

② 철근의 가공 및 조립은 배근도에 의하여 정확히 작업하고, 구조적으로 중요한 부분은 용접 후 용접 슬래그를 제거하며, 조립된 철근은 유형별로 보관하여 사용한다.

그림 16-10 철근의 가공 및 조립

③ 마감재의 배열 및 접착제의 도포가 완료된 후 조립 완료된 철근을 형틀 내에 조립하며, 소정의 피복두께가 정확히 유지되도록 간격재를 설치하고 결속선의 끝이 마감재에 직접 닿지 않도록 주의한다.

3) 매입철물 설치

그림 16-11 매입철물 설치

① 각종 매입철물은 소정의 위치에 볼트로 형틀과 긴결시키고 콘크리트 타설 시 이동하지 않도록 고정한다.

② 매입철물은 사전에 안전성의 확인을 행하고 인양용 철물은 탈형, 또는 설치용 철물과 병용하지 않도록 하며, 매입철물 설치 시 철물 주변을 보강하여 구조를 보강한다.

4) 마감재

그림 16-12 마감재

① 마감재의 배면처리 작업 전에 오염 및 건조상태를 반드시 확인해야 하며, 이상이 없는 마감재는 작업대 위에서 아래와 같은 순서로 작업을 실시한다.

가. 마스킹테이프 접착

나. 앵커 홀 청소 및 그라우팅

다. 배면처리제 400g/m^2(3.92 Pa) 이상 도포

라. 시어 커넥터 설치

마. 규사 700g/m^2(6.86 Pa) 이상 도포. 단, 배면처리 작업 시 외기온도가 5℃ 이상

② 마감재 줄눈부분의 처리

마감재 줄눈은 백업재 공구를 사용하여 주의 깊게 삽입하고, 백업재(발포 폴리에틸렌)를 포함한 주변을 동일하게 배면처리제를 사용하여 도포한다.

마감재와 형틀 사이에는 마감재를 오염시키지 않게 방수모르타르를 조심스럽게 충전한다.

③ 마감재 배열 후의 검사

검사는 마감재의 배치, 높이, 수평, 줄눈재 삽입상태, 시어 커넥터 설치상태 등에 대하여 검사하여 불량한 부분은 즉시 수정하고 수정불가한 부분은 해체하여 재시공한다.

5) 콘크리트 타설

① 콘크리트 타설은 담당원이 제시하는 타설순서에 입각하여 작업을 행하고, 선행타설이 확인된 후에 후속타설을 하여 마감재 배면에 공기층이 발생하지 않도록 해야 하며, 형틀 내부 구석부분까지 콘크리트가 완전히 충전되도록 해야 한다.

② 다짐은 봉상 바이브레이터를 사용하고 바이브레이터 봉이 철근, 마감재 앵커, 마감

재 배면에 직접 닿지 않도록 주의하여 작업하고, 특히 바이브레이터 진동으로 인하여 마감재 배치가 이동되거나 백업재(발포폴리에틸렌)가 이탈하지 않도록 해야 한다.

③ 콘크리트 타설은 담당직원의 입회하에 실시함을 원칙으로 하며, 콘크리트 타설이 완료되면 소정의 노출부분은 쇠흙손 등을 사용하여 균등하고 평활하게 마감한다.

④ 콘크리트 타설 및 마감이 완전히 끝나면 형틀상태를 청결하게 유지하여 마감재 오염을 사전에 방지한다.

6) 양생

① 사전양생

콘크리트 타설이 완료되면 증기양생을 시작하기 전에 초기경화에 나쁜 영향이 미치지 않도록 여름에는 약 2시간, 겨울에는 약 3시간 정도 자연양생을 실시한다.

② 증기양생

가. 증기양생을 실시할 때에는 먼저 양생시트를 사용하여 제품에 틈이 생기지 않도록 완벽하게 덮은 후 증기양생을 시작한다.

나. 양생시간은 양생개시 후 7~9시간 정도로 하며, 최고온도는 70℃ 이상이 되지 않도록 한다. 양생온도의 상승 및 하강 기울기는 15℃/hr 이하가 적절하며, 최대 20℃/hr 이하가 되도록 한다.

다. 탈형 시 제품온도와 외기온도의 차이는 20℃ 이하를 유지하여 온도차로 인해 제품에 균열이 발생하지 않도록 사전에 방지한다.

라. 탈형 시에는 양생시트를 서서히 벗겨서 제품이 급랭하지 않도록 하고 후속공정에 임한다. 이상과 같은 방법으로 양생하여 탈형강도 이상이 되면 탈형을 실시할 수 있다.

③ 자연양생

탈형강도 기준으로 탈형한 후, 마무리 손질 등 소정의 공정을 끝낸 제품을 야적장에 수평유지장치(고임목 또는 수평대)를 하여 제품을 야적시킨다. 야적된 제품은 자연양생을 하여 설계강도 이상이 되도록 관리한다.

7) 탈형

① 탈형은 조립의 역순으로 행하고, 제품, 형틀, 특히 마감재의 손상에 주의한다. 탈형 시 제품에 따라 제품앵커를 사용하여 탈형이 곤란한 경우에는 구조적으로 안전한 지점에 탈형용 훅을 설치 사용하고, 탈형 후 가적 시에는 마감재나 제품이 고임목에 직접 접하지 않도록 보양을 하거나 기타 보양재를 끼운 후 적재해야 한다.

② 탈형 시에는 마감재의 파손에 유의하고 제 장비에서 기름 및 오염물이 유출되지 않도록 충분히 점검한다.

8) 마감 및 보수

프리캐스트콘크리트 커튼월의 개스킷은 공장에서 설치함을 원칙으로 하며, 개스킷은 모서리 부분, 접히는 부분, 직선부분이 정교하게 처리 연결되도록 한다. 개스킷 접착은 콘크리트면의 청소를 깨끗이 한 다음 고무접착제를 사용하여 목공구로 잘 다져서 접착한다.

9) 저장

① 마감된 제품은 평탄하고 여유 있는 장소에 저장하여 장마철, 동절기에 제품이 오손되지 않도록 한다. 저장 시에 제품의 뒤틀림이 발생하지 않도록 지지점의 수평 및 위치를 적절히 조절한다.

② 초기재령에서 과대한 온도응력이 발생하지 않도록 하고 과도한 건조상태가 되지 않도록 보양한다. 특히, 제품의 모서리 부분은 취급 시 마감재가 파손될 염려가 있으므로 고무쿠션재로 보양하여 저장한다.

10) 제품 운반

① 적재방법

가. 적재 시 인양지점 수는 4지점 이상으로 하고 사용하는 공기구는 마감재가 오염되지 않도록 사전에 점검한다.

나. 제품과 제품 사이는 받침목을 설치하고 고임목과 제품 사이는 고무 또는 이와 유사한 쿠션재를 끼워 마감재를 보호한다.

다. 차량에 제품을 긴결시키는 로프작업 시에도 제품의 단부나 모서리부분, 또는 로프가 직접 닿는 부분에는 쿠션재를 끼워 넣어 제품을 보호한다.

라. 운반차량에 사용하는 받침목은 각재를 사용하며, 운반도중 차량의 급정거 시 제품의 미끄러짐을 예상하여 제품의 적재에 충분히 주의하고 대비한다.

② 제품의 현장반입

공장에서 현장으로 출발 전에 현장의 설치 담당자와 협의하여 현장 도착시간과 제품의 종류 및 수량 등을 확인해야 한다.

③ 공장에서 현장까지의 도로상황, 차량규제, 거리, 소요시간, 상차 및 하차 소요시간 등을 충분히 조사하여 현장공정에 차질이 발생하지 않도록 한다.

④ 제품의 현장 가적재

제품의 하역요령은 상차 시와 동일하고 가적재는 3~4단 이하로 적재하며, 특히 마감재가 오손되지 않도록 보양을 철저히 한다.

16.3.3 검 사

1) 예비시험

설계풍압력의 50%를 일정시간(30초) 동안 가압하여 시험장치에 설치된 시료의 상태를 일차적으로 점검하여 시험실시 가능 여부를 판단하고자 실시하는 예비시험이다.

그림 16-13 기밀성 · 수밀성 시험장치

2) 기밀시험

지정된 압력차(공사시방서에 정한 바가 없을 때에는 1.57P. S.F 시속 40km, 7.8kgf/m^2 아래서 유속을 측정한 뒤 시험체에서 발생하는 공기 누출량을 측정하고, 설계기준의 기밀성능을 만족해야 한다.

3) 정압수밀시험

설계풍압력의 20% 압력 아래에서 3.4ℓ /min · m^2의 유량을 15분 동안 살수(water spray)하여 실시하며, 시험장치에서 설치된 시료의 바깥에서 누수상태를 관찰하여 누수가 발생하지 않아야 한다.

4) 동압수밀시험

규정된 압력의 상한값까지 1분 동안 정압으로 예비로 가압한 뒤에 시료의 이상 여부를 확인하고, 시료 전면에 4ℓ /min · m^2의 유량을 균등히 살수하면서 규정된 압력에 따라 KS 규준 맥동압을 10분 동안 가한 상태에서 누수가 없어야 한다.

5) 구조시험

① 설계풍압력의 100%를 단계별로 증감(대개 50%, 100%, −50%, −100%의 4단계로 구분함)하여 설계풍압력의 ±100% 아래에서 구조재의 변위와 측정 유리의 파손 여부를 확인하고 설계기준을 만족해야 한다.

② 설계풍압력의 150%에 대해 (1)항과 같이 실시하며, 잔류 변형량을 측정하기 위해 0 kg/m^2로 압력제거 시 변위를 측정하여 L/1000 이하이어야 한다(L : 지점간의 거리).

16.3.4 품질보증

① 계약자 시공업체의 시공품질에 대한 책임
② 커튼월의 품질에 대한 단일 책임의무
③ 성능시험을 위한 커튼월의 모의 시료시험
④ 사용재료의 초기 물성시험
⑤ 육안검수를 위한 모의시공
⑥ 현장시료 성능시험(field test)

16.4 커튼월 시공

16.4.1 양중장비 사용 시의 주의사항

① 작업 전 장비의 정격하중을 확인한다.
② 양중장비의 안전상태(과부하 방지장치, 권과(卷過)방지장치, 브레이크 및 클러치 이상 유무, 와이어로프 손상 유무, 전기 콘 롤러의 이상 유무 등)를 확인한다.
③ 사용자의 신호방법을 통일하고 숙지한다.
④ 사용자는 사용 도중에 운전위치를 이탈하여서는 안 된다.

16.4.2 시 공

1) 금속 커튼월 시공

① 기준 먹매김

현장검측에 의하여 최종 확정된 세부시공 상세도에 의거하여 건물의 외곽 모서리에 수직 및 수평 기준점을 설치하고, 긴결재 및 브래킷 등 주요 기점을 먹매김표시한 후 담당원의 검사, 승인을 받아야 한다.

② 구체 부착철물의 설치

구체 부착철물의 설치위치의 치수 허용차는 공사시방서에 따르나, 공사시방서에 정한 바가 없는 경우 고체 부착철물의 설치위치의 치수 허용차의 표준치는 연직방향 ±10mm, 수평방향 ±25mm이다.

③ 부속재료의 설치

부속재료는 그 목적 및 용도를 충분히 발휘할 수 있도록 정밀하게 설치한다. 부속재료의 설치는 공정계획에 따라 커튼월공사 이외의 관련 공사에도 지장이 없도록 해야 한다.

④ 보양 및 청소

가. 커튼월 설치 조립 완료 후 설치과정에 훼손된 보양재는 재보양하고 시멘트모르타르 등과의 접속부위는 특별히 보양해야 한다.

나. 유리 끼우기 완료 후 담당원이 지정하는 시기에 보양재를 제거하고 깨끗이 청소하며, 청소에 필요한 약품 및 용구는 반드시 담당원의 승인을 받은 제품을 사용한다.

다. 커튼월공사 완료 후 커튼월 전면을 청소해야 하며 청소방법, 시기 및 범위는 담당원과 협의한 후 결정한다.

⑤ 안전대책

가. 설치작업 전 추락, 부재낙하 등이 발생하지 않도록 안전관리규정에 준한 안전시설을 해야 한다.

나. 작업자에게 현장상황에 따른 기본적인 개인 안전장구를 지급하여 현장 내에서 항시 휴대 활용토록 해야 한다.

다. 실링(sealing)공사에 사용되는 용제에 의해 중독되지 않도록 주의해야 하며, 화재가 발생하지 않도록 사용장비에 대한 점검을 철저히 실시한다.

2) 프리캐스트콘크리트 커튼월 시공

① 일반사항

공통된 사항은 금속 커튼월 시공요령에 따르며 별도 정한 바가 없을 때에는 공사시방서에 따른다.

② 바탕면 사전처리

1일 작업량을 감안하여 시행하고 먼지, 기름 등 마감재 가공, 제품생산 시 발생한 불순물을 브러시와 컴프레서 등으로 제거하고 줄눈폭의 대·소 모양에 따라 바탕을 깨끗이 처리하여 건조상태를 점검한다.

③ 백업재 설치

백업재는 줄눈치수의 오차 및 밀착성을 고려하여 규격을 결정한다. 실재 충전깊이가 설계값 이하가 되지 않도록 충분히 검토하여 설치하고 일정한 실 단면을 유지한다.

④ 마스킹테이프 부착

마스킹테이프는 프라이머의 용제 및 직사광선 등으로 경화한 접착제가 마감재 표면에 남지 않는 제품이어야 하고, 1일 작업량에 한하여 부착한다. 마스킹테이프를 설계치수에 맞게 일정하게 부착하고 버너 마감면, 요철면, 접하는 면에 밀착부착을 위하여 경질의 스펀지로 부착 마감한다.

⑤ 실링(sealing)재 충전

프라이머 건조시간 경과 후 건조상태를 확인하여 혼합된 실재를 적절한 노즐이 장치된 코킹 건에 주입하고 줄눈부에 가압 충전한다. 작업 중 프라이머가 비, 바람, 먼지 등으로 인해 오염되었으면 청소한 다음 프라이머를 재도포한 후 작업하고, 코킹 건으로 가압 충전 시 직사광선에 노출, 기포발생 등이 발생하지 않도록 하며 구석구석까지 충전되도록 노즐의 크기, 코킹건의 이동속도, 압력, 토출량을 조절하여 시공한다.

⑥ **마무리 작업**

가. 실재와 피착면과의 공백을 없애고 내부까지 골고루 힘이 전달되면서 구석까지 충분히 접착 충전되도록 한다.

나. 균등히 누르면서 작업하고 일단 시작한 작업은 한 번에 줄눈 끝까지 작업하며, 요철, 굴곡, 기포 등이 발생하지 않도록 주의한다.

다. 실재의 노출 마감선은 마스킹테이프 끝선과 일정하도록 하고 수직, 수평을 균등히 유지해야 하며, 마무리 작업은 최종적으로 중요한 작업이므로 고도로 숙련된 기능공을 배치해야 한다.

⑦ **마스킹테이프 제거**

마무리 작업 직후 마스킹테이프를 조심스럽게 제거하고, 마스킹테이프 제거 시에는 코킹면에 이상이 있는 부분은 다시 한 번 손질을 하여 테이프 자국을 제거하고 코킹면을 평활하게 한다.

⑧ **청소**

시공완료 후 실재, 프라이머 등으로 오손된 부분은 깨끗이 청소를 하고, 주위를 정리정돈하여 실재가 완전히 양생되기 전까지 실재에 외력이 가해져 실부위의 형태가 오손되지 않도록 관리를 철저히 해야 한다.

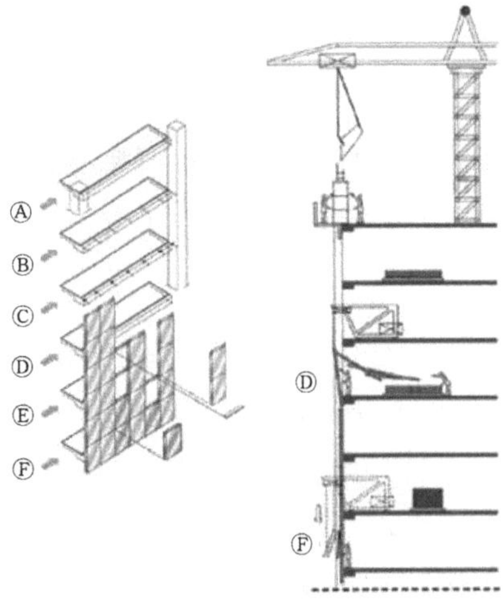

Ⓐ : 준비작업 : 자재, 도구, 가설계획
Ⓑ : 골조공차 점검하여 먹메김
Ⓒ : 브래킷 고정 후 패스너 조정
Ⓓ : 수직분할도에 따른 멀리온 고정
Ⓔ : 트랜섬 조립 후 유닛 삽입 공차조정
Ⓕ : 공장조립 grip유닛 취부(영상조정)

그림 16-14 커튼월 유닛공법

16.4.3 커튼월 부재의 설치위치의 치수 허용차

표 16-1 커튼월 부재의 설치위치의 치수 허용차

항 목	금속 커튼월	프리캐스트콘크리트 커튼월
줄눈폭의 허용차	±3	±5
줄눈 중심 사이 허용차(a, b치수)	2	3
줄눈 양측의 단차의 허용차	2	4
각층의 기준먹줄에서 각 부재까지의 거리의 허용차	±3	±5

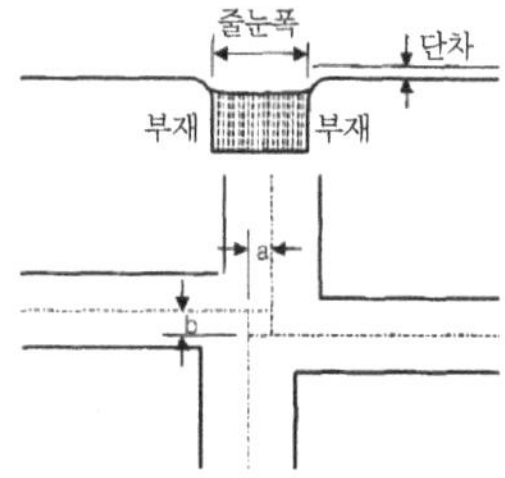

16.4.4 커튼월 검사

표 16-2 커튼월공사 항목 및 방법

검사항목	검사방법	판정기준
1. 설치기준 먹매김	철제 자 등으로 실측	커튼월 시공도면에 의함
2. 구체 설치철물의 위치	부착기준 먹매김에서 실측	커튼월 시공도면에 의함
3. 줄눈의 폭, 중심간격 및 단차	캘리퍼스 등으로 실측	커튼월 시공도면에 의함
4. 주요부재 설치위치	설치기준 먹매김에서 실측	커튼월 시공도면에 의함
5. 설치용 철물 설치상황	철제 자 또는 육안검사	커튼월 시공도면에 의함
6. 유리 설치상황	평활도, 파손 등 육안검사	공사시방서에 의함
7. 부속부품 설치상황	유격, 소음, 누수 등 육안검사	공사시방서에 의함
8. 실공사	누수, 외관 등 육안검사	공사시방서에 의함
9. 표면마감 (현장시공의 경우)	훼손, 파손 등 육안검사	공사시방서에 의함
10. 화재연소 확대 방지공사	틈새 등 육안검사	공사시방서에 의함

16.4.5 재 료

1) 패스너

커튼월은 해당 층의 실내에서 부재를 설치하는 것이 특징으로, 구조체 부착철물과 커튼월 부착철물을 서로 연결하여 설치한다. 이러한 철물을 총칭하여 패스너(fastener)라고 하며, 구조체에 직접 설치되는 1차 패스너, 1차 패스너와 커튼월 사이의 시공오차를 조절하기 위한 2차 패스너로 구분된다. 패스너의 주

그림 16-15 패스너

된 역할은 힘의 전달기능, 변형 흡수기능, 오차 흡수기능이며 접합방식은 다음과 같다.

① 슬라이드(slide)방식

커튼월 하단을 구조체에 고정시키고 상부를 슬라이드 또는 회전시키는 방식

가. 면내 변형이 어려운 PC커튼월 등에 사용한다.

나. 층간변위 발생 시 수평조인트 줄눈재가 충분한 추종성으로 파괴되지 않아야 한다.

다. 가로로 긴 패널에 적합하며, 열 신축의 흡수가 용이하다.

② 록킹(rocking)방식

커튼월의 상하단 중심부에 1점씩 핀으로 지지하고, 다른 지점은 슬라이드시키는 방식

가. 면내 변형이 어려운 PC커튼월 등에 사용한다.

나. 패널면 외에 무리한 응력이 발생하지 않고 층간변위에 대한 추종성이 우수하다.

다. 부재간 수직조인트 줄눈에 전단변위가 발생한다.

③ 고정방식(fixed)

커튼월의 상하단을 고정하여 구조체 변위에 추종시키는 방식

가. 면내 탄성변형으로 층간변위를 흡수하는 금속 커튼월 등에 사용한다.

나. 부재의 열팽창을 흡수할 수 있어야 한다.

다. 조인트 줄눈재에 무리한 변형이 생기지 않고 패스너 설치작업이 간편하다.

2) 실링재

실링재는 줄눈이나 접합부를 채워 수밀성과 기밀성을 높이고 유리 등의 부재를 고정하기 위해 사용하는 재료이다. 실링재는 부정형 실링재(일반 실링재)와 정형 실링재(개스킷)로 구분된다.

① 부정형 실링재

부정형 실링재는 카트리지에 밀봉된 채 시판되는 1성분형과 현장에서 경화제를 혼합하는 2성분형이 있다. 1성분형에는 공기 중의 수분에 의해 표면에서부터 경화하는 습기경화형, 공기중의 산소와 반응해서 표면에서부터 경화하는 산소경화형, 함유수분이 증발함으로써 표면에서부터 경화하는 건조경화형, 유성코킹처럼 표면은 공기중의 산소와 반응해서 피막을 형성하지만 내부는 경화하지 않는 비경화형 등이 있다. 2성분형은 실링재의 주성분이 경화제의 촉매에 의해 반응해서 경화하는 반응경화형이다.

② 정형 실링재

정형 실링재는 탄력성이 있는 개스킷과 탄력성이 없는 끈 모양의 실링재가 잇다. 개스킷은 유리와 새시의 접합부분이나 PC판 등의 줄눈에 압축해서 밀어 넣어 항상 압축된 상

태로 있는 개스킷의 탄력성으로 기밀성을 확보하는 재료이다. 개스킷의 형상은 사용목적에 따라 Y형, H형, O형 등이 있다.

Chapter 17 | 창호공사

17.1 개 요

창호공사는 건축물의 개구부에 창과 문을 설치하는 공사를 말하며, 채광과 환기, 통풍 기능을 하는 "창"과 출입, 채광, 환기 및 통풍기능을 주로 하는 "문"으로 대별되며 기본적으로 기밀성, 수밀성, 차음성, 단열성, 내구성, 내풍압성을 확보해야 되며, 방화문의 경우에는 관련법규에서 정하는 내화성능을 유지해야 한다.

표 17-1 기능, 재질, 성능에 의한 창호의 분류

창호의 종류		개 요
기능별 분류	출입구용 창호	주로 사람의 출입을 위해 쓰이는 개구부의 창호
	창용 창호	채광, 통풍 등을 위해 설치되며, 통상 사람의 출입에는 쓰이지 않는 개구부의 창호
	구획용 창호	성능이나 기능상 구획을 구성할 수 있는 창호
재질별 분류	목재 창호	주요부재가 목재인 창호
	강재 창호	주요부재가 강재인 창호
	알루미늄 합금제 창호	주요부재가 알루미늄 합금제인 창호
	합성수지 창호	주요부재가 합성수지인 창호
	스테인리스 창호	주요부재가 스테인리스인 창호
성능별 분류	보통 창호	특별한 성능을 부가하지 않은 창호
	방음 창호	방음성을 중요시하는 창호
	단열 창호	단열성을 중요시하는 창호
	방화 창호	건축법에 규정된 방화구획을 구성할 수 있는 창호

창호는 재료에 따라 목재 창호, 알루미늄 창호, 합성수지 창호, 철재 창호 등이 있는데, 문의 경우 목재문과 철재문이 널리 사용된다. 개폐방식에 따라 여닫이, 미세기, 미닫이, 오르내리기, 회전문 등이 널리 사용되고 있으며, 설계적인 의도에 따라 접문, 자재문, 미들창, 젖힘창, 들창 등이 사용되는 경우도 있다. 창호의 도면 표시방법은 창호의 치수와 창틀 및 창호의 종류에 따라 표현하게 되며, 창호별 기호는 창틀재료와 창호종류에 따라 기재한다. 창틀재료는 알루미늄(A), 유리(G), 플라스틱(P), 강철(S), 스테인리스(SS), 목재(W) 등이 있으며 창호의 종류로는 문(D), 창(W), 셔터(S) 등이 있다.

17.2 창호공사의 시공계획

17.2.1 시공계획

창호공사는 벽체 및 바닥 마감공사 전에 설치되는 작업으로 후속공정의 기준이 되므로 정확하게 설치하고 마무리해야 하나, 그렇지 않으면 마감공사중 창호부의 결함이 발견되어 공사비 및 공기지연에 큰 영향을 끼치는 경우가 발생한다. 그러므로 창호공사는 시공에 앞서 아래와 같은 검토사항을 포함한 세부적인 공사계획 수립이 필요하다.

1) 설계적인 측면 검토사항

① 창호 및 창호철물 제조업체의 기술수준
② 각종 창호의 시방과 요구성능
③ 방화문, 배연창으로서의 적용 여부
④ 시건장치 및 창호철물 유지관리방식

2) 시공적인 측면 검토사항

① 시공도 및 시공지침서
② 유리공사와의 관련 시공상세도
③ 전기, 설비공사와의 관련 시공상세도

3) 기능적인 측면 검토사항

① 개구부로서의 기능 : 수밀성, 기밀성, 방화성, 방풍성, 통풍성, 채광성, 차광성
② 구조적인 기능 : 차음성, 방진성, 단열성, 방범성, 방연성, 개폐성, 안전성
③ 의장적인 기능 : 의장성 등

4) 시공도 작성 시 검토사항

① 창호의 설치위치, 구조 및 성능 표기

② 각종 부품 및 부속자재의 보강방법, 접속방법

③ 문틀 앵커의 각 치수, 간격 및 설치방법

④ 유리의 종류, 두께 및 설치방법

⑤ 창틀에서의 물끊기 방법

⑥ 다른 부재와의 접합상세

⑦ 각종 철물의 종류, 개수, 설치방법

17.2.2 공정계획

창호공사의 공정은 크게 공장 제작공정과 현장 설치공정으로 대별할 수 있는데, 공정계획을 작성할 때에는 전체공정과의 관련 사항을 사전에 파악하여 전체 공사에 지장을 초래

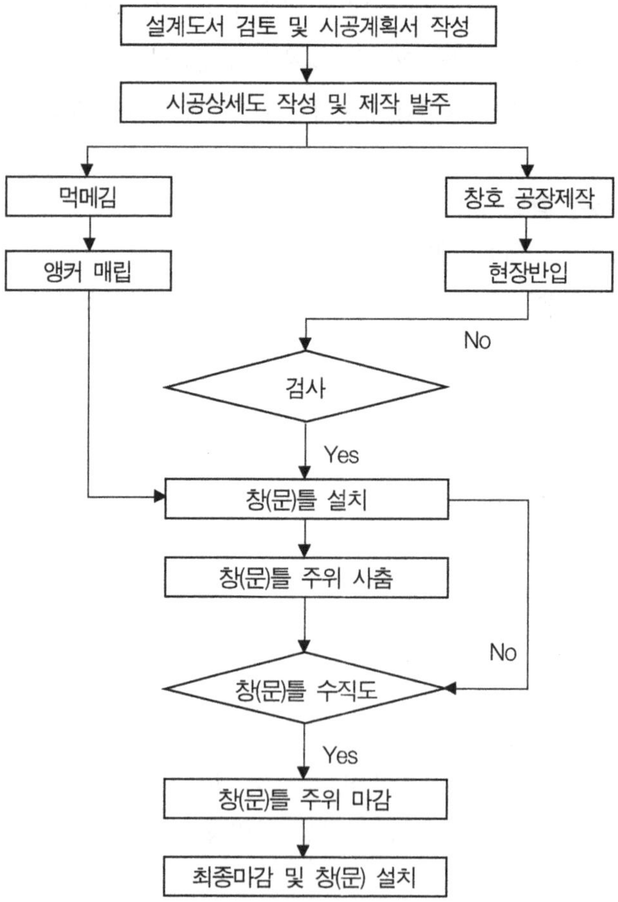

그림 17-1 창(문)틀 제작 및 설치공사 흐름도

하지 않도록 하며, 설계도서 검토 및 시공계획서 작성으로부터 최종적으로 현장 설치 종료까지의 공정에는 세부적인 내용과 과정이 검토, 반영되어야 하며 세부적인 흐름도는 그림 17-1과 같다.

17.3 목재 창호

1) 재료

목재 창호에 사용되는 목재의 품질은 KS F 3108에 적합해야 하며 재료는 제작 후 뒤틀림을 없게 하기 위하여 건조재(함수율 12~15% 이하)를 사용해야 한다. 사용되는 수종으로는 참나무, 느티나무 등의 경재와 수입재인 나왕, 티크 등이 있으며 집성목재와 단판적층재 등이 사용되기도 한다.

2) 제작

목재 창호의 제작은 보통 현장에서 실측을 토대로 창호 평면도를 참고하여 제작 공작도를 작성한 후 재료주문을 하고 소정의 치수로 자른 다음 가공에 들어간다. 목재 창호는 현장에 반입한 후 틀을 깎아서 맞춰 넣기 때문에 현장에서의 제품검사는 치수 마감상태보다는 깎아내는 것을 감안한 치수로 제작되었는지부터 먼저 확인할 필요가 있다.

창호평면도(공작도 작성) → 창문틀의 실측 → 재료주문 → 마름질 및 바심질 → 창호 조립 → 마무리

그림 17-2 창호공사의 제작순서

3) 설치

문틀의 설치방법에는 조적벽체에서와 같이 개구부의 위치에 문틀이 자리를 잡고 벽체와 같이 결합되는 먼저세우는 방법과 벽체구성 시 개구부 위치에다 문틀 크기의 가틀을 짜놓거나 개구부를 오픈시켜 놓고 벽체를 시공하는 나중세우는 방법이 있다.

목조 칸막이에 문틀을 부착하는 경우에는 내민 틀을 옆 기둥에 파 넣고, 못, 꺾쇠 등을 사용해서 문틀과 옆 기둥 또는 중인방을 긴결하고, 콘크리트벽에 부착하는 경우에는 미리 콘크리트에 매설된 나무벽돌에 앵글 모양의 고정철물을 사용해서 한다.

4) 검사

창호공사의 검사에서는 문짝, 문살의 변형 여부나 소정의 폭, 두께 확보 등 창호 설치

상태 전반에 대해 조사하고, 아울러 개폐상태 및 가동 시 이상음 발생 유무, 시건장치의 조작상태 등도 확인한다.

17.4 금속재 창호

17.4.1 강재 창호

1) 재료

강재 창호에 사용되는 강판으로는 표면처리된 용융아연도금 강판이나 스테인리스 강판이 이용되며, 형강은 일반구조용 압연강재가 이용된다. 강판의 두께는 주로 1.6mm~2.3mm(정량 창호는 0.6mm~1.6mm) 정도가 많이 쓰인다.

2) 제작

공장에서 제작하여 현장에서는 설치만 하기 때문에 공장에서의 철저한 품질관리와 현장으로의 반입시기를 준수하는 것이 무엇보다 중요하며, 공장에서는 금긋기, 절단, 절곡, 천공 등의 기계가공 및 용접상태를 면밀히 검사하여 소정의 품질을 확보할 수 있도록 유의해야 한다. 창호철물이 부착될 부분의 가공과 내부보강 역시 공장에서 이루어지므로 부재와 보강재 등의 접합과 부품조립을 정확하고 확실하게 한다.

3) 설치

강제 창호의 설치방법에는 먼저세우기와 나중세우기가 있으며, 먼저세우기는 거푸집을 조립하기 전에 매입앵커를 구조체에 설치하여 문틀을 소정의 위치에 고정한 후 거푸집을 조립하고 콘크리트를 타설하는 방법이다. 나중세우기는 창호의 치수보다 약간 크게 개구부를 확보하고 콘크리트가 굳은 다음에 창호를 정확한 위치에 설치하는 방법이다.

4) 검사

창호공사의 검사에서는 설치위치, 여닫음 상태, 틀의 대칭 치수차, 뒤틀림, 휨, 부풀음, 면 안팎의 기울기, 개폐 정도, 맞춤 정도, 매단 철물의 기능, 빗장의 각종 기능, 도어클로저 등 부속철물의 기능 및 흠집, 오염 등에 대해 검사한다.

검사가 완료된 후에는 통행이나 재료운반 시 충돌 등으로 인해 변형, 파손이 발생하지 않도록 적절하게 보양한다.

17.4.2 알루미늄 합금재 창호

1) 재료

알루미늄 합금재 창호에는 표면이 양극산화피막 또는 양극산화 도장 복합피막으로 처리된 압출형재 및 판재를 사용한다.

2) 제작

알루미늄 합금재 창호는 제작방식에 따라 다음과 같은 세 종류로 분류된다.

① 규격품(ready made) : 부재단면, 창호치수, 구조 등이 규격화되어 표준품으로서 생산된 제품이다.

② 반규격품(semi order made) : 부재는 규격화된 형재를 이용하지만 창호치수를 주문생산하는 제품이다.

③ 주문품(order made) : 부재의 단면형상 및 창호치수, 구조, 요구성능 등을 모두 주문생산하는 제품이다.

창호의 제작이 완료된 후에는 각종 검사를 통해 품질을 확인한다. 품질검사의 주요 항목으로는 치수검사, 기능검사, 외관검사, 누수검사 등이 있다.

3) 설치

건물 기준선으로부터 먹매김을 끌어내어 창호의 설치위치를 표시한다. 고임목 등을 이용하여 창호의 수평, 수직을 정확히 잡아 가설치한 다음, 콘크리트에 미리 매입해 둔 고정철물에 앵커를 용접하고 창호를 설치한다. 앵커의 간격 및 위치는 각 모서리에서 150mm 이내로 하고, 한 변의 길이가 1,200mm 이상인 경우에는 500mm 간격으로 등분하여 설치한다.

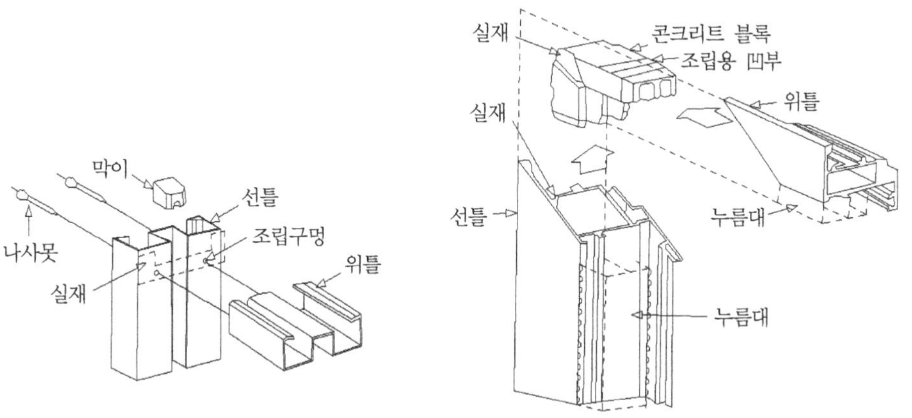

그림 17-3 알루미늄 창호 제작 상세도

창호가 고정된 후에는 창틀 주위의 고임목을 제거하고 틀의 안팎에 거푸집을 대고 모르타르로 충전한다. 충전모르타르에 방수제를 첨가할 경우에는 염화칼슘 등 금속을 부식시키는 성분은 피하고, 해사를 사용할 경우에는 NaCl로 환산하여 0.02% 이하까지 염분을 제거해야 한다.

4) 검사

창호를 가설치 및 용접하기 전에 설계도면의 창호 부호 및 위치를 확인하고 수평, 수직, 처짐, 접합부, 대각치수 등을 측정한다. 또 창호의 공정상태와 표면상태 등도 육안으로 검사한다.

용접작업이 완료되어 고임목을 제거한 후에는 앵커의 용접상태 및 녹막이 도장, 공장실링의 손상을 육안으로 검사하고, 계측을 통해 치수의 변동 유무를 확인한다.

17.4.3 합성수지 창호

1) 재료

합성수지 창호의 부재로는 안정제와 충격강화제를 첨가한 경질염화비닐수지 압출성형재가 이용된다. 창호의 각 구성부재는 표면에 흠집, 요철, 균열, 이물질 등이 없고 틀어지거나 길이방향에 대해 2mm 이상의 휨이 없어야 한다. 치수의 허용오차는 단면 바깥치수는 ±0.5mm 이내, 개스킷 삽입부 등 기능상 중요한 부분은 ±0.3mm 이내로 규정되어 있다.

2) 제작

창호부재의 접합은 정확하고 견고하게 하며 접합과정에서 플럭스(flux)가 외부에 노출되는 부위는 매끈하게 마무리해야 한다. 외부 창호레일에는 물이 고이지 않도록 창폭을 따라 배수구를 만든다. 배수구는 창폭 1.5m 이하일 경우에는 2개소 이상, 1.5m를 초과할 경우에는 3개소 이상 설치한다.

3) 설치

창호를 설치하기 전에 개구부의 위치 및 크기를 확인하여 잘못된 부분을 바로잡고, 건물 기준선으로부터 창호 설치를 위한 먹매김을 끌어내어 정확히 표시한다. 수평, 수직을 정확히 맞추어 창호를 가설치하고 위치이동이나 변형이 생기지 않도록 고임목으로 고정한다. 문(창)틀 고정용 철물을 벽면에 구부려 콘크리트못 또는 나사못으로 고정한 후에 모르타르로 고정철물을 덮어씌운다.

4) 검사

창호 설치 후에는 스테인, 페인트, 기타 화학약품 등에 의해 오염되지 않도록 하고 오염, 변색 등으로 청소가 불가능하거나 파손 등으로 원상태로 보수할 수 없을 때에는 신품으로 교체한다.

창호의 유리 끼우기가 끝나면 창짝의 개폐상태, 수평, 수직 등을 검사하여 조정이 필요한 부분은 조정 및 보완하도록 한다.

17.4.4 강재 셔터

1) 재료

셔터는 일반적으로 설치목적, 개폐방식, 구동방식, 슬랫의 재질, 형상 등에 따라 분류된다. 한국산업규격(KS)에서는 셔터를 경량셔터와 중량셔터로 분류하여 각각에 대한 품질을 규정하고 있다.

2) 제작

강제 셔터의 제작은 시공도 및 시공지침서 등에 의거하여 철저한 품질관리하에서 정확하게 가공하고, 용접 시에는 열에 의한 변색, 변형이 생기지 않도록 마무리한다. 옆홈대, 셔터 케이스, 윗홈대, 좌판, 슬랫, 감기축대에는 와이어브러시나 연마재로 바탕처리 후 녹막이 도장을 한다. 다만, 스테인리스 강판 또는 아연철판에는 녹막이 도장을 생략할 수 있다.

3) 설치

강제 셔터의 설치기준이 되는 먹매김을 건물 기준선으로부터 끌어내어 정확히 표시한다. 소형부품은 고임목 등으로, 대형 부품은 위치조정 철물 등으로 수직, 수평을 맞추면서 셔터를 설치한다. 볼트, 너트, 나사못 등을 이용하는 접합에는 용접이나 용수철 받침철물, 접착제 등을 사용하여 느슨해지지 않도록 한다.

4) 검사

셔터의 설치가 완료되면 다음 항목에 대해 검사하고, 불합격된 경우에는 수정 또는 개량을 실시한 후 재차 검사를 실시하도록 한다.

① 제품정밀도, 설치정밀도 : 내부폭, 내부높이, 옆홈대의 수직도 및 홈폭, 윗홈대의 수평및 간격, 홈대, 슬랫, 셔터 케이스의 흠집 및 오염 등

② 기능 : 전동 및 수동상태에서의 각종 기능

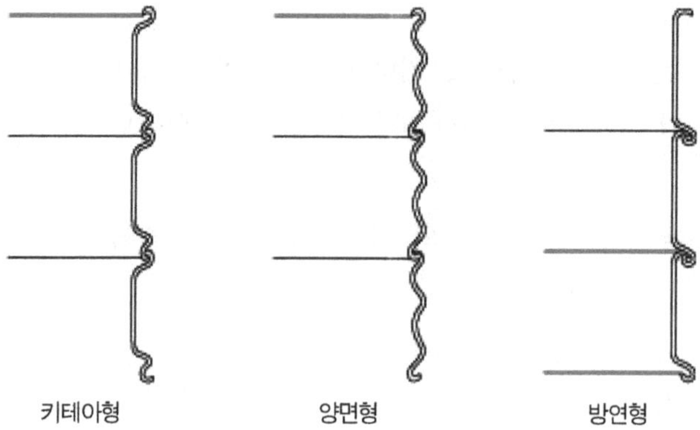

그림 17-4 강제 셔터의 슬랫형상

17.5 창호철물공사

창호철물은 여닫이용과 미닫이용으로 대별되며 그 종류는 다음과 같다.

구 분	종 류	그 림	특징 및 용도
여닫이용	보통정첩(butt hinge), 자유정첩(spring hinge)	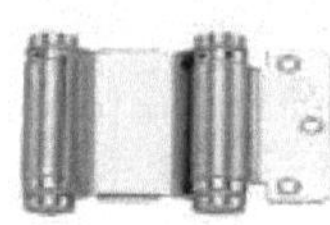	안과 밖으로 개폐할 수 있는 정첩
	레버토리 힌지 (laboratory hinge)	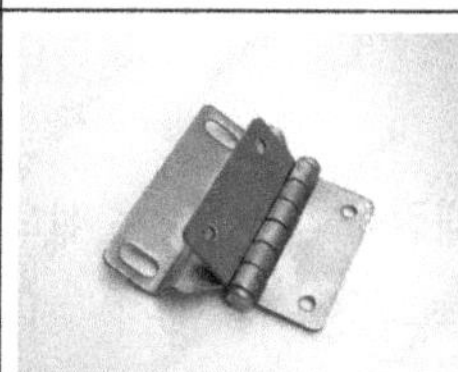	공중전화부스와 화장실부스 출입문 등에 사용. 저절로 닫히지만 안에서 잠그지 않는 경우 약간 열려 있게 된다.
	플로어 힌지 (floor hinge)		문이 자동적으로 닫히게 하는 창호철물로 주로 강화유리문 등에 적합
	피벗힌지(pivot hinge)		주로 방화문 등 중량문에 사용

구 분	종 류	그 림	특징 및 용도
여닫이용	도어클로저(door closer, door check)		출입문이 자동적으로 닫히게 하는 창호 철물. 알루미늄 도어용, 철문용, 퓨즈방화용
	레일		알루미늄 및 합성수지 창호용
	자물쇠		잠금장치
	도어락		출입문 손잡이로 사용
미닫이 · 미세기용	문바퀴		목문용으로 주로 사용
	꽂이쇠	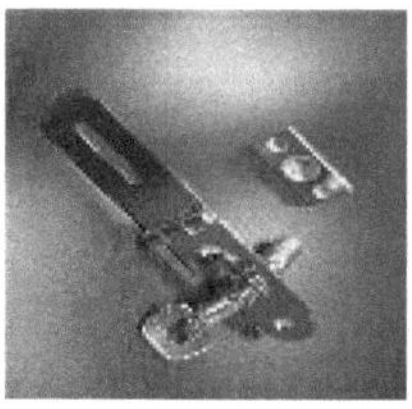	주로 쌍여닫이문의 한쪽을 고정시키기 위해 사용되는 철물
	도어행거(door hanger)	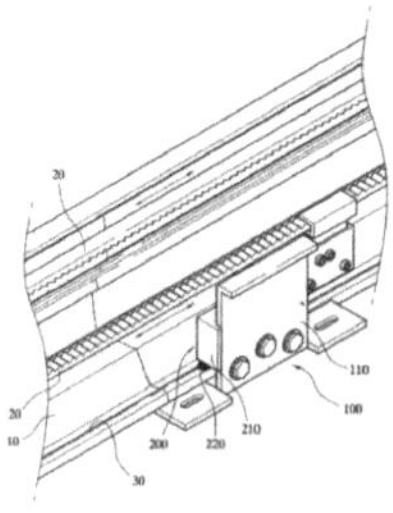	도어를 매달 때 사용

구 분	종 류	그 림	특징 및 용도
	걸쇠		방범용 보조철물(도어체인)
	크레센트(crescent)		미세기창호에 가장 흔하게 쓰이는 잠금장치
	걸쇠와 꽂이쇠	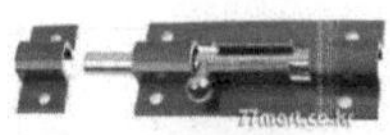	목 창호용
미닫이 · 미세기용	도어스톱(door stop, door catch)	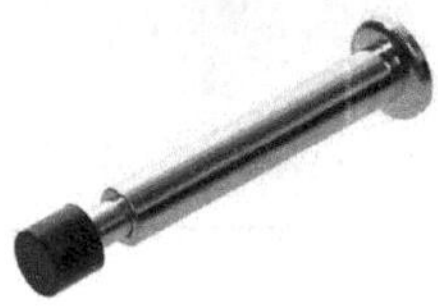	문짝이나 핸들이 벽면에 부딪히지 않도록 하는 철물
	스토퍼		문 위 개폐각도를 조절하는 철물
	순위 조절기		두 쪽 문의 닫힘 순위를 조절하여 엇갈림 없이 안전하게 닫힘

Chapter 18 | 유리공사

18.1 개 요

유리는 주로 창, 출입문 등의 개구부에 채광을 목적으로 사용해왔으나 오늘날 제조기술의 발달로 품질향상과 대형제품 및 대량생산으로 내·외장재로서 사용범위가 점점 넓어지고 있다. 유리의 주성분은 규산(SiO_2 : 71～73%), 소다(Na_2O : 14～16%), 석회(CaO : 81～85%)로 구성되어 있으며, 일반적으로 유리의 비중은 2.2～6.3이나 보통 판유리의 비중은 2.5 내외이고 창유리의 휨강도는 500～1,000kg/cm^2이며 탄성계수는 7×10^5kg/cm^2이다. 유리는 투명도, 내구성, 가공성 등이 우수한 반면 열효율성 및 차음성 저하와 누수결로 등의 문제가 발생하고 있다. 따라서 이에 대하여 자재 및 공법 선정에서 기술적인 검증과 확인이 무엇보다도 중요하다.

18.1.1 유리의 요구성능

유리는 판유리에서 가공유리, 특수유리 등 그 수가 한정이 없으나 최근에 나오는 이러한 유리들은 요구성능에 따라 대체로 이미지를 표현한 제품으로 요약할 수 있다.

1) 강도

풍압력에 대한 파괴시험에서는 평균 파괴하중의 약 40% 정도를 허용하중으로 본다.

2) 내풍압성

유리는 태풍 등의 강풍에 의해 발생하는 풍압력에 파괴되지 않도록 충분한 강도를 지닌 유리를 선택해야 한다.

3) 유리 설치부위의 차수성, 배수성

4) 내충격성

인체에 의해 가해지는 충격에 대한 유리의 내충격성은 '유리에 금이 가지 않는 것'과 '유리에 금이 가도 중대한 손상이 생기지 않는 것'으로 등급을 구분한다.

5) 방화 및 내화성

갑종방화문은 60분, 을종방화문은 20분의 가열에 견딜 수 있어야 한다.

6) 투과율 및 열관류율

유리의 가시광선 투과율은 성분에 따라 다르지만, 일반적으로 맑은 판유리는 89.5~91.5% 정도, 열선흡수유리는 66.0~81.0% 정도이다.

7) 열 깨짐 방지성

지진이나 풍하중, 열팽창 등의 영향으로 새시와 유리의 접합부에서는 응력이 발생한다. 이러한 응력에 의한 유리의 깨짐을 방지하기 위한 완충재 및 실링재의 여유간격이 필요하다.

8) 차음성, 단열성, 일시 차폐성

18.2 유리공사의 계획

18.2.1 시공계획서 작성 · 검토 및 발주

설계도서와 현장의 여러 여건들을 검토한 후에 창호의 규격과 유리종류 및 두께 등 기입한 유리 일람표를 작성한다. 유리는 공장에서 필요한 크기로 가공되어 반입되므로 유리를 시공하기 전에 견본품을 제출받아 견본 시공 후 문제가 없는지와 공장에서의 제작과정을 확인하고 유리의 규격이 허용오차 내에 있는지 정확히 검사한다. 시공계획서에는 건물별, 층별, 운반 반입에 대한 일정계획과 대형 판유리 등의 시공법에 따른 구조계산서, 안전관리계획서, 양중계획서, 운반·설치 시 품질관리계획서 등이 기술되어야 한다. 또한 강화유리, 복층유리, 접합유리 등은 제작하는 데 시일이 걸리기 때문에 계획적으로 주문해야 한다.

18.2.2 운반·반입 및 저장관리

유리의 운반은 크기, 무게, 현장상황 및 운반거리 등에 따라 적정한 운송방법을 선정한다. 현장반입 유리는 이전에 미리 견본품을 받아 이상이 없는지를 검사하고 실링재, 개스킷 등의 부속자재는 자재반입 시 제조업자로부터 성능시험 결과도 함께 받아두도록 한다. 유리는 습기가 없는 건조한 장소로 옮겨 그대로 보관하고, 나무상자나 파렛트가 없을 경우에 즉시 사용하지 않을 유리는 비닐이나 방수포로 덮고 상자 내의 열 집적 방지를 위해 상자 사이의 공기순환이 잘되게 한다. 특히 복층유리는 20매 이상 겹쳐 보관하지 않도록 하고 각각의 유리 사이에 완충재를 끼워서 보관한다. 유리는 벽·바닥에 고무판 등을 대고 유리 사이에 종이를 끼운 후 세워서 보관한다.

18.2.3 유리 시공

유리는 충격에 약하기 때문에 운반·설치 시에 단부의 흠집과 손상 방지를 위하여 보호조치를 해야 하며, 유리 이동 시에는 압착기를 사용하고 지렛대로 들어 올리거나 옮기지 않도록 한다. 시공 도중에 주변 하중에 의해 프레임이 변형되지 않도록 하고 세팅블록이나 측면블록 등의 위치가 바뀌지 않도록 주의한다. 백업재는 줄눈폭에 비해 약간 큰 것을 사용하고 뒤틀리지 않도록 주의한다.

실링재의 충전은 가능한 한 짧은 시간에 이루어지도록 하고 충전 후에 넘친 실링재는 작업용 칼을 사용하여 제거한 후 자국을 깨끗이 지운다. 실링작업이 끝나면 즉시 마스킹 테이프를 제거한다. 그리고 현장작업 중에 생기는 부스러기, 먼지, 쓰레기, 코팅재 같은 것에 의해 배수, 환기구멍이 막히지 않도록 주의한다.

18.2.4 보양 및 청소

도료, 모르타르, 플라스터 등이 유리나 새시에 묻어 경화되면 흠이나 부식 등이 생길 수 있다. 설치된 유리는 비닐로 덮어 오염되지 않도록 보호하고 이물질이 묻어 있으면 즉시 깨끗한 물이나 적당한 용제로 닦아낸다. 유리시공 후 용접불똥, 시공 중 부속자재, 실링용 프라이머 등의 오염에 주의하도록 해야 한다. 유리 끼우기가 끝난 개소에는 안전을 위해 경고용 테이프, 천, 종이 등을 새시에 부착하여 이를 표시하고 유리에는 직접 표시하거나 부착하지 않도록 한다.

유리시공이 완료되면 남은 유리는 반출하고 보양재는 제거하며 유리면은 깨끗이 닦아내고 정리정돈을 철저하게 한다.

18.3 유리의 가공

18.3.1 판유리 1차 제품의 제법

원료를 녹여서 성형하는 판유리의 제조공정에서 용융유리를 판상으로 성형하는 제판공정에 따라 제법이나 제품이 분류된다.

1) 기계인상법

최초로 실용화된 연속생산방식으로서, 용융유리를 제판기에서 수직 또는 수평으로 끌어당겨 판유리를 제조한다. 플로트법에 비해 외관의 품질이나 생산성이 낮아 최근에는 거의 사용되지 않는다.

2) 롤링법

롤링법에는 단일롤링법과 이중롤링법이 있다. 단일롤링법은 용융유리를 판반 위에 흘려보내고, 그 위에서 롤러를 회전시켜 필요한 두께의 판유리를 제조한다. 이 중 롤링법은 서로 평행 · 수평인 두 개의 롤러를 반대방향으로 회전시키고 롤러 사이에 용융유리를 흘려보내서 롤러의 간격과 같은 두께의 판유리를 제조한다.

3) 플로트법

금속욕조(tin bath)라고 하는 가마에 용융된 주석을 일정한 깊이로 채우고, 그 위로 용해로에서 끄집어낸 액체상태의 유리를 수평으로 흘려보내는 방식이다. 유리의 양면이 완전히 평행 · 평활하며 두께도 일정하게 된다.

18.3.2 판유리 2차 제품의 가공

판유리의 가공은 용도와 목적에 따라 사용 편의를 위한 가공과 기능 부가를 위한 가공의 형태로 분류할 수 있다.

1) 사용 편의를 위한 가공

① 유리의 절단

유리를 절단할 때에는 다이아몬드 칼이나 초경합금 휠 커터를 이용하여 유리 표면에 길게 v자형 홈을 만든 후 균등한 힘을 유리에 가해 쪼개면 절단된다. 그 외에 고속 회전하는 다이아몬드 소(saw)에 의한 방법이나 노즐을 통해 연마재를 함유한 제트수를 분사시키는 워터제트법, 레이저를 이용한 절단법 등도 있다.

② 천공

유리에 구멍을 뚫을 때에는 초경드릴이나 코어드릴 등을 사용하지만, 큰 구멍에는 워터 제트도 이용된다.

③ 모서리 연마

유리의 측면을 노출할 경우에는 모서리를 다이아몬드 휠이나 숫돌, 연마벨트 등을 이용해서 다양한 형태로 연마가공한다.

2) 기능 부가를 위한 가공

① 강화가공

유리의 실용강도를 높이기 위한 가공법으로 열강화법과 화학강화법이 개발되어 있다. 건축용으로는 열강화유리가 이용되며, 사용치수로 절단한 유리를 모서리 가공한 후 강화로에 넣어 연화온도에 가까운 약 650℃ 정도까지 가열한 다음, 양면에 공기를 균등하게 분사하여 급랭시키는 가공법이다.

② 접합가공

판유리의 접합가공은 2매 또는 그 이상의 유리 사이에 투명하고 접착력이 강한 중간막인 PVB(폴리비닐부티랄)라고 하는 합성수지가 사용되지만 용도나 복합재에 따라 EVA(에틸렌초산비닐 공중합체), 염화비닐, 우레탄, 액체 아크릴수지 등을 끼운 후 유압이나 공기압의 오토클레이브(압력가마)에 넣어 120~130℃, 약 15kg/cm^{2}로 가열 압착하는 공정을 거치는 가공법이다. 또한 외력 등에 의해 파손되어도 파편의 대부분이 비산되지 않기 때문에 안전성이 높고, 중간막에는 착색된 것이나 자외선 차단기능, 방음성이 뛰어난 것이 있다.

③ 복층가공

복층유리는 통상 2매의 판유리를 스페이서(간봉)로 일정한 간격을 유지하여 그 주위를 봉착재로 밀봉하고 스페이서에 봉입한 건조제로 내부공기를 건조상태로 만드는 가공법으로, 유리 사이의 큰 공기층(6mm, 12mm)이 단열효과 및 결로 방지 등의 역할을 하므로 실내에 쾌적성을 높일 수 있다.

④ 표면가공

가. 박막가공 : 유리의 반사율을 높이기 위한 표면 가공법

나. 도장가공 : 유리는 투명한 유리를 불투명한 도료를 코팅하여 벽의 마감재로 이용하기 위한 가공법

다. 표면요철가공 : 표면요철가공에는 금강사를 뿜어서 양각을 새기는 샌드블라스트 가공과 플루오르화수소산을 뿌려 약품처리하는 프로스트 가공(frost treatment method)법이 있다. 이러한 가공을 에칭글라스라 한다.

⑤ **곡면(성형)가공**

곡면 유리는 약 520~650℃로 균일하게 가열하여 성형한 후에 서냉시켜 만든 곡면 보통유리와 급랭시켜 만든 곡면 강화유리가 있다.

18.4 판유리공사

판유리는 용도가 광범위하여 형상과 종류가 다양하며, 가시광선의 투과율이 크고 자외선 영역을 강하게 흡수하는 성질이 있어 창문 등의 채광투시용으로 널리 사용되고 있다. 건축용 판유리는 대부분 소다석회유리($Na_2O-CaO-SiO_2$)에 해당되고 1, 2차 제품 가공에 따라 제품으로 생산되어 여러 용도로 사용되고 있다. 판유리 종류는 표 18-1과 같다.

표 18-1 판유리의 종류, 용도, 특성

<table>
<tr><th colspan="2">종 류</th><th>용 도</th><th>특 성</th></tr>
<tr><td colspan="2">보통 판유리(steel glass, flat glass)</td><td>창, 문짝</td><td>박판유리와 후판유리</td></tr>
<tr><td colspan="2">무늬유리(embossed glass)</td><td>실내투시 방지 및 칸막이</td><td>유리 음양, 각 반투명 유리</td></tr>
<tr><td colspan="2">마판유리(polished plate glass)</td><td>쇼윈도, 외부 창</td><td>후판유리, 연마가공한 연마판 유리</td></tr>
<tr><td rowspan="3">안전유리</td><td>망입유리(wire glass)</td><td>엘리베이터, 위험물 취급소</td><td>금속망형은 사각, 육각, 팔각</td></tr>
<tr><td>접합유리</td><td>방탄용, 고층</td><td>2매 이상 판유리에 투명한 합성수지 접착시킨 유리</td></tr>
<tr><td>강화유리
(tempered glass)</td><td>창, 출입문,
자동차등</td><td>약 600℃까지 가열급랭한 안전유리</td></tr>
<tr><td colspan="2">복층유리(pair glass)</td><td>단열, 방음, 결로 방지</td><td>2,3매 유리 사이에 건조 공기층이 삽입된 겹유리</td></tr>
<tr><td colspan="2">색유리(color glass)</td><td>창, 로비, 차양</td><td>판유리에 착색제를 넣어 만든 유리</td></tr>
<tr><td colspan="2">스팬드럴유리(spandrel glass)</td><td>채 광</td><td>세라믹도료 코팅 후 강화한 유리</td></tr>
<tr><td colspan="2">스테인드글라스(stained glass)</td><td>장 식</td><td>색칠 유리 그림의 착색유리</td></tr>
<tr><td colspan="2">매직 유리(magic glass)</td><td>방 범</td><td>반사성 금속피막 형성 유리</td></tr>
<tr><td colspan="2">반사유리(reflective glass)</td><td>차 폐</td><td>플로트유리를 고진공 상태에서 표면코팅한 유리</td></tr>
<tr><td colspan="2">에칭유리(etching glass)</td><td>장 식</td><td>유리면에 그림, 무늬모양, 문자 등을 화학적으로 새긴 조각유리</td></tr>
<tr><td colspan="2">자외선 투과 및 흡수유리</td><td>의류진열창, 식품·약품 창고</td><td>자외선을 50% 이상 90% 내외를 투과시킨 유리</td></tr>
<tr><td colspan="2">거 울</td><td>장 식</td><td>금, 은, 백금 등을 가열, 부착, 착색한 유리, 같은 유리</td></tr>
</table>

표 18-1 판유리의 종류, 용도, 특성 (계속)

종 류	용 도	특 성
곡면유리(bending glass)	천창, 연결통로, 출입구	판유리를 열처리하여 곡면으로 가공한 유리
유리블록(glass block)	단열성, 방음성	고열로 용착시켜 건조공기를 주입한 중공유리, 블록유리
유리 타일(glass tile)	내·외부 장식용	색유리를 작은 조각으로 잘라 타일형으로 만든 유리
프리즘 유리	채광용	지하실, 지붕 등에 사용하는 유리

18.4.1 판유리 설치공법

1) 부정형 실링재 고정법

금속, 플라스틱, 나무 등의 U자형 홈 또는 누름대 고정용 홈에 유리를 끼우는 경우에 탄성실링재로 고정하는 고정법과 퍼티를 사용하는 고정법이 있다. 세팅블록이나 라이너(liner)로 유리를 고정한 후, 유리의 양측에 전용도구(실리콘 건)로 실링재를 길게 짜서 고정한다. 실링재로는 실리콘계나 폴리설파이드계가 주로 사용된다.

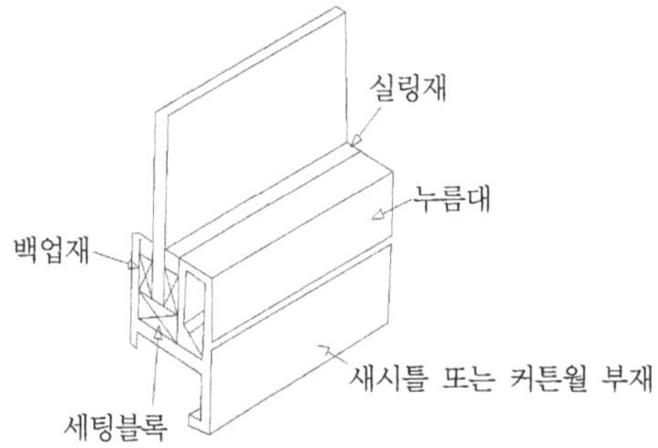

그림 18-1 부정형 실링재공법

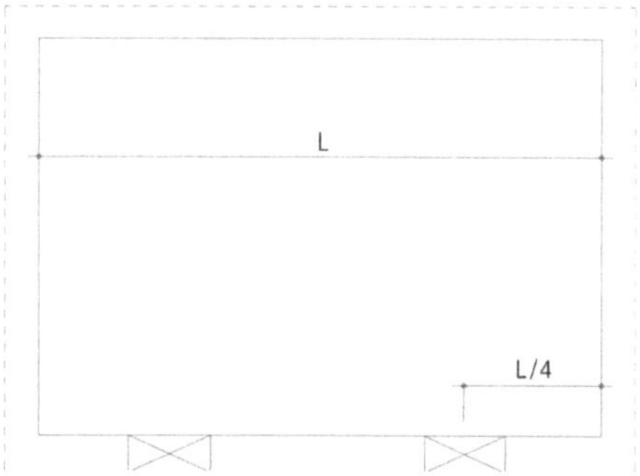

그림 18-2 세팅블록 위치

2) 정형 실링재 고정법

① 글레이징 개스킷 고정법

주로 알루미늄 창호의 유리 끼우기에 사용되는 방법으로서, 경제적이고 시공성이 좋으나 수밀성과 기밀성은 떨어진다. 글레이징 채널 고정법과 글레이징 비드 고정법이 있다.

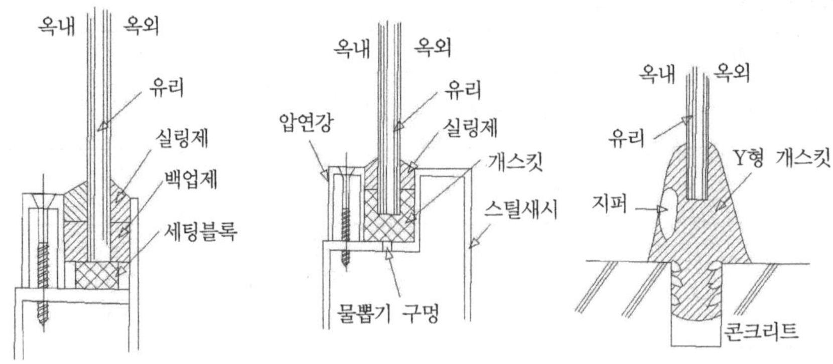

그림 18-3 실링재 고정법

표 18-2 글레이징 개스킷 고정법

구분 / 고정법	글레이징 채널 고정법	글레이징 비드 고정법	
		후부착 비드	선부착 · 후부착 비드
개 요	금속 · 플라스틱의 U자형 홈에 U자형 개스킷 넣고 유리 삽입	유리 양측에서 끈으로 된 J자형 개스킷을 사용해서 유리 삽입	
형 상			
마무리		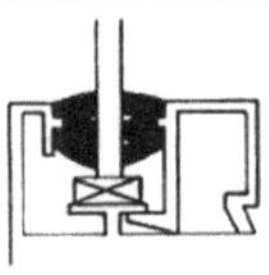	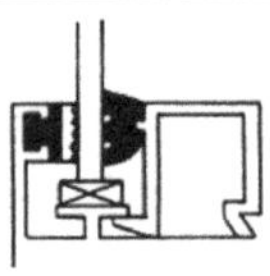

② 구조 개스킷 고정법

클로로프렌고무를 필요한 형상으로 사출하여 만든 개스킷으로 유리를 고정하는 방법이다. 고정창에 주로 사용되며, Y자형 개스킷 고정법과 H형 개스킷 고정법이 있다.

표 18-3 구조 개스킷 고정법

	Y자형 개스킷 고정법		H형 개스킷 고정법	
개요 및 형상	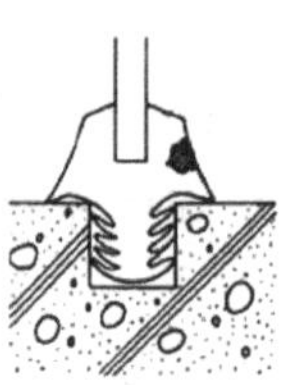	콘크리트 · 석재 등의 U자형 홈에 Y자형 구조 개스킷을 사용하여 유리 삽입	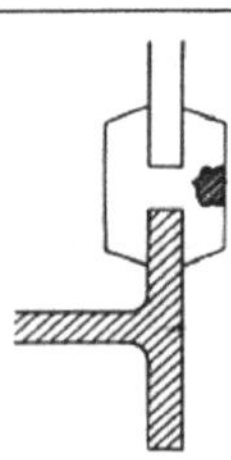	금속프레임 등에 H형 개스킷을 사용하여 유리 삽입

③ 서스펜션공법

대형 판유리를 사용하여 유리만으로 벽면을 구성하는 방법이다. 유리의 접합에는 실리콘계 실링재를 사용한다. 유리의 자중에 의해 완전한 평면이 되므로 화학적 성능에 손상이 없고 유리 내부에 응력이 생기지 않으므로 투시영상 등의 광학적 기능이 향상된다. 개방감 있는 연속된 큰 개구부의 시공이 가능하다.

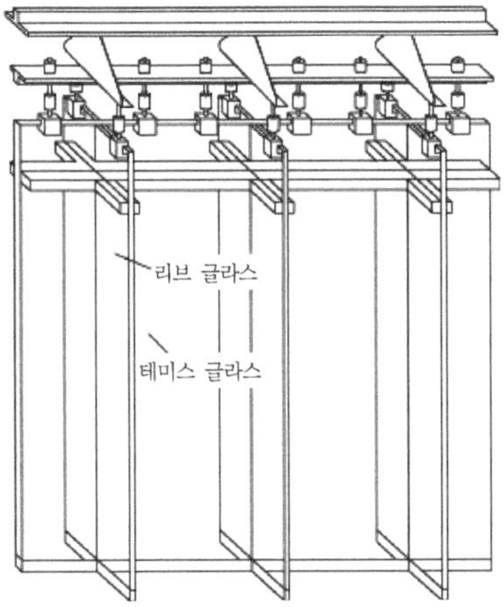

그림 18-4 서스펜션공법

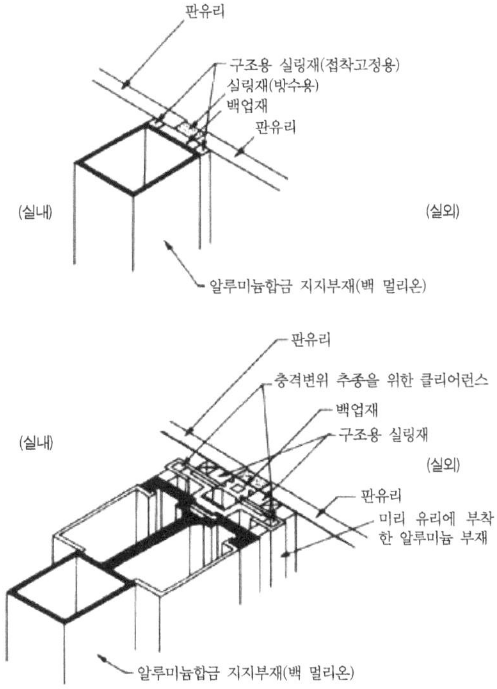

그림 18-5 SSG공법의 개념도

④ SSG공법

구조용 실링재로 유리판을 지지하는 공법이다. 유리판 사이의 접합부 프레임을 유리 뒤쪽에 위치시켜 유리를 접착 지지하도록 한다. 실링재로 잡아주는 변의 수에 따라 1변~4변 SSG공법으로 구분된다. 열선반사유리를 사용하여 아름다운 외관을 연출할 수 있고, 구조용 실링재를 적외선으로부터 보호해주므로 유리의 접착성과 내구성이 증대된다. 유리공사, 실링공사, 새시공사의 세 분야로 나누어지므로 업종간의 긴밀한 협력이 요구되며 외벽의 평활도가 중요한 영향을 미친다.

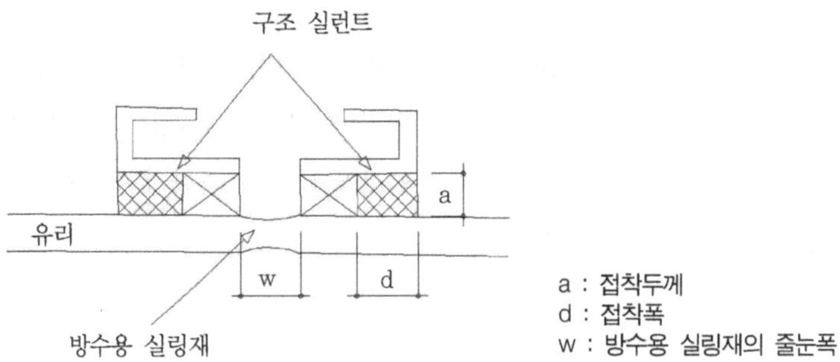

그림 18-6 SSG구조 실런트 줄눈 단면의 예

⑤ DPG공법

유리에 구멍을 뚫어 가공을 한 후 볼트를 삽입하여 유리를 고정하는 방법으로, 점지지 공법이라고도 한다. 유리를 지지하기 위한 새시나 프레임을 별도로 설치할 필요가 없으며, 실링재 등의 접착력에 의존하지 않고도 유리의 투명성을 살릴 수 있어 다양한 디자인의 연출이 가능하다. 유리에 뚫린 구멍의 모양을 접시형으로 가공하면 유리 표면을 완전한 평면으로 구성할 수 있다.

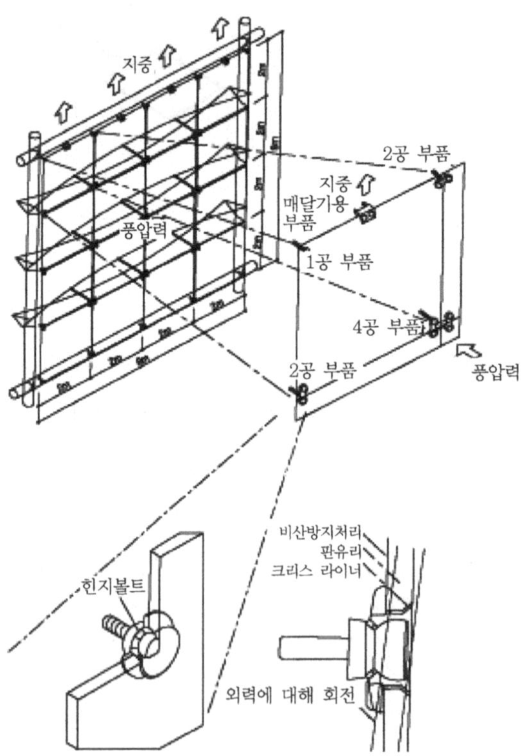

그림 18-7 DPG공법의 개념도

18.5 덱(deck glass)유리공사

덱유리공사는 채광성 및 투시성과 외관효과를 위해 적용되는 유리공사이며 보통 지하실, 보도바닥, 천장 등의 채광에 사용되는 각형 또는 원형 유리블록이다. 설치는 덱 유리를 먼저 슬래브 거푸집 위에 고정한 뒤 슬래브에 콘크리트를 타설해 가는 공법과 철제 격자 틀을 슬래브콘크리트 타설 후에 설치하고 그 다음에 격자 틀에 덱 유리를 끼워 가는 공법이 있다. 선시공 시에는 격자 틀에 콘크리트를 밀실하게 시공하고, 후시공 시에는 쐐기로 격자 틀을 고정시켜 시공하며 시공중 파손에 주의해야 한다. 덱유리공사의 이 모든 공정에서 주의해야 할 사항은 방수처리와 보양·양생을 충분히 하는 것이다.

덱유리는 광선 통과율이 좋고(70~80%), 차음성이 좋으며(40dB 이상), 채광성과 투시성이 우수하므로 외부 디자인 요소로서 활용도가 높아지고 있다.

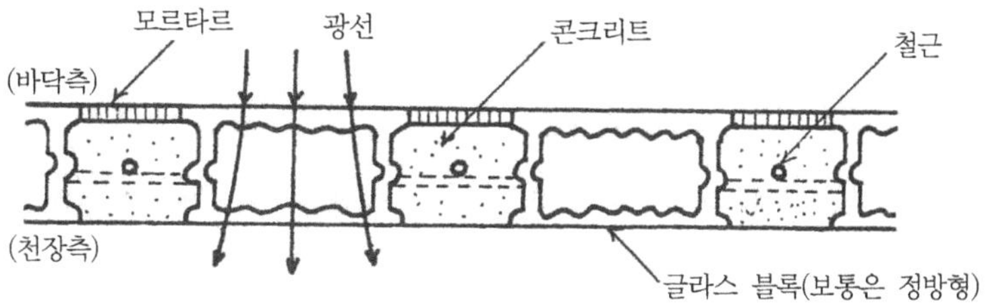

그림 18-8 덱유리 시공도

표 18-4 유리검사

종 류	검 사 항 목
판유리	치수, 형상, 겉모양, 산란, 만곡
강화유리	충격, 파편 방지, 숏백, 내충격성, 투영도
무늬유리	길이, 너비, 만곡, 형상
복층유리	단열성, 이슬점, 내구성, 내후성
망유리	망 노출, 이물 및 잔금, 결함, 만곡 및 방화
접합유리	내광성, 내열성, 내충격성, 내관통성
열선판유리	가시광선 투과성, 태양반사 투과성
스팬드럴유리	팽창 인장응력, 내산성

Chapter 19 | 도장공사

19.1 개 요

건축물의 표면에 부착·고화하여 소기 성능을 갖는 막이 되는 물질을 도료라 한다. 이 도료를 사용하여 도막을 구성하는 일련의 공정을 도장이라 하며 도장공사는 도장을 할 부분(피도장물)을 통하여 부식이나 노화, 오염으로부터 보호하고 색채 및 장식 등을 통하여 건축물의 내부환경을 쾌적하게 하는 데 목적이 있다.

도장을 실시하기 위해서는 도료의 종류, 도장의 공정, 도장방법, 건조방법을 결정해야 하는데 이것을 종합적으로 결정하는 것을 도장의 계획이라고 한다.

19.1.1 도장공사계획

도장공사계획 시 고려할 사항은 다음과 같다.

① 도장하고자 하는 물체의 사용목적, 표면의 재료, 도장 시의 기후적 조건, 경제성 등을 고려하여 결정한다.

② 적합한 도장방법과 건조방법을 결정한다.

③ 피도장물의 형상, 크기, 수량, 공기 등을 고려한 뒤에 합리적, 효과적인 도장을 결정한다.

19.1.2 도장공사 시 주의사항

① 자재 선정 시 도료의 물성을 정확히 파악하여 도료의 조합에 따른 물성 변화에 의한 하자를 예방해야 한다.

② 재도장 및 일부분 도장(touch up)시 이색감이나 이질감이 나타나는지 샘플링 시공을 해야 한다.

③ 직사광선이나 경관조명 등의 직접 광원에 접하는 구간의 도장은 모재의 평활도에 따라 이색감이 나타나므로 특히 주의해야 한다. 또한, 메탈릭계 컬러의 도장일 경우도 주위 광원에 따라 이색감이 나타나므로 모재의 평활도 확보에 주의해야 한다.

④ 커튼월 주변의 기둥 및 커튼 박스 등 유리를 설치 후 도장이 불가능한 구간은 미리 검토하여 선도장을 해야 한다.

⑤ 눈 · 비가 내릴 때와 바람이 강하게 부는 날은 작업하지 않는다.

⑥ 기온이 5℃ 미만이거나 상대습도가 85%를 초과할 때는 작업하지 않는다.

⑦ 도료의 바름두께는 얇게 여러 번 칠하고 급격한 건조를 피한다.

⑧ 도료를 칠하는 횟수(초벌, 재벌, 정벌)를 구분하기 위해 색을 바꾸는 것이 좋다.

19.2 도장재료의 구성 및 종류

19.2.1 도료의 구성

도료는 크게 분체도료와 액체도료로 구성되며 그림 19-1과 같다.

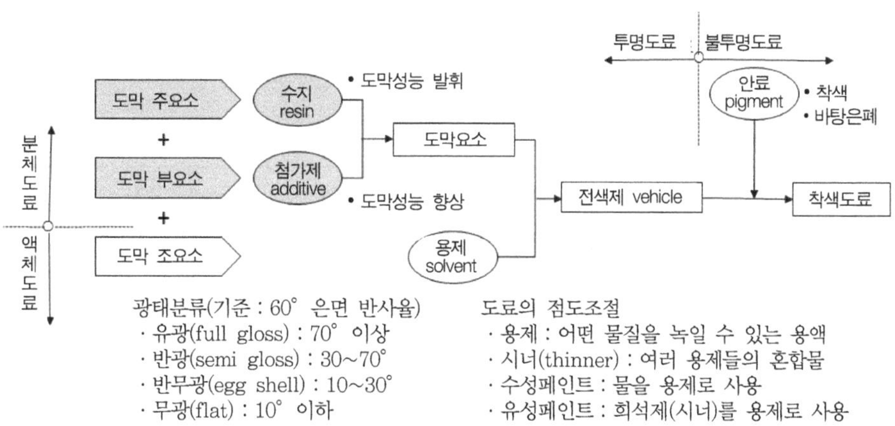

그림 19-1 도료의 구성

19.2.2 도료의 종류

도료는 크게 투명도료, 불투명 도료로 구분할 수 있으며 도료의 종류는 그림 19-2와 같다.

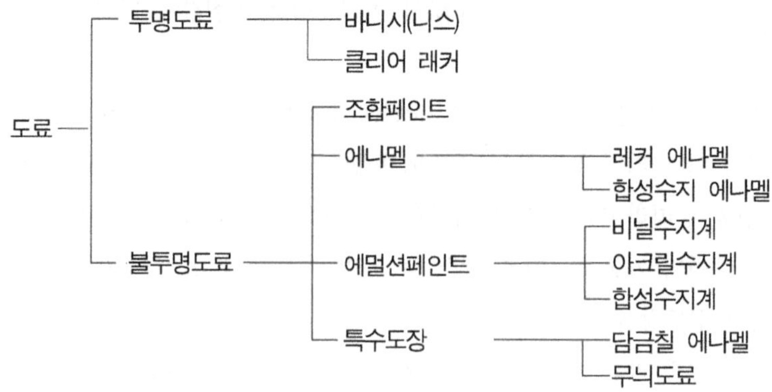

그림 19-2 도료의 종류

19.2.3 도료의 특성

도료의 종류별 특성은 다음 표와 같다.

표 19-1 도료의 종류별 특성

종 류		도 료 성 분	특 징
유성페인트		안료+건성유+건조제+희석제	· 대표적인 칠로 건물 내외에 널리 사용된다. · 두꺼운 도막을 만들 수 있으나 내후, 내약품성, 변색성 등의 도막성질이 나쁘다.
수성페인트		안료+물+교착제 (교착제 : 카세인, 아교)	· 취급이 간단하고 건조가 빠르나 광택이 없다. · 내수성, 내구성에서 가장 떨어지고 건물 외부 등 물에 접하는 곳에 부적당하다.
에나멜페인트		안료+유성니스	· 전색제로 유성 바니시나 중합유에 안료를 섞어서 만든 유색 불투명한 도료이다. · 유성 니스와 흡사한 성질을 가진다.
바니시	유성	수지+건성유+건조제	· 건조가 대단히 느리고 투명피막이므로 목부칠용으로 사용된다.
	휘발성	수지+휘발성 용제	· 래크(lake) : 천연수지 주체 · 래커(lacquer) : 합성수지 주체
래커	클리어	수지+휘발성 용제+초화면	· 건조가 빠르므로 뿜칠시공을 한다. · 도막이 얇고 견고하다. · 내구성, 내향성이 우수하고 고가이다.
	에나멜	투명래커+안료	
합성수지 도료		합성수지+용제	· 건조가 빠르고 도막이 견고하다. · 내산·내알칼리, 투광성이 뛰어나다.

19.3 도장 바탕처리

바탕처리의 역할은 도장 시방의 조기결함을 유발시킬 수 있는 이물질을 소재로부터 제거하는 것이며, 도장되는 도료가 소재에 양호하게 부착될 수 있도록 소재를 깨끗하게 처리하는 것이다. 건축에서는 일반적으로 기계적 바탕처리 방법을 주로 적용하며, 도장공사의 품질을 좌우하는 가장 중요한 요소가 바탕처리이다.

도장공사를 하기에 앞서 도료가 잘 부착하게 하기 위해 또는 바탕면의 더럽힘을 방지하기 위하여, 재료에 따라 다음과 같은 적절한 바탕처리방법을 먼저 결정하여 바탕 만들기를 해야 한다.

19.3.1 콘크리트 부 및 모르타르부 바탕 만들기

콘크리트 및 모르타르부의 바탕 만들기 순서는 다음 표와 같다.

표 19-2 콘크리트 및 모르타르부 바탕 만들기 순서

① 바탕 건조	· 콘크리트 면이 최소 28일 이상 양생되도록 한다.
② 오염, 부착물 제거	· 바탕을 소상하지 않도록 주의한다.
③ 균열 보수(구멍땜)	· 바탕의 균열, 구멍 등의 주위는 물축임을 한 다음 석고 퍼티로 땜질을 한다.
④ 연마지 갈기	· #80~#120 연마지로 평면을 평활하게 닦는다.

19.3.2 철재부 바탕 만들기

철재부의 종류별 바탕 만들기 순서는 다음 표와 같다.

표 19-3 철재부의 바탕 만들기 순서

인산염 처리	① 오염부착물 제거	· 덜땜, 부착물을 스크레이퍼(scraper), 와이어브러시(wire brush)로 제거
	② 유류 제거	· 휘발류 닦기, 비눗물 씻기 또는 약한 알칼리성액 가열처리, 더운물 씻기, 물 씻기
	③ 녹떨이	· 겨지녹(여러 겹으로 쌓인 녹)·녹슬음은 산 담그기, 더운물 씻기 또는 샌드블라스트(sand blast)로 제거
	④ 화학처리	· 인산염 용액에 담그기 처리 후 더운물 씻기, 건조(크롬산에 다시 담가 처리)
	⑤ 피막의 마무리	· 스틸울(steel wool), 연마지, 천 등으로 가볍게 연마
금속 바탕처리용 프라이머칠	① 오염부착물 제거	· 오염, 부착물을 스크레이퍼(scraper), 와이어브러시(wire brush)로 제거
	② 유류 제거	· 휘발류 닦기, 비눗물 씻기 또는 약한 알칼리성액 가열처리, 더운물 씻기, 물 씻기
	③ 녹 방지 도장	· 1회 붓칠(워시 프라이머)

보 통	① 오염부착물 제거	· 오염, 부착물을 스크레이퍼(scraper), 와이어브러시(wire brush)로 제거
	② 유류 제거	· 휘발유 닦기
	③ 녹 제거	· 손연마 : 스크레이퍼, 와이어브러시, 연마지 등으로 녹떨기 · 기계연마 : 그라인딩 휠, 회전식 와이어브러시 등 동력공구 사용

19.3.3 목재부 바탕 만들기

목재부의 바탕 만들기 순서는 다음 표와 같다.

표 19-4 목재부 바탕 만들기 순서

① 오염, 부착물 제거	· 칠하기 전에 완전 건조하고 대패자국이 없이 평활하게 한다. · 바탕면에 붙어있는 부착물을 제거하고 기름이 묻은 것은 휘발유, 시너 등으로 닦아 낸다.
② 송진처리	· 송진이 나올 부분은 달군 인두로 지져 뽑아내 다음 옹이 주위에서 휘발유로 닦아낸다.
③ 연마지 닦기	· 대패자국, 엇거스름 등을 연마지로 닦는다.
④ 옹이땜(송진막이)	· 셀락(shellac)니스로 1시간 간격으로 2회 정도 칠하여 송진막이를 한다.
⑤ 구멍땜(퍼티막이)	· 갈라진 구멍, 홈 등은 퍼티로 땜질하고 가볍게 사포로 다듬는다.

19.4 도장 시공방법

19.4.1 도장공법별 시공

1) 붓(brush painting)도장

붓도장은 가장 널리 쓰이지만 초기건조가 빠른 래커 등에는 부적당하다. 시공방법은 초벌, 흠 바로잡기, 마무리의 세 공정으로 나누어 행한다. 초벌은 처음에 붓에 충분히 도료를 묻혀서 손이 닿는 범위에 여러 차례 골고루 도료를 배분하여 칠하는 것이다. 흠 바로잡기는 초벌한 뒤에 도료를 세로·가로로 세게 문질러서 칠하기를 넓히는 공정이고, 마무리는 최후에 붓을 가볍게 한쪽 방향으로만 사용하여 붓 자국이나 도료의 엉겨 붙은 부분을 고르면서 평평하게 마감하는 것이다.

붓도장은 모임, 흘림, 거품이 생기지 않도록 시공한다.

2) 롤러(roller painting)도장

롤러는 스펀지 또는 털이 깊은 롤러를 사용하여 일정한 압력으로 누르면서 균일하게 칠

그림 19-3 붓도장과 롤러도장

하는 방법으로 평활하고 큰 면을 칠하는 데 유리하다. 롤러는 붓도장보다 도장속도가 빠르지만 일정한 도막두께를 유지하는 것이 어려우므로 표면이 거칠거나 불규칙적인 부분에는 특히 주의가 필요하며, 도장 시 롤러의 마모상태를 수시로 점검하여 교체 사용해야 한다.

3) 뿜칠(spray)도장

뿜칠은 압축공기를 이용하여 분무상으로 뿜어 도장하는 방법으로 큰 면을 도장할 수 있는 보편적인 방법이다. 초기건조가 빠른 래커뿐만 아니라 합성수지계 도료 등에 이용되며, 작업능률이 좋고 균등한 도면을 얻을 수 있어 많이 사용되고 있다. 뿜칠 도장은 각각 도료의 점도, 적당한 압력, 건과 뿜칠면의 거리 및 건의 이동속도 등에 영향을 받는다.

그림 19-4 스프레이건

시공 시 스프레이건에 쓰이는 압축공기는 유분, 수분, 먼지 등이 섞이지 않게 하고 공기압이 사용 도중에 0.2kg/cm^2 이상 증감되지 않도록 하며, 스프레이건과 뿜칠면 사이의 거리는 30cm를 기본으로 한다. 또한 뿜칠 시 평면을 얻을 수 있도록 하고 평행이동하면서 뿜칠도장 너비의 1/3 정도가 겹치도록 순차적으로 실시하며 방향의 교차는 직교하여 도장두께가 균등하게 되도록 한다. 도료 자체를 고압으로 가압하여 노즐로부터 도료를 안개처럼 뿜어내는 에어리스 스프레이(airless spray)방법도 있다.

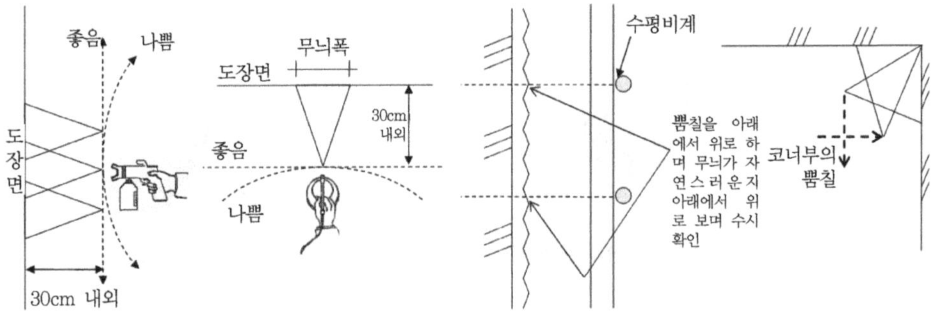

그림 19-5 도장방법

4) 정전 분체도장

정전기를 이용한 도장방법으로, 접지한 피도체에 양극, 도료 분무장치에 음극이 되게 고전압을 주어 양극 간에 정전장을 만들어 그 속에 분말도료를 비산시켜 도장하는 방식이다. 피도체의 후면에도 도료가 부착되어 도료의 손실이 적은 것이 특징이고 후막형의 도료이며, 40μ 이하의 박막형성이 곤란하다. 고전압을 주는 방식에 따라 그리드식, 회전디스크식, 회전캡식 등으로 구분된다.

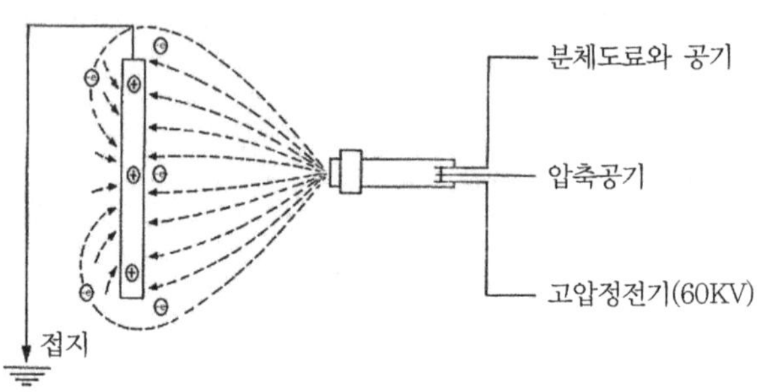

그림 19-6 정전 분체도장

5) 전착도장

특정 전하를 갖는 수용성 도료 속에 전도성의 피도체를 담궈 도료와 반대 전하를 갖도록 전류를 흐르게 하여 전기적 인력으로 도장하는 방법이고 현장에서 재도장이 불가하다. 전착도장방식은 도장방식 중 최첨단의 도장방식이며 피도체에 전기 전도성만 주어진다면 전 부분에 균일하게 도장이 되어 고도의 방청성을 나타내고 자동차 산업 및 가전분야 등에 널리 쓰인다.

19.4.2 각 도장재료별 시공

1) 유성페인트칠

① 철재부 유성페인트칠

칠감과 마무리 방법에 따라 도장법에 다소 차이가 있으나 초벌, 재벌, 정벌의 3공정으로 한다. 낮은 온도(10℃ 이하)하에서는 건조지연으로 인해 흘림이 발생하기 쉬우며, 높은 온도의 경우에는 조기건조로 인한 핀홀이 발생하기 쉬우므로 작업 시 온도를 고려해야 한다. 시공순서는 다음과 같다.

표 19-5 철재부 유성페인트칠 순서

① 바탕 만들기	· 연마지 F120으로 연마
② 녹막이도장(1회)	· 에칭 프라이머 사용 · 0~10% 희석 사용, 12시간 건조, 도료량 0.9kg/m^2
③ 녹막이도장(2회)	· 아연분말 프라이머 사용 · 0~10% 희석 사용, 12시간 건조, 도료량 0.1kg/m^2
④ 재벌도장(1회)	· 유성페인트 사용 · 0~10% 희석 사용, 12시간 건조, 도료량 0.12kg/m^2
⑤ 연마	· 연마지 F180~240으로 가볍게 연마
⑥ 정벌도장	· 유성페인트 사용 · 0~10% 희석 사용, 12시간 건조, 도료량 0.1kg/m^2

② 목재부 유성페인트칠

칠하는 목재부에 모두 평활하게 대패질하여 건조시킨 다음 칠해야 한다. 보통 3회를 칠하여 마무리하지만 내부에는 특별 마무리할 때도 있다. 시공순서는 다음과 같다.

표 19-6 목재부 유성페인트칠 순서

① 바탕 만들기	· 오염물 제거, 연마, 수지 및 옹이 처리, 구멍 메우기
② 초벌칠	· 흡수를 방지하고 재벌·정벌칠의 완전한 피막을 형성하기 위한 준비
③ 퍼티먹임	· 옹이, 갈램, 틈서리 등에 퍼티먹임, 합성수지 퍼티 사용
④ 연마	· F180 연마지 사용
⑤ 재벌칠(2회)	· 외부에는 내구력, 기름기가 많은 것, 내부는 적은 것 사용 · 조합페인트 사용 시 외부용과 내부용을 구별하고 초벌용과 정벌용 도료를 반반 섞어 사용
⑥ 연마	· F180 연마지 사용
⑦ 정벌칠(1회)	· 바탕의 얼룩이 마무리칠에 잘 나타나므로 손질을 면밀히 해야 함.

2) 수성페인트칠(합성수지 에멀션페인트)

수성페인트칠은 실내외 플라스터, 모르타르, 콘크리트, 벽돌, 블록면, 석고보드 또는 텍스 등에 바르는 도장재료이다. 과거에는 수용성의 아교, 카세인 등을 교착제로 하여 안료를 고착시켜 사용하였으나 현재는 합성수지 에멀션 도료가 많이 쓰이고 있다. 시공순서는 다음 표와 같다.

표 19-7 수성페인트칠 공정

① 바탕 만들기	· 표면의 레이턴스, 먼지, 유분 등의 이물질 제거 · 못, 철선, 핀 등은 구조체로부터 10mm 안쪽으로 전단
② 초벌칠(1회)	· 합성수지 에멀션 투명 · 3시간 이상 건조, 도료량 0.08kg/m^2 이상 도장
③ 퍼티먹임	· 표면의 구멍, 빈틈, 갈라진 곳 등의 부분에 구멍땜용 퍼티먹임 · 3시간 이상 건조
④ 연마	· F180~240 연마지 사용
⑤ 재벌칠(1회)	· 합성수지 에멀션페인트, 5~20% 희석 · 3시간 이상 건조, 도료량 0.1kg/m^2
⑥ 정벌칠(1회)	· 합성수지 에멀션 페인트, 5~20% 희석 · 3시간 이상 건조, 도료량 0.1kg/m^2

3) 바니시(varnish)칠

바니시는 매끄럽고 광택이 나며 투명하여 목부의 표면을 아름답게 해주므로 주로 목재에 많이 사용한다. 유성바니시와 휘발성바니시의 두 종류와 특징은 다음 표와 같다.

표 19-8 바니시칠의 종류 및 특징

칠의 종류	성질 및 특징
유성바니시	건조가 더디고 유성페인트보다 내후성이 적어서 옥외에서는 사용하지 않는다. 목재, 내부용이며 오일의 종류와 수지의 종류에 따라서 종류가 나뉜다.
휘발성바니시	랙(lac : 천연수지가 주체) : 목재, 내부용, 가구용 래커(lacquer : 합성수지가 주체) : 목재, 금속면 등 외부용으로 쓰인다. 내후성, 내유성, 내화성이 우수하다.

목재면에 바니시칠을 할 경우에는 내부용과 외부용으로 구분하여 사용하고 나뭇결에 따라 평행으로 솔칠한다. 또한 바니시칠은 뿜칠이나 롤러의 사용은 금지하며 밀폐된 공간에서는 중독의 우려가 있으므로 환기에 주의해야 한다. 시공순서는 다음 표와 같다.

표 19-9 바니시칠 시공순서

① 바탕 만들기	· F120~180 연마지 사용
② 초벌칠(1회)	· 바니시(1액형), 24시간 이상 건조, 5~20% 희석
③ 연마	· F180 연마지 사용
④ 재벌칠(1회)	· 바니시(1액형), 24시간 이상 건조, 5~20% 희석
⑤ 연마	· F240~340 연마지 사용
⑥ 정벌칠(1회)	· 바니시(1액형), 24시간 이상 건조, 5~20% 희석

4) 래커(lacquer, lacker)칠

래커는 섬유소 유도체를 용제에 용해하여 수지·가소제, 연화제 등을 가한 도료로서 내수성, 내유성, 내마모성이 우수하며 내구성도 좋다. 그러나 건조가 신속(10~20분)하고 도막두께가 얇아 부착력이 떨어져 여러 번 발라도 살두께가 오르지 않으므로 초벌칠이 필요하고, 거듭 칠하면 밑칠이 용해하고 얼룩이 생겨 솔칠이 곤란하므로 반드시 뿜칠로 한다. 시공순서는 다음 표와 같다.

표 19-10 래커칠의 시공순서

① 바탕 만들기	· F120~160 연마지 사용
② 초벌칠	· 우드실러 60~70% 희석, 2시간 이상 건조
③ 재벌칠(1회)	· 샌딩실러 40~50% 희석, 2시간 이상 건조
④ 재벌칠(2회)	· 샌딩실러 40~50% 희석, 2시간 이상 건조
⑤ 연마	· F240~320 연마지 사용
⑥ 정벌칠(1회)	· 투명래커 0~100 희석(스프레이칠), 2시간 이상 건조
⑦ 정벌칠(2회)	· 무광 시 정벌 2회를 무광 스프레이 칠함 · 습도 85% 이상 시는 시공 불가
⑧ 정벌칠(N회)	· 횟수가 많을수록 고급마감이 됨

5) 본타일

건축물의 내·외부 벽면의 모르타르면에 스프레이로 뿜칠하여 요철무늬를 형성한 후 머리부분을 롤러로 누름작업하고 아크릴수지 도료로 마감처리하는 공법으로 다양한 무늬와 색의 조화를 얻을 수 있다. 또한 접착력이 강한 도막을 형성하고 방수효과도 있다. 시공순서는 다음 표와 같다.

표 19-11 본타일의 시공순서

① 바탕 마들기	· 바탕조정용 퍼티 사용
② 초벌칠	· 투명 아크릴수지, 6시간 이상 방치
③ 재벌칠	· 유성형 중도무늬 도장재, 24시간 이상 방치
④ 정벌칠(2회)	· 아크릴수지 에나멜, 24시간 이상 방치

19.5 도장공사 하자 유형 및 방지대책

도장의 하자는 복합적인 요인으로 발생하므로 시방에 맞게 시공해야 한다. 도장공사의 하자 유형 및 방지대책은 다음 표와 같다.

표 19-12 도장공사의 하자유형 및 방지대책

하 자 유 형	방 지 대 책
1) 들뜸 · 바닥에 유지분이 남았거나 초벌칠 단계에서 연마가 불충분할 때	· 유류 등 유해물을 닦아낸 뒤 휘발유 벤졸 등으로 닦아내서 처리 · 목부일 경우 면을 평활하게 연마
2) 흘림, 굄, 얼룩 · 균등하지 않게 두껍게 칠할 경우 · 바탕처리가 잘 안되었을 경우	· 얇게 여러 차례(3회) 칠함 · 바탕면의 녹, 흠집 등은 사전에 제거하고 퍼티를 채운 후 연마
3) 오그라듦 · 지나치게 두껍게 칠한 경우 · 초벌칠 건조가 불충분한 경우	· 얇게 여러 차례 균등하게 칠하고 건조시간 내에 겹쳐 바르기 금지(건조시간 24~28시간)
4) 거품, 핀홀 · 용제의 증발속도가 지나치게 빠른 경우 · 솔질을 지나치게 빨리 했을 경우	· 도료의 선택을 신중히 하고 솔질(풀칠)이 뭉치거나 거품이 일지 않도록 천천히 바름
5) 백화 · 도장 시 온도가 낮을 경우, 공기중의 수증기가 도장면에 응축, 흡착되어 백화현상 발생	· 도장 시 기온이 5℃ 이하이거나 습도 85% 이상이며 환기가 충분하지 못한 곳에서는 작업 중지
6) 변색 · 바탕이 충분히 건조하지 않은 경우 · 백색페인트가 심하면 온·습도가 높을수록 심함	· 바탕면의 건조를 충분히 함 (함수율 8% 이하, pH9 이하) · 도료의 현장배합 금지
7) 부풀어 오름 · 도막 중 용제가 급격하게 가열되거나 물과 접촉하여 가열성 물질이 용해로 인해 도막이 부풀어 오르는 현상 · 초벌, 정벌칠의 도료 질이 다른 경우	· 도장 후 직사광선이 직접 닿지 않게 보양 · 바탕에 녹물 등 유해물 제거 · 도료의 질이 같은 동일회사 제품 사용 · 초벌칠 후 바탕이 충분히 건조된 후 재벌칠
8) 균열 · 초벌칠 건조가 불충분할 경우 · 초벌칠과 재벌칠의 재질이 다른 경우 · 바탕 물체가 도료를 흡수할 경우 · 기온차가 심한 경우	· 초벌칠 후 건조시간 준수 · 도료의 종류 및 배합률 등 도료 질이 같은 도료의 사용 · 바탕면은 퍼티 등으로 연마 후 도장 · 기온 5℃ 이하, 습도 85% 이상, 환기가 충분하지 못한 곳은 피할 것

Chapter 20 | 수장공사

20.1 개 요

수장공사는 건물의 최종마무리 단계로서 공사완료 후에도 사용자의 눈에 직접적으로 노출되는 부분이다. 따라서 수장공사의 마무리 정도가 건물 전체의 평가에 연관되는 가능성이 있으므로 신중한 설계와 시공이 요구된다. 또한 다른 공사의 경우와는 달리 공사의 대부분이 단일재료를 사용하는 경우는 거의 없으며, 대개 다른 재료와의 복합체로 구성되므로 재료에 대한 세심한 선택과 시공이 필요하다.

20.1.1 수장공사의 종류

수장공사는 실내의 마무리 공사로서 크게 바닥공사, 벽체공사, 천장공사로 나누어지며 각 부위의 요구성능도 조금씩 다르다.

① **바닥공사** : 내온성, 내수성, 내열성, 내화성, 절연성, 미끄럼 방지, 내마모성, 유지관리 용이성
② **벽체공사** : 단열성, 내화성, 차음성, 흡음성, 내충격성, 곰팡이 방지
③ **천장공사** : 내온성, 내수성, 단열성, 내화성, 차음성, 흡음성, 곰팡이 방지

20.2 바 닥

20.2.1 바름공사

1) 콘크리트 제치장 바닥

된비빔콘크리트를 사용하여 콘크리트를 댐퍼 또는 바이브레이터로 다지고, 다시 잣대와 나무흙손으로 표면정리를 하고 물빠짐을 보아 기계흙손이나 쇠흙손으로 평활하게 문질러 마무리한다. 콘크리트 내마모성을 향상시키거나 착색을 목적으로 시멘트, 골재, 안료 등으로 된 표면 마무리 재료를 사용할 때에는 콘크리트가 굳기 전에 균등히 살포하고, 콘크리트의 수분을 흡수하는 정도를 보아 기계흙손이나 쇠흙손으로 마무리한다.

2) 시멘트모르타르 바닥

콘크리트 바닥에 모르타르로 시공할 때에는 바닥에 존재하는 레이턴스나 오물 등을 제거하고 깨끗이 청소한 뒤 시공한다. 바닥 바름은 시멘트풀을 충분히 문지르고 잘 고른 다음, 수분이 적은 된비빔모르타르를 나무흙손으로 발라 충분한 표면 평활도를 확보하고 수분이 빠지는 정도를 보아 잣대로 고름질을 하고 물매에 주의하면서 쇠흙손으로 고르게 문지른다.

3) 현장 테라초 바닥

현장 테라초 갈기 바닥은 내구성, 내마모성이 우수하며 안료와 종석을 사용하므로 색감이 좋으며 내수성이 있으므로 물청소하기에 적당하다. 시공순서는 다음과 같다.

① 바탕처리 - 콘크리트면을 청소하고 줄눈나누기 먹매김을 한다.

② 줄눈 및 논슬립 설치 - 줄눈대는 바름면에 대하여 평탄하게 설치하되 지정물매가 있을 경우 물매를 유지해야 한다. 줄눈나누기는 1.2m^2 이내로 하며, 최대줄눈 간격은 2m 이하로 하고 별도의 표시가 없을 경우 설치간격은 각 실마다 둘레에 너비 150~200mm 정도의 테두리를 남기고 그 안을 약 900mm 간격으로 보기 좋게 나눈다. 또한, 논슬립은 계단의 중앙부에 시공 후 탈락되지 않도록 견고하게 설치한다.

③ 초벌바름 - 바탕처리 후 물축이기를 하고 시멘트풀을 문질러 바른 후 된비빔의 모르타르를 두께 20~30mm 정도 쇠흙손으로 힘껏 눌러 바르고 표면을 긁어 놓는다.

④ 정벌바름 - 백시멘트 또는 착색시멘트와 종석의 비를 1 : 3으로 하고 두께 15mm 정도를 초벌바름의 수분이 빠지는 정도를 보아 표면에 종석이 균등하게 분포되도록 평활하게 정벌바르기를 한다. 특히 줄눈대 둘레를 빈틈없이 채우도록 쇠흙손으로 고

른다. 이때 바름두께는 줄눈대 상부보다 2mm 정도 높게 바른다.

⑤ 갈기 및 광내기 – 정벌바름 후 경화 정도를 보아 갈되 손갈기는 2일, 기계갈기는 5~7일 이상 경과한 후 초벌갈기, 재벌갈기, 정벌갈기, 후 왁스로 광내기를 한다.

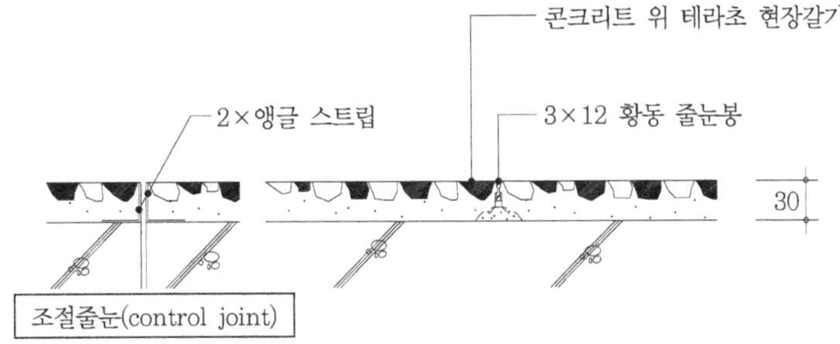

그림 20-1 테라초 바닥 상세

20.2.2 붙임 및 깔기 공사

1) 리놀륨(linoleum) 시트류(고무, 플라스틱 바닥용 시트)

시트류의 바탕면이 모르타르이거나 콘크리트일 경우에는 표면이 평탄하고 흙손자국이 없이 완전히 건조되어야 하며, 균열부위가 있을 경우에는 바닥보수재로 평활하게 메워서 오염물질을 제거한 후에 시공한다.

시공 전 시트류의 신축이 끝날 때까지 충분한 기간(1~2주) 동안 임시깔기를 하여 시트류의 긴장을 완화시켜야 한다. 경보행용의 경우에는 부분접착을 하고 중보행용인 경우에는 전면부착공사를 하며, 이음매 재단은 겹쳐진 원단의 무늬 맞춤을 확인 후 상부원단 위에 철자를 대고 재단칼을 직각으로 세워 하단부 원단까지 한 번에 자른다. 또한, 모서리부분, 마루귀틀 부분 등에서 들뜨지 않도록 주의하며 시공한다.

그림 20-2 접착제 도포

2) 아스팔트 타일, 고무 타일, 온돌마루재(합판마루)

아스팔트 타일과 고무 타일은 바탕면이 모르타르이거나 콘크리트일 경우에는 표면이 평탄하고 흙손자국이 없이 완전히 건조되어야 한다. 지정된 접착제를 바탕면에 고르게 바르고 필요에 따라 타일 뒷면에도 온통 바르면서 두드러지거나 턱지지 않게 하고 문꼴 옆, 기둥 모양, 바닥 및 점검 주위, 기타 잘라내서 붙이는 부분에는 특히 틈이 생기지 않게 한다.

접착제가 경화될 때 롤러 등을 사용하여 접착면에 공기가 남지 않도록 압착시켜 주며 접착제의 경화는 1주일 정도 소요되므로 통풍이 잘 되게 하고 직사광선을 받지 않도록 충분히 보양을 한다.

그림 20-3 온돌마루재

3) 플로어링판(flooring board)

플로어링판을 장선에 직접 붙여 댈 때의 장선간격은 45cm 내외를 표준으로 하고, 장선의 상단은 두드러짐이나 턱솔이 없이 모두 다 고르고 가지런하게 시공한다. 판의 이음 위치는 장선에 관계없이 엇갈리게 잇고, 붙여 대기에 있어서 판 옆 및 마구리 가공부분에 손상을 주지 않도록 줄바르게 충분히 밀착시키고, 길이 45mm 이상의 못으로 장선에 숨은 못치기를 하며 판을 붙인 후에는 보양지 또는 거적 등을 깔고, 겨울에는 7일 이상, 기타는 4일 이상 보행이나 충격을 주지 않도록 한다.

그림 20-4 플로어링판 장선 설치

20.2.3 이중바닥공법(access floor)

액세스 플로어는 일명 이중바닥이라고 하며, 바닥을 이중으로 설치하여 사무실 공간 내부의 변경에 효율적으로 대처할 수 있도록 만들어져 바닥과 바닥 사이의 공간에 각종 파이프나 전선 등 통신, 기계 · 전기설비를 융통성 있게 설치할 수 있다.

그림 20-5 이중바닥

액세스 플로어의 설치는 바닥에 먹매김을 하고 바닥패널을 지지하는 지주나 지주의 자리를 고정한다. 지주는 바닥의 수평을 확실히 보존하고 높이를 조절해야 한다. 이 지주 위에 40~50cm 정도의 바닥패널을 고정시킨다. 바닥패널은 목질계, 무기질계, 합성수지계,

강판계, 알루미늄계 등으로 만들어지며 표면은 전도성 타일이나 디럭스 타일 등으로 마무리하는 경우가 많다.

20.3 벽 체

20.3.1 도배지공사

도배지공사는 주거용 건축물의 벽 마감에 가장 많이 사용되는 공종이다. 도배지공사는 바탕정리와 초배지, 정배지 바르기로 진행되며, 그 세부적인 내용은 다음 그림과 같다.

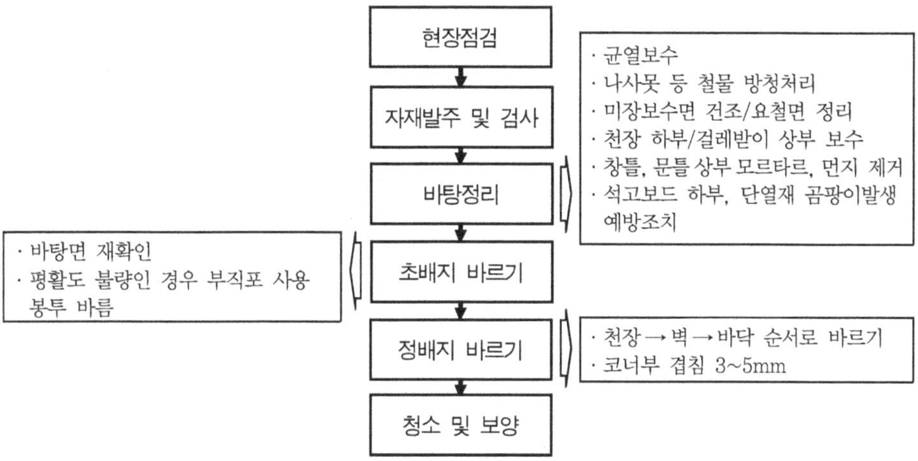

그림 20-6 도배공사 시공흐름

1) 도배의 기본원칙

① 전체면의 상 · 하 · 좌 · 우의 무늬와 색상이 일치해야 한다.

② 도배면은 평활해야 한다(바탕면 불량, 이중초배 위치 등이 나타나지 않아야 함).

③ 자르기선은 수직을 유지해야 한다.

④ 벽지 이음부의 선이 나타나지 않아야 한다(맞댄이음).

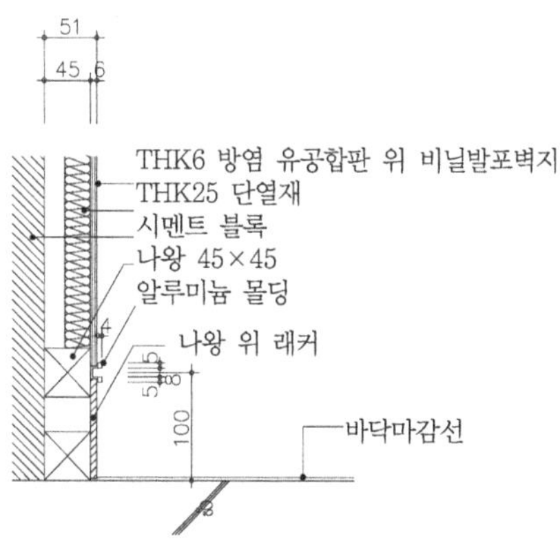

그림 20-7 도배지공사 상세도

2) 시공 전 검토사항

① 도배공사는 접착제의 변질 방지 등을 감안하여 건조여건을 충족하기 위해 실내온도

20 수장공사

는 10~15℃ 이상을 유지해야 한다.

② 벽 · 천장면의 건조상태를 확인해야 한다(표면의 건조상태는 통상적으로 콘크리트면은 45일, 모르타르면은 20일 이상 건조시간이 필요하다.).

표 20-1 바탕부위별 점검사항

	주요 점검사항
콘크리트 견출면	· 콘크리트의 평활상태 · 공극 및 수극의 메꿈 처리상태 · 거푸집 이음부 그라인딩 및 시멘트풀칠 상태 · 콘크리트 매입 박스 주위 마감상태
미장면	· 면의 평활도 및 벽체 모서리 수직상태 · 각종 스위치 박스 주위 사춤상태 · 몰딩 및 문틀 주위 모르타르 청소상태 · 방 바닥미장 코너부위 상태
석고보드, 합판면	· 못머리가 튀어나온 부분 처리 및 녹 방지 처리상태 · 이음부위 턱진 부분 수정작업 · 젖은 부위 확인 후 방균처리 · 코너부위 수직상태 및 천장부위 처짐상태
몰딩 주위	· 몰딩 부착상태 및 틈 메꿈상태

3) 바탕처리

도배공사를 하기 전에는 도배가 깔끔하게 시공될 수 있도록 고른 바탕면을 만들어야 한다. 다음은 도배지를 바르기 전의 바탕처리 과정이다.

① 콘크리트 또는 미장 바탕면은 충분히 건조시키고 틈서리, 요철 등은 메우거나 샌드페이퍼, 사발 등으로 문질러 정리한 후 이물질 등은 깨끗이 청소해야 한다.

② 석고보드 및 시멘트판 등의 바탕은 판 이음부에 틈이나 턱짐, 요철이 생기지 않도록 하고 녹이 생기는 재질이 표면에 노출되지 않도록 한다.

③ 초배지 시공에 앞서 바탕면에 대해 전자습도계로 습도를 측정하여 콘크리트, 미장 및 석고보드면의 습도가 12% 이하일 때 작업을 시작한다.

4) 초배지 바르는 과정

① 석고판 바탕은 이음새를 폭 10cm 초배지로 2회 바른다.

② 초배 전 벽 · 천장 석고보드면의 스테이플은 녹처리를 한다.

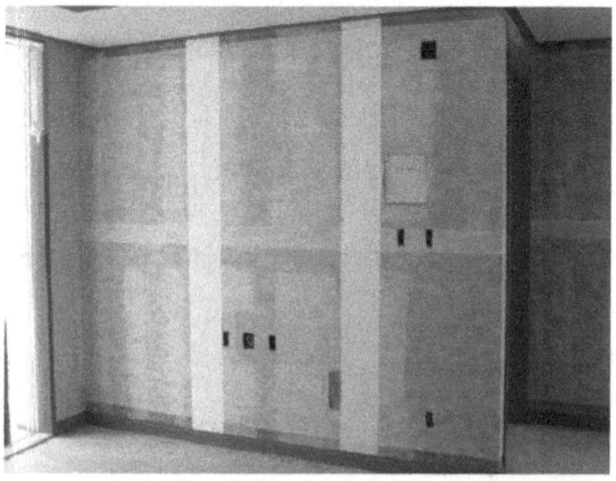

그림 20-8 초배지 시공

③ 초배지 이음은 10mm 이상 겹침이음을 한다.
④ 초배, 정배의 각 붙임의 이음은 엇갈리게 하고 주름살이 없게 이음새를 맞추어 붙인다.
⑤ 초배지는 봉투 바름을 금지한다.
⑥ 초배지의 가로방향은 정배지의 길이방향과 교차되도록 시공(가로, 세로 강도 확보)한다.
⑦ 동절기 골조온도가 낮을 경우에는 낮 기온이 영상이라 하더라도 초배시공을 금한다.
⑧ 단열재 및 압착 스티로폼 부위는 도배지 부착이 잘 되지 않기 때문에 미리 바니시 또는 바인더를 1~2회 발라 접착이 잘 되도록 한다.
⑨ 벽, 천장의 가장자리와 문틀 주위는 10cm 정도 초배지를 붙이지 않는다(정배지가 말리거나 떨어지는 것을 방지하기 위함).

표 20-2 초배지의 종류

종 류		특 징
한 지	참 지	· 닥나무 심재를 쪄서 만든 종이 · 수작업으로 제작 · 색상은 백색이며 최상급지
	피 지	· 닥나무 껍질을 쪄서 만든 종이 · 수작업 또는 기계작업으로 제작 · 색상은 누런색이며 품질 등급(송자, 매자 등)이 다양
양 지	갱 지	· 쇄목펄프를 주원료로 소량의 화학펄프를 배합한 하급지
	백상지	· 표백화학 펄프만으로 만든 고급지 · 주로 정배지의 배접지로 사용
	초배지	· 정식 명칭은 아님 · 크라프트지를 수거하여 재생한 양지에 마(麻)를 첨가하여 한지처럼 얇고 질기도록 만든 종이 · 현재는 마(麻) 대신 폐섬유를 사용 ※ 크라프트지 : 서류봉투, 시멘트 포장지 등
	운용지	· 최초로 출시한 상표명 · 모조지의 일종으로 얇으면서도 인장력이 강해 심작기 또는 고급 초배용으로 사용
	하도롱지	· 크라프트지를 수거하여 재생한 양지 · 두꺼우면서 인장력이 강해 장판의 초배, 석고보드 이음매 등에 사용
화학지	부직포	· 재직이나 편성공정을 거치지 않고 폴리프로필렌과 폴리에스테르로부터 곧바로 만들어진 포(布) · 인장력이 좋아 불량한 벽체의 초배로 사용

5) 초배보강(심:芯)

마직지, 비닐벽지 등과 같이 정배지를 맞붙여 시공할 경우 이음부위의 초배를 보강하기 위하여 심을 대는 경우가 있다. 이러한 초배 보강과정의 다음과 같다.

① 심재로는 보통 초배를 4겹 발라 사용하거나 하도롱지 위에 초배 2겹 발라 사용하며 폭은 150~200mm 정도로 시공한다.

② 석고보드, 합판, 밤 라이트 등의 이음새 요철 및 틈새를 보완하기 위하여 작은 폭의 하도롱지 또는 초배지로 줄눈을 메운다.

6) 정배지 바르기

정배지 바르기는 최종 마감벽지를 바르는 과정으로 다음과 같은 내용에 주의해야 한다.

① 초배지가 완전히 건조된 후 정배지를 바르고, 벽지의 무늬는 모두 다 고르고 가지런히 맞춰 발라야 한다.

② 외부쪽 결로 예상부위는 풀 대신 접착제를 사용하여 도배의 들뜸을 방지한다.

③ 분합문 및 창틀 상부 사춤부위는 1~3cm 틈이 있으므로 도배 시 문틀 10mm 정도까지 감아내려 시공한다.

④ 벽과 천장은 창문 쪽으로 겹쳐지도록 하고 천장은 창 쪽부터 외벽과 나란히 붙이면서 안쪽으로 돌아감. 겹침이음방법인 경우 음영이 생기지 않아 표시가 덜 나타난다.

⑤ 접합 및 조인트, 문틀, 반자돌림, 커튼박스, 벽 귀퉁이 부위 등은 대칼 등으로 잘 문질러 말착시킨다.

⑥ 두꺼운 도배지는 풀칠한 다음 어느 정도 시간을 두고 방치한 다음에 붙인다.

⑦ 마직지의 경우에는 맞댄 이음자리를 대칼 등으로 문지르면 표면의 실이 보푸라기가 되어 일어나므로 반드시 소형롤러로 마름질해야 한다.

⑧ 갈포지는 온통 풀칠하여 붙이고 이음은 맞대기로 한다.

⑨ 갈포지 및 천 붙이기는 온통 풀칠하여 붙이고 이음은 맞대거나 3mm 내의 겹치기로 한다.

⑩ 도배 후에 풀이 완전히 건조될 때까지는 창문 등을 열어서는 안 된다(부분적으로 급속히 건조되어 터짐현상이 발생하기 때문).

⑪ 현관 및 거실의 통행이 빈번한 장소의 벽 모서리 또는 훼손 및 오염이 잘 될 우려가 있는 부위는 부분적으로 초배지로 보양해야 한다.

표 20-3 정배지의 종류

구 분	종 류	특 징
종이류	옵셋(off-set)인쇄 벽지	· 원지 위에 옵셋인쇄로 무늬를 나타낸 벽지 ※ 옵셋인쇄 - 평판인쇄법으로 인쇄면의 질감이 없음 - 가장 일반적인 인쇄법

표 20-3 정배지의 종류 (계속)

구 분	종 류	특 징
종이류	그라비아(gravure) 인쇄 벽지	· 원지 위에 그라비아 인쇄로 무늬를 나타내는 벽지 ※ 그라비아 인쇄 – 평판이 아닌 오목판 인쇄법 – 오목판임으로 약간의 질감이 있음
	엠보스(embossing) 벽지	· 벽지 표면에 요철무늬로 질감을 나타낸 벽지
합성수지류	발포벽지	· 원지 위에 PVC sol과 발포제를 혼입 도포한 벽지 · 발포의 크기에 따라 고발포, 중발포, 소발포로 구분 · 쿠션감, 방음, 보온효과 등이 있으며 바탕면 상태가 벽지 위에 나타나지 않는다. · 재시공이 불편하고 시각적 효과 저하 등으로 수요 감소
	비닐벽지	· 원지 위에 PVC sol을 일정하게 코팅한 다음 인쇄 또는 엠보싱 처리한 벽지 · 실크와 비슷한 질감이 나도록 처리된 벽지는 '실크벽지' 라고 부르기도 한다.
	케미컬벽지	· 표면처리 시 통기성 약품을 첨가하여 벽지의 통기성을 향상시킨 벽지
섬유류	일반	· 화학섬유를 종이에 배접하여 만든 벽지
	비단	· 원지 위에 실크를 배접시키거나 실크 원단을 벽지로 사용 · 질감 등은 양호하나 작업성이 떨어지며 고가임
	갈포	· 무명 또는 명주와 칡을 사용하여 제작 · 표면이 거칠고 자연미가 있다 · 오염 시 물로 닦아 낼 수 없고 디자인과 색상이 단순
	지사	· 염색한 종이실로 제작한 벽지 · 자연스러운 분위기 연출
기 타	기능성 벽지	· 벽지의 숯, 옥, 방염물질, 형광물질 등을 혼입시켜 벽지의 2차 기능을 향상시킨 제품

20.3.2 석고보드 공사

석고보드는 주원료인 소석고에 물과 혼화제를 넣고 반죽하고 이를 2장의 보드용 원지 사이에 끼워 판상으로 제조한 것이다. 1902년에 미국에서 발명되었으며 건축 시 벽이나 천장에 사용해 방화재의 역할을 하며 동시에 내장재 역할을 하는 자재이다. 방화성이 우수하여 건물골조의 초기방화 및 연소지연에 큰 역할을 한다. 또한 시공이 간편하여 공기를 단축시킬 수 있고 중량이 가벼워 건물구조비가 절감된다. 석고는 그 자체가 안정된 결정상태이므로 온도나 습도변화에 따른 신축변형이 없고 열전도율이 낮아 보온성이 높다. 석고보드 종류에는 일반석고보드, 방수석고보드, 방화석고보드, 방균석고보드, 차음석고보드 등이 있다.

석고보드는 저장 및 운반에 주의해야 하며 저장 및 운반 시 주의해야 할 사항은 다음과 같다.

① 습기가 많은 지하실이나 외기가 직접 접촉되는 장소에 저장해서는 안 되며 건조한 곳에 보관해야 된다.

② 세워 놓거나 비스듬히 놓으면 석고보드가 휘게 되므로 주의한다.

③ 지상에 보관 시는 팔레트 위에 적재해 놓고 천막지 등으로 보양하여 비에 젖지 않도록 한다.

1) 석고보드 본드공법

본드공법은 콘크리트벽, 조적벽, 경량 기포콘크리트 등에 석고본드를 이용하여 직접 석고보드를 붙이는 공법이다. 모르타르 마감을 대신하거나 기존의 벽을 보수, 시공할 경우 가장 이상적이라 할 수 있다. 이 공법은 시공이 간편하여 공기를 단축할 수 있고 결로를 방지해 주며 벽지마감 시 초배지를 생략할 수 있다. 석고보드 본드의 시공방법은 다음과 같다.

① 먼저 사전준비로 바탕인 벽의 이물질을 깨끗이 제거하기 위한 하지청소를 한 다음 실을 사용해 수평을 맞춘 후 실을 기준으로 얇은 보드조각이나 합판조각을 벽에 부착해야 한다.

② 석고보드의 크기는 벽체의 높이에 맞는 것을 선택하고 벽체의 길이보다 약간 짧게 (10mm) 절단하여 사용한다. 또한 스위치 위치 등은 사전에 자리를 결정해 구멍을 내는 것이 좋다.

③ 석고본드의 반죽은 본드 1kg당 깨끗한 물 500~600cc를 붓고 물이 보이지 않을 정도로 스며든 이후에 한다. 석고본드는 경화성이 빠르므로 보통 1시간 사용분씩 반죽해 사용한다.

④ 벽면에 석고본드를 바를 때는 100~350mm 간격으로, 소요두께 3배 정도, 직경 50mm 정도가 되도록 점찍어 바른다.

⑤ 본드를 바른 후 30분 이내에 보드를 붙이고 마무리 작업으로 이음매 부위는 본드나 콤파운드로 면처리하여 마감한다.

그림 20-9 석고보드 본드 시공

석고본드 시공 시 유의사항으로는 습기가 많거나 결로가 예상되는 부분의 시공은 피하고, 통기성이 없는 비닐벽지로 마감할 경우 석고보드가 완전히 경화한 후 벽지를 붙인다. 그렇지 않으면 곰팡이가 발생하거나 코너비드에 녹이 발생하기 쉽다.

2) 경량철골 칸막이공법

이 공법은 경량철골을 이용하여 불연재료인 석고보드의 방화성 및 차음성을 이용한 경량의 내화 단열벽으로 종래의 습식벽에 비해 경제적이며 표면 미장효과가 우수하여 거실, 침실, 복도, 벽 등 모든 형태의 비내력벽에 적합한 건식벽체이다. 그러나 과도한 습기나 온도변화가 심한 부위 또는 충격이 예상되는 부위나 외벽체로의 사용에는 부적합하며, 화장실, 욕실, 발코니, 주방 등과 같이 습기가 발생할 수 있는 공간에서는 내부라도 사용하지 않는 것이 좋다.

경량철골 칸막이공법의 작업순서는 다음과 같다.

① 러너(runner) 설치

가. 칸막이 위치의 바탕면을 깨끗이 청소한 뒤 칸막이 설치위치, 개구부위치 등에 대하여 바닥, 천장을 기준으로 먹매김을 한다.

나. 하부 러너를 고정한 후, 다림추로 상부의 고정위치를 먹매김한 뒤 상부 러너를 고정시킨다.

다. 고정못의 간격은 600mm 이내로 하고 교차부 및 끝부분은 200mm 이내로 상·하 구체에 고정시킨다.

② 경량철골 설치

가. 바닥 및 천장 러너 사이에 스터드를 450mm 간격으로 수직, 수평으로 바르게 설치한다.

나. 코너부위 및 직교하는 벽체의 경우에는 스터드로 보강처리하여 정확한 직각면을 유지하는 동시에 파손 및 변형에 대한 보강처리를 한다.

다. 스터드 높이가 3m를 초과하는 경우에는 1개 이상의 중간보강 러너를 반드시 추가 설치해야 한다.

라. 중요한 코너면의 경우에는 코너비드(corner bead) 등을 사용하여 보강처리해야 벽체 마감재 부착 시의 파손방지 및 직각 유지를 도모할 수 있으며, 장기간 사용에 따른 코너면의 내구성 향상에 긍정적인 효과를 줄 수 있다.

그림 20-10 경량철골 설치

③ 1면 석고보드 부착

가. 스터드의 중심선에서 석고보드의 이음부가 발생하도록 설치한다.

나. 두 겹 시공(2ply)의 경우에는 수직이음매가 겹쳐지도록 시공하고 석고보드 2장 전체를 나사못으로 고정한다.

그림 20-11 석고보드 시공

그림 20-12 단열재 설치

④ 단열재 설치

내화 및 차음을 위한 단열재를 설치하는 경우에는 스터드 사이에 밀실하게 끼이도록 스터드 경간치수보다 조금 크게 자른 후 끼워 넣는다.

⑤ 2면 석고보드 부착

양면으로 시공되기 때문에 반대면의 이음매와 엇갈리도록 배치한다. 배치된 석고보드는 나사못으로 고정한다.

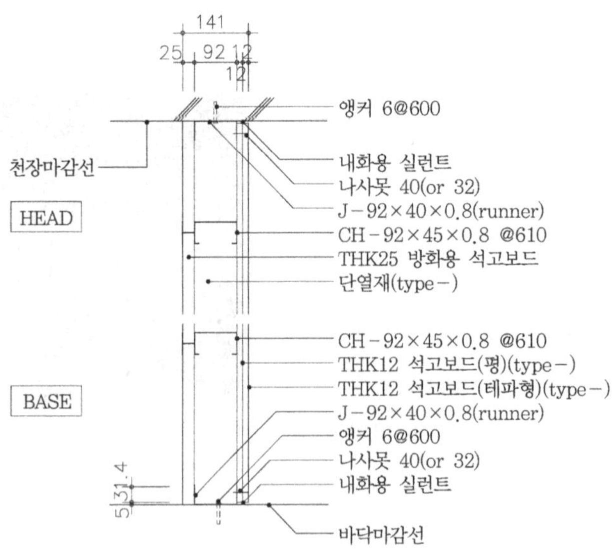

그림 20-13 경량벽체 상세도

⑥ 이음부위 처리

이음부위에는 보강 및 일매이음 효과를 위해서 이음매용 테이프를 부착하고 컴파운드로 충진한 후 면처리를 한다.

20.3.3 흡음벽공법

벽흡음공법은 사람의 손이나 몸체가 닿기 쉽다는 점에서 강도, 파손, 의장성의 문제 등 재료와 공법선택이 가장 어려운 부위이다. 흡음벽 표면재에 따라 합판, 하드보드, 석고보드, 목모판, 발포플라스틱 등이 있으며 건물에 적합한 공법과 특성을 지닌 재료를 선택한다. 기존의 석면슬레이트는 발암물질로 판명되어 사용이 제한되어 있다.

벽의 음향효과를 내기 위하여 의장성이 좋은 코펜하겐 리브를 많이 사용하고 있다.

20.4 천장공사

천장을 가려 댄 구조체를 반자라고 한다. 반자에는 노출반자, 상부 바닥판에 밀착시킨 반자, 매달린 반자(달반자)로 구별할 수 있으며, 대부분 매달린 반자를 사용한다. 매달린 천장공사는 천장반자틀 공사와 천장마감재 부착공사로 구분된다.

반자틀은 반자돌림대, 반자틀, 반자틀받이, 달대(행거), 달대받이로 구성되고 반자틀은 크게 목조반자틀과 철재반자틀로 나누며 현재 목조반자틀은 거의 사용되지 않고 대부분의 경우 경량철골 천장틀이라는 철재 반자틀을 사용한다.

20.4.1 경량철골 천장틀 설치

천장틀은 달대와 반자틀로 구분되며, 경량철골 천장틀에서 달대는 행거볼트, 행거로, 반자틀은 채널(channel)과 반자틀의 노출 여부 또는 천장판의 설치방식에 따라 M-bar 또는 T-bar 등으로 구성된다. 경량철골 천장틀의 설치과정은 다음과 같다.

① 달대시공을 위한 인서트를 바닥거푸집의 정확한 위치에 매입하고 인서트는 콘크리트 타설 시 유실되거나 이동되지 않도록 단단히 고정해야 한다.

② 달대의 위치는 천장내부의 관련 작업을 고려하여 정해야 하며, 달대 간격 @900mm 간격으로 설치하되, 제일 바깥측 달대는 천장 각 단부와의 간격이 150mm(격자형 천장틀은 300mm)를 초과하지 않도록 한다.

③ 달대는 지정간격에 따라 견고하게 설치하고 천장의 부분적인 처짐이나 뒤틀림 등이 생길 수 있는 곳은 추가 보강한다.

④ 달대는 반드시 방청처리된 제품을 사용하고 용접 등으로 방청처리가 손상된 경우는 추가 방청조치를 한다.

⑤ 몰딩은 정확히 수평이 유지되게 하고 모서리나 꺾임 부위는 연귀맞춤으로 틈새 없이 설치한다. 곡선부위는 바탕벽면의 곡률과 동일하도록 정밀하게 가공하여 설치한다.

⑥ 천장틀 몸체는 천장판 설치에 적합하도록 하며, 천장판 부착 시 수평면 허용오차 범위 내에 들도록 정밀하고 견고하게 설치한다.

⑦ 조명기구 등의 기구부착으로 처지거나 비틀리지 않도록 기구 양단에 보강재를 설치해야 한다.

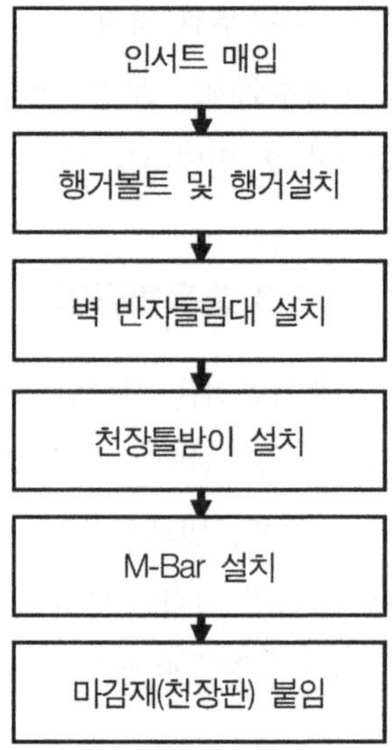

그림 20-14 경량철골 천장틀 시공 순서

1) M-bar 공법

M-bar 공법은 경량천장 시공에서 가장 많이 사용하는 공법으로 나사못을 사용하여 각종 천장재 및 벽체를 고정하는 공사방법이다.

매립형으로 구조적으로 가장 견고하며 자유스러운 공간을 연출할 수 있으며, 천장판 이음이 밀착되어 우수한 방음효과를 얻을 수 있다.

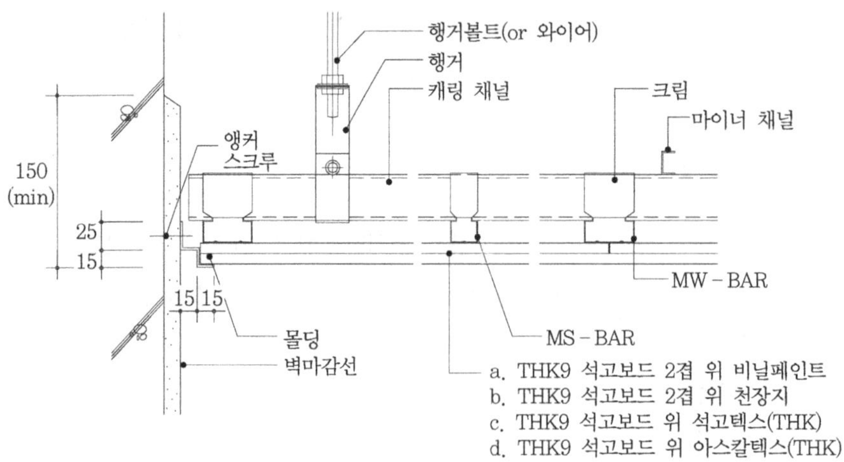

그림 20-15 M-bar 상세도

2) I-bar, T-bar 공법

I-bar, 크로스 I-bar를 사용하여 천장보드를 I-bar에 끼우는 공법을 I-bar 공법이라 하며, T-bar 공법은 캐링 채널과 마이너 채널 등을 사용하여 부품이 간단하고 시공이 용

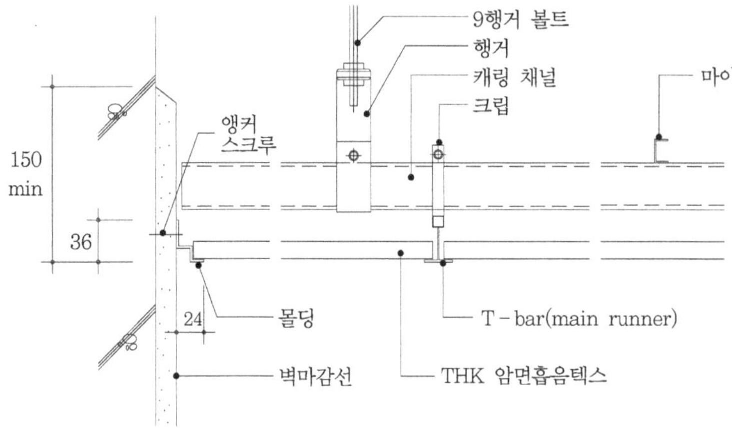

그림 20-16 T-bar 상세도

이하다.

3) 천장판 부착(M-Bar)

① 치장석고 시멘트판 설치

가. 평탄하고 균일하게 설치하고 비틀림, 굽힘 등이 생기지 않도록 한다. 300mm 내외의 간격으로 나사못으로 고정하되 각 나사못의 위치가 일직선이 되도록 하고, 각 단부에서의 위치가 균일하게 되도록 한다.

나. 천장판은 중앙부에서부터 설치해 나가고, 길이방향의 단부 천장판 너비가 온장너비의 1/2 이하가 되지 않도록 한다.

다. 천장판의 모서리 파손, 외관이나 기능상 유해한 결함이 없게 시공한다.

라. 천장틀의 시공이 완전히 완료된 후 천장판 작업을 시작한다.

마. 원형 또는 이형의 단부에는 몰딩에 맞추어 빈틈이 생기지 않도록 정확한 형상으로 가공하여 시공한다.

바. 접합용 나사못은 정확한 간격 유지와 함께 줄바르게 배열되도록 시공한다.

사. 시공 중에 절단 등으로 발생되는 잔재로 인해 분진이 발생되지 않도록 해야 하며, 이에 대해 작업자에게 충분히 숙지시킨다.

그림 20-17 천장공사

그림 20-18 천장재 설치 (M-bar)

② 석고보드 설치

가. 중앙부분에서부터 시작하여 사방으로 향하여 붙여 나가고, 끝단의 이음수가 최소가 되도록 판의 길이를 정한다.

나. 나사못을 사용하여 150mm 이내의 간격으로 고정한다.

다. 천장판의 이음은 M-bar 위에서 이루어지도록 하고 이음부가 틈새와 턱지지 않도록 시공한다.

그림 20-19 천장판 설치

Chapter 21 | 기타공사

21.1 플라스틱공사

21.1.1 개 요

플라스틱이란 소조(塑造)할 수 있는 것을 뜻하며, 천연 또는 합성 고분자 화합물에 대한 총칭으로 열가소성 수지와 열경화성 수지로 대별된다. 플라스틱은 다른 재료에 비하여 성형 · 가공이 쉬우며 경량이고, 내수성 · 내구성 · 내식성 · 내후성 및 전기절연성 등이 뛰어나다. 또한 착색 등을 자유롭게 할 수 있어 일용품, 가구, 건축자재, 전기부품, 공업재료 등으로 널리 사용되고 있다.

플라스틱공사에 쓰이는 플라스틱이라 함은 표면이 플라스틱 층으로 구성된 판재, 필름재, 기타 각재 등을 말한다. 플라스틱공사의 내장 및 실내 · 외 마감공사는 표 21-1과 같다.

표 21-1 플라스틱공사의 내장 및 실내 · 외 마감공사

공사 종류	관련 작업
바닥마무리 및 깔기공사	리놀륨(linoleum), 고무타일, 라바늄, 비닐매트 깔기, 리놀륨 타일, 아스팔트 타일 붙이기
벽, 천장마무리 공사	비닐 붙이기, 플라스틱 붙이기
기타 공사	커튼, 베니션 블라인드(venetian blind), 외단열, 합성수지제 창호, 위생기구 설비, 수납가구 설치, 난방배관, 단열공사, 주방용구 설치, 배관 기본공사, 합성고분자계 바닥타일류 및 시트류, 홈통 및 우수관

1) 플라스틱의 장점

① 가소성과 가공성이 크므로 기구류, 판류, 시트, 파이프 등의 성형품과 실링(sealing) 또는 포상품에 많이 쓰인다.

② 전성과 연성이 크고 피막이 강하고 광택이 있으므로 페인트, 바니시 등의 도료에 적합하다.

③ 접착성이 크고 기밀성, 안정성이 큰 것이 많으므로 접착제, 실링제 등에 적합하다.

④ 마모가 적고 탄력성이 크므로 바닥재료 등에 적합하다.

⑤ 성형품은 경량(비중 1.2~1.5 내외)으로 강도가(인장 300~900kgf/cm^2, 압축 700 ~2,400kgf/cm^2) 크다.

⑥ 내산, 내알칼리 등의 내화학성 및 전기절연성이 우수하여 절연재료 및 차단재료에 적합하다.

⑦ 흡수성이 적고 투수성이 없어 방수피막재에 적당하다.

⑧ 착색이 자유롭고 가공성이 크므로 장식적 마감재에 적당하다.

2) 플라스틱의 단점

① 경도 및 내마모성이 약하고 열에 의한 신축변형이 크다.

② 내열성, 내화성이 적고 비교적 저온에서 연화 · 연질되며 연소 시 연기가 많이 나고 유독가스를 발생시킨다.

③ 강성이 적고 탄성계수가 강재의 1/20~1/30 내외로 적어 구조재료로는 적당하지 않다.

21.1.2 플라스틱의 종류 및 특징

플라스틱에는 많은 종류가 있으나 특성에 따라 열경화성 수지와 열가소성 수지로 대별할 수 있다.

1) 열가소성 수지

열가소성 수지는 주로 선 모양의 고분자로 이루어져 있다. 보통 무색투명하고 가열하면 부드럽게 되어 가소성을 나타내어서 여러 가지 모양으로 성형할 수 있고, 냉각시키면 성형된 모양이 그대로 유지되면서 굳어진다. 용제에 녹기도 하여 구조재로 사용하기보다는 마감재로 많이 쓰인다.

표 21-2 열가소성 수지의 종류 및 특징

종 류	특 징	용 도
아크릴수지 (acrylic resin)	투명도와 착색성이 우수하나 고가이다. 광선이나 자외선의 투과성이 크다. 내후성, 내약품성이 크다. 내용제성이 약하여 상처 나기 쉽다.	도료, 채광재료
염화비닐수지 (polyvinyl chloride)	내산성, 내알칼리성, 내후성이 크다. 약품에 침식되지 않고 성형이 용이하다. 착색이 자유롭다. 내열성이 낮고(약 70℃) 온도에 의한 신축이 크다.	필름, 시트판, 관, 파이프, 타일, 도료
폴리에틸렌수지 (polyethylene)	저온에서 탄성이 풍부하고 내약품성이 크다. 비교적 노화가 되지 않는다.	필름, 시트, 전선피복
폴리스티렌수지 (polystyrene)	내수성과 내약품성이 크다. 발포스티로폼은 단열 및 완충재로 사용한다.	포장재, 스티렌페이퍼, 건축 벽타일, 천장재
폴리아미드수지 (polyamide)	인조섬유제로서 인장강도와 내마모성이 우수하다. 나일론의 재료로 이용된다.	내장재

2) 열경화성 수지

액상, 분말형태의 반제품으로 가공한 다음 경화제를 첨가하거나 가열 · 가압하여 비망상의 거대분자로 된 반제품을 그물 모양의 조밀한 망상으로 제조한 것이다. 가열하면 가소성을 갖게 되나 동시에 분자간의 결합으로 경화되고 한 번 경화되면 불용불융성 물질이

표 21-3 열경화성 수지의 종류 및 특징

종 류	특 징	용 도
에폭시수지 (epoxy resin)	내약품성이 크고 접착성과 내열성이 있다.	구조용 접착제, 도료
실리콘수지 (silicon resin)	내열성과 내한성이 크고 발수성이 있다. 내후성 및 내화학성이 아주 우수하다. 상당히 고가이다.	방수제, 윤활제, 보색제, 접착제, 도료
페놀수지 (phenol resin)	견고하고 강도가 크다. 내약품성, 내열성이 있다. 흑색 또는 흑갈색으로서 베이클라이트의 원료이다.	전기절연재료, 도료접착제
요소수지 (urea formaldehyde resin)	강도, 내수성, 내약품성이 크다. 내열성이 있다. 투명하여 착색이 자유롭다.	기구, 합판접착제
멜라민수지 (melamine formal-dehyde resin)	투명하고 표면경도와 내수성이 크다. 내약품성과 내열성이 좋아 표면 치장재로 쓰인다. 착색이 자유롭다.	호마이카 접착제
폴리에스테르수지 (polyester resin)	강도가 크고 투명하다. 유리섬유와 혼합하여 FRP 제품을 만든다. 내열성이 좋다.	강화판, 도료, 판상제품, 욕조, 레진콘크리트

된다. 열을 가하면 연화되지 않고, 용제에도 녹지 않아 화학약품 등에 안전하다.

21.1.3 일반적 성질

1) 강도

가벼우면서 강하나 탄성계수는 낮다. 응력-변형관계는 시간이 증가할수록 점탄성 특징(크리프 현상)을 갖는다. 하중조건에 따라 반드시 우수한 강도 특성을 갖지는 않으며, 열가소성 플라스틱의 강도는 온도에 대한 의존성이 크다.

2) 열적성질

열전도율이 작아 단열재 등으로 사용되나 가공 및 이용상 결점이 발생한다. 열팽창계수가 큰 재료는 치수에 대한 안정성이 나빠 시공 시 변형량을 고려할 필요가 있다. 열가소성 평판의 곡면가공은 반지름을 판두께의 30배 이하로 하고, 구부러지거나 휠 때에는 110℃~130℃ 내외로 가열가공을 원칙으로 한다. 두께 2mm 이상의 열경화성재는 가소성 수지를 사용하거나 성형 시 필요한 곡률을 갖도록 하고 현장에서 가열가공해서는 안 된다.

3) 내약품성

약품의 종류, 온도 및 농도 등에 따라 다르나 일반적으로 내약품성이 좋다. 화학공업재료로서 약액탱크의 라이닝재 등으로 사용할 수 있다.

4) 화학적 성질

아크릴, 폴리카보네이트는 광학적으로 유리와 같이 우수한 특성을 갖는 수지이나 정전기에 의한 먼지 부착, 자외선에 의한 열화 등의 단점이 있다.

5) 내화성

범용 수지의 내열온도는 60℃~300℃로서 일반적으로 불에 약하다.

21.1.4 공법

1) 일반사항

열가소성 플라스틱재는 열팽창계수가 크므로 경질판에 플라스틱재를 정착할 때에는 열에 의한 신축을 고려해야 한다. 아크릴, 폴리에틸렌 평판은 10℃의 온도차에 대하여 1m마다 1mm~1.5mm, 비닐평판은 0.7mm~0.8mm의 신축여유를 두는 것을 표준으로 한다. 열가소성 재료는 열에 따른 경도의 변화가 있으므로 50℃(단시간 60℃) 이상 넘지 않도록 하며 표 21-4에 제시된 온도를 초과하지 않도록 주의한다.

표 21-4 열가소성 플라스틱 재료의 허용 사용온도

종 류	허용 사용온도
경화폴리에스테르	80℃(단시간 100℃)
요 소	
페 놀	100℃(단시간 120℃)
멜라민	

마감부분에 사용하는 경우 표면의 흠, 얼룩, 변형이 생기지 않도록 하고 필요에 따라 종이, 천 등으로 적당히 양생한다. 양생한 후에는 부드러운 헝겊에 물, 비눗물, 휘발유 등을 적셔서 청소한다. 아크릴재에는 도료용 용제(초산에스테르, 아세톤)가 묻지 않도록 하고 공사한 부분에는 청소 후 특정의 대전방지제로 마무리한다.

2) 일반공법

플라스틱재의 일반공법은 표 21-5에 따른다. 연질재 플라스틱의 절단면은 2절 또는 3절로 꺾어서 고주파 재봉틀, 전기인두, 용접 등에 의하여 마무리한다. 염화비닐리덴 직물 절단부의 실 풀어짐을 방지하려면 고온절단기(hot knife)를 사용하여 절단한다.

경질재의 구멍뚫기는 천천히 드릴로 뚫고, 필요한 때에는 비눗물 등을 이용하여 녹아 붙지 않게 한다. 구멍뚫기 위치는 재질, 구멍크기, 재료, 두께 등을 고려하여 끝내기할 때에 파괴되지 않도록 정한다. 평판의 경우는 구멍 크기의 3배 또는 재료두께의 2배 이상 재료 끝에서 떨어지게 하는 것을 표준으로 한다.

플라스틱 뒤판은 습기의 침입을 방지하여 심재의 변형에 따른 부재의 변형을 막기 위해 사용된 부재의 뒷면에 사용한다. 이것은 두 종류로 구분되며 뒤판시트는 장식되지 않은 플라스틱판이 사용된다. 금속시트는 도금된 금속시트, 광택 처리된 스테인리스 스틸 등이 사용된다. 제작자에 대한 설치 요구사항의 지시는 시공자와의 충돌을 피하기 위해서 반드

표 21-5 플라스틱재의 일반공법

종류	형상	절단	구멍뚫기	정착	접착	비고
비닐 아크릴 멜라민	평판 골판(곡판) 적층판	목수톱	핸드 드릴 송곳	못 작은나사 나사못	접착제	가열에 의한 성형
비닐	타일	날·재단기	자유	못 리벳	뒷받침이 있는 것을 제외하고 특정 접착제	
	레더, 시트, 필름, 페이퍼	가위·날				

시 제품에 명기한다. 습기로 인한 피해로부터 작업을 보호해야 하고, 기온·습도조건이 피해를 줄 경우 시공하지 않는다.

3) 접착

플라스틱재의 정착에 있어서는 처짐과 구부러짐, 뒤틀림 등이 생기지 않도록 주의해야 한다. 부재의 표면을 적절한 방법으로 처리하고, 피착재의 종류에 적당한 접착제를 선정한다. 작업할 때에는 높은 온도를 피하고 시공 후의 박리탈락 등이 없도록 한다.

에멀션형 접착제는 겨울에 얼지 않도록 보온해야 한다. 용제형 접착제를 사용하는 경우는 화기에 주의하고 작업장의 환기를 충분히 하며, 피착재에 침식이 없는 것을 선택해야 한다.

열경화성 접착제에 경화제 및 촉진제를 가해서 사용할 경우, 사용 중에는 심한 발열경화가 없도록 혼합시의 규정량을 엄수하고 적정량의 배합을 해야 한다. 여분의 접착제는 건조나 경화 전에 주걱, 봉 등으로 피착재를 침식하지 않는 용제나 비눗물 등으로 청소한다.

21.1.5 각부 시공법

1) 지붕

지붕에 플라스틱재를 부착시킬 때에는 서까래마다 나비방향에 대하여 서까래 간격 55cm 내외일 때에는 3개소, 85cm 내외일 때에는 4개소 이상에 고정하고, 와셔 및 아스팔트를 침투시킨 펠트·고무 등의 패킹을 사용하며, 간격 130cm의 경우는 금속제의 와셔를 사용한다.

지붕방수용 필름을 사용하는 경우의 이음은 접착 또는 녹여 붙인다. 레더 페이퍼(leather paper) 가공지를 사용하는 경우의 공법은 아스팔트 펠트지에 준하며, 반드시 수지면을 위로 하고, 필요한 겹치기가 생기지 않을 경우에는 접착 또는 녹여 붙인다.

플라스틱 평판을 지붕에 사용할 때의 공법은 유리공사에 준하며 온도에 따른 신축 및 처짐이 생기지 않도록 주의한다.

2) 바깥벽

바깥벽에 플라스틱 골판을 사용하는 경우의 공법은 석면 슬레이트 골판에 준한다. 골판의 흐름방향 겹침은 10cm, 나비방향의 겹치기는 피치 13cm, 골은 0.5골, 기타의 것은 1.5골 이상으로 한다. 골판의 부착은 나비방향에 대해서 수평재 간격 55cm 내외일 때에는 3개소, 85cm 내외일 때는 4개소 이상으로 하고 와셔를 사용하는 것을 원칙으로 한다.

3) 안벽

안벽에 플라스틱 평판 또는 골판을 사용하는 경우는 신축을 고려해서 누름고정을 원칙으로 하고, 실링(sealing)재를 사용하는 경우는 동질의 재료를 사용하는 것을 원칙으로 한다.

적층판을 사용하는 경우의 공법은 합판의 공법에 준해서 접착하는 것을 원칙으로 한다. 연질재의 정착은 못과 나사못으로 하고, 열가소성 평판의 정착간격은 판두께의 300배 이내로 한다. 접착할 때에는 바탕을 평평하게 마무리하고 특수한 접착제로 고착시킬 때에는 가압정치한다.

경질플라스틱 타일의 접착은 특수한 접착제를 사용하고, 평탄한 바탕에 바로 붙이는 것을 원칙으로 한다. 압착 후 여분의 접착제는 닦아내고 비눗물 등으로 깨끗하게 청소한다.

연질재를 사용하는 경우는 바로 바르기로 하고, 보기 흉한 주름이 생기지 않게 한다. 기포재나 중공적층재를 사용하는 경우에는 바탕틀에 빈틈없이 넣거나 접착제로 바탕에 바로 바르기 또는 합판 등에 붙이기를 한다.

레더 페이퍼 가공지를 직접 바탕에 바를 경우는 접착제를 바탕에 얼룩이 생기지 않도록 바르고 고무롤러로 다지고 밀착시켜서 마감한다. 바탕을 사전에 종이로 바르거나 뗄 수 있는 벽판에 바를 경우에는 사전에 벽판을 띄우고, 앞서 설명한 공사에 준하여 마감하며 건조 고착한 후 붙인다.

직물에 접착제를 사용하는 경우에는 접착제가 스며나와 표면에 오염이 생기지 않도록 주의하고, 염화비닐리덴 직물의 경우는 정착 후의 수축을 생각해서 말아 넣기 또는 띠장 붙이기 등을 한다.

4) 반자

반자에 플라스틱 평판, 골판, 형판 또는 적층판을 사용하는 경우에는 정착방법에 주의해서 처짐이나 빈틈이 생기지 않도록 한다. 평판의 정착간격은 열가소성재이면 두께의 200배 이내, 열경화성재이면 두께의 300배 이내로 한다.

천장에 레더나 레더 페이퍼 가공지, 기포재, 중공적층재를 바른 경우와 방열용으로 필름, 레더 페이퍼 가공지를 사용하는 경우의 공법은 전기한 각부 시공법에 따른다. 열가소성재를 바르는 경우는 백열전구 등의 열에 의한 처짐과 뒤틀림에 주의한다.

플라스틱을 이용한 모서리 장색재의 경우, 같은 성질의 것을 사용하여 처짐이나 빈틈이 생기는 것을 방지한다.

5) 창호

플라스틱 평판을 울거미 없이 창호로 사용하는 경우 미닫이문의 두께는 단변의 1/100 이상으로 하고, 여닫이문의 경우는 1/50 이상으로 하는 것을 표준으로 한다. 단, 강화 폴리에틸렌판을 사용하는 경우에는 울거미를 사용하되 유리판에 준하고 누름고정을 원칙으로 한다. 실링(sealing)재를 사용하는 경우는 동질재로 한다.

평판을 울거미에 붙여 창호로 사용하는 경우, 그 두께는 열가소성재일 때 단면의 1/300 이상, 열경화성재일 때 1/600 이상으로 한다.

압재 또는 부속물의 설치는 작은 나사못이나 볼트 또는 접착제 등을 사용하고 필요한 경우에는 덧붙이기판으로 보강한다.

목제 창호에 연질재 플라스틱을 붙이는 경우와 두께 0.05mm~0.01mm의 비닐이나 필름 또는 가공지를 바를 경우의 공법은 천(포) 또는 레더 페이퍼 붙이기 공법에 따르고, 주름과 처짐이 생기지 않도록 한다.

방충문에 염화비닐리덴 직물을 사용하는 경우의 공법은 철망에 준하고 누름대를 붙여 뒤틀림이나 부풀음이 없도록 한다.

창호틀 설치 후 두께 1.5mm 이상의 합성수지제 보양판 또는 동등 이상의 성능을 가진 보양판을 창의 경우에는 밑틀에, 문의 경우에는 밑틀과 선틀의 1m 높이까지 설치한다. 마무리공사 직전까지 이 보양상태를 유지해야 하고, 후속공정에 의해 보양판을 제거할 때는 고정용 결속재를 절단하여 결속재가 외부에 나타나지 않도록 한다.

설치된 창호의 노출되는 마감면과 레일홈 등의 부분에 모르타르, 페인트, 본드, 모래, 먼지 등의 불순물이 있는 경우 깨끗하게 청소해야 한다.

6) 바닥

바닥재는 2개 이상의 층으로 구성하여 시공한다. 표면의 제1층은 색채성, 보행성, 감촉성, 유지성, 경제성, 대체성을 고려해야 하며, 제1층은 바탕 또는 구조체로서 상면의 강도, 강성, 방수성, 방음성이 요구된다.

바탕은 평탄하게 잘 다듬고 스테인 필러, 바니시, 래커, 조합페인트 등의 오염물질을 완전히 제거하고 흙, 먼지 등을 깨끗이 청소한다. 바탕면은 습도 4.5% 이내의 건조상태가 되도록 하고 바닥면에 균열이 있거나 패인 부분은 시공지침에 따라 충전재로 평탄하게 메워야 한다.

타일과 바닥용 시트를 바닥에 접착할 때에는 반드시 타일 전용의 접착제를 사용하고, 고착될 때까지 약 1일간 방치한 다음 물이나 비눗물 등으로 청소하고 마무리한다.

연질재일 때에는 고무롤러 등으로 잘 눌러서 접착면에 기포가 남지 않도록 하고, 시트, 직물, 카펫 등의 뒤붙임에 스펀지를 사용할 때에는 표면재와 접착하거나 봉착시킨다.

바닥재 시공 후 바닥이나 벽면에 묻은 접착제를 시공부위에 손상이 없도록 하여 제거하고, 시공부위의 표면은 제품생산자의 시공지침에 따라 청소와 광내기 등을 한다. 바닥재 깔기 및 청소가 끝나면 폴리에틸렌 필름 등으로 보양한다.

21.2 해체공사

21.2.1 개 요

해체(解體)란 단체나 조직, 구조, 체제 등이 풀어 흩어짐을 의미하는 한자어로서 건축물 또는 구조물을 인위적으로 해체하는 공사를 해체공사라 한다. 해체공사는 구조물 전체의 해체 뿐 아니라 일부를 파괴하거나 구조물 이전 및 개수를 위해 절단하는 공사도 포함한다.

건축물을 건설할 때에는 반영구적인 사용을 목적으로 건설된다. 그러나 물리적 노후화와 사회·경제적 환경변화로 인한 경제적 수명 단축, 건축물의 사회적 요구기능 증가에 따른 상대적 기능저하 등과 같은 다양한 이유로 인해 노후화된 기존의 건축물을 해체하고 그 부지에 새로운 건축물을 건설하는 재개발·재건축사업과 기존 건축물의 기능을 향상시키기 위한 리모델링 사업이 증가하고 있다. 재개발·재건축사업은 기존의 건축물을 해체하고 그 부지에 새로운 건축물을 건설하는 사업으로 기존 건축물의 전면적인 해체를 요구하는 반면 리모델링 사업은 구조물의 이전 및 개수를 위한 일부의 해체를 요구한다.

해체공사는 해당 사업지에 건설될 본 공사를 수행하기 위한 선행 공사이다. 따라서 안전하고 단기간 내에 최소의 비용으로 수행되어야 하고, 인접 건축물에 대한 피해를 최소화해야 한다.

21.2.2 해체시공계획

해체를 시작하기 전 사전조사 결과를 토대로 건축물의 해체방법과 작업내용에 관한 계획서를 담당원에게 제출하여 승인을 얻어야 한다. 해체시공계획 수립상의 주의사항을 정리하여 나타내면 아래와 같다.

1) 사전조사

건축물의 해체계획을 수립함에 있어 해체대상 건물의 형태, 규모 및 부지, 공사 주변의 환경조건, 해체폐기물 반출을 위한 도로사정, 처리선 등의 정보나 기술적인 사전조사를 실시하여 공기, 경제성, 안전성, 공해 방지 등을 검토한 후 해체공법을 선정한다.

표 21-6 해체시공계획 사전조사 항목

구 분	항 목	내 용
해체건물의 규모와 부지	건물 준공 시의 설계도서, 공사기록 등의 입수	건물 준공 시의 설계도서, 공사기록, 특히 신축 이후의 증·개축에 대한 기록 등을 입수할 수 있으면, 이를 통해 건물의 규모, 구조, 특징 등을 파악하고 해체수량의 산정이나 해체공법 선정의 자료로 사용한다.
	부재의 형상, 치수의 실측	설계도서의 보존 여부와 관계없이 현지조사를 실시하여 구조형식이나 증·개축의 유무, 건물의 균열 및 철근의 부식상황, 바닥 등의 처짐, 구조부재의 노후도, 각 구조부재의 형상과 단면치수 및 마감상태, 잔존 설비의 상황 등을 조사한다.
	공지의 확인	가설건물 양생건물 이외 해체공사에 필요한 기자재의 작업공간 및 반출 콘크리트의 저장공간, 가설도로 등의 부지상황을 조사한다.
	관계자에 대한 조사	시공 당시의 관계자에 대한 면담조사가 가능할 경우 면담을 실시하여 건물 및 부지의 특성을 조사한다.
	잔존부의 조사	부분해체 시 동일 부지 내의 건축물을 해제공사 시행 중에도 사용하는 경우, 진동에 의해 영향을 받는 설비기구에 대한 조사를 실시해야 한다.
	부지 내 매설물의 확인	부지 내에 매설된 가스, 수도관, 전기, 전화배선 등의 위치나 심도를 조사하여 해체공사 지장 여부를 확인 후 조치한다.
	부지의 시험파기 및 내력조사	흙에 접한 부분의 조사는 필요에 따라 시굴, 보링 등을 수행하고, 외벽 부분 및 기초 부분에 대한 조사를 실시한다. 한편, 해체공사 및 신축공사의 공사계획 시 중기를 설치하거나 부재를 흙막이재로 이용하는 경우에는 구조적인 검토를 해야 한다.
	재해경력, 위험물 등 조사	해체대상 건물의 화재, 동해 및 지진피해 상황 등을 추적 조사한다. 또한 잔존시설의 위험물, 가연물, 이중 슬래브 내 침전물의 유무 및 처리상황을 조사해야 한다.
환경조사	주변건물, 공작물, 도로 등의 조사	해체장소 주변의 건축물, 공작물 등의 구조 및 규모, 마감재의 상태, 파일의 유무 및 도로의 구조, 사용상황, 노후도, 공사현장과의 거리, 위치, 관계를 면밀히 조사한다.
	특정건물의 조사	해체장소의 주변에 있는 공공시설 및 특수 용도의 건축물, 즉 교육시설, 아동복지시설, 노인복지시설, 병원, 도서관 등이 있는지 조사한다. 또한 진동, 분진, 소음에 의한 장해가 예상되는 건축물(전자현미경, 인쇄기, 통신기, 컴퓨터 등 정밀기기를 사용하는 곳)을 조사하고 가능하면 그 허용치를 파악한다.
	인근 주민 및 상점가 등에의 영향 정도	자택 요양 중인 환자나 야간작업인, 또는 수험생이 있는 경우는 주의가 필요하므로 조사를 실시한다. 또한 해체 및 반출 차량이 주변 상점에 미치는 손익 정도를 파악하고 가능한 많은 인근주민의 의향을 조사해야 한다.
	전력 및 급배수의 시설조사	해체공사 시 각종 기기의 전력사용에 대한 대책으로 주변의 전력상황과 해체 시 발생하는 분진 등을 위한 살수 및 기타 사용에 필요한 급수 및 배수시설을 설치해야 한다.
	공사 주변 및 처리선까지의 도로 규제	공사장 주변에서의 주행속도, 적재차량, 연약지반의 도로 등에 대한 조사검토가 필요하며 해체재를 반출하는 적재트럭의 대기장소나 적재할 수 있는 공간의 확인, 차량의 반출입방법을 검토한다.
	해체 시의 기상조건	강수일수, 강수량, 적설, 풍속, 풍향 등 기상조건은 해체공사에 미치는 영향이 크기 때문에 통계자료 및 기상청에 문의하는 등 조사하여 공정계획 시 이를 반영시킨다.

2) 공법의 선정

해체공법의 산정방법은 사전조사를 근거로 하여 공사의 기간, 시공성, 안전성, 경제성, 공해 등의 법적 규제 및 주변의 생활환경 등을 충분히 검토하여 해체작업상 모든 필요조건을 예측해서 이에 대응할 수 있는 적절한 해체공법을 선정한다. 공법 선정 시 고려사항을 정리하여 나타내면 다음과 같다.

① 규모 및 구조 등 해체대상 구조물에 대한 조건
② 도로사정, 주변건물, 부지넓이 등의 조건
③ 환경공해 조건
④ 안전대책
⑤ 주민통제계획
⑥ 철거방법의 안전성·효율성

3) 계획의 변경

해체시공계획은 공사의 지침이 되므로 현장책임자는 그 내용을 잘 이해해야 하며, 임의대로 변경하거나 본 계획에서 벗어난 작업을 해서는 안 된다. 또한 계획을 변경할 경우에는 공사의 안전을 확보하는 관점에서 진지하게 검토해야 하며, 시공내용에 미비한 점이나 불명확한 점이 있을 경우에는 담당원에게 수정과 개정을 요구하고 완전하게 합의한 후 작업해야 한다.

4) 공정계획

해체공법과 작업량을 바탕으로 작업순서를 결정하고 작업기간을 산출한다. 정확한 공정계획을 수립하여 무리한 공사 또는 사고가 발생하지 않도록 해야 한다. 또한 해체공사에 뒤이어 신축공사가 예정되어 있을 때에는 신축공사 착공과 관련하여 해체공사의 시공순서와 병행하여 작업방법을 검토한다. 해체되는 건축물의 지하에 지하실과 같은 대형 구조물이 존재하는 경우 신축공사의 지하공사와 간섭을 일으킬 수 있으므로 주의해야 한다.

21.2.3 해체공법의 종류별 특징

해체공법은 여러 가지 종류가 있으며, 이러한 공법은 단독으로 사용되는 경우도 있으나 대부분의 경우 2~3종류의 공법을 조합한 형태로 작업이 실시되며, 해체 건물의 종류에 따라 수종의 공법을 조합하여 사용할 수 있다. 이러한 각종 병용작업은 일반적으로 널리 채용되고 있는 것과 특수조건하에서 채용되는 것으로 분리되지만, 이러한 경우 적용되는 각 공법에 대하여 관련된 유의사항이 모두 준수되어야 한다.

표 21-7 해체공법의 종류

구 분	해 체 공 법
기계력에 의한 공법	핸드 브레이커, 대형 브레이커, 절단기, 강구, 다이아몬드 와이어 쏘우
전도에 의한 공법	전도붕괴공법
유압력에 의한 공법	유압식 확대기, 잭, 압쇄기
화약, 가스 폭발력	발파공법
전기적 발열력	직접 통전가열공법, 유도가열공법, 유전체손실법, 마이크로파법
제트력에 의한 공법	샌드제트공법, 워터제트공법, 화염제트공법
정적파쇄제에 의한 공법	정적파쇄제

1) 기계력에 의한 해체공법

기계의 힘을 이용해 부재 및 건축물을 파괴하는 공법으로서, 기계의 종류에 따라 핸드 브레이커, 대형 브레이커, 절단기, 강구, 다이아몬드 와이어 쏘우 공법 등이 있다.

① 핸드브레이커공법

이 공법은 압축기에서 보낸 압축공기에 의해 핸드 브레이커 두부의 정을 반복적으로 작동시켜 콘크리트를 파괴하는 공법이다. 이 공법은 사람이 핸드 브레이커를 이용해 직접 해체작업을 수행하는 공법으로서 작은 부재의 파쇄가 용이하지만, 부재 파쇄 시 발생하는 소음과 진동, 분진으로 인한 안전사고 발생위험이 크다. 따라서 작업자는 반드시 보호구를 착용해야 한다. 또한 기기가 무거우므로 작업환경에 대한 정리, 정돈이 잘 되어 있어야 하고, 안전사고를 방지하기 위해 작업자는 항상 하향자세를 취해야 한다. 작업은 상부에서 하부로 수행해야 하고 급유는 항상 충분히 하고 공기 호스 상태를 점검한다.

그림 21-1 핸드 브레이커

② 대형 브레이커공법

대형 브레이커공법은 브레이커 해머를 파워 쇼벨에 장착하여 부재 및 건축물을 파쇄하는 공법이다. 이 공법은 기둥, 보, 바닥, 벽의 해체에 적합한 공법으로서 진동과 소음이 심해 이를 완화하기 위한 소음기를 부착하여 사용하기도 한다. 대형 브레이커는 중량을 고려하여 차체의 붐, 프레임에 무리가 없는 것을 부착하고 작업장소의 슬래브 내력 및 지반내력을 확인해야 한다. 또한 자력으로 하층으로 이동할 때는 경사상태가 안전하도록 하고 작업범위 내에서의 안전사고에 주의해야 한다.

그림 21-2 대형 브레이커

③ 절단기공법

절단기공법은 다이아몬드 또는 텅스텐 카바이드를 함유한 칼날을 고속으로 회전시켜 부재를 절단하는 공법이다. 이 공법은 사람이 절단기를 이용해 직접 부재를 절단하므로 소형부재의 절단에 용이하지만, 절단에 이용되는 칼날과 부재 절단 시 발생하는 열로 인한 안전사고 발생위험이 크다. 따라서 작업 전 톱날이 안전하게 부착되어 있는가를 항상 점검하고 톱날 주위는 접촉방지용 덮개를 설치하여 안전에 유의한다. 또한 절단기용 전기와 절단 도중 톱날의 열을 제거시키는 냉각수량을 확인하고 급배수시설은 수시로 정비, 점검해야 한다. 절단기의 절단작업 또는 이동 시의 바닥판은 항상 평탄하게 유지하고, 절단도중 불꽃 비산이 많거나 수증기가 발생하여 과열될 위험이 있을 때에는 작업을 일시 중단하였다가 냉각 후 재개하도록 한다. 또한 절단작업은 직선으로 하여 최소단면으로 절단하도록 한다.

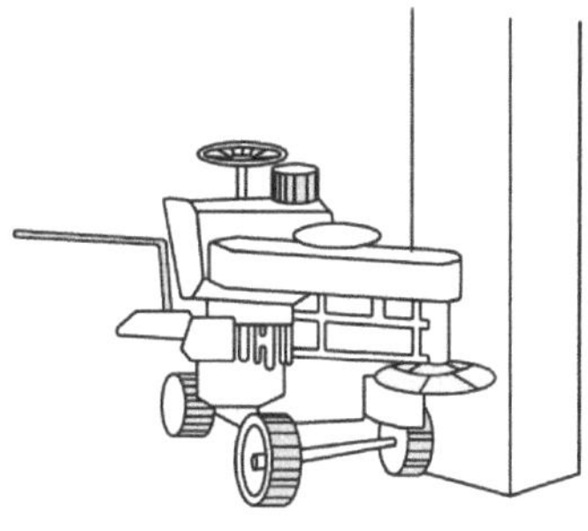

그림 21-3 절단기에 의한 기둥의 절단

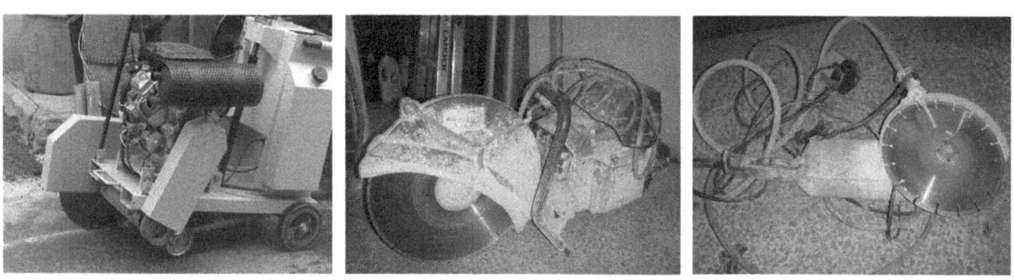

그림 21-4 절단기

④ 강구(steel ball)공법

강구공법은 크레인 선단에 강구를 매달아 수직 또는 좌우로 흔들어 구조물에 부딪히고 그 충격력을 이용해 구조물을 파괴하는 공법이다. 이 공법은 작업능률이 좋고 비교적 해체비용이 적게 소요되어 경제적인 공법이지만, 소음과 진동이 크고 지하매설물 및 인접건물에 대한 피해가 큰 공법이다. 또한 분진발생이 많고 강구 공법 적용 후 구조물의 철근 절단에 시간이 많이 걸린다. 강구의 크기는 해체대상물의 구조와 형상 등을 고려하여 적당한 것을 선정하고 강구의 중량, 작업반경 등을 감안하여 붐과 프레임, 차체에 무리가 없고 충분한 충격력을 가할 수 있는 기종을 선정한다. 강구공법은 강구의 원심력을 이용하는 공법이므로 수평진동 이용 시 크레인의 전복에 주의해야 한다. 또한 강구를 결속한 와이어로프의 종류와 결속상태는 안전과 직결될 수 있으므로, 강구의 크기 및 중량에 따라 적합한 종류와 직경을 사용해야 하고 결속상태를 항상 점검해야 한다.

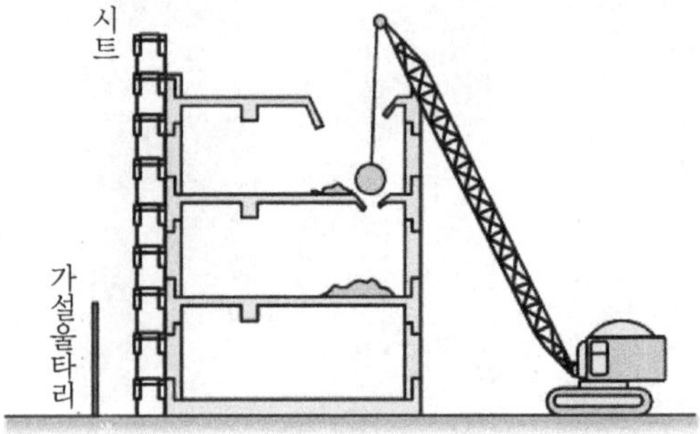

그림 21-5 강구공법

⑤ 다이아몬드 와이어쏘우공법

다이아몬드 와이어쏘우공법은 다이아몬드를 함유한 줄톱을 부재에 감고, 이를 고속회전시켜 부재를 절단하는 공법이다. 이 공법은 소음과 분진이 적고 절단 깊이와 각도 조절이 비교적 자유롭고, 협소한 장소에서도 큰 부재를 해체할 수 있는 장점이 있다. 그러나 절단작업 중 와이어가 끊어지거나 수명이 다할 경우 와이어 교체가 곤란하므로 수시로 점검해야 하고, 절단면적을 고려하여 와이어 길이를 결정해야 한다. 또한 절단면에 고온이 발생하므로 냉각수 공급을 적절히 해야 한다.

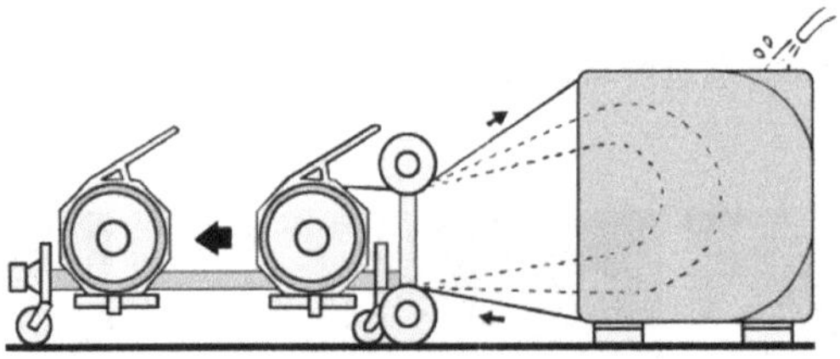
(a) 수직절단

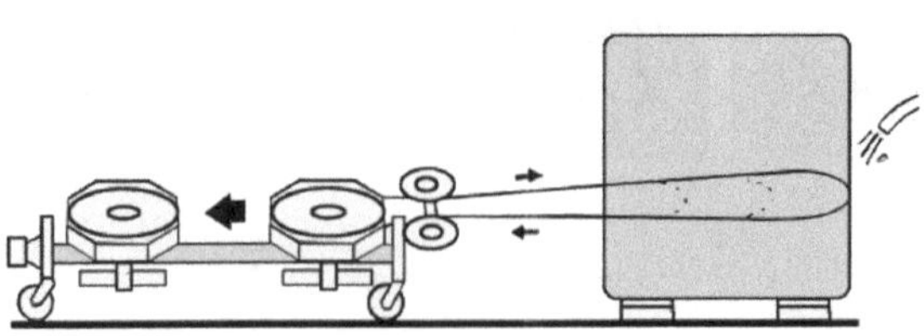
(b) 수평절단

그림 21-6 다이아몬드 와이어쏘우공법

2) 전도에 의한 해체공법

전도에 의한 해체공법은 구조물이나 부재의 일부를 파괴 또는 절단한 후, 자중에 의한 전도 모멘트와 와이어에 의한 인장력을 이용해 전도시키고, 이를 브레이커 등을 이용해 파쇄하는 공법으로서 기둥, 벽 등 수직부재 해체에 적합하다. 이 공법은 대형 부재 및 구조물을 가장 작은 부위를 절단해 해체시킬 수 있는 효율적인 공법이다. 그러나 전도 순간 발생하는 소음과 진동, 분진이 매우 많고, 인접하는 대지와 건축물, 부재에 미치는 영향이 크다. 따라서 모든 작업은 작업계획에 따라 순차적으로 실시하고 전도 시에는 신호를 하여 다른 작업자가 완전히 대피한 후에 시행한다. 와이어로프를 끌어당길 때에는 서서히 하중을 가하도록 하고, 구조체가 전도되지 않는다 하여 반동을 주어 당겨서는 안 된다. 예정 하중으로 전도되지 않을 때에는 가력을 중지하고 절단부분을 더 깎아내도록 하고, 전도 시의 충격과 진동을 막기 위한 완충조치를 하며, 전도물과 완충재에 충분히 물을 뿌려 분진발생을 최소화해야 한다. 또한 전도작업은 반드시 연속으로 수행하여 그날 중으로 종료시키고 부재를 절단한 상태에서 그대로 방치해선 안 된다.

3) 유압력에 의한 해체공법

① 유압식 확대기공법

사전에 코어드릴 등을 이용해 부재에 구멍을 뚫고, 그 구멍에 유압에 의해 작동하는 쐐기를 삽입한 후 유압을 이용해 쐐기를 확대하여 부재를 파쇄하는 공법이다. 이 공법은 천공된 구멍이 구부려져 있을 경우 기계 자체에 큰 응력이 생겨 부러지거나 파손될 염려가 있으므로 일직선이어야 한다.

② 잭공법

유압으로 작동하는 대형 잭을 부재 사이에 설치한 후 잭을 늘림으로써 부재 사이를 이격시켜 구조물을 해체하는 공법이다. 이 공법은 슬래브와 보의 해체에 능률적이며 비교적 소음과 진동이 적은 공법이지만, 외벽과 외주 등의 해체가 곤란하고 분진발생이 많은 단점이 있다.

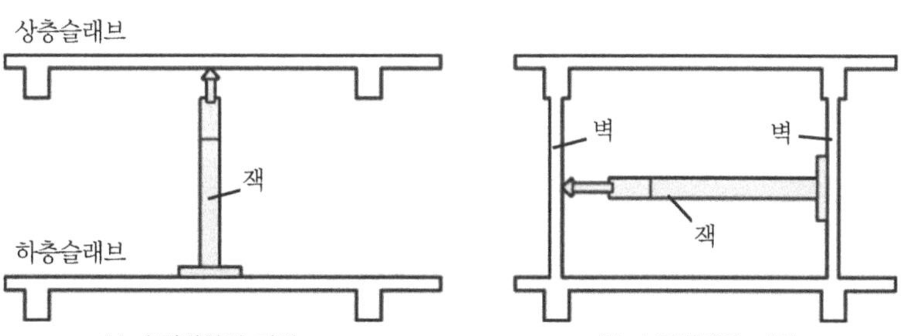

그림 21-7 잭공법의 기본원리

③ 압쇄공법

압쇄공법은 유압으로 작동하는 압쇄기를 이용해 부재나 구조물에 압축력과 굽힘 응력을 가해 파쇄하는 공법으로서, 콘크리트와 철근의 절단을 동시에 수행할 수 있는 압쇄기가 많이 이용되고 있다. 이 공법은 소음과 진동이 적고 작업능률과 기동성이 우수한 공법으로서 구조물의 형상에 관계없이 해체가 가능한 장점이 있다. 그러나 파쇄로 인한 분진이 많이 발생하고, 구조물의 일부 부재를 남겨 두었을 때 파쇄로 인한 충격으로 잔존 부재의 강성이 저하되는 단점이 있다.

그림 21-8 압쇄기에 의한 해체

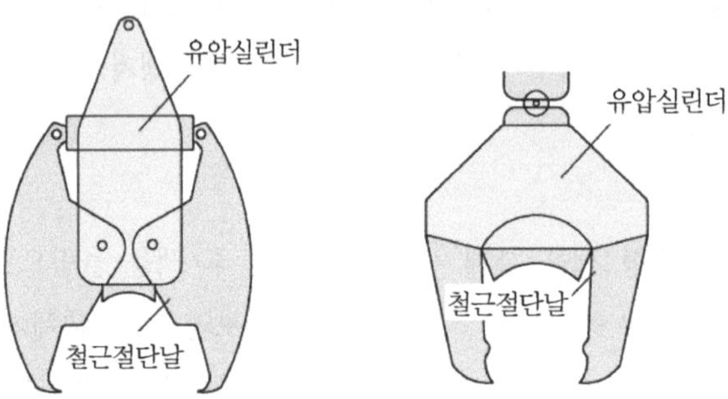

그림 21-9 양압하는 압쇄기의 프레임

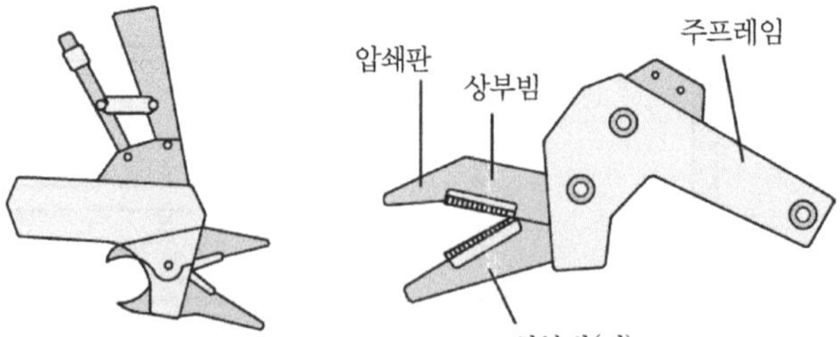

그림 21-10 끼워서 절단하는 압쇄기의 프레임

4) 화약, 가스 폭발력에 의한 해체공법

이 공법은 주요 부재를 화약이나 가스의 폭발력을 이용해 파괴하는 공법으로서 주로 화약에 의해 부재를 순차적으로 발파해서 구조물 자중에 의해 붕괴되도록 유도하는 발파해체공법이 이용된다. 이 공법은 해체기간이 매우 짧아 진동과 소음으로 인한 민원이 적고, 대규모 고층 건축물일수록 자중에 의한 순차적 파쇄가 용이해 도심지 고층 건축물의 해체에 적합한 공법이다.

① 전도공법

이 공법은 전도에 의한 해체공법을 발파해체에 적용한 공법이다. 이 방법은 대상 구조물 주위에 여유공간이 있는 경우에 사용할 수 있는 가장 간단한 해체공법이다. 전도 시의 충격으로 인한 진동과 파쇄물의 비산으로 인한 주변의 피해가 우려되는 공법이다. 따라서 전도공법을 적용하기 전에는 전도되는 방향에 모래 등 전도충격을 완화할 수 있는 방안을 마련해야 한다.

② 단축붕괴공법

단축붕괴공법은 건축물 상부 부재를 발파하여 상부부터 붕괴시키고 붕괴된 상부구조물의 자중을 이용해 건축물 하부의 연속적인 붕괴를 유도하는 공법이다. 이 공법은 일반적으로 해체대상 건축물 주변에 여유공간이 부족한 도심지에서 주로 사용되는 공법으로서 발파의 순서를 조정하여 파쇄물이 흩어지지 않고 건축물의 중앙방향으로 쌓이도록 한다.

③ 상부붕락공법

전도와 단축붕괴를 혼합한 공법이다. 일반적으로 건물 내 기둥 열이 2~3열 정도로 한정된 경우 사용하며, 일방향의 여유공간을 확보한 경우에는 쉽게 적용할 수 있다.

④ 내파공법

내파공법은 건축물의 중심부부터 붕괴되도록 발파시차를 조정하여 건축물의 외벽을 중심부로 끌어당기면서 붕괴시키는 폭파해체 공법이다. 이 공법은 파쇄물의 비산이 적어 인접 건물과의 거리가 가깝고 여유공간이 적은 도심지에서 주로 이용된다.

⑤ 점진적 붕괴공법

점진적 붕괴공법은 길이가 긴 건축물 또는 구조물에 적용되는 공법으로서 구조물의 한쪽 끝에서부터 선형적으로 붕괴가 이루어지는 공법이다.

5) 전기적 발열력에 의한 공법

철근콘크리트 구조체 내의 철근에 전기적 에너지를 주어 이것을 열에너지로 변환시켜 콘크리트를 파쇄하는 것으로, 직접 철근에 접속하는 직접철근 가열법, 전자유도를 이용한 전자유도 가열법, 콘크리트 표면에 유전체 손실을 이용하여 전자기를 조사하는 전자파 조사법 등이 있다. 전기적 발열력에 의한 해체공법은 전기와 전자기를 이용하는 공법이므로 공법 시행 시 인체에 미치는 영향을 최소화하기 위한 방호조치를 반드시 취해야 한다.

① 직접철근 가열법

철근콘크리트 구조체에 전류를 직접 흐르게 하면 콘크리트 속의 철근이 전기 저항체의 역할을 하게 되어 저항열이 발생하게 된다. 철근의 온도가 급속하게 상승하게 되면 콘크리트 내부의 온도와의 차이로 인해 철근콘크리트 구조체에 균열이 발생하게 된다. 직접철근 가열법은 이상과 같은 작업을 반복적으로 수행함으로써 철근콘크리트 구조체를 파쇄하는 공법이다.

② 전자유도 가열법

철근콘크리트 부재의 외부를 코일로 감아 400Hz 정도 이상의 고주파 전류를 흐르게 하면 철근에 과전류가 발생하여 철근이 발열하게 된다. 약 2분~3분이 경과되면 철근의 온도가 500℃~600℃에 이르게 되고, 콘크리트와의 온도 차이로 인해 부재에 균열이 발생한다.

③ 전자파 조사법

콘크리트 구조체에 강한 전자파를 가하여 전자파 에너지가 구조체 내부에서 감쇠하면서 열에너지로 변화하는 유전체 손실이 발생한다. 전자파 조사법은 이 원리를 이용해 콘크리트 내부를 가열함으로써 콘크리트 내에 함유된 수분의 체적변화에 따른 파괴와 가열부분과 비가열부분 간의 온도차이에 의한 균열을 유도하는 방법이다.

6) 제트력에 의한 공법

제트(jet)란 증기나 기체, 액체 등이 고속으로 분출하는 상태를 말하며 분류(噴流)라고도 한다. 제트엔진이나 로켓에서와 같이 증기나 기체, 액체 등을 고속으로 분출할 경우 강한 압력과 에너지를 가지게 되는데, 이 원리를 부재의 절단 및 파쇄에 활용하는 공법이 제트력에 의한 해체공법이다. 제트력에 의한 해체공법은 분사대상에 따라 워터제트공법, 연마재혼합 워터제터공법, 화염제트공법 등으로 구분할 수 있는데, 제트압력이 크기 때문에 안전사고에 유의해야 한다.

① 워터제트(water jet)공법

워터제트공법은 물을 초고압, 초고속으로 분사하고 그 충돌점에서 발생하는 압축파와 전단파를 이용해 콘크리트를 파쇄하거나 절단하는 공법이다. 일반적으로 파쇄에 필요한 물의 분사압력은 콘크리트 강도의 약 10배~15배 이상으로 하고, 7,000kg/cm^2 이상에서는 분사되는 물이 결빙될 수 있으므로 동결방지제를 사용해야 한다.

콘크리트의 강도와 제트압력에 따라 콘크리트의 파쇄효과는 다르다. 일반적으로 두께 30cm의 콘크리트에서 약 8cm/min 정도의 속도로 절단이 가능하지만, 철근의 절단은 힘들다는 단점이 있다.

② 연마재혼합 워터제트공법

연마재혼합 워터제트는 연마재를 분사시켜 콘크리트를 파쇄하거나 절단하는 공법이다. 연마재를 강력한 힘으로 분사시키기 위해서는 높은 압력의 물이 사용되는데, 일반적으로 2,800kg/cm^{2}의 초고압력수가 이용된다. 연마재로는 광물계, 금속계, 인조물 등이 사용되는데, 사용된 연마재는 세립화되기 때문에 재이용이 어렵다. 이 공법은 워터제트공법의 장·단점을 대부분 공유하고 있다. 콘크리트의 강도와 제트압력에 따른 콘크리트의 절단 및 파쇄효과는 워터제트공법보다 상대적으로 크고 비용이 많이 소요된다.

③ 화염제트공법

화염제트공법은 로켓의 원리를 이용한 해체공법이다. 이 공법은 로켓형 버너에 등유와 산소를 혼합한 고온·고압의 화염제트를 음속의 4배~6배의 초고속으로 분사하여 구조물을 용융시켜 해체하는 공법이다. 이 공법은 초음속 분사로 인한 큰 소음이 발생하므로 방음이나 차음대책이 없으면 시가지에서의 적용이 곤란한 단점이 있다.

7) 정적 파쇄제에 의한 공법

정적 파쇄제는 수화반응이 활발하게 이루어지는 광물로서 팽창압을 이용해 암석이나 콘크리트를 파쇄하기 위해 사용하는 팽창성 물질이다. 암석이나 콘크리트를 천공하고 그 구멍 속에 정적 파쇄제를 물과 혼합하여 충진하면 수화반응으로 인해 정적 파쇄제는 팽창하게 된다. 이때 정적 파쇄제의 팽창으로 인해 콘크리트 내부에는 압축응력과 압축응력의 직각방향으로 인장응력이 함께 발생하게 되는데, 인장응력이 콘크리트의 허용인장응력을 초과할 경우 콘크리트는 파쇄된다. 정적 파쇄제가 구비해야 할 조건은 다음과 같다.

① 천공한 구멍 속에 충진작업이 용이할 정도의 경화시간(pot life)을 가질 것.
② 충진 후 수화발열 등에 의해 구멍에서 분출되지 않고 시간의 경과에 따라 발현하는 팽창압이 피파쇄체에 균등히 전달될 것.
③ 파쇄에 필요한 팽창압에 달하는 시간이 짧을 것.
④ 위험과 독성이 없을 것.

21.2.4 해체공사 시공

1) 작업준비

해체시공계획을 바탕으로 공사수행 시 소음, 진동, 분진, 해체재의 비산, 낙하, 교통 등에 대한 문제점을 최소로 줄일 수 있도록 세심한 주의를 해야 하며, 공사 수행에 앞선 주변의 상황을 확인하고 주변상황에 적합한 작업을 해야 한다. 작업준비단계에서 수행해야 할 주요한 업무는 표 21-8과 같다.

표 21-8 해체공사 시공 전 준비사항

구 분	내 용
각종 신청 및 신고	해체공사 수행에 앞서 건축법에 의한 공사현장에서의 가설물 설치 신고, 도로법, 도로교통법에 의한 도로의 점용, 통행제한 구역 내의 특수차량 출입, 공해발생에 대한 특정 공사의 사전신고 등 해체공사에 필요한 제반사항을 미리 조사하여 해체 시공계획에 따라 건물 소유자 또는 시공자가 각종 신고수속을 마쳐야 한다.
설비관계 인입배관의 철거	건물 내에 인입되어 있는 전기, 전화, 가스, 수도, 하수도 등 주요 배관설비에 대한 봉인 및 철거를 해야 한다.
가공선의 양생	반입, 반출로의 가까이에 가공선이 있는 경우 담당원과 충분한 협의를 하여 공법, 각종 양생시설, 안전대책을 수립해야 한다.
반입, 반출로	반입, 반출로는 내외 조건을 종합적으로 판단하여 위치를 결정하고 출입구 부분은 항상 정리, 정돈을 하며, 반입, 반출 시 필히 경비원을 배치하여 제3자의 안전에 유의한다.

2) 해체공사 수행 시 주의사항

해체공사는 해체 준비 및 계획에 근거하여 예정된 공법, 공기 및 예산 내에서 공사가 안전하며 능률이 좋게 수행해야 한다.

① 수종의 공법을 조합하여 사용하고자 할 때에는 담당원과 협의하여 결정한다.

② 가연물이나 진동 등에 낙하, 탈락 및 박리가 되기 쉬운 재료는 사전에 철거한다.

③ 구조물은 해체순서에 따라 해체작업을 체계적으로 진행한다.

④ 부재형태로 해체할 때는 알맞은 크기로 나누어 해체한다.

⑤ 해체된 부분을 지지하는 벽체나 바닥 또는 골조에 과다한 하중이 부과되지 않도록 주의한다.

⑥ 구조용 골조부재를 해체할 때는 기중기, 데릭 또는 다른 적당한 방법으로 안전하게 지면에 내려놓는다.

3) 해체방법

구조물의 특성에 따른 해체방법은 아래와 같다.

① 목조물의 해체

목조물의 해체는 신축 시와 반대의 순서로 진행하고 화재에 유의해야 한다. 정화조, 우물 등의 개구부는 쉽게 움직이지 않는 덮개로 덮고 재사용 재료와 폐기할 재료를 명확히 구분한다. 또한 전도의 경우 건물의 비틀림에 주의하고 부재의 상태, 따내기 등의 상태를 항시 점검하여 불의의 전도에 의한 사고를 방지한다. 버팀대나 귀잡이 혹은 가새는 안정을 위하여 최후까지 남기고 八자 보를 달아 내리기 전에 해체한다. 이축을 목적으로 하는 경우는 구조, 조합, 수납장소를 확인해야 하며 해체물이 훼손, 오염되지 않도록 주의해야 한다.

② 철골조의 해체

철골조의 해체는 목조의 해체와 매우 유사하며 신축 시의 공정순서와 반대로 각 부재별로 가스절단하여 크레인 등으로 달아 내린다. 소규모 철골구조는 크레인을 사용하지 않아도 좋으나 안전을 충분히 고려하도록 하고 부재는 전도방향을 고려해 절단해야 한다. 이축을 목적으로 할 경우에는 볼트를 풀거나 리벳을 용단하여 빼낸 구멍을 가볼트로 막아두고 가볼트를 제거해 크레인으로 달아 내린다.

③ 지하구조물의 해체

일반적으로 지하구조물의 부재 단면 지상부에 비하여 큰 경우가 많아 화약류의 발파 등 각종 공법을 조합하여 해체하는 경우가 많다. 이 경우 현장책임자나 유자격자가 작업을 담당해야 하고 위험작업에 대비한 안전대책이 필요하다. 또한 건물의 외벽 및 기초 등과 같이 한 단면이 직접 흙에 접한 부재는 해체 시 지반에 진동이 전파될 수 있으므로 지반 침하나 주변 구조물 및 각종 시설물의 변형 등에 유의해야 한다. 지하구조물의 해체공사는 대부분 신축공사와 동시에 발주되어 굴토작업과 흙막이 지보공의 조립, 해체작업이 병행되는 경우가 많으므로 공법과 작업순서, 작업방법을 신중히 검토하여 실시해야 한다.

④ 옹벽의 해체

옹벽의 1회의 해체높이는 계획서에 지시된 소정의 높이까지만 하고, 해체작업과 굴착작업이 위아래에서 동시에 이루어지지 않도록 작업순서에 주의한다. 옹벽의 해체는 일반적으로 핸드 브레이커를 이용하는 경우가 많다. 핸드 브레이커 작업용 비계는 통상 경사진 비계가 되기 때문에 단관비계를 설치하는 것이 좋다. 핸드 브레이커 작업자는 방진마스크, 보안경, 방진장갑, 귀마개, 안전벨트 등 안전장비를 착용하고 안전에 유의해야 한다. 옹벽 상부에서 대형 브레이커로 해체작업을 수행할 경우에는 흙막이벽이 움직이지 않도록 주의해야 한다. 옹벽 뒷부분 지반의 움직임이나 지하수 용출, 주변구조물 및 각종 시설물 등의 안전성에 유의하고 이상을 발견한 경우에는 즉시 조치한다.

⑤ 굴뚝, 탑의 해체

굴뚝이나 탑의 경우 주위에 공지가 있는 경우에는 전도시켜 쉽게 해체할 수 있으나, 주위에 공지가 없는 경우에는 주위에 피해가 가지 않도록 일부분씩 절단 및 파쇄하여 해체해야 한다.

표 21-9 굴뚝, 탑 해체 시 주의사항

구 분	항 목
주위에 공지가 있는 경우	· 계획서에 따라 출입금지 구역을 정하고 바리케이드, 로프 등으로 명시하여 전도작업에 종사하는 작업자 이외의 출입을 금한다. · 전도 시에는 미리 신호를 정하여 관계 작업자에게 주지시킨다. 이때 신호는 지휘계통을 정하여 신호자 단독에 의한 신호가 되지 않도록 한다. · 당김 와이어는 계획서에 정해진 품질규격을 사용한다. 또한, 손상, 마모 등을 점검하고 결함이 있는 것은 사용하지 않는다. · 콘크리트의 절단부에 철근의 이음이 모여 있는 경우에는 콘크리트의 절단과 동시에 철근을 절단해야 하므로 특별한 주의가 필요하다. 따라서 미리 철근의 위치를 조사하여 절단 시 이음부분을 피하도록 한다. · 철근절단 작업자는 작업중에 굴뚝이 불시에 전도되는 것을 고려하여 언제라도 대피가 가능한 상태에서 작업한다. · 절단하는 철근과 남겨두어야 할 철근은 페인트 등으로 표시해 둔다.
주위에 공지가 있는 경우	· 와이어를 당길 경우에는 서서히 당기도록 하고 전도되지 않는다 하여 반동을 주어서는 안 된다. 특히 와이어를 너무 당겨서 끊기는 일이 있으면 역방향으로 전도되는 경우도 있어 대단히 위험하다. 예정하중을 주어도 전도되지 않을 경우에는 콘크리트를 좀 더 V컷한다.
주위에 공지가 없을 경우	· 비계는 벽에 견고하게 설치하고 특히 강풍과 돌풍에 충분한 대비를 한다. · 비계는 규모에 따라 가새를 설치하는 등 안전에 유의한다. · 해체물 반출구를 설치할 경우에는 굴뚝의 단면결손을 고려하여 굴뚝이 안전하게 자립상태를 유지할 수 있는지를 확인한다. · 작업대는 작은 낙하물이라도 낙하하지 않도록 틈이 없게 설치한다. · 작업대는 필요에 따라 방호시트 등을 설치한다. · 해체물을 굴뚝 하부의 반출구에서 반출시킬 때에는 상부에서의 해체작업을 중단한다. · 공구류는 낙하되지 않도록 안전한 장소에 보관하고 사용하고 남은 가설재 등도 안전하게 지상으로 내린다.

21.2.5 해체공사 완료 후 조치

1) 해체폐기물의 처리

① 해체폐기물의 낙하

해체폐기물의 지상낙하방법은 해체공법에 따라 적절한 기계 및 방법을 선택하고 안전대책을 수립, 인근주민의 피해 없이 낙하할 수 있도록 한다.

② 해체폐기물의 적치

지상에 낙하된 해체폐기물을 적당히 적치할 수 있는 장소가 마련되어야 하며, 적치된 해체폐기물의 반출을 위한 기계설비 및 트럭 등이 들어갈 수 있는 공지가 확보되어야 한다. 또한 원칙적으로 폐기물의 적재는 도로 위에는 하지 않으며, 부득이한 경우, 적재작업을 안전한 방법으로 하고 동시에 감시인을 배치하여 통행이나 차량을 정리해야 한다.

③ 해체폐기물량의 파악

해체대상물의 해체에 따른 폐기물량을 정확히 파악하여 해체기구의 선정, 반출계획, 폐기물 처분장소 확보 등을 결정한다.

④ **해체폐기물의 반출**

차량운행은 해체처분 장소까지의 운행시간, 운행경로의 파악 및 필요한 곳에는 교통안내원을 배치하는 등 적절한 조치를 해야 하며, 해체재는 중량물이나 부정형의 것은 운반 중 흘러내릴 우려가 있으므로 운방차량의 규격에 알맞은 크기로 해체재를 구분해야 한다. 해체폐기물 운반 시 길 옆이나 가공선에 방해가 되지 않도록 하고 중량물의 운반중 도로, 교량 등이 파손되지 않도록 한다.

⑤ **해체폐기물처리 장소의 확보**

현장과 해체폐기물처리 장소와의 거리, 처리조건 등에 따라 해체공사비가 크게 좌우되므로 해체공사 수행 시 특히 처리장소 확보에 유의해야 한다.

2) 해체폐기물의 재이용

해체대상물의 종류 및 형태에 따라 차이가 있겠으나 폐기물의 감소, 자원절약의 차원에서 가능한 한 해체폐기물의 재생 및 재이용 방안을 모색한다. 또한 수급자가 수거할 만한 가치가 있는 부품이나 재활용이 가능한 부품은 해체공사 중 구조물 중에서 별도로 철거할 수 있다. 특히 인체에 유해한 폐기물은 별도 처분할 수 있도록 한다.

지하실 및 빈틈을 메울 때에는 해체작업으로 생긴 부스러기, 쓰레기, 나무뿌리 그 외의 유기물질 등은 제거하고 바위, 자갈, 모래를 포함한 흙을 사용한다.

3) 가설물 철거

해체공사가 종료되면 다음과 같이 공사 시 행한 각종 가설물의 철거나 복원작업을 한다.

① 가설전기, 급배수, 위생설비 등을 철거하고 뒤처리를 한다.

② 비계의 최종철거와 발판의 처리를 한다.

③ 각종 양중설비를 해체 반출한다.

④ 가설건물을 해체하고 뒤처리한다.

⑤ 각종 가설자재를 집적하여 반출한다.

⑥ 가설 울타리를 철거 반출한다.

⑦ 기타 해체와 관련된 부속재료를 반출한다.

4) 복원작업

① 가공선의 방호나 임시 처리했던 부분을 관련회사 등에 연락하여 철거 복원한다.

② 반입, 반출로 부분의 각종 공작물을 이설한 부분은 지방자치단체의 해당 부서와 협

의한 뒤 원상태로 복원한다.

③ 지하매설관 등 임시 이설처리한 부분은 각 공익사업자와 협의한 후 원상복구한다.

④ 도로 깎기를 실시한 부분은 지방자치단체의 해당 부서와 협의한 후 원상태로 복구한다.

⑤ 근접 건물이나 공작물 등에 해체공사로 인한 영향부분이 있으면 모두 보수 복원공사한다.

⑥ 부지 주변의 손상부분을 보수 청소한다.

21.2.6 환경 및 안전대책

1) 환경대책

건축구조물 해체 시 주변의 소음, 진동, 분진 등 공해에 대한 법적 규제를 조사하고 적절한 조치를 해야 하고, 착공 전 설명회를 통하여 인근 주민의 이해를 얻어둘 필요가 있다.

① 소음방지대책

저공해형 공법 및 건설기계의 채택, 방음덮개 및 차음박스 설치 등 동력원에 대한 소음방지대책을 수립하고 방음하우스, 방음벽 등에 의한 차단효과를 이용하는 방법. 해체하는 건축물 개구부에 방음패널을 설치하여 건축물 내에서 발생하는 소음의 외부 전파를 최소화 하도록 한다. 소음의 규제기준은 표 21-10과 같다.

표 21-10 해체공사 소음규제 기준

대상 지역	아침, 저녁 (05:00~07:00, 18:00~22:00)	주간 (07:00~18:00)	야간 (2:00~05:00)
주거지역, 녹지지역, 관리지역 중 취락지구 및 관광·휴양개발진흥지구, 자연환경보전지역, 그 밖의 지역에 있는 학교·병원·공공도서관	60dB(A) 이하	65dB(A) 이하	50dB(A) 이하
그 밖의 지역	65dB(A) 이하	70dB(A) 이하	50dB(A) 이하

② 진동방지대책

강구를 이용하여 타격하는 경우에는 타격 시의 진동이 전달되지 않도록 구조물, 지반 등을 적절한 위치에 절연시켜 둘 필요가 있으며, 대형부재를 전도하는 경우에는 전도하는 면에 낡은 타이어 등의 쿠션재를 깔아두어 지반에 전파되는 충격진동을 저감하도록 한다.

표 21-11 해체공사 진동 규제기준

구　분	주간 (06:00~22:00)	심야 (22:00~06:00)
주거지역, 녹지지역, 관리지역 중 취락지구 및 관광·휴양개발진흥지구, 자연환경보전지역, 그 밖의 지역에 소재한 학교·병원·공공도서관	65dB(V) 이하	60dB(V) 이하
그 밖의 지역	70dB(V) 이하	65dB(V) 이하

③ 분진방지대책

필요에 따라 부분적인 방진커버 혹은 설비 전체를 가리는 시설물을 설치하며, 분진의 비산을 방지하기 위하여 물 뿌리기, 방진벽 설치 등 적절한 조치를 해야 한다.

표 21-12 미세먼지 규제기준

연간 평균치	24시간 평균치	측정방법
50㎍/㎥ 이하	100㎍/㎥ 이하	베타선흡수법 (β －Ray Absorption Method)

2) 안전대책

① 작업자의 안전

해체공사는 공사의 성질상 위험을 수반하게 되므로 시공 시에는 반드시 안전위생관리계획서를 작성하여 담당원의 승인을 받아야 한다. 또한 해체공사 시 해체물 조각, 철근 등의 비산, 낙하 방지를 위하여 비계 전면에 양생망 등으로 보호하며 필요에 따른 안전시설을 해야 한다. 작업자는 해체공사를 위한 장비나 차량, 화약, 약품 등으로부터 안전사고를 방지하기 위해 안전관리지침에 따라 작업을 수행해야 한다. 또한 사고발생 시 피해를 최소화하기 위해 안전모, 안전띠, 보호경 등 공법별로 요구되는 안전장비를 반드시 착용해야 한다.

② 차량 및 장비

해체공사에 사용되는 차량 및 장비는 정기검사와 작업 전 점검을 통해 고장 및 오작동을 방지해야 하고 유자격자로 하여금 조작 및 운전을 하도록 해야 한다. 크레인이나 차량 등의 중량차는 출입 및 운행횟수가 많으므로 교통안전 및 장내 정리에 주의하여 안전통로를 설치해야 하고 차량 이동 시에는 유도원을 배치해야 한다.

③ 구조물 및 건물

구조재의 부식상태 및 재료의 접합상태를 조사하여 예기치 않은 전도로 인한 사고가 발생하지 않도록 해야 한다. 건물을 전도시키거나 기계를 사용해서 해체하는 경우는 구조적

안정성을 확인함과 동시에 비산에 대한 방호에 주의해야 한다.

④ 화재

재료의 특성을 조사하여 화재 방지에 특히 유의해야 한다. 해체공사 시에 대량의 가연물이 발생하므로 담뱃불이나 가스절단기의 불꽃에 의한 화재의 우려가 있으므로 공사현장에는 필히 소화기, 소화용수, 살수설비를 설치한다. 또한 폭발물이나 화약류는 충격을 주지 않도록 조심하고 화기나 불꽃으로 인한 폭발사고에 유의해야 한다.

B U I L D I N G C O N S T R U C T I O N

3

건축생산관리기술

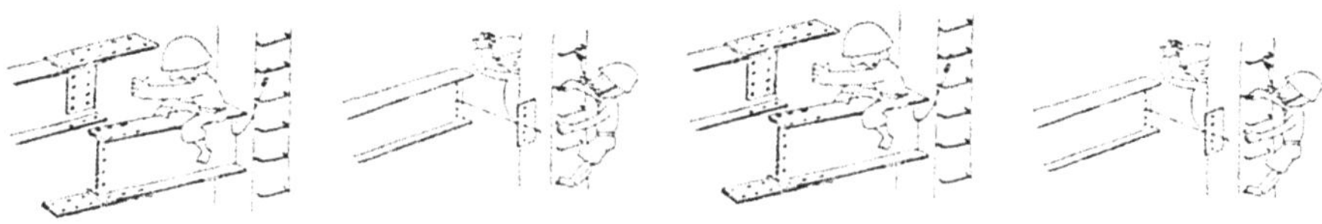

Chapter 01 | 공정관리

1.1 공정관리의 개념

1.1.1 공정관리 정의

공정관리란 프로젝트를 구성하고 있는 작업들을 주어진 공기 내에 완성하기 위하여 공사에 관련된 정보를 분석한 후 시공방법을 결정하고 세부 일정계획을 수립하며, 이에 따라 자재, 장비, 인원 등의 최적 자원투입계획을 수립하는 것을 의미한다. 즉, 공사가 수행되어 감에 따라 공기지연이나 조기완공 등 일정계획 변경에 대한 공기의 영향을 사전에 분석하고 만회할 수 있는 대책을 강구함으로써 결과적으로 생산성 증대 및 품질향상, 그리고 공기지연 요소를 감소시키는 총체적인 건설과정을 말한다.

1.1.2 공정관리의 목표

건축생산 과정 중 공정관리는 종합적인 관리의 수단이라고 말 할 수 있다. 즉, 착공에서 준공까지 공정순서의 단순한 시간적 관리가 아니라 시공활동을 평가, 측정하는 기준을 시간과 연결시켜 자원을 효과적으로 활용하는 방법과 수단이라고 말할 수 있다.

발주자에 대해서는 주로 계약된 공사기간을 지키기 위해 행해지는 관리이지만, 수급자측에서는 최소 비용으로 최대의 생산을 올리기 위해 공정을 통하여 공사 전체를 관리하는 경제활동이다. 공정관리는 시공과정을 관리하는 것이므로 관리의 대상을 최적 공사기간의 산정, 진도관리의 순서와 일정, 자원의 최적 배치와 관리로 나누어 고려해야 한다.

1.1.3 공정관리의 절차

공정관리는 기본계획 수립단계(project planning), 세부공정계획 작성단계(scheduling), 수행 및 통제단계(monitoring & controlling) 및 조치단계(corrective action)의 순서로 수행되며, 이러한 과정은 프로젝트가 진행되는 기간 중 반복된다.

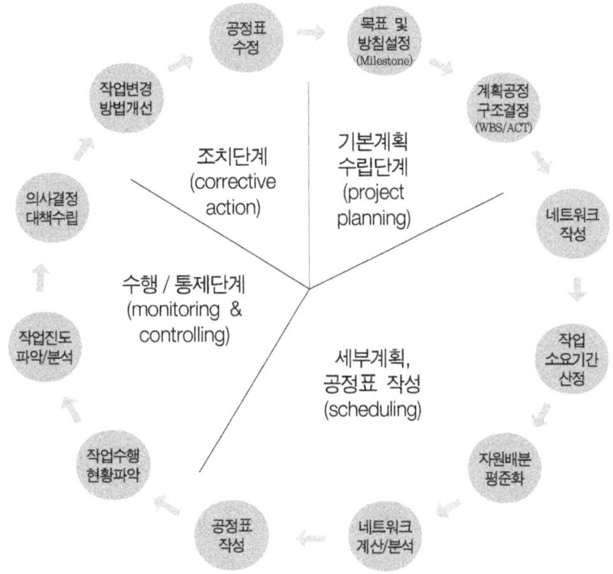

그림 1-1 공정관리 절차

1.2 공정관리기법

1.2.1 공정관리기법의 발달

공정관리에 관한 기술의 발상은 근대 경영학의 기원인 19세기 후반 테일러, 길브레스, 간트 등이 활약했던 시대까지 거슬러 올라가게 된다. 간트(H. L. Gantt)가 Bar Chart를 고안했던 당시에는 생산공장에서의 작업연구와 시간연구가 성행하였던 시기로 공정관리의 영역은 생산라인의 시간관리 그 자체였다고 할 수 있다.

1950년대 후반부터 미국 정부의 항공우주산업으로 폴라리스 미사일 개발, 아폴로계획 그리고 에너지계획과 같은 일련의 대규모 국책사업이 계속적으로 계획, 실시됨에 따라 프로젝트 관리에 관한 개념 또는 운영이론이 발달하였고, 동시에 공정관리 기술에도 참신한 기술발전이 일어났다. 공정관리 기술의 발전 경위는 그림 1-2와 같다.

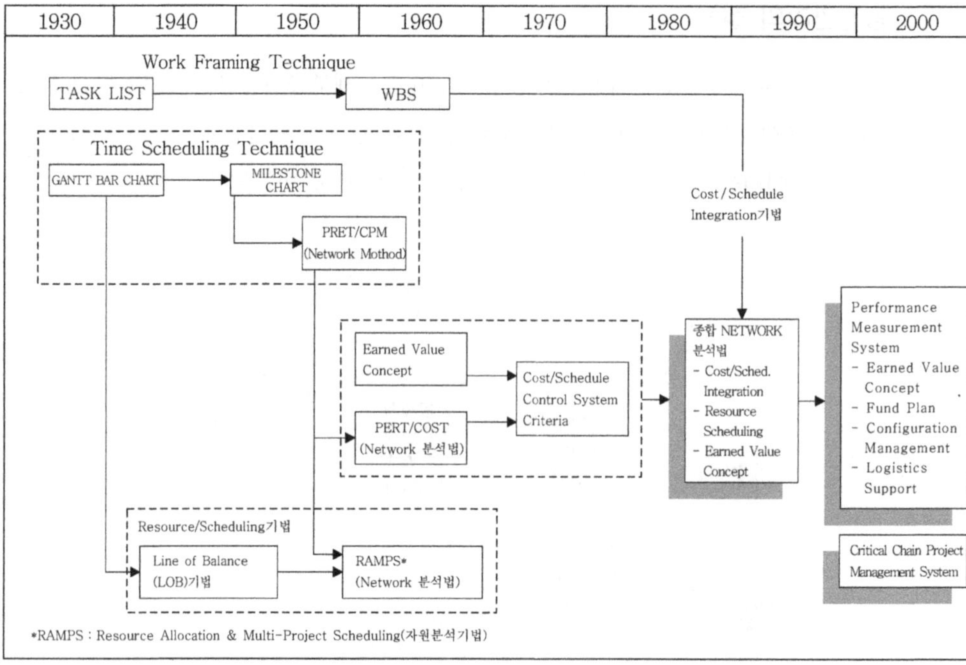

그림 1-2 공정관리 기술의 발달

프로젝트관리의 개념이 정립되고 PERT, CPM 등 네트워크기법과 Work package기법의 개발에 의하여 프로젝트관리에서 교환관계에 있는 비용(cost) 및 일정(schedule)과의 상호 관계가 증가됨으로 인해 공정관리기법은 그 영역이 점차 확대되었다. 한편, 성과관리기법으로 "원가관리와의 일원화"가 주목받게 되면서 대상 작업의 파악, 관리를 위해 WBS 기법을 적용한 통합공정관리(EVMS : Earned Value Management System)로 발전되었다.

1.2.2 횡선식 공정표(Gantt Chart / Bar Chart)

1) 간트 차트(Gantt Chart)

1900년대 초 테일러(F. W. Taylor)에 의하여 표준시간 설정 등의 과학적 사고에 의한 공정관리 개념이 도입되었다. 그 후 1차 세계대전 중 美 육군 프랑코포드(Frankford) 병기청의 컨설턴트였던 간트(H. L. Gantt)에 의하여 병기 생산작업을 계획하고 통제하기 위하여 고안된 것이 간트 차트이다. 이 기법은 각 작업의 현재 시점에서 진행상태와 달성도는 알 수 있지만, 각 작업에 필요한 일수 및 공기에 영향을 주는 작업 등은 파악하기 어려운 문제를 가지고 있다.

이 기법은 도표상에 횡선식 막대그래프를 이용하여 작업의 특정한 시점과 기간을 표시함으로써 계획과 진행을 비교할 수 있도록 되어 있다.

간트 차트는 시각적인 명료성 때문에 각 공종별 공사의 공사일정 및 전체공사 일정을 파악하기가 용이하고 특별한 지식이나 경험 없이 사용할 수 있다는 장점이 있는 반면, 작업간 연결관계가 불분명하므로 주공정선을 파악하기가 어렵다는 단점이 있다.

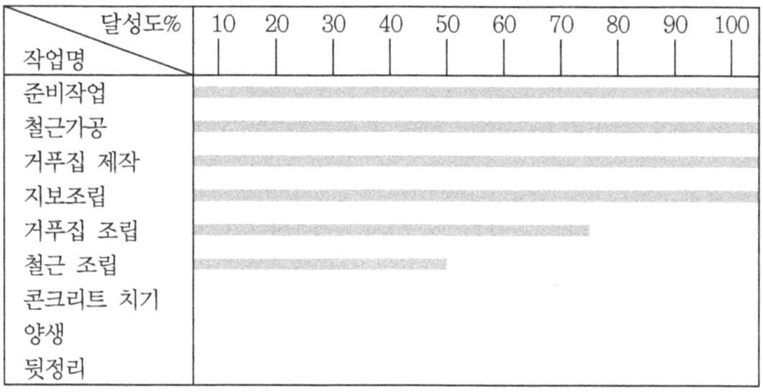

그림 1-3 철근콘크리트 공사의 간트 차트의 예

2) 바 차트(Bar Chart)

바 차트는 세로축에 작업명을 순서에 따라 배열하고 가로축에 날짜를 표기한 다음, 각 작업의 시작과 끝을 연결한 횡선의 길이로 작업기간을 표시한 그래프이다.

각 작업과 공사 전체의 공정이 일목요연하게 정리되어 있어 경험이 적은 사람도 사용이 쉬우나, 작업 상호간의 선후관계나 전체공기에 영향을 미치는 크리티컬 패스(Critical Path)를 파악하기 어렵다는 단점이 있다.

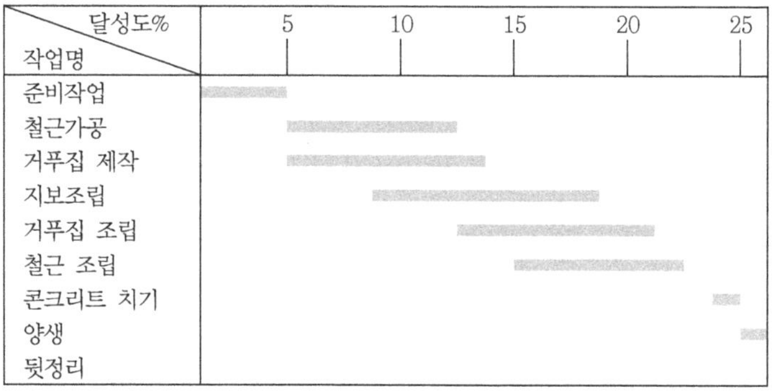

그림 1-4 철근콘크리트공사의 바 차트의 예

1.2.3 네트워크 공정표(PERT / CPM)

1) CPM기법(critical path method)

CPM기법은 복잡한 시설설계 및 시공을 위한 계획과 진도관리를 개선할 목적으로 개발되어 현재 여러 분야에서 사용되고 있는 대표적인 공정관리기법이다.

이 기법은 네트워크상에 작업간의 관계, 작업요소 시간 등을 표현하여 일정계산을 하고 전체 공사기간을 산정하여, 공사수행에서 발생하는 공정상의 문제를 도해나 수리적 모델로 해결하고 관리하는 기법이다. 즉, 일정계산을 통하여 각 작업의 착수 및 완료시점을 파악할 수 있으며, 각 작업에서 사용할 수 있는 여유시간을 알 수 있어 작업계획을 수립하는 데 편리하다.

CPM기법을 이용하여 주어진 공사에 대한 공정표를 작성하기 위해서는 우선 입력자료로써 각 작업의 명칭과 작업기간 및 선행작업 등의 명시된 작업목록표를 작성하고, 작성간의 선후관계를 분석하여 논리적 순서를 결정한다. 다음으로 결정된 작업순서를 토대로 공정표를 작성하여 한 작업의 착수가 다른 작업의 완료에 의존하는 경우는 두 작업이 종속관계(dependent relationship)를 이루어 직렬로 연결되고, 두 작업이 상호 의존성 없이 병행작업이 가능한 경우는 독립관계(independent relationship)를 이루어 병렬로 연결된다. 기본 공정표가 완성되면 작업의 착수완료 일정 및 여유일수를 계산하고 주공정선을 결정한다.

CPM의 다른 기능으로 공기지연 시 최소 비용시간 이론에 의한 공기조정, 자원평준화(resource leveling) 및 자원배당(resource allocation)에 의한 자원의 효율적 사용 등이 있다. 이러한 이론들을 바탕으로 필요한 경우에는 일정계획을 수정하거나 재수립한다.

① ADM(arrow diagram method)방식

이 기법에서 화살선은 작업(activity)을 나타내고 작업과 작업이 결합되는 점이나 공사의 개시점 또는 종료점은 ○표로 표기되며, 이를 결합점 또는 이벤트(node event)라 한다. 그리고 각 작업의 선후관계를 나타내기 위하여 명목상 작업(더미 : dummy)이라고 하는 화살점선을 사용한다. 화살선은 시간적 의미를 가지고 있으나 더미는 단순한 작업의 연결만을 나타내며 시간적 의미는 없는 것으로 간주한다.

② PDM(precedence diagram method)방식

이 기법은 더미의 사용이 불필요하므로 네트워크가 ADM방식보다 더 간단하고 명확하며 작성이 용이하다. 또한 한 작업이 하나의 숫자로 표기되므로 컴퓨터에 적용하는 것이 ADM방식보다 더 유리하다는 장점이 있어 많이 사용된다. PDM 네트워크의 기본법칙은 ADM 네트워크와 거의 동일하다.

PDM 네트워크에서는 각 작업은 보통 □, ○로 표시하고 작업간의 연결선은 ADM방식과는 달리 시간적 개념을 갖지 않고, 단지 작업의 선후관계의 연결만을 의미한다.

③ ADM과 PDM의 표현방식

다음 그림은 ADM과 PDM의 비교를 보여주고 있다. 그림 1-5는 화살표(작업) 중심의 네트워크이고 그림 1-6은 결합점(작업) 중심의 공정표이다.

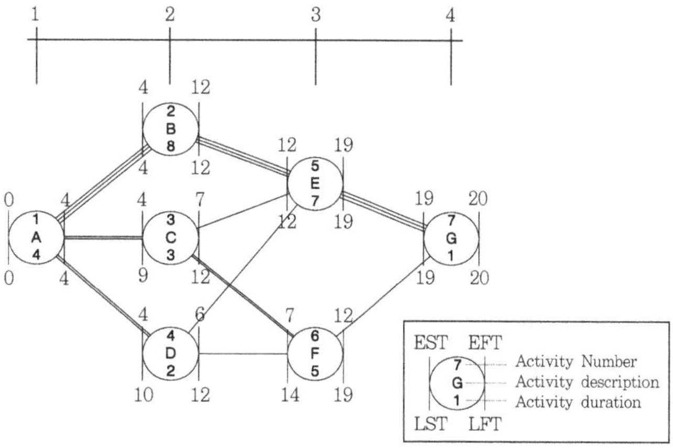

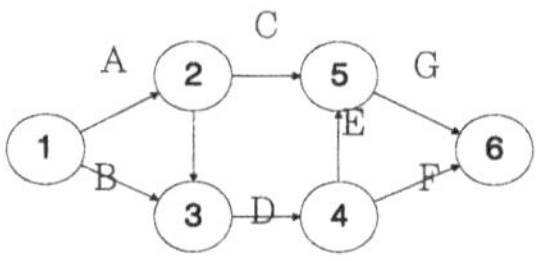

그림 1-5 ADM 네트워크

그림 1-6 PDM 네트워크

2) PERT기법(program evaluation and review techniques)

PERT기법은 프로젝트 계획의 평가를 위한 수단으로 개발되어 CPM과 함께 발전되어 온 공정관리기법으로 작성일정 및 공사의 기간을 결정하고 주공정선을 구하는 방법이 CPM과 유사하다. 두 공정관리기법의 중요한 차이는 CPM이 네트워크상에 표현된 수행될 작업에 중점을 둔다면, PERT는 이러한 작업들이 완료될 수 있는 시간자료에 역점을 두며 PERT의 작업들은 상대적으로 큰 분산을 갖는 시간분포로 가정된다는 것이다.

PERT기법은 확률개념에 근거하고 계산의 신뢰성에 영향을 주는 세 가지 중요한 가정을 바탕으로 운영된다. 첫째 PERT기법의 네트워크상 모든 경로는 정규분포를 적용하기에 충분한 양의 작업들을 함유하고 있어야 하며, 둘째, 한 결합점의 가장 빠른 시간은 그 결합점으로 들어오는 모든 경로의 기간분포 중 최대 평균값이 되고, 셋째, PERT의 주공정선을 네트워크상 다른 모든 경로의 기간분포와 중첩되지 않도록 길어야 한다. 이러한 가정을 토대로 전체 공사기간의 평균 기대치를 구하고, 예정된 기간 안에 공사를 완료할 수 있는 확률을 계산함으로써 공사수행 중 의사결정에 이용할 수 있다. PERT의 문제점은 네트워크상 각 작업과 경로의 기간분포에 의존하여 일정계산을 하고 전체 공사기간을 추정하기 때문에 한 결합점에 이르는 경로가 증가할수록 실제 소요시간과의 오차가 커진다는 것과 경험 또는 현장조사에 의존하는 작업의 세 가지 소요시간 산정이 불확실할 경우 추정된 공사기간의 신뢰도가 낮아진다는 것이다.

이 기법은 신규공사 또는 공사목표의 달성이 불확실할 경우에 CPM보다 더 효율적으로 이용될 수 있으나 건설공사에서는 거의 활용되고 있지 않다. CPM기법에서의 작업시간은 하나의 시간으로 주어지지만 PERT기법에서는 공사의 불확실성으로 낙관적 시간(optimistic duration), 비관적 시간 (pessimistic duration), 최다빈도시간(most likely duration)의 3개의 추정값이 주어진다. 낙관적 시간은 한 작업이 매우 순조롭게 진행되어 비교적 짧은 시간에 종료될 수 있다고 추정한 시간을 말하고, 비관적 시간은 한 작업이 매우 비능률적인 조건하에서 진행되어 상당히 긴 시간에 종료될 것으로 추정할 시간을 말하며, 최다빈도 시간은 실제의 시간에 가장 가까운 시간의 추정값을 말한다. 작업일정 및 공사의 시간을 결정하고 주공정선을 구하는 방법은 CPM과 유사하다.

표 1-1 PERT기법과 CPM기법의 비교

구 분	PERT(program evaluation & review techniques)	CPM(critical path method)
적용대상	신규사업 비반복 사업에 적용	반복사업 경험이 많은 사업에 적용
작업기간 산정	3점 시간 추정	1점 시간 추정
일정계산	단계 중심의 일정계산	작업 중심의 일정계산
작업시간	ET : Earliest Expected Time LT : Latest Allowable Time	EST : Earliest Start Time LST : Latest Start Time EFT : Earliest Finish Time LFT : Latest Finish Time
여유시간	정여유 (PS : Positive Slack) 영여유 (ZS : Zero Slack) 부여유 (NS : Negative Slack)	총 여유 (TF : Total Float) 자유여유 (FF : Free Float) 간섭여유 (IF : Interfering Float) 독립여유 (INDF : Independent Float)

1.2.4 LOB(line of balance)

LOB기법은 반복작업에서 각 작업조의 생산성을 유지시키면서 그 생산성을 기울기로 하는 직선으로 각 반복작업의 진행을 표시하여 전체공사를 도식화하는 기법이다. 여기서 중요한 가정은 최초의 단위작업에 투입되는 자원은 후속단위의 동일한 작업에 재투입된다는 것이다. 예를 들어 형틀작업의 첫 번째 단위에서 한 팀의 목수가 작업을 수행하였다면 그 다음 단위에도 동일한 팀의 목수가 작업을 수행해야 한다.

LOB 도표의 세로축은 단위작업의 수를 나타내고 가로축은 공사기간을 나타낸다. LOB 기법의 특징은 한 작업의 생산성을 나타내는 기울기가 선행작업의 기울기보다 작을 때, 두 직선은 작업단위수가 증가함에 따라 발산(diverge)하게 되고, 역으로 한 작업의 생산성 기울기가 선행작업의 기울기보다 클 때, 두 직선은 작업단위 증가함에 따라 수렴(converge)하게 되므로 전체공사의 주공정선은 생산성 기울기가 작은 작업에 의존한다.

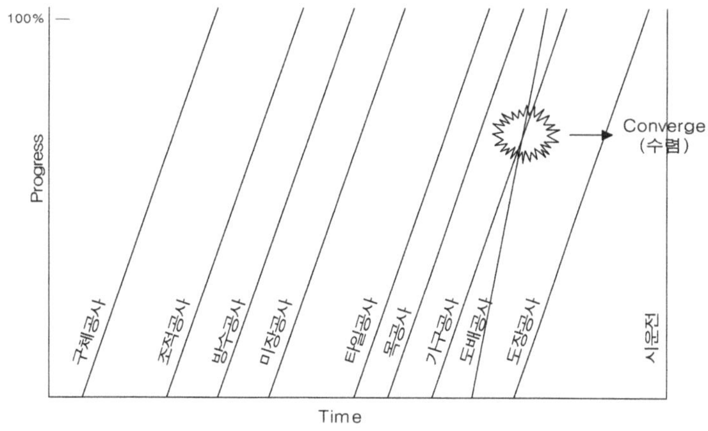

그림 1-7 LOB기법

1.2.5 택트(TACT)기법

택트기법은 공구별로 직렬 연결된 작업을 다수 반복하여 사용하는 방식으로 시간의 모듈을 만들고 각 작업시간을 표준 모듈시간의 배수로 하여 작업계획을 수립하는 방식이다.

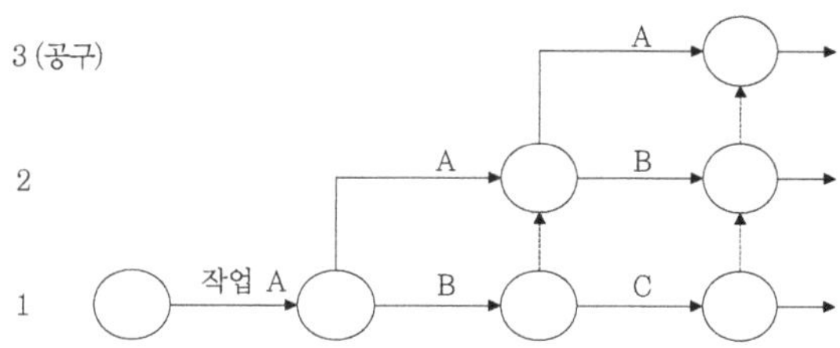

그림 1-8 택트방법

따라서 각 작업자는 작업 대기시간이 없어지므로 손실이 생기지 않으며, 같은 작업을 일정주기로 반복함으로써 학습효과에 의해 생산성이 증가되는 장점을 가진다. 건설공사에서는 고층 건물공사 시 층별로 반복되는 공사에서 쉽게 적용할 수 있는 방법이다.

1.2.6 기타 방법

1) 사선식 공정표

사선식 공정표는 작업의 관련성은 나타낼 수 없으나 공사의 기성고를 표시하는데 편리한 공정표이다. 공사진행 또는 공사량의 누계, 투입인력을 세로축으로 하고 공기의 시간적 경과와 일수, 월수 등 단위의 눈금을 가로축으로 하여 진행상황을 그룹화하는 기법이다. 일반적으로 세로축은 작업을 그루핑하여 기입하므로 개괄적이며 전체적인 공정진행 상황을 파악하는데 효과적이다.

또는 각 부분공사를 상세하게 나타내는 부분공정표에 적합하며, 노무자와 재료의 조달에 알맞고 전체적인 경향과 예정과 실적의 파악에도 효과적인 방법이므로 예정과 실적의 차이를 파악하기 쉽다. 그러나 개개작업의 조정을 하는데 어려움이 있으며, 정확도에도 문제가 있으므로 보조적인 공정관리기법에 적합하다.

2) S-curve (banana곡선)

공정계획선의 상·하에 허용한계선을 설치하여 그 한계 내에 들어가게 공정을 조정하는 방법을 취하는 것으로, 바 차트(Bar-chart)에 비하여 예정진도와 실시진도를 비교하는데 편리한 기법이다.

S-curve를 작성하는 방법으로는 세로축에 공정표(y)와 가로축에 공기(일별·월별)를 설정한 후 공기진행에 따른 공정진행 상황을 그래프로 표현한 것으로, 공정표를 그리면 S곡선이 나타나게 된다. 일반적으로 바 차트 공정표에 S-curve를 통합하여 주로 사용한다. 이러한 S-curve 곡선을 밀러(Miller)에 의해 체계적으로 정리하여 그래프를 제안하였다.

그는 두 개의 control point를 제안하였는데 시간의 1/3 지점과 비용의 1/4 지점이 만나는 교점, 시간의 2/3 지점과 비용의 3/4 교점에 또 다른 점을 만들고, 두 지점 사이에서는 비용의 지출이 직선적으로 변할 것으로 추정한다. 작업의 시작점과 첫 번째 점, 두 번째 점과 완료점 사이에는 포물선으로 만들어진다.

이를 그림으로 표현하면 다음과 같다.

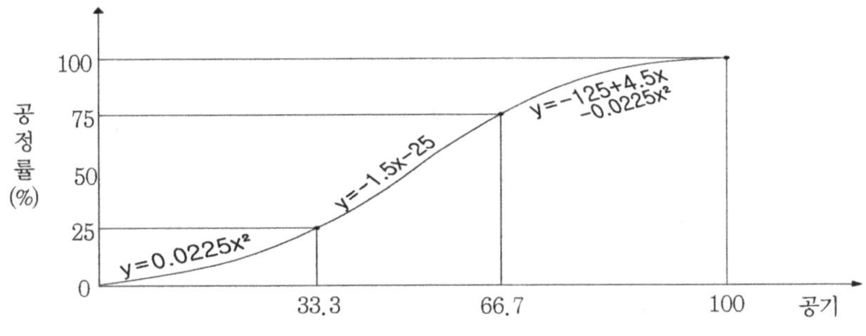

그림 1-9 S-curve 곡선

3) 매트릭스 방법(matrix schedule)

건설 진행과정을 입면으로 표현하는 방법으로 개략적인 공사 진행과정을 쉽게 나타낼 수 있으며, 대부분의 건설현장에서 이러한 방법을 수정하여 활용하고 있다.

세로축에 1개층 단위로 건물의 층수를 나타낸다. 가로축에는 주요공종이나 공정표에 표시할 공종들을 나열하게 된다. 전체적인 모든 소공종을 나타낼 수도 있고, 마감공종에 대해서만 기술할 수도 있다. 따라서 세로축과 가로축이 매트릭스로 만나는 곳에 해당 작업의 예정착수일, 예정완료일, 예정작업시간을 기입하고, 공종이 진행됨에 따라 시착공일, 작업완료일, 실제 작업일을 기입하여 표시하게 된다. 작업이 완료되면 색을 달리하여 쉽게 구별될 수 있도록 한다.

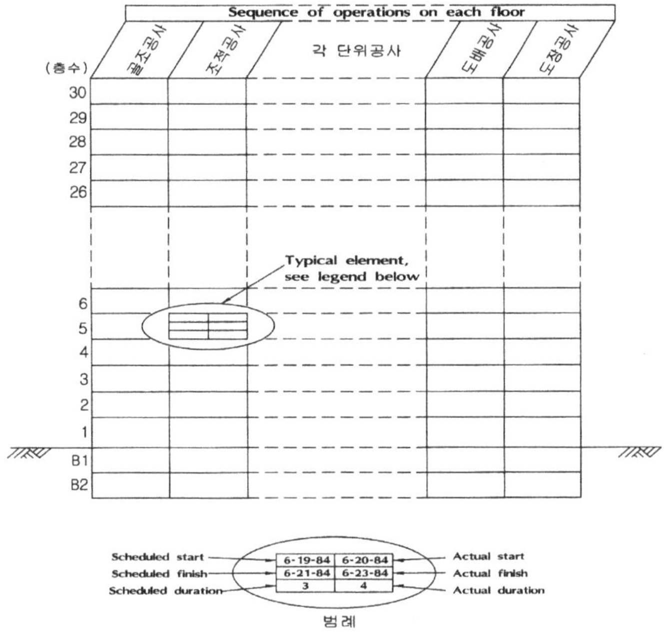

그림 1-10 매트릭스 방법

4) 크리티컬 체인(Critical chain project management)

CCPM(Critical Chain Project Management : CCPM)기법은 기존의 사업관리 방법론인 PERT/CPM기법의 장점을 살리고 단점을 보완한 것으로서, 각 과업의 예상 작업시간의 여유시간(padding)을 제거한 평균작업시간을 사용하고, 핵심자원의 자원경합을 해소한 후 크리티컬 체인을 결정하여 일정계획을 수립한다. 이때 각 작업의 여유시간의 일정을 통합하여 크리티컬 체인의 뒤에 공통의 프로젝트 버퍼(buffer)로 두어 일정관리 상의 변동을 흡수할 수 있도록 고안되었다. 또한 크리티컬 체인에 포함되지 않은 비크리티컬 체인에 속한 작업들이 프로젝트의 전체 일정에 지연을 초래하는 것을 방지하기 위해 공급버퍼를 두어 변동을 흡수할 수 있도록 하였으며, 자원의 조달상의 불확실성을 완화하기 위해 자원버퍼를 두고 있다.

이 기법은 프로젝트 버퍼 및 공급버퍼 관리를 통해 일상적인 일반변동 요인(common cause variation)에 의한 일정 지연 흡수뿐 아니라 특별변동 요인(special cause variation)에 의한 위험의 관리 및 완화가 가능하도록 되어 있다. 프로젝트 버퍼 및 공급버퍼의 크기는 일반적으로 작업활동의 특성에 따라 달라진다.

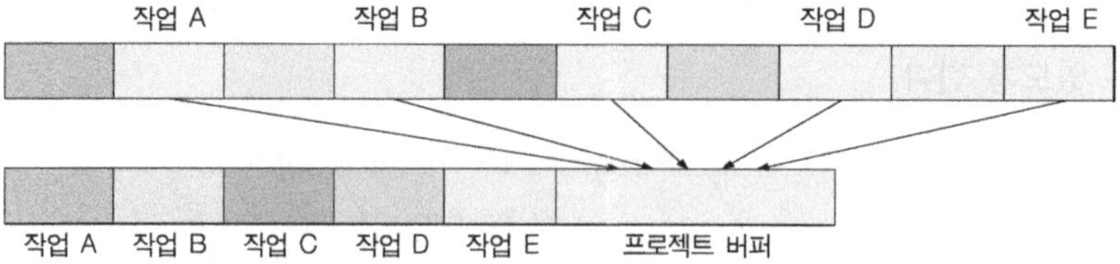

그림 1-11 프로젝트 버퍼를 통한 크리티컬 체인의 보호

버퍼관리가 프로젝트 실행 및 통제 메커니즘으로 활용되며, 버퍼관리에서는 버퍼길이를 안전구역, 주의구역, 위험구역으로 나누고 프로젝트 상태가 주의구역에 진입하게 되면 프로젝트가 위험구역에 진입할 경우를 대비하여 지연된 원인을 조사하고 진입 시의 대책을 책정한다. 프로젝트가 위험구역에 진입하게 되면 미리 책정해 두었던 발생 시 대책을 실행함으로써 일정지연을 만회할 수 있도록 한다.

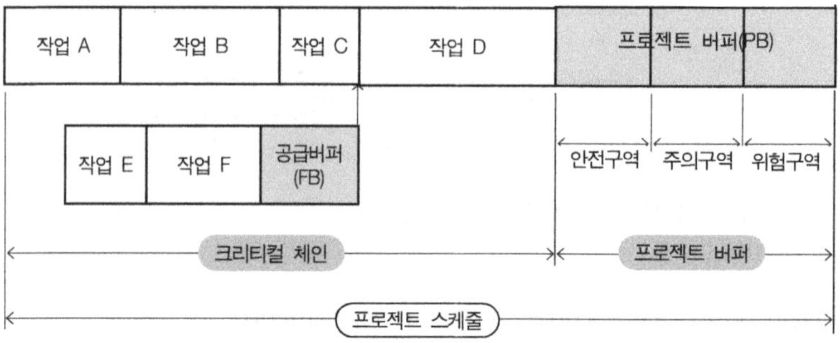

그림 1-12 CCPM에서의 버퍼관리

CCPM에서 작업자들은 자신의 작업을 최선을 다해 수행하고, 작업종료 시 즉시 프로젝트 책임자에게 보고함으로써 후속작업이 조기에 작업을 개시할 수 있는 릴레이 경주 방식의 작업 메커니즘을 따르도록 요청받는다. 또한 일정지연의 가장 큰 주범인 멀티태스킹 작업은 철저하게 금지되도록 관리한다.

1.3 진도관리

1.3.1 정 의

진도관리는 공사에서 무엇이 일어나고 공사가 지금 어디에 있는지, 어떻게 목표에 도달되고 있는지, 그리고 장래에 대한 예측까지를 반복하여 관리하는 것을 의미한다. 즉, 공사가 진행됨에 따라 일정한 기간마다 현장진도를 측정하여 보고하고, 계획된 공사일정으로부터 이탈하는 작업이 발생하면 적절한 조치를 취하여 수정하면서 일정관리를 수행한다.

모든 작업이 공사계획대로 정확하게 시작되거나 종료되는 일이 어렵기 때문에 진도관리를 필요로 하게 된다. 일반적으로 진도곡선에는 예정 진도곡선과 실시 진도곡선이 있으며, 이러한 곡선은 S-curve(banana curve)형태를 취하고 있다.

1.3.2 진도곡선 유형

1) 벌림형

공사 초기부터 말기에 걸쳐 지연이 점차로 확대되는 형태를 말한다. 이러한 유형은 노동자의 임금지불지연, 재료반입의 지연, 준비부족이나 기타 악조건 때문에 발생된다. 이러한 유형의 발생을 방지하기 위해서는 공사의 초기단계부터 종합적이고 완전한 계획을 수립하여 대응해야 한다.

2) 후반 벌림형

후반 벌림형의 특징은 공기 전반은 계획대로 추진되거나 후반으로 갈수록 지연이 현저하게 발생한다는 것이다. 이러한 유형은 생산작업보다는 조달작업(procurement activity)이나 관리상의 작업의 미비나 지연으로 발생한다. 준공기일까지의 잔여기간이 짧으므로 지연의 회복이 곤란하여 결국 돌관공사로 이어지거나 공기지연이 발생된다.

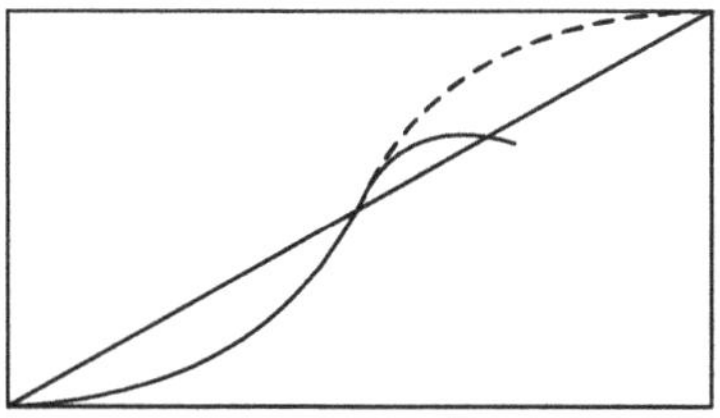

그림 1-13 벌림형

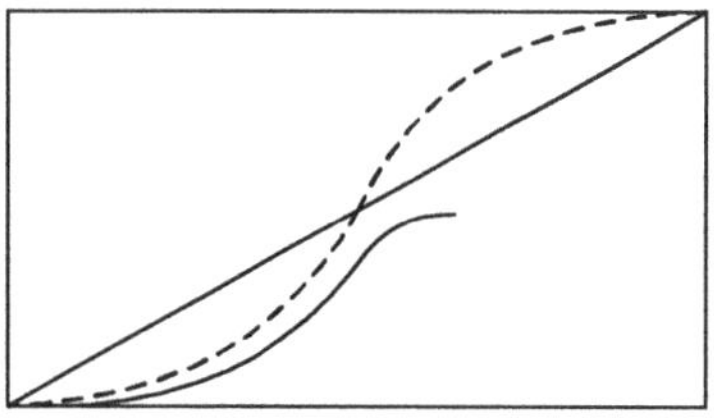
그림 1-14 후반 벌림형

3) 평행형

공기 전체에 걸쳐 지연 폭이 일정하게 발생되는 유형이다. 이러한 요인으로는 공사용지 미확보로 인한 착공 지연이나 지반불량, 지하용수 부족 등으로 발생되기도 하고 자원계획의 미비 및 노무자의 미숙련에 기인하기도 한다. 공사 초기의 지연일수만큼 준공기간의 지연을 초래할 수 있으므로 공사 전반부에서 만회대책을 완벽하게 수립하여 대응해야 한다.

4) 후반 닫힘형

공기의 전반에 생긴 지연을 회복하여 완공기일에 맞게 시행하는 것으로 일반적인 건설 현장의 형태와 유사하다. 이 유형은 초기공기지연이 골조공사와 마감에서 회복되는 형태로 마감에 여유가 있는 현재의 시스템에서 흔히 볼 수 있다. 이러한 유형으로 공사가 흔히 시행되는 이유는 발주처의 자금운용에 맞춰 최소자원 투입으로 공사를 시행하여 최대의 효과를 볼 수 있기 때문이다.

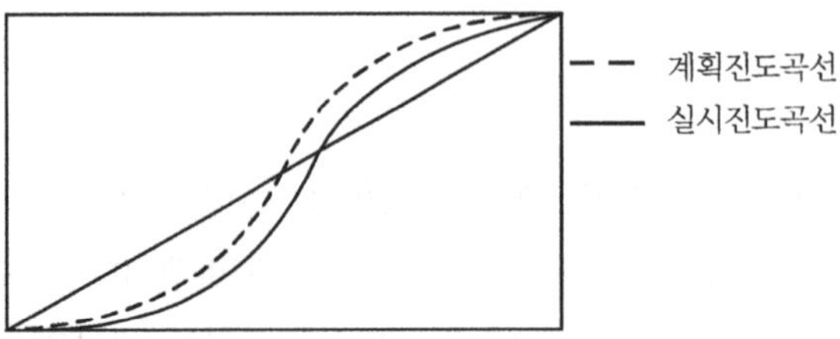

그림 1-15 평행형

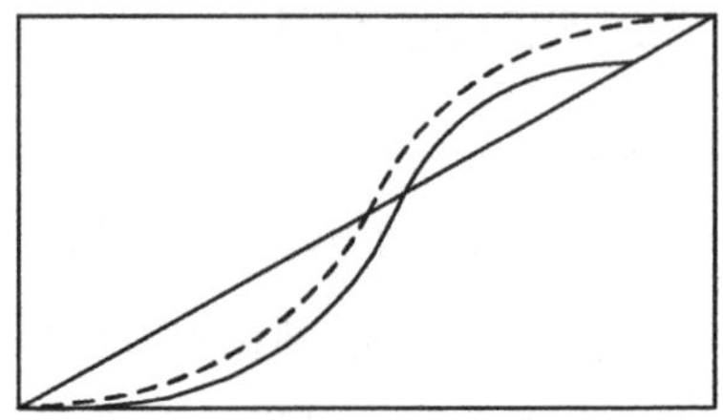

그림 1-16 후반 닫힘형

1.3.3 공사진도의 허용한계

공사진도의 허용한계는 공사관리에 있어 기본적인 조건인 공기, 품질 및 경제성 등을 모두 대체적으로 만족시킬 수 있는 공정의 한계를 의미하는 것이다. 따라서 실시진도곡선이 공정관리곡선의 허용한계에 들어가는지의 여부를 검토해야 하고, 균등분배가 되도록 초반 및 후반의 공정을 합리적으로 조정하여 가장 이상적인 공정진도관리인 하허용한계와 예정진도곡선의 사이에 실시진도곡선이 위치하도록 한다.

1.3.4 진도관리의 절차

계획공정표에 의해 공사를 진행하면서 일정한 기간이 경과된 후에 진도관리를 하게 된다. 일반적으로 1주, 2주, 4주 단위로 진도관리를 시행하며, 진도관리 결과 공기지연이 예상될 경우 공기조정을 실시한다. 진도관리의 순서는

① 작업이 진행되는 도중에 계획공정표에 제시된 작업에 대해 진도 측정일자를 기준으로 완료작업량과 잔여작업량을 조사한다.

② 조사된 작업량을 기준으로 계획공정률과 실행공정률을 비교하며, 실행공정률은 작업별 완료작업량의 합으로 계산한다.

③ 실행공정률로 네트워크를 수정하고 계획공기와 비교하여 지연되고 있는 경로를 확인한다.

④ 지연된 경로상의 작업에 대하여 LFT를 계산하여 일정을 검토한다.

⑤ 계획공기 이내에 공사를 완료할 수 없는 경우에는 잔여작업에 대하여 최소의 비용으로 공기를 단축한다.

⑥ 단축 공정표를 작성하여 관리한다.

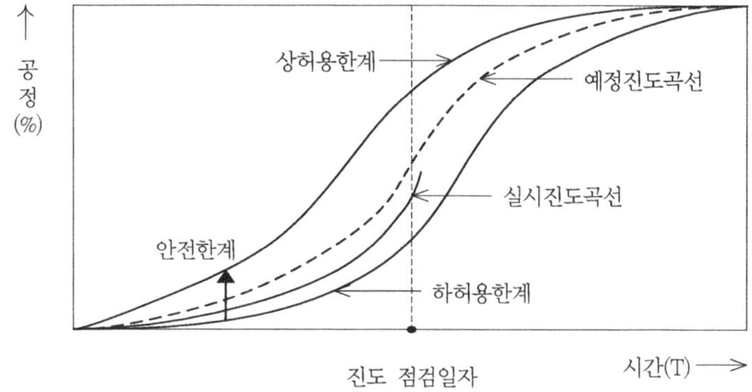

그림 1-17 진도관리곡선

1.4 공기단축

1.4.1 공기단축의 개념

정상계획(normal plan)에 의하여 작성된 계획공정표의 소요공기가 완료목표보다 길어지는 경우나 공사진행 중 지연되었을 경우에는 공기단축이 불가피하게 되는데, 이때 공기를 단축하기 위해서는 공사비를 증가시켜서 공기를 단축하는 방법을 검토하거나 공사비를 증가시키지 않고 공기를 단축할 수 있는 방법을 검토한다.

1.4.2 공사비와 공기 관계

1) 직접비와 공기 관계

각 활동에 대하여 추정한 작업기간은 정상기간으로 최소비용으로 활동을 완성하는데 소요되는 작업기간으로 볼 수 있다. 추정 활동기간이 최소 직접비와 관계되므로 어느 활동의 기간이 변동하면 직접비의 증가를 초래하게 된다. 이러한 직접비의 증가는 활동기간을 연장했을 때보다 단축했을 때가 더욱 커지게 된다. 따라서 주공정을 촉진시켜 전체 공기를 단축하면 그에 따라 직접공사비의 증가가 수반된다. 일반적으로 그림 1-18에서와 같이 공기를 단축하면 추가비용 투입으로 인해 직접비는 증가하게 된다.

2) 간접비와 공기

간접비는 공사기간에 비례하여 증가하는 변동비용으로 볼 수 있다. 간접비는 직접비와는 반대방향으로 변동하므로 공사기간이 단축되면 직접비는 증가하지만 간접비는 감소하게 된다.

그림 1-18에서와 같이 공기를 단축하게 되면 일반관리비와 가설을 위한 임대료 등이 감소하므로 간접비는 감소한다.

3) 총공사비와 공기

총공사비라 함은 직접비와 간접비의 합계를 말하는 것으로 직접비는 공사기간이 단축될수록 증가하게 되고 간접비는 공사기간이 단축될수록 감소하게 된다. 그림 1-18에서 나타내는 것과 같이 이러한 두 비용의 증감이 균형을 이루는 어느 시점에서 총공사비가 최소로 될 수 있음을 알 수 있다.

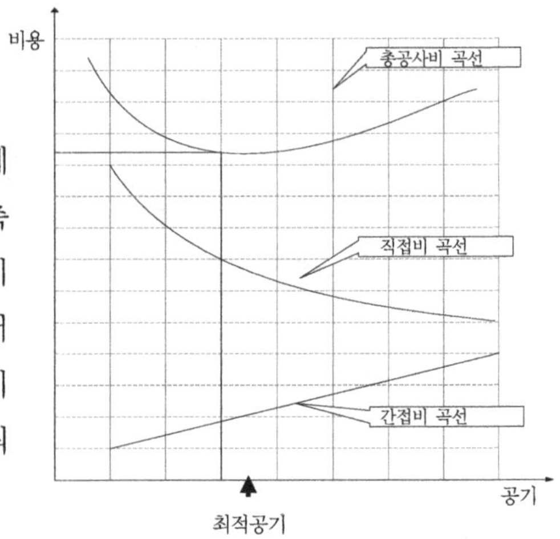

그림 1-18 총공사비와 공기의 관계

1.4.4 공기단축방법

공기단축이란 계획공정표에 대하여 각 작업량 및 조건에 따라 설정된 총공기를 어떤 사정에 의하여 변경할 때 가장 경제적인 방법으로 실시하는 일련의 절차를 말한다.

① **정상공기**(D=Normal duration)

보통상태로 어떤 공사를 할 경우의 공기를 말하며, CPM의 시간견적은 이 시간견적에 의하여 수립된다.

② **정상공사비** [C(D)=Normal cost)]

정상공기로 작업할 경우의 직접자재비 및 직접인건비 등 직접비가 포함된다.

③ **특급(조기달성)공기** (d=Crash duration)

공기의 단축한계를 말한다.

④ **특급(조기달성)공사비** [C(d)=Crash cost)]

특급 공기에 소요되는 직접비를 말한다.

⑤ **비용구배**(CS : Cost slope)

정상점과 특급점을 연결한 기울기(구배)를 말한다.

그림 1-19는 소요공기를 정상상태로부터 단축해 가서 더 이상 단축할 수 없는 곳까지

즉시 단축했을 경우의 시간–비용의 관계를 도시한 것이다.

이 경우 공사비는 직접비를 말하며, 이 비용은 공기단축 시 상승하는 경향을 가지고 있다. 그런데 특급상태에 이르는 공사비의 동향은 곡선을 이루는 것이라고 생각되지만 그림에서와 같이 직선으로 실제의 공사비를 근사화시키고, 이를 비용구배라고 부르며 절대치를 취한다.

따라서 비용구배의 시간단위를 일수로 잡으면, 이는 1일당 그 작업을 단축하는데 소요되는 비용의 증가를 의미한다. 이를 공식으로 전개해보면 다음과 같이 된다.

$$\text{비용구배} = \left| \frac{\text{특급공사비} - \text{정상공사비}}{\text{정상공기} - \text{특급공기}} \right|$$

$$cs = \left| \frac{C(d)-C(D)}{D-d} \right|$$

이상과 같이 비용구배가 구해지면 다음과 같은 요령으로 공기단축을 시행한다.

① 주공정상의 전 요소작업을 대상으로 하지만 더 이상 단축이 불가능한 작업은 제외한다.

② 남은 주공정상의 작업을 줄이지만 가장 비용구배가 적은 작업부터 단축한다.

③ 일단 일정을 단축한 경우에는 모든 여유공정의 변화를 지켜봐야 한다.

④ 모든 여유공정이 이미 단축한 것을 포함한 주공정과 아무런 변화가 없을 때는 계속 주공정상의 작업을 MCX 방법에 의해 단축한다.

⑤ 어떤 여유공정이 원래 주공정(이미 단축된)과 기간이 동일한 경우에는 이 여유공정은 결과적으로 현재의 주공정이 된다.

⑥ 주공정이 2개 이상일 경우에 일정을 다시 단축할 수 있으면, 관련되는 주공정상의 작업을 동시에 동일한 기간씩 단축시켜야 한다. 물론 이때도 MCX에 의해야 한다.

⑦ 한계시간까지 도달되면 일정을 다시 산출하고 증가된 공사비를 집계한다.

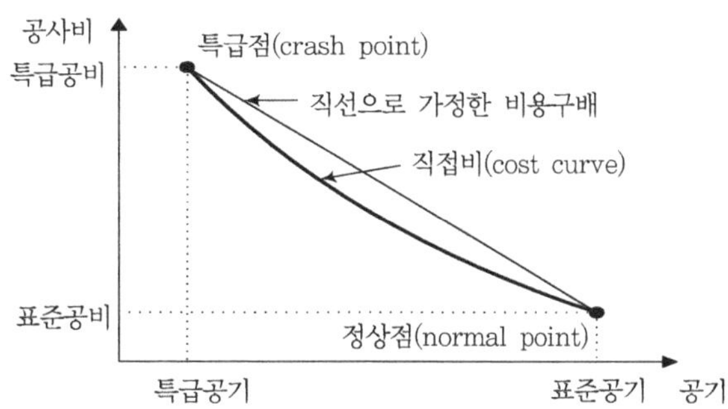

그림 1-19 비용구배 곡선형태

1.5 자원평준화

1.5.1 자원평준화

자원평준화는 자원, 즉 자재, 노무, 자금, 장비 등에 대한 소요량과 투입 가능량을 상호 조정하며 자원의 비효율성을 제거하여 비용의 증가를 최소화하는 것으로, 여유시간을 이용하여 논리적 순서에 맞춰 작업을 조절하여 자원을 배당함으로써 자원이용에 대한 손실을 줄이고 자원 수요를 평준화(leveling)하는 것을 말한다. 자원관리 목적은 공사에 필요한 자원을 효과적으로 할당하여 공사일정을 원만하게 수행하는 것이다. 이러한 자원 가운데 인력은 공사를 수행시키는데 가장 중요한 자원이라고 할 수 있다. 자원할당을 효과적으로 하기 위해서는 소요작업 인원의 급격한 변동을 피하고 작업인원을 최소화시키며 유효기간을 줄이고, 공사기간 동안 소요되는 작업인원을 균등하게 하여 공사가 완료되도록 해야 한다.

1.5.2 자원과 공기와의 관계

건설공사를 수행하는 데에는 일정기간 내에 필요한 자원을 투입하게 되고, 자원 투입은 공기와 비용의 문제가 따른다. 자원과 공사기간에는 다음과 같은 기본적인 관계를 갖는다.

첫째, 자원은 투입되는 양에 따라 비용이 증가하며, 일정까지는 비례관계를 가지지만 지원을 동원할 수 있는 한계를 초과하거나 공정상 병목(bottleneck)현상이 발생하여 현장의 관리한계를 넘어설 때는 자원의 투입에 따른 적정비용 외에 추가비용이 필요하게 된다.

둘째, 자원과 공기의 곱이 이론상 일정하므로 서로 반비례 관계에 있다. 그러나 실제작업은 작업 생산성에 비례하므로 자원 증가가 반드시 공기의 단축과 정비례하지는 않는다. 예로서 필요이상의 자원이 투입될 경우 작업공간의 협소, 각 작업간의 간섭 등으로 효율성이 감소되는 경우가 발생하다. 따라서 어느 수준이 적합한 생산성을 나타낼 수 있는 자원 수준인지를 파악해야 한다.

프로젝트를 수행하는 데 있어서 자원의 속성상 가능한 균형 있게 규칙적으로 투입하는 것이 더욱 경제적이지만, 현실적으로는 곤란하므로 공기 및 자원량을 상호 조정하게 된다.

1.5.3 공기제약형 평준화

프로젝트 관리 시에 지정공기 준수를 중시하는 방법으로, 일정계획 수립 시에 공기를 고정시키고 인력자원의 제한 없이 동원하는 방법이다.

공기제약형 평준화는 먼저 EST & LST에 의한 초기 인력자원 배당을 실시한 후 우선순위를 정하며, 우선순위에 따른 활동은 TF의 범위 내에서 1일 단위로 하여 (TF+1)만큼의 경우 수만큼 이동하면서 작업을 고정시키게 된다.

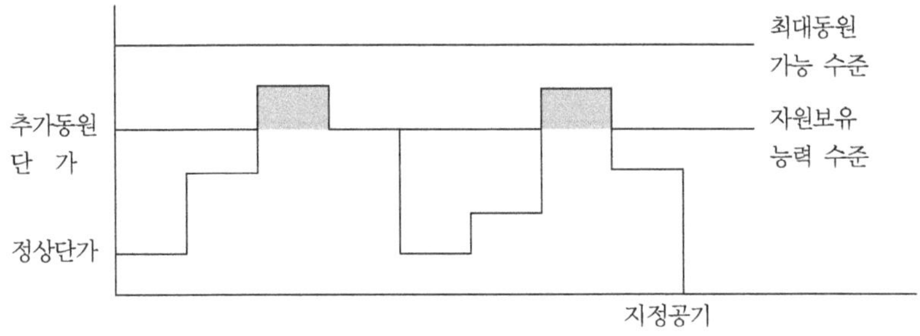

그림 1-20 공기제약형 배당

이때 작업고정방법의 선정은 최소자승값을 갖는 곳에 위치시킨다. 만일 최소자승값의 결과가 2개소 이상이 있는 경우에는 LST(latest start rime) 또는 EST(earliest start time)에 의한 배당을 실시하게 된다.

프로젝트 각 작업의 여유시간을 이용하여 자원평준화를 하는 방법에는 EST에 의해 작업을 수행할 때와 LST에 의해 작업을 수행할 때, 그리고 이 두 가지 방법을 보다 합리적으로 조합한 경우로 구분하여 생각할 수 있다.

1) EST에 의한 자원 평준화

모든 작업들에 적정공기로 일정이 잡혀 있으며, 자원평준화는 EST에 따라 자원을 배당하는 방법이다. 이 방법은 프로젝트의 전반부에 많은 자원 투입으로 초기 투자비용이 과다하게 들어가는 단점이 있으나 여유가 많아 계획공기 준수에 유리하다.

2) LST에 의한 자원 평준화

모든 작업들이 초기에 여유시간을 소비하고 주공정선처럼 작업을 시행하는 방법으로 모든 자원이 LST에 의해 배당된다. 작업 중의 하나라도 지연이 생기면 전체작업에 지연을 가져오는 문제가 발생한다. 이것은 초기 투자비용은 적지만 마지막에 많은 자원을 동원하며 공기지연이 발생할 가능성이 높다.

3) 조합에 의한 자원 평준화

앞에서 제시한 두 가지(EST & LST) 방법 사이에서 합리적인 자원평준화를 실시하는 방법이다. EST와 LST에 의한 평준화는 자원의 투입관계 측면에서는 불리하다. 실제적으로 건설공사는 여러 공종이 상호 연관을 가지면서 다양한 특성을 나타내므로 앞의 두 가지(EST, LST) 경우를 보다 합리적으로 조합하는 것이 보다 효과적일 수 있다. 최대 동원 인원이 가장 적으면서 인원의 변동폭을 최소화 할 수 있는 방법이 일반적으로 가장 효율적인 방법이다.

1.6 통합공정관리

1.6.1 통합공정관리의 정의

1967년 미 국방성의 프로젝트 성과측정을 위해 C/SCSC(cost and schedule control system criteria)를 개발 운영하면서 태동된 개념이 EVM(earned value management)이다. EV(earned value)란 어떤 노력을 통해 획득된 가치를 말하는 것으로 사업의 특정 시점에서 실제 수행된 작업량 또는 진도율과 유사한 개념이며, 이를 관리하는 기법을 EVM이라 한다.

미국 예산관리처에서는 EVMS(earned value management system)를 "프로젝트 사업비용, 일정 그리고 수행목표의 기준 설정 및 실 진도측정을 통한 성과 위주의 관리체계"라 정의하고 있으며, Fleming & Koppelman은 EVMS을 "상세히 작성된 작업계획에 실 작업을 실시간으로 측정하여 최종 사업비용과 일정을 예측할 수 있도록 하는 관리기법"이라고 정의하고 있다. 이와 같이 EVMS는 프로젝트를 구성하는 작업, 비용, 일정을 통합하여 계획 대비 실적을 비교하고 사업성과를 관리하는 기법으로, 프로젝트 착수 전에 작업의 진척상태를 통일된 단위로 파악할 수 있도록 모든 작업의 공정과 비용을 철저하게 계획하는 기반이 되며, 비용관점에서 계획과 실적을 정확하게 측정하여 분석할 수 있는 객관적인 기준을 제공한다.

1.6.2 통합공정 관리방법

EVMS에 의하여 프로젝트를 관리하기 위해서는 먼저 프로젝트 관리에 있어서 수행해야 할 범위 내의 모든 작업을 단계적으로 분류하여 정의해야 한다. 이때 프로젝트의 계획과 공정표는 관리단위 단계에서 비용과 일정의 성과를 동시에 측정할 수 있도록 작성되어야 하며, 프로젝트 단계별 수평적 상관관계 규명의 용이성은 물론이고, 주공정표와 하위 공정표와의 수직적 상관관계를 명확히 관리할 수 있도록 작성되어야 한다.

다음으로 EVMS 기준진도를 작성하기 위한 방법으로 마일스톤의 이용, 추정 진도 산정, 그리고 과거 실적 자료를 기반으로 한 진도 기준 사용 등이 있으며, 관리단위별로 설정된 진도는 일정기간 단위로 집계되어 프로젝트 전체의 기준진도율 누계곡선(S-curve)을 그리게 된다.

이후 설정된 기준진도에 의하여 프로젝트 진행과정에서 계획 대비 실적의 평가를 하게 되며, 실적진도와 투입비용의 비용차이(CV)와 계획진도와 실적진도의 일정차이(SV)의 크기를 비율로 표시함으로써 비용지수와 일정지수를 구하게 된다. 이처럼 프로젝트 진행에 따른 실적자료를 활용하여 비용/일정의 차이와 지수를 지속적으로 분석함으로써 프로젝트 성과의 추이를 예측할 수 있다.

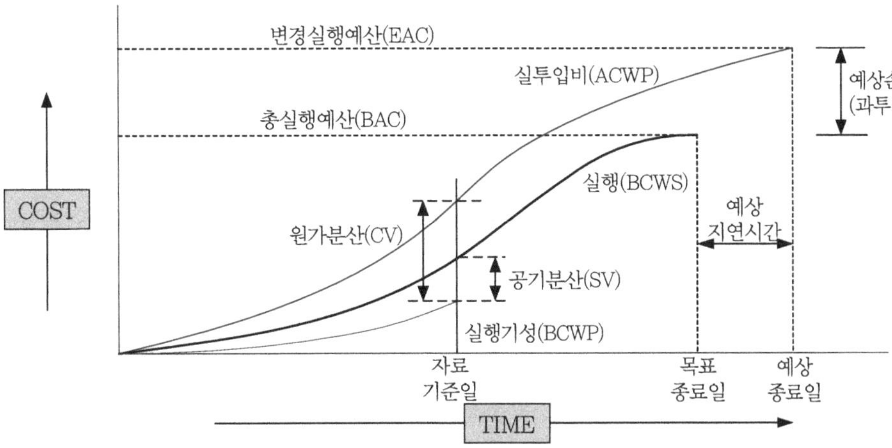

그림 1-21 EVMS 관리곡선(earned value element)

Chapter 02 | 원가관리

2.1 비용관리의 개요

2.1.1 정 의

건설산업은 최소의 비용으로 최대의 품질을 달성하고자 하는 경제원칙에 입각하여 건설공사를 수행한다. 따라서 수익창출의 근원이라고 할 수 있는 건설공사를 성공적으로 완수하기 위해서는 체계적인 관리가 필요하다. 이 중에서 비용관리는 건설회사의 사업목표 달성에 직접적으로 관련된 중요한 관리요소라고 할 수 있다.

비용관리는 건설공사의 모든 관리요소와 관련되어 있으며, 특히 품질과는 불가분의 관계에 있다. 품질향상과 비용절감이라는 두 가지 명제는 모든 산업분야에서 달성하고자 하는 주요목표라고 할 수 있다. 현실적으로 건설시장의 개방에 따른 건설환경 변화에서 건설기업의 경쟁력을 높이기 위해 과학적이고 체계적인 비용관리를 통한 비용절감을 도모할 필요가 있다. 비용이란 기업이 생산하는 일정한 제품 또는 제공하는 각종 서비스에 필요한 자원인 자재, 노무, 장비 등에 소요되는 비용을 말한다. 비용관리는 주어진 예산과 일

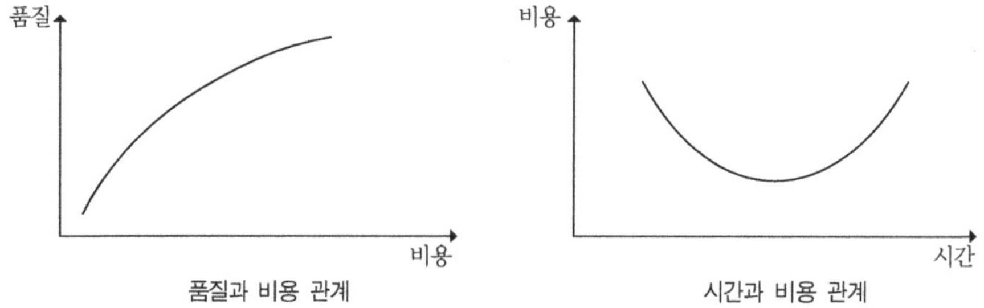

그림 2-1 비용, 품질, 공기와의 관계

정을 토대로 건설공사가 원만히 진행되고 예산의 집행이 계획대로 이루어져 품질, 비용, 공기 등의 목표를 성공적으로 달성할 수 있도록 제반 자원의 소요비용을 효율적으로 관리하고 통제하는 것을 의미한다.

2.1.2 비용관리의 목적

건설공사는 규모가 다양하고 공사기간이 일정하지 않으며, 공사계약의 이행과정에 많은 불확실성이 내재되어 있으므로 다른 산업에 비해 손익을 추정하기 어렵다. 일반적으로 건설회사의 모든 수행사업에 대한 손익 산정의 근거는 비용관리를 통해 얻을 수 있다. 이러한 비용관리의 주요목적은 비용 산정[47]을 통해 얻어진 비용자료에 근거하여, 비용계획을 수립하고 건설공사에서 실제 소요된 비용과 계획된 예산을 주기적으로 비교 · 검토함으로

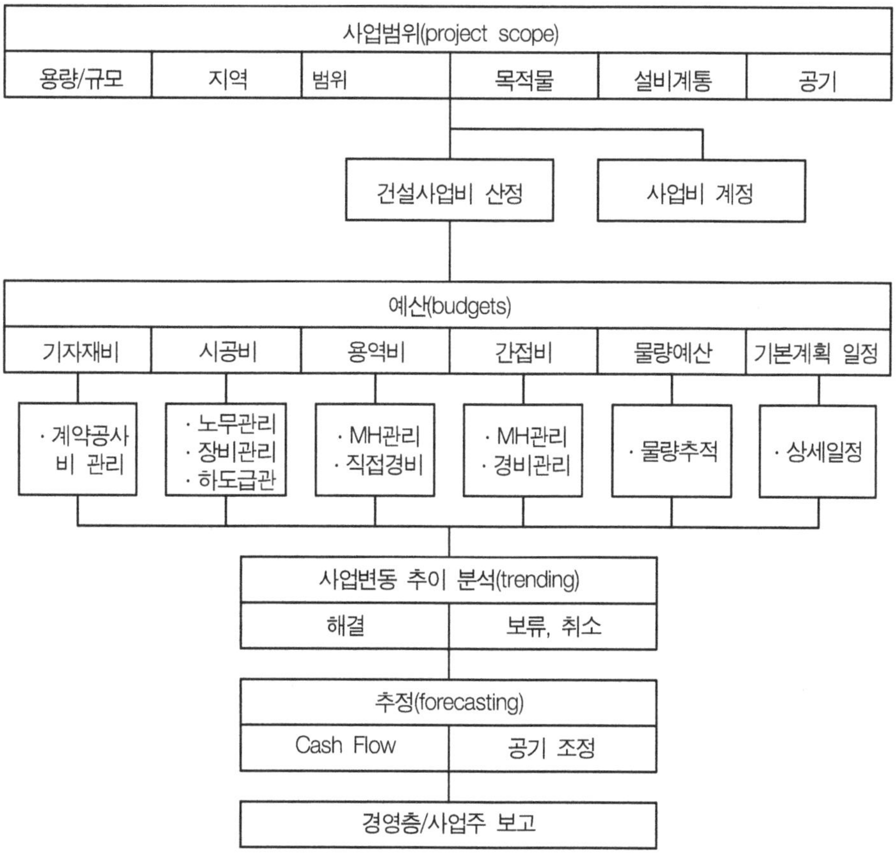

그림 2-2 비용관리의 개념

47) 비용 산정(cost estimate)
건설비의 산정은 예비조사, 기본설계, 상세설계, 조달/구매, 시공 및 시운전 등에 필요한 비용을 시방서 및 도면류를 기준으로 산출하며, 또한 조업비는 제품을 생산하기 위한 비용이며, 원료, plant 유지비용, 운전원의 비용 등 반복성 비용(repeated cost)이 실제로 발생할 것으로 예상되는 비용을 산정하는 것이다.

써 주어진 예산 내에서 공사를 완료할 수 있도록 비용의 흐름을 관리하고 통제하는 것이다. 예를 들어 건설공사의 어느 시점에서 실제 비용과 예산을 비교하여 관리한계 이상의 비용편차가 발생하면 그 원인을 분석하여 예산집행을 조정함으로써 비용의 흐름을 정상상태로 환원시킬 필요가 있다. 비용관리의 부수적인 목적은 향후 유사한 건설공사의 비용산정에 활용할 수 있도록 해당 건설공사에서 수행된 작업에 대한 생산성, 자원별 소요단가 등의 비용관련 자료를 축적하기 위한 것이다.

비용관리는 궁극적으로 건설공사의 최종 손익금액을 정확하게 예측하고, 문제가 발생할 경우 적절한 조치를 강구함으로써 건설회사의 전체수익을 증진시키는데 그 목적이 있다고 할 수 있다.

2.1.3 비용관리의 요소

비용관리는 건설공사의 소요비용을 예측하는 비용 산정, 건설공사의 비용절감을 위한 목표를 설정하고, 실행계획을 수립하는 비용계획, 건설공사의 계획된 일정에 따라 비용의 흐름을 통제하는 비용통제, 건설공사에서 발생하는 자금의 수입과 지출을 계정으로 정리하는 비용회계의 과정을 통해 수행된다. 비용관리는 건설공사의 다른 관리요소들과 밀접한 관계를 갖는다. 예를 들면 자재구매에 필요한 자재비용과 자재수량은 자재관리의 기본 입력자료가 된다. 공정관리의 경우는 시간과 비용의 조정을 통한 적정 공사기간을 산정하는 과정에서 공종별 비용자료가 사용된다.

2.1.4 비용관리자

1) 관리자의 역할

자본주의 사회에서 기업의 최종 목표는 이윤추구이다. 이러한 이윤추구는 사업비의 통제 및 관리에 따라 좌우된다. 따라서 건설프로젝트에서 사업의 승패 여부는 사업비의 효율적인 운영과 관리에 달려 있으며, 모든 사업관리의 결과는 비용의 가치(value for cost)로 나타나기 때문에 사업비관리자는 사업관리팀의 핵심이 된다.

많은 사업이 예산에 대하여 관심을 갖고 있으면서도 정작 이를 소홀히 하여 실패하는 경우가 많다. 건설사업관리자 본연의 업무는 정해진 예산으로 정해진 품질규격의 결과물을 정해진 기간 내에 납품시켜야 하는 것이다. 그러나 사업비 관리에 대한 활동을 등한시하여 공사 후 사업주가 무리한 초과지출로 곤란을 겪거나, 이로 인하여 발주자와 계약자간에 클레임이나 분쟁이 발생하는 경우도 있다. 따라서 건설사업관리에서 사업비관리자는 발주자의 대리인으로서 기획단계에서부터 설계단계, 구매단계, 시공단계 및 완공 후 단계에 이르기까지 건설프로젝트의 생애주기(life cycle) 동안 발생하는 제반 비용에 관한 통제 및 관리를 수행할 수 있는 통합적인 업무 역량과 궁극적으로는 가치추구(achieving value for money)라는 관점에서 비용효과성(cost effectiveness)을 평가할 수 있는 능력을 구비해야 할 것이다.

2) 비용관리자의 업무

사업비의 효과적인 계획 및 관리의 궁극적인 목표는 비용의 절약 또는 원가절감이 아니라 가치추구라는 관점에서 비용효과성이 평가되어야 한다. 건설프로젝트에서 사업비관리자의 업무를 요약하면 다음과 같다.

① 건설사업관리 시에는 사업비관리를 위한 정보를 제공한다.

② 지속적인 비교 · 분석 및 추적으로 사업비의 초과부문을 지적하고, 필요한 원인행위 조사와 해결안을 도출하여 건의한다.

③ 소요 사업비를 예측하고 매월 기준으로 전체 사업의 비용 전망을 작성하고 보고한다.

④ 의사결정 시 건설관리자에게 사업비 측면에서의 영향을 분석 · 보고한다.

⑤ 사업수행중의 변경사항을 기록 · 유지하며 설계대안에 대하여 신속하게 사업비 견적을 제공한다.

⑥ 사업비 정보를 참여자들에게 제공하거나 향후 견적을 이용한 실적 자료를 축적한다.

2.1.5 비용관리의 절차

건설사업의 비용관리체계는 발주자의 정해진 예산범위 내에서 효율적이고 경제적인 계획, 설계, 구매, 시공이 되는 것을 보장하기 위한 기능과 기술을 설정하고 적용하는 것이다. 비용관리의 과정은 자원의 소요계획(resource planning), 사업비 추정(cost estimating), 사업비 편성(cost budgeting), 사업비 통제(cost control)의 활동으로 이루어진다.

1) 자원계획

자원의 소요계획은 WBS(work breakdown structure), 과거기록 등을 이용하여 사업수행을 위해 어떤 물리적 자원이 얼마의 양으로 사용되는지 결정하는 과정이다.

2) 사업비 산정

사업비 산정은 자원율(resource rate), 자원소요량 등을 이용하여 사업비를 산정하는 과정이다.

3) 사업비 편성

사업비 편성은 예상사업비, WBS, 사업일정 등을 이용하여 사업의 개별 작업공종에 전체 사업비를 배정하여 사업비 기준(cost baseline)을 수립한다.

4) 사업비 통제

사업비 통제는 사업비 기준, 실적보고서 등에 따라 사업비 조정체계, EVMS기법 등을 이용하여 계획과의 차이점을 찾기 위해 사업비를 모니터링(monitoring)하고, 업데이트(update)하는 과정이다. 건설과정 중 사업변동 추이를 분석하고, 비용의 흐름을 통해 경영층의 의사결정에 도움을 주는 비용통제의 과정이다.

2.2 비용견적

2.2.1 비용 산정의 원칙

비용관리는 정해진 예산의 범위 내에서 프로젝트의 전 과정에 소요되는 비용을 경제적으로 관리하는 것이므로, 프로젝트 전체 비용을 예측하기 위한 비용견적은 비용관리의 가장 기본이 되는 업무라고 할 수 있다. 일반적으로 비용 산정은 건설공사를 수행하는 데 필요한 자재, 노무, 장비 등의 제반 자원에 대한 수량과 금액을 산출하여 의사결정에 필요한 정보를 제공하는 절차라고 정의할 수 있다. 건설공사의 전형적인 의사결정에는 자재조달, 건설공사의 가격결정, 계약금액의 설정 및 건설공사관리에 의해 실제적인 수량을 통제하는 내용이 포함된다. 견적자는 설계자가 의사결정을 위해 설계의 기본사항을 이해할 필요가 있는 것과 같이 견적의 기본사항을 이해할 필요가 있다. 현재 비용견적에 관한 많은 문헌들이 있지만 대부분의 견적형식, 방법, 절차 등에 대하여 기술하고 있을 뿐 견적업무의 지침이 될 수 있는 기본사항이나 원칙을 제시하고 있는 것은 별로 없다. 의사결정에 적용될 수 있는 정확한 비용정보는 견적의 기본원칙을 토대로 얻을 수 있다. 따라서 건설공사의 모든 단계를 통하여 견적자의 견적업무 수행에 통용될 수 있는 견적원칙을 확립하는 것이 바람직하다. 일반적인 견적원칙은 다음과 같다.

1. 실제상황 반영

견적자는 적절한 실적자료를 토대로 전문적인 경험과 판단에 의하여 실제상황이 정확하게 예측 · 반영된 견적서를 만들어낼 책임이 있다. 정확한 견적을 위해서 견적자는 주어진 정보에 의거하여 자재, 공법, 장비 등의 건설자원을 선정하고 작업조를 결정하여 머릿속으로 주어진 건물을 지어 나가야 한다. 이러한 정보는 과거 공사를 통해 얻을 수 있는 작업 시간 및 비용에 관한 자료와 수행될 건축공사에 대한 상세 분석과 견적자의 경험에서 얻을 수 있는 최선의 추측을 잘 조합하여 형성될 수 있다. 견적자는 단순히 견적의 편의성을 위해 실제성에 근거하지 않는 정보를 선택하지 않도록 해야 한다. 또한 수행해야 할 공사와의 유사성에 대한 검토 없이 과거의 실적자료들을 직접 이용하는 것은 부정확한 견적을 초래할 수 있다.

2. 동일한 상세수준 유지

견적은 그 자체로 시간과 비용을 요구한다. 따라서 견적자는 단지 의사결정에 관련된 정도의 상세수준에 도달할 만큼의 비용과 시간을 투자할 필요가 있으며, 상세수준의 결정에는 다음과 같은 두 가지 기준을 적용할 수 있다. 첫째 건설공사에는 항상 불확실성이 내재하고 있기 때문에 완벽한 정보에 의한 의사결정은 불가능하다. 따라서 견적수행 과정에서 의사결정에 필요한 수준의 정보를 얻을 수 있으면 그 이상의 상세한 정보는 필요하지 않다. 다음으로 견적의 정확성에 영향을 주는 정보의 상세 정도는 견적비용을 구성하는 모든 항목에 일관성 있게 적용되어야 한다.

3. 모든 비용요소 포함

견적에는 건설공사에 관련된 모든 항목들을 포함시키되 그 외의 다른 어떤 것도 추가해서는 안 된다. 설계가 완성되기 전에 비용견적을 수행할 경우에 견적자는 현재 완성된 설계요소뿐만 아니라 앞으로 설계에 포함될 모든 요소들에 대한 비용을 견적에 포함시켜야 한다. 예를 들어 플랜트에 대한 견적에서 필요한 장비의 주요항목은 설계의 초기단계에 명백히 알 수 있다. 이 경우 견적자는 장비구입 비용뿐만 아니라 장비의 설치와 관련된 모든 비용을 견적에 포함시켜야 한다. 완전성과 상세수준의 두 원칙은 대립적인 것 같지만 상호 보완적 성격을 갖는다.

4. 직접비용과 간접비용 구분

어떤 작업의 직접비용은 그 작업을 통해 경제적인 방법으로 물리적인 추정이 가능한 비용을 의미한다. 따라서 작업이 수행되지 않으면 직접비용은 발생하지 않는다. 직접비용은 각 작업에 대한 자재, 노무, 장비 등의 세부항목으로 구분하여 산정할 수 있다.

간접비용은 어떤 작업을 통해 물리적으로 추정될 수 없는 관리비용을 의미하여 작업이 수행되지 않더라도 발생하게 된다. 간접비용은 다른 표현으로 경상비라고도 하며, 현장경상비와 일반경상비로 구분된다. 현장경상비는 건설공사를 통하여 경제적으로 추정할 수 있는 비용으로서 건설공사가 수행되지 않으면 발생하지 않는다.

반면에 일반경상비는 건설공사를 통해 경제적으로 추정할 수 없는 비용으로서 건설공사와 관계없이 기업운영을 위해 소요되는 비용을 의미한다.

직 · 간접비용의 개념은 위계적이다. 즉, 발주자의 직접비용은 원도급자의 직접 · 간접비용과 이윤이 되고 원도급자의 직접비용은 하도급자의 직접 · 간접비용과 이윤이 된다. 사실상 발주자가 건설공사에 투자하는 모든 비용은 최종적으로 사용자(소비자)의 직접구매비로 전이된다고 볼 수 있다.

5. 변동비용과 고정비용 구분

견적에서 작업수량은 길이, 면적, 체적, 작업시간, 사용기간 등 여러 방법으로 산출될 수 있다. 만일 어떤 비용이 수량의 변화에 비례하여 변하면 변동비용에 해당하고, 수량의 변화와 관계없이 일정하면 고정비용에 해당된다.

대부분의 건설공사 비용은 변동비용과 고정비용이 혼합되어 있다. 변동비용과 고정비용의 분류는 계약물량의 변화에 관련된 비용결정에 영향을 주기 때문에 매우 중요하다. 특히 건설공사의 수행과정에서 수량변화로 인한 설계변경이 필요한 경우에는 변동비용과 고정비용의 각 범주에 해당하는 항목을 정확하게 구분해야 한다. 기업운영에 필요한 일반경상비는 일정기간 동안 고정된 것으로 간주한다. 그러나 현장경상비에는 항목에 따라 변동비용과 고정비용이 혼재한다.

6. 예비비 산정

견적은 의사결정의 기준이 되는 비용정보를 제공하는 작업으로서 비경제적이고 불가능한 실측을 대신하는 것이다. 만일 견적에 근거하는 의사결정이 실행에 근거하는 의사결정과 유사한 정도로 견적이 실행에 충분히 근접한다면 산출된 견적은 정확한 것으로 간주될 수 있다. 견적자에게 있어 가장 중요한 개념은 정확성이지만 본질적으로 견적은 불확실성을 배제할 수 없다. 따라서 견적자는 불확실성에 대비하여 견적을 수행하고 통제할 책임이 있다. 견적에 반영된 불확실성은 견적된 값 그 자체만큼 중요한 정보가 된다. 어떤 건설공사에서 불확실성은 예측되지 않은 일의 발생 가능성을 의미하며, 견적에서는 이러한 불확실성을 예비비 항목으로 반영해야 한다. 불확실성은 견적의 중요한 목표인 정확성에 대립되는 개념이지만 견적자는 자신의 경험과 지식을 최대한 사용하여 이러한 불확실성에 대한 적절한 대비를 통해 정확성을 달성해야 한다.

2.2.2 견적의 종류

건설공사의 견적은 설계에서 시공에 이르는 건설생산의 모든 단계에 걸쳐 여러 가지 방법으로 수행될 수 있다. 건설생산 단계에 따라 다양한 방법으로 산출된 견적은 서로 다른 용도와 제한조건을 갖는다. 이러한 견적방법은 견적의 기능, 정보의 정도, 설계의 진행 정도, 산정 정확도에 따라 개산견적과 상세견적의 두 종류로 분류된다.

1) 개산견적

개산견적은 설계가 시작되기 전에 프로젝트의 실행 가능성을 알아보거나 설계의 초기단계 또는 진행단계에서 여러 설계대안의 경제성을 평가하기 위하여 수행된다. 개산견적은 개략적인 공사금액을 예측한다는 의미에서 개념견적, 기본견적, 예산견적 등으로 표현하기도 한다. 일반적으로 개산견적은 설계도면과 시방서가 준비되지 않은 상태에서 공사비를 예측하는 것이기 때문에 이전의 유사한 공사에서 얻을 수 있는 자료와 건설공사 참여자로부터 얻을 수 있는 가능한 정보를 토대로 견적자의 경험과 판단에 의해 수행된다.

이러한 개산견적의 방법에는 비용지수법, 이용용량법, 계수견적법, 변수견적법, 기본단가법 등이 포함된다. 개산견적의 정밀도는 사용기관에 따라 다소 차이가 있는데, AACE (american association of cost engineers)에서는 개산견적의 정밀도를 +50%~−30%로 명시하고 있다.

① 비용지수법

비용지수법은 다른 시간과 장소에서의 비용정보를 조정하는데 사용된다. 이것은 기준이 되는 시간과 장소에서의 비용지수 값에 대한 비율에 근거한다. 여기에는 두 종류의 비용지수가 사용된다. 개체지수(입력지수)는 완성된 시설물의 공사비용 변화에 대한 좋은 지표를 제공하는 일련의 주요재료 또는 노무에 대한 비용지수를 의미한다. 생산지수(출력지수)는 완성된 건축물 전체의 비용지수를 의미한다. 비용지수법은 새로운 시설물의 공사비 견적에 참고하기 위해 과거에 수행된 시설물의 공사비용을 현재의 금전가치에 맞도록 환산하거나 건설장비와 같은 특정 자산의 대체비용을 견적하기 위해 사용된다.

② 비용용량법

비용용량법은 어떤 프로세스의 생산출력과 그에 필요한 자원간의 관계에 근거한다. 건설공사에서 시공과정의 생산은 공사수량이 되고 공사를 완성하는 데 필요한 자원은 재료, 인력 및 장비가 된다.

따라서 공사수량과 자원의 관계는 비용으로 표현될 수 있다. 여기서의 공사수량에 대한 예는 건물에서의 연면적, 병원의 침대 수, 고속도로의 거리 등이 있다. 이 비용용량법은 새로운 건설사업에 대한 개략적인 비용 검토를 가능하게 한다.

③ 계수견적법

계수견적법은 시설물의 장비를 기준요소로 가정할 경우 장비설치비를 비롯하여 기타 건축, 토목, 설비, 전기 등의 비용요소를 장비비에 대한 비용으로 산출하는 것이다. 여기서 계수는 건설공사를 구성하는 각 요소에 대한 비용과 기준요소에 대한 비용의 비율이다. 우선적으로 기준요소에 대한 비용이 산출되면 다른 요소에 대한 비용은 각 요소의 계수와 기준요소의 비용을 곱하여 산정된다. 또한 건설공사의 전체 비용은 모든 요소에 대한 비용의 합으로 구해진다. 이 방법은 각 비용요소에 대한 개별적인 계수를 만들기에 적합한 과거 실적자료가 존재하고 각 요소가 과거 건설공사의 비용요소와 유사하다는 가정 하에 신뢰할 만한 견적을 제공한다고 볼 수 있다.

④ 변수견적법

변수견적법은 프로젝트의 크기 또는 범위에 영향을 주는 설계변수에 근거한다. 프로젝트의 건축, 토목, 설비, 전기 등 각 시스템에 대한 비용은 설계변수의 수량과 각 변수의 수량단위에 대하여 견적된 시스템 비용을 곱하여 계산한다. 따라서 프로젝트의 전체 비용은 프로젝트를 구성하는 모든 시스템의 비용을 합하여 구해진다.

이 방법은 적어도 각 변수의 수량을 산출하기에 충분한 기본도면이 필요하다. 이 방법은 설계자가 설계의 초기단계에서 각 시스템의 여러 대안 중 적합한 것을 선택할 수 있도록 각 대안의 비용을 견적하는 데 이용된다.

⑤ 기본단가법

기본단가법은 각 건설공사의 기본단위에 대한 비용자료, 예를 들어 건물 바닥의 단위면적, 건물의 단위체적 등에 근거하여 비용을 산출하는 것이다. 기본단위에 대한 비용은 이전의 유사한 건설공사의 비용자료를 토대로 도출된 비용공식에 의거하여 계산된다. 이 기본단위에 대한 비용은 시간과 장소에 따라 건설공사의 특성에 대한 계수 또는 지수에 의하여 조정될 수 있다.

2) 상세견적

상세견적은 보통 설계의 최종단계 또는 공사입찰이나 시공계획 단계에서 수행되기 때문에 최종견적, 명세견적, 입찰견적 등으로 표현하기도 한다. 상세견적은 상세설계의 출력인 일련의 완성된 도면과 시방서에 근거하여 건설공사를 수행하는데 소요되는 재료, 노무, 장비 등에 대한 상세한 수량과 비용을 결정하는 것이다.

이러한 상세견적은 상세설계 단계에서 견적기술자가 공사예정 가격을 결정하기 위해 수행하거나 계약자(시공자)가 입찰서를 제출하고 시공계획을 수립하기 위해 수행한다.

상세견적의 정밀도 역시 앞에서 설명한 개산견적의 정밀도와 마찬가지로 사용기관에 따라 다소 차이가 있는데, AACE에서는 정밀견적의 정밀도를 +15%～−5%로 명시하고 있다.

2.2.3 견적의 절차

견적의 절차는 앞서 기술한 견적의 종류에 따라 약간씩 차이가 있을 수 있다. 먼저 특정프로젝트에 입찰을 하기 위한 견적의 절차(estimating procedure)는 ① 입찰 여부 결정, ② Proposal Team 편성, ③ 상세입찰방법 결정, ④ 산정용 설계, ⑤ 물량산출(material take off), ⑥ Vendor 견적 조회, ⑦ 현지조사(site survey), ⑧ 집계 순으로 이루어진다.

여기서는 상세견적의 전형적인 방법인 단가견적을 대상으로 견적수행의 절차를 설명하고자 한다. 단가견적은 특정한 작업항목과 각 항목에 대한 수량과 단가에 근거하여 건설공사의 비용을 결정하는 것이다. 건설공사는 시설물의 완성이라는 목적을 달성하기 위해 반드시 수행되어야 하는 일련의 작업으로 분할된다. 각 작업은 물리적인 작업수량과 그에 연관된 단위비용을 갖는다. 각 작업항목의 비용은 작업수량과 단위비용을 곱하여 산정되고, 전체 공사의 비용은 모든 작업항목에 대한 비용의 합으로 산출된다. 이러한 상세견적 내용 중 주요내용을 살펴보면 다음과 같다.

1) 물량 산출

물량 산출은 각 작업공정에 대한 재료의 소요량, 노무자의 소요 수, 가설재 및 시공장비의 내용, 수량이나 사용기간 등을 구체적으로 수량 산출하는 절차를 의미한다. 물량 산출의 과정과 결과는 일정한 양식의 수량산출조서에 기록된다.

2) 일위대가 산정

일위대가는 항목별 단가를 산정하는 행위로서, 단위작업의 재료비에 가공설치비를 가산하여 산정된 복합단가를 의미한다. 일위대가의 작성에는 단위작업 수량에 대하여 소요되는 품의 수량에 품셈이 적용된다. 즉, 일위대가는 자재와 노무에 대한 단위가격과 품의수량을 곱하여 산정된다. 일위대가의 산정 결과는 자재단가 및 노무단가별로 합계되어 일정한 양식의 일위대가표에 기록된다.

3) 공사비 계산

공사비의 계산은 산출된 각 작업공종의 수량과 일위대가에 의하여 산정된 단가를 곱하여 전체 공사금액을 계산하는 절차를 의미한다. 여기에 간접비, 예비비, 이윤, 세금 등 공사수행에 필요한 모든 금액을 포함하여 공사가격을 결정하게 되는데, 최종적으로 이 금액은 입찰에 적용되거나 발주자에게 공사비를 청구할 경우에 사용된다.

2.3 비용의 구성

건설공사의 비용은 일반적으로 자재비, 노무비, 외주비, 경비의 네 가지 요소로 구성되어 있으며, 각 요소는 수주단계의 견적비용과 시공단계의 실행예산비용, 준공단계의 확정정산비용으로 구분할 수 있다. 건설공사의 시공단계에서 발생하는 비용은 외주비 요소를 제외하고는 모두 미완성 공사의 지출금으로 항목별 비용계정으로 계산되었다가 공사의 준공과 더불어 완성공사의 비용으로 확정된다. 따라서 건설공사의 수익도 준공과 더불어 완성공사 수익으로 확정된다. 건설비용의 주요요소로는 직접공사비를 구성하는 자재비, 노무비, 외주비, 경비 등에 대하여 구체적으로 설명하면 다음과 같다.

1) 자재비

자재비는 건설생산에 필요한 원료 및 원료의 가공품을 구매하거나 사용하는데 소요되는 비용을 의미한다. 이러한 자재비는 건설생산에 투입되는 형태에 따라 직접자재비[48]와 간접자재비[49]로 구분할 수 있다.

2) 노무비

건설공사의 노무비는 예정된 공사에 직·간접적으로 종사하는 근로자의 노동력 소비에 의하여 발생하는 비용요소로서 건축물의 생산활동에 소요되는 노동력의 가치라고 정의할 수 있다. 건설공사의 노무비는 일반적으로 직접노무비와 간접노무비로 분류한다. 직접노무비는 특정제품 또는 특정부문에서 개별적으로 발생하는 것으로 해당 건설공사에 직접 부담시킬 수 있는 노무비를 의미한다. 건설공사의 직접노무비에는 노무자, 기능공, 기술자에게 지불되는 임금과 잡급, 제 수당, 상여금, 퇴직급여 충당금 등이 포함된다. 간접노무비에는 건축물의 생산활동에 직접적으로 종사하지는 않지만 공사현장에서 보조작업에 종사하는 노무자, 현장감독자, 현장사무직원, 경비원, 기타 보조원 등의 급료, 임금과 제 수당, 상여금 또는 퇴직급여 충당금이 포함된다. 이때 제 수당의 계상범위는 근로기준법이 정하는 바에 따라야 한다.

---

48) 직접자재비
직접자재비는 건축물의 부위를 구성하는 것으로 철근, 목재, 시멘트, 벽돌, 타일, 유리 등과 같이 건축생산에 직접 소비된 자재 또는 건축물에 원형대로 부착되어 그 조성품이 되는 외주가공품을 의미한다. 따라서 직접자재비는 건축물의 실체를 구성하는 재료 또는 외주가공품의 가치라고 정의할 수 있다. 즉, 직접자재비는 건축생산에 직접 소비된 자재의 가격을 의미하며 자재비의 대부분을 차지한다.

49) 간접자재비
간접자재는 건축물의 생산에 보조적으로 사용되는 자재 또는 소모성 물품 등을 의미한다. 건설공사에서 간접자재의 대표적인 예로는 여러 공종에 공통적으로 사용되는 가설자재를 들 수 있다. 따라서 간접자재비는 건축물의 실체를 형성하지 않으면서 건설공사에 소요되는 보조자재와 소모성 물품의 사용가치라고 정의할 수 있다. 즉, 간접자재비는 건축물의 생산에 보조자재로 사용된 재품의 전체 또는 여러 종류의 제품에 대하여 공통적으로 발생하는 특정제품에 대한 소요금액을 의미한다.

3) 외주비

외주비란 공정 또는 공종별 공사에 소요되는 자재, 반제품, 제품 등을 공사 착공과 함께 공급하기로 한 공사도급계약에 의하여 하수급자에게 지불되는 일체의 비용을 말한다. 다시 말해서, 건설회사가 발주자로부터 수급한 공사 중 일부 공종 또는 일부 공정을 하수급자에게 의뢰하여 시공하게 하는 경우 지불되는 일체의 비용인 것이다.

예정된 건설공사의 완성에는 일반제조업과 달리 하도급방식에 의하여 운영되는 건설업 고유의 특징적 회계항목인 외주비는 일괄외주비. 부분외주비, 제작외주비로 구분된다.

일괄외주비는 발주자로부터 수급 받은 건설공사의 시공물량 전부를 히수급자가 수행하도록 했을 때 지불되는 일체의 비용을 말한다. 부분외주비는 발주자로부터 수급 받은 건설공사의 시공물량 일부를 하수급자가 수행하도록 했을 때 지불되는 일체의 비용을 말한다. 제작외주비는 발주자로부터 수급 받은 건설공사의 내용 중 특수제작을 요하는 부분에 대하여 외부 전문제작업체에 제작의뢰를 할 경우 지불되는 일체의 비용을 말하다. 이것은 장치부분의 제작만 담당하는 제작 외주와 설치까지 담당하는 제작물 외주로 구분한다.

4) 경비

경비를 건설공사의 완성에 소요되는 자재비, 노무비, 외주비 이외의 비용요소를 말하는데, 이러한 경비는 노무비 또는 외주비의 범위에 따라 경비의 금액규모가 달라진다. 경비의 내용에는 여러 가지가 포함되는데 현행 건설관련 기준에 21개의 세부항목으로 분류하고 있다. 실행 예산을 편성할 때는 편의상 경비를 공사경비와 현장관리비로 세분하기도 한다.

공사경비는 직접비용에 해당하는 것으로 인적 노동의 소비에 의해서 발생하는 경비와 외부로부터 급부에 의하여 발생하는 경비, 재료의 소비에 의하여 발생하는 경비로 구분된다. 현장관리비는 간접비용에 해당하는 것으로 현장에서 발생하는 사무관리비로 지급되는 제 경비를 포함한다. 비용회계에서는 일반적으로 공사경비와 더불어 조정된다.

경비 중에는 본사 발생 지원경비가 있다. 이러한 본사 발생 지원경비에는 입찰 및 계약관련 수수료와 각종 보증에 필요한 수수료 등과 같이 본사의 업무부서에서 발생하는 경비, 견적비용, 설계변경서류 작성비용 등과 같이 본사의 기술부서에서 발생하는 경비, 교통비, 업무추진비 등과 같은 일반관리부문의 공통비용이 포함된다.

2.4 비용관리의 방법

2.4.1 비용관리의 절차

건설공사의 참여주체인 발주자와 시공자는 프로젝트에서 추구하는 목표와 담당하는 업무가 서로 다르다. 따라서 각 참여주체의 비용관리는 독립적으로 수행된다.

비용관리의 내용에는 예산배정, 예산통제 및 집행, 예산집행실적 총괄, 매출목표관리, 손익분석 등이 포함된다. 비용관리를 통해 얻을 수 있는 정보는 기업의 관리차원에 따라 구분될 수 있다. 경영차원에는 예산배정서, 건설사업의 손익추정, 건설사업 일람표, 건설사업 현황에 관한 정보를 제공하고, 실무차원에서는 예산집행 실적표, 일반관리비 내역, 매출액실적 현황, 매출비용 실적표, 일반관리비 집행실적, 입출금결의서 등의 정보를 제공한다.

노무비용과 장비비용은 불확실성이 많이 내재되어 있는 비용요소이기 때문에 작업진행 과정에서 많은 변동이 예상된다. 따라서 건설공사의 비용관리는 이 두 항목에 치중하여 작업진행 상황을 정기적으로 검토하고 분석할 필요가 있다. 건설공사의 비용관리를 효율적으로 수행하기 위해서는 비용항목을 작업종류별, 작업부위별로 구분하고, 견적결과를 총괄적으로 나타내는 내역체계와 비용관리체계가 연계될 수 있도록 분류체계를 수립할 필요가 있다. 비용항목은 또한 비용 산정, 비용회계, 공정관리 등에 공통적으로 사용될 수 있도록 분할되어야 하며, 각 항목에 고유의 비용계정번호를 부여하여 관리하는 것이 바람직하다.

비용관리는 기획단계에서 비용 산정을 통해 수립된 건설공사의 예산을 토대로 수행하므로 최초의 예산이 지나치게 낮게 책정된 건설공사는 관리하기가 매우 어렵다. 특히, 이미 확정되어 있는 노무와 장비의 단위시간당 비용은 수량변화에 따른 설계변경 또는 계약변경을 제외하고는 건설공사의 관리자가 임의로 수정 또는 변경할 수 없는 부분이다. 이러한 경우에 건설공사관리자는 작업환경을 신속하게 구축하고 작업효율을 높여서 해당 작업의 기능공들이 더 높은 작업성과를 달성할 수 있도록 독려하는 것이 최선의 관리방법이다. 실질적으로 작업능률은 건설공사 관리자의 리더십을 통한 동기 부여에 의하여 많은 차이를 나타낸다.

2.4.2 비용관리계획

1) 비용관리 대상 선정

건설공사에서 비용관리는 자재, 노무, 장비 등의 모든 건설자원을 대상으로 수행된다. 내역서상의 비용은 자재비용, 노무비용, 장비비용 및 외주 하수급 비용으로 구성된다. 이들 중 자재비용의 관리는 자재수급자 선정과 자재조달에 의하여 영향을 받는다. 즉, 규격과 품질면에서 공사에 적합한 자재를 수급 받을 수 있도록 자재업자를 선정하는데 유의하고, 작업공정에 영향을 주지 않도록 자재조달계획을 수립하면 자재비용관리는 별다른 무리없이 수행될 수 있다. 또한 하수급 비용관리도 작업수행 능력과 품질 및 안전면에서의 성과수준을 고려하여 하수급, 협력업체를 선정하는데 유의하면 전체 비용에 큰 영향을 주지는 않을 것이다. 따라서 비용관리의 중점대상은 건설환경의 변화에 민감한 노무비용과 현장여건에 따라 변화하는 장비비용이라고 할 수 있다.

2) 비용계획과 예산편성

입찰결과 낙찰자로 선정되어 계약이 체결되면 입찰할 때 준비했던 비용자료를 참고하여 계약서의 업무범위에 따라 비용계정별로 실행예산을 편성한다. 실행예산은 건설공사를 수행하는데 동원되어야 할 자원의 종류에 따라 노무예산, 자재예산, 장비예산, 외주비 예산 및 경비예산으로 구분한다. 실행예산은 각 계정별로 건설공사의 일정계획과 연계하여 기간별 소요예산을 배정하고 성과측정의 기준을 설정한다.

실행예산을 효과적으로 편성하기 위해서는 회사 자체의 실행예산 수립절차, 작업내역 분류, 표준비용 요소 등을 정립하는 것이 중요하다. 예산항목이 상세할수록 성과측정에 유리하지만 비용관리에 소요되는 시간과 비용이 커지므로 해당 건설공사의 규모와 중요도에 따라 적절한 선에서 결정하여 최적의 효과를 얻을 수 있도록 한다.

① 자재비 예산

가. 자재비의 계산은 계약내역에 따라 공종별로 나누어 항목별로 편성하거나 계약금액과는 별도로 건설회사 내부의 예산 또는 건설공사 업무관리규정과 비용계산에 관한 규정 등에 의거하여 분류하고 예산 공종별로 나누어 항목별 또는 품목별로 편성한다.

나. 자재수량은 계약내역에 표시된 계약수량보다는 설계도면에 의거하여 정확하게 산정된 실제 수행할 작업물량을 기준으로 자재비 예산을 편성한다.

다. 자재비용은 실제로 시중에서 구입할 수 있는 자재의 구입가격을 기준으로 편성하도록 한다.

라. 발주자가 제공하는 지급자재 이외의 자체 구입자재는 본사조달 자재와 현장 구입자재로 구분하여 자재비 예산을 편성한다.

마. 현장에서 사용 후 남는 자재 등의 가치는 자재비 예산에서 공제하여 편성한다. 즉, 계약 목적물에 대해 투입된 자재 중 공사완성 후에 회수된 자재의 부산품은 그것의 매각액 또는 이용가치 등에 의한 재평가를 통해 공제한다.

바. 자재비 예산은 건설공사 현장까지의 구매 부대비용을 포함하여 편성한다.

사. 자재비 예산은 일반적으로 각 공종 또는 각 항목에 공통적으로 사용, 소모되는 부대자재비의 예상액을 충분히 견적하여 기타 자재비에 포함시킨다.

② 노무비 예산

가. 계약된 내용에 의거하여 공사항목별로 노임부분을 발췌하고 설계와 견적과정에서의 누락 여부를 검토하여 노무비의 금액을 정확히 예산에 반영한다.

나. 계획된 작업물량을 완성하는 데 필요한 노무비를 구체적으로 정확하게 측정하여 예산을 편성한다.

다. 각 작업의 요구품질과 난이도를 충분히 분석하고 평가하여 노무비 예산편성에 반영한다. 작업을 수행하는 전문기능 인력에 대한 노무임금 실태를 파악하여 노무비 산정에 적용한다.

라. 공사현장의 마무리 또는 뒷정리 작업에 필요한 인원도 정확히 산정하여 노무비 예산에 포함시킨다.

마. 건설공사 완료 후의 준공검사를 위한 제반 청소비용도 노무비 예산에 포함시킨다.

③ 외주비 예산

가. 예산을 편성할 때 외주범위와 내용에 대한 방침을 미리 결정한다.

나. 외주범위를 예상하여 외주금액을 산정한다.

다. 노무부분 외주 또는 노무와 자재 일괄외주 등 외주방법을 미리 결정하여 외주금액을 산정한다.

라. 외주비의 작성은 일괄외주비, 부분외주비, 제작외주비 등에 대한 구분 없이 외주비 항목으로 일괄 기재한다.

④ 경비 예산

가. 건설공사가 수행될 현장의 주변환경을 면밀히 조사함으로써 추가비용의 발생 여부를 충분히 파악한다.

나. 경비의 모든 항목비용이 합리적으로 책정되도록 정확하게 견적한다.

다. 경비관련 항목이 누락되는 일이 없도록 세심한 검토를 통하여 추가비용의 발생을 억제한다.

라. 회사의 실행예산편성 기준에 따라 공사규모별로 허용범위 내에서 현장관리비 예산을 책정한다.

마. 직접경비 이외의 간접경비는 최소비용의 원칙으로 책정한다.

바. 현장발생 비용과 본사발생 비용을 사전에 파악하여 경비예산에 포함시킨다.

3) 공사비용의 배분

건설공사의 비용은 각 공종별로 적정하게 배분하여 계획에 따라 집행하고, 그 결과를 수집하여 달성가치를 파악한 다음 예약에 의거하여 주기적으로 발주자에게 공사비용을 청구하게 된다. 공사비용은 기능적 비용에 해당하는 입찰항목의 내역 공종별 계정으로 구분된다. 이러한 기능적 비용은 목적 비용에 해당하는 노무비, 자재비, 장비비, 외주비, 급료 등의 비용회계 계정항목으로 배분된다. 따라서 비용관리는 현장에서 공종별로 배분된 비용의 집행결과를 비용회계의 계정항목으로 집적하는 절차를 통해 전체 공사의 비용흐름을 관리하게 된다.

4) 비용관리시스템 구축

건설공사의 비용통제는 확립된 실행예산과 수집된 비용자료에 근거하여 실시한다. 비용통제를 체계적으로 수행하기 위해서는 비용관리시스템을 구축할 필요가 있다. 비용관리시스템은 건설공사의 비용통제를 도와주기 위해 설계된 건설회사의 정보시스템이라고 할 수 있다. 비용관리시스템은 비용측정, 비용분석, 비용갱신 조치 등과 같은 일련의 통제기능을 반복하는 절차로 구성된다. 비용관리시스템으로부터 얻을 수 있는 정보는 예산배정 현황, 손익추정 결과, 공사진행 사항, 생산성 정보 등이 포함된다. 비용통제를 원활히 수행하기 위해서는 초기 비용견적 단계에서부터 정확한 예산설정이 선행되어야 하며, 설정된 예산과 실제 비용의 비교방법이 제시되어야 한다. 비용관리시스템을 구축할 때 우선적으로 고려되어야 할 것은 비용회계와 연관된 비용항목을 체계적으로 분류하고 적절한 분류번호를 부여하는 것이다. 이러한 비용관리시스템을 통해 관리자는 다음과 같은 비용통제 업무를 수행한다.

① 건설공사의 예산과 공정에 따라 주요 관리시점을 결정하고, 관리기준과 관리한계를 설정한다.
② 각 관리시점에서 관리기준과 한계를 토대로 현저하게 예산을 초과하는 작업항목을 찾아낸다.
③ 현재의 작업진도가 최종적으로 건설공사 전체 비용에 어떠한 영향을 미칠 것인지를 검토하여 작업조의 증감 또는 공정의 변경을 결정한다.

2.4.3 비용측정

비용관리는 계획과 집행의 비교 · 검토를 통하여 비용의 과다지출을 초래하는 작업요소를 진단하고 그에 대한 해결책을 마련하는 역할을 담당한다. 만일, 비용지출이 계획보다 현저하게 많거나 적은 경우 그 원인을 발견하지 못하면 아무런 해결책도 찾을 수 없음은 당연하다. 이러한 원인은 건설공사 전반에 걸쳐 주기적으로 수집, 기록되는 비용자료의 분석을 통해 발견할 수 있다. 따라서 비용관리를 효율적으로 수행하려면 신뢰성 있는 비용자료의 작성이 요구된다. 예를 들면 노무비용 자료는 출력인원의 작업시간과 작업내용, 장비비용 자료는 장비 운영시간과 작업수량 등에 대한 정확한 기록을 통해 얻을 수 있다. 비용측정은 이러한 비용자료의 작성을 토대로 달성가치를 산정하는 절차를 의미한다.

1) 달성 가치(BCWP: budgeted cost for work performed)

건설공사의 달성가치를 기성가치[50]라고도 하며, 계획된 예산을 토대로 작업성과를 기간별로 일관되게 측정하는 척도라고 할 수 있다. 이것은 BCWP라고 표기한다. 달성가치는 작업일정에 따라 계획된 예산과 비교하여 일정진행 성과를 파악하는 데 이용되거나 수행된 작업의 실제 소요비용과 비교하여 비용성과를 파악하는 데 이용된다.

건설공사는 일반적으로 측정단위가 서로 다른 작업항목들로 구성되므로 달성가치시스템의 모든 작업단위는 각 작업항목의 계획된 예산비용에 의거하여 금액 또는 작업시간 등으로 표현된다. 달성가치시스템은 건설공사의 관리와 통제를 위해 작업진도를 전체적으로 파악할 수 있도록 프로젝트 전반에 걸쳐 동일한 측정시스템으로 적용된다. 어떤 작업의 각 부분에 대한 달성가치는 공사과정에서 그 작업의 예산비용에 견적된 작업완성률을 곱하여 산정한다. 시공자는 각 작업에서 부분적으로 달성된 가치의 합을 기성고로 책정하여 발주자에게 청구한다.

2) 달성가치의 측정

달성가치의 측정을 위해서는 우선적으로 해당 건설공사에 대한 상세한 비용예산 견적이 필요하며, 달성가치와 비교하여 일정진행 성과를 측정하기 위해서는 상세한 공정표가 필요하다. 달성가치 측정에 요구되는 기본적인 사항은 프로젝트의 작업을 작업군으로 분할, 작업군에 대한 작업의 완성도를 측정하기 위한 방법 선정, 작업군에 대한 예산배정, 작업군에 대한 일정시간 할당이다.

작업군에 대한 예산의 합은 전체 프로젝트의 예산이 된다. 작업군은 보통 작업항목 또는 단위작업으로 위계적인 작업분할체계를 갖도록 더 세부적으로 분할한다. 작업분할의 각 단계에서 각 요소는 완성까지의 진도를 측정하기 위한 방법을 필요로 하고, 작업분할체계의 상위단계에 속한 작업요소의 달성가치에 대한 상대적인 기여도를 확립하기 위해 가중치를 부여한다. 작업진도는 완성률로 측정되는데, 이것은 예산에 대한 비율과 같다. 실제 진도는 작업요소의 완성률을 결정하기 위하여 가장 낮은 단계에서 측정되며, 이것은 달성된 예산비용의 비율로서 달성가치 산정의 기본이 된다.

달성가치 측정방법에는 생산수량에 의한 측정방법, 중요 시점에 의한 측정방법, 투입자원에 의한 측정방법 등이 있다.

---

50) 기성가치(earned value)
기성고 단위작업(WP) 중에서 실행된 작업에 대해서 예산으로서 계상된 가치를 측정하는 것. 또는 실행작업에 따라 기성된 예산상의 가치로서 BCWP(budgeted cost of work performed)를 기준으로 비교, 분석하는 것이다. 또한 성과측정에 있어 주관적, 자의적인 판단에 의한 것을 배제하고 객관적인 판단에 의한 것이므로 프로젝트의 어느 시점에 있어서도 비용의 초과, 일정지연을 통할하여 일체적인 관점에서 측정이 가능하게 되고, 현재 및 장래 발생할 문제에 대해 신속하고 정확한 시정조치를 강구하기에 용이하다.

① 실적수량에 의한 측정방법

이 방법은 완성된 작업수량에 의해 프로젝트의 진도를 측정하는 것이다. 예를 들면 토공사는 운반된 터파기의 체적, 조적공사는 설치된 벽돌의 매수, 설계작업은 작성된 도면위의 매수 또는 설계된 설비배관의 길이 등이 있다. 이 방법은 어떤 작업의 전체 계획수량과 생산된 작업수량을 직접적으로 비교하는 것이다. 만일 계획수량의 50%가 생산되었다면 그 작업의 50%가 완성된 것으로 보고, 그 작업요소와 관련된 가치가 50% 달성된 것으로 본다.

이 방법에는 모든 진도측정에서 공통된 작업수량을 측정하는 명백한 어려움 이외에 두 가지의 부정확성이 내포되어 있다. 첫째는 모든 작업항목의 생산수량이 같지 않을 수 있다는 것이다. 즉, 토공사의 경우 지표면의 터파기는 지표면 아래보다 쉽지만 동일하게 계산된다. 설계작업에서 어떤 도면은 다른 도면보다 작성하는데 걸리는 시간이 적을 수 있지만 같은 생산수량으로 간주된다. 따라서 측정된 진도의 일관성이 결여될 수 있다.

두 번째의 부정확성은 실제수량이 계획수량과 현저하게 다를 경우에 발생할 수 있다. 예를 들면, 터파기의 계획수량이 100m^{3}인데 120m^{3}가 실제수량이라면 계획에 근거한 완성도는 부정확하게 나타난다. 즉, 계획수량의 60%인 60m^{3}가 완성되었을 때 실제적으로는 전체 작업의 50%만 완료된 것이다.

② 주요시점의 진도측정방법

이 방법은 비용을 쉽게 할당할 수 있도록 짧은 기간을 갖는 세부작업들로 작업군이 분할될 수 있는 경우에 그 작업군에 대한 완성도를 기록하는 데 편리한 방법이다.

장비의 주요부품은 기단설치, 반입, 장치, 동력연결, 시험, 시운전 등의 몇 단계작업에 의하여 설치될 수 있다. 각 작업은 예산과 관련된 주요시점으로서 그 작업이 완료될 때 기성고가 달성된 것으로 간주할 수 있다. 하나의 대안은 해당 작업의 시작과 완료시점을 두 가지의 주요시점으로 지정하는 것이다. 이 경우에 예산의 비율은 두 가지 주요시점에 각각 50% 또는 시작시점에 40%와 완료시점에 60%씩 할당될 수 있다. 규모가 작은 정비의 설치는 단순한 완료시점 또는 시작·완료 시점에 의해 표현될 수 있다.

주요시점의 사용은 일반적으로 여러 가지 어려움을 보여준다. 만일 이러한 주요시점이 짧은 기간의 불연속 작업요소에 국한되지 않는다면 프로젝트의 진도는 실제적으로 작업진행에 있어 연속적인 주 작업을 나타내는데 사용된다면 달성가치는 순조롭게 계속성을 갖는 대신 여러 단계로 크게 변화되어 나타나므로 부정확하게 될 수 있다.

③ 투입자원에 의한 측정방법

이 방법은 다른 방법이 적용될 수 없을 때 사용된다. 즉, 생산수량의 산정이 어렵거나 뚜렷한 주요시점의 설정이 불가능할 때 사용된다. 이 방법은 소요된 투입자원의 수량과 투입자원에 대한 계획시간을 비교하여 작업진도를 측정하는 것이다. 예를 들면 어떤 플랜트 건물을 설계할 때 작업진도는 투입된 계획시간에 의하여 측정할 수 있다. 이 측정방법에서의 가정은 계획시간은 설계를 완성하는 데 필요한 시간이라는 것이다. 만일 설계자의 작업시간이 작업에 대한 비용의 척도가 된다면 실제비용은 항상 계획된 비용과 같을 것이다. 이것은 투입자원에 의한 측정방법이 갖는 가장 중요한 단점이다. 이 방법에 의하면, 프로젝트의 계획비용을 모두 소비하게 되면 그 프로젝트가 완료된 것으로 간주하기 때문에 결과적으로 달성가치의 개념에 반대된다. 달성가치란 수행된 작업에 대한 예산비용에 의하여 완성도를 측정하는 것이지 실제비용에 의한 것이 아니기 때문이다.

투입자원의 측정방법은 단지 정확한 진도측정을 확신하기 위해 부수적인 측정방법에 의하여 보완이 필요할 때 사용한다.

2.4.4 비용분석 및 조치

건설현장에서 수집된 비용자료의 분석 및 보고는 건설회사의 경영계획에 필요한 여러 가지 정량적 수치 산정에 이용되므로 정확하고 신속하게 이루어져야 한다. 이러한 경영계획에는 수익계획과 자금계획 등이 포함된다. 특히 최종이익에 대한 부정확한 보고는 건설회사의 경영적 판단을 흐리게 할 수 있으므로 건설공사의 현재 진행상황을 토대로 상황을 예측하여 정확한 보고가 이루어지도록 해야 할 것이다.

건설공사의 관리자는 실제 공사비와 실행예산에 대비하여 손실이 발생하거나 예상되는 부분에 대한 원인을 분석하여 대책을 수립한다. 실행예산 내에서 공사를 완성시키기 어려운 경우에는 신속히 실행예산 담당부서를 통해 상급관리자에게 보고한다. 프로젝트의 책임자나 기능부서의 부서장은 월별보고서의 검토 및 중간관리 시점의 회의 등을 통하여 공사이익의 변통상황을 주기적으로 파악해야 한다. 프로젝트의 책임자는 공사가 실행예산 범위 내에서 완성되지 않는다고 판단되는 경우, 현장의 건설공사관리자에게 필요한 지시 및 경고를 하고 목표달성을 위한 적절한 조치를 강구한다.

2.4.5 손익분기 분석

손익분기 분석은 프로젝트 차원 또는 건설회사의 조직 차원에서 손익의 발생상황을 예측하여 매출계획을 수립하는 기법으로 활용된다. 손익분기 분석은 총수입이 총비용과 같아지는 손익분기점의 매출액을 결정하는 기법이다. 손익분기 분석은 제품 또는 서비스의 생산에 관련된 총비용을 공정비용과 변동비용 또는 직접비용으로 구성하여 결정된 비용함수와 총계약금액을 비교하는 방법으로 수행된다. 건설공사의 고정비용과 변동비용에 대한 내용은 비용 산정의 원칙에서 기술한 바 있다.

손익분기점에 영향을 미치는 요소에는 간접비 비율이 있다. 이것은 건설공사의 수익과 고정비용을 부담하기 위한 직접비용에 대한 가산비율을 의미한다. 이러한 Markup은 입찰과 관련하여 회사의 경영 정책적 차원에서 결정되는 요소이다. 일반적으로 Markup이 커지면 입찰에서 공사를 수주할 확률이 낮아지고 고정비용이 작아지면 회사의 경영이 경색될 수 있으므로 이러한 영향을 고려하여 각 요소의 크기를 결정할 필요가 있다.

2.5 비용절감의 방안

건설사업에서 추구하는 목표는 사용자의 요구에 부합되는 기능과 품질을 갖는 시설물을 가장 경제적인 방법으로 생산하는 것이다. 따라서 건설공사에서의 비용절감은 기능과 품질을 확보하면서 이루어져야 하며, 단기적인 효과보다는 장기적인 측면에서 수익을 기대할 수 있는 방안을 모색하는 것이 바람직하다.

1) 공정관리와의 연계성 추구

건설공사에서 공정관리의 중요성은 많이 강조되어 왔지만 실제적으로는 공정관리가 제대로 이루어지고 있는 현장이 많지 않은 실정이다. 여기에는 열악한 건설환경과 발주자나 시공자의 인식 부족 및 우리의 실정에 맞는 정책적·기술적인 측면에서 연구가 미흡했다는 점에서 그 원인을 찾을 수 있다. 건설공사의 비용을 관리하는 비용관리와 일정을 관리하는 공정관리는 매우 밀접한 관계를 갖고 있다. 따라서 건설공사의 목표를 성공적으로 달성하기 위해서는 주요 관리대상인 비용과 일정을 통합관리하는 것이 바람직하다. 그동안 국내·외의 건설분야에서는 비용과 일정관리의 효율을 높이기 위한 많은 연구들이 수행되어 왔으며, 현재에도 이러한 노력은 계속되고 있는 추세이다. 최근에는 비용과 일정의 통합관리를 위해 C/SCSC와 EVMS(earned value management system)의 개념에 근거하여 건설공사의 진도측정 및 잔여 공사비용 예측을 가능케 함으로써 비용상승을 방지하는데 도움을 준다.

효율적인 비용관리를 위해서는 우선 확고한 공정관리의 체계가 수립되어야 하고, 이를 바탕으로 비용관리를 연계시킴으로써 공정진도와 부합되는 관리체계가 수립되어야 한다. 따라서 공정관리가 체계적으로 이루어진다면 건설공사의 시공계획에서부터 준공시점까지 지속적인 관리가 가능하기 때문에 비용관리를 위해 별도로 작업진도를 측정할 필요가 없다.

2) 생산성 향상

건설공사에서 자재에 소요되는 비용은 견적오류가 없다면 거의 확정된 범위에 있기 때문에 비용절감의 여지가 별로 없지만, 노무와 장비에 소요되는 비용은 생산성 향상을 통해 절감시킬 수 있다. 이러한 생산성 향상은 관리기술의 개선과 생산기술의 개발을 통하여 달성될 수 있다.

건설공사 시공계획 단계에서 여러 가지 대안을 평가하여 현장여건에 맞는 최적의 생산방식을 선택하는 것이 바람직하다. 또한 기업의 기술개발 부서와 긴밀한 협조체제를 이루어 새로운 자재와 공법의 도입을 적극적으로 검토해 보아야 한다.

3) 가치공학(VE : value engineering)의 적용

가치공학은 최저의 생애비용으로 제품 또는 서비스에서 요구되는 기능을 확실히 달성할 수 있도록 건설생산체계의 기능분석과 프로세스 개선을 조직적으로 수행하는 절차라고 정의할 수 있다.

최근 건설업에서는 설계단계와 시공단계에 VE를 적용하여 건설프로젝트의 가치를 최대화하기 위한 노력을 하고 있다. 이러한 VE는 건설공사의 비용절감을 위한 중요한 기법으로 활용될 수 있다. VE에서 가치의 척도는 일반적으로 제품의 자체 기능을 제품의 생산에 소요되는 총비용의 비로 나타낸다.

건설공사의 시공단계에서 VE를 효율적으로 수행하면 비용절감을 기대할 수 있다.

예를 들면 작업의 비능률성 감소, 재시공 방지, 가설운반 감소 등의 방안을 제시함으로써 불필요하게 소요되는 비용을 절감시킬 수 있다. 이러한 비용절감의 방안들은 건설공사 차원보다는 기업의 경영차원에서 장기적으로 검토되어야 할 내용으로 판단된다.

Chapter 03 | 품질관리

3.1 품질관리의 개요

3.1.1 품 질

품질이란 일반적으로 제품의 유용성을 결정하는 성질, 또는 그 제품이 사용목적을 달성하는데 있어 갖추어야 할 성질을 말한다. 품질이라는 개념은 제품의 성질에 관한 국한적인 개념이 아닌 서비스, 경영, 관리기법 등의 넓은 의미로 정의되며, 소비자는 다양한 품질요소를 요구하게 되는데 그 요소는 다음과 같다.

① 요구성능이 우수할 것.
② 구조가 간단하고 조작이 용이할 것.
③ 모양이 좋고 다양할 것.
④ 여러 가지 기능을 수행할 수 있을 것.
⑤ 사용성이 좋을 것.
⑥ 유지관리가 편할 것.
⑦ 수리가 용이할 것.
⑧ 고장이 잘 나지 않을 것.

3.1.2 품질의 분류

품질은 크게 4가지로 분류되며, 그 내용은 다음과 같다.

1) 목표품질

소비자의 기대품질로서 그 제품에 대한 소비자의 요구라고 할 수 있다. 이것은 당연히 확보되어야 할 품질로서 소비자의 요구를 정확하게 조사하고, 이를 통해 그 제품이 당연히 가지고 있어야 할 품질의 특성을 규정한 후 규정된 품질이 실현되도록 노력해야 한다.

2) 설계품질

목표품질 중 기술수준과 공정능력상 실현이 가능하다고 생각되어 제품의 설계에 반영된 품질특성으로서, 목표품질의 실현가능한 제품을 기획하고 정리하여 표현한 품질을 말한다.

3) 제조품질

제조품질은 실제로 제조된 품질 특성, 즉 실현되는 품질을 의미하며 이는 적합품질이라고도 한다. 제조품질은 설계품질과 동일한 품질을 얻기 위해 노력하는 과정이나 설계품질의 허용오차를 벗어나기도 하는데, 이때 이것은 불량품이 된다.

4) 시장품질

제조품질과 설계품질이 합치된 합격품이 생산되어 소비자의 사용 상태에 있는 동안 만족을 주는 품질로서, 이러한 품질을 사용품질이라고 한다. 시장품질은 가격, 소비자의 취향, 소득수준, 심리적 요인과 제품의 물리적 화학적 특성이 복합적으로 반영되기 때문에 최적품지의 수준결정이 어렵다. 따라서 시장품질을 높이기 위해서는 사용방법의 교육 등 다양한 서비스 부문의 투자가 필요하다.

3.1.3 품질관리

한국공업규격 KSA 3001에 의하면 "수요자의 요구에 맞는 품질의 제품을 경제적으로 만들어내기 위한 모든 수단의 체계이다"라고 품질관리를 정의하고 있다. 또한 "근대적 품질관리는 통계적 수단을 채택하고 있으므로, 통계적 품질관리(SQC : statistical quality control)라고도 부른다"라고도 명기되어 있다.

데밍(W. E. Deming)은 품질관리란 가장 유용하게 또는 구매자가 요구하는 제품을 가장 경제적으로 생산하는 방법으로, 유용하고 시장성 있는 제품을 경제적으로 생산하기 위해 생산의 모든 단계에 통계적 원리와 수법을 응용하는 것이라고 정의하고 있으며, 주란(J. M. Juran)은 실제의 품질 정도를 측정하여 그것과 품질의 표준을 비교해서 그 차이에 따라 조치를 취한 일련의 과정을 말한다고 정의하고 있다.

그러나 최근에는 품질관리를 보다 효과적으로 실시하기 위하여 시장조사, 연구, 개발, 제품의 기획, 설계, 생산준비, 구매 및 외주, 제조, 검사, 판매 및 애프터서비스, 재무, 인사, 교육 등 기업활동 전체 단계에 걸쳐서 경영자를 비롯한 관리자, 감독자, 작업자 등 기업 전원의 참가와 협력이 요구되고 있다. 이와 같이 실시되는 넓은 의미의 품질관리를 전사적 품질관리(Company Wide Quality Control : CWQC) 또는 종합적 품질관리(Total Quality control : TQC)라고 한다.

3.1.4 품질관리의 목적

품질관리의 첫 번째는 소정의 품질을 확보하여 소비자를 만족시키는 것에 있다. 소비자가 요구하는 성능에 관해 만족할 수 있는 품질을 갖춘 건축물을 합리적, 경제적으로 생산하는 것이 품질관리의 첫 번째 목적이라 할 수 있다.

또한 신뢰성 및 품질향상을 개선하여 제조업과는 차별화된 품질관리를 추진하고 제품 전체의 편차를 적게 하여 균일한 품질을 유지하며, 검사만으로 그치는 것이 아닌 모든 공정에 걸친 체계적이고 조직적인 관리를 통한 건설현장에서 발생할 수 있는 클레임에 신속히 대비할 수 있게 한다.

무엇보다 형식적인 관리에서 벗어나 기업 전체의 체질을 변화시켜 공사의 원가절감을 도모하고 각 작업의 표준화를 통한 혁신적인 생산성 향상을 목적으로 한다.

3.1.5 품질비용

품질비용은 품질 달성을 위해 사용되는 비용으로 이미 산출되었거나 산출될 급부에 대한 개념으로, 품질의 경제성 향상과 경제적 품질경영 활동에서 전제되어야 하는 경제성의 평가이며 그 평가척도를 품질비용이라고 한다. 품질비용은 1951년 주란에 의해 품질비용의 개념이 제시되었으며, 1935년 이전에는 품질비용의 인식이 부족했으나 1935~1970년대는 평가비용 시기로 판매 위주의 품질관리 활동으로 경영자와 품질관리자 사이에 원활한 의사소통 수단의 단어로 사용되어졌다. 1970~1980년대는 예방비용의 시기로서 연구개발과 종업원의 교육·훈련, 기술분야의 투자로서 부적합품이 발생하기 전에 부적합에 대한 분석 전문가의 양성으로 사전에 부적합품을 제거하는 예방활동이 주로 이루어졌다.

품질비용은 학자에 따라 여러 가지로 분류할 수 있는데 ASQC(미국 품질관리학회)의 분류는 다음과 같다.

표 3-1 품질관리의 분류

구 분	분류항목 내용
예방비용	· 경제적 차원에서 품질요건의 적합을 보장하여 줄 수 있는 품질시스템을 계획, 실시, 유지하는데 발생하는 비용(마케팅 및 고객·사용자, 제품·서비스의 설계 및 개발, 구매, 생산운영, 영업, 품질관리, 품질경영)
평가비용	· 품질요건에 대한 적합 정도를 결정하는데 소요되는 비용(구매활동 평가비용, 운영 평가비용, 외부 평가비용, 시험 및 검사 데이터의 검토, 기타의 평가비용)
내부실패비용	· 제품이나 구성품, 원료 등이 고객에게 소유권이 이전되기 전에 품질요건을 충족시키지 못한 경우 발생하는 비용(제품설계의 실패비용, 구매관련 실패비용, 운영관련 실패비용, 기타의 내부실패비용)
외부실패비용	· 제품이 고객에게 소유권이 넘어간 후 품질요건과 일치되지 않을 때 발생하는 비용(고객불만조사, 응대, 처리비용, 반품으로 인한 손실, 개방비용, 배상 및 보증비용, 제조물책임비용, 벌과금, 영업권 손실비용, 판매기회 손실비용, 기타의 외부실패비용)

품질비용의 결합비용인 운영품질비용이 최저점을 최적품질비용(Optimum Quality Cost)이라 하는데, 이는 품질관리의 이상적인 목표로 제시되고 있다. 주란의 「적정 품질비용 모델」은 품질비용의 상관관계를 이용하여 전체 품질비용이 최소에 이르는 최적의 비용배합(optimum cost mix) 상태를 그래프로 나타낸 것이다. 즉, 예방비용과 평가비용을 독립변수로 하고, 실패비용을 종속변수로 하여 전체 품질비용이 최저가 되는 적정수준을 모색한 것이다. 주란은 이 적정수준의 개념을 이용하여 제조(적합)품질의 경제적 관리를 도모할 수 있는 『품질비용의 적정배합 모델』 을 제시하였다. 전체 품질비용 곡선을 개선역, 중립역, 완전역으로 나누어지는데, 이를 나타내면 다음과 같다.

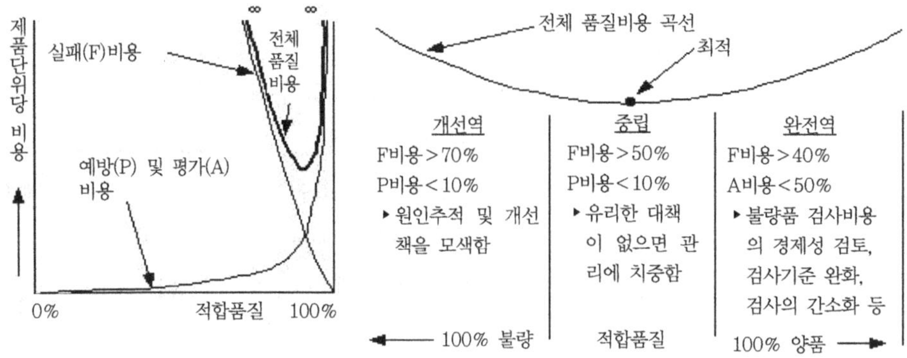

그림 3-1 주란의 최적 품질비용 모델과 품질비용의 적정구역

품질비용의 적정구역 그래프의 활용은 실패비용이 70% 이상이고 예방비용이 미미한 경우(품질개선역)에는 실패비용의 주요 발생원인 불량을 중점적으로 감소함으로써 F비용을 줄이며, 평가비용이 지배적(50% 이상)일 때, 즉 실패비용을 훨씬 넘는 경우(완전역)에는 검사규격을 늦추거나 보다 효율적이고 경제적인 평가방법을 모색하여 A비용을 줄인다. 그 이상의 유리한 대책이 없으면, 즉 중립역에 이르면 전체 품질비용은 적정수준에 이르렀다고 본다.

3.1.6 ISO 품질시스템

ISO(International Organization for Standardization)는 국제표준화 기구가 1987년에 제정한 품질경영 및 품질보증에 관한 국제규격을 의미한다. 제품 또는 서비스를 공급하는 품질시스템을 평가하여 품질보증 능력과 신뢰를 인정해 주는 제3자 인정제도를 말한다. 이는 생산자 중심이 아닌 소비자 중심의 규격으로서, 규격의 요구품질 수준은 회사가 갖추어야 할 최소한의 요구조건을 말한다. 이러한 ISO 품질시스템의 필요성은 다음과 같다.

① 품질보증에 대한 고객들의 의식 증대
② 외국고객들의 품질시스템 인증에 대한 요구 증대
③ 생산자 스스로 품질을 신뢰할 수 있는 것을 객관적으로 입증하기 위해
④ 품질보증을 수행하는 업무절차의 기초 수립
⑤ 품질이 보증된 제품을 생산하기 위한 자원들의 관리요건과 수준척도 설정을 위해
⑥ 기업 경영활동을 형식적인 것에서 실질적인 것으로 변화시키기 위해

표 3-2 ISO 기본구상과 내용

<table>
<tr><th>구 분</th><th colspan="2">내 용</th><th>특 징</th></tr>
<tr><td>ISO 9000</td><td colspan="2">· 품질경영과 품질보증규격
· 선택과 사용에 대한 지침</td><td>· 9001~9004 중 어떤 것을 적용해야 하는가의 규격부분, 사용방법의 안내</td></tr>
<tr><td>ISO 9001</td><td rowspan="3">품질
시스템</td><td>· 설계, 개발, 생산, 설치 및 서비스의 품질보증 모델</td><td rowspan="3">· 고객이 공급자에게 요구하는 품질시스템
· 특정고객 대상
· 계약형 상품
· 고객 위주의 규격</td></tr>
<tr><td>ISO 9002</td><td>· 생산과 설치의 품질보증 모델</td></tr>
<tr><td>ISO 9003</td><td>· 최종검사 및 시험의 품질보증 모델</td></tr>
<tr><td>ISO 9004</td><td colspan="2">· 품질경영과 품질시스템 요소-지침</td><td>· 내부 품질경영이 목적
· 불특정 다수의 고객이 대상
· 시장형 상품
· 공급자 위주의 상품</td></tr>
</table>

3.2 품질관리의 절차

3.2.1 관리 사이클

관리는 일반적으로 계획, 조직, 지시, 조정, 통제로 구분하는데 품질관리는 주로 계획, 실시, 검토, 시정·조치의 4단계를 말하고 Deming Cycle 또는 그 첫 글자를 따서 PDCA 사이클이라고 한다.

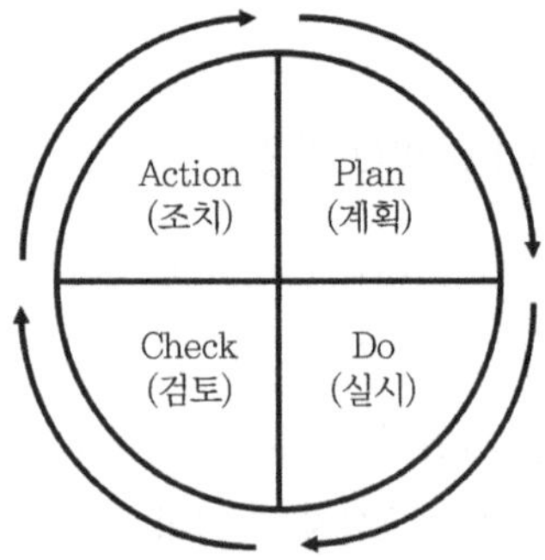

그림 3-2 PDCA 사이클

표 3-3 PDCA 사이클

1) plan(계획)	2) do(실시)
① 품질계획 수립 ② 작업표준 설정 ③ 목적하는 수단을 명확히 설정 ④ 품질관리 대상 항목 결절 ⑤ 시방에 의거 품질표준 설정	① 작업표준에 대한 교육훈련 ② 집합교육훈련 ③ 적정한 관리도 선정
3) check(검토)	**4) action(시정)**
① 데이터를 작성하여 품질조사 ② 결과검사 ③ 관리도를 작성하여 관리상태조사 ④ 실행한 것이 계획대로 되었는지 검사·검토	① 계획변경 수정조치 ② 이상원인 시정조치 ③ 새로운 관리도 작성 ④ 분석·검토하여 피드백

3.2.2 관리조직

1) 조직의 원칙

조직화라는 것은 단순한 업무분담 및 분배에서 벗어나 조직경영 방침을 달성하기 위해 각 부문의 책임과 권한을 분담시키는 것을 말한다. 일반적으로 관리조직은 경영자, 관리자의 책임과 권한이 명확하게 서류상으로 규정되어야 하며, 조직상황의 명확한 권한 연결이 있어야 한다. 각 조직의 관리자는 예상치 못한 상황에 대응할 수 있도록 준비되어야 하며, 스태프의 직무능력에 따른 충분한 분리와 활동이 가능하도록 해야 한다. 조직에서는 모든 관리자들의 보고체계를 숙지하도록 하며 그에 따른 보고를 하도록 해야 한다.

2) 품질관리위원회

품질관리를 체계적으로 계획하고 이를 적극적으로 실시하기 위하여 최고경영자의 자문기관으로 품질관리위원회를 설치한다. 품질관리위원회는 위원회에서 결정된 사항의 실시방법, 실시결과 체크방법 등을 상세하게 규정해 두어 위원회를 효과적으로 운영할 수 있도록 한다. 또한 규정에 목적, 업무내용, 구성, 회의소집 절차 등을 명기해 두어 보다 실질적으로 운영될 수 있도록 한다.

3) 품질관리 추진조직

품질관리 추진조직은 각 부문에 품질관리 활동을 통제하고 관리하는 조직으로 수행하는 임무는 다음과 같다.

① QC 추진계획의 작성 및 관리방침의 작성
② 방침관리를 위한 현상의 문제점 파악
③ 중요 품질문제 등록의 원안 작성 및 Follow-up
④ QC교육 및 보급 및 지도계획, 행사의 입안
⑤ QC 진단실시안의 작성
⑥ 추진효과의 파악

3.2.3 관리절차

1) 품질관리 항목 선정

최종 품질의 중요한 영향을 미치는 품질특성 중 신속한 관리조치가 가능하고 품질측정이 용이한 관리항목을 선정한다.

2) 품질 및 작업 기준 설정

품질의 기준 설정은 시방서를 토대로 설정하나, 새로운 기준을 설정할 때에는 과거의 경험이나 공정 및 검사의 합격, 작업조건 등을 함께 고려하여 결정한다.

3) 품질 및 작업 기준에 대한 교육 및 작업 실시

시공자는 현장관리자 및 근로자 전원에게 작업내용과 임무를 일정기간 교육하여 품질 및 작업기준에 따라 작업을 실시하도록 한다. 이때 현장관리자에게 시공 체크리스트를 만들어 작업을 실시하도록 한다.

4) 품질의 시험, 조사 및 기준에 대한 확인

선정시험 및 관리시험을 꾸준히 실시하고, 실시결과에 의한 각각의 측정값이 충분한 여유를 가지고 있는지, 안정한지의 여부를 적절한 품질관리 도구를 활용하여 확인하고 작성한다.

5) 공정의 안정성 점검(관리도 작성)

품질관리 도구에 의하여 작성된 품질이 충분한 여유를 가지고 기준 내에 들어가 있는지 확인하고, 전 단계에서 시험실시한 동일한 측정값으로 관리도를 작성한다. 작성된 관리도는 안정상태를 점검하여 안정성을 점검하고 시험측정값이 기준에 충분히 만족하면 그 관리선을 연장하여 관리한계선으로 사용한다. 공정은 관리한계선을 기준으로 관리하며 공정상태를 그대로 유지시키도록 한다.

6) 이상원인 조사 및 수정조치

공정이 시작된 시점 또는 진행중인 시점에 품질특성이 관리한계선을 벗어나게 되면 공정에 이상이 있는 것으로 판단하여 조치를 취해야 한다. 먼저 원인을 조사하여 조치하되 기술적으로 경제적으로 불리한 경우에는 기준의 변경도 함께 고려해야 한다.

7) 결과확인 및 관리한계선의 재결정

결정된 관리한계선으로 일정기간 관리를 실시하고 공정의 진척에 따른 측정값의 변동에 따라 공정의 안정성을 점검하여 관리도를 재작성한다. 관리한계선을 재결정한 후 진척된 공정을 관리한다.

3.3 품질관리의 기법

3.3.1 품질관리의 7가지 도구

1) 파레토도

파레토도(Pareto diagram)는 시공불량 및 결점, 고장 등의 내용이나 원인 등을 분류해서 그래프로 나타낸 불량해석도로 결과와 원인을 분석하고 주요문제점을 발견하기 위한 그래프이다. 그래프의 가로축에는 불량원인을 크기순으로 배열하고 세로축에는 건수를 나타내며, 누적비율을 꺾은선으로 표시하여 나타낸다. 파레토도의 작성방법은 다음과 같다.

① 데이터를 수집한다.

② 데이터를 정리하여 크기순으로 배열한다.

③ 누적수와 누적비율을 계산한다.

④ 막대그래프를 그린다.

⑤ 누적비율에 따라 세로축을 그린다.

⑥ 누적 꺾은선 그래프를 그린다.

⑦ 나머지 필요한 사항을 기입한다.

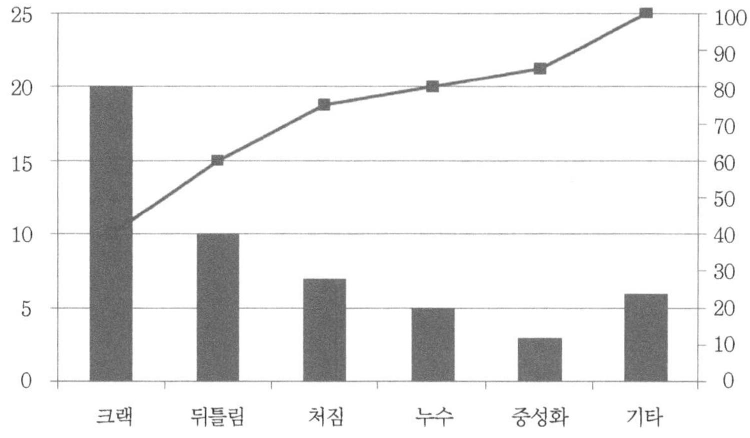

그림 3-3 파레토도

2) 특성요인도

특성요인도(cause and effect diagram)는 결과에 대한 원인이 어떻게 발생하고 있는가를 쉽게 알아볼 수 있도록 작성한 그림으로, 그림 모양이 생선뼈를 닮았다고 하여 생선뼈 그림(fish bone diagram)이라고도 한다. 특성요인도의 작성방법은 다음과 같다.

① 문제(=특성)를 선정한다.

② 특성에 영향을 미치는 요인을 열거한다.

③ 열거한 요인을 정리한다.

④ 요인의 중요도를 따라 표시한다.

⑤ 나머지 필요한 사항을 기입한다.

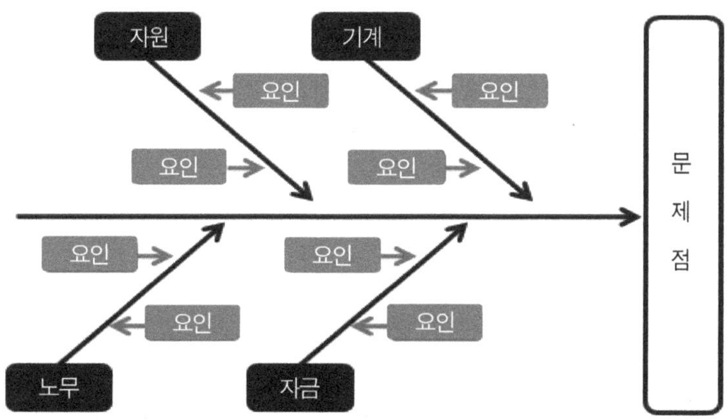

그림 3-4 특성요인도

3) 히스토그램

모집단에 대한 품질특성을 쉽게 파악하기 위해 막대그래프 형식으로 모집단의 분포상태, 분포의 중심위치, 분포의 산포 등을 도수 분포도로 나타낸 그래프를 말한다. 데이터를 일정한 폭으로 구분하고 막대그래프로 표현하여 중심, 편차, 모양의 문제점을 발견하기 위한 그래프이다. 히스토그램의 작성방법은 다음과 같다.

① 관련 데이터를 수집하여 데이터의 수(N)를 구한다.

② 데이터의 최대치에서 최소치를 뺀 범위(R)를 구한다.(R=최대치−최소치)

③ 데이터의 최소단위를 구한다.

④ 다음 3가지 방법으로 급의 수(K)를 정한다.

- 경험적 방법
- K = $\sqrt{n}$
- Sturges의 방법 K= 1+3.3logN

⑤ 급간폭(H)을 구한다.(H= $\frac{R}{K}$)

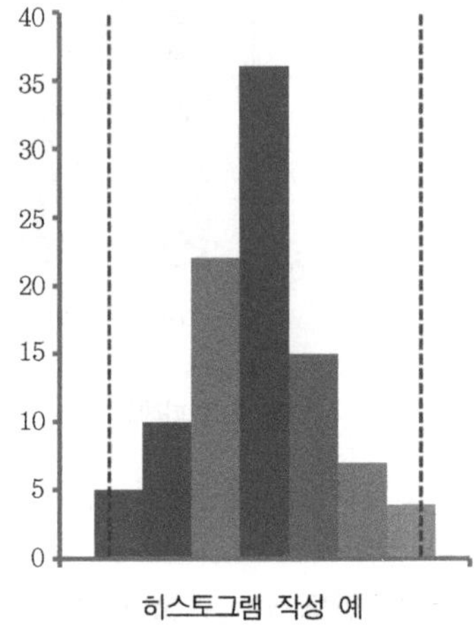

그림 3-5 히스토그램

⑥ 경계치와 급간격을 이용하여 순차적으로 급의 구간을 구한다.

⑦ 각 구간의 도수 및 도수 분포율을 구한다.

⑧ 히스토그램을 작성한다.

4) 산포도

서로 다른 두 변량 간의 상관관계를 계량적 요인이나 특성에 대해 파악하기 위한 그림으로 대응되는 두 변수를 관찰하여 문제를 발견해내기 위한 도구이다. 산포도의 작성방법은 다음과 같다.

① 서로 대응되는 두 종류의 특성 또는 원인의 데이터(x, y)를 모은다.

② 데이터 각각의 최대치와 최소치를 구한다.

③ 좌표축과 눈금을 정한다.

④ 특성치를 그래프 위에 타점한다.

⑤ 나머지 필요한 사항들을 기입한다.

산포도의 종류는 크게 6가지로 나눌 수 있으며, 그 내용은 다음과 같다.

① 완전정상관 : X가 증가하면 Y도 거의 직선적으로 증가하는 양의 상관을 말하며 X, Y가 함께 관리된다.

② 완전부상관 : X가 증가하면 Y도 거의 직선적으로 감소하는 음의 상관을 말하며 X, Y가 함께 관리된다.

③ 완전무상관 : X와 Y 사이에 거의 상관관계가 없는 경우이다.

④ 약한정산관 : X가 증가하면 Y도 대체로 증가하지만 상관의 정도가 약한 양의 상관을 말하며, Y에 대한 X의 영향력이 적다.

⑤ 약한부상관 : X가 증가하면 Y도 대체로 감소하지만 상관의 정도가 약한 음의 상관을 말하며 Y에 대한 X의 영향력이 적다.

⑥ 비선형상관 : 점의 분포형태가 길게 늘어서서 봉우리 형태를 취하는 경우로서 점이 집단을 이루지 못하고 몇 개가 떨어져 있을 수 있는데, 이러한 경우 특별한 원인이 있는 경우이므로 그 원인을 조사하여 그 점을 제외하고 상관관계를 파악하도록 한다.

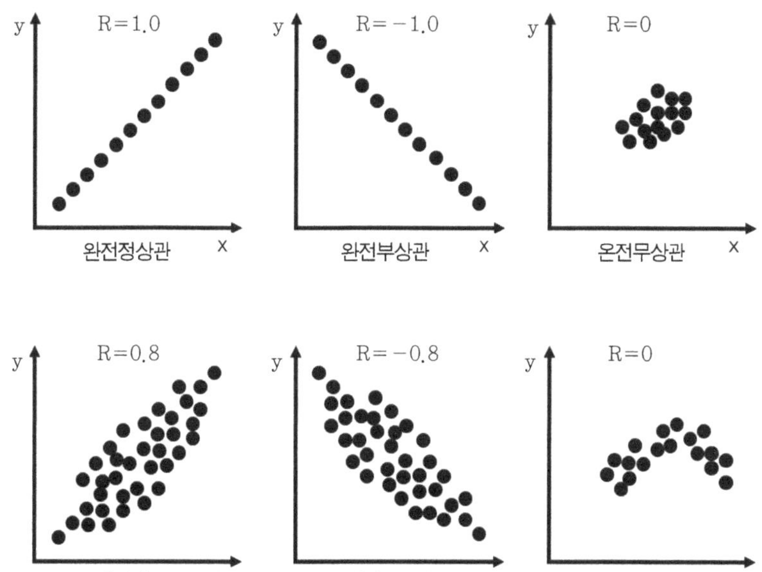

그림 3-6 산포도

5) 체크시트(check sheet)

체크시트는 데이터의 항목을 분류하여 일상을 관리하거나 개선시키기 위해 데이터를 수집·점검하는 경우 미리 설계된 시트를 말한다.

체크시트의 종류에는 기록용과 점검 인식용의 2가지가 있는데, 기록용 체크시트는 분포의 형태, 결점, 불량항목 등이 어디에, 언제, 어떻게, 어느 정도 발생하고 있는지를 알 수 있다. 체크시트를 이용하면 계산치의 자료를 통해 데이터의 문제점을 발견해 낼 수 있다.

6) 관리도

품질의 특성값을 통하여 데이터를 관리하는 방법으로 품질의 특성치와 시료번호를 축으로 하는 그래프에 관리 한계선을 넣은 그림을 말한다. 데이터가 그래프의 관리한계선을 벗어나면 품질상태가 불량한 것을 나타내고, 관리한계선 내에 있으면 관리상태가 양호한 것을 나타낸다. 관리도의 대표적인 방법으로는 $\overline{X}$, R관리도가 있으며, $\overline{X}$관리도는 품질 특성값의 조별 평균값을 이용해 관리한계 포함 여부를 판단하며, R관리도는 조별 품질 특성값의 변동 범위값으로 관리한계 포함 여부를 관리하는 방법이다.

① $\overline{X}$관리도

$\overline{X}$관리도의 각 항목 설정은 다음과 같다.

관리상한선 UCL(Upper Center Line) = $\overline{X} + A2\overline{R}$

관리하한선 LCL(Lower Center Line) = $\overline{X} - A2\overline{R}$

중심선 CL(Center Line) = $\overline{X} = (\sum_{i=1}^{K} \overline{X_i})/\ K$

② R관리도

R관리도의 각 항목 설정은 다음과 같다.

관리상한선 UCL(Upper Center Line) = $D4\overline{R}$

관리하한선 LCL(Lower Center Line) = $D3\overline{R}$

중심선 CL(Center Line) = $\overline{R} = (\sum_{i=1}^{K} R_i)/\ K$

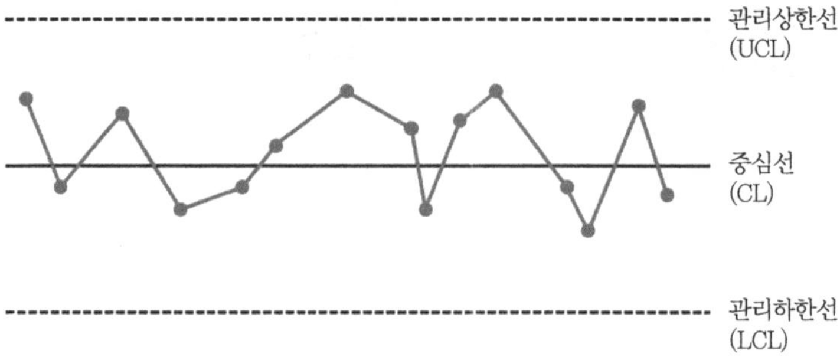

그림 3-7 관리도

7) 층별

층별이란 어떠한 집단을 몇 개의 특징에 따라 부분으로 나누어 데이터를 원인과 결과에 따라 분류하는 것을 말한다.

8) 그래프

그래프는 한눈에 데이터의 내용을 볼 수 있도록 표시한 그림을 말하며, 보다 빠르게 많은 정보를 파악하고 얻어낼 수 있게 정형화 한 것을 총칭하여 그래프라 한다. 그래프의 특징은 다음과 같다.

① 보는 사람이 비교적 알기 쉽고 구체적인 판단이 가능하다.

② 누구나 간단하게 작성이 가능하다.

③ 데이터의 상관관계를 파악할 수 있다.

④ 각각의 데이터를 비교하여 이해할 수 있다.

3.3.2 통계적 수법

1) 계산

데이터는 모집단에서 추출한 시료로부터 콘크리트의 강도나 함수량, 비중, 성토의 입도 등과 같은 양의 크기를 나타내는 데이터인 계량치와 불량품의 수, 공시체의 수 등의 수의 크기를 나타내는 데이터인 계수치가 있다. 측정치에 대한 표시방법은 다음과 같다.

■ 평균값(mean) : $\bar{x}$

$$\bar{x} = \frac{x_1 + x_2 + x_3 \cdots + x_n}{n} = \frac{1}{n}\sum_{i=1}$$

■ 편차제곱합 : S

$$S = \sum_{i=1}(x_i - \bar{x})^2$$

■ 중앙값(median) : $\tilde{x}$

n개의 데이터를 대소의 순으로 배열했을 때 중앙에 위치한 값을 말한다.

■ 분산(variation) : σ^2

$$\sigma^2 = \frac{S}{n}$$

■ 최빈값(made) : Mod

도수표에 나타난 수가 최대인 곳의 특성치를 최빈값이라 한다.

■ 불편분산(unbiased variance) : V

$$V = \frac{S}{\Phi} = \frac{S}{n-1}$$

■ 범위(range) : R

$$R = X_{\max} - X_{\min}$$

■ 표준편차(standard deviation)

$$\sigma = \sqrt{\frac{S}{n}}$$

■ 편차(deviation)

$$D = (x_i - \overline{x})$$

■ 변동계수(coefficient of variation) : C_v

$$C_v = \frac{\sigma}{\overline{x}} = \frac{\sigma}{\overline{x}} \times 100(\%)$$

2) 모집단과 시료

모집단은 연구대상이 되는 특성을 가진 구성체 또는 시료를 얻은 데이터를 판단하고 이에 필요한 조치를 취하는 구성체를 말한다. 모집단을 구성하는 단위를 단위체라고 하고 단위체의 수를 한정할 수 없는 무한상태일 때 무한 모집단이라 한다.

또한 시료는 모집단으로부터 조사하고자 하는 표본 전체를 말하며, 개개의 표본은 단위개체라 한다.

3) 확률

확률분포에는 크게 연속확률분포와 이산확률분포가 있으며, 연속확률분포에는 정규분포, 카이제곱분포, t분포 및 F분포가 있고, 이산확률분포에는 베르누이 분포, 이항분포, 초기하 분포, 푸아송 분포 및 다항분포가 있다.

4) 추정과 검정

① 추정

통계량으로부터 모수를 알아내는 것을 말하며, 종류는 크게 점추정과 구간추정 2가지로 나뉜다. 점추정은 분포의 기대값을 이용하여 단 하나의 값으로 모수를 추정하는 것이고, 구간추정은 모수가 일정확률로 있게 될 구간을 구하는 것이다.

일반적으로 점추정의 경우 다수의 시료를 추출하는 것이 정확도가 높으나 비용과 시간적 제약으로 소수의 시료로도 가능한 구간추정을 사용한다.

② 검정

모집단에 대한 통계량이나 확률분포에 대하여 어떤 가설을 설정하고 이 가설의 성립 여부를 시료의 특성값으로부터 판단하여 통계적 결정을 내리는 것을 말하는데, 종류에는 계량값의 검정과 계수값의 검정 2가지가 있다.

3.4 품질보증

품질보증은 프로젝트를 수행하는데 필요한 모든 프로세스를 철저히 진행하도록 계획된 체계적인 품질관리 활동을 적용하는 것을 말한다. 이는 절차상의 모든 단계가 만족스럽게 완료되었다는 것을 문서상으로 증명하는 것뿐만 아니라 품질의 요구성능을 만족시키거나 능가할 수 있도록 보증하는 표준 및 모든 절차를 말한다.

품질요소로는 품질특성, 설계품질, 품질적합도 등이 있으며, 품질특성은 품질관리의 목적을 위해 해당 품질의 본질을 정의하는 하나 이상의 특성을 말하고, 품질적합도는 설계품질이 규정되고 난 후 실제로 수행된 작업의 결과가 규정된 품질표준을 얼마나 잘 준수하는 지의 여부를 의미한다. 이러한 품질요소는 프로젝트의 비용과 관련이 있으며, 품질경제학은 품질가치와 품질비용을 상호 조절하는 것을 말한다. 품질 적합도의 경제성은 고가의 공법을 채택함으로써 발생되는 비용과 부적합 판정과 품질관리에 소요되는 비용과의 최소균형점에서 이루어진다. 또한 품질보증 활동은 품질검사와 관리가 올바르게 수행되도록 조사하여 그 결과를 경영자에게 보고하는 것을 말한다. 이러한 품질보증 조직은 다양한 이해관계자들이 참여하고 있고 정부규제 조항과 같은 사회적 이해관계 또한 포함하고 있으므로 이해관계자들의 이해관계를 충분히 반영하는 것이 필요하다. 이를 위해 프로젝트의 환경을 감안하여 객관성 유지를 위해 프로젝트를 직접 운영하는 담당조직과는 분리하여 운영하는 것이 중요하다.

Chapter 04 | 안전관리

4.1 안전관리의 개념

인류 문명의 발달은 중세까지 아주 완만하게 진행되었다. 그러나 18세기 산업혁명을 거치면서 대량생산방식의 적용으로 급격한 발전을 이루게 되었으며, 최근에는 자동화·정보화 사회로 변화하고 있다.

산업발달은 인류를 편리하게 하는 장점도 있지만, 많은 시간과 물질적 여유로 인해 교통 및 인적 교류가 빈번하고, 기계가 고도로 복잡하고, 고속화되어 안전위험 요소들을 내포하고 있어 안전관리가 필요하게 되었다.

안전은 인간의 존재를 전제로 인명과 자산을 지키고 환경보전을 위한 것으로 건설 목적을 달성하는데 필요한 근원적인 과학기술 중 하나이다.

고금을 막론하고 건설공사에 종사하는 기술자는 재해를 극복하고 안전을 지키는 일은 공사 이전의 책무이다.

프로젝트의 기획부터 설계, 시공, 사용 및 해체에 이르기까지 건축주나 사용자, 발주자 등 각자의 역할을 떠나서 안전에 책임져야 할 보호의 대상으로는 건설물을 사용하는 사용자, 건설공사 현장에서 직접 시공이나 해체에 참여하는 근로자, 건설물을 운용하고 유지·보수하는 사람, 건설물과 직접적 접촉이 없는 주변이나 공사현장 밖의 일반인들이 있다. 안전관리는 일차적으로 공사현장의 근로자 보호를 주목적으로 하지만 다른 보호대상들에 대한 안전책임도 중요하다.

안전, 보건은 공정, 품질, 원가 등과 같이 효과적인 건설공사관리의 한 부분이며, 실제로 이들은 상호 밀접하게 관련되어 있다. 따라서 보편적인 관리와 공학의 원칙들이 여기서도 동일하게 적용된다.

4.2 안전사고의 발생원인

재해의 원인은 일반적으로 간접원인과 직접원인으로 구분된다. 간접원인은 기술적 원인, 교육적 원인, 관리적 원인으로 구분된다. 또한 직접원인은 불안전 상태(물적)와 불안전 행동(인적)으로 구분된다. 불안전한 행동은 다시 신체적 원인과 정신적인 원인으로 분류된다.

1) 간접원인

① 기술적인 원인

기계장치의 배치, 작업장의 정비, 실내의 조명, 환기, 기계공구류의 설계 및 점검, 위험장소의 방호설비, 보호구류의 정비 등에 있어 모든 기술적인 결함이 포함된다.

② 교육적 원인

안전에 관한 지식 및 경험의 부족에 의한 것으로 작업내용의 위험성 및 안전하게 수행하는 방법에 대한 무지, 경지, 무이해, 훈련미숙, 악습관, 미경험 등의 내용이 포함된다.

③ 관리적 원인

최고 관리자의 안전에 대한 책임감 부족으로 작업기준의 불명확, 점검제도의 결함, 적성배치의 불비, 근로의욕의 침체 등 관리상의 결함이 포함된다.

2) 직접원인

① 불안전 상태의 원인

구조물 자체에 결함이 있거나 배치가 잘못된 것, 작업장소 및 환경의 결함 등을 포함된다.

② 신체적 원인

신체적 결함으로 두통, 근시, 난청, 불구, 수면부족 등에 의한 피로, 숙취 등이 포함된다.

③ 정신적 원인

태만, 반항, 불만 등의 태도불량, 초조, 긴장, 공포, 불화 등의 정신적인 동요, 편협, 병 등에 의한 성격적 결함 및 지능적 결함이 포함된다. 일반적으로 간접원인 중에는 기술적 원인과 교육적 원인이 70~80% 이상을 차지하며, 직접원인 중에는 불안전한 행동이 70~80% 이상을 차지한다. 재해발생의 기본 모델은 그림 4-1과 같다.

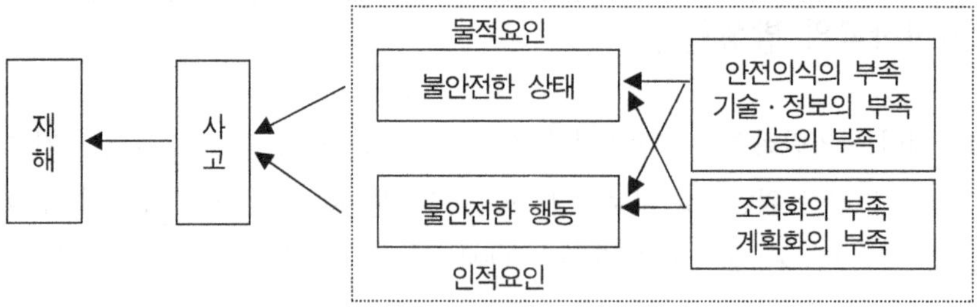

그림 4-1 재해발생 기본 모델

일반적으로 재해예방의 목적은 인간존중의 원칙과 경영의 원칙 하에서 이루어지며, 목적 달성을 위해 다음 4가지 원칙이 있다.

① 예방가능 원칙

인간의 과실에 의한 재해는 천재와 달리 이를 예방하려는 생각과 그 발생을 미연에 예방할 수 있다는 점에 따라 원칙적으로 모든 인재는 예방이 가능하다고 할 수 있다. 인재는 발생 후의 대책만 생각해서는 안 되며, 재해가 발생하기 전에 미리 대책을 생각해야 한다. 건설현장에서의 안전관리 활동도 결국 재해는 예방될 수 있다는 원칙하에 이루어져야 하며 경영주, 현장책임자, 근로자 등 모든 사람에게 이러한 의식이 높아질 때 재해는 발생하지 않게 된다.

② 손실우연의 원칙

사고라고 하는 것은 순조로운 작업공정에는 나타나지 않는다. 손실이라 함은 사람의 사망, 상해, 건강의 손해, 정신적 고통과도 같은 인적 손실 외에 원재료의 손실, 제품의 손실 또는 오손, 설비의 파괴, 생산의 감퇴, 배상의 지출 등의 물적 손실이 있다. 이와 같은 인적 손실이 주는 사고를 인적 사고, 물적 손실이 주는 사고를 물적 사고라 한다. 인적사고에 대해서는 Heinrich 법칙에 의해 중상, 경상, 무상해 재해의 비율이 1 : 29 : 300이라 한다. 이러한 재해가 얼마만큼의 손실을 가져올지는 우연에 의해 정해지며 손실을 예측할 수 없기 때문에 공사수행 시 철저히 예방하여 손실이 없도록 재해를 방지해야 한다.

③ 원인계기의 원칙

사고의 발생과 원인과의 관계는 필연적인 것이다. 이와 같은 재해에 이르기까지의 인과관계는 그림 4-2에 나타낸 바와 같다. 따라서 사고의 연쇄성과 인과관계를 알아 재해를 발생시키는 요인을 제거하여 이에 대한 제반 안전대책을 수립함으로써 재해를 감소시킬 수 있는 것이다.

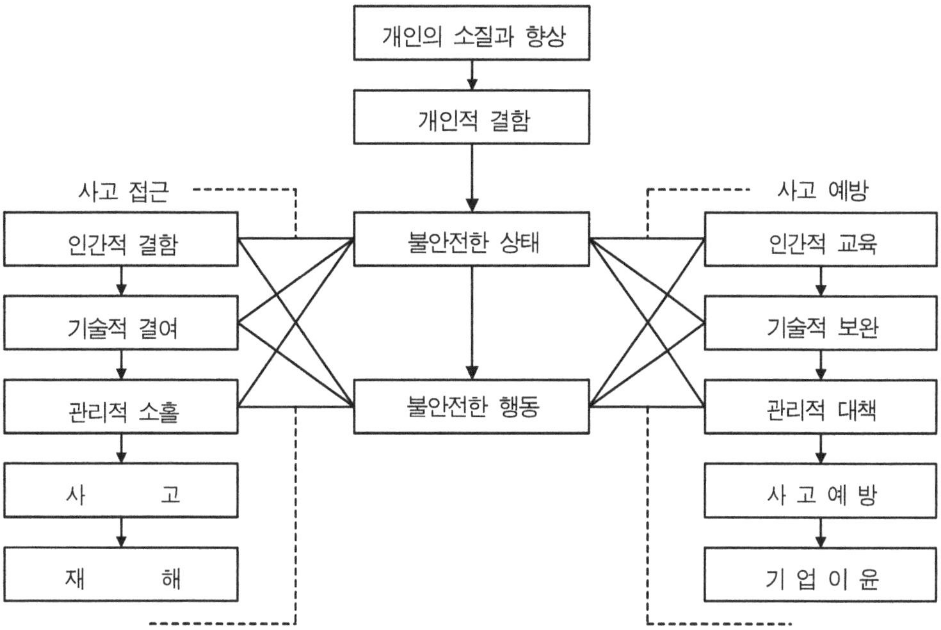

그림 4-2 사고예방 흐름도

④ 대칭 선정의 원칙

기술(engineering), 교육(education), 규제(enforcement)를 안전대책의 3E라 하며 재해방지에 있어 중요한 고려사항이다.

기술적 대책은 각종 기계장치와 공정에 대한 설계 및 건설현장 등에 잠재한 위험개소를 파악하여 이에 대한 위험방지에 기술적 대책을 강구하여 설계화 하는 것이다. 교육적 대책은 안전공학의 지식을 계통적으로 교육하며, 규제적 대책은 국가의 법률, 학 · 협회의 안전지침, 공업규격, 작업기준 등으로 실제로는 법규이상을 실행하지 않으면 재해는 완전히 막기 어려운 것으로 경영자, 근로자 등이 자주적으로 솔선하여 이를 실행하므로 재해는 막을 수 있다.

4.3 안전관리의 필요성

건설공사는 다른 어떤 산업보다도 자연환경과 주변환경의 영향을 크게 받는다. 또한 기계화 작업보다는 노동력에 의한 작업이 주를 이루고 있으며, 수많은 직종이 제한된 공간에서 함께 작업을 하기 때문에 타 산업보다 안전측면에서 취약하다 할 수 있다.

안전관리 관련법은 국가적으로도 가장 우선시되고 있으며, 선진국으로 갈수록 그 중요성이 강조되고 있다. 더욱이 안전관리의 실패는 재해자의 가정과 소속한 조직의 파괴로

이어질 수 있으며, 경우에 따라서는 배상금의 부담 및 이미지의 추락으로 인해 기업이 폐업하는 경우까지 발생하고 있다. 따라서 우리나라의 경우도 「건설기술관리법」, 「시설물의 안전관리에 관한 특별법」을 통하여 안전사고의 근본적 예방을 위해 노력하고 있다.

이처럼 건설공사에 있어서 안전관리는 인명의 보호와 건전한 노동력을 보전해 줌으로써 근로자들이 안전사고에 대한 불안을 해소하고 근로의욕을 불러 일으켜 기업의 자산보호와 생산능률을 향상시켜 준다. 또한 숙련된 근로자의 노동력을 보존시켜 보다 큰 이윤추구를 통해 국가경제 발전과 국민의 복리증진에 크게 기여할 수 있다는 것이 안전관리의 필요성이다.

안전관리의 필요성을 구분하여 생각하면 다음과 같다.

1. 인도주의 측면

재해가 발생되면 근로자의 생명을 빼앗아 가기도 하고 상해를 입어 영구불구자로 남아 그 가족에게는 평생 동안 불행을 안겨주게 되기도 하며 재산상의 피해를 초래하기도 한다. 따라서 우리 건설업계의 안전의식에 대한 문제점을 파악하고, 이에 대한 예방책을 모색하는 것은 인간존중 측면에서도 반드시 이루어져야 한다.

2. 작업능률 향상 측면

바람직하지 않은 사태가 발생할 때 건설현장의 작업능률 저하가 발생된다. 안전사고가 발생하게 되면 기능인력에 손실이 생기게 되고, 이를 충원하기 위해서 새로운 인력을 구하여 그 기능에 맞게 다시 교육을 시켜야 하는 여러 과정이 필요하다. 또한 미숙련으로 인한 작업의 중단이나 지연이 초래되기도 하며, 이미 시공된 건물의 손상으로 재시공하는 번거로움이 생겨 전체 공기가 지연되거나 돌관작업 등을 해야 하는 경우가 생기기도 한다.

그러므로 안전관리를 통해 사고를 미연에 예방함으로써 기능인력을 보호하고 계획된 생산작업이 효율적으로 진척되어 보다 높은 작업능률을 올릴 수 있는 것이다.

3. 경비절감 측면

안전사고를 미연에 예방함으로써 건설공사 현장의 재해로 인한 건설용 기자재와 노동력의 상실을 억제할 수 있으며, 원가관리 측면에서도 중요한 요소가 된다.

안전사고로 인한 직접손실은 근로기준법에 의한 재해보상급여 총액, 산업재해보상법에 의한 보험급여 총액, 사업자의 취업규칙 등으로 지급하는 제급여 총액을 말하며, 간접손실은 직업손실을 제외한 인적, 물적, 자산, 기타 손실에 해당하는 금액을 말한다.

4. 정서 측면

사기는 안전에 미치는 무형적인 요인으로서 인간의 정서적, 정신적 측면에서 발생되며 공사진행에도 큰 영향을 미친다. 근로자의 사기가 저하되면 연쇄적인 안전사고를 일으키는 요인이 되고, 근로자의 창의력과 적업능률에도 악영향을 미치게 된다. 건강한 사람도 근로시간의 약 20%에 해당하는 시간 동안은 불안에 떨거나 잡념에 사로잡힌다고 한다.

이와 같이 사고의 잠재적 위험성에 의하여 사기가 저하된다. 효과적인 안전관리를 하기 위해서는 안전제일의 원칙으로 근로자들이 안정된 작업환경에서 작업할 수 있도록 사기를 향상시켜줌으로써 근로자를 보호하고 기업의 이윤을 증대시키는 종합적인 안전관리를 해야 한다.

4.4 안전계획의 수립

안전관리의 조직이나 체계가 효과적으로 위험 방지활동을 하기 위해서는 합리적으로 작성된 계획과 계획에 따른 확실한 관리활동이 추진되어야 한다.

4.4.1 안전관리계획

안전관리계획이란 사업장에서 안전관리를 계획적으로 수행하기 위하여 일정한 기간을 정해 작성하는 계획을 말한다. 산업안전보건법에서는 사업주에 대하여 산업재해 방지를 위해 조직적이고 체계적인 대책을 추진하려면 연간 안전관리계획이 필요하며, 이 계획은 사업장별로 업종, 생산방법 등에 합당한 장기적 관점으로부터 일관성 있고 다른 경영관리계획과 보조를 맞추어 계획하되, 그 내용이 전 사원에게 충분한 이해가 되도록 수립되어야 한다. 따라서 안전관리계획은 산업재해 방지활동의 구체적인 프로그램이며, 안전보건관리체제는 그 실행을 위한 시스템이다.

사업장에서는 안전보건관리에 관한 연간계획의 작성을 촉진시켜 경영자의 적극적인 지원을 받아 사업활동 목적과 일체감을 이루도록 계획적으로 안전활동 추진을 도모해야 한다.

4.4.2 안전계획의 작성

안전계획을 작성하기 위해서는 우선 목표와 대책과의 평행상태를 유지하며, 대책 구상 전에는 종합적인 조감도를 작성한다.

계획내용은 구체적이어야 하고 다른 관리계획과 균형을 이루어야 하며, 장기적인 관점에서 일관성이 있고 실시 가능한 것이어야 하며 쉽게 이해할 수 있어야 한다.

1) 계획의 작성순서

작성순서는 5단계로 이루어진다.

① 1단계(준비) - 각종 관련 자료수집

② 2단계(자료 분석) - 수집된 자료 분석으로 문제점 파악

③ 3단계(기본방침과 목표의 설정) - 안전에 대한 기본방향과 목표정립

④ 4단계(종합평가의 실시) - 자체평가 실시

⑤ 5단계(최종결정) - 경영자가 계획 확정 공포

2) 평가

안전계획의 평가는 평가의 방향, 평가의 종류와 평가척도로 구분한다.

① 평가방향

계획 ---> 실시 ---> 평가 ---> 계획수정 ---> 완성 ---> 평가

② 평가의 종류

가. 평가내용 - 정성적 평가, 정량적 평가

나. 평가방식 - 체크리스트에 의한 방법, 카운슬링에 의한 방법

③ 중요한 평가척도

가. 절대척도 - 재해건수 등 수치로 표현

나. 상대척도 - 도수율, 강도율

다. 평정척도 - 양호, 보통, 불량 등의 단계로 평정

라. 도수척도 - %로 나타내는 것

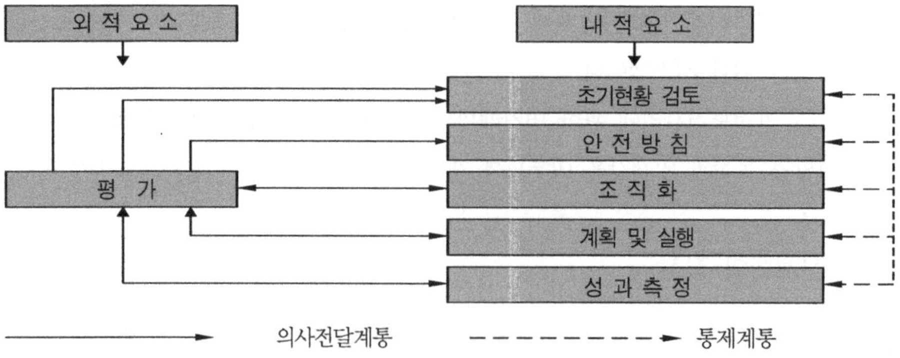

그림 4-3 건설안전계획 및 평가시스템

4.5 단계별 안전관리

4.5.1 건축물의 생애주기와 안전의 대상

건설안전은 건설프로젝트의 전(全)단계에 걸쳐 지속적으로 이루어질 때 그 목표를 달성하였다 할 수 있다. 프로젝트의 단계별 안전의 대상과 각 단계별 역할의 주체, 지도·감독기능, 관리주체는 다음 표 4-1과 같다.

표 4-1 건축물의 생애주기와 안전대상

			Life Cycle					
			기획	설계	시공	사용	해체	지도·감독기능
건설안전의 대상	물적	구조물		구조설계	품질관리			국토해양부(건기법) 시설안전공단(시특법)
		시설물				유지관리		
	인적	사용자				유지관리		
		공중			안전관리			국토해양부(건기법)
		근로자			안전관리			노동부(산안법)
관리주체 / 감독기능				설계자/설계감리, 설계자문	시공자/시공감리, 책임자문	운영자	시공자	

4.5.2 기획단계의 안전관리

기획단계에서는 프로젝트의 목적, 계획, 현장위치, 건설개념, 개략적인 예산분석이 이루어진다. 이 단계에서 제한된 정보를 토대로 기본적인 위험평가가 선행되어야 하며, 제한된 정보하에서 이러한 업무를 수행하기 위해서는 기존의 경험과 자사가 보유한 안전관련 데이터, 유사 프로젝트의 안전보고서, 사고통계, 허가 또는 감독기관의 지침 등 안전관련 자료를 참조한다.

4.5.3 설계단계의 안전관리

건축구조물은 오랜 사용수명을 갖고 있기 때문에 건물이 위치하는 부지에 대한 지진, 풍·수해, 화재 등의 재해 이력과 지반조건, 기후조건 등의 자연조건 및 사회 환경조건 등의 사전조사가 필요하다.

이러한 안전관리를 설계에 반영하기 위해서는 설계단계에서 주요 안전문제를 파악하고, 이에 대한 평가와 체계적인 대응방안을 수립해야 한다. 또한 건축법, 소방법, 안전계획, 안전평가 방법 등을 참조하고, 전문분야별로 안전이 확보될 수 있도록 공종간 통합적으로 안전을 위한 노력과 사전조치가 필요하다.

효율적인 안전관리를 위해서 설계팀은 안전목표와 발주자의 정책을 인지하고 공사중 발생할 수 있는 위험요소를 체계적으로 평가해야 한다. 그 진행과정은 다음과 같다.

① 안전활동을 파악하고 작업 진행과정의 분석

② 사고의 원인이 될 수 있는 위험요소의 파악

③ 안전한 재료 반영을 통한 위험요소 제거

④ 설계에 의해 제거될 수 있는 위험요소의 경우 특별한 예방책 제공

⑤ 예방을 위한 대책강구

이러한 위험요소의 파악을 위해서는 설계의도와 상세한 설계도서, 프로젝트 참여자 간의 간섭사항, 자재의 적재와 보관, 현장의 출입수단, 위험장소 및 물질 등에 대한 상세한 안전관리 방안이 검토되어야 한다.

설계단계에서의 안전성 확보를 위해서 각 설계단계마다 아래 사항을 검토하여 확실한 설계가 되도록 조치해야 한다.

① 영구 구조물의 자립상태와 이를 위한 기준 확인

② 건설 공사기간 동안 전도, 붕괴를 막기 위해 사용된 모든 방법들의 영구 구조물에 미치는 영향검토

③ 건설 공사기간 동안 발생할 수 있는 모든 작업하중의 확인

또한, 구조물의 상호 연결부위의 안전 확보를 위하여 아래 사항이 설계에 반영될 수 있도록 해야 한다.

① 부적당한 연결을 예방하기 위해 가능한 연결설계 최소화

② 안전한 작업과 조사를 위한 충분한 주변공간 확보

③ 표준화 추진

④ 부품들의 조립을 지상에서 실시할 수 있는 설계계획

⑤ 사다리, 안전난간 등 안전한 작업공간의 확보를 위한 시설을 부착할 수 있는 설계계획

4.5.4 조달단계의 안전관리

1) 입찰자의 안전관리능력평가

안전에 대한 중요성이 높은 프로젝트의 경우 국가계약법 시행규칙 제23조에 의거 사전자격심사단계에서 시공사의 안전관리 능력을 별도로 평가하여 반영할 경우 보다 근본적인 안전의 확보가 가능하다고 판단된다. 일반적으로 사전자격심사 단계의 안전관리능력평가는 시공사가 안전하게 프로젝트를 수행할 수 있는가를 사전에 평가하는 것으로서, 주로 다음 사항을 평가한다.

① 최고 경영자 및 임직원의 안전에 대한 자세

② 과거 안전관리 실적(안전사고 사례 등)

③ 안전관련 조직과 규칙

④ 안전관련 교육 및 회의(유형, 빈도, 참석자 등)

⑤ 안전관련 절차서(굴착, 고소작업, 철골작업, 철거, 위험물질의 취급과 사용 등)

⑥ 안전관리 활동 포스터, 게시판 및 비디오 등)

2) 안전관리계획서의 작성 및 검토

건설기술관리법 제26조의2 제3항은 안전관리계획을 수립하도록 규정하고 있으며, 본 규정에 적용을 받는 다음 공사에 대해서 안전관리계획의 작성을 위한 정보제공, 안전관리계획의 심사 및 이행 여부를 확인해야 한다.

① 「시설물의 안전관리에 관한특별법」 제2조 제2호 및 제3호의 규정에 의한 1종 시설물 및 2종 시설물의 건설공사

② 지하 10미터 이상을 굴착하는 건설공사

③ 폭발물을 사용하는 건설공사로서 20미터 안에 시설물이 있거나 100미터 안에 양육하는 가축이 있어서 당해 건설공사로 인한 영향을 받을 것이 예상되는 건설공사

④ 10층 이상, 16층 미만인 건축물의 건설공사 또는 10층 이상인 건축물의 리모델링 또는 해체공사

⑤ 제1호 내지 제4호 외의 건설공사로서 발주자가 특별히 안전관리가 필요하다고 인정하는 건설공사

국토해양부가 작성하여 고시한 "건설공사 안전관리업무 매뉴얼"[51]의 안전관리계획서의 작성을 위한 발주자의 정보제공, 안전관리계획서의 심사, 작성기준 등에 관한 내용은 다음과 같다.

51) 국토해양부, 건설공사 안전관리 매뉴얼 2005. 7.

1. 안전관리계획서 작성을 위한 정보제공

1.1 발주자는 용지조건의 특수성과 설계에 검토되지 않은 위험요소를 고려하여 시공자가 안전관리계획서를 작성하도록 다음과 같은 정보를 제공해야 한다.

1) 요지 내에 석면이나 화학폐기물과 같은 유해물질 존재 여부에 관한 사항
2) 용지 근처의 철길이나 혼잡한 인접도로 등과 같은 현장 접근에 관한 사항
3) 지하매설물과 지하수 흐름에 관한 사항
4) 붕괴를 유발할 수 있는 인접건물, 구조물 및 식수현황에 관한 사항
5) 구조물에 부정적 영향을 끼칠 수 있는 지반침하에 관한 사항
6) 용지 내 설비나 장비 설치의 난이점에 관한 사항
7) 소음을 비롯한 용지의 환경조건에 관한 사항
8) 설계에 가정된 각종 시공법과 절차에 관한 사항
9) 설계에 잔여된 위험요소의 유형 및 통제수단에 관한 사항

2. 안전관리계획서의 심사

2.1 안전관리계획서 심사 〈2006. 1. 1 시행〉

1) 안전관리계획을 제출받은 발주자 또는 행정기관의 장은 15일 이내에 안전관리계획의 내용을 심사하여 건설업자 또는 주택건설등록업자에게 그 결과를 통보해야 한다.
2) 발주자 또는 행정기관의 장은 「건설기술관리법」 제46조의2 제4항의 규정에 의한 안전관리계획의 내용을 건설안전점검기관에 의뢰하여 검토하게 할 수 있다.
3) 발주자 또는 행정기관의 장은 「건설기술관리법」 제46조의2 제4항의 규정에 의한 안전관리계획의 심사결과를 다음 각 호와 같이 구분 · 판정한다.

① 적정 : 안전에 필요한 조치가 구체적이고 명료하게 계획되어 건설공사의 시공상 안전성이 충분히 확보되어 있다고 인정될 때
② 조건부 적정 : 안전성 확보에 치명적인 영향을 미치지는 아니하지만 일부 보완이 필요하다고 인정될 때
③ 부적정 : 시공 시 안전사고 발생의 우려가 있거나 계획에 근본적인 결함이 있다고 인정될 때

4) 발주자 또는 행정기관의 장은 건설업자 또는 주택건설등록업자가 제출한 안전관리계획서가 3)의 ③항의 규정에 의한 부적정 판정을 받은 경우에는 안전관리계획의 변경 등 필요한 조치를 해야 한다.

2.2 안전관리계획서 작성기준

1) 안전관리계획

① 공사의 개요 : 공사 전반에 대한 개략을 파악하기 위한 위치도 · 공사개요 · 전체 공정표 및 설계도서(당해 공사를 인 · 허가 또는 승인한 행정기관 등에 이미 제출된 경우를 제외한다.)
② 안전관리조직 : 공사관리조직 및 임무에 관한사항으로서 시설물의 시공안전 및 공사장 주변 안

전에 대한 점검·확인 등을 위한 관리조직표

③ 공정별 안전점검계획 : 자체안전점검, 정기안전점검 시기·내용·안전점검공정표 등 실시계획 등에 관한사항

④ 공사장 주변 안전관리계획 : 공사 중 지하매설물의 방호, 인접시설물의 보호 등 공사장 및 공사현장 주변에 대한 안전관리에 관한 사항

⑤ 통행안전시설 설치 및 교통소통계획 : 공사장 주변의 교통소통대책, 교통안전시설물, 교통사고 예방대책 등 교통안전관리에 관한 사항

⑥ 안전관리비 집행계획 : 안전관리비의 계상액, 산정내역, 사용계획 등에 관한사항

⑦ 안전교육계획 : 안전교육계획표, 교육의 종류·내용 및 교육관리에 관한사항

⑧ 비상시 긴급조치계획·공사현장에서의 비상사태에 대비한 비상연락망, 비상동원조직, 경보체제, 응급조치 및 복구 등에 관한사항

2) 대상시설물별 세부 안전관리계획(해당 공종 착공 전 제출기능)

① 가설공사
- 가설구조물의 설치개요, 시공 상세도면
- 안전시공 절차 및 주의사항
- 안전점검계획표 및 안전점검표
- 가설물안전성 계산서

② 굴착공사 및 발파공사
- 굴착·흙막이·발파·항타 등의 개요 시공 상세도
- 안전시공 절차 및 주의사항
- 안전점검계획표 및 안전점검표
- 굴착비탈면, 흙막이 등 안전성계산서

③ 콘크리트공사
- 거푸집·동바리·철근·콘크리트 등 공사개요, 시공 상세도면
- 안전시공 절차 및 주의사항
- 안전점검계획표 및 안전점검표
- 동바리 등 안전성 계산서

④ 강구조물공사
- 자재·장비 등의 개요, 시공 상세도면
- 안전시공 절차 및 주의사항
- 안전점검계획표 및 안전점검표
- 강구조물의 안전성 계산서

⑤ 성토 및 절토공사(흙댐공사를 포함한다)
- 자재·장비 등의 개요, 시공 상세도면

- 안전시공 절차 및 주의사항
- 안전점검계획표 및 안전점검표
- 안전성 계산서

⑥ 해체공사
- 구조물해체의 대상·공법 등의 개요, 시공 상세도면
- 해체순서, 안전시설 및 안전조치 등에 대한 계획

⑦ 건축설비공사
- 자재·장비 등의 개요 및 시공 상세도면
- 안전시공 절차 및 주의사항
- 안전점검계획표 및 안전점검표
- 안전성 계산서

4.5.5 시공단계의 안전관리

시공단계는 설계도 및 시방서에 의거하여 구조재료, 부재, 설비, 공간구성 등이 소정의 안전성능을 구비하고 있는지 여부를 확인하고, 준공 시에는 유지관리 및 안전계획상 필요한 준공도를 작성하여 건축주에 인도해야 한다.

1) Kick-off Meeting

Kick-off Meeting은 시공자 선정 후 공사착공 직전에 실시하는 회의를 말한다. 본 회의에서는 일반적으로 시공사가 현장 운영방침을 작성하여 발주자를 대상으로 발표한다. 또한 공사 전반에 대한 개략적인 사항을 포함하여 위치도, 단면도, 측면도 등 구조물의 전체 개요를 설명한다. 또한 안전관리조직의 임무에 관한 사항, 시설물의 시공안전 및 협력업체 안전관리계획 등을 설명해야 한다.

2) 안전점검계획

현장안전점검계획은 자체안전점검, 정기안전점검으로 나뉜다. 특히 해당 안전관리조직은 해빙기, 장마철, 동절기 등 취약시기별 또는 각 공종별로 안전점검계획을 수립한다. 또한 공사장 주변의 안전관리대책, 교통소통대책 등 주민불편을 최소화할 수 있는 대책을 수립한다.

공사 진척도에 따른 안전관리비 사용계획, 항목별, 연도별 사용계획을 수립하고 신규 작업자 교육, 일일 안전교육, 특별 안전교육 등 단계별로 안전교육을 실시할 수 있도록 계획을 수립한다. 또한 비상사태 신고절차, 응급조치 및 복구에 관한 사항도 계획해야 한다.

3) 안전활동

① 현장안전점검

정기점검, 수시점검, 특별점검을 실시하고 각 점검 시에는 안전관리 체크리스트를 활용하여 객관적인 지표로 활용한다. 체크리스트에 의해 점수가 낮은 항목은 시정지시서를 발부하고 시정을 확인한다. 특히 시급히 시정되어야 하는 부분은 우선적으로 조치하도록 한다.

② 유해위험방지 계획서

대상 사업장은 관련법에 의거 안전관리공단에 유해위험방지 계획서를 제출하여 승인을 받아야 한다. 유해위험방지 계획서 작성 대상 사업장은 다음과 같다.

가. 지상높이가 31m 이상인 건축물 또는 공작물, 연면적 30,000m^2 이상인 건축물 또는 연면적 5,000m^2 이상의 문화 및 집회시설

나. 최대지간 길이가 50m 이상인 교량건설 등 공사

다. 터널건설 등의 공사

라. 다목적댐 발전용 댐 및 저수용량 2천만t 이상의 용수 전용댐, 지방상수도 전용댐 건설 등의 공사

마. 깊이가 10m 이상인 굴착공사

3) 세부 안전활동

① 개인보호구의 착용 의무화

현장 내 모든 작업원은 예외 없이 안전모, 안전벨트, 안전화를 착용하고 고소작업을 하는 작업자는 생명줄에 안전고리를 걸어 작업에 임하도록 한다. 특히, 지하구조물에서 작업하는 작업자는 비상시 구조를 위해 일일 작업대장을 작성 관리토록 해야 한다. 또한 해당 작업에 필요한 개인보호구의 확인절차를 마련하고, 근로자에 유지관리와 사용법에 대한 교육을 수행해야 하며, 개인보호구 지급대장 및 재고를 관리해야 한다.

② 산업재해 발생 보고

사업주는 사망자 또는 4일 이상의 요양을 요하는 부상을 당하거나 질병에 걸린 자가 발생한 때에는 산업재해조사표를 작성하여 관할 지방노동관서의 장에게 제출해야 한다. 산업재해조사표에는

가. 사고발생 개요 및 피해상황

나. 조치 및 전망

다. 기타 중요한 사항 등이 포함되어야 한다.

③ 안전의 날 행사 실시

안전의 날 행사를 실시하여 안전에 대한 주의를 환기하도록 한다. 본 행사에는 ① 안전 모범 사례를 발표하며, ② 안전 우수작업원, 회사를 선정, 시상하며, ③ 안전과 관련된 체험교육을 실시하고, ④ 무재해 시간 달성을 위한 행동수칙을 공표하여 안전의식을 고취하도록 노력한다.

④ 안전교육 및 홍보방송 실시

신규 채용자 및 안전 미준수자를 대상으로 안전교육을 집중적으로 실시하며, 안전 3진 아웃제를 실시하여 안전에 대한 경각심을 불러일으킨다. 또한 안전제안제도를 실시하여 적정한 포상을 실시하는 등 작업자의 자발적인 안전규칙 준수를 유도한다.

⑤ 안전시설물 및 안전표시판 설치

안전시설물 및 안전표시판을 설치하여 작업 시에 안전사고를 줄일 수 있도록 해야 한다. 구체적으로 추락, 낙하 방지망을 설치해야 하며, 안전비계의 적정한 설치 여부를 반드시 확인한다. 또한 개구부 주위에 안전난간대를 설치하도록 유도하며, 고소작업자에게 생명줄을 의무적으로 설치하게 하고 안전고리 결속도 반드시 확인하도록 한다.

⑥ 안전제안제도

안전과 관련된 제안제도를 적극적으로 실시하여 작업자의 자발적 안전관리 참여를 유도한다. 작업자의 자발적인 참여는 노출되거나 잠재된 불안전한 환경을 개선하는데 매우 큰 기여를 할 수가 있다. 제안제도를 활용할 경우 가능한 구성원 전원이 참여할 수 있도록 적극적으로 권장하고, 제안에 대한 포상 등을 적절하게 부여하여 제도가 활성화될 수 있도록 노력해야 한다.

⑦ 포스터, 표어 등의 안전촉진 활동

포스터, 표어를 사내에서 현상모집하고 그 응모작품 중 우수작을 선정하여 게시하면 매우 효과적이다. 무재해 게시판을 현장사무소 전면에 설치하고 현장의 재해발생 및 피해상황 등을 사진설명과 함께 게시하면 더 큰 관심을 유발할 수 있다. 현장 출입구의 안전 입간판 설치, 안전기 게양, 포스터와 표어 등의 게시도 효과적이다. 이러한 경우 동일한 게시물을 장기간 게시하지 않고 주기적으로 새로운 것으로 교환하도록 한다. 또한 Tool Box Meeting, 안전 캠페인, 안전문화운동 등도 안전의 향상을 위한 바람직한 활동이라 하겠다.

⑧ Pre-construction Meeting

협력업체가 결정되면 일반건설업체, CM사, 설계사 협력업체 등의 관련 기술자가 참여하여 시공계획서를 검토한다. 공정과 함께 안전조직, 작업순서, 작업방법, 장비 및 가설재 사용 등을 중점 검토하여 잠재위험을 도출하고 필요 시 관리방법을 개선한다. 또한 협력업체 선정 시 일반건설업체가 Kick-off Meeting시 발표했던 내용을 재검토하고 부족한 점을 보완하여 실천계획을 작성한다.

4.5.6 시공 후 안전관리

시공 후에는 재해사례 및 유형별 원인분석을 통하여 유사 재해 방지를 위한 안전계획을 재수립하고, 동시에 시공사의 안전실적을 평가한다. 특히, 신규사례에 대해서는 집중분석을 통하여 유사한 사례가 발생하지 않도록 관리하고, 분석결과는 사내 및 타 현장에 전파한다.

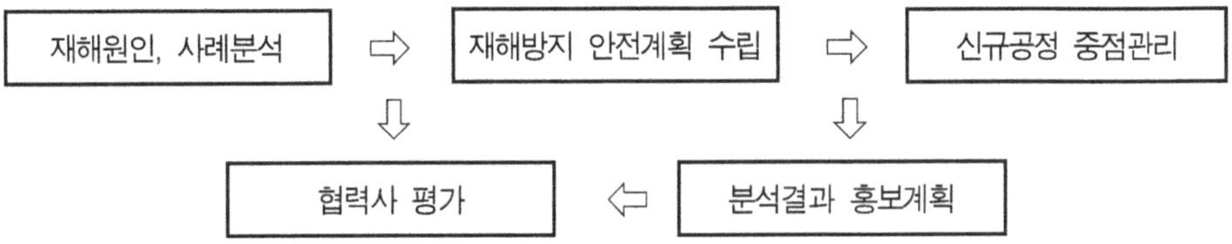

그림 4-4 시공 후 안전관리

4.6 안전관리 활동

4.6.1 안전관리업무 및 책임

1) 안전관리 업무

현장 안전관리조직상의 안전관리 업무를 살펴보면 다음과 같다.

① 안전관리 총괄책임자

가. 산업재해 예방계획 수립 및 안전보건관리규정 작성

나. 안전보건교육 및 근로자에 대한 교육지도 지원

다. 산업재해 통계의 기록 유지

라. 업체간(하도급업체) 표준안전관리비에 대한 협의 및 조정

마. 유해, 위험기계, 기구에 대한 방호조치 확인

바. 작업환경 점검, 개선 및 작업장 순회점검 및 조치

사. 감독 및 감리자 지시사항 이행

② 안전관리자

가. 안전관리 총괄책임자의 보좌

나. 관리감독자 및 안전담당자에 대한 지도, 조언

다. 재해발생원인 조사 및 대책 수립

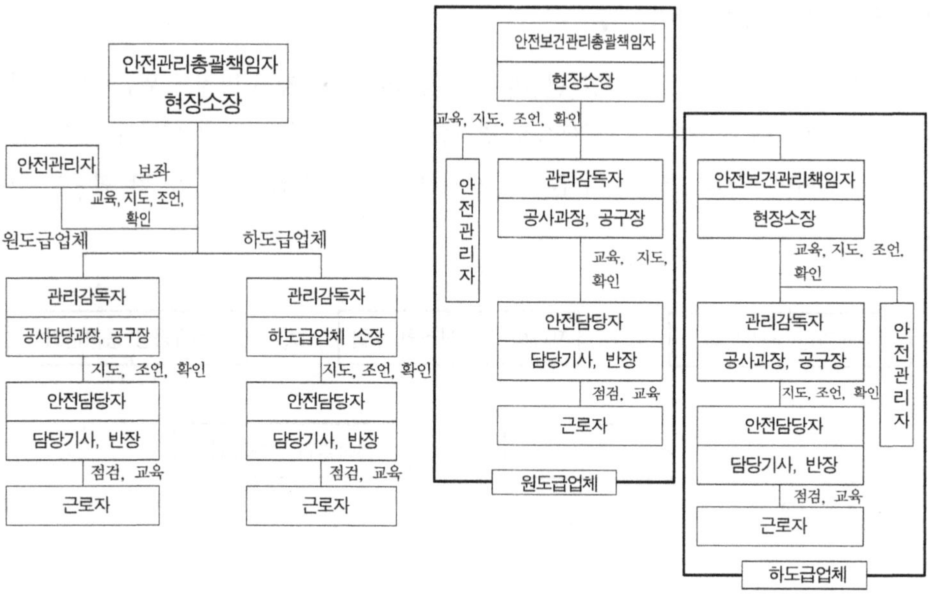

(a) 공사금액 20억 원 미만인 경우 (b) 공사금액 20억 원 이상인 경우

그림 4-5 현장안전관리조직의 형태

라. 안전교육계획 수립 및 실시

마. 현장순회 점검, 지도 및 조치의 건의

바. 제반법규 위반 근로자에 대한 조치의 건의

사. 안전에 관한 사항

③ 관리감독자

가. 담당 공종의 기계, 기구 또는 설비의 안전보건점검 및 이상유무 확인

나. 보호구 및 방호조치점검과 착용에 관한 교육지도

다. 재해에 관한 보고 및 응급조치

라. 작업장 정리정돈 및 통로 확보의 확인, 감독

마. 안전관리자의 지도, 조언에 대한 협조

④ 안전담당자

가. 유해, 위험기계, 기구 및 설비에 대한 자체검사

나. 안전시설, 환경 등의 점검 및 조치

다. 안전한 작업방법의 결정 및 지휘 감독

라. 복장 및 보호구의 착용상황 감시

2) 안전관리 책임

① 경영자의 안전책임

근로자의 작업환경에 대하여 경영자는 안전한 작업환경을 유지하고, 근로자의 적성을 고려하여 근로자가 업무를 안전하게 수행할 수 있도록 하여 교육과 훈련을 제공하고 불안전 행동을 제거할 도의적 책임이 있다. 경영자의 안전책임은 대상에 따라 다음의 두 가지로 구분된다.

가. 경영자는 근로자들에게 안전을 위한 시설 및 쾌적한 작업환경을 제공해야 하며, 각종 재해방지대책을 강구해야 한다(근로자에 대한 안전책임).

나. 기업은 생산과정에서 일반 사회에 악영향을 끼치는 환경오염, 소음, 진도, 유해가스 등 요소들의 안전관리를 위한 적극적인 대책을 강구해야 한다(사회적인 안전책임).

② 근로자의 안전책임

근로자는 안전유지와 재해예방을 위하여 필요한 제반 규정을 준수해야 하며, 재해예방에 관한 각종 조치에 협력해야 한다. 근로자의 안전책임은 바로 자기 자신에 관한 사항이므로 당연하다고 할 수 있다. 자기의 권한으로 제어할 수 없는 불안전 상태를 감독자에게 보고하여 재해발생 가능성을 제거하고, 작업장 내의 안전조사, 안전규칙을 작성, 안전한 작업환경 구축이라는 역할을 수행해야 하며, 특히, 경영자, 감독자, 안전관리자의 지시, 지도, 조언에 따라야 한다.

4.6.2 작업환경 제설비의 안전대책

1) 환경정비

건설현장은 공정의 진보에 따라 작업이 복잡해지고 자재, 잔재, 폐품 등이 현장에 대량 집적되므로 현장 내의 정리정돈은 안전관리에 중요한 요소로서 강력히 추진되어야 한다.

2) 작업설비 기계의 보수관리

건설현장의 작업설비는 대부분 가설물이고 또한 많은 사람이 가동하고 있으므로 안전관리에 중요한 요소로서 시공계획 단계에서 충분히 검토되어야 할 것이다.

3) 안전점검

재해예방에 필수적인 것으로 체크리스트(check list)를 만들어 검토해야 하며, 종류에 따라 정기점검, 확인점검, 특별점검, 계속점검, 기술점검 등으로 나뉜다. 안전점검을 하기 위해서는 다음과 같은 사항에 유의해야 한다.

① 위해요인을 알고 있어야 한다.

② 위해요인을 발견해야 한다.

③ 위해요인을 시정해야 한다.

④ 안전점검을 마친 후 기록을 남겨 후일 동일한 업무에 참고가 되도록 한다.

4.6.3 작업관리

1) 작업표준

작업자의 정해진 작업표준을 수행하는 일이 재해예방의 기본이 된다. 현재 약 100여 종의 단위작업에 대한 작업표준을 작성하여 활용하고 있으며 특별작업에 대해서는 현장에서 응용하여 작업활동하는 방법을 취하고 있다.

2) 작업시간 관리

피로가 재해를 유발하는 경우가 많으므로 공정계획이나 노무계획 수립 시 무리한 작업을 피하도록 충분히 고려해야 한다.

3) 안전교육

건설현장의 안전교육은 근로자의 유동이 비교적 많아 작업관리가 어렵고, 또한 일용 근로자이거나 짧은 기간의 고용이 많고, 다직종에 연관되어 지식과 기능의 차이가 많으므로 이러한 여건을 충분히 고려하여 안전계획을 수립해야 한다. 안전교육은 관리감독자 교육과 신규책임자 교육으로 구분하여 실시한다.

4) 협의체 구성

협의체 회의는 원·하청 간 현장안전관리 활동에 따른 업무협의 대책 수립 등 중요한 역할을 하는 회의이므로 매월 1회 이상 빠짐없이 회의를 개최하고 그 기록을 보존하도록 한다.

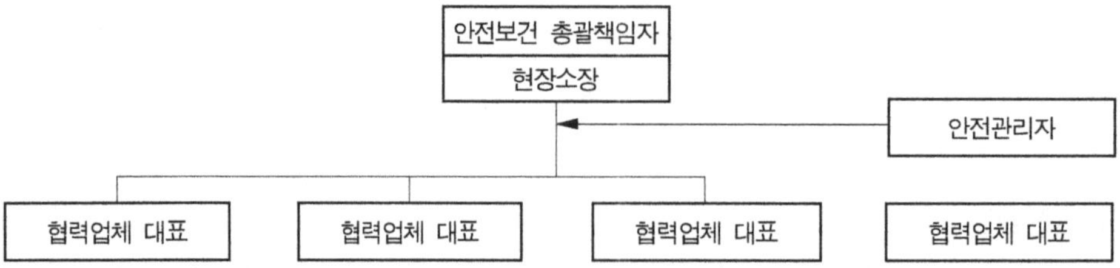

그림 4-6 협의체 구성

5) 안전의식 고양

복잡한 건설현장의 안전관리를 추진하는 데 중요한 것은 현장에서 작업하는 전원이 재해예방이라는 목표를 이루기 위해 안전의식을 높여 나가야 한다. 건설현장의 안전의식을 함양하기 위한 활동으로는 안전회의 개최, 안전당번제, 안전제안제, 안전표창 등이 있다.

6) 무재해 운동

건설현장에 적합한 무재해운동 추진기법(위험예지 활동, 잠재 재해발굴기법 등)을 도입하여 적극적인 활동을 하도록 한다.

참고문헌

1. 건설경영공학, 김문한, 기문당, 2005.
2. 건설공사장 소음도 평가 및 예측기법 개발연구, 대한주택공사 주택연구소, 1998.
3. 건설공사품질 비용항목 분류체계 구축 연구, 이재영, 2008.
4. 건설관리학, 고성석 외 17인, 사이텍미디어, 2006.
5. 건설교통부제정 건축공사표준시방서 2006, 대한건축학회
6. 건설기술관리법(1987. 10.24 제정, 2004. 12.31 개정)
7. 건설기술관리법시행규칙(1989. 10.25 제정, 2006. 12.29 개정)
8. 건설기술관리법시행령(1989. 5.1 제정, 2006. 12.29 개정)
9. 건설부제정 건축공사표준시방서, 대한건축학회, 건설교통부, 1999.
10. 건설정보화 기반의 최신건설공사관리학, 강인석, 문운당, 2007.
11. 건축공사 표준시방서, 대한건축학회, 기문당, 2006.
12. 건축기술지침-건축 Ⅰ, 대한건축학회
13. 건축생산관리학, 김문한, 기문당, 2006.
14. 건축시공·재료, 정상진, 보성각, 2005.
15. 건축시공학(개정), 정상진 외 7인 공저, 기문당, 2006.
16. 건축시공 신기술공법, 정상진 외 16인 공저, 기문당
17. 건축시공 이미지 현장경험, 이정우, 시공문화사, 2004.
18. 건축시공, 건축시공구축기술연구회 저, 기문당, 2009.
19. 건축시공, 노인철·주정중 저, 문운당, 2009.
20. 건축시공, 대한건축학회, 기문당, 1997, 2006.
21. 건축시공, 정상진 외 11인, 기문당, 2005.
22. 건축시공 I (골조공사), 강경인 외, 도서출판 대가, 2006.
23. 건축시공 2, 강경인 외 6인, 대가, 2004.
24. 건축시공기술, 문승호, 기문당, 2008.
25. 건축시공기술사, 김우식, 도서출판 세진사, 2006.
26. 건축시공신기술공법, 정상진 외 16인, 기문당, 2002.
27. 건축시공실무자료집, 건축학술부 편저, 정학사, 2002.
28. 건축시공학, 강병두, 구미서관, 2008.
29. 건축시공학, 신현식 외 6인, 문운당.
30. 건축시공학, 이찬식, 한솔아카데미, 2006.
31. 건축시공학, 장기인, 보성각. 2004.
32. 건축시공학, 정상진 외 7인 공저, 기문당, 2007.

33. 건축시공학, 한솔아카데미, 이찬식, 2006, 2008.
34. 건축일반구조학, 장화균·권춘안·이시우 외, 기문당, 2005.
35. 건축적산·견적학, 최산호 외, 기문당, 2004.
36. 건축적산 견적, 최준호, 서우, 2002.
37. 건축적산실무, 장영춘, 기문당, 2008.
38. 건축품질관리, 임남석 외 3인, 기문당, 2003.
39. 공정관리학, 이상범, 기문당 2006.
40. 그림으로 보는 착공에서 준공까지 건축시공, 건축시공구축기술연구회
41. 대림산업, 환경관리계획서, 2006.
42. 건축공사표준시방서, 대한건축학회, 기문당, 2006.
43. 건축기술지침 건축Ⅰ, 대한건축학회, 2006.
44. 타일공사 핸드북, 대한전문건설협회, 1996.
45. 건설공사장 소음도 평가 및 예측기법 개발연구, 대한주택공사 주택연구소, 1998, p11
46. 도해 건축시공입문, 이도범 역, 건설도서, 2002.
47. 사진으로 보는 시공프로세스 – 아파트 편, 정상진 외 15인, 기문당
48. 새로운 건축구조 및 공법 중심 건축시공학, 이찬식, 한솔아카데미
49. 소음에 의한 가축피해 평가방안에 관한 연구보고서, 중앙환경분쟁 조정위원회, 2003.
50. 소음으로 인한 피해의 인과관계 검토기준 및 피해액 산정방법에 관한 연구, 중앙환경분쟁 조정위원회, 1997.
51. CM사업을 위한 대형 건설업체의 조직 모델링에 대한 연구, 송병관, 연세대학교 대학원, 1998.1
52. 실내건축재료학, 박시완 외, 기문당, 2000.
53. 알기쉬운 건축시공 재료, 정상진, 보성각
54. 이론과 현장실무 중심의 건축시공학, 강경인 외 6명, 대가, 2005.2
55. 작업환경소음진동학, 이출재, 동화기술, 1998.
56. 중앙환경분쟁조정위원회, 소음으로 인한 피해의 인과관계 검토기준 및 피해액 산정방법에 관한 연구, 1997.
57. 중앙환경분쟁조정위원회, 소음에 의한 가축피해 평가방안에 관한 연구 보고서, 2003.
58. 중앙환경분쟁조정위원회, 환경피해 산정기준, 2008.
59. 최신 건축재료학, 조준현 외, 기문당, 2009.
60. 최신 건축공사적산학, 장기인 저, 야정문화사, 1992.
61. 최신 건축시공, 김창훈 외 5인, 기문당
62. 최신 건축시공학, 김정현 외 5인, 기문당, 2003. 2007.
63. 최신 건축시공학, 안용선·송규열, 노벨미디어, 2003.
64. 품질경영론, 이순룡, 법문사, 2004.

65. 환경관리계획서, 대림산업, 2006.
66. 환경피해 산정기준, 중앙환경분쟁 조정위원회, 2008.
67. A Guide to the Project mangement Body of Knowledge PMBOK Guide 2000 Edition, PMI, 2001.
68. Donald S. Barrie Biyd C. Paulson, Professional Construction Management, Mc Graw Hill, 2000.
69. Donald S. Barrie Biyd C. Paulson, Professional Construction Management, Mc Graw Hill, 2000.
70. Donald S. Barrie, Boyd C. paulson, "건설관리의 개념과 실제", 한국 맥그로힐, 2000.
71. PMI, A Guide to the Project mangement Body of Knowledge PMBOK Guide 2000 Edition, 2001.
72. PMI, PMBOK Guide
73 Professional Construction Management, Donald S. Barrie Biyd C. Mc Graw Hill, 2000.

참고법령

1. 건설폐기물의 재활용 촉진에 관한 법률
2. 건축법, 시행령, 시행규칙
3. 대기환경보전법, 시행령, 시행규칙
4. 소음진동규제법, 시행령, 시행규칙
5. 자원의 절약과 재활용 촉진에 관한 법률
6. 총포·도검·화학류 등 단속법
7. 철강슬래그 및 석탄배출사업자의 재활용지침
8. 폐기물관리법, 시행령, 시행규칙
9. 환경부 예규 제277호
10. 환경분쟁조정법, 시행령, 시행규칙

집필진

1부 총론

제1장 **김경활** 부산정보대학 건축과 교수
제2장 **임형철** 창원대학교 건축공학과 교수
제3장 **이상범** 동의대학교 건축공학과 교수
제4장 **류한국** 창원대학교 건축공학과 교수

2부 건축시공기술 각론

제1장 **박 신** 창원전문대학 건축과 교수
제2장 **김대영** 경남대학교 건축학부 교수
제3장 **김경활** 부산정보대학 건축과 교수
제4장 **임남기** 동명대학교 건축공학과 교수
제5장 **이재용/이수용** 부경대학교 건축학부 교수
제6장 **임남기** 동명대학교 건축공학과 교수
제7장 **이동운** 동서대학교 건축공학과 교수
제8장 **임형철** 창원대학교 건축공학과 교수
제9장 **김영수** 부산대학교 건축학부 교수
제10장 **김영수** 부산대학교 건축학부 교수
제11장 **박현정** 신라대학교 건축학부 교수
제12장 **김진관** 한국국제대학교 실내건축학과 교수
제13장 **김진관** 한국국제대학교 실내건축학과 교수
제14장 **문종욱** 한국국제대학교 소방방재학과 교수
제15장 **문종욱** 한국국제대학교 소방방재학과 교수
제16장 **이상범** 동의대학교 건축공학과 교수
제17장 **김기영** 대원아이디(주) 대표이사
제18장 **김기영** 대원아이디(주) 대표이사
제19장 **오상균** 동의대학교 건축공학과 교수
제20장 **윤석헌** 경상대학교 건축공학과 교수
제21장 **이재영** (주)휴다임 건축사사무소 이사

3부 건축생산관리기술

제1장 **이상범** 동의대학교 건축공학과 교수
제2장 **이학기** 동아대학교 건축공학과 교수
제3장 **김대영** 경남대학교 건축학부 교수
제4장 **양진국** 부산대학교 유비쿼터스 항만물류 인프라구축사업단 박사후연구원

건축시공학

2010년 7월 20일 1판 1쇄 발행
2023년 1월 30일 1판 4쇄 발행

저　　자　대한건축학회 부산·울산·경남지회
　　　　　김영수 외 19인
발 행 인　강해작
발 행 처　기문당
주　　소　서울시 성동구 무학봉28길 4-1
전　　화　2295-6171(代)~5
팩　　스　2296-8188
출판등록　1976. 10. 7 (1-44)
홈페이지　http : // www.kimoondang.com
I S B N　978-89-6225-270-5　93540